涵蓋 C++11, C++14, C++17 標準

C++ 全覽
Templates

第二版

獻給 *Alessandra & Cassandra*

—*David*

致關心人群與人類者。

—*Nico*

獻給 *Amy, Tessa & Molly*

—*Doug*

目錄

14　實體化   243

15　Template 引數推導   269

16 特化與重載   323

前言

Preface

Templates 概念自應用於 C++，迄今已逾三十年。C++ template 明載於 1990 年出版的「The Annotated C++ Reference Manual」（ARM；詳見 [*EllisStroustrupARM*]）裡，亦見諸於更早的專門出版物。然而十多年過去了，我們發現始終缺乏探討其基礎概念與進階技術的專著，即便它是如此的迷人、難解、且威力強大。藉由本書的第一版，我們希望達成這個目標，寫一本關於 templates 的書（或許我們有點自以為是吧）。

自第一版出版於 2002 歲末以來，C++ 改變了不少。新一輪的 C++ 標準增添了新特性，而 C++ 社群的持續創新也發明了基於 template 的新編程技術。因此，本書的第二版維持和第一版相同的目標，但這次針對的是「現代 C++」。

編寫本書的我們有著不同的背景，亦懷抱不同目的。David（或「Daveed」）是一位富有經驗的編譯器實作者，積極參與推進核心語言發展的 C++ 標準委員會工作小組。他對精確、仔細地描述所有關於 templates 的強大特性（和問題）感興趣。Nico 是一位「通俗」* 的應用程式開發者、C++ 標準委員會程式庫工作組成員。他著重於理解所有能夠應用於日常工作、並從中獲益的 templates 技術。Doug 是一位 template 程式庫開發者，後轉而從事編譯器實作及程式語言設計。他關注於收集、分類、與驗證成千上萬用以建構 template 程式庫的技術。最後，我們希望對整個社群、以及讀者您分享這些知識，以避免更多的誤解、混淆、與焦慮。

因此，你將會讀到觀念層面的介紹，輔以日常範例和對 template 精確行為的詳實描述。從 template 基本原理出發，乃至「template 編程藝術」。你將會發現（或重新發現）一些技術，如：靜態多型（static polymorphism）、type traits（型別特徵萃取）、metaprogramming（後設編程）、expression templates（陳述式模板）。你會對 C++ 標準程式庫有更深一層的理解，因為裡頭的程式碼全面應用了 templates。

我們從編寫此書中獲益良多、同時也樂在其中。衷心希望您在閱讀此書時也能有同樣體驗。好好享受吧！

---

* 譯註：指其特別關心一般應用程式開發。

第二版致謝

Acknowledgments for the Second Edition

寫書是件難事，維護已出版的書更加不易。本書第二版花了我們五年以上的時光——橫跨了過去十年——若沒有許多人的支持與耐心，根本不可能完成。

首先，我們要對 C++ 社群與 C++ 標準委員會的每個人致上謝意。他們除了埋首於新語言和程式庫特性相關工作外，還花上非常、非常多的時間向我們解釋和討論他們的工作內容，這完全出自於他們的耐心和熱情。

作為社群的一份子，許多程式設計師們在過去 15 年間，針對第一版的錯誤和可能的改進給予我們回饋。請恕我們無法一一列出感謝名單，我們在此向願意花時間分享想法與洞見的你們，致上最誠摯的謝意——你們一定知道自己名列其中。若有時我們無法及時回覆，尚請見諒。

我們也要感謝每一位協助審閱本書初稿、並提供寶貴回饋與闡釋的朋友。這些評論讓本書的品質更上一層樓，這也再一次的證明好想法源於「聰明人」的洞見。因為以上原因，我們懇謝以下朋友：Steve Dewhurst、Howard Hinnant、Mikael Kilpeläinen、Dietmar Kühl、Daniel Krügler、Nevin Liber、Andreas Neiser、Eric Niebler、Richard Smith、Andrew Sutton、Hubert Tong、Ville Voutilainen。

當然，也謝謝 Addison-Wesley/Pearson 裡每一位幫助我們的同仁。今時今日，不是每個出版社都能夠提供作者專業的支持。幸虧他們仍然是那樣的有耐心、在適當時刻提醒我們、以及在必要時提供了知識及專業方面的莫大幫助。所以在此我們萬分感謝 Peter Gordon、Kim Boedigheimer、Greg Doench、Julie Nahil、Dana Wilson、Carol Lallier。

最後特別感謝 LaTex 社群提供了一套超棒的文字編輯系統、以及 Frank Mittelbach 對 LaTeX 問題的諸多支援（其中幾乎都是我們自己的問題啦）。

David 的第二版致謝

經歷了漫長的等待，在本書第二版即將問世之前，我想感謝身邊百忙之中共同成就本書的人們。首先，最感激我的太太（Karina）以及女兒們（Alessandra 和 Cassandra），願意讓我在「家庭行程」中抽出可觀的時間來完成此書，特別是在完稿前一年。而我的雙親總是對我的目標抱持興趣，每當我拜訪他們時，他們總沒有忘記關心本書進度。

本書顯而易見的是一本技術書籍，它的內容反映了程式設計方面的知識和經驗。然而，只有這樣是不足以完成本書的。故我格外感激 Nico 承擔了本書的「管理」及「製作」工作（當然還有技術方面的貢獻）。假使這本書對你有用、且你有一天偶遇了 Nico，請對他說聲謝謝，因為他讓我們不斷地前進。我也謝謝 Doug 在幾年前願意加入我們的行列並持續至今，這對行程滿檔的他來說著實辛苦。

許多 C++ 社群中的程式設計師在這幾年間分享了他們的洞見，我深深感激他們。然而，我欠 Richard Smith 一句特別的感謝，他在這幾年即時的回覆了我們對於難解技術問題的 e-mail。同樣地，我也謝謝我的同事 John Spicer、Mike Miller、和 Mike Herrick，他們分享了擁有的知識、也創造了一個正向的工作環境，讓我們得以學到更多。

Nico 的第二版致謝

首先，我要謝謝兩位硬底子專家，David 和 Doug。身為應用程式編程人員和程式庫專家，我問了他們超多蠢問題、也從中學到不少。現在我感覺自己是個硬底子專家了（當然，在我遇到下個問題前還算是啦）。大夥們，這件事真的很有趣。

其餘的感謝我想全獻給 Jutta Eckstein。Jutta 有一種美妙的能力，能驅使和幫助人們完成他們的理想、點子、和目標。IT 產業中的多數人僅能在與她開會或一起工作時偶爾體驗得到，而我是無比榮幸，生活的每一天都能從中獲益。經過這些年後，我依舊希望能永遠如此。

Doug 的第二版致謝

獻上最深的感謝予我那美妙又賢慧的妻子，Amy，和我們的兩位小女孩：Molly 和 Tessa。她們的愛與陪伴帶給我歡樂的每一天，也給了我信心去面對生活及工作中的艱巨挑戰。同時謝謝我的父母賦予我對學習的熱忱、以及多年來的鼓勵。

與 David 和 Nico 共事十分愉快，他們兩位個性上如此不同，卻又如此互補。David 讓技術寫作有條不紊，琢磨每句敘述，力求精確和明白。而 Nico 除了擁有出色的組織能力，讓另兩位作者在敘述上免於鑽牛角尖外，還有著能拆解複雜技術討論的獨特能力，讓它變得更簡單、更可行、也更加地清楚。

初版致謝

Acknowledgments for the First Edition

這本書呈現各種點子、概念、解決方案、和範例，集結了各方精華。我們感謝所有在過去幾年幫助和支持過我們的公司與個人。

首先，我想先向所有的審稿員和每一位針對初稿給予意見的朋友們致上謝意。如果沒有他們的意見，本書便無法具備一定的品質。本書的校閱者為：Kyle Blaney、Thomas Gschwind、Dennis Mancl、Patrick Mc Killen、Jan Christiaan van Winkel。特別感謝 Dietmar Kühl，他對整本書進行了精心的校閱與編輯，他的回饋為本書品質做出了無比的貢獻。

我們也要感謝所有讓我們得以在不同平台、使用不同的編譯器測試範例的公司與個人。非常感謝 Edison Design Group 的優秀編譯器與支援，這為 C++ 標準化過程及本書的寫作提供了巨大的幫助。也十分感謝 free GNU 和 egcs 編譯器的所有開發者（特別是 Jason Merrill）、以及提供評估版 Visual C++ 的 Microsoft 公司（Jonathan Caves、Herb Sutter、和 Jason Shirk 是負責我們的聯絡窗口）。

許多現存的「C++ 智慧」都是由 C++ 線上社群共同創造出來的，其中大部分來自於組織良好的 Usenet 群組（moderated Usenet groups）：comp.lang.c++.moderated 及 comp.std.c++。因此我們特別感謝這些社群中活躍的主持人，他們讓討論保持實用及建設性。我們也十分感激這些年來花時間向我們介紹和解釋自身想法、讓我們得以分享的人們。

Addison-Wesley 團隊又一次表現出色。我們格外感激 Debbie Lafferty（我們的編輯），感謝她的溫和督促、良好建議、以及努力不懈的支援本書。還要感謝 Tyrrell Albaugh、Bunny Ames、Melanie Buck、Jacquelyn Doucette、Chanda Leary-Coutu、Catherine Ohala、和 Marty Rabinowitz。我們也要感謝 Marina Lang，她率先在 Addison-Wesley 支持本書的出版。Susan Winer 負責了本書的前期編輯工作，為我們接下來的工作奠定了基礎。

Nico 的初版致謝

我個人的感謝（伴隨大量的親吻）首先要獻給我的家人：Ulli、Lucas、Anica、和 Frederic 用大量的耐心、體貼、和鼓勵支持著本書。

此外我要感謝 David。他的專業程度令人驚奇，耐性則更有過之（有時我會問他一些真的很蠢的問題）。和他一同工作十分有趣。

David 的初版致謝

我的太太 Karina 對於本書能夠完工影響甚大，我非常感激她在我生命中扮演的角色。當許多活動爭相佔領行事曆時，「在業餘時間寫作」這件事很快就變得不太規律。Karina 協助我管理行程、教我如何為了保有時間而說「不」，以保持一定的寫作進度，最重要的是她對這個案子無比的支持。她的陪伴和愛，讓我無時不感謝上帝。

我也超級感激能夠與 Nico 合作。除了對本書文字的有形貢獻外，他的經驗和素養也幫助我們將我個人的糟糕草稿變成組織良好的成品。

John "Mr. Template" Spicer 和 Steve "Mr. Overload" Adamczyk 是超棒的朋友和同事，不過在我看來他們（倆）還是核心 C++ 語言的無上權威。他們闡明了許多本書提及的棘手問題，如果你發現任何 C++ 語言元素的敘述有誤，應該都是因為我未能諮詢他們。

最後，我要對那些未提供有形幫助、卻間接支持本計畫的人表達感激之情（鼓勵的力量超過人們的想像）。首先是我的雙親：他們對我的愛和鼓勵讓這一切變得不同。接著是眾多曾關心「書寫得如何？」的朋友們，他們也是精神鼓勵的泉源：Michael Beckmann、Brett 與 Julie Beene、Jarran Carr、Simon Chang、Ho 與 Sarah Cho、Christophe De Dinechin、Ewa Deelman、Neil Eberle、Sassan Hazeghi、Vikram Kumar、Jim 與 Lindsay Long、R.J. Morgan、Mike Puritano、Ragu Raghavendra、Jim 與 Phuong Sharp、Gregg Vaughn、和 John Wiegley。

譯者序

今天下午寄出一校稿件的時候，捧著裝有厚重原稿的便利箱，心想總算告一段落了。作為一個業餘譯者的初試之作，這本近八百頁的鉅作對我來說著實是項挑戰，特別是它是一本經典之作，初版更是傑出譯者侯捷前輩的作品，實在是萬分不敢怠慢。

作為序言，很不免俗的要向所有協助過本書的夥伴表達我的感謝之意。首先要謝謝碁峰資訊的工作同仁，很幸運能和您們一同合作。當初會嘗試翻譯也是無心插柳，謝謝 Tony 提供了這個機會，願意將這本經典著作交付給筆者這位新手譯者。感謝 Tony 和 Nancy 在我屢次進度落後、寫信請求延期時，您們仍囑付我品質優先、勉勵我繼續努力，再次謝謝您們的信任和包容。

同時要感謝公司的主管和同事們，在我因為晚上趕進度而熬夜時，包容精神恍惚的我。時不時關心本書進度、和我討論書中相關的問題，與我分享過程中的甘苦。

感謝協助校對的建閔、Jimmy、宏豪、承翰、暐炶。謝謝你們的諸多迴響，點出我譯得不夠好、或是令人傻眼的錯誤，因為有你們的建議，本書因而能夠少掉許多地雷、維持一定的品質。

最後要感謝我的家人，特別是辛苦的太太。請原諒這本書佔用了這一兩年你我相處的大半時間（妳應該很討厭它），謝謝妳在我埋首於工作時仍無時無刻地支持我，體諒我以寫書作為藉口逃避家務。這樣的日子總算告一段落了，我們又能享受在晚餐後外出散步、讀點書、看場電影的閒暇時光。在成書前夕，謹將這本書獻給我最愛的家人。

這本書也是我給自己的一個年度目標。從學校畢業也許多年了，在幾年的工作實踐中愈來愈熟悉軟體工業的方方面面。不過總會想著作為一位軟體工程師、身為資訊世界的公民，要如何進而回饋這個社會。這個問題的答案或許每個人都不大一樣，也許有些人積極參與 NGO、開源計畫、G0V、組織本地活動、甚或是在論壇上積極為他人解惑，都是非常好的公民實踐。但對曾經仰賴中文資源的我來說，嘗試成為原文書譯者、幫助更多有趣的書籍出版，也是很有意義的事。我自己從翻譯本書的過程中獲益良多，願本書也能夠幫助到需要它的讀者們。

也要謝謝購買、閱讀本書的您，感謝您願意支持本書。或許倉促間本書仍舊有不盡完美、甚或缺漏之處，還請讀者們多多包涵。若您願意指明錯誤之處、或是提供我們寶貴的建議，還請您至碁峰資訊網站中的「聯絡我們」處留言，若有機會，我們會於再版時做出相應修正。同時也鼓勵讀者們，如果時間和能力允許，也可以試著貢獻一些時間，一同參與資訊出版的翻譯工作、從讀者進一步成為譯者。也許您能造福更多如我一般，對原文書有所畏懼、或想利用譯本節省時間的讀者們。

祝各位在技術上日益精進，與讀者共勉。

劉家宏

關於本書
About This Book

本書的第一版出版於十五年前，我們初心是想寫一本 C++ template 的專門指南，以期它能有助於培訓 C++ 程式設計師們。那個計劃成功了：每每從讀者們那裡聽到我們的書令他獲益、見到我們的書一次次的被推薦為參考書、以及普遍得到好評時，我們都極其滿足。

第一版雖已一把年紀，其中大多數內容仍然對現代 C++ 程式設計師們有用。然而不可否認，C++ 語言本身仍在持續進化——集大成於「現代 C++」標準，C++11、C++14、和 C++17，因為它們，第一版內容勢必要做些修正了。

故於本書的第二版，我們的願景仍然不變：提供一本對 C++ template 的專門指南，包含可靠的參考資料和深入淺出的教程。然而這次我們面對的是「現代 C++」，比起第一版時的語言版本，它明顯更大、更（依然）狂野。

我們同時也敏銳地察覺到，自第一版出版後，C++ 程式設計資源有了些許變化（往好的方面）。例如，許多專門探討以 template 進行應用程式開發的書籍開始出現。更重要的是，更多關於 C++ template 與衍生技術的資訊更容易在網上取得了，這也包括相關技術的進階範例。因此在第二版，我們決定收錄更多不同的技術，以滿足各式各樣的應用場景。

有些在第一版中提及的技術顯得過時了，現在 C++ 語言提供許多更直接的方法能達成同樣的效果。這些內容被我們刪去（或改放在附註），取而代之的是一些應用最新語言特性的技巧。

我們已與 C++ template 共度了二十餘年，然而 C++ 程式設計師社群仍經常發現一些嶄新的基本見解，其能滿足我們的軟體開發需求。我們對本書的期許正是分享這些知識，以及幫助讀者對語言有新一層的理解，甚至可能的話，發現下個 C++ 的主要技術。

閱讀本書之前，您應該知道的事

為了充份理解本書，您最好已經對 C++ 有基本認識。我們會描述某個語言特徵的細節，而非語言本身的基礎知識。您應該熟悉 Classes （類別）與繼承概念，您也應該能夠使用 C++ 標準程式庫中的構件來撰寫 C++ 程式，如 IOStreams 和各式容器（containers）等。您也應該熟悉「現代 C++」的基本特性，如 auto、decltype、搬移語意（move semantics）、以及 lambdas。然而若有必要，我們也會討論一些與 template 並不直接相關的微妙議題。這確保了文章對專家或是中等程度的程式設計師都同樣地好理解。

我們主要針對 C++ 語言標準於 2011、2014、和 2017 年的修訂版本。然而在執筆當下，C++17 標準才剛出爐，因此我們假設多數讀者並不熟悉它的細節。所有修訂版本對 template 的行為及用法均有重大的影響，因此我們針對那些會造成重大影響的新特性提供簡短的介紹。然而，我們的目標並非介紹現代 C++ 標準，也非提供一份（自 [C++98] 和 [C++03] 開始）前後版本標準差異的詳細描述。相反地，我們專注於 templates 如何在 C++ 中被設計及應用，並以現代 C++ 標準（[C++11]、[C++14]、[C++17]）做為基礎。我們偶爾也會在現代 C++ 標準相較先前標準採用或偏好不同技術時舉例說明。

全書結構

我們的目標是提供讀者使用 templates 的必要資訊、並能得益於其威力。同時提供有經驗的程式設計師們推動語言革新的所需資訊。為了達成這個目的，我們將全書分為以下幾篇：

1. 第一篇介紹 templates 的基本概念，以教程（tutorial）的型式呈現。
2. 第二篇介紹語言細節，為 template 相關構件的便捷參考。
3. 第三篇闡述 C++ templates 支援的基礎設計和編程技術，從直白的想法到老練的慣用手法都有。

每一篇都包含數個章節。此外，我們提供了一些附錄，其中包含但不限於 template 相關內容（如 C++ 重載決議機制的概述）。另有一篇附錄記述了 templates 的根本性擴充，其已被包含於未來標準的草案中（預計為 C++20）。

第一篇裡的章節需要依序閱讀。例如第三章便是奠基於第二章所提及的內容。至於其他幾篇的章節彼此之間就不大相關，在閱讀時交互查閱有助於讀者穿梭於不同主題之中。

最後，我們提供了一份相當完整的索引，方便讀者以自己的方式，跳脫順序閱讀本書。

如何閱讀本書

如果你是一位 C++ 程式設計師，並且希望學習或是複習 templates 的基本概念，請仔細閱讀第一篇：基本認識。即便你已經相當熟悉 templates 了，快速略讀第一篇也有助於熟悉本書的寫作風格與慣用術語。它同時也提到當使用 templates 時如何有系統地組織你的程式碼。

視乎你偏好的學習方法，你可能想於第二篇了解盡可能多的 template 細節，或是先閱讀第三篇裡的實際編程技巧（並在想了解微妙的語言細節時回頭查閱第二篇）。若你購買本書是為了解決具體的日常難題時，後者或許更適合你。

附錄包含許多在本書正文中常提及的有用資訊，我們同樣試著讓它們讀起來更加有趣。

依我們的經驗，學習新事物的最好方法是從範例出發。因此全書包含了大量範例，有些僅以數行程式碼說明抽象概念，有些則是以完整的程式示範內容的具體應用。後面這種範例會將含有該程式碼的檔案標明於 C++ 註釋中，你可以在本書的網站上找到這些檔案：

```
http://www.tmplbook.com
```

關於編程風格的幾點說明

C++ 程式設計師們有各自的編程風格，我們也一樣：司空見慣的問題像是在哪兒加上空白、分隔符號（大、小括號）等等。我們盡可能大體上保持一致，即便有時我們可能會在某些時候做點妥協。例如，在教程小節，我們偏好大量使用使用空白及較具體的命名方式以增進可讀性；但在深入討論時，較緊湊的程式碼可能更合適。

我們希望您留意，在宣告型別（types）、參數（parameters）、和變數（variables）時，我們有一個較不尋常的習慣。以下幾種顯然都是可能的寫法：

```
void foo (const int &x);
void foo (const int& x);
void foo (int const &x);
void foo (int const& x);
```

雖然可能比較少見，我們決定使用 int const 而非 const int 來表示「常整數（constant integer）」。我們基於兩點理由使用這樣的順序。首先，它能簡單地回答以下問題：「何者是常數（*what* is constant）」？答案永遠是：const 修飾符前面的那一個。確實如此，即便下面兩式等價：

```
const int N = 100;    // 一般人慣用的寫法
int const N = 100;    // 本書使用的寫法
```

但以下式子並不存在等價的型式：

```
int* const bookmark;    // 指標本身不可更動，但它所指的值可以
```

若是將 const 修飾符置於指標運算子 * 之前*，意思就改變了。在本例中，指標本身是個常數，而不是它指向的那個 int。

我們的第二個理由與語法替換原則（syntactical substitution principle）有關，在處理 template 時經常會遇到。考慮下列兩個使用 typedef 關鍵字做的型別（type）宣告[1]**：

```
typedef char* CHARS;
typedef CHARS const CPTR;          // 指向 chars 的 const 指標
```

或是在使用 using 關鍵字時：

```
using CHARS = char*;
using CPTR  = CHARS const;         // 指向 chars 的 const 指標
```

當我們將 CHARS 文字代換為它的定義時，第二條宣告式的原意依舊不變：

```
typedef char* const CPTR;          // 指向 chars 的 const 指標
```

或是：

```
using CPTR = char* const;          // 指向 chars 的 const 指標
```

然而，如果我們將 const 置於被修飾物之前，這個原則就不再適用了。若我們把先前的兩個型別定義式改寫成這樣：

```
typedef char* CHARS;
typedef const CHARS CPTR;          // 指向 chars 的 const 指標
```

現在若再次將 CHARS 做文字代換，會產生完全不同的型別。

```
typedef const char* CPTR;          // 指向 const chars 的指標
```

對於 volatile 修飾詞，也會有同樣的狀況。

此外，我們總是會在 & 符號和參數名稱中間插入空白：

```
void foo (int const& x);
```

這樣做是為了刻意把參數型別和參數名稱分開。像以下的宣告方式肯定會使人困惑：

```
char* a, b;
```

根據繼承自 C 語言的規則，這裡的 a 是一個指標，而 b 是一般的 char。為了避免混淆，我們避免宣告多個變數於同一行。

---

1 注意在 C++ 裡，typedef 實際上是定義了一個「型別別名（type alias）」，而非一個新的型別（見 2.8 節，第 38 頁）。例如：

```
typedef int Length;    // 定義 Length 為 int 的一個別名（alias）
int i = 42;
Length l = 88;
i = l;        // OK
l = i;        // OK
```

* 譯註：即 int const* bookmark。

** 譯註：參考 C++ 標準，這裡使用「宣告」而非「定義」，見 C++ 標準 3.1 節。

這是一本主要針對語言特性的書,然而 C++ 標準程式庫裡包含了許多技術、特性、以及 helper templates(輔助模板)。為了兼顧兩者,我們將說明 templates 相關技術如何用來實作某個程式庫構件,同時使用標準程式庫工具以建立更為複雜的範例。因此我們不僅會使用如 `<iostream>` 和 `<string>` 之類的標頭檔(它們應用 templates 技術,但通常不會用來定義其他 templates),同時也會使用 `<cstddef>`、`<utilities>`、`<functional>`、和 `<type_traits>`(它們提供了能用來實作更複雜 templates 的基礎元件)。

此外,附錄 D 是一份關於 C++ 標準程式庫中重要 template 工具的參考資料。其中包含所有 standard type traits(標準型別特徵萃取)的詳細描述。這些工具經常會在複雜的 template 程式設計中派上用場。

C++11、C++14 與 C++17 標準

C++ 標準最初發佈於 1998 年,隨後在 2003 年發表了一份技術勘誤(*technical corrigendum*),用以對初始版本做小幅度修正和澄清。這份「舊式 C++ 標準」被稱做 C++98 或 C++03。

C++11 標準是第一個由 ISO C++ 標準委員會負責的 C++ 重大改版,替語言帶來了豐富的新特性。本書介紹了其中某些與 templates 相互影響的新特性,包含:

- Variadic templates(可變參數模板)
- Alias templates(別名模板)
- Move semantics(搬移語意)、rvalue references(右值參考)、與完美轉發(perfect forwarding)
- Standard type traits(標準型別特徵萃取)

後續的 C++14 和 C++17 都引進了某些新的語言特性,但改變幅度並沒有像 C++11 那樣巨大[2]。本書介紹與 templates 產生互動的新特性包含了(但不僅限於此):

- Variable templates(變數模板,C++14)
- 泛型 Lambda 表示式(C++14)
- Class template 引數推導(C++17)
- 編譯期 if(C++17)
- 摺疊表示式(C++17)

我們更進一步提到 *concepts*(作為 templates 的介面),它預計會被包含在即將推出的 C++20 標準中。

---

[2] 標準化委員會現行目標大約是每三年發佈一次新標準。顯然,這樣會壓縮新增大量特性的可用時間,不過也使得改變可以更快地分享給更多的編程社群。這樣一來,橫跨一定時間的重大特性開發,可能會被散布在多個標準之中。

在寫作的當下，C+11 和 C++14 標準已經被主流編譯器廣泛地支援，同時 C++17 也獲得了相當程度的支援。即便如此，各家編譯器對於不同語言特性的支援差異很大。部分讀者會編譯本書中大多數的程式碼，不過有些編譯器可能會無法處理部分範例。不過，我們預料這個問題將會很快獲得解決，因為世界各地的程式設計人員都需要供應商支援語言標準。

即便如此，C++ 程式語言仍舊可能隨著時間經過而持續進化。C++ 社群中的專家們（不管他們是否參與 C++ 標準化委員會）討論著改良語言的各種方法，也已經有一些改良方案影響了 templates。第 17 章會介紹這個領域的一些趨勢。

範例程式碼和補充資訊

你可以從本書官網取得所有的範例程式以及與本書相關的其他資訊，網址如下：

http://www.tmplbook.com

意見回饋

我們竭誠歡迎您的建設性意見，無分讚美或批評。我們耗盡心力將本書呈現給您，希望您會覺得它是一本優秀的作品。不過，在某個時刻我們不得不停筆、停止校閱和修訂，否則便永遠無法推出產品。您可能會因此發現一些錯誤、內文前後不一致、欠佳的表達方式、或是缺了某些主題。您的回饋使我們有機會透過官網告知所有讀者，同時在後續版本中改進。

聯絡我們最好的方式是透過電子郵件。你可以在本書官網找到電子郵件地址：

http://www.tmplbook.com

請確認在回報任何意見前，先行檢查過本書官網上的已知勘誤資訊（errata）。感謝您。

第一篇
基本認識

The Basics

本篇介紹 C++ Templates 的總體概念和語言特性。開場以 function template 和 class template 舉例，討論 template 的目標應用和總體概念。接著會提到許多新增的 template 基本特性，像是 nontype template parameters（非型別模板參數）、variadic templates（可變參數模板）、typename 關鍵字、和 member templates（成員模板）等。同時討論如何應付搬移語義（move semantics）、如何宣告參數、以及如何使用泛型程式碼（generic code）進行編譯期程式設計（compile-time programming）。最後以一些通用的提示作結，像是常見術語（terminology）、以及從一般應用程式設計師或是程式庫實作者的觀點，談論 template 在日常工作中的使用方法和具體應用。

為何選擇 Templates？

C++ 要求我們宣告變數（variables）、函式（functions）、以及其他大多數使用特定型別（types）的個體（entities）。然而，一堆為了不同型別而寫的程式碼看起來都差不多。像是處理不同資料結構的 *quicksort* 演算法，在面對以 ints 組成的 array（陣列）以及 string（字串）組成的 vector（向量）時，只要內容物的型別允許互相比較，程式架構都大同小異。

如果你用的程式語言不支援這種特殊的泛型（genericity）語言特性，你只剩下幾種不太好的做法：

1. 一次又一次地為每個需要同樣功能的型別寫出實作。
2. 為共通的基礎型別（base type，像是 Object 或 void*）寫出一份通用的程式碼。
3. 使用特別的前置處理器（preprocessor）*。

如果你先前使用其他語言，你可能已經用過上述的一些或全部作法。然而，這些方法都有各自的缺點：

---

* 譯註：用來在編譯之前預先處理程式碼中的巨集（macros），像是 C/C++ 的 #ifdef。

1

1. 如果你不停寫出相同的實作，你正在重造輪子（reinvent the wheel）。你會一直犯同樣的錯誤、同時不敢使用更複雜但更好的演算法，只因為可能會出更多錯。

2. 如果你替共通的 base class（基礎類別）寫了一份通用程式碼，你就無法享受型別檢查（type checking）帶來的好處。而且這樣一來，classes 都得繼承自這個特殊的 base class，使維護程式碼變得更難。

3. 若你使用了特殊的前置處理器，程式碼將會被一些「笨拙的文字取代機制」置換掉。這套機制對 scope（作用範圍）和型別一無所知，可能導致怪怪的語義錯誤（semantic errors）。

Templates 是解決此問題的一劑良方，並且沒有上述副作用。它可以在一個以上的型別尚未決定時，寫出函式或 classes。使用 template 時，你可以標明型別將其作為引數傳入（顯式傳遞，pass explicitly），或是不寫也可以（即隱式傳遞，pass implicitly）。因為 templates 是語言特性的一部分，故完全支援型別檢查和 scope。

如今 Templates 已廣泛運用在程式裡，像是幾乎所有 C++ 標準程式庫的程式碼都以 template 寫成。標準程式庫提供了能排序物件（objects）或各種具體型別 value（數值）的排序演算法、管理各種具體型別元素（elements）的資料結構（也叫 container classes，容器類別）、由參數化字元（parameterized character）組成的 string …等各式各樣的功能。然而好戲才正要開始。Templates 能讓我們參數化（parameterize）程式的行為、最佳化程式碼、以及將各式各樣的資訊參數化。這些應用會在後續章節提及，讓我們先從一些簡單的 templates 看起吧！

函式模板
Function Templates

本章主要介紹 *function templates*（函式模板）。Function templates 是一種參數化（parameterized）的函式，用以表現一整個函式家族。

1.1 初識 Function Templates

Function templates 提供適用不同型別的函式行為。換句話說，單一 function template 能表現一整個函式家族。這種寫法看起來就像個普通的函式——除了一些函式內的元素尚未被決定之外。而這些未定的元素被「參數化」了。為了說明，讓我們瞧瞧一個簡單的例子。

1.1.1 定義 Template

以下是一個用以回傳兩數中較大者的 function template。

basics/max1.hpp

```
template<typename T>
T max (T a, T b)
{
  // 如果b < a 則傳回a，否則傳回b
  return b < a ? a : b;
}
```

這個 template 定義代表了一整個函式家族，能夠回傳兩參數 a 和 b 中的較大者[1*]。參數的型別仍然是未定的，以 *template parameter*（模板參數）T 表示。如範例所示，template parameters 必須用以下的語法宣告。

---

1 注意。參考 [StepanovNotes]，以上的 max() template 試圖回傳 "b < a ? a : b"，而非 "a < b ? b : a"，以確保函式行為在兩相異參數 a、b 等值時仍然正確。

* 譯註：考慮一個由小到大排序的數列 [a, b]，你通常會假設 max(a, b) 回傳的是 b，即便 a、b 等值也應該如此。但若以上述的 "a < b ? b : a" 來實作，回傳值會是前面的 a，這樣的結果會令人意外。所以作者才會說用 "b < a ? a : b" 比較正確。

```
template< 一列以逗號區隔的參數 >
```

在我們的範例裡，參數列放的是 `typename T`。注意現在 < 和 > 符號作為括號成對使用；我們稱之為**角括號**（*angle brackets*）。而關鍵字 `typename` 引入了一個 *type parameter*（**型別參數**）。這是目前為止在 C++ 程式中最常見的 template parameter 形式，但也可能出現其他形式的參數，我們將在後面討論它們（見第三章）。

這兒的 type parameter 是 `T`，你也可以使用任何的識別字（*identifier*）作為參數名稱，但一般習慣使用字母 `T`*。Type parameter 可以是任意型別，由函式呼叫者（*caller*）在使用函式時決定。你可以使用任何型別（包括**基本型別**（*fundamental type*）、class（類別）等），只要其支援在 template 內所使用到的運算即可。在這個例子中，型別 `T` 必須能夠支援 < **運算子**（*operator*），因為 a 和 b 使用了 < 運算子進行比較。還有一點比較隱晦的是，`max()` 的定義暗示：因函式回傳值所需，型別 `T` 必須是**可複製的**（*copyable*）[2]。

因為歷史因素，你也可以使用關鍵字 `class` 取代 `typename` 來定義一個 type parameter。關鍵字 `typename` 在開發的相對晚期才納入 C++98 標準。在那之前，`class` 關鍵字是唯一一種引入 type parameter 的方法，並一直保留至今。因此，template `max()` 也能用以下方式定義：

```cpp
template<class T>
T max (T a, T b)
{
    return b < a ? a : b;
}
```

語意上，這樣定義並無任何區別。所以即使你在這兒使用了 `class`，仍然能夠使用任何型別作為 *template arguments*（**模板引數**），用以代入參數。然而，這種使用 class 的方式可能造成誤解（`T` 並非只能使用 class 型別代入），因此您在這裡使用 `typename` 較好。然而，不像宣告 class 型別那樣，關鍵字 `struct` 並不能取代 `typename` 用以宣告 type parameters。

1.1.2　使用 Template

以下程式示範如何使用 `max()` function template：

basics/max1.cpp

```cpp
#include "max1.hpp"
#include <iostream>
#include <string>
```

---

[2]　在 C++17 前，為了能夠傳入引數，型別 `T` 的必要條件是它可複製。但是從 C++17 開始，你也可以選擇傳入**暫存值**（temporaries；即 rvalues（右值），見附錄 B），即便該型別未支援複製建構子（copy constructor）和搬移建構子（move constructor）也可以。

*　譯註：T 代表 Type。

```
int main()
{
  int i = 42;
  std::cout << "max(7,i):    " << ::max(7,i) << '\n';

  double f1 = 3.4;
  double f2 = -6.7;
  std::cout << "max(f1,f2): " << ::max(f1,f2) << '\n';

  std::string s1 = "mathematics";
  std::string s2 = "math";
  std::cout << "max(s1,s2): " << ::max(s1,s2) << '\n';
}
```

這個程式裡 max() 被呼叫了三次:第一次引數是兩個 ints、第二次引數是兩個 doubles、最後一次則是兩個 std::strings。每一次呼叫時,兩數的較大值都會被計算出來。因此,程式會有以下的輸出:

```
max(7,i):    42
max(f1,f2): 3.4
max(s1,s2): mathematics
```

注意每次呼叫 max() 時前面都加上了 ::。這是為了確保我們喚起的 max() template 是定義於 global namespace(全域命名空間)裡的那一個。在標準程式庫(*standard library*)內,同樣存在著一個 std::max() **template**,在某些情況下這個版本可能會被喚起,或是導致*歧義*(*ambiguity*)的發生[3]。

Templates 並非被編譯成一個能處理任何型別的一份個體程式碼(entities)。相反的,每一處對應不同型別而使用到 template 的地方,都會有不同的個體程式碼被產生[4]。因此,max() 會對應這三種型別,分別編譯出三個版本。例如,第一次呼叫 max() 時

```
int i = 42;
… max(7,i) …
```

使用了以 int 作為 template parameter T 的 function template。因此,它的語意等同於呼叫以下程式碼:

```
int max (int a, int b)
{
    return b < a ? a : b;
}
```

---

[3] 例如:若某個引數型別定義於 std 命名空間中(如 std::string)。基於 C++ 的查詢規則,存在於 global 和 std 命名空間中的 max() 都會被找到,因而引發歧義(見附錄 C)。

[4] 「通用個體程式碼」(one-entity-fits-all)概念上可行,實行上卻有困難(這會降低執行期(run time)效能)。當前所有語言規則都遵循相同的設計原則:不同 template arguments 會產生不同的個體程式碼。

以具體型別取代 template parameters 的過程稱為實體化（*instantiation*），它會產生一份
template 的實體（*instance*）[5]。

請注意，我們只需使用 function template 就能夠觸發此種實體化。實體化過程並不需要程式
設計師的額外關注。

同理，另兩個對 max() 的呼叫也能夠實體化 max template 對應於 double 及 std::string
的不同版本，彷彿它們各自被宣告與實作一般。

```
double max (double, double);
std::string max (std::string, std::string);
```

值得留意的是，void 型別同樣是個合法的 **template argument**，能據以產生合法的程式碼。
例如：

```
template<typename T>
T foo(T*)
{
}

void* vp = nullptr;
foo(vp);                                // OK：推導出 void foo(void*)
```

1.1.3　兩段式轉譯（**Two-Phase Translation**）

嘗試以某個型別實體化 template 時，若該型別並未對所有用到的運算（operation）提供支
援，則會導致編譯期錯誤（compile-time error）。例如：

```
std::complex<float> c1, c2;             // 未提供 < 運算子
...
::max(c1,c2);                           // 編譯時出錯啦
```

因此，「編譯」templates 實際上分成兩階段。

1. 尚未實體化的定義時期（*definition time*），忽略 template parameters 並進行程式碼的
   正確性檢查。過程包含：
   - 檢查語法錯誤。像是沒加上分號之類的問題。
   - 檢查是否使用了與 template parameters 無關的未知名稱（型別名稱、函式名稱等等）。
   - 檢查和 template parameters 無關的靜態斷言（static assertions）。

2. 於實體化時期（*instantiation time*）template 程式碼會（再次）被檢查，以確保所有程
   式碼均正確。換言之，所有依賴於 template parameters 的部分都會在此時特別被重新
   檢驗。

---

[5] 「實體（*instance*）」和「實體化（*instantiate*）」兩個名詞在物件導向程式設計（*object-oriented
programming*，*OOP*）中有著不同的應用場景——它們用以表現一個 class 的具體物件（*concrete object*）。然而，
這本書關注的是 templates，故除非我們特別標明，否則這些名詞均用以表現「作用於」templates 時的涵義。

例如：

```
template<typename T>
void foo(T t)
{
  undeclared();       // 如果找不到 undeclared()，則導致第一階段編譯期錯誤
  undeclared(t);      // 如果找不到 undeclared(T)，則導致第二階段編譯期錯誤
  static_assert(sizeof(int) > 10,    // 若 sizeof(int)<=10，必定失敗
                "int too small");
  static_assert(sizeof(T) > 10,      // 以 size <=10 的 T 進行實體化才會失敗
                "T too small");
}
```

名稱經過兩次檢查的這個行為叫做 *two-phase lookup*（兩段式查詢），在 14.3.1 節（第 249 頁）有更深入的討論。

注意並不是所有的編譯器都會在第一階段做完整的檢查[6]。因此你可能要到 template 程式碼被實體化至少一次後方能見到問題。

編譯和連結

兩段式轉譯引發了一個實際運用 template 時會遇到的重要問題：當使用 function template 會觸發實體化時，編譯器（在某些時候）會需要知道 template 的定義。這破壞了一般函式在編譯及連結時期的預設分野：在編譯函式呼叫處時，只需要其宣告式就夠了。第 9 章會討論處理這個問題的方法。現在我們先採用簡單的作法：把所有的 template 實作都放在標頭檔（header file）中。

1.2 Template 引數推導

當呼叫一個像 max() 這樣的 function template 時，我們傳入的引數會決定 template parameters。如果將兩個 ints 作為參數型別 T 傳入，C++ 編譯器會作出結論：T 必須是個 int。

然而，T 可能僅僅只是參數型別的「部分組成」。例如，如果我們用 *constant reference*（常數參考）來宣告 max()：

```
template<typename T>
T max (T const& a, T const& b)
{
    return b < a ? a : b;
}
```

若傳入的引數是 int，則 T 同樣會被推導為 int。因為此時函式參數匹配於 int const&。

---

6 例如，某些版本的 Visual C++ 編譯器（像是 Visual Studio 2013 和 2015）會放過和 template parameters 無關的未宣告名稱以及部分語法瑕疵（像是忘了分號）。

型別推導期間的型別轉換

記住：當型別推導時，自動型別轉換會受到限制。

- 當參數宣告為**以 reference（參考）呼叫**（call by reference）時，即便是最直觀的轉型也不會在型別推導時實行。以同一個 template parameter T 宣告的兩個引數，型別必須完全相同。

- 當參數宣告為**以值呼叫**（call by value）時，只支援最直觀的退化（decay）轉換：冠詞如 const 或 volatile 將被忽略、references 會被轉為對應的型別*、原始陣列（raw arrays）或函式會被轉為對應的指標型別。以同一個 template parameter T 宣告的兩個引數，退化後（decayed）的型別必須相同。

舉例：

```
template<typename T>
T max (T a, T b);
…
int i = 17;
int const c = 42;
max(i, c);              // OK：T 被推導為 int
max(c, c);              // OK：T 被推導為 int
int& ir = i;
max(i, ir);             // OK：T 被推導為 int
int arr[4];
max(&i, arr);           // OK：T 被推導為 int*
```

下面則是出錯的例子：

```
max(4, 7.2);            // 錯誤：T 可以被推導為 int 或 double
std::string s;
max("hello", s);        // 錯誤：T 可以被推導為 char const[6] 或 std::string
```

有三個方法可以處理這樣的錯誤：

1. 把兩個引數轉為相同型別：
    ```
    max(static_cast<double>(4), 7.2);      // OK
    ```

2. 明確指定（描述）T 的型別，以避免編譯器試著推導型別：
    ```
    max<double>(4, 7.2);                    // OK
    ```

3. 讓各個參數擁有不同型別**。

1.3 節（第 9 頁）會闡述這些解決方案，7.2 節（第 108 頁）與第 15 章會詳細討論型別推導時的型別轉換原則。

預設引數的型別推導

同時注意，型別推導不會作用於 *default call arguments*（預設呼叫引數），例如：

---

* 譯註：去掉 &。

** 初版譯註：如第一個是 T1，第二個是 T2。

```
template<typename T>
void f(T = "");
...
f(1);                    // OK：T 將被推導為 int，故呼叫的是 f<int>(1)
f();                     // 錯誤：無法推導 T
```

為了支援這種用法，你必須替 template parameter 也宣告一個預設引數。1.4 節（第 13 頁）
會有更進一步的討論。

```
template<typename T = std::string>
void f(T = "");
...
f();                     // OK
```

1.3 多個 Template Parameters

到目前為止，function template 會具備兩種不同的參數：

1. *Template parameters*（模板參數）：宣告於 function template 名稱前的角括號中。

   ```
   template<typename T>             // T 是 template parameter
   ```

2. *Call parameters*（呼叫參數）：宣告於 function template 名稱後的小括號中。

   ```
   T max (T a, T b)                 // a 和 b 是 call parameters
   ```

你可以有任意多個 template parameters。例如，你可以這樣定義 max() template，讓兩個
call parameters 可能擁有不同的型別。

```
template<typename T1, typename T2>
T1 max (T1 a, T2 b)
{
    return b < a ? a : b;
}
...
auto m = ::max(4, 7.2);           // OK，但回傳型別由第一個引數決定
```

能夠傳入不同型別的參數到 max() template 看來很吸引人，但就這個例子而言，它引發了一
個問題：如果你用了其中一個型別作為回傳型別（return type），無論呼叫者願不願意，另
一個代入的引數都可能被轉型成這個型別。如此一來，回傳型別就依賴於 call argument 的順
序。66.66 和 42 取最大值得到的結果會是 double 66.66，而 42 和 66.66 取最大值則會得到
int 66。

C++ 提供了不同方法來解決這個問題：

- 引入第三個 template parameter 作為回傳型別。
- 讓編譯器來決定回傳型別。
- 用兩個參數型別的「共通型別（common type）」來宣告回傳型別。

接下來讓我們討論以上幾種方案。

1.3.1　將 Template Parameters 用於回傳型別

先前的討論示範了 *template* 引數推導（*template argument deduction*），讓我們得以用呼叫一般函式的語法（syntax）來呼叫 function templates，我們毋需特別標明每個 template 參數的型別。

我們同時也提到，若想特別標明 template parameters 的型別，也是可行的：

```
template<typename T>
T max (T a, T b);
…
::max<double>(4, 7.2);   // 將 T 實體化為 double
```

萬一當 template 和 call parameters 之間沒有明顯關聯，並且當編譯器無法推導出 template parameters 時，你必須在呼叫時特別標明 template argument。例如，你可以引入第三個 template argument 型別以定義 function template 的回傳型別：

```
template<typename T1, typename T2, typename RT>
RT max (T1 a, T2 b);
```

然而，template 引數推導並不會考慮回傳值[7]，且 RT 並不會出現在函式 call parameters 的型別之中。因此 RT 無法被推導出來[8]。

是故，你必須特別標明整個 template argument list（模板引數列表），例如：

```
template<typename T1, typename T2, typename RT>
RT max (T1 a, T2 b);
…
::max<int,double,double>(4, 7.2);     // OK，但很囉嗦
```

到目前為止，我們已經看過特別寫出所有 template arguments 的函式、也見過沒有標明 template arguments 的例子。不過還有一種寫法：我們可以只寫出第一個引數、並讓推導機制決定剩下的部分。一般來說，你必須標明所有無法被隱式推導決定的引數型別。所以如果你調整一下例子裡 template parameters 的順序，呼叫時就只需要標明回傳型別即可：

```
template<typename RT, typename T1, typename T2>
RT max (T1 a, T2 b);
…
::max<double>(4, 7.2);   // OK：回傳型別是 double，T1 和 T2 會被推導出來。
```

在這個例子裡，呼叫 max<double> 時明確定義了 RT 為 double，而參數 T1 和 T2 會依據引數被推導為 int 和 double。

---

7 推導可以被視為重載決議機制（overload resolution）的一部分；無論是推導或重載決議，都不會倚賴回傳值來區分不同的呼叫。唯一的例外是轉型運算子成員函式（conversion operator members）*。

8 在 C++ 裡，回傳型別同樣無法依據呼叫時的上下文（context）推導出來。

* 初版譯註：轉型運算子函式名稱形式為：operator **type**()，其中 **type** 可為任意型別；無需另外指出回傳型別，因為函式名稱已經表現出回傳型別。

這些 max() 的修正版本並沒有帶來什麼明顯的好處。對於單一參數的這個版本，如果傳入的兩個引數型別不同，你可以指定參數型別（及回傳型別）。因此為保持程式碼簡單易懂，我們在接下來的章節討論其他 template 議題時，預設使用這個單一參數版本。

關於推導過程的細節，詳見第 15 章。

1.3.2　推導回傳型別

如果回傳型別依賴於 template parameters，最簡單也最好的推導方法就是讓編譯器來決定。自 C++14 起，不宣告回傳型別也沒問題（但你仍然要宣告回傳型別為 auto）。

basics/maxauto.hpp

```
template<typename T1, typename T2>
auto max (T1 a, T2 b)
{
  return b < a ? a : b;
}
```

事實上，我們使用 auto 時並沒有加上對應的 *trailing return type*（後置回傳型別，會隨著 -> 符號出現在句末），這件事意味著實際的回傳型別必須依靠函式本體（body）裡的回傳陳述句（return statement）推導出來。當然函式本體要真的能推導出回傳型別才行。因此，程式碼必須存在、並且多個回傳陳述句也要一致。

在 C++14 以前，如果想讓編譯器決定回傳型別，基本上只能讓函式實作內容成為函式宣告的一部分。C++11 裡可以藉助以下功能：*trailing return type* 語法允許我們使用 call parameters。也就是說，我們能宣告（*declare*）operator?: 產生的結果為回傳型別：

basics/maxdecltype.hpp

```
template<typename T1, typename T2>
auto max (T1 a, T2 b) -> decltype(b<a?a:b)
{
  return b < a ? a : b;
}
```

這裡的回傳型別由運算子 ?: 的規則決定，看來有點複雜，但一般會產生合乎直覺的結果。例如，即使 a 和 b 有著不同的算術型別（arithmetic type），得到的結果也會是一個共通（common）的算術型別。

```
template<typename T1, typename T2>
auto max (T1 a, T2 b) -> decltype(b<a?a:b);
```

注意上式是一份宣告（*declaration*），方便編譯器使用 operator?: 所陳述的規則，在編譯期利用參數 a 和 b 找出 max() 的回傳型別。函式實作部分並不一定要和宣告式長得一樣。事實上，在宣告式裡以 true 作為 operator?: 的條件也行：

```
template<typename T1, typename T2>
auto max (T1 a, T2 b) -> decltype(true?a:b);
```

但不論怎麼看，這份定義都有一個顯著的缺點：回傳型別有可能是一個 reference 型別，因為在某些情況下 T 可能是個 reference。考慮到這點，你應該回傳 T 退化後的型別，看起來會像下面這樣：

basics/maxdecltypedecay.hpp

```
#include <type_traits>

template<typename T1, typename T2>
auto max (T1 a, T2 b) -> typename std::decay<decltype(true?a:b)>::type
{
  return b < a ? a : b;
}
```

在這裡我們使用了 **type traits**（型別特徵萃取）：std::decay<>，其定義於標準程式庫的 <type_traits> 標頭檔（見附錄 D.4，第 731 頁），它能回傳記錄於成員變數 type 裡的最終型別。因為成員變數 type 是一個型別，取用時必須在陳述式之前加上 typename 關鍵字（見 5.1 節、第 67 頁）。

注意初始化（initialization）型別 auto 的過程總是伴隨著退化。當回傳型別用上了 auto，回傳值同樣會受到影響。下面的程式碼描述了以 auto 作為回傳型別時的行為，在這裡 a 是以 i 的退化後型別（int）來宣告的：

```
int i = 42;
int const& ir = i;        // ir 是 i 的 reference
auto a = ir;              // a 是一個以 int 型別宣告的新物件
```

1.3.3　回傳共通型別

自 C++11 開始，標準程式庫提供了方法以選擇「更加泛用（the more general type）」的型別。std::common_type<>::type 提供了傳入兩個（或兩個以上）不同型別引數時的「共通型別（common type）」。例如：

basics/maxcommon.hpp

```
#include <type_traits>

template<typename T1, typename T2>
std::common_type_t<T1,T2> max (T1 a, T2 b)
{
  return b < a ? a : b;
}
```

`std::common_type` 又是一個 *type trait*，定義於 `<type_traits>`。它提供了一個有著 `type` 成員變數的結構，並藉以取得最終型別。它主要的用法會像這樣：

```
typename std::common_type<T1,T2>::type    // C++11 起接受的寫法
```

然而，自 C++14 起，traits 用起來更簡單了，只要在 trait 名稱後面加上 `_t`，同時 `typename` 關鍵字和後面的 `::type` 都可以省略（細節詳見 2.8 節，第 40 頁）。現在回傳型別可以簡單這樣定義：

```
std::common_type_t<T1,T2>                    // 與上式相同，C++14 開始可以這樣寫
```

`std::common_type<>` 實作上使用了一些巧妙的 template 編程技巧，在 26.5.2 節（第 622 頁）會討論到。基本上，它會根據 `?:` 的語言規則、或是具體型別的特化（specializations）來選擇最終型別。無論是 `::max(4, 7.2)` 還是 `::max(7.2, 4)` 都會得出相同的結果：7.2，型別為 `double`。注意 `std::common_type<>` 同樣也會退化。更詳細的內容請見附錄 D.5（第 732 頁）。

1.4 Default Template Arguments（預設模板引數）

Template parameter 也可以定義預設值，稱為 *default template arguments*（預設模板引數），能夠在任何一種 template 上使用[9]，甚至可以引用出現過的 template parameters。

舉個例子，如果你想要定義回傳型別，同時支援多個不同型別的參數（像上一節討論的那樣）。你可以引進一個 template parameter RT 作為回傳型別，並設定兩個引數的共通型別作為其預設值。現在我們再次有著不同方案：

1. 直接使用 `operator?:`。但是 `operator?:` 必須放在 call parameters a 和 b 之前，故我們無法對 a、b 進行比較，只能使用它們的型別 T1 和 T2：

basics/maxdefault1.hpp

```
#include <type_traits>

template<typename T1, typename T2,
         typename RT = std::decay_t<decltype(true ? T1() : T2())>>
RT max (T1 a, T2 b)
{
  return b < a ? a : b;
}
```

再次留意這裡用了 `std::decay_t<>`，以確保回傳值不是個 reference [10]。

---

[9] 在 C++11 之前，因為 function templates 演化過程裡的老毛病，default template arguments 只能存在於 class templates 中。

[10] 再次提醒，於 C++11 必須得用 `typename std::decay<...>::type`，而不能寫成 `std::decay_t<...>`（見 2.8 節，第 40 頁）。

同時注意，以上實作要求傳入型別的預設建構子（default constructor）能夠被呼叫。
另一種解法是使用 std::declval，可是這麼做會使這條宣告式變得更加複雜。你可以
在 11.2.3 節（第 166 頁）找到例子。

2. 亦可使用 type trait：std::common_type<> 來標明預設回傳型別：

basics/maxdefault3.hpp

```
#include <type_traits>

template<typename T1, typename T2,
         typename RT = std::common_type_t<T1,T2>>
RT max (T1 a, T2 b)
{
  return b < a ? a : b;
}
```

再次當心 std::common_type<> 會導致退化，故回傳值不能是 reference。

無論如何，現在呼叫者可以使用回傳型別的預設值了。

```
auto a = ::max(4, 7.2);
```

或是在其他型別引數的後面顯式地（explicitly）加註回傳型別也可以。

```
auto b = ::max<double,int,long double>(7.2, 4);
```

再次遇到老問題，現在就算只想給回傳型別，也得把三個型別都寫出來。其實我們想要的是，
當回傳型別放在第一個 template parameter 的情況下，還能夠在需要時從引數型別中推導出
回傳型別。原則上，只替第一個 function template parameter 設定預設引數，並忽略後續參
數，也是可行的。

```
template<typename RT = long, typename T1, typename T2>
RT max (T1 a, T2 b)
{
  return b < a ? a : b;
}
```

有了以上定義，我們可以這樣呼叫函式：

```
int i;
long l;
…
max(i, l);               // 回傳 long（template parameter 的預設引數，作為回傳型別）
max<int>(4, 42);         // 在明確要求時，回傳 int
```

然而這個做法只有在 template parameter 擁有「天然的預設型別（natural default）」時可
行。這裡我們想要的是讓 template parameter 的預設引數由出現過的 template parameters
決定。原則上做得到，但得倚靠 type traits 技巧並且會讓 traits 定義變得更複雜，在 26.5.1
小節（第 621 頁）有相關的討論。

基於以上原因，最好也最簡單的做法是讓編譯器自行推導出回傳型別，像 1.3.2 節（第 11 頁）敘述的那樣。

1.5 重載 Function Templates

如同一般函式，function templates 也能被重載（overloaded）。亦即一個函式名稱可以有好幾份不同的函式定義，當該名稱於函式呼叫被提及時，C++ 編譯器得決定哪一份定義會被喚起。即使不牽涉 templates，該決策機制也相當複雜。這一節，我們會討論使用 templates 時的重載行為。如果你對（沒有 templates 時的）基本重載規則還不是很熟悉，建議你先閱讀附錄 C。我們提供了一份對重載決議機制相當詳盡的講解。

以下的小程式示範了如何重載 function template：

basics/max2.cpp

```cpp
// 取兩個 ints 中較大者：
int max (int a, int b)
{
  return b < a ? a : b;
}

// 取任意兩個相同型別數值中較大者：
template<typename T>
T max (T a, T b)
{
  return b < a ? a : b;
}

int main()
{
  ::max(7, 42);          // 呼叫 nontemplate 版本處理兩個 ints
  ::max(7.0, 42.0);      // 呼叫 max<double>（由引數推導決定）
  ::max('a', 'b');       // 呼叫 max<char>（由引數推導決定）
  ::max<>(7, 42);        // 呼叫 max<int>（由引數推導決定）
  ::max<double>(7, 42);  // 呼叫 max<double>（不會發生引數推導）
  ::max('a', 42.7);      // 呼叫 nontemplate 版本處理兩個 ints
}
```

如範例所示，nontemplate function（非模板函式）可以與 function template 同時存在、共享相同的函式名稱、並且以相同型別被實體化 *。在其他條件都相同的情況下，比起由 template 衍生的實體，重載決議機制偏好使用 nontemplate 版本。例子裡的第一條呼叫式便符合這個原則：

    ::max(7, 42);   // 具備兩個 int 引數，完全吻合 *nontemplate function* 宣告式

---

* 譯註：如 nontemplate 版本和 max<int> 版本都接受 int 參數，它們的兩份實體也會同時存在。

如果 template 生成的函式更加合適，則 template 版本會被選中。第二和第三次對 max() 的
呼叫示範了此一原則：

```
::max(7.0, 42.0);    // 呼叫 max<double>（由引數推導決定）
::max('a', 'b');     // 呼叫 max<char>（由引數推導決定）
```

Template 版本在這裡更合適，因為不需要將 double 或是 char 轉型成 int（相關重載決議
機制詳見附錄 C.2，第 682 頁）。

標明空的 template argument list 也是可行的。此語法代表僅有 template 會參與決議過程（意
即不使用 nontemplate 版本），不過所有 template parameters 都需要藉由 call arguments
推導出來：

```
::max<>(7, 42);      // 呼叫 max<int>（由引數推導決定）
```

自動型別轉換只作用於普通函式裡的參數，而不會作用於被推導出來的 template
parameters。在上例最後一次呼叫時，因為 'a' 和 42.7 都需要轉換為 int，所以使用
nontemplate function：

```
::max('a', 42.7);    // 只有 nontemplate function 允許非直觀的（nontrivial）型別轉換
```

舉個有趣的例子，透過重載 max() template 來做到顯式指定回傳型別：

basics/maxdefault4.hpp

```
template<typename T1, typename T2>
auto max (T1 a, T2 b)
{
  return b < a ? a : b;
}
template<typename RT, typename T1, typename T2>
RT max (T1 a, T2 b)
{
  return b < a ? a : b;
}
```

現在我們可以用以下方式呼叫 max()：

```
auto a = ::max(4, 7.2);              // 套用第一個 template
auto b = ::max<long double>(7.2, 4); // 套用第二個 template
```

然而，當我們呼叫下式時：

```
auto c = ::max<int>(4, 7.2);         // 錯誤：兩個 function templates 都符合
```

因為兩個 templates 都與呼叫式匹配，重載決議無所適從，從而導致歧義錯誤（ambiguity
error）發生。因此，在重載 function templates 時，應該保證對所有呼叫都僅有一個符合的
版本。

下面的例子十分有用，重載 max() template 來處理指標和普通 C-strings[*]：

basics/max3val.cpp

```
#include <cstring>
#include <string>

// 取任意兩個相同型別中較大者:
template<typename T>
T max (T a, T b)
{
  return b < a ? a : b;
}

// 取兩個指標所指之物較大者:
template<typename T>
T* max (T* a, T* b)
{
  return *b < *a ? a : b;
}

// 取兩個 C-strings 中較大者:
char const* max (char const* a, char const* b)
{
  return std::strcmp(b,a) < 0 ? a : b;
}

int main ()
{
  int a = 7;
  int b = 42;
  auto m1 = ::max(a,b);        // 呼叫接受兩個 ints 型別的 max()

  std::string s1 = "hey";
  std::string s2 = "you";
  auto m2 = ::max(s1,s2);      // 呼叫接受兩個 std::strings 型別的 max()

  int* p1 = &b;
  int* p2 = &a;
  auto m3 = ::max(p1,p2);      // 呼叫接受兩個指標型別的 max()

  char const* x = "hello";
  char const* y = "world";
  auto m4 = ::max(x,y);        // 呼叫接受兩個 C-strings 型別的 max()
}
```

注意對於所有 max() 重載版本，我們都以傳值（call-by-value）方式傳入引數。一般而言，在不同的 function templates 重載版本間最好只存在「必要的差異」[**]。你應當將不同版本的

---

[*]　譯註：C 語言型別字串，即 char*。

[**]　譯註：同時在其餘非必要的部分讓各版本保持一致。

差異限制在參數數目上、或是顯式標明不同的 **template parameters** 型別，否則意想不到的
副作用將找上門。舉個例子，如果你在實作 max() **template** 時選擇傳入引數的 **reference**，
並且在重載版本裡允許兩個 **C-strings** 以傳值方式傳入，你將無法利用有著三個引數的重載版
本來取得三個 **C-strings** 中的最大者：

basics/max3ref.cpp

```
#include <cstring>

// 取兩個任意型別數值中較大者 (call-by-reference)
template<typename T>
T const& max (T const& a, T const& b)
{
  return b < a ? a : b;
}

// 取兩個 C-strings 中較大者 (call-by-value)
char const* max (char const* a, char const* b)
{
  return std::strcmp(b,a) < 0 ? a : b;
}

// 取三個任意型別數值中最大者 (call-by-reference)
template<typename T>
T const& max (T const& a, T const& b, T const& c)
{
  return max (max(a,b), c);          // 若 max(a,b) 呼叫傳值版本，會造成錯誤
}

int main ()
{
  auto m1 = ::max(7, 42, 68);        // OK

  char const* s1 = "frederic";
  char const* s2 = "anica";
  char const* s3 = "lucas";
  auto m2 = ::max(s1, s2, s3);       // 執行期錯誤 (未定義的行為)
}
```

問題出在如果你用三個 **C-strings** 呼叫 max()，以下述句會導致執行期錯誤：

```
    return max (max(a,b), c);
```

因為對於 **C-strings**，max(a,b) 會*創建一個新的 **temporary local value**（區域暫存值），
並且回傳其 **reference**。但是該暫存值在 **return** 述句執行完後馬上就失效了，留給 main()

---

* 譯註：以傳值版本。

的只是一個 dangling reference（懸置參考）。不幸的是，這種錯誤相當難以察覺，在各種情況下都不會輕易現身 [11]。

相較之下，在 main() 裡第一次對 max() 的呼叫不會造成以上問題。引數 7、42、和 68 雖然都會創建暫存值，但這些暫存值都是創建於 main() 之中，會一直存活到該陳述句（statement）結束。

這僅僅是複雜的重載決議機制導致非預期行為的眾多例子之一。此外，也請確保所有函式重載版本都在呼叫前被宣告。因為當呼叫對應函式時，若有些重載函式無法在當前範圍內被找到，也會造成一些問題。例如，如果在定義「三個引數」版本的 max() 之前，找不到特別針對「二個 ints 引數」寫的 max() 宣告式版本，就會在使用「三個引數」的 template 版本時，喚起「兩個引數」版本的 template：

basics/max4.cpp

```cpp
#include <iostream>

// 取兩個任意型別中的較大者：
template<typename T>
T max (T a, T b)
{
  std::cout << "max<T>() \n";
  return b < a ? a : b;
}

// 取三個任意型別中的最大者：
template<typename T>
T max (T a, T b, T c)
{
  return max (max(a,b), c); // 即便對於 ints，也喚起 template 版本
}                           // 因為下面的宣告太晚出現了

// 取兩個 ints 型別中的較大者：
int max (int a, int b)
{
  std::cout << "max(int,int) \n";
  return b < a ? a : b;
}

int main()
{
  ::max(47,11,33);         // 唉呀：這裡會喚起 max<T>()，而非 max(int,int)
}
```

我們會在 13.2 節（第 217 頁）討論更多細節。

---

[11] 合格的編譯器大都無法阻止這段程式碼通過編譯。

1.6 難道不能這樣寫？

即使像是上面這些 function template 的簡單例子也可能引出更多疑問，不過有三個相當常見的問題，我們得先在這裡簡要討論一下。

1.6.1 傳值與傳參考，哪個好？

你可能會想，為什麼我們通常會以值傳遞引數的方式宣告函式，而不是用傳 references 的方式呢？一般來說，除非是低成本的簡單型別（像是基本型別或是 std::string_view），不然傳 reference 通常是比較建議的做法，因為這樣不會額外創造出不必要的**副本物件**（copies）。

然而，因為幾點原因，傳值通常是比較好的做法：

- 語法簡單。
- 編譯器能更好的優化它們。
- 搬移語義經常能降低複製的成本。
- 有時甚至完全沒有複製或搬移發生。

對於 templates，還有以下特定方面的考量：

- Template 可能同時用於簡單和複雜的型別，如果考慮複雜型別而選擇傳 reference，可能會對簡單型別帶來副作用。
- 藉由 std::ref() 和 std::cref() 的幫助，使用者仍然可以自行選擇在呼叫函式時以 reference 方式傳遞引數（見 7.3 節，第 112 頁）。
- 雖然將 string literals（字串文字）和原始陣列傳入函式通常會造成問題，但傳入它們的 references 被認為會造成更大的問題。

以上幾點會在第 7 章詳細討論。除非某些功能有傳 references 的特別需求，不然本書通常會使用傳值方式傳入引數。

1.6.2 為何不寫 inline ？

一般而言，function templates 宣告時不用特別加註 inline（內嵌）關鍵字。和一般的 noninline 函式不同，我們可以於標頭檔給出 noninline function templates 的完整定義，並且在多個編譯單元（translations units）裡引用該檔案。

唯一的例外是對特定型別進行 template 全特化（full specializations）時，這樣做的話最終程式碼就會失去泛型特性（因為全部的 template parameters 都被定義好了）。參見 9.2 節（第 140 頁）以獲得更多細節。

根據嚴謹的語言定義，inline 關鍵字僅僅代表一份函式定義可以在整個程式裡多次出現。然而它同時也是對編譯器的一個提示：最好將對此函式的呼叫替換為「被呼叫函式的程式碼」，意即在該處將程式碼「內嵌展開（expanded inline）」。這樣做在某些情況下可以產生更高效的程式碼，但也可能造成程式碼在其他狀況下沒有效率。當今的編譯器通常滿擅長在沒有 `inline` 關鍵字暗示時判斷函式是否內嵌。不過當 `inline` 出現時，是否生效仍然取決於編譯器的決定。

1.6.3 為何不寫 `constexpr`？

自 C++11 起，你可以利用 `constexpr`（常數陳述）關鍵字寫出在編譯期做計算的程式碼。這點對許多 templates 來講都管用。

例如，要能夠在編譯期利用函式取最大值，你必須用以下方式宣告：

basics/maxconstexpr.hpp

```cpp
template<typename T1, typename T2>
constexpr auto max (T1 a, T2 b)
{
  return b < a ? a : b;
}
```

你可以在有編譯期上下文（compile-time context）的地方使用 `max()` function templates，像是當你需要宣告原始陣列的大小時：

```cpp
    int a[::max(sizeof(char),1000u)];
```

或是宣告 `std::array<>` 的大小時：

```cpp
    std::array<std::string, ::max(sizeof(char),1000u)> arr;
```

注意我們特意用 `unsigned int` 型別傳入 1000，避免引發在 template 內比較 `signed` 和 `unsigned` 數值時的警告訊息。

8.2 節（第 125 頁）會討論其他使用 `constexpr` 的例子。然而，為了讓我們專注在基本問題上，我們通常會在討論其他 template 特性時忽略 `constexpr`。

1.7 總結

- Function templates 定義了一整個函式家族，用以處理不同的 template arguments
- 當你將引數傳給依賴於 template parameters 的函式參數時，function templates 為了能被對應的參數型別實體化，會推導該 template parameters。
- 你可以明確指定排在前面的 template parameters。
- 你可以替 template parameters 定義預設引數。這些引數可以參考出現過的 template parameters，後面也可以跟著沒有預設引數的其他參數。
- 你可以重載 function templates。
- 使用 function templates 重載其他 function templates 時，應該確保在任何呼叫處都只有一個符合的 template 版本。

- 重載 function templates 時，盡量保持各版本間僅存在「必要的差異」。
- 在呼叫 function templates 之前，確保編譯器看得到所有重載版本。

類別模板

Class Templates

和函式類似，classes 可以被一個以上的型別參數化。*Container classes*（容器類別）是一個典型的例子，它被用來管理一群特定型別的元素。藉由使用 class templates（類別模板），我們可以在還不知道元素型別的狀況下實作 container classes。本章我們以 stack（堆疊）作為 class template 的例子。

2.1 實作 Class Template Stack

與處理 function templates 相同，我們於標頭檔內宣告並定義 class Stack<> 如下：

basics/stack1.hpp

```
#include <vector>
#include <cassert>

template<typename T>
class Stack {
  private:
    std::vector<T> elems;        // 元素（elements）的縮寫

  public:
    void push(T const& elem);    // 推入（push）元素
    void pop();                  // 彈出（pop）元素
    T const& top() const;        // 回傳頂端（top）元素
    bool empty() const {         // 回傳 stack 是否為空
        return elems.empty();
    }
};
```

```
template<typename T>
void Stack<T>::push (T const& elem)
{
    elems.push_back(elem);              // 添加（append）傳入值 elem 的副本
}

template<typename T>
void Stack<T>::pop ()
{
    assert(!elems.empty());
    elems.pop_back();                   // 移除最後一個元素
}

template<typename T>
T const& Stack<T>::top () const
{
    assert(!elems.empty());
    return elems.back();                // 回傳最後一個元素
}
```

如你所見，這個 class template 的實作利用了 C++ 標準程式庫裡的另一個 class template：vector<>。這樣一來，我們不必自行實作記憶體管理、copy 建構子、和 assignment（賦值）運算子，可以把焦點放在這個 class template 的介面上。

2.1.1　宣告 Class Templates

宣告 class templates 和宣告 function templates 類似：在宣告式出現之前，你必須宣告一或多個識別字作為 type parameter。和上回相同，T 經常用來作為識別字：

```
template<typename T>
class Stack {
    …
};
```

同樣地，class 關鍵字也能用來取代 typename：

```
template<class T>
class Stack {
    …
};
```

在 class template 裡，T 可以像其他型別一樣被用來宣告成員變數或成員函式。在下面的例子裡，T 出現於 vector 宣告式，用來描述元素的型別；出現於成員函式 push() 宣告式，用來描述引數的型別；以及出現在 top() 宣告式中，用來描述函式回傳值：

```
template<typename T>
class Stack {
  private:
    std::vector<T> elems;             // 元素（elements）的縮寫

  public:
    void push(T const& elem);         // 推入元素
    void pop();                       // 彈出元素
    T const& top() const;             // 回傳頂端元素
    bool empty() const {              // 回傳 stack 是否為空
        return elems.empty();
    }
};
```

這個 class 的型別為 `Stack<T>`，帶有 `T` 這個 template parameter。因此，除非 template arguments 能被自動推導出來，否則每一處用到這個 class 的宣告式，都得寫成 `Stack<T>`。不過，如果在 class template 裡看到後面未加上角括號的 class 名稱，代表的是以自身 template parameters 作為引數的那個 class（細節見 13.2.3 節，第 221 頁）。

舉個例子，如果你需要宣告自定的 copy 建構子和 assignment 運算子，一般會寫成這樣：

```
template<typename T>
class Stack {
    ...
    Stack (Stack const&);                        // copy 建構子
    Stack& operator= (Stack const&);             // assignment 運算子
    ...
};
```

型式上等同於下式：

```
template<typename T>
class Stack {
    ...
    Stack (Stack<T> const&);                     // copy 建構子
    Stack<T>& operator= (Stack<T> const&);       // assignment 運算子
    ...
};
```

但通常寫 `<T>` 代表針對特定的 template parameters 做出特別處理，故寫成第一種型式一般來說比較好。

而在 class 結構的外面，你還是得寫清楚：

```
template<typename T>
bool operator== (Stack<T> const& lhs, Stack<T> const& rhs);
```

還有一點，如果用到的地方只需要 class 的*名稱*，而不是 class 的型別，那寫 Stack 就可以了。在寫 class 建構子和解構子的*名稱*的時候，遇到的就是這種狀況（引數部分就不是了，見上面的例子）。

也請注意，和 nontemplate classes 不同，你無法在函式或是 block scope（區塊範圍）裡面宣告或定義 class templates。一般而言，templates 只能定義於 global / namespace scope 或是 class 宣告式裡（細節見 12.1 節，第 177 頁）。

2.1.2　實作成員函式

要定義 class template 的成員函式，必須先標明它是一個（function）template，並寫出該 class template 的全部型別修飾詞（full type qualification，如 Stack<T>）。所以型別 Stack<T> 的成員函式 push() 實作起來會長這樣：

```
template<typename T>
void Stack<T>::push (T const& elem)
{
    elems.push_back(elem);          // 添加傳入值 elem 的副本
}
```

上例呼叫了 vector 的成員函式 push_back()，用來在 vector 尾端添加元素。

注意，vector 的成員函式 pop_back() 移除了最後一個元素，但沒有將其回傳。這樣做是基於*異常安全性*（exception safety）上的考量。會回傳已刪除元素的 pop() 版本，不可能具備完全的異常安全性（這個議題由 Tom Cargill 率先於 [*CargillExceptionSafety*] 做出討論，並且在 [*SutterExceptional*] 的條款 10 也有討論到）。然而，如果先忽略這個危險性，我們可以實作一個回傳已刪除元素的 pop() 版本。為了做到這點，我們簡單地利用 T 來宣告一個和元素同型別的 *local* 變數。

```
template<typename T>
T Stack<T>::pop ()
{
    assert(!elems.empty());
    T elem = elems.back();      // 保存最後一個元素的副本
    elems.pop_back();           // 移除最後一個元素
    return elem;                // 回傳已保存元素的副本
}
```

因為當 vector 裡沒有任何元素時，執行 back()（用來回傳最後一個元素）和 pop_back()（用來移除最後一個元素）會導致未定義行為，故我們決定對 stack 是否為空加上檢查。如果它是空的，則引發斷言失敗（assert），因為對空的 stack 呼叫 pop() 是錯誤用法。用來回傳頂端元素的 top()，當試圖取得不存在的頂端元素時，也會採取相同做法：

```
template<typename T>
T const& Stack<T>::top () const
{

    assert(!elems.empty());
    return elems.back();          // 回傳最後一個元素
}
```

當然，你也可以將任何一個 class templates 的成員函式實作於 class 宣告式裡，令其成為一個 inline 函式。例如：

```
template<typename T>
class Stack {
    …
    void push (T const& elem) {
        elems.push_back(elem);    // 添加傳入值 elem 的副本
    }
    …
};
```

2.2 使用 **Class Template** `Stack`

在 C++17 之前，當使用 class template 的物件時，你都必須顯式標明 **template arguments** [1]。以下程式碼示範如何使用 class template `Stack<>`：

basics/stack1test.cpp

```
#include "stack1.hpp"
#include <iostream>
#include <string>

int main()
{
  Stack<int>          intStack;        // 由 ints 構成的 stack
  Stack<std::string> stringStack;      // 由 strings 構成的 stack

  // 操作 int stack
  intStack.push(7);
  std::cout << intStack.top() << '\n';

  // 操作 string stack
  stringStack.push("hello");
  std::cout << stringStack.top() << '\n';
  stringStack.pop();
}
```

---

[1] C++17 提供了 class argument template deduction（類別引數模板推導）的功能，允許在 **template arguments** 能夠由建構子推導出來的情況下，省略 **template arguments**。2.9 節（第 40 頁）有相關討論。

透過將型別宣告為 Stack<int>，class template 內部的型別 T 會被取代為 int。這樣一來，新建構出的物件 intStack 會具備一個以 ints 作為元素的 vector，並且所有被呼叫到的成員函式，皆會針對 int 型別實體化（instantiated）出程式碼。同理，在宣告及使用 Stack<std::string> 時，也會建構出一個物件，其擁有以 strings 作為元素的 vector，並且替所有被呼叫到的成員函式，針對 string 實體化程式碼。

注意，只有會被呼叫到的 *template*（成員）函式，才會實體化出程式碼。對於 class templates 來說，只有會被使用的成員函式才會進行實體化。想當然爾，這樣做可以節省時間和空間，並且允許部分地（partially）使用 class templates。這點在 2.3 節（第 29 頁）會討論。

範例裡的預設建構子、push()、和 top() 會分別針對 int 以及 strings 進行實體化。不過 pop() 只會針對 strings 實體化（因為 intStack 沒有用到 pop()）。若是 class template 裡具有 *static*（靜態）成員，它們會分別針對每一種被用到的型別實體化一次。

順利被實體化的 class template，其型別可以像其他普通型別一樣被使用。你可以在前面冠以 const 或是 volatile 關鍵字，或是用它來產生 array 或是 reference 等型別。或是你也可以利用 typedef 或是 using 語法，讓 class template 型別成為另一個型別定義的一部分（詳見 2.8 節以瞭解型別定義的細節，第 38 頁），甚至是用它作為 type parameter 來創造另一個新的 template 型別。舉個例子：

```
void foo(Stack<int> const& s)       // 參數 s 是一個 int stack
{
  using IntStack = Stack<int>;      // IntStack 是 Stack<int> 的一個別名
  Stack<int> istack[10];            // istack 是由 10 個 int stacks 構成的 array
  IntStack istack2[10];             // istack2 同樣是由 10 個 int stacks 構成的 array
                                    //（和前者型別相同）
  ...
}
```

Template arguments 可以是任何型別，例如：指向 float 的指標、或由 int 構成的 stacks：

```
Stack<float*>       floatPtrStack;     // 由指向 float 的指標構成的 stack
Stack<Stack<int>> intStackStack;       // 由「int 構成的 stack」所構成的 stack
```

但有個唯一的前提：該型別必須支援所有被呼叫到的操作（operation，如函式或運算子）。

注意，在 C++11 以前，兩個緊臨的 template 角括號需要以空白隔開：

```
Stack<Stack<int> > intStackStack;      // 在所有 C++ 版本都 OK
```

如果不這樣做，會被認為使用了 >> 運算子而導致語法錯誤：

```
Stack<Stack<int>> intStackStack;       // 在 C++11 前會造成錯誤
```

以上固有寫法背後的理由是：它能幫助 C++ 編譯器的第一個處理步驟，將與語義無關的原始程式碼進行分詞（tokenize）。可是因為大家太常忘了加空白鍵，故需要對這種 bug 提供對應的錯誤訊息，而這又造成愈來愈多的語義需要被考慮在內。所以 C++11 利用一招「*angle bracket hack*（角括號對付法）」，拿掉這個要在兩個緊臨的 template 角括號間加上空白的規則（詳見 13.3.1 節，第 226 頁）。

2.3 僅使用部分 Class Templates

Class template 通常會對用以實體化的 template arguments 套用多個操作（包含建構和解構）。這會給大眾一個印象：所有 template arguments 都必須支援每一個 class template 裡的成員函式會用到的操作。但是事實不是這樣，template arguments 只需要提供所有必要的操作（而不是所有可能用到的操作）。

舉例：假設 class Stack<> 提供了一個成員函式 printOn()，用來印出整個 stack 的內容。其中會對所有元素呼叫 operator<<：

```
template<typename T>
class Stack {
    ...
    void printOn(std::ostream& strm) const {
      for (T const& elem : elems) {
        strm << elem << ' ';              //對所有元素呼叫 <<
      }
    }
};
```

你仍然可以將 class 用於那些沒有定義 operator<< 的元素：

```
Stack<std::pair<int,int>> ps;     //注意：std::pair<> 並未定義 operator<<
ps.push({4, 5});                  // OK
ps.push({6, 7});                  // OK
std::cout << ps.top().first << '\n';    // OK
std::cout << ps.top().second << '\n';    // OK
```

只有當你呼叫了該 stack 的 printOn() 函式時，程式碼才會造成錯誤。因為無法使用該特定元素型別來實體化 operator<< 呼叫處的程式碼。

```
ps.printOn(std::cout);                  // 錯誤：元素型別不支援 operator<<
```

2.3.1 Concepts（概念）

這帶出了一個問題：我們如何得知，哪些操作對於 template 實體化來說是必需的呢？*Concept*（概念）這個字眼經常用來表示一組在 template 程式庫裡會重複使用的限制條件。像是 C++ 標準程式庫就奠基於隨機存取迭代器（*random access iterator*）和支援預設建構（*default constructible*）這些概念。

時至今日（直至 C++17），concepts 僅或多或少地被寫在文件中（像是在程式碼註解裡）。而未能遵循這些限制條件（concepts）會導致可怕的錯誤訊息，這點成為嚴重的問題（見 9.4 節，第 143 頁）。

多年來，為了在語言特性裡支援 concepts 的定義和驗證，相繼有一些解決方案和嘗試被提出。然而直到 C++17 依然沒有任何方案被納入標準。

不過從 C++11 開始，你至少可以利用 static_assert 關鍵字和預先定義的 type traits 來檢查某些基本限制條件，例如：

```
template<typename T>
class C
{
    static_assert(std::is_default_constructible<T>::value,
                    "Class C requires default-constructible elements");
    …
};
```

若沒有加入以上的斷言，在用到預設建構子時編譯一樣會失敗。那時的錯誤訊息可能記錄了整個 template 實體化過程，從最初的實體化動機一直到發現錯誤當下實際 template 的定義，看起來會有點複雜（見 9.4 節，第 143 頁）。

然而，愈複雜的程式碼愈需要被檢查。像是：以型別 T 創建的物件需要提供特定的成員函式、或能利用 < 運算子進行比較。19.6.3 節（第 436 頁）提供了較詳盡的程式範例。

有關於 C++ concepts 的深入討論，請參考附錄 E。

2.4 Friends（友元）

與其使用 printOn() 來印出 stack 內容，更好的方式是替 stack 實作 operator<<。習慣上 operator<< 會是個非成員函式。我們依循這個做法，以便使用 inline 方式呼叫 printOn()[*]：

```
template<typename T>
class Stack {
    …
    void printOn(std::ostream& strm) const {
        …
    }
    friend std::ostream& operator<< (std::ostream& strm,
                                       Stack<T> const& s) {
        s.printOn(strm);
        return strm;
    }
};
```

注意以上寫法表示 class Stack<> 裡的 operator<< 不是個 function template[**]，而是一個在需要時與 class template 會一起被實體化的「普通」函式[2]。

然而，如果想要先宣告這個 friend 函式，並且晚點才給定義的話，事情會變得更加複雜。事實上，眼前有兩個選擇：

1. 隱式地（implicitly）宣告一個新的 function template。這裡需要使用一個不同的 template parameter（例如 U）：

---

[2] 它實際上是一個模板化個體（*templated entity*），見 12.1 節（第 181 頁）。

[*] 譯註：以下範例直接在 class Stack 裡定義非成員版本的 friend 函式。

[**] 譯註：注意函式前方未加上 template<>。

```
template<typename T>
class Stack {
    …
    template<typename U>
    friend std::ostream& operator<< (std::ostream&, Stack<U> const&);
};
```

如果這裡重複使用符號 T、或是忽略 function template parameter 宣告都不可行。理由是裡面的 T 會遮掩外面的 T，或是會變成在 namespace scope 裡宣告了 nontemplate function。

2. 我們也可以提前宣告輸出運算子（output operator，<<）為 template。然而這樣一來，我們也必須提前宣告 Stack<T>：

```
template<typename T>
class Stack;
template<typename T>
std::ostream& operator<< (std::ostream&, Stack<T> const&);
```

接著，我們便可以將該函式宣告為 friend：

```
template<typename T>
class Stack {
    …
    friend std::ostream& operator<< <T> (std::ostream&,
                                          Stack<T> const&);
};
```

注意（寫在函式名稱）operator<< 後面的那個 <T>。這樣寫代表宣告了一個非成員 function template 的特化版本為 friend。如果不加上 <T>，就變成宣告一個新的 nontemplate 函式了。詳見 12.5.2 節（第 211 頁）。

無論如何，你依然可以在沒有定義 operator<< 的情形下使用 Stack。除非有人對 stack 呼叫了 operator<<，才會導致錯誤。

```
Stack<std::pair<int,int>> ps;        // std::pair<> 沒有定義 operator<<
ps.push({4, 5});                     // OK
ps.push({6, 7});                     // OK
std::cout << ps.top().first << '\n'; // OK
std::cout << ps.top().second << '\n';// OK
std::cout << ps << '\n';             // 錯誤：元素型別不支援 operator<<
```

2.5 特化 Class Templates

Class template 可以用特定的 template arguments 來特化。與重載 function templates 類似（見 1.5 節，第 15 頁），特化 class template 使你得以針對特定型別優化程式碼、或是修正某特定型別於 class templates 實體裡的錯誤行為。不過如果你特化了某 class template，則該 class 內的所有成員函式也需要一併進行特化。雖然也可以只特化單一成員函式，不過倘若你這麼做，你就再也無法對該被特化成員函式所屬的整個 class template 實體進行特化了。

為了特化某個 class template，你得先在該 class 宣告式前加上 template<>，並標註用來特化的型別。此型別會作為 template 引數，直接跟在 class 名稱後面：

```
template<>
class Stack<std::string> {
    …
};
```

對於特化版本而言，所有成員函式都必須比照普通成員函式的定義方式。所有符號 T 都應被替換成特化的目標型別：

```
void Stack<std::string>::push (std::string const& elem)
{
    elems.push_back(elem);   // 添加傳入值 elem 的副本
}
```

以下是 Stack<> 針對型別 std::string 特化的完整範例：

basics/stack2.hpp

```
#include "stack1.hpp"
#include <deque>
#include <string>
#include <cassert>

template<>
class Stack<std::string> {
  private:
    std::deque<std::string> elems;        // 元素（elements）的縮寫

  public:
    void push(std::string const&);        // 推入元素
    void pop();                           // 彈出元素
    std::string const& top() const;       // 回傳頂端元素
    bool empty() const {                  // 回傳 stack 是否為空
        return elems.empty();
    }
};

void Stack<std::string>::push (std::string const& elem)
{
    elems.push_back(elem);                // 添加傳入值 elem 的副本
}
```

```
void Stack<std::string>::pop ()
{
    assert(!elems.empty());
    elems.pop_back();                  // 移除最後一個元素
}

std::string const& Stack<std::string>::top () const
{
    assert(!elems.empty());
    return elems.back();               // 回傳最後一個元素
}
```

在此範例中，特化版本使用 reference 語義將 string 作為引數傳入 push()，對於該型別而言，這是合理的做法（若傳入的是**轉發參考**（forwarding reference）會更好，6.1 節會討論這個問題，第 91 頁）。

另一個不同點是：這裡用 deque 取代 vector 以管理 stack 中的元素。這樣做並沒有特別的好處，只是用來示範 template 的特化版本實作程式碼，也可以和原型模板（primary template）程式碼看起來很不一樣。

2.6 偏特化

Class templates 可以被偏特化（partially specialized）。你可以針對特定情況提供特別的實作碼，但其中部分 template parameters 仍然留待使用者定義。例如，針對指標定義特別的實作版本如下：

basics/stackpartspec.hpp

```
#include "stack1.hpp"

// class Stack<> 針對指標的偏特化版本：
template<typename T>
class Stack<T*> {
  private:
    std::vector<T*> elems;        // 元素（elements）的縮寫

  public:
    void push(T*);                // 推入元素
    T* pop();                     // 彈出元素
    T* top() const;               // 回傳頂端元素
    bool empty() const {          // 回傳 stack 是否為空
        return elems.empty();
    }
};
```

```
template<typename T>
void Stack<T*>::push (T* elem)
{
    elems.push_back(elem);        // 添加傳入值 elem 的副本
}

template<typename T>
T* Stack<T*>::pop ()
{
    assert(!elems.empty());
    T* p = elems.back();
    elems.pop_back();             // 移除最後一個元素
    return p;                     // 並回傳之（和一般狀況不同）
}

template<typename T>
T* Stack<T*>::top () const
{
    assert(!elems.empty());
    return elems.back();          // 回傳最後一個元素的副本
}
```

我們用以下方式定義 class template：

```
template<typename T>
class Stack<T*> {
};
```

在以型別 T 進行參數化的同時，為指標（Stack<T*>）提供了特化版本。

注意特化版本可能會提供（稍微）不同的介面。這個例子裡 pop() 會回傳預先保留的指標，讓 class template 的使用者得以呼叫 delete 以歸還該值佔據的記憶體空間（假設該空間事先以 new 配置）：

```
Stack<int*> ptrStack;            // 由指標構成的 stack（特殊實作版本）

ptrStack.push(new int{42});
std::cout << *ptrStack.top() << '\n';
delete ptrStack.pop();
```

以多個參數進行偏特化

Class templates 也可以針對不同 template parameters 間的關係來特化。像是針對以下的 class template：

```
template<typename T1, typename T2>
class MyClass {
    …
};
```

可以採取下列幾種偏特化的方式：

```
// 偏特化：兩個 template parameters 型別相同
template<typename T>
class MyClass<T,T> {
  …
};

// 偏特化：第二個型別為 int
template<typename T>
class MyClass<T,int> {
  …
};

// 偏特化：兩個 template parameters 均為指標型別
template<typename T1, typename T2>
class MyClass<T1*,T2*> {
  …
};
```

以下例子示範，各個宣告式用的是上面哪一個 template 版本：

```
MyClass<int,float> mif;      // 使用 MyClass<T1,T2>
MyClass<float,float> mff;    // 使用 MyClass<T,T>
MyClass<float,int> mfi;      // 使用 MyClass<T,int>
MyClass<int*,float*> mp;     // 使用 MyClass<T1*,T2*>
```

如果有兩個以上的偏特化版本對宣告式來說同樣合適，代表宣告式存在著歧義：

```
MyClass<int,int> m;       // 錯誤：同時符合 MyClass<T,T>
                          //       和 MyClass<T,int>
MyClass<int*,int*> m;     // 錯誤：同時符合 MyClass<T,T>
                          //       和 MyClass<T1*,T2*>
```

為解決第二個歧義問題，可以替指向相同型別的指標，增加一個偏特化版本：

```
template<typename T>
class MyClass<T*,T*> {
  …
};
```

更多偏特化細節，請見 16.4 節（第 347 頁）。

2.7 Default Class Template Arguments（預設類別模板引數）

如同 function templates，你也可以對 class template parameters 定義預設值。例如，將 class Stack<> 內用來管理元素的容器型別定義為第二個 template parameter，並以 std:vector<> 作為其預設值：

basics/stack3.hpp

```
#include <vector>
#include <cassert>

template<typename T, typename Cont = std::vector<T>>
class Stack {
  private:
    Cont elems;                     // 元素

  public:
    void push(T const& elem);     // 推入元素
    void pop();                    // 彈出元素
    T const& top() const;          // 回傳頂端元素
    bool empty() const {           // 回傳 stack 是否為空
        return elems.empty();
    }
};

template<typename T, typename Cont>
void Stack<T,Cont>::push (T const& elem)
{
    elems.push_back(elem);        // 添加傳入值 elem 的副本
}

template<typename T, typename Cont>
void Stack<T,Cont>::pop ()
{
    assert(!elems.empty());
    elems.pop_back();             // 移除最後一個元素
}

template<typename T, typename Cont>
T const& Stack<T,Cont>::top () const
{
    assert(!elems.empty());
    return elems.back();          // 回傳最後一個元素
}
```

注意現在我們有了兩個 **template parameters**，因此定義成員函式時別忘了把這兩個參數加入定義式裡：

```
template<typename T, typename Cont>
void Stack<T,Cont>::push (T const& elem)
{
    elems.push_back(elem);        // 添加傳入值 elem 的副本
}
```

你可以按照先前的用法來使用這個 stack 版本。這樣的話，如果只傳入一個引數作為元素型別，**vector** 就會被用來管理該型別元素：

```
template<typename T, typename Cont = std::vector<T>>
class Stack {
  private:
    Cont elems;                   // 元素
    ...
};
```

除此之外，在宣告 Stack 物件時也可以在程式中特別標明使用的容器型別：

basics/stack3test.cpp

```
#include "stack3.hpp"
#include <iostream>
#include <deque>

int main()
{
  // 由 int 構成的 stack
  Stack<int> intStack;

  // 由 double 構成的 stack，並使用 std::deque<> 來管理元素
  Stack<double,std::deque<double>> dblStack;

  // 操作 int stack
  intStack.push(7);
  std::cout << intStack.top() << '\n';
  intStack.pop();

  // 操作 double stack
  dblStack.push(42.42);
  std::cout << dblStack.top() << '\n';
  dblStack.pop();
}
```

藉由以下式子

```
Stack<double,std::deque<double>>
```

你可以宣告一個用於 double 的 stack，並在內部使用 std::deque<> 來管理元素。

2.8 型別別名（Type Aliases）

藉由為整體型別定義新的名稱，可以讓 class template 用起來更方便。

Typedefs 和別名宣告（Alias Declarations）

有兩個方法可以簡單地替完整型別（complete type）定義一個新名稱：

1. 使用 typedef 關鍵字：

```
typedef Stack<int> IntStack;        // typedef
void foo (IntStack const& s);       // s 是由 int 構成的 stack
IntStack istack[10];                // istack 由 10 個「int 構成的 stacks」所構成
```

這種宣告方式稱為 *typedef*[3]，其定義的名稱被稱為 *typedef-name*。

2. 使用 using 關鍵字（自 C++11 起適用）：

```
using IntStack = Stack<int>;        // 型別宣告（alias declaration）
void foo (IntStack const& s);       // s 是由 int 構成的 stack
IntStack istack[10];                // istack 由 10 個「int 構成的 stacks」所構成
```

這個方式稱為 別名宣告（*alias declaration*），由 [*DosReisMarcusAliasTemplates*] 所提出。

注意這兩個例子都是為既有型別定義一個新名稱，而非創建新的型別。因此在經過以下 typedef

```
typedef Stack<int> IntStack;
```

或是別名宣告後

```
using IntStack = Stack<int>;
```

IntStack 和 Stack<int> 便成為兩個代表相同型別、可以交換使用的表示式了。

對於這兩個可相互替代，用來為既有型別定義新名稱的方法，我們使用術語 型別別名宣告（*type alias declaration*）作為其共通的名稱。而新定義的名字就稱為 型別別名（*type alias*）。

3　這裡寫 *typedef*，而非型別定義（type definition）是有意為之。關鍵字 typedef 原本的確被用來提出型別定義。然而在 C++ 裡，型別定義實際上代表另一件事（例如：定義一個 class 或是列舉型別（enumeration type））。相對地，*typedef* 應該僅僅被看作是既有型別的一個別名（alternative name，或作 *alias*），可以透過關鍵字 typedef 來定義。

Alias Templates（別名模板）

和 `typedef` 不同，別名宣告能被模板化，以作為描述一系列型別的便利名稱。此功能從
C++11 開始支援，稱為 *alias template*（別名模板）[4]。

下面的 alias template `DequeStack` 具有參數化的元素型別 `T`，能夠展開成以 `std::deque`
儲存內部元素的 `Stack`：

```
template<typename T>
using DequeStack = Stack<T, std::deque<T>>;
```

這樣一來，class templates 和 alias templates 都同樣可以作為參數化的型別使用。不過再次強
調，alias template 只是簡單的替既有型別取個新名字，alias template 做得到的事，原有的型別
同樣做得到。`DequeStack<int>` 和 `Stack<int, std::deque<int>>` 代表同一個型別。

再次重申，一般情形下 template 只能在 global 或 namespace scope、或是 class 宣告式裡進
行定義或宣告。

用於成員型別的 Alias Templates

Alias templates 在為 class templates 的成員型別（member types）定義簡稱（shortcut）
時格外有用。假設有著以下 class templates：

```
template <typename T> struct MyType {
  typedef … iterator;
  …
};
```

或是

```
template <typename T> struct MyType {
  using iterator = …;
  …
};
```

在定義了以下 alias template 後，

```
template<typename T>
using MyTypeIterator = typename MyType<T>::iterator;
```

就能使用簡單的方式定義迭代器了：

```
MyTypeIterator<int> pos;
```

而不用寫得那麼複雜[5]：

```
typename MyType<T>::iterator pos;
```

---

[4] **Alias template** 有時會被（錯誤地）稱為 *typedef templates*，因為它提供了與「能形成 template 的 `typedef`」
一樣的功能（但實際上並沒有這種東西）。

[5] `typename` 關鍵字在此不可省略，因為用到的 class 成員是個型別。5.1 節（第 67 頁）有詳細說明。

Type Traits 字尾 _t

從 C++14 開始，標準程式庫利用這個技術替裡頭所有用來描述型別的 type traits 定義了簡稱。像是你可以這樣寫：

```
std::add_const_t<T>                          // 從 C++14 開始的用法
```

而不必使用舊寫法：

```
typename std::add_const<T>::type      // 從 C++11 開始的用法
```

因為標準程式庫有著以下定義：

```
namespace std {
  template<typename T> using add_const_t = typename add_const<T>::type;
}
```

2.9 類別模板引數推導（Class Template Argument Deduction）

C++17 以前，使用 class templates 時都需要傳入所有 template parameter 型別（除非有預設值）。但從 C++17 開始，需要顯式標明 template arguments 的這種限制獲得解放。在建構子能夠推導出所有（未設定預設值的）template parameters 的情況下，可以不用寫出 template arguments。

舉個例子，對於所有先前出現過的程式碼，你都可以在沒有標明 template arguments 的情況下使用它們的複製建構子（copy constructor）：

```
Stack<int> intStack1;                        // ints 構成的 stack
Stack<int> intStack2 = intStack1;            // 在所有版本裡都 OK
Stack intStack3 = intStack1;                 // 自 C++17 起這樣寫也 OK
```

透過寫出能傳遞初始引數的建構子，你可以讓 stack 具備推導元素型別的能力。像是可以寫出能被單一元素初始化的 stack：

```
template<typename T>
class Stack {
  private:
    std::vector<T> elems;              // 元素
  public:
    Stack () = default;
    Stack (T const& elem)              // 以單一元素初始化 stack
     : elems({elem}) {
    }
    ...
};
```

這讓你可以用以下方式宣告 stack：

```
Stack intStack = 0;                          // 推導出 Stack<int>（自 C++17 開始支援）
```

藉由使用整數 0 來初始化 stack，令 template parameter T 被推導為 int，從而創建出一個 Stack<int> 實體。

當心以下兩點：

- 由於定義了**建構子模板**（constructor template），你必須特別聲明預設建構子可被用於預設行為（default behavior）*。因為標準規定，預設建構子只在未定義其他建構子時發揮作用：

```
Stack() = default;
```

- 傳給 elems 的引數 elem 加上了大括號。表示 vector elems 利用了*初始化列表*（*initializer list*）來初始化，此列表擁有唯一一個引數 elem：

```
: elems({elem})
```

  這樣做是因為 vector 並沒有直接接受單一參數作為初始元素的建構子[6]。

注意，與 function templates 不同，class templates arguments 不接受部分推導（意即不能只給定部分 template arguments，並讓編譯器推導剩下的引數）。細節詳見 15.12 節（第 314 頁）。

以 String Literal（字串文字）進行 Class Template 引數推導

理論上，你甚至能使用 string literal（字串文字）來初始化 stack：

```
Stack stringStack = "bottom"; //推導出 Stack<char const[7]>（自 C++17 開始支援）
```

但是這會帶來一堆麻煩；通常使用 reference 方式傳遞 template T 型別的引數時，傳入的參數並不會退化。退化規則是為了將原始陣列型別（raw array type）轉換成對應的原始指標型別（raw pointer type）的機制而設計的。這代表我們實際上是初始化了一個：

```
Stack<char const[7]>
```

並且所有用到 T 的地方都會以 char const[7] 進行替換。例如，我們無法將一個不同大小的 string 推入 stack，因為它與既定型別不同。7.4 節（第 115 頁）會詳細討論這個問題。

不過當使用傳值方式傳遞 template T 型別的引數時，參數則會退化，這也是考量了將原始陣列型別轉換成對應原始指標型別的機制。意即建構子的 call parameter T 會被推導成 char const*，使得整個 class 被推導為 Stack<char const*>。

基於以上原因，有必要特別宣告建構子，令參數以傳值方式傳入：

```
template<typename T>
class Stack {
  private:
    std::vector<T> elems;          //元素
  public:
    Stack (T elem)                 //傳入單個元素的值以初始化 stack
```

---

6 更糟的是，vector 有一個建構子接受一個整數型別引數作為初始大小（initial size）。這樣一來，假使我們把這裡改寫成「: elems(elem)」，當 stack 用 5 作為初始值時，裡頭的 vector 會被初始化成有五個元素的大小，而非僅有一個元素 5。

* 譯註：未給定 call parameter 時的行為。

```
      : elems({elem}) {              // 令引數推導時發生退化
    }
    …
};
```

這樣寫的話，底下的初始化便得以順利進行：

```
Stack stringStack = "bottom"; // 推導出 Stack<char const*>（自 C++17 開始支援）
```

不過就這個例子來說，最好還是把暫存值 elem 搬移（move）進 stack，以避免多餘的複製動作：

```
template<typename T>
class Stack {
  private:
    std::vector<T> elems;        // 元素
  public:
    Stack (T elem)               // 傳入單個元素的值以初始化 stack
     : elems({std::move(elem)}) {
    }
    …
};
```

推導方針

有別於將建構子宣告為以值呼叫，還有另一種解法：在容器裡持有原始指標是萬惡之源，故我們應該針對容器類別，自動取消原始字元指標（raw character pointer）的推導功能。

你可以藉由定義明確的推導方針（*deduction guide*）以提供新增的、或是修正既有的 **class template** 引數推導 。例如你可以這樣定義：無論傳入的是 string literal（字串文字）還是 C string，stack 都以 std::string 來實體化：

```
Stack(char const*) -> Stack<std::string>;
```

以上方針必須和 class 定義式放在同一個 scope（namespace）裡，通常會跟在 class 定義式後面。出現在 -> 後面的型別稱為推導方針的 *guided type*（方針型別）。

現在以下的宣告式：

```
Stack stringStack{"bottom"}; // OK: 推導出 Stack<std::string>（自 C++17 開始支援）
```

會將 stack 推導為 Stack<std::string>。然而，以下程式碼還是行不通：

```
Stack stringStack = "bottom";    // 推導出 Stack<std::string>，但仍行不通
```

因為推導出來的是 std::string，所以這會產生如下的 Stack<std::string> 實體：

```
class Stack {
  private:
    std::vector<std::string> elems;     // 元素
  public:
    Stack (std::string const& elem)     // 以單個元素實體化 stack
     : elems({elem}) {
```

```
    }
      ...
};
```

然而如果傳入的是 string literal，而既有的建構子期待的是 std::string 型別，則根據語言規則，你不能以複製方式來初始化（copy initialize，即使用 = 來初始化）此物件。故你必須改用以下方式來初始化 stack：

```
    Stack stringStack{"bottom"};      // 推導出 Stack<std::string>，行得通
```

注意，若對型別存疑，class template 引數推導會採取複製做法。在宣告 stringStack 為 Stack<std::string> 後，以下初始化會宣告與引數型別相同的 stack（然後呼叫複製建構子），而不是以「型別為 Stack<std::string>」的元素來初始化 stack：

```
    Stack stack2{stringStack};        // 推導出 Stack<std::string>
    Stack stack3(stringStack);        // 推導出 Stack<std::string>
    Stack stack4 = {stringStack};     // 推導出 Stack<std::string>
```

更多有關 class template argument deduction 的細節，請參照 15.12 節（第 313 頁）。

2.10 模板化聚合（Templatized Aggregates）

聚合類別（aggregate classes）也可以是 templates。這一類 classes / structs 符合以下特性：沒有使用者提供的、顯式聲明的、或是繼承而來的建構子，沒有 private 或 protected non-static 資料成員（data member），沒有 virtual 函式，也沒有 virtual、private、或 protected base classes。例如以下程式碼：

```
template<typename T>
struct ValueWithComment {
  T value;
  std::string comment;
};
```

定義了一個聚合（aggregate），其成員 value 的型別是參數化的。如同使用其他 class template 一樣，你可以為其宣告物件，並依照使用聚合的方式使用它。

```
ValueWithComment<int> vc;
vc.value = 42;
vc.comment = "initial value";
```

從 C++17 開始，甚至可以替聚合類別模板（aggregate class templates）定義推導方針：

```
ValueWithComment(char const*, char const*)
  -> ValueWithComment<std::string>;
ValueWithComment vc2 = {"hello", "initial value"};
```

如果沒有以上的推導方針，則無法進行初始化，因為 ValueWithComment 沒有可以進行推導的對應建構子。

標準程式庫裡的 class std::array<> 也是一個聚合，內含的元素型別和容器大小都是參數化的。C++17 標準程式庫同樣也為其定義了推導方針，我們將於 4.4.4 節（第 64 頁）討論它。

2.11 總結

- Class template 是使用一或多個尚未決定的 type parameters 來實現的 class。
- 使用 class template 時，會傳入不特定的型別作為 template arguments。接著 class template 會以這些型別來實體化（並進行編譯）。
- 對 class templates 來說，只有那些被呼叫到的成員函式會被實體化。
- 可以針對特定型別特化 class templates。
- 可以針對特定型別偏特化 class templates。
- C++17 開始，class template arguments 可以利用建構子自動推導出來。
- 可以定義聚合類別模板（aggregate class templates）。
- 若 call parameters 是 template 型別、且宣告成以傳值方式傳入，則引數推導時會發生退化。
- Templates 只能在 global 或 namespace scope、或是 class 宣告式裡被宣告或定義。

3

非型別模板參數

Nontype Template Parameter

對 function templates 和 class templates 來說，template parameters 不一定非得是型別才行，它們也可以是普通的數值。如同具備 type parameter 的 templates，你會定義保有部分待定細節的程式碼，等到該程式碼被呼叫時才確定這些細節。但待定的部分會是數值而非型別。使用這種 template 時，必須顯式標明其數值，方得以實體化出最終程式碼。本章節會闡述這項用於新版 stack class template 的特性。此外，我們會舉出一個 nontype function template parameters 的例子，並討論此技術的一些限制。

3.1 Nontype Class Template Parameters（非型別類別模板參數）

不同於前一章給出的 stack 實作方式，你也可以利用一個固定大小的 array 來實作 stack，用以儲存元素。這個做法有個好處：無論你是自行管理記憶體或是交由標準容器（standard container）處理，都能省下記憶體管理的開銷。不過，如何決定合適的 stack 容量是個挑戰。容量給的愈小，stack 愈可能被塞滿；容量給得愈大，則愈可能保留過多記憶體，造成浪費。一個不錯的做法是讓 stack 使用者自行決定 array 大小，作為可容納元素的上限。

要做到這點，可以將 array 容量定義為 template parameter：

basics/stacknontype.hpp

```
#include <array>
#include <cassert>

template<typename T, std::size_t Maxsize>
class Stack {
  private:
    std::array<T,Maxsize> elems;       // 元素
    std::size_t numElems;              // 現有元素數目
```

```
  public:
    Stack();                      // 建構子
    void push(T const& elem);     // 推入元素
    void pop();                   // 彈出元素
    T const& top() const;         // 回傳頂端元素
    bool empty() const {          // 回傳 stack 是否為空
        return numElems == 0;
    }
    std::size_t size() const {    // 回傳現有元素數目
        return numElems;
    }
};

template<typename T, std::size_t Maxsize>
Stack<T,Maxsize>::Stack()
 : numElems(0)                    // 開始時沒有元素
{
    // 沒其他事做
}

template<typename T, std::size_t Maxsize>
void Stack<T,Maxsize>::push (T const& elem)
{
    assert(numElems < Maxsize);
    elems[numElems] = elem;       // 添加元素
    ++numElems;                   // 遞增元素數目
}

template<typename T, std::size_t Maxsize>
void Stack<T,Maxsize>::pop()
{
    assert(!empty());
    --numElems;                   // 遞減元素數目
}

template<typename T, std::size_t Maxsize>
T const& Stack<T,Maxsize>::top() const
{
    assert(!empty());
    return elems[numElems-1];     // 回傳最後一個元素
}
```

新增的第二個 **template parameter**：`Maxsize`，屬於 `unsigned int` 型別。用以標明內部
用來儲存 **stack** 元素的 **array** 大小：

```
template<typename T, std::size_t Maxsize>
class Stack {
  private:
    std::array<T,Maxsize> elems;     // 元素
    …
};
```

此外，`push()` 也利用它來檢查 **stack** 是否已滿：

```
template<typename T, std::size_t Maxsize>
void Stack<T,Maxsize>::push (T const& elem)
{
    assert(numElems < Maxsize);
    elems[numElems] = elem;          // 添加元素
    ++numElems;                      // 遞增元素數目
}
```

使用這個 **class template** 時，需要同時標明元素型別和最大容量：

basics/stacknontype.cpp

```
#include "stacknontype.hpp"
#include <iostream>
#include <string>

int main()
{
  Stack<int,20>           int20Stack;       // 可容納 20 個 ints 的 stack
  Stack<int,40>           int40Stack;       // 可容納 40 個 ints 的 stack
  Stack<std::string,40> stringStack;       // 可容納 40 個 strings 的 stack

  // 操作可容納 20 個 ints 的 stack
  int20Stack.push(7);
  std::cout << int20Stack.top() << '\n';
  int20Stack.pop();

  // 操作可容納 40 個 strings 的 stack
  stringStack.push("hello");
  std::cout << stringStack.top() << '\n';
  stringStack.pop();
}
```

請注意，每個被實體化的 **class template**，分別擁有各自的型別*。因此，`int20Stack` 和
`int40Stack` 分屬兩種不同型別。它們之間沒有定義任何隱式或顯式的型別轉換方法，故兩
者不能代換使用、也無法互相賦值。

---

* 初版譯註：常見的誤會是，上述三個 stacks 隸屬同一型別。這是錯誤觀念。

同樣地，這裡也可以替 template parameters 標明預設引數：

```
template<typename T = int, std::size_t Maxsize = 100>
class Stack {
  …
};
```

然而，從「好的設計」的角度看來，這個做法不大合適。預設引數的設計應該符合常理，即滿足多數情況下的需求。但是就一個「通用」的 stack 型別而言，設定預設元素是 unsigned int 型別、或是預設容量為 100，並不保證符合需求。因此，較好的做法是讓程式設計師自行標明兩者的值。如此一來就不該使用預設引數，以確保這兩個屬性都需要在宣告物件時會被明確寫出。

3.2 Nontype Function Template Parameters （非型別函式模板參數）

你也可以為 function templates 定義 nontype parameters。例如以下的 function template 就定義了一群能用來替參數加上某個固定值 Val 的函式：

basics/addvalue.hpp

```
template<int Val, typename T>
T addValue (T x)
{
  return x + Val;
}
```

當函式或某項操作被用作參數時，這類函式會滿有用的。舉個例子，當你使用 C++ 標準程式庫時，你可以傳入此 function template 的一個實體版本，用來替集合（collection）裡的每個元素加上某數值：

```
std::transform (source.begin(), source.end(),    // 來源端的起迄位置
                dest.begin(),                    // 目的端的起始位置
                addValue<5,int>);                // 欲實施的操作
```

最後一個引數會實體化 function template addValue<>()，用以替每個傳入的 int 數值加上 5。在整個轉化過程中，來源集合 source 裡的每個元素都會呼叫最終產生的函式，並將處理後的結果寫到目的集合 dest。

注意，你必須為 addValue<>() 的 template parameter T 標明引數 int。由於引數推導只發生於直接呼叫時，而 std::transform() 也是個 template，所以此時它需要引數的完整型別來推導其第四個參數的型別，故你在此必須明確標明 addValue<>() 的引數型別。這裡並不支援先替換或推導部分 template parameters 後，停下來觀察哪個型別符合，再推出剩下型別的做法。

同樣地，你也可以指定某個 **template parameter** 由出現過的參數推導而來。例如：從傳入的 **nontype** 推出回傳型別：

```
template<auto Val, typename T = decltype(Val)>
T foo();
```

或是反過來確保傳入數值的型別和傳入的型別相同：

```
template<typename T, T Val = T{}>
T bar();
```

3.3 **Nontype Template Parameters** 的限制

當心 nontype parameter 帶來的一些限制。一般而言，它們只能是*常整數值*（constant integral values，包括列舉值）、指向物件 / 函式 / class 成員的指標、物件或函式的 lvalue reference（*左值參考*）、或是 std::nullptr_t（即 nullptr 的型別）。

浮點數（floating-point numbers）和*類別物件*（class-type objects）不能作為 nontype template parameters：

```
template<double VAT>         // 錯誤：浮點數不能作為 template parameter
double process (double v)
{
    return v * VAT;
}

template<std::string name>  // 錯誤：類別物件不能作為 template parameter
class MyClass {
    ...
};
```

將 template arguments 傳遞給指標或 reference 時，作為引數的物件本身不能是 string literal、暫存值、或是資料成員與其他的 subobject（*子物件*）。此外，由於上述限制條件是從 C++17 之前的各個 C++ 版本逐步放寬得來的，所以尚有以下追加條件：

- 在 C++98 與 C++03，物件同時必須具有外部連結性（external linkage）。
- 在 C++11 與 C++14，物件同時必須具有外部或內部連結性（internal linkage）。

因此，以下程式碼不合法：

```
template<char const* name>
class MyClass {
    ...
};

MyClass<"hello"> x;       // 錯誤：不允許 string literal "hello"
```

不過也有一些權宜作法（再次取決於 C++ 版本）：

```
extern char const s03[] = "hi";    // 外部連結
char const s11[] = "hi";           // 內部連結
```

```
int main()
{
  Message<s03> m03;              // 所有版本都 OK
  Message<s11> m11;              // 從 C++11 起 OK
  static char const s17[] = "hi";  // 無連結性
  Message<s17> m17;              // 從 C++17 起 OK
}
```

在以上三個例子裡，有個常數字元陣列（constant character array）以 string literal "hi" 初始化。陣列物件接著作為 char const* 型別的 template parameter。如果此物件有著外部連結性（如 s03），則以上過程在所有的 C++ 版本都能執行；如果是具備內部連結性（如 s11），則可以在 C++11 和 C++14 順利執行；如果無連結性，那要等到 C++17 才支援了。

12.3.3 節（第 194 頁）對此限制有詳細討論，而 17.2 節（第 354 頁）則論及未來可能做出的改變，供讀者參考。

避免無效的陳述式

Nontype template parameters 的引數也可能是任何編譯期陳述式（compile-time expressions），例如：

```
template<int I, bool B>
class C;
…
C<sizeof(int) + 4, sizeof(int)==4> c;
```

不過請留意，如果你在陳述式裡用到了 operator>，就必須把整個陳述式用括號包起來。否則陳述式裡的 > 符號會被當成引數列的結束括號。

```
C<42, sizeof(int) > 4> c;      // 錯誤：第一個 > 終止了引數列
C<42, (sizeof(int) > 4)> c;    // OK
```

3.4 使用 auto 作為 Template Parameter 型別

從 C++17 開始，你可以用泛型方式定義 nonetype template parameter，以接受任何允許作為 nontype parameter 的型別。利用這個特性，可以寫出更泛用的固定大小 stack class：

basics/stackauto.hpp

```
#include <array>
#include <cassert>

template<typename T, auto Maxsize>
class Stack {
  public:
    using size_type = decltype(Maxsize);
```

```cpp
  private:
    std::array<T,Maxsize> elems;        // 元素
    size_type numElems;                 // 現有元素數目
  public:
    Stack();                            // 建構子
    void push(T const& elem);           // 推入元素
    void pop();                         // 彈出元素
    T const& top() const;               // 回傳頂端元素
    bool empty() const {                // 回傳 stack 是否為空
        return numElems == 0;
    }
    size_type size() const {            // 回傳現有元素數目
        return numElems;
    }
};

// 建構子
template<typename T, auto Maxsize>
Stack<T,Maxsize>::Stack ()
 : numElems(0)                          // 開始時沒有元素
{
    // 不做任何事情
}

template<typename T, auto Maxsize>
void Stack<T,Maxsize>::push (T const& elem)
{
    assert(numElems < Maxsize);
    elems[numElems] = elem;             // 添加元素
    ++numElems;
}

template<typename T, auto Maxsize>
void Stack<T,Maxsize>::pop ()
{
    assert(!empty());
    --numElems;                         // 遞減元素數目
}

template<typename T, auto Maxsize>
T const& Stack<T,Maxsize>::top () const
{
    assert(!empty());
    return elems[numElems-1];           // 回傳最後一個元素
}
```

藉由使用 *placeholder type*（佔位符型別）auto 來定義 class template：

```
template<typename T, auto Maxsize>
class Stack {
   ...
};
```

便能將 Maxsize 設定成一個型別未定的值，它可以是任何 **nontype template parameter** 允許的型別。

你可以在 **class** 內部同時使用 **nontype** 參數的值：

```
std::array<T,Maxsize> elems;          // 元素
```

以及它的型別：

```
using size_type = decltype(Maxsize);
```

接下來還可以把該型別作為 size() 成員函式的回傳型別：

```
size_type size() const {          // 回傳現有元素數目
    return numElems;
}
```

從 C++14 開始，這裡也可以直接使用 auto 作為回傳型別，讓編譯器自行推導出來：

```
auto size() const {               // 回傳現有元素數目
    return numElems;
}
```

有了這份 class 宣告式，使用 stack 時「元素數目」的型別便會被定義成「用來標明容量大小的型別」：

basics/stackauto.cpp

```
#include <iostream>
#include <string>
#include "stackauto.hpp"

int main()
{
  Stack<int,20u>           int20Stack;       // 可容納 20 個 ints 的 stack
  Stack<std::string,40> stringStack;         // 可容納 40 個 strings 的 stack

  // 操作可容納 20 個 ints 的 stack
  int20Stack.push(7);
  std::cout << int20Stack.top() << '\n';
  auto size1 = int20Stack.size();

  // 操作可容納 40 個 strings 的 stack
```

```
  stringStack.push("hello");
  std::cout << stringStack.top() << '\n';
  auto size2 = stringStack.size();

  if (!std::is_same_v<decltype(size1), decltype(size2)>) {
    std::cout << "size types differ" << '\n';
  }
}
```

以下物件內部 size_type 的型別是 unsigned int，因為傳入的是 20u：

```
  Stack<int,20u> int20Stack;              // 可容納 20 個 ints 的 stack
```

以下物件內部 size_type 的型別是 int，因為傳入的是 40：

```
  Stack<std::string,40> stringStack;      // 可容納 40 個 strings 的 stack
```

是故，這兩個 **stacks** 的 size() 函式有著不同的回傳型別，也就是說

```
  auto size1 = int20Stack.size();
  ...
  auto size2 = stringStack.size();
```

上面兩式裡 size1 和 size2 的型別並不相同。我們可以利用標準程式庫 <type_traits>
裡的 std::is_same（見 D.3.3 節，第 726 頁）和 decltype 來確認這件事：

```
  if (!std::is_same<decltype(size1), decltype(size2)>::value) {
    std::cout << "size types differ" << '\n';
  }
```

因此，會產生以下輸出字串：

```
  size types differ
```

自 C++17 開始，你也可以利用 _v 字尾、同時省略 ::value，來取得 **traits** 的回傳值（細節
見 5.6 節，第 83 頁）：

```
  if (!std::is_same_v<decltype(size1), decltype(size2)>) {
    std::cout << "size types differ" << '\n';
  }
```

注意其他關於 **nontype template parameter** 型別的相關限制仍然起作用，特別是那些於 3.3
節（第 49 頁）曾討論過，關於合法型別的限制。例如：

```
  Stack<int,3.14> sd;         // 錯誤：浮點數 nontype 引數
```

同時，由於你可以傳入 **strings** 來作為 **constant arrays**（自 C++17 起，甚至能使用以靜態方
式宣告出的 local strings），所以下面這種寫法是可行的：

basics/message.cpp

```cpp
#include <iostream>

template<auto T>            // （從 C++17 開始）接受任何合法的 nontype parameter
class Message {
  public:
    void print() {
      std::cout << T << '\n';
    }
};

int main()
{
  Message<42> msg1;
  msg1.print();            // 用 int 42 來初始化，並印出其值

  static char const s[] = "hello";
  Message<s> msg2;         // 用 char const[6] "hello" 進行初始化，
  msg2.print();            // 並印出其值
}
```

同時注意，即便宣告部分寫成 `template<decltype(auto) N>` 也是合法的，這樣一來 N 也能被實體化成 reference：

```cpp
template<decltype(auto) N>
class C {
  ...
};

int i;
C<(i)> x;    // N 是個 int&
```

細節請見 15.10.1 節，第 296 頁。

3.5 總結

- 除了型別，一般數值也能做為 template parameters。
- 不能將浮點數或類別物件作為 nontype template parameters string literal 的指標或 references、暫存值、和 subobject 作為引數的話，可能會受到其他限制。
- `auto` 賦予了 nontype template parameter 接受泛型數值的能力。

4

可變參數模板

Variadic Templates

自 C++11 開始，template parameter 具備接受不定數量的 template arguments 的能力。當你需要傳入任意數目、任意型別的 template arguments 時，這個特性讓你得以付諸實行。典型的應用像是用來透過 class 或 framework（框架）傳遞任何數目、任意型別的參數；另一個可能的應用則是提供泛型程式碼以處理任意數目、任意型別的參數。

4.1 Variadic Templates

Template parameters 可以被定義為接受無數目上限的 template arguments。具備這種能力的 template 被稱作 *variadic templates*（可變參數模板）。

4.1.1 Variadic Templates 的例子

例如，以下的程式碼能在呼叫 print() 時，接受任意數目、不同型別的引數。

basics/varprint1.hpp

```
#include <iostream>

void print ()
{
}

template<typename T, typename... Types>
void print (T firstArg, Types... args)
{
  std::cout << firstArg << '\n';     // 印出第一個引數
  print(args...);                     // 為剩下的引數呼叫 print()
}
```

假設傳入了一個以上的引數，則上述 function template 會被呼叫。它會個別選出第一個引數，將其印出，接著再遞迴地（recursively）呼叫 print() 來處理剩下的引數。剩下的引數，也就是 args，稱為 *function parameter pack*（函式參數包）：

```
void print (T firstArg, Types... args)
```

使用的是 *template parameter pack* 指定的不同「型別們」：

```
template<typename T, typename... Types>
```

為了讓遞迴得以終止，這裡提供了 print() 的 nontemplate 重載版本。它會在 parameter pack 為空時起作用。

舉例，以下的呼叫：

```
std::string s("world");
print (7.5, "hello", s);
```

會產生這樣的輸出結果：

```
7.5
hello
world
```

拆解背後邏輯，以上的呼叫起先會被展開為：

```
print<double, char const*, std::string> (7.5, "hello", s);
```

如此一來，

- firstArg 的值被設定為 7.5，故型別 T 為 double，並且
- args 作為 **variadic template argument**，擁有以下數值：型別為 char const* 的 "hello" 以及型別為 std::string 的 "world"。

在印出 firstArg 的值 7.5 後，print() 會再被呼叫一次，用來處理剩下的引數們。再次展開後的結果如下：

```
print<char const*, std::string> ("hello", s);
```

此時，

- firstArg 的值被設定為 "hello"，故型別 T 為 char const*，並且
- args 作為 **variadic template argument**，擁有數值 "world"，型別為 std::string。

印出 firstArg 的值 "hello" 後，再次呼叫 print() 來處理餘下引數，其展開式為：

```
print<std::string> (s);
```

此時，

- firstArg 的值被設定為 "world"，故此時型別 T 為 std::string，並且
- args 作為 **variadic template argument**，其不具備任何數值。

因此，接下來會呼叫 nontemplate 重載版本的 print()，它不會做任何事情。

4.1.2　重載 Variadic 及 Nonvariadic Templates

注意，你也可以將先前的例子用以下的方式來實作：

basics/varprint2.hpp

```cpp
#include <iostream>

template<typename T>
void print (T arg)
{
  std::cout << arg << '\n'; // 印出傳入的引數
}

template<typename T, typename... Types>
void print (T firstArg, Types... args)
{
  print(firstArg);            // 呼叫 print() 處理第一個引數
  print(args...);             // 呼叫 print() 處理剩下的引數們
}
```

如此一來，當兩個函式只差在後面的 parameter pack 時，會偏好使用沒有 parameter pack 的那個 function template [1]。C.3.1 節（第 688 頁）會解釋這裡用到的、更加一般化的重載決議原則。

4.1.3　`sizeof...` 運算子

C++11 同時也替 variadic templates 引入了新型態的 `sizeof` 運算子：`sizeof...`，用來描述一個 parameter pack 裡包含的元素數目。因此，

```cpp
template<typename T, typename... Types>
void print (T firstArg, Types... args)
{
  std::cout << sizeof...(Types) << '\n';    // 印出剩下的型別個數
  std::cout << sizeof...(args) << '\n';     // 印出剩下的參數個數
  ...
}
```

在第一個引數傳入 print() 後，上式會將剩下的引數數目印出兩次。如你所見，你可以同時將 `sizeof...` 用於 template parameter packs 和 function parameter packs。

這可能會讓我們誤以為可以藉由檢查是否還有剩下的引數，來得知是否遞迴即將結束，並據以跳過最後一次的遞迴呼叫：

---

[1] 對於最初的 C++11 和 C++14 標準，這樣寫會產生歧義，後來已對此做出修正（見 *[CoreIssue1395]*）。不過所有編譯器的各個版本，都採用上述原則處理。

```
template<typename T, typename... Types>
void print (T firstArg, Types... args)
{
  std::cout << firstArg << '\n';
  if (sizeof...(args) > 0) {        // 當 sizeof...(args)==0、並且未宣告
    print(args...);                 // 無引數版本的 print() 時，會發生錯誤
  }
}
```

然而這招事實上行不通，因為通常 function templates 裡所有 *if* 陳述句衍生的兩個分支都會被實體化。被實體化出來的程式碼用不用得到，是執行期決定的事情；而呼叫本身的實體化，則是**編譯期**決定的事。基於以上原因，若僅用（最後）一個引數喚起 function template print()，因為此時 args 不包含任何數值，故包含 print(args...) 呼叫的述句依然會針對無引數版本實體化。這時如果 print() 函式又沒有提供無引數版本，便會導致（編譯期）錯誤。

然而，請注意從 C++17 開始，提供了**編譯期條件運算**（compile-time if）的功能。透過小小的語法改寫，便能達到我們想要的效果。8.5 節（第 134 頁）會有相關的討論。

4.2 摺疊表示式（Fold Expressions）

有一個自 C++17 開始提供的特性，能夠針對所有 parameter pack 中的引數，以二元運算子反覆迭代計算出結果（並可以自訂初始值）。

例如，以下函式會回傳所有傳入引數的和：

```
template<typename... T>
auto foldSum (T... s) {
  return (... + s);      // ((s1 + s2) + s3)...
}
```

若 parameter pack 為空，則陳述式通常會不合法。但存在例外情況：對於 && 運算子而言，空的 **parameter pack** 視為 true；對於 || 運算子，其值視為 false；對於 comma（逗號）運算子，其值視為 void()。

表 4.1 列出了可能的摺疊表示式組合：

摺疊表示式	等價於
(... op pack)	(((pack1 op pack2) op pack3) ... op packN)
(pack op ...)	(pack1 op (... (packN-1 op packN)))
(init op ... op pack)	(((init op pack1) op pack2) ... op packN)
(pack op ... op init)	(pack1 op (... (packN op init)))

表 4.1. 摺疊表示式（C++17 起支援）

幾乎所有的二元運算子都能用於摺疊表示式（詳見 12.4.6 節，第 208 頁）。舉例來說，你可以利用摺疊表示式，配合 ->* 運算子，遍歷（traverse）二元樹上的一條路徑（path）：

basics/foldtraverse.cpp

```cpp
// 定義二元樹結構和用來遍歷的輔助函式：
struct Node {
  int value;
  Node* left;
  Node* right;
  Node(int i=0) : value(i), left(nullptr), right(nullptr) {
  }
  …
};
auto left = &Node::left;
auto right = &Node::right;

// 利用摺疊表示式來遍歷二元樹
template<typename T, typename... TP>
Node* traverse (T np, TP... paths) {
  return (np ->* ... ->* paths);     // np ->* paths1 ->* paths2 …
}

int main()
{
  // 初始化二元樹結構
  Node* root = new Node{0};
  root->left = new Node{1};
  root->left->right = new Node{2};
  …
  // 遍歷二元樹
  Node* node = traverse(root, left, right);
  …
}
```

在此，

```cpp
(np ->* ... ->* paths)
```

利用了摺疊表示式，從 np 開始遍歷 paths 裡的 variadic elements。

藉由這種帶有*初始器*（initializer）的摺疊表示式，我們可以嘗試簡化上述用來印出所有引數的 **variadic template** ：

```cpp
template<typename... Types>
void print (Types const&... args)
{
  (std::cout << ... << args) << '\n';
}
```

然而，這裡所有被印出的 parameter pack 元素並沒有用空白隔開，而是彼此緊連在一起。為了分開它們，你需要寫一個額外的 class template，確保所有引數的輸出結果都跟著一個空白：

basics/addspace.hpp

```
template<typename T>
class AddSpace
{
  private:
    T const& ref;                     // 指向傳入建構子的引數
  public:
    AddSpace(T const& r): ref(r) {
    }
    friend std::ostream& operator<< (std::ostream& os, AddSpace<T> s) {
      return os << s.ref << ' ';       // 輸出傳入引數並加上空白
    }
};

template<typename... Args>
void print (Args... args) {
  ( std::cout << ... << AddSpace(args) ) << '\n';
}
```

注意上式 AddSpace(args) 利用了 **template argument deduction**（見 2.9 節，第 40 頁），以達到和寫 AddSpace<Args>(args) 一樣的效果。該函式對於每個引數都會創建一個 AddSpace 物件，指向傳入的引數，並於輸出時將該引數加上空白後印出。

更多關於摺疊表示式的細節，請見 **12.4.6 節**（第 207 頁）。

4.3 **Variadic Templates** 的應用

在實作泛型程式庫（如 C++ 標準程式庫）時，variadic templates 都扮演著舉足輕重的角色。

一個典型的應用是用於轉發數目不定的任意型別引數。像是會在以下場景上這招：

- 傳遞引數給一個被 shared pointer（共享指標）所持有、新創 heap 物件的建構子：

  ```
  // 創建 shared pointer，用來指向以 4.2 和 7.7 初始化的 complex<float>：
  auto sp = std::make_shared<std::complex<float>>(4.2, 7.7);
  ```

- 傳遞引數給由程式庫起始的 thread（執行緒）時：

  ```
  std::thread t (foo, 42, "hello"); // 在個別的 thread 裡呼叫 foo(42,"hello")
  ```

- 傳遞引數給 vector 中新建元素的建構子：

```
std::vector<Customer> v;
…
v.emplace_back("Tim", "Jovi", 1962);      // 插入以三個引數初始化的
                                          // Customer 物件
```

一般而言，引數們會經由搬移語義被「完美轉發（*perfectly forwarded*）」（見 6.1 節，第 91 頁），故對應的宣告式如下所示：

```
namespace std {
  template<typename T, typename... Args> shared_ptr<T>
  make_shared(Args&&... args);

  class thread {
   public:
    template<typename F, typename... Args>
    explicit thread(F&& f, Args&&... args);
    …
  };

  template<typename T, typename Allocator = allocator<T>>
  class vector {
   public:
    template<typename... Args> reference emplace_back(Args&&... args);
    …
  };
}
```

同時注意，一般 template parameter 遵循的規則同樣適用於 variadic function template parameters。像是以值傳入時，引數會被複製、並發生退化（例如：array 退化成指標）；而以 reference 傳入時，parameters 參照的是原始引數，並且不發生退化：

```
// args 是有著退化後型別的副本：
template<typename... Args> void foo (Args... args);
// args 是未退化的 references，指向傳入物件：
template<typename... Args> void bar (Args const&... args);
```

4.4 **Variadic Class Templates 和 Variadic Expressions** （可變參數述式）

除了上面的例子，parameter packs 也可以出現在許多地方。包括陳述式（expressions）、class templates、using 宣告式、甚至是推導方針（deduction guides）裡。12.4.2 節（第 202 頁）列出了完整的清單。

4.4.1　Variadic Expressions（可變參數陳述式）

比起單純轉發所有參數，你還有更多能在 parameter pack 上動的手腳。像是拿它們來做計算，更精確地說：用 parameter pack 裡的所有參數來做計算。

舉個例子，下面的函式將 parameter pack args 裡的每個參數都乘以兩倍，然後再將加倍後的引數傳給 print()：

```
template<typename... T>
void printDoubled (T const&... args)
{
  print (args + args...);
}
```

如果你這樣呼叫函式：

```
printDoubled(7.5, std::string("hello"), std::complex<float>(4,2));
```

則會得到如同下面式子的效果（建構子帶來的副作用除外）：

```
print(7.5 + 7.5,
      std::string("hello") + std::string("hello"),
      std::complex<float>(4,2) + std::complex<float>(4,2));
```

如果你僅僅想為每個引數加上 1，請注意省略符號裡的點不要直接跟在**數值文字**（numeric literal）後面：

```
template<typename... T>
void addOne (T const&... args)
{
  print (args + 1...);        // 錯誤：1... 被視為擁有太多小數點的一串文字
  print (args + 1 ...);       // OK
  print ((args + 1)...);      // OK
}
```

編譯期陳述式可以利用同樣的方式引用 template parameter packs。例如，下列 function template 會判斷是否所有引數的型別都相同，並回傳結果：

```
template<typename T1, typename... TN>
constexpr bool isHomogeneous (T1, TN...)
{
  return (std::is_same<T1,TN>::value && ...); // C++17 起適用
}
```

這也是摺疊表示式的一個具體應用（見 4.2 節，第 58 頁）。對於以下呼叫：

```
isHomogeneous(43, -1, "hello")
```

產生回傳值的陳述式會被展開成：

```
std::is_same<int,int>::value && std::is_same<int,char const*>::value
```

結果會是 false。但對於以下呼叫：

```
isHomogeneous("hello", " ", "world", "!")
```

會得到 true，因為所有傳入的引數都會被推導為 char const*（注意 **call arguments** 是以傳值方式傳入，故引數型別會退化）。

4.4.2　Variadic Indices（可變參數索引）

另一個有趣的例子，下列函式利用一個 variadic 索引列表來取用第一個引數裡的對應元素：

```
template<typename C, typename... Idx>
void printElems (C const& coll, Idx... idx)
{
  print (coll[idx]...);
}
```

因此，下列呼叫發生時：

```
std::vector<std::string> coll = {"good", "times", "say", "bye"};
printElems(coll,2,0,3);
```

效果會等同於呼叫下式：

```
print (coll[2], coll[0], coll[3]);
```

你也可以宣告 nontype template parameters 作為 parameter packs。例如：

```
template<std::size_t... Idx, typename C>
void printIdx (C const& coll)
{
  print(coll[Idx]...);
}
```

如此一來，便可以進行以下呼叫，並達到和上個例子相同的效果：

```
std::vector<std::string> coll = {"good", "times", "say", "bye"};
printIdx<2,0,3>(coll);
```

4.4.3　Variadic Class Templates

Variadic templates 也可以用於 class templates。這兒有個經典的例子：有一個 class，其具有任意數目的 template parameters，用來標明對應成員的型別：

```
template<typename... Elements>
class Tuple;

Tuple<int, std::string, char> t;      // t 可以持有整數、字串、以及字元
```

第 25 章會做進一步的討論。

另一個例子，variadic class templates 能被用來註明物件允許擁有的型別：

```
template<typename... Types>
class Variant;

Variant<int, std::string, char> v;   // v 可以持有整數、字串、或是字元
```

這部分會在第 26 章有進一步的討論。

你也可以將 class 定義為一種能表現一組索引的型別：

```
// 作為未定個數索引的型別
template<std::size_t...>
struct Indices {
};
```

這可以用來定義一個函式，用來替 std::array 或 std::tuple 裡的元素呼叫 print()，
這得仰賴 get<>() 於編譯期取出指定的索引：

```
template<typename T, std::size_t... Idx>
void printByIdx(T t, Indices<Idx...>)
{
  print(std::get<Idx>(t)...);
}
```

上述 template 有以下的用法：

```
std::array<std::string, 5> arr = {"Hello", "my", "new", "!", "World"};
printByIdx(arr, Indices<0, 4, 3>());
```

也可以這樣用：

```
auto t = std::make_tuple(12, "monkeys", 2.0);
printByIdx(t, Indices<0, 1, 2>());
```

以上是前進 meta-programming（後設編程）的第一步，後續內容會在 8.1 節（第 123 頁）
和第 23 章繼續討論。

4.4.4　Variadic 推導方針

就連推導方針（見 2.9 節，第 42 頁）都可以使用 variadic。舉個例子，C++ 標準程式庫替
std::array 定義了以下的推導方針：

```
namespace std {
  template<typename T, typename... U> array(T, U...)
    -> array<enable_if_t<(is_same_v<T, U> && ...), T>,
             (1 + sizeof...(U))>;
}
```

像是以下的初始化：

```
std::array a{42,45,77};
```

會把在方針裡的 T 推導為和元素一樣的型別，並且把各種不同的 U... 型別推導為後續元素
的型別。也因此，總元素個數會是 1 + sizeof...(U)：

```
std::array<int, 3> a{42,45,77};
```

用來處理 array 第一個參數的 std::enable_if<> 陳述式是個摺疊表示式（如同在 4.4.1
節（第 62 頁）介紹過的 isHomogeneous() 一樣），可以被展開成：

```
is_same_v<T, U1> && is_same_v<T, U2> && is_same_v<T, U3> …
```

如果最後的結束不為 `true`（意即所有元素的型別不一致），推導方針會被捨棄，整個推導過程也就失敗了。這樣一來，標準程式庫得以確保所有元素必定會擁有相同型別，使推導方針順利執行。

4.4.5 Variadic Base Class 和 `using` 語法

最後，請參考以下範例：

basics/varusing.cpp

```cpp
#include <string>
#include <unordered_set>

class Customer
{
  private:
    std::string name;
  public:
    Customer(std::string const& n) : name(n) { }
    std::string getName() const { return name; }
};

struct CustomerEq {
    bool operator() (Customer const& c1, Customer const& c2) const {
      return c1.getName() == c2.getName();
    }
};

struct CustomerHash {
    std::size_t operator() (Customer const& c) const {
      return std::hash<std::string>()(c.getName());
    }
};

// 定義一個重載 class，用來合併 variadic base classes 間的 operator()：
template<typename... Bases>
struct Overloader : Bases...
{
    using Bases::operator()...;  // 從 C++17 開始 OK
};

int main()
{
  // 將用於 customers 的雜湊和等價運算合併在一個型別裡：
  using CustomerOP = Overloader<CustomerHash,CustomerEq>;

  std::unordered_set<Customer,CustomerHash,CustomerEq> coll1;
  std::unordered_set<Customer,CustomerOP,CustomerOP> coll2;
  …
}
```

首先，我們在此定義了一個 Customer class 和一個獨立的函式物件（*function objects*），用以建立 Customer 物件的 hash（雜湊）和進行比較。接著我們可以利用以下 template：

```
template<typename... Bases>
struct Overloader : Bases...
{
    using Bases::operator()...;  // 從 C++17 開始 OK
};
```

來定義一個 class，其繼承自個數未定的 base classes，並引入這些 base classes 的 operator() 宣告式。我們可以利用此特性，寫出以下式子：

```
using CustomerOP = Overloader<CustomerHash,CustomerEq>;
```

讓 CustomerOP 同時繼承於 CustomerHash 和 CustomerEq，並且在 CustomerOP 裡使用這兩個類別的 operator() 實作。

關於此一技巧的其他應用方式，請見 26.4 節（第 611 頁）。

4.5 總結

- 利用 parameter packs，可以定義擁有任意數目、任意型別 template parameter 的 templates。
- 在處理 variadic template 的參數時，會用到遞迴以及一組匹配的 nonvariadic 函式（也有可能單獨使用兩者其一）。
- 運算子 sizeof... 能給出 parameter pack 裡頭提供的引數個數。
- Variadic template 的典型應用之一，是用來轉發任意數目、任意型別的引數。
- 利用摺疊表示式，可以對 parameter pack 裡的所有引數施以同樣的運算。

5

刁鑽的基本技術

Tricky Basics

本章著墨於 template 裡一些頗為基本的東西，它們關乎 template 的實際應用，像是：typename 關鍵字的其他用法、如何將成員函式及巢狀 class 定義為 template、template template parameters（模板化模板參數）、以零初始化、以及當 string literal（字串文字）作為 function templates 引數時，在使用上的一些小細節等。這些東西有時滿棘手的，但每一位日常從事程式設計的人都應該對它們有點瞭解。

5.1 typename 關鍵字

關鍵字 typename 於 C++ 標準化過程中被引入，用來表明 template 裡的某個識別字是個型別。參考以下的例子：

```
template<typename T>
class MyClass {
  public:
    …
    void foo() {
      typename T::SubType* ptr;
    }
};
```

這裡的第二個 typename 用來表明 SubType 是一個定義於 class T 裡的型別。因此，ptr 是一個指向 T::SubType 型別的指標。

如果不加上 typename，SubType 會被認為是一個非型別成員（像是 static 資料成員、或是列舉常數）。如此一來，以下式子

```
T::SubType* ptr
```

可能會被解釋為：將 class T 的靜態成員 SubType 與 ptr 間進行相乘。這樣解釋並沒有問題，因為對於某些 MyClass<> 的實體版本來說，這樣的程式碼可能是合法的。

一般來說，只要某個依賴於 **template parameter** 的名稱是個型別，它就需要加註 typename。在 13.3.2 節（第 228 頁）會對細節作進一步的討論。

typename 的應用之一，是在泛型程式碼裡宣告標準容器的迭代器（iterator）：

basics/printcoll.hpp

```
#include <iostream>

// 印出 STL 容器內的元素
template<typename T>
void printcoll (T const& coll)
{
    typename T::const_iterator pos;         // 用來遍歷 coll 的迭代器
    typename T::const_iterator end(coll.end()); // 尾端位置
    for (pos=coll.begin(); pos!=end; ++pos) {
        std::cout << *pos << ' ';
    }
    std::cout << '\n';
}
```

在這個 function template 裡，call parameter coll 是一個管理型別 T 的標準容器。為了遍歷容器內的所有元素，我們會用到該容器迭代器的型別。而對於每個標準容器 class 而言，該型別會宣告為 const_iterator，註記在 class 裡：

```
class stlcontainer {
 public:
  using iterator = …;        // 用來讀取／寫入的迭代器
  using const_iterator = …; // 用來讀取的迭代器
  …
};
```

所以，為了取用 template 型別 T 裡頭的 const_iterator 型別，需要在前面特別冠上 typename：

```
typename T::const_iterator pos;
```

有關（C++17 以前）需要特別註明 typename 的細節，請見 13.3.2 節（第 228 頁）。注意 C++20 可能得以在許多一般情況下，免除使用 typename 的必要（細節見 17.1 節，第 354 頁）。

5.2 以零初始化

對於基本型別（如 int、double）、或指標型別來說，沒有預設建構子能將之初始化，提供有用的預設值。而任何未初始化的 local 變數，其值都是未定義的（undefined value）：

```
void foo()
{
  int x;        // x 的值未被定義
  int* ptr;     // ptr 可能指向任意處（而非「不指向任何地方」）
}
```

假使你現在正在撰寫 templates，並且希望用預設值初始化以 template 型別 T 建立的變數。
這樣會遇上問題，因為以下的簡單定義無法初始化內建型別（build-in types）：

```
template<typename T>
void foo()
{
  T x;      // 如果 T 是內建型別，則 x 的值未被定義。
}
```

基於以上原因，可以顯式地為內建型別呼叫預設建構子，將其初始化為零（或是將 bool 型
別設定為 false、將指標設定為 nullptr）。因此可以採用以下的寫法，確保連內建型別都
經過適當地初始化：

```
template<typename T>
void foo()
{
  T x{};   // 如果 T 是內建型別，則 x 的值為零（也可能是 false 或 nullptr）
}
```

這種初始化的方法稱為*數值初始化*（*value initialization*），會採取以下任一行為：呼叫已提
供的建構子、或是將物件以*零初始化*（*zero initialize*）。即使建構子被宣告為 explicit，
這個方法還是管用。

在 C++11 之前，會利用以下舊式語法確保變數被適當地初始化：

```
  T x = T();   // 如果 T 是內建型別，則 x 的值為零（也可能是 false 或 nullptr）
```

至今仍然支援以上做法。不過在 C++17 以前，只有當用於複製建構的建構子未被宣告為
explicit 的情況下起作用。而在 C++17 強制啟用的*複製省略*（copy elision）*避免了該項
限制**，故採用新舊式語法都可以。不過若使用大括號的新式語法，當未提供預設建構子時，
會使用*初始列建構子*（initializer-list constructor）[1] 進行初始化。

為了確保 class template 裡的某個具有參數化型別的成員得以被初始化，可以定義建構子，
並在裡頭使用大括號初始器（braced initializer）來初始化該成員：

```
template<typename T>
class MyClass {
  private:
    T x;
  public:
    MyClass() : x{} {     // 確保即使 T 是內建型別，x 也會被初始化
    }
    …
};
```

---

[1] 該建構子具有型別為 std::initializer_list<X> 的參數，其中 X 代表某種型別。

* 譯註：C++ 語言標準定義的編譯器最佳化技術。當暫存物件用於初始化同類型的物件時，會以暫存物件直接初
  始化該物件，而非先創建另一個暫存物件再執行複製，等於省略了複製動作。

** 譯註：因為不發生複製。

C++11 之前的做法也依然行得通：

```
    MyClass() : x() {           // 確保即使 T 是內建型別，x 也會被初始化
    }
```

從 C++11 開始，也可以替 nonstatic 成員提供預設的初始化方法。故可以寫成下面這樣：

```
template<typename T>
class MyClass {
  private:
    T x{};                      // 除非特別註明，否則將 x 以零初始化
    ...
};
```

不過，請注意預設引數無法利用以上語法。像是：

```
template<typename T>
void foo(T p{}) {               // 錯誤
    ...
}
```

應該要這樣寫才行：

```
template<typename T>
void foo(T p = T{}) {           // OK（C++11 之前要寫成 T()）
    ...
}
```

5.3 使用 this->

假設某個 class template 繼承了依賴於 template paramaters 的 base classes，則在該 class 裡使用名稱 x，可能會和使用 this->x 結果完全不同，就算成員 x 是繼承而來的也一樣。例如：

```
template<typename T>
class Base {
  public:
    void bar();
};

template<typename T>
class Derived : Base<T> {
  public:
    void foo() {
        bar();          // 呼叫外部的 bar()，否則會出錯
    }
};
```

在這個例子裡，當決議 foo() 裡頭的符號 bar 時，絕對不會考慮定義於 Base 裡的那個 bar()。因此這樣寫要嘛造成錯誤，要嘛就是會呼叫另一個 bar()（像是全域命名空間裡的 bar()）。

我們會在 13.4.2 節（第 237 頁）深入討論這個議題。作為一個經驗法則，眼下我們建議您，在 base class 依賴於某個 template parameter 時，對於任何宣告於 base class 裡的符號（symbol），前面都應該冠以 this-> 或 Base<T>::。

5.4 用於原始陣列和 **String Literal** 的 **Templates**

傳遞原始陣列（raw arrays）或 string literals（字串文字）給 templates 時需要多加留意。首先，如果 template parameter 宣告為 reference，引數不發生退化。也就是說，傳入引數 `"hello"` 的型別會是 `char const[6]`。如果原始陣列或字串引數的長度不同，而導致參數間型別不一致，很可能會造成問題。唯有當引數用值傳遞時，其型別才會退化，string literal 因此會被轉型為 `char const*` 型別。我們會在第七章深入討論這個問題。

請注意，你還可以提供專門用來處理原始陣列或 string literal 的 templates。例如：

basics/lessarray.hpp

```
template<typename T, int N, int M>
bool less (T(&a)[N], T(&b)[M])
{
    for (int i = 0; i<N && i<M; ++i) {
        if (a[i]<b[i]) return true;
        if (b[i]<a[i]) return false;
    }
    return N < M;
}
```

當呼叫以下式子時：

```
int x[] = {1, 2, 3};
int y[] = {1, 2, 3, 4, 5};
std::cout << less(x,y) << '\n';
```

less<>() 會以 T=int、N=3、M=5 的方式實體化。

這個 **template** 也可以用來處理 string literal：

```
std::cout << less("ab","abc") << '\n';
```

在這個例子裡，less<>() 會以 T=char const、N=3、M=4 的方式實體化。

如果你只想提供處理 string literal（和其他 char arrays）的 function template，你可以採用以下寫法：

basics/lessstring.hpp

```
template<int N, int M>
bool less (char const(&a)[N], char const(&b)[M])
{
    for (int i = 0; i<N && i<M; ++i) {
        if (a[i]<b[i]) return true;
        if (b[i]<a[i]) return false;
    }
    return N < M;
}
```

注意你可以使用重載或偏特化來處理邊界大小未知的 array，有時候不得不這麼做。下面的程式示範了所有可能針對 array 的重載方式：

basics/arrays.hpp

```
#include <iostream>

template<typename T>
struct MyClass;                       // 原型模板

template<typename T, std::size_t SZ>
struct MyClass<T[SZ]>          // 處理已知大小 array 的偏特化版本
{
  static void print() { std::cout << "print() for T[" << SZ << "]\n"; }
};

template<typename T, std::size_t SZ>
struct MyClass<T(&)[SZ]>       // 處理「指向已知大小 array 的 reference」的偏特化版本
{
  static void print() { std::cout << "print() for T(&)[" << SZ << "]\n"; }
};

template<typename T>
struct MyClass<T[]>            // 處理未知大小 array 的偏特化版本
{
  static void print() { std::cout << "print() for T[]\n"; }
};

template<typename T>
struct MyClass<T(&)[]>        // 處理「指向未知大小 array 的 reference」的偏特化版本
{
  static void print() { std::cout << "print() for T(&)[]\n"; }
};

template<typename T>
struct MyClass<T*>            // 處理指標的偏特化版本
{
  static void print() { std::cout << "print() for T*\n"; }
};
```

在這個例子裡，class templates `MyClass<>` 針對了各式型別進行特化：已知或未知邊界大小的 array、用來指向已知或未知邊界大小 array 的 reference、以及指標。每種情況各不相同，在使用 array 時都可能會發生：

basics/arrays.cpp

```
#include "arrays.hpp"

template<typename T1, typename T2, typename T3>
void foo(int a1[7], int a2[],      // 根據語言規則，它們是指標
         int (&a3)[42],            // 指向已知大小 array 的 reference
         int (&x0)[],              // 指向未知大小 array 的 reference
         T1 x1,                    // 以值傳遞，伴隨退化
         T2& x2, T3&& x3)          // 以 reference 傳遞
{
  MyClass<decltype(a1)>::print();  // 使用 MyClass<T*>
  MyClass<decltype(a2)>::print();  // 使用 MyClass<T*>
  MyClass<decltype(a3)>::print();  // 使用 MyClass<T(&)[SZ]>
  MyClass<decltype(x0)>::print();  // 使用 MyClass<T(&)[]>
  MyClass<decltype(x1)>::print();  // 使用 MyClass<T*>
  MyClass<decltype(x2)>::print();  // 使用 MyClass<T(&)[]>
  MyClass<decltype(x3)>::print();  // 使用 MyClass<T(&)[]>
}

int main()
{
  int a[42];
  MyClass<decltype(a)>::print();   // 使用 MyClass<T[SZ]>

  extern int x[];                  // 提前宣告 array
  MyClass<decltype(x)>::print();   // 使用 MyClass<T[]>

  foo(a, a, a, x, x, x, x);
}

int x[] = {0, 8, 15};              // 定義已提前宣告的 array
```

根據語言規則，當 *call parameter* 宣告為 array（不一定需要標明大小）時，其型別為指標。也請注意，接受未知邊界大小 array 的 template 也可應用於不完整型別（incomplete type），像是：

```
extern int i[];
```

同時，當參數以 reference 傳遞時，它的型別為 int(&)[]。此種型別也可用於 template parameter [2]。

在 19.3.1 節（第 401 頁）有另外一個例子，示範在泛型程式碼裡使用不同的 array 型別。

---

[2] 藉由核心議題第 393 號決議，C++17 起能夠接受參數的型別為 X (&)[]（X 為任意型別）。不過許多較早語言版本的編譯器也接受這樣的參數。

5.5 Member Templates（成員模板）

Class 成員也可以是 templates。這也包括了巢狀 class（nested class，宣告於 class 中的 class）或是成員函式。這裡我們再次以 Stack<> class template 示範這個特性的用途和優點。一般而言，唯有當 stacks 型別相同（意即內含相同型別的元素）時，它們之間才可以彼此互相賦值。即使元素型別之間能夠進行隱式型別轉換，由既定元素型別構成的 stack 也無法被以其他元素型別所構成的 stack 賦值：

```
Stack<int>    intStack1, intStack2;    // 處理 ints 的 stacks
Stack<float> floatStack;               // 處理 floats 的 stacks
…
intStack1 = intStack2;                 // OK：stacks 的型別相同
floatStack = intStack1;                // 錯誤：stacks 的型別不同
```

預設的賦值運算子（等號）要求運算子兩邊的型別相同，如果 stacks 擁有不同型別的元素，那就違反這個規則了。

不過，藉由將賦值運算子定義成 template，可以使得元素間具有合適型別轉換方法的 stacks 彼此能夠互相賦值。為了做到這點，我們可以這樣宣告 Stack<>：

basics/stack5decl.hpp

```
template<typename T>
class Stack {
  private:
    std::deque<T> elems;        // 元素

  public:
    void push(T const&);        // 推入元素
    void pop();                 // 彈出元素
    T const& top() const;       // 回傳頂端元素
    bool empty() const {        // 回傳 stack 是否為空
        return elems.empty();
    }

    // 替具有 T2 型別元素的 stack 賦值
    template<typename T2>
    Stack& operator= (Stack<T2> const&);
};
```

我們做了以下兩項調整：

1. 替具有另一種型別元素（T2）的 stack 加上賦值運算子的宣告式。
2. 如今 stack 改用 std::deque<> 作為儲存元素的內部容器，這是實作了新的賦值運算子所造成的連帶影響。

新的賦值運算子實作起來會像這樣[3]：

basics/stack5assign.hpp

```
template<typename T>
 template<typename T2>
Stack<T>& Stack<T>::operator= (Stack<T2> const& op2)
{
    Stack<T2> tmp(op2);              // 替指定的 stack 創建一份副本

    elems.clear();                   // 移除既有元素
    while (!tmp.empty()) {           // 複製所有元素
        elems.push_front(tmp.top());
        tmp.pop();
    }
    return *this;
}
```

首先，讓我們關注定義 member template（成員模板）的語法。在具有 template parameter T 的 template 裡，可以再定義一個具有 template parameter T2 的內層 template：

```
template<typename T>
 template<typename T2>
...
```

在上述的成員函式裡，你應該希望能夠簡單地取得 stack op2 裡所有必要的資訊。然而，由於 stack op2 具有不同的型別，因此限制了我們只能透過公開介面（public interface）對其取值[*]。後續程式碼呼叫了 pop()，因為這是唯一能取得元素的方法。可是這樣一來，每個元素又得要是頂端元素才行。因此，我們需要先創建一份 op2 的副本（避免影響 op2），然後透過不斷呼叫 pop() 來取出所有元素。而又因為 top() 回傳的是最後一個進入 stack 的元素，因此我們偏好使用支援從集合的另一端插入元素的容器。基於以上理由，我們使用 std::deque<>，因為它提供了 push_front() 函式，讓我們能從集合的另一端放置元素。

為了自由取用 op2 裡的所有成員，可以把 stack 的其他實體版本宣告為 friends：

basics/stack6decl.hpp

```
template<typename T>
class Stack {
  private:
    std::deque<T> elems;             // 元素
```

---

[3] 這份簡單實作僅用於示範 template 特性，忽略了如適當的例外處理之類的問題。

[*] 譯註：分別使用兩種不同型別的引數來實體化 class template，會得到兩個不同的 class 型別。換句話說，這裡 op2 的型別 Stack<T2> 不一定等同於此成員函式所屬的 class 型別 Stack<T>。

```
  public:
    void push(T const&);            // 推入元素
    void pop();                     // 彈出元素
    T const& top() const;           // 回傳頂端元素
    bool empty() const {            // 回傳 stack 是否為空
        return elems.empty();
    }

    // 替具有 T2 型別元素的 stack 賦值
    template<typename T2>
    Stack& operator= (Stack<T2> const&);
    // 允許取用 Stack<T2> 的 private（私有）成員，T2 可以是任何型別：
    template<typename> friend class Stack;
};
```

如你所見，因為 template parameter 的名稱不會被用到，故可以省略不寫：

```
    template<typename> friend class Stack;
```

現在我們可以將 template 賦值運算子改採以下實作：

basics/stack6assign.hpp

```
template<typename T>
 template<typename T2>
Stack<T>& Stack<T>::operator= (Stack<T2> const& op2)
{
    elems.clear();                      // 移除既有元素
    elems.insert(elems.begin(),         // 插入元素於開頭處
                 op2.elems.begin(),     // op2 裡的所有元素
                 op2.elems.end());
    return *this;
}
```

無論你採用何種實作方式，透過定義 member template，現在你可以把 ints 構成的 stack 賦值給另一個由 floats 構成的 stack 了。

```
    Stack<int>   intStack;          // 由 ints 構成的 stack
    Stack<float> floatStack;        // 由 floats 構成的 stack
    ...
    floatStack = intStack;          // OK：雖然 stacks 彼此的型別不同，
                                    // 不過 int 可以轉型為 float
```

當然，以上賦值動作並不會改變 stack 的型別，也不會改變內含元素的型別。賦值完成後，floatStack 裡的元素仍然是 floats，故 top() 也還是會回傳 float。

以上函式乍看之下並未啟用型別檢查，因為你看似可以把任意型別的元素用於賦值給 stack，可是事實上並非如此。必要的型別檢查會發生於當元素從來源 stack（或其副本）被搬移到目標 stack 時：

```
elems.push_front(tmp.top());
```

舉個例子，如果一個「由 strings 構成」的 stack 被用來賦值給「由 floats 構成」的 stack，則編譯這行程式碼時會出現錯誤訊息，指出 tmp.top() 所回傳的 string 無法作為引數傳入 elems.push_front()（不同編譯器出現的訊息可能不一樣，但意思大抵應該如此）：

```
Stack<std::string> stringStack;      // 由 strings 構成的 stack
Stack<float>       floatStack;       // 由 floats 構成的 stack
...
floatStack = stringStack;            // 錯誤：std::string 不會轉型為 float
```

你可以再次改變實作方式，將內部容器的型別加以參數化：

basics/stack7decl.hpp

```
template<typename T, typename Cont = std::deque<T>>
class Stack {
  private:
    Cont elems;                  // 元素

  public:
    void push(T const&);         // 推入元素
    void pop();                  // 彈出元素
    T const& top() const;        // 回傳頂端元素
    bool empty() const {         // 回傳 stack 是否為空
        return elems.empty();
    }

    // 替具有 T2 型別元素的 stack 賦值
    template<typename T2, typename Cont2>
    Stack& operator= (Stack<T2,Cont2> const&);
    // 允許取用 Stack<T2> 的 private 成員，T2 可以是任何型別
    template<typename, typename> friend class Stack;
};
```

接著用以下方式實作 template 賦值運算子：

basics/stack7assign.hpp

```
template<typename T, typename Cont>
 template<typename T2, typename Cont2>
Stack<T,Cont>&
Stack<T,Cont>::operator= (Stack<T2,Cont2> const& op2)
```

```
{
    elems.clear();                        // 移除既有元素
    elems.insert(elems.begin(),           // 插入元素於開頭處
                 op2.elems.begin(),        // op2 裡的所有元素
                 op2.elems.end());
    return *this;
}
```

請記住唯有被呼叫到的 **class templates** 成員會被實體化。因此，假使你不想讓 **stack** 以不同型別的元素進行賦值，你大可以改採 vector 作為內部容器：

```
// 由 ints 構成的 stack，使用 vector 作為內部容器
Stack<int,std::vector<int>> vStack;
…
vStack.push(42);
vStack.push(7);
std::cout << vStack.top() << '\n';
```

因為賦值運算子模板並不是必需的，所以就算 **vector** 型別缺少了 push_front() 函式，也不會出現錯誤訊息，整個程式可以順利地執行。

前述例子完整的實作程式碼，請見 *basics* 子目錄下，所有以 *stack7* 名稱開頭的檔案。

成員模板的特化版本

Member function templates 也可以被部分或完全地特化。像是下面這個 class：

basics/boolstring.hpp

```
class BoolString {
  private:
    std::string value;
  public:
    BoolString (std::string const& s)
     : value(s) {
    }
    template<typename T = std::string>
    T get() const {              // 取值（並轉型為 T 型別）
      return value;
    }
};
```

你可以為 **member function template** 提供如下的全特化（full specialization）版本：

basics/boolstringgetbool.hpp

```
// BoolString::get<>() 針對 bool 型別的全特化版本
template<>
inline bool BoolString::get<bool>() const {
  return value == "true" || value == "1" || value == "on";
}
```

注意對於函數的特化版本，你並不需要、也無法只給出宣告，必須給出完整的定義才行。因為上式是個寫在標頭檔裡的全特化版本，故你必須將其宣告為 inline，以避免當定義在不同的編譯單元裡被引入時發生錯誤。

你可以像這樣使用 class 與其全特化版本：

```
    std::cout << std::boolalpha;
    BoolString s1("hello");
    std::cout << s1.get() << '\n';          // 印出 hello
    std::cout << s1.get<bool>() << '\n';    // 印出 false
    BoolString s2("on");
    std::cout << s2.get<bool>() << '\n';    // 印出 true
```

特殊成員函式模板

Template 成員函式可以用於任何**特殊成員函式**（special member functions）允許複製或搬移物件之處。和先前定義過的賦值運算子類似，template 成員函式也可用於建構子。然而，template 建構子或 template 賦值運算子並不會取代預先定義的建構子或賦值運算子。Member templates 不會被視為用來複製或搬移物件的特殊成員函式。對於先前的例子，當由相同型別構成的 stack 彼此互相賦值時，仍會呼叫預設賦值運算子。

這個效果有好有壞：

- 雖然 template 版本主要用於以其他型別進行初始化，不過 template 建構子或賦值運算子仍然可能比預先定義的複製 / 搬移建構子或賦值運算子更合適。細節請見 6.2 節（第 95 頁）。
- 想要「模板化」複製 / 搬移建構子並不容易，像是要讓它們變得不存在就很困難。細節請見第 6.4 節（第 102 頁）。

5.5.1 `.template` 構件

當你呼叫某個 member template 時，有時需要顯式標明 template arguments。在這種情形下，你需要使用 template 關鍵字以確保 < 符號被解釋為 template argument list 的起始符號。參考下面這個用到標準 bitset 型別的例子：

```
    template<unsigned long N>
    void printBitset (std::bitset<N> const& bs) {
      std::cout << bs.template to_string<char, std::char_traits<char>,
                                         std::allocator<char>>();
    }
```

這裡我們呼叫 bitset bs 的成員函式模板 to_string()，同時顯式標明 string 型別的細節。如果這裡不加上 .template，編譯器便無法得知這裡寫的 < 符號並不代表小於運算，而是 template argument list 的起始符號。注意這個問題只在句點（.）符號前的構件（construct）依賴於 template parameter 的時候發生。上面的例子裡，參數 bs 會依賴於 template parameter N。

.template 這樣的表示法（以及其他相似表示法，如：->template 和 ::template）僅能使用於 templates 裡面，並且它們只能跟在依賴於 template parameter 的構件之後。細節請見 13.3.3 節（第 230 頁）。

5.5.2　泛型 Lambda 表示式和 Member Templates

注意，C++14 開始提供的泛型 lambda 表示式，本質上是 member templates 的便捷做法（shortcut）。下面是一個簡單的 lambda 表示式，用以計算兩個任意型別引數的「和」：

```
[] (auto x, auto y) {
  return x + y;
}
```

它本質上是下面這個 class 預設建構物件（default-constructed object）的便捷做法：

```
class SomeCompilerSpecificName {
  public:
    SomeCompilerSpecificName(); // 僅能被編譯器呼叫的建構子
    template<typename T1, typename T2>
    auto operator() (T1 x, T2 y) const {
      return x + y;
    }
};
```

細節詳見 15.10.6 節（第 309 頁）。

5.6　Variable Templates（變數模板）

自 C++14 開始，變數（variables）也可以被特定型別參數化。這種做法稱為 *variable template*（變數模板）[4]。

舉個例子，你可以利用下列程式碼，在尚未定義數值型別的情況下，定義 π 的值：

```
template<typename T>
constexpr T pi{3.1415926535897932385};
```

請注意，和所有的 templates 一樣，此宣告式不能出現在函式或 block scope 裡。

---

[4] 是的，這裡有兩個非常相似、但背後意思差很多的名詞：*variable template* 本身是一個變數，這個變數是個 template（這裡的 *variable* 是個名詞）。*variadic template* 是一個 template，接受可變數目的 template parameters（這裡的 *variadic* 是形容詞）。

要使用 variable template，你必須標註其型別。舉例來說，下面這段程式碼在宣告了 pi<> 的 scope 裡，使用了兩個不同的變數：

```
std::cout << pi<double> << '\n';
std::cout << pi<float> << '\n';
```

你也可以宣告 variable template，並在不同的編譯單元裡使用它們：

```
// ==== header.hpp：
template<typename T> T val{};          // 以零初始化
```

```
// ==== 第一個編譯單元：
#include "header.hpp"

int main()
{
  val<long> = 42;
  print();
}
```

```
// ==== 第二個編譯單元：
#include "header.hpp"

void print()
{
  std::cout << val<long> << '\n';     // OK：印出 42
}
```

Variable template 也可以擁有預設模板引數（default template arguments）：

```
template<typename T = long double>
constexpr T pi = T{3.1415926535897932385};
```

之後你可以自由地選擇使用預設型別、或是任何其他的型別：

```
std::cout << pi<> << '\n';           // 輸出 long double 數值
std::cout << pi<float> << '\n';      // 輸出 float 數值
```

不過請記得，每次都需要標上角括號。只寫 pi 會造成錯誤：

```
std::cout << pi << '\n';             // 錯誤
```

Variable templates 也可以用 nontype parameters 進行參數化。nontype parameter 也可以被用來實現初始器的參數化。例如：

```
#include <iostream>
#include <array>

template<int N>
  std::array<int,N> arr{};           // 具有 N 個元素的 array，以零進行初始化
```

```
template<auto N>
  constexpr decltype(N) dval = N;          // dval 的型別由傳入值決定

int main()
{
    std::cout << dval<'c'> << '\n';          // N 的型別為 char，其值為 'c'
    arr<10>[0] = 42;                          // 設定全域變數 arr 的第一個元素
    for (std::size_t i=0; i<arr<10>.size(); ++i) {    // 取用 arr 裡的值
      std::cout << arr<10>[i] << '\n';
      }
}
```

請再次留意，就算是 arr 的初始化和遍歷 arr 的行為發生於不同的編譯單元，它們存取的仍然是同一個全域變數 std::array<int,10> arr。

將 Variable Templates 用於資料成員

Variable templates 很適合用來定義代表 class templates 成員的變數。假設有個 class template 定義如下：

```
template<typename T>
class MyClass {
  public:
    static constexpr int max = 1000;
};
```

它保留了為 MyClass<> 不同特化版本定義不同數值的彈性，像是你可以這樣定義：

```
template<typename T>
int myMax = MyClass<T>::max;
```

之後應用層的程式設計人員就可以直接這麼寫：

```
auto i = myMax<std::string>;
```

而不用寫成這樣：

```
auto i = MyClass<std::string>::max;
```

也就是說，對於如下的標準 class：

```
namespace std {
  template<typename T> class numeric_limits {
    public:
      …
      static constexpr bool is_signed = false;
      …
  };
}
```

你可以直接定義

```
template<typename T>
constexpr bool isSigned = std::numeric_limits<T>::is_signed;
```

然後簡單使用

```
isSigned<char>
```

而非較複雜的寫法

```
std::numeric_limits<char>::is_signed
```

Type Traits 字尾 _v

自 C++17 開始，標準程式庫利用 **variable template** 技術，替所有用來表示（Boolean）數值的 **type traits** 定義了便捷做法。例如，我們可以簡單這樣寫

```
std::is_const_v<T>            // 自 C++17 起支援
```

而不用寫成這樣

```
std::is_const<T>::value       // 自 C++11 起支援
```

因為標準程式庫提供了以下定義

```
namespace std {
  template<typename T> constexpr bool is_const_v = is_const<T>::value;
}
```

5.7 Template Template Parameters（模板化模板參數）

如果 template parameter 本身可以是個 class templates，這會十分有用。這裡我們再次使用 stack class 作為例子。

為了在 stack 裡使用不同的內部容器，應用層的程式設計師們得要重複寫出元素型別兩次。也就是說，為了標明內部容器的型別，你需要同時傳入容器的型別以及內部元素的型別：

```
Stack<int, std::vector<int>> vStack;      // 使用 vector 容器的整數 stack
```

使用 template template parameter 讓你得以在宣告 Stack class template 時，只需標明容器型別即可，毋需標明內部元素型別：

```
Stack<int, std::vector> vStack;            // 使用 vector 容器的整數 stack
```

為了做到這點，你得將第二個 template parameter 標記為 template template parameter。原則上看起來會像這樣[5]：

---

[5] 這個版本在 C++17 以前會有個問題，等會告訴你為什麼。不過由於只有 std::deque 的預設值會受到影響，所以在我們提及如何於 C++17 之前的版本處理它以前，權且先使用這個預設值來說明 template template parameter 的一般特性。

basics/stack8decl.hpp

```
template<typename T,
         template<typename Elem> class Cont = std::deque>
class Stack {
  private:
    Cont<T> elems;                    // 元素

  public:
    void push(T const&);              // 推入元素
    void pop();                       // 彈出元素
    T const& top() const;             // 回傳頂端元素
    bool empty() const {              // 回傳 stack 是否為空
        return elems.empty();
    }
    ...
};
```

這裡的不同點在於，現在第二個 template parameter 被宣告為一個 class template：

```
template<typename Elem> class Cont
```

預設值也由 `std::deque<T>` 變成了 `std::deque`。這個參數必須是個 class template，並使用第一個 template parameter 傳入的型別來實體化：

```
Cont<T> elems;
```

用第一個 template parameter `T` 來實體化第二個 template parameter `Cont` 只是一種舉例。一般來說你可以使用任何一個出現在 class template 裡的型別來實體化 template template parameter。

一如往常，你可以使用 `class` 關鍵字來取代 template parameter 裡的 `typename` 關鍵字。在 C++11 前，`Cont` 只能夠替換為某個 class template 的名稱：

```
template<typename T,
         template<class Elem> class Cont = std::deque>
class Stack {                                    // OK
    ...
};
```

從 C++11 開始，也可以使用一個 alias template（別名模板）來替換 `Cont`，但是直到 C++17 做出相應的修正之前，仍無法使用 `typename` 代替 `class` 關鍵字用以宣告 template template parameter。

```
template<typename T,
         template<typename Elem> typename Cont = std::deque>
class Stack {                                    // 在 C++17 之前會出錯
    ...
};
```

這兩種寫法代表的意義完全相同：無論使用的是 class 還是 typename，都可以使用 **alias template** 作為 Cont 參數的對應引數，而不是寫成 class 就只能以 **class template** 替換 Cont。

此外，因為這裡並沒有用到 **template template parameter** 裡的 **template parameter** Elem，習慣上會省略名字不寫（除非保留下來能提供有用的說明）。

```
template<typename T,
         template<typename> class Cont = std::deque>
class Stack {
    …
};
```

成員函式也得做出對應的修改。如此一來，你同樣需要將成員函式實作程式碼裡的第二個 **template parameter** 標記為 **template template parameter**。舉例來說，成員函式 push() 會這樣實作：

```
template<typename T, template<typename> class Cont>
void Stack<T,Cont>::push (T const& elem)
{
    elems.push_back(elem);       // 添加傳入值 elem 的副本
}
```

請注意，**template template parameter** 本質上是 **class templates** 或 **alias templates** 的 placeholder（佔位符），不過對於 **function templates** 或 **variable templates** 來說，並不存在對應的 placeholder。

匹配 Template Template Argument

如果你嘗試使用這份新的 Stack 版本，應該會出現錯誤訊息，表示預設值 std::deque 不相容於 **template template parameter** Cont。問題出在 C++17 以前，**template template argument** 必須是個參數化的 template，並且完全匹配於所要替換的 **template template parameter** 參數，這對於 **variadic template parameter** 會出現例外情形（見 12.3.4 節，第 197 頁）。由於以上行為並未考慮到 **template template argument** 的預設模板引數，故無法在忽略預設引數的狀況下進行匹配（在 C++17 後，預設引數已被納入考量）。

這個例子在 C++17 以前會有的問題是：標準程式庫裡的 std::deque **template** 具有一個以上的參數。其中第二個參數（用來描述 *allocator*）有個預設值，而 C++17 之前的版本在將 std::deque 和 Cont 參數進行匹配時，並不會考慮到該預設值。

不過有個變通的做法。我們可以重寫 **class** 宣告式，讓 Cont 參數預期用到的容器會有兩個 **template parameters**：

```
template<typename T,
         template<typename Elem,
                  typename Alloc = std::allocator<Elem>>
             class Cont = std::deque>
class Stack {
```

```
    private:
      Cont<T> elems;          // 元素
      …
  };
```

這裡可以再次省略沒有用到的 Alloc。

現在 Stack template 的最終版本（包含用來對不同型別元素構成的 stacks 進行賦值的成員模板）看起來長這樣：

basics/stack9.hpp

```
#include <deque>
#include <cassert>
#include <memory>

template<typename T,
         template<typename Elem,
                  typename = std::allocator<Elem>>
           class Cont = std::deque>
class Stack {
  private:
    Cont<T> elems;                  // 元素

  public:
    void push(T const&);            // 推入元素
    void pop();                     // 彈出元素
    T const& top() const;           // 回傳頂端元素
    bool empty() const {            // 回傳 stack 是否為空
        return elems.empty();
    }

    // 替具 T2 型別元素的 stack 賦值
    template<typename T2,
             template<typename Elem2,
                      typename = std::allocator<Elem2>
                     >class Cont2>
    Stack<T,Cont>& operator= (Stack<T2,Cont2> const&);
    // 允許取用任何由 T2 型別元素構成的 Stack 的 private 成員：
    template<typename, template<typename, typename>class>
    friend class Stack;
};

template<typename T, template<typename,typename> class Cont>
void Stack<T,Cont>::push (T const& elem)
{
    elems.push_back(elem);          // 添加傳入值 elem 的副本
}

template<typename T, template<typename,typename> class Cont>
```

```
void Stack<T,Cont>::pop ()
{
    assert(!elems.empty());
    elems.pop_back();                    // 移除最後一個元素
}

template<typename T, template<typename,typename> class Cont>
T const& Stack<T,Cont>::top () const
{
    assert(!elems.empty());
    return elems.back();                 // 回傳最後一個元素
}

template<typename T, template<typename,typename> class Cont>
 template<typename T2, template<typename,typename> class Cont2>
Stack<T,Cont>&
Stack<T,Cont>::operator= (Stack<T2,Cont2> const& op2)
{
    elems.clear();                       // 移除既有元素
    elems.insert(elems.begin(),          // 插入元素於開頭處
                 op2.elems.begin(),      // op2 裡的所有元素
                 op2.elems.end());
    return *this;
}
```

再次留意，為了取用 op2 的所有成員，我們將其他所有的 stack 實體版本皆宣告為 friends（同時忽略 template parameter 的名稱）：

```
template<typename, template<typename, typename>class>
friend class Stack;
```

同樣地，並非所有標準容器 template 都適合用於替換參數 Cont。像是 std::array 就不行。因為它包含了一個用來描述 array 長度的 nontype template parameter，因而不符合我們的 template template parameter 宣告式。

下面的程式用到了最終版本的所有特性：

basics/stack9test.cpp

```
#include "stack9.hpp"
#include <iostream>
#include <vector>

int main()
{
  Stack<int>   iStack;  // 由 ints 構成的 stack
  Stack<float> fStack;  // 由 floats 構成的 stack
```

```
    // 操作 int stack
    iStack.push(1);
    iStack.push(2);
    std::cout << "iStack.top(): " << iStack.top() << '\n';

    // 操作 float stack
    fStack.push(3.3);
    std::cout << "fStack.top(): " << fStack.top() << '\n';

    // 以不同型別的 stack 賦值，並再次進行操作
    fStack = iStack;
    fStack.push(4.4);
    std::cout << "fStack.top(): " << fStack.top() << '\n';

    // 用於 double 型別的 stack，使用 vector 作為其內部容器
    Stack<double, std::vector> vStack;
    vStack.push(5.5);
    vStack.push(6.6);
    std::cout << "vStack.top(): " << vStack.top() << '\n';

    vStack = fStack;
    std::cout << "vStack: ";
    while (! vStack.empty()) {
      std::cout << vStack.top() << ' ';
      vStack.pop();
    }
    std::cout << '\n';
}
```

程式會輸出以下結果：

```
    iStack.top(): 2
    fStack.top(): 3.3
    fStack.top(): 4.4
    vStack.top(): 6.6
    vStack: 4.4 2 1
```

關於 template template parameters 的深入討論、以及更多的例子，請參考 12.2.3 節（第 187 頁）、12.3.4 節（第 197 頁）、和 19.2.2 節（第 398 頁）。

5.8 總結

- 想要取得依賴於 template parameter 的某個型別名稱，需要於該名稱前加上 typename 關鍵字。

- 想要取得依賴於 template parameter 的 base class 成員，需要在取用處加上 this-> 或是該 class 的名稱。

- 巢狀 classes 和成員函式也可以是 templates。其中一個用途是用來實作帶有內部型別轉換的泛型運算。

- 建構子或賦值運算子的 template 版本並不會取代預先定義好的建構子或賦值運算子。

- 利用大括號初始化或顯式呼叫預設建構子，可以確保在以內建型別進行實體化時，內部變數和 template 成員能以預設值完成初始化。

- 你可以為原始陣列提供特定的 templates 版本。這種做法也適用於 string literal。

- 傳遞原始陣列或 string literal 時，如果參數不是個 reference，在引數推導期間，引數會發生退化（執行 array-to-pointer 轉換）。

- 你可以定義 *variable templates*（從 C++14 開始支援）。

- 你也可以使用 class templates 作為 template parameters，稱為 *template template parameters*。

- Template template arguments 通常得和對應的參數完全匹配。

6

搬移語義和 `enable_if<>`

Move Semantics and `enable_if<>`

搬移語義（*move semantics*）是 C++11 最出色的特性之一。在進行複製和賦值時，你可以利用它將來源物件的內部資源搬移（亦可說是「搜括」）到目標物件，而不用真的複製這些內容，以達到效能最佳化。只要來源物件再也用不到這些內部數值或狀態（像是因為來源物件即將要被捨棄），就可以這麼做。

搬移語義在 templates 的設計上有舉足輕重的影響。同時為了在泛型程式碼中支援搬移語義，引入了一些特殊規則。本章會介紹這些特性。

6.1 完美轉發

假定你想撰寫能夠轉發（forwards）輸入引數基本性質的泛型程式碼，則：

- 應當轉發可修改的（modifyable）物件，使得它們仍可被修改。
- 常數物件（constant objects）必須被轉發為唯讀物件（read-only objects）。
- Movable 物件（即將失效、可被搜括的物件）應該以 movable 物件的型式被轉發。

為了在沒有 templates 的情況下實現轉發功能，我們的程式需要涵蓋全部三種情況。舉例來說，如果要把對 `f()` 的呼叫轉發給對應函式 `g()`：

basics/move1.cpp

```
#include <utility>
#include <iostream>

class X {
  …
};

void g (X&) {
  std::cout << "g() for variable\n";
}
```

```
void g (X const&) {
  std::cout << "g() for constant\n";
}
void g (X&&) {
  std::cout << "g() for movable object\n";
}

// 令 f() 將引數的值轉發給 g():
void f (X& val) {
  g(val);                   // val 是 non-const lvalue => 呼叫 g(X&)
}
void f (X const& val) {
  g(val);                   // val 是 const lvalue => 呼叫 g(X const&)
}
void f (X&& val) {
  g(std::move(val));        // val 是 non-const lvalue => 需要 std::move() 來呼叫 g(X&&)
}

int main()
{
  X v;                      // 建立變數
  X const c;                // 建立常數

  f(v);                     // f() 對非常數物件呼叫 f(X&) => 呼叫 g(X&)
  f(c);                     // f() 對常數物件呼叫 f(X const&) => 呼叫 g(X const&)
  f(X());                   // f() 對暫存值呼叫 f(X&&) => 呼叫 g(X&&)
  f(std::move(v));          // f() 對 movable 變數呼叫 f(X&&) => 呼叫 g(X&&)
}
```

這裡有三種不同的 f() 實作,用來將引數轉發給 g():

```
void f (X& val) {
  g(val);                 // val 是 non-const lvalue => 呼叫 g(X&)
}
void f (X const& val) {
  g(val);                 // val 是 const lvalue => 呼叫 g(X const&)
}
void f (X&& val) {
  g(std::move(val)); // val 是 non-const lvalue => 要用 std::move() 來呼叫 g(X&&)
}
```

注意,用來處理 movable 物件(表現為 *rvalue reference*,右值參考)的程式碼和其他程式碼長得不太一樣:它需要 std::move() 的幫忙,因為根據語言規則,搬移語義不會被傳遞[1]。即便第三個 f() 裡的 val 被宣告為 rvalue reference,但當其作為陳述式出現時,其 **value category**(數值類型)是個 **non-const lvalue**(見附錄 B),行為如同第一個 f() 裡

---

[1] 搬移語義不會被自動傳遞一事,事實上是有意為之,而這點十分重要。如果不這麼做,當 movable 物件第一次在函式中被用到時,立馬就會失去這個物件的值了。

的 val。故如果不加上 move()，呼叫的會是用來處理 non-const lvalue 的 g(X&)，而不是
g(X&&)。

如果我們想用泛型程式碼整合以上三種情況，將會遇到問題：

```
template<typename T>
void f (T& val) {
  g(val);
}
```

上述寫法只對前兩種情況有用，但無法處理傳遞 movable 物件的情形（第三種情況）。

基於以上原因，C++11 引進了用來進行完美轉發（*perfect forwarding*）的特殊規則。慣用的
程式寫法如下：

```
template<typename T>
void f (T&& val) {
  g(std::forward<T>(val));        // 將 val 完美轉發給 g()
}
```

注意，使用 std::move() 時並不會寫出 template parameter，同時該寫法會針對傳入引數
「觸發」搬移語義；相較之下，std::forward<>() 仰賴傳入的 template argument，嘗試
「轉發」可能存在的搬移語意。

千萬別覺得 T&&（T 為 template parameter）的行為和 X&&（X 是某個型別）相同。雖然語
法上看起來一樣，**但它們適用的規則不同**：

- X&&（X 是某個型別）用以宣告一個 rvalue reference 參數。它只能綁定於 movable 物
  件，像是 prvalue（純右值，如暫存物件）、xvalue（消亡值，如透過 std::move 傳
  遞的物件），詳見附錄 B。其值必定是 mutable（可變動的），你總是可以搜括其值[2]。

- T&&（T 是 template parameter）則宣告了一個 *forwarding reference*（轉發參考，也
  被稱作 *universal reference*）[3]。它可以綁定於 mutable、immutable（如 const）、或
  movable 的物件。在函式定義裡，這個參數可能是 mutable、immutable、或是用來代
  表一個能夠搜括其內容的值。

---

[2] 像 X const&& 之類的型別是合法的，但實際上該語義沒有意義。因為搜括 movable 物件的內容必然會修改該
   物件。不過這種寫法還是有一種可能用法：限定只能用來傳遞暫存值或加上 std::move() 的物件，同時限制
   這些物件不可被修改。

[3] *Universal reference* 這個詞是 Scott Meyers 發明的，用來表示某種要嘛是 lvalue reference，要嘛是 rvalue
   reference 的通用名詞。但由於「universal」這個字眼實在太「萬用」了，所以 C++17 標準引入了 *forwarding
   reference* 這個新詞，理由是這種 reference 的主要用途就是轉發物件。但是請注意，forwarding reference 不會
   自動進行轉發。使用 forwarding 這個字，並不代表它會「主動」進行轉發，而是這種參考通常「被用來」轉
   發給別人[*]。

[*] 譯註：Scott Meyers 表示未來版本的 Effervtive Modern C++ 會將之修正為 forwarding reference，詳見
   CppCon 2014 Herb Sutter 的 "Back to the Basics! Essentials of Modern C++ Style"。

注意 T 必須是 template parameter 的名稱，不能只是個依賴於 template parameter 的敘述。對於 template parameter T 而言，像 `typename T::iterator&&` 之類的宣告式只是一個 rvalue reference，而不能作為一個 forwarding reference。

如此一來，能夠進行完美轉發的完整程式碼看起來會像這樣：

basics/move2.cpp

```cpp
#include <utility>
#include <iostream>

class X {
  …
};

void g (X&) {
  std::cout << "g() for variable\n";
}
void g (X const&) {
  std::cout << "g() for constant\n";
}
void g (X&&) {
  std::cout << "g() for movable object\n";
}

// 讓 f() 完美轉發引數給 g():
template<typename T>
void f (T&& val) {
  g(std::forward<T>(val));   // 對任何轉入的引數 val 皆會呼叫正確的 g()
}

int main()
{
  X v;                  // 建立變數
  X const c;            // 建立常數

  f(v);                 // f() 對變數呼叫 f(X&) => 呼叫 g(X&)
  f(c);                 // f() 對常數呼叫 f(X const&) => 呼叫 g(X const&)
  f(X());               // f() 對暫存值呼叫 f(X&&) => 呼叫 g(X&&)
  f(std::move(v));      // f() 對 movable 變數呼叫 f(X&&) => 呼叫 g(X&&)
}
```

當然，完美轉發也可以和 variadic templates（相關範例見 4.3 節，第 60 頁）同時使用。更多關於完美轉發的細節，詳見 15.6.3 節（第 280 頁）。

6.2 特殊成員函式模板

成員函式模板也可用於特殊成員函式（例如建構子），不過這麼做可能導致意料之外的行為。

考慮下面這個例子：

basics/specialmemtmpl1.cpp

```cpp
#include <utility>
#include <string>
#include <iostream>

class Person
{
  private:
    std::string name;
  public:
    // 適用給定初始名稱的建構子
    explicit Person(std::string const& n) : name(n) {
        std::cout << "copying string-CONSTR for '" << name << "'\n";
    }
    explicit Person(std::string&& n) : name(std::move(n)) {
        std::cout << "moving string-CONSTR for '" << name << "'\n";
    }
    // 複製與搬移建構子
    Person (Person const& p) : name(p.name) {
        std::cout << "COPY-CONSTR Person '" << name << "'\n";
    }
    Person (Person&& p) : name(std::move(p.name)) {
        std::cout << "MOVE-CONSTR Person '" << name << "'\n";
    }
};

int main()
{
  std::string s = "sname";
  Person p1(s);              // 以 string 物件初始化 => 呼叫 copying string-CONSTR
  Person p2("tmp");          // 以 string literal 初始化 => 呼叫 moving string-CONSTR
  Person p3(p1);             // 複製 Person 型別物件 => 呼叫 COPY-CONSTR
  Person p4(std::move(p1));  // 搬移 Person 型別物件 => 呼叫 MOVE-CONSTR
}
```

這裡的 Person class 擁有一個可以透過既有建構子來初始化的成員 name，型別為 string。為了支援搬移語義，我們對接受 std::string 的建構子進行重載：

- 這裡為仍然會被呼叫者需要的 **string** 物件，準備了一個建構子版本。此時 name 會使用傳入引數的副本來初始化：

```
Person(std::string const& n) : name(n) {
    std::cout << "copying string-CONSTR for '" << name << "'\n";
}
```

- 同時這裡也為 **movable string** 物件提供了另一個版本，此時會呼叫 std::move() 來搜括其內容：

```
Person(std::string&& n) : name(std::move(n)) {
    std::cout << "moving string-CONSTR for '" << name << "'\n";
}
```

按我們的想法，第一次呼叫時傳遞的 **string** 物件會被重複使用（lvalue），同時第二次呼叫傳的是 movable 物件（rvalue）：

```
std::string s = "sname";
Person p1(s);           // 以 string 物件初始化 => 呼叫 copying string-CONSTR
Person p2("tmp");       // 以 string literal 初始化 => 呼叫 moving string-CONSTR
```

除了以上建構子外，範例裡也特別實作了複製和搬移建構子，用以觀察整個 Person 整體物件何時會被複製／搬移：

```
Person p3(p1);              // 複製 Person 型別物件 => 呼叫 COPY-CONSTR
Person p4(std::move(p1));   // 搬移 Person 型別物件 => 呼叫 MOVE-CONSTR
```

現在，讓我們用一個能夠將傳入引數完美傳發給 name 成員的泛型建構子，取代上面兩個 string 建構子：

basics/specialmemtmpl2.hpp

```cpp
#include <utility>
#include <string>
#include <iostream>

class Person
{
  private:
    std::string name;
  public:
    // 適用給定初始名稱的泛型建構子
    template<typename STR>
    explicit Person(STR&& n) : name(std::forward<STR>(n)) {
        std::cout << "TMPL-CONSTR for '" << name << "'\n";
    }

    // 複製與搬移建構子
    Person (Person const& p) : name(p.name) {
```

```
            std::cout << "COPY-CONSTR Person '" << name << "'\n";
    }
    Person (Person&& p) : name(std::move(p.name)) {
            std::cout << "MOVE-CONSTR Person '" << name << "'\n";
    }
};
```

接受傳入 string 的建構子正常運作，一如所料：

```
std::string s = "sname";
Person p1(s);                   // 以 string 物件初始化 => 呼叫 TMPL-CONSTR
Person p2("tmp");               // 以 string literal 初始化 => 呼叫 TMPL-CONSTR
```

請注意，在這種情況下 p2 的建構子不會建立暫存 string：因為參數 STR 會被推導為 char const[4] 型別。將 std::forward<STR> 用於建構子裡的指標參數 n 沒有太大的作用，並且成員 name 因此會使用由 null 結尾（null-terminated，即以 '\0' 結尾）的 string 來建構。

然而當我們試著這樣呼叫複製建構子時，會出現錯誤：

```
Person p3(p1);                  // 錯誤
```

而使用 movable 物件來初始化新的 Person 物件時一切正常：

```
Person p4(std::move(p1));       // OK：搬移 Person => 呼叫 MOVE-CONSTR
```

注意，複製一個 Person 常數時也是正常的：

```
Person const p2c("ctmp");       // 用 string literal 來初始化常數物件
Person p3c(p2c);                // OK：複製 Person 常數 => 呼叫 COPY-CONSTR
```

問題在於，根據 C++ 的重載決議規則（見 16.2.4 節，第 333 頁），對非常數 lvalue Person p 而言，以下 member template

```
template<typename STR>
Person(STR&& n)
```

會比下面這個（通常是預先定義好的）複製建構子更加合適：

```
Person (Person const& p)
```

因為 STR 只是單純的以 Person& 進行替換，而對於複製運算子，型別必須再被轉換成 const。

你可能會想要透過提供一個非常數複製建構子來解決這個問題：

```
Person (Person& p)
```

但是這樣可能也只解決了部分問題而已，因為對於 derived class（子類別）的物件來說，member template 還是更合適的選擇。你真正想要的是：在傳入的引數是個 Person、或是可以轉成 Person 的陳述式時，停用 member template。這件事可以透過使用 std::enable_if<> 來達成，下一節會介紹它的用法。

6.3 利用 `enable_if<>` 來停用 **Templates**

從 C++11 開始，標準程式庫提供輔助函式 `std::enable_if<>`，用來在某些編譯期條件下忽略 function templates。

舉例，假設 function template `foo<>()` 定義如下：

```
template<typename T>
typename std::enable_if<(sizeof(T) > 4)>::type
foo() {
}
```

則 `foo<>()` 的定義在 `sizeof(T) > 4` 為 `false` 時會被忽略[4]。如果 `sizeof(T) > 4` 為 `true`，則此 function template 實體會展開成

```
void foo() {
}
```

也就是說，`std::enable_if<>` 是個 type trait，用於驗證作為（第一個）template argument 的編譯期陳述式。它會採取以下行為：

- 如果陳述式為 `true`，其成員 type 會給出一個型別：
  - 若未傳入第二個 template argument，則該型別為 `void`。
  - 否則，該型別則為第二個 template argument 標示的型別。

- 若陳述式為 `false`，則成員 type 未定義。根據 template 的 SFINAE 特性（substitution failure is not an error，替換失敗不算錯誤），這會使得帶有 `enable_if` 陳述的 function template 被忽略，後面章節會介紹此特性（見 8.4 節，第 129 頁）。

如同所有代表型別的 **type traits**，C++14 後有個對應的 alias template `std::enable_if_t<>`，讓我們得以省略不寫 `typename` 和 `::type`（細節見 2.8 節，第 40 頁）。因此從 C++14 開始，可以這樣寫

```
template<typename T>
std::enable_if_t<(sizeof(T) > 4)>
foo() {
}
```

如果 `enable_if<>` 或 `enable_if_t<>` 收到第二個引數：

```
template<typename T>
std::enable_if_t<(sizeof(T) > 4), T>
foo() {
  return T();
}
```

當陳述式為 `true` 時，`enable_if` 結構會被替換為第二個引數。假設 `MyType` 是作為 `T` 傳入、或被推導為 `T` 的具體型別，且其大小大於 4，如此一來則會得到以下結果：

---

[4] 別忘了把條件式放在括號裡，否則條件式裡的 > 符號會令 template argument list 終止。

```
    MyType foo();
```

請注意，在宣告式的中間使用 enable_if 陳述還滿囉嗦的。基於以上理由，使用上一般會把 std::enable_if<> 作為有預設值的新增 function template argument。

```
template<typename T,
         typename = std::enable_if_t<(sizeof(T) > 4)>>
void foo() {
}
```

上式在 sizeof(T) > 4 時會被展開成：

```
template<typename T,
         typename = void>
void foo() {
}
```

如果這樣還是顯得很囉嗦，而你又想清楚突顯需求 / 限制條件，你可以將整個條件用 alias template 取個名字 [5]：

```
template<typename T>
using EnableIfSizeGreater4 = std::enable_if_t<(sizeof(T) > 4)>;

template<typename T,
         typename = EnableIfSizeGreater4<T>>
void foo() {
}
```

關於 std::enable_if 如何實作的討論，請見 20.3 節（第 469 頁）。

6.4 enable_if<> 的使用方式

我們可以利用 enable_if<> 來解決在 6.2 節（第 95 頁）遇到的 template 建構子問題。

這裡需要解決的問題是：在傳入的 STR 引數具備正確型別（如 std::string、或能夠轉為 std::string 的型別）時，停用 template 建構子的宣告式。

```
template<typename STR>
Person(STR&& n);
```

為了做到這點，我們利用另外一個標準 type trait：std::is_convertible<*FROM*, *TO*>。在 C++17 裡對應的宣告式如下所示：

```
template<typename STR,
         typename = std::enable_if_t<
                        std::is_convertible_v<STR, std::string>>>
Person(STR&& n);
```

---

[5] 感謝 Stephen C. Dewhurst 指出這點。

當 STR 型別可以被轉為 std::string 型別時，整個宣告式會展開如下：

```
template<typename STR,
         typename = void>
Person(STR&& n);
```

若 STR 型別無法被轉為 std::string 型別，會忽略整個宣告式[6]。

我們可以再次使用 alias template 來為這個限制條件取個名字：

```
template<typename T>
using EnableIfString = std::enable_if_t<
                            std::is_convertible_v<T, std::string>>;
…
template<typename STR, typename = EnableIfString<STR>>
Person(STR&& n);
```

因此，完整的 class Person 看起來會像這樣：

basics/specialmemtmpl3.hpp

```
#include <utility>
#include <string>
#include <iostream>
#include <type_traits>

template<typename T>
using EnableIfString = std::enable_if_t<
                            std::is_convertible_v<T,std::string>>;

class Person
{
  private:
    std::string name;
  public:
    // 適用給定初始名稱的泛型建構子
    template<typename STR, typename = EnableIfString<STR>>
    explicit Person(STR&& n)
     : name(std::forward<STR>(n)) {
        std::cout << "TMPL-CONSTR for '" << name << "'\n";
    }
    // 複製與搬移建構子
    Person (Person const& p) : name(p.name) {
        std::cout << "COPY-CONSTR Person '" << name << "'\n";
```

6　如果你想知道，為什麼我們不乾脆檢查 STR「是否不能被轉為 Person」，請特別留心下面這件事：我們定義了一個可能允許我們將 string 轉為 Person 物件的函式。所以建構子必須知道它是否被啟用了[*]，而啟用與否依賴於引數是否能被轉換；而引數能否被轉換，卻又依賴於建構子有沒有被啟用，如此重複循環。千萬不要在會影響到 enable_if 條件的地方使用 enable_if。這是一個邏輯上的錯誤，編譯器不一定檢查得出來。

* 譯註：啟用了才能進行轉換。

```
    }
    Person (Person&& p) : name(std::move(p.name)) {
        std::cout << "MOVE-CONSTR Person '" << name << "'\n";
    }
};
```

現在所有的呼叫行為都符合預期：

basics/specialmemtmpl3.cpp

```
#include "specialmemtmpl3.hpp"

int main()
{
  std::string s = "sname";
  Person p1(s);            // 以 string 物件初始化 => 呼叫 TMPL-CONSTR
  Person p2("tmp");        // 以 string literal 初始化 => 呼叫 TMPL-CONSTR
  Person p3(p1);           // OK => 呼叫 COPY-CONSTR
  Person p4(std::move(p1)); // OK => 呼叫 MOVE-CONSTR
}
```

再次注意，由於 C++14 還沒有替表示數值的 type traits 定義 _v 字尾的精簡版本，故我們得按照以下方式來宣告 alias template：

```
template<typename T>
using EnableIfString = std::enable_if_t<
                       std::is_convertible<T, std::string>::value>;
```

同時 C++11 也尚未替表示型別的 type traits 定義 _t 版本的寫法，故我們得用以下方式宣告特殊成員 template：

```
template<typename T>
using EnableIfString
  = typename std::enable_if<std::is_convertible<T, std::string>::value
                            >::type;
```

雖然有點複雜，不過現在所有細節都藏在 EnableIfString<> 的定義裡了。

也請留意，由於 std::is_convertible<> 要求輸入型別能夠進行隱式轉換，這裡有另一個替代做法。藉由使用 std::is_constructible<>，我們也允許在初始化過程中使用顯式轉換。不過這裡引數的順序和先前相反：

```
template<typename T>
using EnableIfString = std::enable_if_t<
                       std::is_constructible_v<std::string, T>>;
```

關於 std::is_constructible<> 和 std::is_convertible<> 的細節，請分別參考 D.3.2 節（第 719 頁）和 D.3.3 節（第 727 頁）。應用 enable_if<> 於 **variadic templates** 的細節與相關範例，請見 D.6 節（第 734 頁）。

停用特殊成員函式

請注意，一般而言我們無法使用 enable_if<> 來停用預先定義好的複製 / 搬移建構子以及賦值運算子。原因在於成員函式模板在任何情況下都不算是特殊成員函式，並且會在某些時候（像是要求複製建構子時）被忽略。

```
class C {
  public:
    template<typename T>
    C (T const&) {
        std::cout << "tmpl copy constructor\n";
    }
    …
};
```

因此，上述宣告式在為 C 建立副本時，仍然會使用預設的複製建構子：

```
C x;
C y{x};    // 仍會使用預設的複製建構子（而非 member template）
```

（這裡完全無法使用 member template，因為沒有辦法可以指定或推導 template parameter T）。

刪掉預先定義的複製建構子也不是個解決方式，這會讓接下來複製 C 的動作產生錯誤。

這個問題是有個刁鑽的解法啦[7]。我們可以宣告複製建構子的引數為 const volatile，並且將其標註為「deleted」（已刪除，例如用 = delete 來定義）。這樣做能避免複製建構子被編譯器隱式地宣告。這樣一來，我們可以定義一個比（deleted）複製建構子更受 nonvolatile 型別喜愛的建構子模板：

```
class C
{
  public:
    …
    // 使用者將預先定義的複製建構子標示為 deleted
    // （加上對 volatile 的轉型，使另一個函式的匹配性更突出）
    C(C const volatile&) = delete;

    // 實作匹配性更佳的複製建構子模板
    template<typename T>
    C (T const&) {
        std::cout << "tmpl copy constructor\n";
```

---

[7] 感謝 Peter Dimov 指出這個技巧。

```
    }
    ...
};
```

現在就連「普通」複製都會呼叫 template 建構子：

```
C x;
C y{x};    // 使用 member template
```

接著我們可以在上述 template 建構子裡，利用 enable_if<> 加上額外的限制條件。舉例來說，要避免 class template C<> 的物件在 template parameter 是整數型別時被複製，可以採取以下實作：

```
template<typename T>
class C
{
  public:
    ...
    // 使用者將預先定義的複製建構子標示為 deleted
    // （加上對 volatile 的轉型，使另一個函式的匹配性更突出）
    C(C const volatile&) = delete;

    // 當 T 不是整數型別時，提供匹配性更佳的複製建構子模板
    template<typename U,
             typename = std::enable_if_t<!std::is_integral<U>::value>>
    C (C<U> const&) {
        ...
    }
    ...
};
```

6.5 利用 **Concepts** 來簡化 `enable_if<>` 陳述式

即使利用 alias templates，enable_if 語法還是相當囉嗦，因為它採取了一種權宜做法：為了達成想要的效果，我們新增了一個額外的 template patameter，並且「濫用」該參數來描述讓 function template 起作用的特殊條件。這樣寫出來的程式難以閱讀，並且使得 function template 剩下的部分難以理解。

原則上，我們正是需要一種語言特性：允許我們用某種方式為函式制定需求條件或限制，使得函式在該條件或限制未滿足時被忽略。

這是期盼已久的語言特性：*concepts*（概念）的應用之一，它能讓我們用簡單的語法替 template 制定需求條件或限制。不幸的是，即便經過漫長的討論，concepts 依然未能成為 C++17 標準的一部分。部分編譯器實驗性地支援了該特性，不過 concepts 很有可能會納入 C++17 之後的下一個標準。

隨著 concepts 的提出，我們只需簡單撰寫以下內容：

```
template<typename STR>
requires std::is_convertible_v<STR,std::string>
Person(STR&& n) : name(std::forward<STR>(n)) {
    ...
}
```

我們甚至可以將需求條件標註為一個通用的 concept

```
template<typename T>
concept ConvertibleToString = std::is_convertible_v<T,std::string>;
```

然後將此 concept 作為條件使用：

```
template<typename STR>
requires ConvertibleToString<STR>
Person(STR&& n) : name(std::forward<STR>(n)) {
    ...
}
```

或是也可以採用以下寫法：

```
template<ConvertibleToString STR>
Person(STR&& n) : name(std::forward<STR>(n)) {
    ...
}
```

針對 C++ concepts 的詳細討論，請參考附錄 E。

6.6 總結

- 在 templates 裡，你可以透過將參數宣告為 *forwarding references*（宣告時將 **template parameter** 加上 `&&` 作為參數型別名稱）、並在需要轉發的地方使用 `std::forward<>()`，藉以「完美轉發」參數。
- 當「完美轉發」成員函式模板時，注意它們可能會比用於複製和搬移物件的預定義特殊成員函式的匹配性更佳。
- 利用 `std::enable_if<>`，可以在編譯期條件為 `false` 時停用 function template（一旦條件確定，**template** 便會被忽略）。
- 利用 `std::enable_if<>`，可以避免當可用的建構子模板或賦值運算子模板比隱式產生的特殊成員函式匹配性更佳時，所造成的問題。
- 你可以藉由為 `const volatile` 預先定義特殊成員函式、並將之標記為 `deleted`，來模板化（**templify**）特殊成員函式（同時對其套用 `enable_if<>`）。
- Concepts 允許我們使用更直觀的語法來描述 function templates 的需求條件。

7

傳值或傳參考？

By Value or by Reference?

打從一開始，C++ 就提供了以值呼叫（call-by-value）和以 reference 呼叫（call-by-reference）兩種方法。但是選擇用哪個方法總讓人困擾：通常以 reference 呼叫對較複雜的物件來說，呼叫成本比較低，但使用上也更加繁瑣。C++11 新增的搬移語義也加入了這場混戰，這意味著現在傳遞 reference 的方式更多元了 [1]：

1. **X const&**（constant lvalue reference，常數左值參考）
   這種參數用來指涉傳入的物件，但無法對其修改。

2. **X&**（nonconstant lvalue reference，非常數左值參考）
   這種參數用來指涉傳入的物件，允許對其修改。

3. **X&&**（rvalue reference，右值參考）
   這種參數用來指涉傳入的物件，帶有搬移語義，意味著你可以修改或「搜括」其值。

要決定如何利用已知的具體型別來宣告參數已經夠複雜了，使用 template 時連型別都還不知道，因而更難確定哪種傳遞機制比較適合。

不過在 1.6.1 節（第 20 頁）我們曾建議在 function templates 裡應該用值來傳遞參數，除非你有像下面這些好理由：

- （引數）無法進行複製 [2]。

- 參數被用於回傳資料。

- Template 僅用於轉發參數到某處，且需保留原始引數的所有屬性。

- （傳遞 reference）能夠具有顯著的效能改善。

---

[1] Constant rvalue reference（常數右值參考）也可能是 X const&&，但它在語義上沒有確切的意義。

[2] 注意從 C++17 起，即便沒有可用的複製或搬移建構子，依然可以以值傳遞暫存實體（rvalues），見 B.2.1 節（第 676 頁）。是故，C++17 後新增了一個無法複製 *lvalue* 的限制。

本章討論於 templates 裡宣告參數的不同方式、鼓勵以傳值作為通用準則，並為不這樣做的原因提供論據，同時討論處理 string literal（字串文字）或其他原始陣列時會遇到的刁鑽問題。

在閱讀本章時，熟悉數值類型的相關術語（如 *lvalue*、*rvalue*、*prvalue*、*xvalue* 等）會很有幫助。附錄 B 為其提供了解釋。

7.1 以值傳遞

當以值進行傳遞時，原則上需對引數進行複製，故每個參數會是傳入引數的副本。對於 class 來說，創建出來的副本物件通常會以複製建構子來初始化。

呼叫複製建構子的成本可能很高。不過即使以值來傳遞，也有許多方法可以避免昂貴的複製動作：事實上，編譯器可能會優化掉用於複製物件的複製動作；而且即便是複雜的物件，也能利用搬移語義來降低成本。

舉個例子，讓我們瞧瞧一個以值來傳遞引數的簡單 function template 實作：

```
template<typename T>
void printV (T arg) {
   …
}
```

針對整數呼叫此 function template 時，會產生以下程式碼：

```
void printV (int arg) {
   …
}
```

無論引數是個物件、literal（文字）、或是函式回傳值，參數 arg 都會成為傳入引數的副本。

如果我們定義一個 std::string，然後將其用於呼叫上述 function template：

```
std::string s = "hi";
printV(s);
```

則 template parameter T 會實體化為 std::string，因此會得到以下程式碼：

```
void printV (std::string arg)
{
   …
}
```

傳遞 string 時，arg 再次成為 s 的副本。此時副本會由 string class 的複製建構子來建立。這個動作可能潛藏了高昂的成本，因為原則上複製動作會建立完整或「深度」的物件拷貝，意即會替副本內容配置專屬記憶體空間來儲存數值[3]。

不過並不是每一次都會呼叫潛藏複製建構子。考慮以下程式碼：

```
std::string returnString();
std::string s = "hi";
printV(s);                     // 複製建構子
printV(std::string("hi"));     // 複製動作通常會被優化掉（若否，則用搬移建構子）
printV(returnString());        // 複製動作通常會被優化掉（若否，則用搬移建構子）
printV(std::move(s));          // 搬移建構子
```

第一次呼叫時傳入的是個 *lvalue*，代表用到的是複製建構子。不過在第二次和第三次呼叫時，直接使用了 *prvalues*（即時建立、或由其他函數回傳的暫存值。見附錄 B）來呼叫 function template。對此編譯器通常會針對傳入引數進行最佳化，因而根本不會呼叫複製建構子。注意 C++17 之後強制開啟了此項最佳化。在 C++17 以前，使用不會優化掉複製動作的編譯器時，你至少得試著利用搬移語義來降低複製成本。在最後一次呼叫時，傳遞的是一個 *xvalue*（加上 std::move() 的既有非常數物件），透過給出「我們不需要 s 的值了」的信號，來強制呼叫搬移建構子。

因此，唯有當傳遞一個 *lvalue*（曾經創建過、並且之後還會用到的物件，故不會利用 std::move() 來傳遞）時，呼叫宣告成以值傳遞參數的 printV() 實作版本會有高昂的成本。但不幸的是，這種情況很常見。其中一個原因是我們常常會先創建物件，過一陣子後（其間經過一些修改）才將其傳給其他函式。

傳值後退化

有一個必須提到的傳值特性：透過傳值方式將引數傳給參數時，其型別會退化（*decays*）。退化意味著原始陣列會被轉為指標，而像 const 和 volatile 一類的修飾詞會被移除（如同用值來初始化以 auto 宣告的物件一樣）[4]：

```
template<typename T>
void printV (T arg) {
   ...
}
```

---

[3] String class 的實作程式碼可能包含一些降低複製成本的最佳化。小字串最佳化（*small string optimization*，SSO）是其中的一種，只要字串不是太長，便直接使用物件內的記憶體空間來儲存數值，而不另外配置記憶體。另一個最佳化手法是 *copy-on-write*（寫入時再複製），只要來源物件和副本都未被修改，兩者就暫時共用同一塊記憶體空間，待修改發生時再進行複製。不過 copy-on-write 最佳化在多執行緒程式中有著顯著的缺點，基於以上原因，該最佳化在 C++11 以後就禁止用於標準字串了。

[4] 退化這個詞源自 C 語言，也可以用於形容從函式到函式指標的型別轉換（見 11.1.1 節，第 159 頁）。

```
std::string const c = "hi";
printV(c);                  //c 發生退化，故 arg 的型別是 std::string

printV("hi");               // 退化為指標，故 arg 的型別是 char const*

int arr[4];
printV(arr);                // 退化為指標，故 arg 的型別是 int*
```

因此當傳遞 string literal "hi" 時，其型別 char const[3] 會退化為 char const*，用來
當作 T 的推導後型別。故 template 會實體化成以下程式碼：

```
void printV (char const* arg)
{
    ...
}
```

以上行為源自於 C 語言，有優點也有缺點。它常常能夠幫助我們簡化傳遞 string literal 時的
處理，但缺點是在 printV() 內，我們無法區別出傳進來的是指向單一元素的指標或是一個
原始陣列。基於以上原因，我們將會在 7.4 節（第 115 頁）討論如何處理 string literal 和其
他原始陣列。

7.2 以 reference 傳遞

現在讓我們來討論以 reference 傳遞時會有的不同特性。在所有情況下，都不會創建出副本
（因為參數純粹用以指涉傳入的引數）。同時，傳入的引數不會退化。然而有時候傳遞無法
進行，即使可以，某些情況下參數的最終型別也會造成問題。

7.2.1　以 Constant Reference 傳遞

當傳遞非暫存物件時，如果想避免任何（非必要）的複製，我們可以使用 constant reference
（常數參考）。像是：

```
template<typename T>
void printR (T const& arg) {
    ...
}
```

有了以上宣告，傳遞物件時永遠不會創建另一份副本（無論創建成本高低）：

```
std::string returnString();
std::string s = "hi";
printR(s);                      // 沒有副本
printR(std::string("hi"));      // 沒有副本
printR(returnString());         // 沒有副本
printR(std::move(s));           // 沒有副本
```

甚至 int 也能用 reference 來傳遞。這樣有點畫蛇添足，但應該不至於造成太大影響。故以下程式碼

```
int i = 42;
printR(i);                    // 傳遞 reference 而非直接複製 i
```

會讓 printR() 被實體化為：

```
void printR(int const& arg) {
  ...
}
```

以 reference 來傳遞引數，骨子裡其實是以傳遞引數的位址的方式實現的。位址經過緊湊的編碼，因而能夠高效率的從呼叫方傳給被呼叫方。不過當編譯器編譯呼叫處的程式碼時，傳遞位址可能會帶來不確定性，像是：「被呼叫的函式會用這個位址做什麼？」理論上，被呼叫的函式可以更改所有能「透過這個位址取得」的數值。這代表編譯器必須假設經過該次呼叫，所有進入快取的數值（cached values，通常儲存在主機暫存器裡）都會變得無效。而重新載入所有數值的成本可能相當高昂。你可能會想：我們傳的是 *constant* reference 耶，難道編譯器無法藉此推論出不會發生變動嗎？不幸的是這種狀況不行，因為呼叫者可能會透過自身持有的 non-const reference 來更動參考到的物件[5]。

Inlining（內嵌）可以緩和這個壞消息帶來的衝擊：如果編譯器可以藉由 *inline* 來展開呼叫式，便能夠將呼叫者及被呼叫者放在一起進行推理，並在許多時候「看到」該位址不會被用來做傳遞數值之外的其他任何事情。function templates 通常很短，因此很可能是實行 inline 展開的候選對象。不過如果 template 封裝了較複雜的演算法，inline 就不太可能發生了。

以 reference 傳遞不會退化

當利用 reference 傳遞引數給參數時，引數不會退化。這意味著原始陣列不會被轉換為指標、修飾語如 const 和 volatile 也不會被移除。不過由於 *call* parameter 被宣告為 T **const**&，故 *template* parameter T 本身並不會推導成 const。舉例來說：

```
template<typename T>
void printR (T const& arg) {
  ...
}

std::string const c = "hi";
printR(c);              // T 被推導為 std::string，且 arg 是 std::string const&

printR("hi");           // T 被推導為 char[3]，且 arg 是 char const(&)[3]
```

---

[5] 使用 const_cast 是另一種更直接修改被參考物件的方法。

```
int arr[4];
printR(arr);              // T 被推導為 int[4]，且 arg 是 int const(&)[4]
```

因此在 printR() 裡，被宣告為 T 型別的 local 物件不是個 constant。

7.2.2 以 Nonconstant Reference 傳遞

當想要藉由傳入的引數回傳數值時（例如在應用 *out*（輸出）或 *inout*（雙向輸出）參數時），你必須使用 nonconstant reference（除非你情願透過指標進行傳遞）。這再次意味著當你傳遞引數時，不會創建另一個副本。被呼叫函式裡的參數能夠直接對傳入引數進行存取。

考慮以下程式碼：

```
template<typename T>
void outR (T& arg) {
  …
}
```

注意對於暫存值（屬於 prvalue）或傳遞時加上了 std::move 的既有物件（屬於 xvalue）來說，呼叫 outR() 通常是不可行的：

```
std::string returnString();
std::string s = "hi";
outR(s);                    // OK：T 被推導為 std::string，故 arg 是 std::string&
outR(std::string("hi"));// 錯誤：不允許傳遞暫存值（prvalue）
outR(returnString());       // 錯誤：不允許傳遞暫存值（prvalue）
outR(std::move(s));         // 錯誤：不允許傳遞 xvalue
```

你可以傳遞由 nonconstant 型別組成的原始陣列，這裡也不會有退化發生：

```
int arr[4];
outR(arr);                  // OK：T 被推導為 int[4]，且 arg 是 int(&)[4]
```

因此你可以修改裡頭的元素，以及像是取得 array 的大小。舉例來說：

```
template<typename T>
void outR (T& arg) {
  if (std::is_array<T>::value) {
    std::cout << "got array of " << std::extent<T>::value << " elems\n";
  }
  …
}
```

不過此處 template 的行為有些微妙。如果你傳了一個 const 引數，經過推導後 arg 可能會變成一個 constant reference。這代表原本只能傳 lvalue 的地方，突然又變得可以傳遞 rvalue 了：

```
std::string const c = "hi";
outR(c);                       // OK：T 被推導為 std::string const
outR(returnConstString());// OK：如果 returnConstString() 回傳 const string，結果同上
```

```
outR(std::move(c));        // OK：T 被推導為 std::string const 6
outR("hi");                // OK：T 被推導為 char const[3]
```

於上述情況下，在 function template 裡嘗試修改傳入的引數當然是個錯誤行為。在呼叫式裡傳遞一個 const 物件是可以的，但是當該函式已經被完全實體化後（可能發生於編譯過程後期），任何嘗試修改數值的動作都會引發錯誤（不過這可能會發生在被呼叫 template 的深處，見 9.4 節，第 143 頁）。

如果你想要禁止將 constant 物件傳遞給 nonconstant references，可以利用以下方法：

- 使用靜態斷言來觸發編譯期錯誤：

```
template<typename T>
void outR (T& arg) {
  static_assert(!std::is_const<T>::value,
                "out parameter of foo<T>(T&) is const");
  ...
}
```

- 在此情況下利用 std::enable_if<> 來停用 template（見 6.3 節，第 98 頁）：

```
template<typename T,
         typename = std::enable_if_t<!std::is_const<T>::value>>
void outR (T& arg) {
  ...
}
```

一旦 concepts 被支援，你也可以加以利用（見第 103 頁的 6.5 節與附錄 E）：

```
template<typename T>
requires !std::is_const_v<T>
void outR (T& arg) {
  ...
}
```

7.2.3　以 Forwarding Reference 傳遞

以 reference 來傳遞的理由之一，是它可以對參數進行完美轉發（見 6.1 節，第 91 頁）。然而請記得，當使用 forwarding reference 時（被定義為 template parameter 的 rvalue reference），適用特殊的規則。考慮以下程式碼：

```
template<typename T>
void passR (T&& arg) {    // arg 被宣告為 forwarding reference
  ...
}
```

---

6 傳遞 std::move(c) 時，std::move() 首先會將 c 轉成 std::string const&&，這會導致 T 被推導為 std::string const。

任何東西都能傳遞給 forwarding reference。同時一如往常，以 reference 傳遞時，不會創建副本：

```
std::string s = "hi";
passR(s);                 // OK：T 被推導為 std::string&（這也是 arg 的型別）
passR(std::string("hi"));// OK：T 被推導為 std::string，且 arg 是 std::string&&
passR(returnString());    // OK：T 被推導為 std::string，且 arg 是 std::string&&
passR(std::move(s));      // OK：T 被推導為 std::string，且 arg 是 std::string&&
passR(arr);               // OK：T 被推導為 int(&)[4]（這也是 arg 的型別）
```

然而，型別推導的特殊規則可能會出乎你的意料：

```
std::string const c = "hi";
passR(c);                 // OK：T 被推導為 std::string const&
passR("hi");              // OK：T 被推導為 char const(&)[3]（這也是 arg 的型別）
int arr[4];
passR(arr);               // OK：T 被推導為 int (&)[4]（這也是 arg 的型別）
```

以上每一個例子，passR() 裡 arg 參數的型別都「知曉」我們傳遞的是一個 rvalue（以利用搬移語義）、或是一個 constant / nonconstant lvalue。這是唯一一個能夠在傳遞引數時區分以上三種情況下不同行為的方法。

這會帶給大家這樣的印象：宣告參數為 forwarding reference 幾乎沒有任何缺點。但是小心，天下並沒有白吃的午餐。

例如，下面是唯一一種 template parameter T 會隱式地轉為 reference 型別的情況。如此一來，當使用 T 宣告一個未初始化的 local 物件時便可能引發錯誤：

```
template<typename T>
void passR(T&& arg) {    // arg 是個 forwarding reference
  T x;                   // x 是個以傳入 lvalue 宣告的 reference，需要被初始化
  ...
}

passR(42);              // OK：T 被推導為 int
int i;
passR(i);              // 錯誤：T 被推導為 int&，使得 passR() 裡對 x 的宣告無效
```

關於如何處理以上情況的相關細節，請見 15.6.2 節（第 279 頁）。

7.3 使用 `std::ref()` 及 `std::cref()`

從 C++11 開始，你可以讓呼叫者自己決定使用值或 reference 來傳遞 function template argument。當 template 宣告成以值來接收引數時，呼叫者仍可利用宣告於 `<functional>` 標頭檔裡的 `std::cref()` 和 `std::ref()`，改以 reference 來傳遞引數。例如：

```
template<typename T>
void printT (T arg) {
  …
}

std::string s = "hello";
printT(s);                  // 以值傳遞 s
printT(std::cref(s));       // 以「像是用 reference 傳遞」的方式來傳遞 s
```

不過請注意，std::cref() 並未改變 template 裡處理參數的方式，而是使用了一點小技巧：
它將傳入引數 s 包裹在一個物件裡，並且該物件的行為像是個 reference。事實上，它創建了
一個型別為 std::reference_wrapper<> 的物件，令其指向原始引數，再以值將此物件傳
入。該 wrapper（包裝）原則上只支援一個操作：轉回原始型別的隱式型別轉換，用以提供
原始物件[7]。所以只要傳入物件具備可用的運算子，你都可以使用 reference wrapper 進行該
運算。舉例來說：

basics/cref.cpp

```
#include <functional>     // 引入 std::cref()
#include <string>
#include <iostream>

void printString(std::string const& s)
{
  std::cout << s << '\n';
}

template<typename T>
void printT (T arg)
{
  printString(arg);       // 也許會把 arg 轉回 std::string
}

int main()
{
  std::string s = "hello";
  printT(s);              // 印出以值傳入的 s
  printT(std::cref(s));   // 印出「像是用 reference 傳入」的 s
}
```

最後一個呼叫將型別為 std::reference_wrapper<string const> 的物件，以值傳遞給
參數 arg，接著 arg 會被傳入函數、因而被（隱式）轉換回底層型別（underlying type）
std::string。

---

[7] 你也可以對 reference wrapper 呼叫 get() 函式，以及將其作為函式物件使用。

注意，這裡必須得讓編譯器知道需要隱式轉換回原始型別。因此通常只有當物件透過泛型程式碼傳遞給非泛型函式時，`std::ref()` 和 `std::cref()` 才能正常工作。舉例來說，嘗試直接輸出 T 型別的傳入物件會失敗，因為 `std::reference_wrapper<>` 並未定義輸出運算子：

```
template<typename T>
void printV (T arg) {
  std::cout << arg << '\n';
}
…
std::string s = "hello";
printV(s);                  // OK
printV(std::cref(s));       // 錯誤：沒有替 reference wrapper 定義 << 運算子
```

以下程式碼也會失敗，因為無法把 reference wrapper 拿來與 const const* 或 `std::string` 進行比較：

```
template<typename T1, typename T2>
bool isless(T1 arg1, T2 arg2)
{
    return arg1 < arg2;
}
…
std::string s = "hello";
if (isless(std::cref(s), "world")) …               // 錯誤
if (isless(std::cref(s), std::string("world"))) … // 錯誤
```

即便指定 T 為 arg1 和 arg2 的共同型別，也沒有任何幫助：

```
template<typename T>
bool isless(T arg1, T arg2)
{
    return arg1 < arg2;
}
```

因為後續編譯器在試著為 arg1 和 arg2 推導型別 T 時，會得出相互矛盾的型別 *。

因此，class `std::reference_wrapper<>` 的功能是讓你可以像使用「第一類物件（first class object）」那樣地使用 reference。你可以對其進行複製，也因此能夠將其以值傳遞給 function templates。你也可以在 class 中使用 `std::reference_wrapper<>`，例如用它來將指向物件的 reference 保存在容器中。不過當要使用時，最後總是需要轉換回底層型別。

---

* 譯註：wrapper 和字串兩者實際上為不同型別。

7.4 處理 String Literal 和原始陣列

目前為止，我們看到了使用 string literal 和原始陣列作為引數時，會對 template parameter 造成的不同效果：

- 以值傳遞時發生退化，引數因而變成指向元素型別的指標。
- 任何型式的以 reference 傳遞都不會發生退化，故引數變成指向 array 的 reference。

兩個方案均有其優劣。當 array 退化成指標時，會讓我們不再能夠分辨正在處理的是指向元素的指標還是陣列。另一方面，當處理可能傳入 string literal 的參數時，不發生退化也會造成問題，因為不同大小的 string literal 會歸類為不同型別。例如：

```
template<typename T>
void foo (T const& arg1, T const& arg2)
{
  ...
}

foo("hi", "guy");        // 錯誤
```

這裡的 foo("hi", "guy") 會導致編譯失敗。因為 "hi" 的型別是 char const[3]，而 "guy" 的型別則是 char const[4]，但是 template 卻要求兩者具有相同型別 T。唯有當 string literal 的長度相同時，以上程式碼方能通過編譯。基於以上原因，強烈建議在測試案例（test case）裡採用不同長度的 string literal。

將 function template foo() 改宣告為以值來傳遞引數，呼叫式就合法了：

```
template<typename T>
void foo (T arg1, T arg2)
{
  ...
}

foo("hi", "guy");        // 可以編譯，不過 …
```

但是，這樣做不代表完全沒問題。更糟的是，現在編譯期發生的問題變成到執行期才發生了。考慮以下程式碼，這裡運用 operator== 來比較傳入的引數：

```
template<typename T>
void foo (T arg1, T arg2)
{
  if (arg1 == arg2) {    // 唉呀：比較了傳入 arrays 的位址
    ...
  }
}

foo("hi", "guy");        // 可以編譯，不過 …
```

如範例所示，你必須知道傳入的字元指標（charater pointer）應該被解釋為字串。無論如何，這種情況真的有可能發生，因為 template 也必須處理來自已退化 string literal 的引數（例如從某個以值傳遞的函式產生、或是宣告為 auto 的物件被賦值而來）。

然而在許多情況下退化是有好處的，特別是在檢查兩個物件（兩者作為引數傳入、或是其中一個是引數，而另一個用來與之比較）是否屬於（或被轉換成）相同型別時。完美轉發是典型的應用之一。不過如果想要使用完美轉發，你必須將參數宣告為 forwarding references。這種情形之下，你可能會利用 type trait std::decay<>() 來顯式地將引數退化。具體範例請見 7.6 節（第 120 頁）裡，std::make_pair() 的故事。

請注意，有時其他 type traits 也會隱式地發生退化，像是用來取得兩個傳入引數之間共通型別的 std::common_type<>（請參考 1.3.3 節，第 12 頁；以及 D.5 節，第 732 頁）。

7.4.1　處理 String Literal 和原始陣列的特殊實作

你可能需要為傳入的是指標或是 array，分別實作不同的程式。當然要做到這點，得要傳入的 array 尚未退化才行。

要區分以上不同的情況，你必須偵測傳進來的是否為 array。基本上有兩種做法：

- 你可以將 template parameter 宣告成只接受 array：

```
template<typename T, std::size_t L1, std::size_t L2>
void foo(T (&arg1)[L1], T (&arg2)[L2])
{
  T* pa = arg1;      // 退化 arg1
  T* pb = arg2;      // 退化 arg2
  if (compareArrays(pa, L1, pb, L2)) {
    ...
  }
}
```

  這裡的 arg1 和 arg2 必須是由同一種元素型別 T 組成的原始陣列，不過分別具有 L1 和 L2 的大小。然而注意，為了支援各種原始陣列的不同型態，你可能需要實作不同版本的程式碼（見 5.4 節，第 71 頁）。

- 你可以利用 type traits 來偵測傳入的是否為 array（或是指標）：

```
template<typename T,
         typename = std::enable_if_t<std::is_array_v<T>>>
void foo (T&& arg1, T&& arg2)
{
  ...
}
```

由於以上的特殊處理，通常以不同方式處理 arrays 的最佳方式就是簡單地使用不同函式名稱。當然，更好的方式是確保呼叫 template 時用的都是 std::vector 或 std::array。但是只要 string literal 還算是一種原始陣列，我們總是得將它們納入考量。

7.5 處理回傳值

對於回傳值，你也可以在以值回傳、或以 reference 回傳間選擇一種做法。不過傳回 reference 是一個潛在的麻煩根源，因為它指向一個你無法掌控的東西。這裡有幾種在實際程式設計時通常會回傳 reference 的情況：

- 回傳容器或 string 內的元素（像是透過 operator[] 或 front()）
- 授予對 class 成員寫入的權限
- 回傳用於鏈式呼叫（chained calls，像是通常用於資料流的 operator<< 和 operator>>、以及 class 物件的 operator=）的物件。

此外透過回傳 const reference 來提供對成員的讀取權限也很常見。

注意，如果使用不當，以上這些情況都可能造成麻煩。舉例來說：

```
std::string* s = new std::string("whatever");
auto& c = (*s)[0];
delete s;
std::cout << c;              // 執行期錯誤
```

這裡我們取得了一個指向 string 內部元素的 reference。但是當我們使用該 reference 時，原始 string 已然不復存在（也就是說，我們創建了一個 *dangling reference*），導致發生未定義行為。這個例子有點刻意為之，有經驗的程式設計師可能立馬就注意到這個問題了，但是問題輕易就能夠變得不那麼容易察覺。例如：

```
auto s = std::make_shared<std::string>("whatever");
auto& c = (*s)[0];
s.reset();
std::cout << c;              // 執行期錯誤
```

是故，我們必須確保 function templates 以值來回傳結果。然而，如同本章先前討論過的，使用 template parameter T 並不保證該型別一定不是 reference，因為 T 有時可能會被隱式推導為 reference：

```
template<typename T>
T retR(T&& p)                // p 是個 forwarding reference
{
    return T{…};             // 哎呀：當以 lvalues 呼叫時，回傳的是 reference
}
```

即使 T 是一個從以值傳遞的呼叫推導出來的 template parameter，當顯式標明其為 reference 時，它也有可能會變成一個 reference 型別：

```
template<typename T>
T retV(T p)                  // 注意：T 有可能變成 reference
{
    return T{…};             // 哎呀：如果 T 是個 reference 時，回傳的是 reference
}
```

```
int x;
retV<int&>(x);                    // 以 T 作為 int& 的方式實體化 retT()
```

安全起見，你有二個選擇：

- 利用 type trait std::remove_reference<>（見 D.4 節，第 729 頁）將型別 T 轉換為 nonreference：

  ```
  template<typename T>
  typename std::remove_reference<T>::type retV(T p)
  {
    return T{…};        // 總是以值回傳
  }
  ```

  其他像是 std::decay<>（見 D.4 節，第 731 頁）之類的 traits，在這裡也可能幫得上忙，因為它們也會隱式地移除 reference。

- 將回傳型別直接宣告為 auto（C++14 開始支援，見 1.3.2 節，第 11 頁），讓編譯器推導出回傳型別，因為 auto 總是伴隨退化：

  ```
  template<typename T>
  auto retV(T p)                  // 編譯器推導出以值進行回傳的型別
  {
    return T{…};        // 總是以值回傳
  }
  ```

7.6 建議的 Template Parameter 宣告方式

如同在前面幾節學到的，我們有著十分不同的方式來宣告依賴於 template parameters 的參數：

- 宣告用**值**來傳遞引數：
  這種做法很簡單，會令 string literal 和原始陣列退化，但是無法為大型物件提供最佳效能。呼叫者仍可藉由 std::cref() 和 std::ref() 來透過 reference 傳遞，但是呼叫者必須確定這樣做是合法的。

- 宣告用 **reference** 來傳遞引數：
  這種做法經常為大型物件帶來較佳的效能，特別是在用來傳遞

  - 既有物件（lvalue）作為 lvalue reference、
  - 暫存物件（prvalue）或是標記為可搬移的物件（xvalue）作為 rvalue reference、
  - 或以上兩類物件作為 forwarding reference 時。

  由於以上幾種情形下的引數不會發生退化。故在傳遞 string literal 和原始陣列時需要特別留意。對於 forwarding references，你也必須當心此時 template parameter 可以被隱式推導為 reference 型別。

通用建議

考慮以上選項，我們建議對 function templates 採取以下做法：

1. 預設情況下，將參數宣告為**以值傳遞**。這樣做通常簡單又有效，甚至對於 string literal 也行得通。對於小的引數、暫存值、和可搬移物件來說，效能還不錯。在傳遞既有的大型物件（lvalue）時，呼叫者有時可以利用 std::ref() 和 std::cref() 來避免昂貴的複製動作。

2. 如果有充份的理由，則採取**其他做法**：

   - 如果你需要一個會回傳新物件給呼叫者、或是允許呼叫者修改引數的 *out* 或 *inout* 參數，可以將該引數透過 nonconstant reference 傳遞（除非你偏好使用指標來傳遞）。不過你可能會考慮禁止接受意料之外的 const 物件，如同在 7.2.2 節（第 110 頁）討論過的那樣。

   - 如果 template 是用來**轉發**引數的，那就使用完美轉發。意即將參數宣告為 forwarding reference，同時在適當的地方使用 std::forward<>()。考慮利用 std::decay<> 或 std::common_type<> 來「和諧」不同型式的 string literal 和原始陣列。

   - 如果**效能**是重點，同時預期複製動作代價昂貴，則使用 constant reference。當然，這招在你需要 local 副本時並不適用。

3. 假如你很懂，那就別管以上建議了。不過請不要對效能憑直覺做出假設。莽撞嘗試，即便是專家也會栽跟斗；你有更好的方法，去實測！

不要過度泛型化

注意，實際應用 function templates 時，函式引數經常只接受部分型別，因而需要加上一些限制。舉例來說，假設你知道傳入的引數，僅限於由某種型別組成的 vector。在這種情形下，最好別把函式宣告地太過泛型（generically），因為可能會導致出乎意料的副作用，如同先前討論過的一樣。請改用以下的宣告方式：

```
template<typename T>
void printVector (std::vector<T> const& v)
{
    ...
}
```

以這種方式宣告 printVector() 裡的參數 v，我們可以確定傳入的 T 不會變成 reference，因為 vector 無法以 reference 作為元素的型別。同時毫無疑問，以值來傳遞 vector 幾乎總是得付出高昂的代價，因為 std::vector<> 的複製建構子會為全部的元素創建副本。基於以上原因，將該 vector 參數宣告為以值傳入幾乎毫無用處。若是我們決定將參數 v 的型別直接宣告為 T，那就很難抉擇該使用以值傳遞或以 reference 傳遞了。

以 `std::make_pair()` 為例

C++ 標準庫裡的 `std::make_pair<>()` 很適合用來展示在選擇參數傳遞機制時會遇到的陷阱。它是一個很方便的 function template，利用型別推導機制以創建 `std::pair<>` 物件。在幾個不同的 C++ 標準版本之間，其宣告式歷經修改：

- 在最初的 C++ 版本：C++98 裡，`make_pair<>()` 宣告於 `std` 命名空間中，並使用以 reference 傳遞來避免不必要的複製：

```
template<typename T1, typename T2>
pair<T1,T2> make_pair (T1 const& a, T2 const& b)
{
  return pair<T1,T2>(a,b);
}
```

  不過，當使用由不同大小的 string literal 或原始陣列組成的 pair（數對）時，這個版本立馬就造成了嚴重的問題[8]。

- 結果就是 C++03 裡的函式定義改為使用以值傳遞：

```
template<typename T1, typename T2>
pair<T1,T2> make_pair (T1 a, T2 b)
{
  return pair<T1,T2>(a,b);
}
```

  正如議案決議文（issue resolution）中的理由所述：「*比起其他兩個建議方案，這個方案顯然對標準的改動更小，同時帶來的優點完全足以抵消任何對於效能的疑慮。*」

- 然而隨著 C++11 的推出，`make_pair()` 必須支援搬移語義。引數因此得改用 forwarding references。考量這點，定義式大致變動如下：

```
template<typename T1, typename T2>
constexpr pair<typename decay<T1>::type, typename decay<T2>::type>
make_pair (T1&& a, T2&& b)
{
  return pair<typename decay<T1>::type,
              typename decay<T2>::type>(forward<T1>(a),
                                        forward<T2>(b));
}
```

  完整的實作程式碼比這還要更複雜：為了支援 `std::ref()` 和 `std::cref()`，該函式還得將 `std::reference_wrapper` 實體拆解為真正的 reference。

當前的 C++ 標準庫利用類似的方法，在許多地方完美轉發傳入的引數。通常會與 `std::decay<>` 結合使用。

---

8 詳情請見 C++ library issue 181 [*LibIssue181*]。

7.7 總結

- 使用不同長度的 string literal 來測試 templates。

- 以值傳遞的 template parameters 會發生退化;而以 reference 傳遞時則不會。

- 在以 reference 傳遞參數的 template 裡,type trait std::decay<> 可以使參數退化。

- 在某些情況下,使用 std::cref() 和 std::ref() 讓你得以在 function templates 宣告為以值傳遞時,透過 reference 來傳遞引數。

- 以值傳遞的 template 參數較為簡單,但是可能無法取得最佳效能。

- 對於 function templates,除非有好的理由,否則請以值來傳遞參數。

- 一般情形下,確保以值來傳遞回傳值(這暗示了 template parameter 不能直接用來標示回傳型別)。

- 如果效能是重點,請務必實際進行測量。絕不仰賴直覺行動,因為直覺可能出錯。

8

編譯期程式設計

Compile-Time Programming

一直以來，C++ 都包含了一些能在編譯期計算數值的簡單方法。而 template 更大幅增強了這方面的可能性，同時語言的下一步演進也都蘊藏於其中。

面對簡單的情況，你（使用者）可以決定是否使用特定的 template、或是在眾多的 templates 中選擇一個來使用。不過倘若已經具備了所有必要的輸入，編譯器甚至能夠在編譯期計算出控制流程（control flow）的最終結果。

事實上，C++ 有許多用來支援編譯期程式設計的特性：

- 早在 C++98 以前，templates 就已經提供了編譯期運算的功能，包括使用迴圈（loops）、以及進行執行路徑選擇（然而，有些人認為這是在「濫用」template 特性，其中一個理由是所用的語法並不直觀）。
- 利用偏特化，我們得以在編譯期時根據特定限制或需求條件，選擇不同的 class template 實作。
- 藉由 SFINAE（替換失敗不算錯誤）原則，我們可以依據不同型別和限制條件，選擇不同的 function template 實作版本。
- C++11 和 C++14 提供了 constexpr（常數陳述）特性，能夠用來進行直觀的執行路徑選擇，同時（自 C++14 起）可應用於大多數陳述句（如 for 迴圈、switch 陳述句等），編譯期運算能力顯著地提升。
- C++17 引入了「編譯期 if（compile-time if）」，能根據編譯期的條件或限制來決定是否捨棄某陳述句。即使在 templates 之外也能使用。

本章將介紹以上特性，同時特別著墨於 template 在其中扮演的角色和使用情境。

8.1 Template Metaprogramming（模板後設編程）

Templates 於編譯時被實體化，這和在執行期處理泛型性質的動態語言（dynamic languages）相反。事實證明，C++ templates 的部分特性能夠和實體化過程結合，在 C++ 語言本體內部產生一種原始的遞迴式「程式語言」[1]。基於以上原因，templates 可以用來「對程式進行計算」。第 23 章會完整介紹來龍去脈以及所有特性，不過這裡會先用個小例子說明能做到什麼事。

下面的程式碼能在編譯期回答給定的數值是否為一個質數：

basics/isprime.hpp

```cpp
template<unsigned p, unsigned d>     //p：待檢查的數字；d：當前的除數
struct DoIsPrime {
  static constexpr bool value = (p%d != 0) && DoIsPrime<p,d-1>::value;
};

template<unsigned p>                 //當除數為 2 時，終止遞迴
struct DoIsPrime<p,2> {
  static constexpr bool value = (p%2 != 0);
};

template<unsigned p>                 //原型模板
struct IsPrime {
  //從除數為 p/2 開始進行遞迴
  static constexpr bool value = DoIsPrime<p,p/2>::value;
};

//特殊情況（避免 template 實體化時發生無窮遞迴）
template<>
struct IsPrime<0> { static constexpr bool value = false; };
template<>
struct IsPrime<1> { static constexpr bool value = false; };
template<>
struct IsPrime<2> { static constexpr bool value = true; };
template<>
struct IsPrime<3> { static constexpr bool value = true; };
```

Template `IsPrime<>` 會判斷傳入的 template parameter p 是否為質數，並將結果回傳至成員 value。它會實體化 `DoIsPrime<>`，將其遞迴地展開為「檢查 p 是否能被每個介於 p/2 到 2 之間的除數 d 整除」的陳述式，來取得結果。

例如，陳述式

    IsPrime<9>::value

會被展開成

    DoIsPrime<9,4>::value

---

[1] 事實上，藉由提出在編譯期計算質數的程式，而率先發現這個特性的是 Erwin Unruh。細節請見 23.7 節（第 545 頁）。

接著上式可以被展開成

```
9%4!=0 && DoIsPrime<9,3>::value
```

然後再次展開成

```
9%4!=0 && 9%3!=0 && DoIsPrime<9,2>::value
```

然後又能再次展開成

```
9%4!=0 && 9%3!=0 && 9%2!=0
```

最後結果會是 false，因為 9%3 等於 0。

正如以上的鏈式實體化所示：

- 我們利用了 DoIsPrime<> 的遞迴展開式，遍歷從 p/2 到 2 的所有除數，以找出其中是否存在任何一個除數能剛好整除給定的整數，不留下任何餘數。
- 針對 d 等於 2 的 DoIsPrime<> 偏特化版本提供了遞迴的終止條件。

注意，以上所有動作都在編譯期完成。是故

```
IsPrime<9>::value
```

在編譯期時就會被展開成 false。

這類 template 語法還滿難看的，但類似的程式碼從 C++98（甚至更早）之後就能合法使用，並且在相當多的函式庫裡被證實能夠派上用場[2]。

更多細節，請參考第 23 章。

8.2 利用 constexpr 進行計算

C++11 引入了 constexpr 這個新特性，大大簡化了各種型式的編譯期計算。特別是給定了適當的輸入後，constexpr 函式能夠在編譯期核算（evaluate）出結果。C++11 時的 constexpr 函式有著諸多嚴格限制（例如：每個 constexpr 函式僅以一個 return 陳述句構成），不過大部分的限制在 C++14 後取消了。當然，要成功核算 constexpr 函式，仍然需要所有計算步驟均得以在編譯期被合法執行，故目前不包含配置 heap 或拋出異常等行為。

前述用來判斷數值是否是個質數的範例程式，在 C++11 可以實作如下：

2　在 C++11 之前，常見的做法是將 value 成員宣告為列舉常數（enumerator constants）、而不是 static 資料成員，用來避免將 static 資料成員的定義式寫在 class 之外（詳見 23.6 節，第 543 頁）。舉例來說：

```
enum { value = (p%d != 0) && DoIsPrime<p,d-1>::value };
```

basics/isprime11.hpp

```
constexpr bool
doIsPrime (unsigned p, unsigned d)   //p：待檢查的數字；d：當前的除數
{
  return d!=2 ? (p%d!=0) && doIsPrime(p,d-1)     //檢查當前數字與更小的除數
              : (p%2!=0);                        //當除數為 2 時，終止遞迴
}

constexpr bool isPrime (unsigned p)
{
  return p < 4 ? !(p<2)                   //處理特殊情況
               : doIsPrime(p,p/2);        //從除數為 p/2 開始進行遞迴
}
```

因為有著定義式裡僅能寫一條陳述句的限制，我們只能使用條件運算子作為選擇機制、同時仍然需要利用遞迴來遍歷所有除數。不過這個語法是普通的 C++ 函式程式碼，比起需要倚賴 template 實體化的第一個版本平易近人許多。

C++14 以後，`constexpr` 函式能使用一般 C++ 程式碼裡使用的大多數控制結構。所以與其寫出難看的 template 程式碼或有點晦澀的單行程式碼，我們現在可以直接使用簡單的 `for` 迴圈：

basics/isprime14.hpp

```
constexpr bool isPrime (unsigned int p)
{
  for (unsigned int d=2; d<=p/2; ++d) {
    if (p % d == 0) {
      return false;       //發現除數不會產生餘數
    }
  }
  return p > 1;           //沒有任何除數能夠整除 p
}
```

有了 `constexpr isPrime()` 在 C++11 或 C++14 的任一實作版本，我們可以簡單地呼叫

    isPrime(9)

來判斷 9 是否是個質數。注意以上計算可以在編譯期完成，但也未必一定要這樣。若使用情境需要在編譯期取得值（像是需給定 array 的長度、或是 nontype template argument），編譯器會試著在編譯期核算對 `constexpr` 函式的呼叫，並在無法求值時發出錯誤（因為最終生成的必須是一個常數值）。而在其他情境裡，編譯器不一定會嘗試在編譯期進行核算[3]。不過即便該次核算失敗也不會發出錯誤，而是將呼叫留到執行期再執行。

---

3 在本書寫作當下（2017 年），編譯器似乎會嘗試於編譯期進行「非絕對必要」的核算。

舉例來說：

```
constexpr bool b1 = isPrime(9);  // 於編譯期進行核算
```

以上呼叫會在編譯期計算出數值。

```
const bool b2 = isPrime(9);         // 若是在 namespace scope 裡，則於編譯期進行核算
```

若 b2 定義於 global scope 或是 namespace 之中，則上式同樣於編譯期進行計算。但如果是在 block scope 內，則編譯器會自行決定在編譯期或是執行期執行計算[4]。例如以下這種情況：

```
bool fiftySevenIsPrime() {
  return isPrime(57);               // 在編譯期或是執行期進行核算
}
```

編譯器可能會、也可能不會在編譯期核算對 isPrime 的呼叫。

與之相反：

```
int x;
…
std::cout << isPrime(x);            // 在執行期進行核算
```

上述呼叫會產生於執行期才判斷 x 是否為質數的程式碼。

8.3 利用偏特化選擇執行路徑

像 isPrime() 這樣的編譯期測試函式，有個有意思的用途是利用偏特化在編譯時選擇不同的實作版本。

舉例來說，我們可以根據 template argument 是否為質數，來選擇不同的實作程式碼：

```
// 原型 helper template（輔助模板）：
template<int SZ, bool = isPrime(SZ)>
struct Helper;

// 當 SZ 不是質數時使用的實作版本：
template<int SZ>
struct Helper<SZ, false>
{
  …
};

// 當 SZ 是質數時使用的實作版本：
template<int SZ>
struct Helper<SZ, true>
{
```

---

4 理論上，即便加上 constexpr，編譯器仍可以決定在執行期才計算 b 的初始值。編譯器只需檢查該數值是否能夠在編譯期進行計算即可。

```
  …
};

template<typename T, std::size_t SZ>
long foo (std::array<T,SZ> const& coll)
{
    Helper<SZ> h;  // 由 array 大小是否為質數來決定實作版本
    …
}
```

這裡根據引數 `std::array<>` 的大小是否為質數，來決定使用 class `Helper<>` 兩個不同實作版本中的哪一個。這種型式的偏特化廣泛地應用於根據援引的引數性質，在 function template 的不同實作版本之間進行選擇。

上面為了實作兩個可能的替代方案，我們使用了兩次偏特化。相反地，我們也可以將原型模板用於表現其中的（預設）方案，同時使用偏特化版本表現其他特殊方案：

```
// 原型 helper template（在沒有符合的偏特化版本時使用）：
template<int SZ, bool = isPrime(SZ)>
struct Helper
{
    …
};

// 當 SZ 是質數時使用的實作版本：
template<int SZ>
struct Helper<SZ, true>
{
    …
};
```

因為 function templates 不支援偏特化，故必須利用其他機制在特定限制條件下變更函式實作版本。我們有以下選擇：

- 利用具有 static 函式的 class，
- 利用在 6.3 節（第 98 頁）介紹過的 `std::enable_if`，
- 利用接下來會介紹的 *SFINAE* 特性，或是
- 利用 8.5 節（第 135 頁）即將介紹、自 C++17 起提供的編譯期 if 特性。

第 20 章會討論在特定限制下選擇函式實作版本的相關技術。

8.4 SFINAE（替換失敗不算錯誤）

針對不同的引數型別進行重載在 C++ 裡很常見。當編譯器看到呼叫的對象是被重載的函式時，它必須分別考量每個可能的候選函式，評估呼叫式裡的引數、並挑選出最匹配的函式（詳細的過程請參考附錄 C）。

如果呼叫的候選函式裡包含 function templates，編譯器首先必須決定該函式使用的 template arguments，同時在函式的 parameter list 和回傳型別中替換掉前述 template arguments，然後方能評估該函式的匹配程度（像對普通函式那樣）。然而替換過程可能發生問題，像是可能產生不合理的語言構件（construct）。與其將該無意義的替換判斷為錯誤，語言規則建議直接忽略替換時出問題的候選函式。

我們稱呼以上原則為 **SFINAE**（*Substitution Failure Is Not An Error*，發音類似 *sfee-nay*），意思是「替換失敗不算錯誤」。

注意這裡描述的替換過程和「需要時才進行實體化」的過程（見 2.2 節，第 27 頁）截然不同：即使潛在的實體版本不會用到，這裡的替換行為仍會發生（這樣編譯器才能評估確實不需要該版本）。它被用來替換直接出現在函式宣告式中（而非函式本體裡）的語言構件。

考慮下面這個例子：

basics/len1.hpp

```
// 原始陣列裡的元素個數：
template<typename T, unsigned N>
std::size_t len (T(&)[N])
{
  return N;
}

// 擁有 size_type 成員的型別，本身的元素個數：
template<typename T>
typename T::size_type len (T const& t)
{
  return t.size();
}
```

這裡我們定義了兩個擁有單一泛型引數、且名稱為 len() 的 function templates [5]：

1. 第一個 function template 將參數宣告為 T(&)[N]，意味參數必須是由 N 個型別 T 的元素組成的 array。

---

[5] C++17 後，標準函式庫裡定義了名為 std::size() 的標準 function template。故為了避免與 C++ 標準函式庫裡定義的名稱相衝突，我們刻意不將此函式命名為 size()。

2. 第二個 funciton template 簡單地將參數型別宣告為 T，同時並未特意對參數加上限制。不過這裡限制了函式回傳型別為 T::size_type，意即要求傳入的引數型別得具備對應的 size_type 成員。

當傳入的是原始陣列或 string literal 時，匹配的僅有限定參數為原始陣列的 function template：

```
int a[10];
std::cout << len(a);          // OK：匹配的僅有限定參數為 array 的 len() 函式
std::cout << len("tmp");      // OK：匹配的僅有限定參數為 array 的 len() 函式
```

根據擁有的函式簽名（signature），第二個 function template 在替換 T 為 int[10] 和 char const[4] 時也還能夠匹配，但是以上替換會導致回傳型別 T::size_type 存在潛在錯誤，故處理以上呼叫時會忽略第二個 template。

當傳入的是 std::vector<> 時，僅有第二個 function template 匹配：

```
std::vector<int> v;
std::cout << len(v);   // OK：匹配的僅有參數型別具有 size_type 成員的 len() 函式
```

當傳入的是原始指標，沒有任何 template 能夠（在沒有錯誤的情況下）匹配。因此編譯器會抱怨找不到符合的 len() 函式：

```
int* p;
std::cout << len(p);          // 錯誤：找不到匹配的 len() 函式
```

注意，這種錯誤不同於「傳入某個具有 size_type 成員、但沒有 size() 成員函式的型別構成之物件」所導致的錯誤。例如傳遞 std::allocator<> 時會出現的情況：

```
std::allocator<int> x;
std::cout << len(x);          // 錯誤：找到 len() 函式，但無法呼叫 size()
```

傳遞這種類型的物件時，編譯器會認為第二個 function template 匹配。所以錯誤並非出於找不到匹配的 len() 函式，而是因為無法對 std::allocator<int> 呼叫 size() 而造成的編譯期錯誤。此時第二個 function template 不會被忽略。

忽略「理所當然」的回傳型別替換動作，可能會使編譯器選擇另一個參數匹配性較差的候選函式。舉例來說：

basics/len2.hpp

```
// 取得原始陣列裡的元素個數：
template<typename T, unsigned N>
std::size_t len (T(&)[N])
{
  return N;
}

// 針對擁有 size_type 成員的型別，取得其元素個數：
template<typename T>
typename T::size_type len (T const& t)
```

```
{
  return t.size();
}

// 針對其他型別的備用選擇:
std::size_t len (...)
{
  return 0;
}
```

這裡我們同時提供一個通用的 `len()` 函式，它能夠與任何對象匹配、但是匹配性最差（在重載決議時使用省略符號 `...` 進行匹配，見 C.2 節，第 682 頁）。

所以對於原始陣列和 **vectors** 而言，我們有兩個匹配的函式，其中特定匹配（specific match）的匹配性較好。對於指標來說，僅有備用函式能夠匹配，所以編譯器不會再抱怨該呼叫少了 `len()` 函式[6]。不過對於配置器（allocator）而言，第二和第三個 function templates 都能匹配，其中第二個 function template 匹配性更好。所以依舊會因為沒有可呼叫的 `size()` 成員函式而造成錯誤。

```
int a[10];
std::cout << len(a);      // OK：針對 array 的 len() 是最佳匹配
std::cout << len("tmp");  // OK：針對 array 的 len() 是最佳匹配

std::vector<int> v;
std::cout << len(v);      // OK：參數型別具有 size_type 成員的 len() 是最佳匹配

int* p;
std::cout << len(p);      // OK：僅有備用的 len() 匹配

std::allocator<int> x;
std::cout << len(x);      // 錯誤：第二個 len() 函式匹配得最好，
                          // 不過無法對 x 呼叫 size()
```

更多關於 SFINAE 的細節及部分應用，請分別參考 15.7 節（第 284 頁）與 19.4 節（第 416 頁）。

SFINAE 和重載決議機制

隨著時間推移，SFINAE 原則對 template 設計者來說變得相當重要和普及化，以致於該縮寫會被當成動詞來使用。如果我們想應用 SFINAE 機制修改 template 程式碼，使其在特定限制下無效，以確保 function template 在該限制條件下被忽略，我們會說「we *SFINAE out a function*（我們把該函式給 *SFINAE* 掉）」。並且每每當你讀到 C++ 標準提及：function template「*shall not participate in overload resolution unless...*（不應該參與重載決議，除非 ...）」的時候，它代表的就是 SFINAE 被用於在特定情況下「SFINAE out」某個 function template。

---

[6] 實際上，這裡的備用函式通常會提供更有用的預設行為，像是拋出異常、或包含了能發出有用錯誤訊息的靜態斷言。

舉例來說，**class** std::thread 宣告了一個建構子：

```
namespace std {
 class thread {
  public:
    …
    template<typename F, typename... Args>
      explicit thread(F&& f, Args&&... args);
    …
  };
 }
```

並伴隨著以下備註：

> 備註：當 decay_t<F> 的型別為 std::thread 時，此建構子不應參與重載決議。

這意味著當 std::thread 作為第一個、並且是唯一一個參數傳入時，此 **template** 建構子會被忽略。理由是如果不這樣做的話，諸如此類的 **member template** 可能會比預先定義好的複製或搬移建構子更佳匹配（細節詳見 6.2 節，第 95 頁、和 16.2.4 節，第 333 頁）。藉由在傳入 **thread** 時 *SFINAE out* 該建構子，我們能確保在利用另一個 **thread** 來建構新 **thread** 時，使用的都是預先定義好的複製或搬移建構子[7]。

利用這項技術針對每種狀況逐一處理可能很費勁。幸運的是，標準函式庫提供了停用 **templates** 的簡易工具。其中最有名的特性是 std::enable_if<>，我們曾經在 6.3 節（第 98 頁）介紹過。它讓我們得以直接將型別取代為帶有停用條件的構件，並藉以停用 **template**。

因此，現實中的 std::thread 宣告式基本上如下所示：

```
namespace std {
 class thread {
  public:
    …
    template<typename F, typename... Args,
             typename = enable_if_t<!is_same_v<decay_t<F>,
                                               thread>>>
      explicit thread(F&& f, Args&&... args);
    …
  };
 }
```

有關 std::enable_if<> 如何利用偏特化和 **SFINAE** 進行實作的細節，請參考 20.3 節（第 469 頁）。

---

[7] 由於 class thread 的複製建構子被定義為 deleted，所以複製動作也被禁用了。

8.4.1　以 `decltype` 實行 SFINAE

找出並制定正確的陳述式，使 function templates 在特定條件下被 *SFINAE 掉*，這件事著實不容易。

例如，假定我們想確保在引數型別具有 `size_type` 成員、但沒有 `size()` 成員函式的時候，忽略掉 function template `len()`。但由於函式宣告式裡並不具有對 `size()` 成員函式任何型式的要求，故下面的 function template 會被選中，並且最終實體化的結果會導致錯誤：

```
template<typename T>
typename T::size_type len (T const& t)
{
  return t.size();
}

std::allocator<int> x;
std::cout << len(x) << '\n';        // 錯誤：選中了 len()，但 x 不具有 size()
```

有個專門用來處理這種情況的常用模式（慣用手法）：

- 以後置回傳型別語法（*trailing return type syntax*，在回傳型別的前方加上 `auto`、同時在後方使用 `->`）來標示回傳型別。
- 用 `decltype` 和逗號運算子定義該回傳型別。
- 令在逗號運算子之前遇到的所有陳述式合法（同時將其轉成 `void`，以防逗號運算子經過重載）。
- 於逗號運算子後定義真正回傳型別的物件。

舉例來說：

```
template<typename T>
auto len (T const& t) -> decltype( (void)(t.size()), T::size_type() )
{
  return t.size();
}
```

這裡的回傳型別由下面式子提供：

```
decltype( (void)(t.size()), T::size_type() )
```

`decltype` 語言構件的運算元為一串以逗號區隔的陳述式列表，故最後一個陳述式 `T::size_type()` 負責提供以所需的回傳型別建立的數值（用來被 `decltype` 轉換為回傳型別）。在（最後一個）逗號之前，所有的陳述式都必須是合法的，這裡寫的正是 `t.size()`。而將陳述式轉換成 `void`，是為了避免該陳述式代表的型別可能重載了使用者自行定義的逗號運算子。

請注意，`decltype` 的引數是一個未經核算的運算元（*unevaluated operand*）。這代表你可以在不呼叫建構子的情況下，用它來創建「虛擬物件（dummy objects）」。11.2.3 節（第166 頁）會討論這個議題。

8.5 編譯期 if

藉由偏特化、SFINAE、和 `std::enable_if`，我們得以啟用或停用整個 templates。C++17 另外引入了編譯期 if 陳述句，讓我們能夠根據編譯期條件來啟用或停用特定陳述句。透過語法 `if constexpr(...)`，編譯器利用編譯期陳述式來決定採用 *then* 區塊、或是 *else* 區塊（如果有的話）的程式碼。

這裡的第一個範例，參考曾出現在 4.1.1 節（第 55 頁）的 variadic function template `print()`。它能利用遞迴方式印出（任意型別的）引數。與其提供個別的函式用以終止遞迴，*constexpr if* 特性讓我們能在函式內部決定遞迴是否繼續進行[8]：

```
template<typename T, typename... Types>
void print (T const& firstArg, Types const&... args)
{
  std::cout << firstArg << '\n';
  if constexpr(sizeof...(args) > 0) {
    print(args...); //程式碼僅於 sizeof...(args)>0 時啟用（C++17 起支援）
  }
}
```

假設這裡只用一個引數來呼叫 `print()`，則 args 會是一個空的 **parameter pack**，並使得 `sizeof...(args)` 變成 0。如此一來，對 `print()` 的遞迴呼叫變成了被棄用的陳述式（*discarded statement*）。因為 if 區塊裡的程式碼並不會被實體化，所以不需要另外寫出對應的函式，遞迴一樣能夠終止。

事實上，程式碼未被實體化代表程式只進行第一個轉譯階段（即定義時期），此時只會檢查不依賴於 **template parameters** 的語法和名稱的正確性（見 1.1.3 節，第 6 頁）。舉個例子：

```
template<typename T>
void foo(T t)
{
  if constexpr(std::is_integral_v<T>) {
    if (t > 0) {
      foo(t-1);       // OK
    }
  }
  else {
    undeclared(t);   // 此函式未經宣告、又未棄用 else 時會出錯（例如：T 不是整數時）
    undeclared();    // 此函式未經宣告時會出錯（即使 else 被棄用了也會）
    static_assert(false, "no integral"); //總是啟用斷言（即使 else 被棄用了也會）
    static_assert(!std::is_integral_v<T>, "no integral"); // OK
  }
}
```

---

[8] 即便程式碼讀起來是 `if constexpr`，這個特性被稱為 *constexpr if*，因為它是「constexpr」型式的 if（還有因為種種歷史原因啦）。

請注意，`if constexpr` 可以用在任何函式，並不僅限於 templates 內。我們需要的只有一個能給出 Boolean 值的編譯期陳述式。例如：

```
int main()
{
  if constexpr(std::numeric_limits<char>::is_signed) {
    foo(42);          // OK
  }
  else {
    undeclared(42); // 若 undeclared() 未經宣告，則發生錯誤
    static_assert(false, "unsigned"); // 總是啟用斷言（即使 else 被棄用了也會）
    static_assert(!std::numeric_limits<char>::is_signed,
                  "char is unsigned"); // OK
  }
}
```

透過以上特性，我們可以利用像是 8.2 節（第 125 頁）介紹過的 `isPrime()` 編譯期函式，在 array 的大小不是質數時執行額外的程式碼：

```
template<typename T, std::size_t SZ>
void foo (std::array<T,SZ> const& coll)
{
  if constexpr(!isPrime(SZ)) {
    ... // 當傳入的 array 大小並非質數時，做額外的特殊處理
  }
  ...
}
```

更多細節，請參考 14.6 節（第 263 頁）。

8.6 總結

- Templates 提供了在編譯期進行計算的能力（利用遞迴進行迭代、並利用偏特化或 ?: 運算子做選擇）。
- 藉由 `constexpr` 函式，我們可以用在編譯期上下文（compile-time context）裡能夠呼叫的「普通函式」來取代多數編譯期的計算工作。
- 藉由偏特化，我們可以依據編譯期限制條件來選擇不同的 class template 實作程式碼。
- Templates 只會在需要時、並且 function template 宣告式替換後不會產生非法程式碼的情況下被啟用。稱為 SFINAE 原則（替換失敗不算錯誤）。
- SFINAE 可以用來為特定型別、限制條件提供專屬的 function templates。
- 從 C++17 起，編譯期 `if` 讓我們可以根據編譯期條件來啟用或棄用陳述句（即使在 templates 外也可以使用）。

9

實際運用 Templates

Using Templates in Practice

Template 程式碼與普通程式碼之間有些不同。Template 在某些方面介於 macro（巨集）與普通的 nontemplate 宣告式之間。雖然這樣的描述有點過於簡化，但以上特性不僅影響了我們利用 template 來編寫演算法和資料結構的方式，也對程式涉及 template 時的表述和分析等日常工作造成影響。

本章我們聚焦於一些實際應用，並且暫時撇開底層的技術細節。大多數的細節會在第 14 章被提及。為了簡化討論，我們假定使用的 C++ 編譯系統由傳統的編譯器和連結器構成（很少有不屬於這一類的 C++ 系統）。

9.1 置入式模型

有好幾種方式可以用來組織 template 程式碼。本節介紹其中最流行的方式：置入式模型（inclusion model）。

9.1.1 連結錯誤

大多數的 C 和 C++ 程式設計師大致依照以下方式組織手邊的 nontemplate 程式碼：

- 將 classes 與其他的型別宣告全數置於標頭檔（*header files*）中。檔案的副檔名一般來說會是 .hpp（或是 .H、.h、.hh、.hxx）。
- 如果是全域（noninline）變數及（noninline）函式，只有宣告式會放在標頭檔裡。完整的定義則是放進會被編譯成獨立編譯單元的檔案裡。這樣的 *CPP* 檔案通常有著 .cpp（或是 .C、.c、.cc、.cxx）的副檔名。

以上原則運作良好：它能讓所需的型別定義在整個程式裡都能方便地被使用，同時避免連結器回報變數和函式被重複定義的錯誤。

遵循以上慣例的 template 新手編程人員經常會抱怨的錯誤，可以藉由以下（有錯的）小程式來說明。此時如同對待「普通程式碼」那樣，我們將 template 宣告於標頭檔中：

basics/myfirst.hpp

```
#ifndef MYFIRST_HPP
#define MYFIRST_HPP

// template 宣告式
template<typename T>
void printTypeof (T const&);

#endif // MYFIRST_HPP
```

printTypeof() 宣告了一個簡單的輔助函式，用來印出一些型別資訊。該函式的實作程式碼放在一個 CPP 檔案中：

basics/myfirst.cpp

```
#include <iostream>
#include <typeinfo>
#include "myfirst.hpp"

// template 實作程式碼／定義
template<typename T>
void printTypeof (T const& x)
{
    std::cout << typeid(x).name() << '\n';
}
```

範例在列印字串時用到了 typeid 運算子，來描述傳入陳述式的型別。它回傳了靜態型別 std::type_info 構成的 lvalue，其具有的成員函式 name() 能夠顯示部分陳述式的型別。事實上，C++ 標準並沒有說 name() 必須回傳有意義的內容。不過如果是實作良好的 C++ 程式，你應該要能藉此取得能夠良好描述「傳入 typeid 的陳述式之所屬型別」的字串[1]。

最後，我們在另一個已經 #include 上述 template 宣告式的 CPP 檔案裡使用該 template：

basics/myfirstmain.cpp

```
#include "myfirst.hpp"

// 使用 template
int main()
{
```

---

[1] 在某些實作版本裡該字串會被重編（*mangled*，加上引數型別和所處 scope 的名稱重新進行編碼，以便和其他同樣名稱的字串有所區別），不過可以利用 *demangler*（反向重編器）將其轉換為方便人類閱讀的文字。

```
    double ice = 3.0;
    printTypeof(ice);          // 以 double 型別呼叫 function template
}
```

C++ 編譯器很可能會毫無問題地接受這個程式，但是連結器可能會回報錯誤，指出函式 printTypeof() 的定義不存在。

錯誤發生的原因是 function template printTypeof() 的定義並沒有被實體化。要讓一個 template 實體化，編譯器得先知道應該實體化哪一組定義、針對哪個 template arguments 來實體化。不幸的是，前述範例裡這兩部份的資訊存在於不同檔案，並被分開進行編譯。如此一來，當編譯器看到對 printTypeof() 的呼叫時，手邊並不存在針對 double 進行實體化的函式定義。它只能單純地假設該定義存在於其他地方，並創建一個（留待連結器進行解析的） reference 用以指向該定義。另一方面，在編譯器處理 myfirst.cpp 檔案的時間點，並沒有任何跡象顯示所包含的 template 定義必須針對某個特定引數實體化。

9.1.2　將 Templates 置於標頭檔

前述問題的常見解決方法，是利用對付 macros 和 inline 函式時所採用的方式：在宣告 template 的標頭檔裡同時包含該 template 的定義。

也就是說，與其單獨提供 myfirst.cpp，我們不如修改 myfirst.hpp，將 template 全部的宣告及定義都放進該檔案中：

basics/myfirst2.hpp

```
#ifndef MYFIRST_HPP
#define MYFIRST_HPP

#include <iostream>
#include <typeinfo>

// template 宣告式
template<typename T>
void printTypeof (T const&);

// template 實作程式碼 / 定義
template<typename T>
void printTypeof (T const& x)
{
    std::cout << typeid(x).name() << '\n';
}

#endif //MYFIRST_HPP
```

這種組織 template 的方式稱為置入式模型（*inclusion model*）。採用這個方式後，你應該會發現程式現在可以順利地被編譯、連結、和執行了。

這裡有一些值得觀察的地方。其中最值得注意的是，這個方法大大的增加了引用 myfirst.hpp 標頭檔的成本。在這個例子裡，增加的成本並不只有 template 定義式本身的大小，還包含了 template 定義裡需要引用的標頭檔——在這個例子裡有 <iostream> 和 <typeinfo>。你會發現這個數字可能多達成千上萬行程式碼，因為像 <iostream> 之類的標頭檔裡還包含了許多相關的 template 定義式。

這在實際應用上的確會造成問題，因為顯著地增加了編譯器用來編譯大型程式時所需的時間。因此針對此問題，我們將會審視一些可能的做法，包含預編譯標頭檔（precompiled headers，見 9.3 節，第 141 頁）以及運用顯式模板實體化（explicit template instantiation，見 14.5 節，第 260 頁）。

即便存在編譯時間方面的問題，我們還是建議在尚未出現較好的處理機制之前，盡可能採用置入式模型來組織你的 templates。在撰寫本書的當下（2017 年），有個尚在發展中的處理機制：modules（模組），將會在 17.11 節（第 366 頁）介紹。它是一個能讓程式設計師用更符合邏輯的方式組織程式碼的語言機制，以便編譯器能個別編譯所有宣告式，然後在需要時有效率地挑選處理過的宣告式匯入。

對置入式模型的另一個（更細微的）觀察是，noninline function templates 在某個地方和 inline functions 與 macros 有著重大的不同：前者不會在呼叫處被直接展開。相對地，當它們被實體化時，會創建一個新的函式副本。由於這個過程會自動發生，編譯器最終可能在兩個不同的檔案裡分別建立兩份副本，有些連結器在發現同一個函式具有兩份定義時，可能會因此回報錯誤。理論上，我們毋需對此擔心：因為這是 C++ 編譯系統應該解決的問題；而實際上大部分的情況下都運作良好，我們並不用對此特別處理。不過偶爾會在自行建立程式庫的大型專案裡出現問題，第 14 章裡針對實體化方案的討論以及對 C++ 編譯系統（編譯器）附帶文件的深入研究應該有助於解決這類問題。

最後我們特別強調，適用範例中一般 function template 的做法，同樣適用於 class templates 裡的成員函式和 static 資料成員，以及成員函式模板。

9.2 Tempalates 與 inline

將函式宣告為 inline 是改善程式執行效率的常用工具。inline 關鍵字旨在為程式實現過程提供提示：標明在函式呼叫處，相較於尋常的函式呼叫方式，更偏好使用函式本體進行內嵌替換（inline substitution）。

然而，實現過程可能會忽略該提示。故 inline 所能保證的唯一效果是允許函式定義在程式裡重複出現（通常是因為它存在於會在多個地方被引入的標頭檔裡）。

和 inline 函式類似，function templates 的定義可以出現於不同的編譯單元裡。通常是透過將定義式放在標頭檔裡，然後於多個 CPP 檔案中引入該檔案來做到這點。

然而，這並不意味著 function templates 預設使用內嵌替換。在呼叫處以函式本體進行內嵌替換是否優於普通的函式呼叫、以及何時該進行替換，皆完全交由編譯器來決定。也許這會令你感到驚訝，編譯器常常比編程人員更清楚將函式呼叫 inline 是否能夠提昇效能。因此，每個編譯器實際處理 inline 的策略都各異其趣，甚至會取決於具體編譯時使用的選項。

儘管如此，藉由使用適當的效能監測工具，程式設計師可能比編譯器擁有更有用的資訊，因而希望能改寫編譯器的決策（例如在調校特定平台，像是手機或特定輸入裝置的效能時）。但有時候這點只能透過各個編譯器專屬的屬性來達成，像是 noinline 或 always_inline。

這裡有一點值得一提，function templates 的偏特化在某方面的行為像普通的函式一樣：除非定義成 inline，否則它們的定義式只能夠出現一次（見 16.3 節，第 338 頁）。對於本主題更廣泛、深入的概述，請參考附錄 A。

9.3　預編譯標頭檔

即便在沒有 templates 的情況之下，C++ 的標頭檔也可能會變得非常龐大，導致需要很長的編譯時間。Templates 加劇了這個現象，而程式設計師們發出的怒吼於各方面驅使（編譯系統）供應商實作了被稱為預編譯標頭檔（*precompiled headers*，PCH）的方案。該方案並未納入標準的範疇內，而是倚靠供應商提供的特定選項來運作。關於如何創建和使用預編譯標頭檔的細節，需要個別參閱支援該特性的編譯系統附帶文件，但在這裡先行了解運作原理，還是很有幫助的。

當編譯器開始翻譯檔案時，會從檔案的開頭處一直處理到結尾。當處理來自檔案的每個 token（標記，可能源自於被 #include 的檔案）時，編譯器會改寫其內部狀態（internal state），包括新增符號表（symbol table）中的欄位，方便之後做查詢。此時編譯器也可能對目的檔（object files）寫入程式碼。

預編譯標頭檔仰賴以下事實：我們能以「不同檔案的開頭處都共享相同幾行程式碼」這種方式來組織程式碼。為了進行論證，讓我們先假設要編譯的每個檔案，一開始的 *N* 行程式碼都相同。我們可以編譯這 *N* 行程式碼，並將當前編譯器的完整狀態保存在一個預編譯標頭檔裡頭。接著，對於程式裡的每個檔案，我們可以重新載入已儲存的狀態，並接著從第 *N+1* 行開始編譯。這裡值得注意的是，重新載入已儲存的狀態是一次性的操作，速度上比實際編譯一開始的 *N* 行快上了幾個數量級。然而最初進行的狀態儲存工作，成本通常比僅編譯 *N* 行程式更高。大體上會增加約百分之二十到兩百不等的時間成本。

有效利用預編譯標頭檔的關鍵是：確保「盡可能多的」檔案於開始處共享相同的一大塊程式碼。實際上這意味著這些檔案必須以相同的 #include 指令起始，而這些程式碼（如同先前所提及的）會佔據相當大一部分的編譯時間。因此，留意標頭檔被引用的順序是很有好處的。例如，以下兩個檔案：

```
#include <iostream>
#include <vector>
#include <list>
...
```

和

```
#include <list>
#include <vector>
...
```

無法利用預編譯標頭檔,因為原始碼裡並不存在共同的初始狀態。

有些程式設計師認為,與其錯過以預編譯標頭檔加速檔案編譯的機會,不如額外 #include 一些非必要的標頭檔來得更好。這個決定可以大大減輕引用策略(inclusion policy)的管理工作。舉例來說,通常比較簡單的作法是創建一個叫 std.hpp 的標頭檔,用來包含全部的標準標頭檔[2]:

```
#include <iostream>
#include <string>
#include <vector>
#include <deque>
#include <list>
...
```

接著可以對該檔案進行預先編譯,然後程式裡每個用到標準程式庫的檔案都可以簡單地用以下式子做為開頭:

```
#include "std.hpp"
...
```

通常編譯該檔案需要花點時間。不過只要系統具備足夠的記憶體,採用預編譯標頭檔的做法比起編譯任何單一標準標頭檔都明顯快上許多。用這種做法來處理標準標頭檔特別方便,因為它們極少更動,也因此 std.hpp 的預編譯標頭檔只需要一次性的編譯即可。另一方面,預編譯標頭檔通常會是專案相依性組態(dependency configuration)的一部分(例如,它們會依據流行的 make 工具或整合開發環境裡的專案建置工具的需求進行更新)。

管理預編譯標頭檔的一個誘人方法是,為預編譯標頭檔們分層。從最被廣泛使用且穩定的標頭檔(如我們的 std.hpp 標頭檔),到預期不會有太多變動、因而仍然值得進行預編譯的標頭檔。不過如果標頭檔們仍處於繁忙的開發階段,為其創建預編譯標頭檔所花的時間可能會比重複利用它們所省下的時間更多。這個做法的主要精神是:在較穩定階層中的預編譯標頭檔可以被重複使用,以改善較不穩定標頭檔的預先編譯時間。舉例來說,假定在(已經被預先編譯好的) std.hpp 標頭檔外,我們還定義了一個 core.hpp 標頭檔,包含了專屬於我們專案的額外功能,並具備一定程度的穩定性:

```
#include "std.hpp"
#include "core_data.hpp"
#include "core_algos.hpp"
...
```

---

[2] 理論上,標準標頭檔不需要和實體檔案相對應。然而實際上,它們確實具備對應關係,而且這些檔案都非常地大。

由於這個檔案以 `#include "std.hpp"` 做為開頭，編譯器因而可以載入相關的預編譯標頭檔，並接著處理下一行，毋須重新編譯所有標準標頭檔。當該檔案完全處理完畢，會產生新的預編譯標頭檔。然後應用程式便可以利用 `#include "core.hpp"` 來快速取用大量的功能，因為編譯器可以直接載入新產生的預編譯標頭檔。

9.4 解譯長篇錯誤訊息

普通的編譯錯誤通常相當簡潔和到位。例如當編譯器回報：「`class X has no member 'fun'`」時，通常要找到程式碼中的錯誤並不困難（像是我們可能把 `run` 錯寫成了 `fun`）。但對 templates 來說就不是這麼回事了，讓我們瞧瞧一些例子。

單純的型別不符

考慮以下相對簡單、使用了 C++ 標準程式庫的程式碼：

basics/errornovel1.cpp

```
#include <string>
#include <map>
#include <algorithm>

int main()
{
  std::map<std::string,double> coll;
  …
  // 尋找 coll 裡的第一個 nonempty string：
  auto pos = std::find_if (coll.begin(), coll.end(),
                           [] (std::string const& s) {
                             return s != "";
                           });
}
```

其中包含了一個相當小的錯誤。在用來找出集合裡第一個符合的字串的 lambda 裡，我們會對給定的字串進行檢查。然而在 map 裡儲存的元素是 key/value pair，故我們應該期待會回傳一個 `std::pair<std::string const, double>`。

流行的 GNU C++ 編譯器的某個版本回報了以下錯誤訊息：

```
1  In file included from /cygdrive/p/gcc/gcc61-include/bits/stl_algobase.h:71:0,
2                   from /cygdrive/p/gcc/gcc61-include/bits/char_traits.h:39,
3                   from /cygdrive/p/gcc/gcc61-include/string:40,
4                   from errornovel1.cpp:1:
5  /cygdrive/p/gcc/gcc61-include/bits/predefined_ops.h: In instantiation of 'bool
   __gnu_cxx::__ops::_Iter_pred<_Predicate>::operator()(_Iterator) [with _Iterator
   = std::_Rb_tree_iterator<std::pair<const std::__cxx11::basic_string<char>,
   double> >; _Predicate = main()::<lambda(const string&)>]':
6  /cygdrive/p/gcc/gcc61-include/bits/stl_algo.h:104:42: required from '_
   InputIterator std::__find_if(_InputIterator, _InputIterator, _
   Predicate, std::input_iterator_tag) [with _InputIterator = std::_Rb_tree_
```

```
      iterator<std::pair<const std::::__cxx11::basic_string <char>, double> >; _
      Predicate = __gnu_cxx::__ops::_Iter_pred<main()::<lambda(const string&)> >]'
 7    /cygdrive/p/gcc/gcc61-include/bits/stl_algo.h:161:23: required from '_Iterator
      std::__find_if(_Iterator, _Iterator, _Predicate) [with _Iterator = std::_Rb_
      tree_iterator<std:: pair<const std::__cxx11::basic_string<char>, double> >; _
      Predicate = __gnu_cxx::__ops::_ Iter_pred<main()::<lambda(const string&)> >]'
 8    /cygdrive/p/gcc/gcc61-include/bits/stl_algo.h:3824:28: required from '_
      IIter std::find _if(_IIter, _IIter, _Predicate) [with _IIter = std::_Rb_
      tree_iterator<std::pair<const std::__cxx11::basic_string<char>, double> >; _
      Predicate = main()::<lambda(const string&) >]'
 9    errornovel1.cpp:13:29: required from here
10    /cygdrive/p/gcc/gcc61-include/bits/predefined_ops.h:234:11: error: no match
      for call to '(main()::<lambda(const string&)>) (std::pair<const std::__
      cxx11::basic_string<char>, double>&)'
11    { return bool(_M_pred(*__it)); }
12              ^~~~~~~~~~~~~~~~~~~~
13    /cygdrive/p/gcc/gcc61-include/bits/predefined_ops.h:234:11: note: candidate:
      bool (*)( const string&) {aka bool (*)(const std::__cxx11::basic_
      string<char>&)} <conversion>
14    /cygdrive/p/gcc/gcc61-include/bits/predefined_ops.h:234:11: note: candidate
      expects 2  arguments, 2 provided
15    errornovel1.cpp:11:52: note: candidate: main()::<lambda(const string&)>
16                          [] (std::string const& s) {
17                                                ^
18    errornovel1.cpp:11:52: note: no known conversion for argument 1 from
      'std::pair<const  std::__cxx11::basic_string<char>, double>' to 'const string&
      {aka const std::__cxx11::basic_string<char>&}'
```

像這樣的訊息看起來不太像診斷訊息,反倒像是超長篇演義小說。同時這會嚇到 template 新手使用者,令他們感到氣餒。不過,我們也能透過一些練習掌握這類型的訊息,至少比較容易找出錯誤所在。

第一部分的錯誤訊息(前五行)表示,有個錯誤發生於一個深埋在 predefined_ops.h 內部標頭檔裡的 function template 實體之中,該實體被 errornovel1.cpp 透過引入其他標頭檔引用。接下來的幾行裡,編譯器回報了哪個 template 由何種引數進行實體化。這個例子裡,於 errornovel1.cpp 第 13 行結束的陳述句導致了這一切問題,正是:

```
auto pos = std::find_if (coll.begin(), coll.end(),
                         [] (std::string const& s) {
                           return s != "";
                         });
```

這導致了存在於 stl_algo.h 標頭檔第 161 行裡的 find_if template 被實體化,以下程式碼

```
_IIter std::find_if(_IIter, _IIter, _Predicate)
```

被下面的式子給實體化了

```
_IIter = std::_Rb_tree_iterator<std::pair<const std::__cxx11::basic_string<char>,
                                double> >
_Predicate = main()::<lambda(const string&)>
```

編譯器會回報所有發生的情況，以防我們並不打算實體化所有的 **templates**。這讓我們得以確認實體化過程的一切來龍去脈。

然而在我們的例子裡，我們傾向相信所有類型的 **templates** 都需要實體化，只是想知道為什麼它們不起作用。相關資訊被包含在錯誤訊息的最後一部分：編譯器回報的「`no match for call`」代表無法解析函式呼叫動作，因為參數與引數的型別彼此不符合。後面接著列出被呼叫的函式

```
(main()::<lambda(const string&)>) (std::pair<const std::__cxx11::basic_string<char>,
                                             double>&)
```

以及呼叫處的程式碼：

```
{ return bool(_M_pred(*__it)); }
```

再者，隨後出現的訊息包含了「`note: candidate:`」，表示這裡有某個候選型別期望收到一個型別為 `const string&` 的引數。該候選型別被定義在 errornovel1.cpp 的第 11 行，屬於 lambda 函式 `[] (std::string const& s)`，並伴隨著候選型別不符合的可能原因：

```
no known conversion for argument 1
from 'std::pair<const std::__cxx11::basic_string<char>, double>'
to 'const string& {aka const std::__cxx11::basic_string<char>&}'
```

該訊息描述了我們遇到的問題。

這樣的錯誤訊息無疑尚有改進的空間。像是可以在印出實體化歷史記錄之前先回報確切的問題所在，同時不要使用如 `std::__cxx11::basic_string<char>` 之類完全展開的 template 實體名稱，直接寫 `std::string` 可能就夠了。不過事實上，所有診斷訊息內的資訊在某些情況下可能都有其用處。所以也別對其他編譯器會給出類似資訊感到意外（雖然有些編譯器會使用前述的組織技巧）。

舉例來說，**Visual C++** 編譯器會輸出像這樣的訊息：

```
1   c:\tools_root\cl\inc\algorithm(166): error C2664: 'bool main::<lambda_
    b863c1c7cd07048816 f454330789acb4>::operator ()(const std::string &) const': cannot
    convert argument 1 from 'std::pair<const _Kty, _Ty>' to 'const std::string &'
2           with
3           [
4               _Kty=std::string,
5               _Ty=double
6           ]
7   c:\tools_root\cl\inc\algorithm(166): note: Reason: cannot convert from
    'std::pair<const _Kty, _Ty>' to 'const std::string'
8           with
9           [
10              _Kty=std::string,
11              _Ty=double
12          ]
13  c:\tools_root\cl\inc\algorithm(166): note: No user-defined-conversion operator
    available that can perform this conversion, or the operator cannot be called
14  c:\tools_root\cl\inc\algorithm(177): note: see reference to function template
    instantiation '_InIt std::_Find_if_unchecked<std::_Tree_unchecked_iterator<_
    Mytree>,_Pr>(_InIt,_InIt,_Pr &)' being compiled
```

```
15          with
16          [
17              _InIt=std::_Tree_unchecked_iterator<std::_Tree_val<std::_Tree_simple_
                types<std::pair<const std::string,double>>>>,
18              _Mytree=std::_Tree_val<std::_Tree_simple_types<std::pair<const
                std::string, double>>>,
19              _Pr=main::<lambda_b863c1c7cd07048816f454330789acb4>
20          ]
21 main.cpp(13): note: see reference to function template instantiation '_InIt
   std::find_if <std::_Tree_iterator<std::_Tree_val<std::_Tree_simple_types
   <std::pair<const _Kty, _Ty>>>>,main::<lambda_b863c1c7cd07048816f454330789a
   cb4>>(_InIt,_InIt,_Pr)' being compiled
22          with
23          [
24              _InIt=std::_Tree_iterator<std::_Tree_val<std::_Tree_simple_
                types<std::pair<const std::string,double>>>>,
25              _Kty=std::string,
26              _Ty=double,
27              _Pr=main::<lambda_b863c1c7cd07048816f454330789acb4>
28          ]
```

這裡我們再一次給出了完整的實體化過程，它能告訴我們何種 template、於程式碼的何處、被哪個引數實體化。同時我們重複見到了以下警告：

```
cannot convert from 'std::pair<const _Kty,_Ty>' to 'const std::string'
with
[
    _Kty=std::string,
    _Ty=double
]
```

某些編譯器漏掉了 const

不幸的是，有時泛型程式碼只在某些編譯器上造成問題。參考以下範例：

basics/errornovel2.cpp

```cpp
#include <string>
#include <unordered_set>

class Customer
{
  private:
    std::string name;
  public:
    Customer (std::string const& n)
      : name(n) {
    }
    std::string getName() const {
      return name;
    }
};
```

```
int main()
{
  // 提供我們專屬的 hash 函式:
  struct MyCustomerHash {
    // 注意:在 g++ 和 clang 裡,不寫 const 只會造成錯誤:
    std::size_t operator() (Customer const& c) {
      return std::hash<std::string>()(c.getName());
    }
  };

  // 並且用它來建立由 Customers 組成的 hash table:
  std::unordered_set<Customer,MyCustomerHash> coll;
  ...
}
```

在 Visual Studio 2013 或 2015 的環境裡,以上程式碼如預期通過編譯。然而,如果使用的是 g++ 或是 clang,程式碼會導致大量的錯誤訊息。舉例來說,在 g++ 6.1 版給出的第一部份錯誤訊息如下:

```
1  In file included from /cygdrive/p/gcc/gcc61-include/bits/hashtable.h:35:0,
2                   from /cygdrive/p/gcc/gcc61-include/unordered_set:47,
3                   from errornovel2.cpp:2:
4  /cygdrive/p/gcc/gcc61-include/bits/hashtable_policy.h: In instantiation of
   'struct std::__detail::__is_noexcept_hash<Customer, main()::MyCustomerHash>':
5  /cygdrive/p/gcc/gcc61-include/type_traits:143:12:   required from 'struct
   std::__and_<std::__is_fast_hash<main()::MyCustomerHash>, std::__detail::__is_
   noexcept_hash<Customer, main()::MyCustomerHash> >'
6  /cygdrive/p/gcc/gcc61-include/type_traits:154:38:   required from 'struct
   std::__not_<std::__and_<std::__is_fast_hash<main()::MyCustomerHash>, std::__
   detail::__is_noexcept_hash<Customer, main()::MyCustomerHash> > >'
7  /cygdrive/p/gcc/gcc61-include/bits/unordered_set.h:95:63:    required from
   'class std::unordered_set<Customer, main()::MyCustomerHash>'
8  errornovel2.cpp:28:47:   required from here
9  /cygdrive/p/gcc/gcc61-include/bits/hashtable_policy.h:85:34: error: no match
   for call to '(const main()::MyCustomerHash) (const Customer&)'
10   noexcept(declval<const _Hash&>()(declval<const _Key&>())))>
11         ~~~~~~~~~~~~~~~~~~~~~~~~~~~^~~~~~~~~~~~~~~~~~~~~~~~~~
12 errornovel2.cpp:22:17: note: candidate: std::size_t main()::MyCustomerHash::ope
   rator()(const Customer&) <near match>
13     std::size_t operator() (const Customer& c) {
14         ^~~~~~~~
15 errornovel2.cpp:22:17: note:   passing 'const main()::MyCustomerHash*' as
   'this' argument discards qualifiers
```

後面跟著超過 20 筆的其他錯誤訊息:

```
17 In file included from /cygdrive/p/gcc/gcc61-include/bits/move.h:57:0,
18                   from /cygdrive/p/gcc/gcc61-include/bits/stl_pair.h:59,
19                   from /cygdrive/p/gcc/gcc61-include/bits/stl_algobase.h:64,
20                   from /cygdrive/p/gcc/gcc61-include/bits/char_traits.h:39,
21                   from /cygdrive/p/gcc/gcc61-include/string:40,
22                   from errornovel2.cpp:1:
23 /cygdrive/p/gcc/gcc61-include/type_traits: In instantiation of 'struct std::__
```

```
   not_<std::__and_<std::__is_fast_hash<main()::MyCustomerHash>, std::__detail::__
   is_noexcept_hash<Customer, main()::MyCustomerHash> > >':
24 /cygdrive/p/gcc/gcc61-include/bits/unordered_set.h:95:63:   required from
   'class std::unordered_set<Customer, main()::MyCustomerHash>'
25 errornovel2.cpp:28:47:   required from here
26 /cygdrive/p/gcc/gcc61-include/type_traits:154:38: error: 'value' is not a
   member of 'std::__and_<std::__is_fast_hash<main()::MyCustomerHash>, std::__
   detail::__is_noexcept_hash<Customer, main()::MyCustomerHash> >'
27      : public integral_constant<bool, !_Pp::value>
28                                         ^~~~
29 In file included from /cygdrive/p/gcc/gcc61-include/unordered_set:48:0,
30                  from errornovel2.cpp:2:
31 /cygdrive/p/gcc/gcc61-include/bits/unordered_set.h: In instantiation of 'class
   std::unordered_set<Customer, main()::MyCustomerHash>':
32 errornovel2.cpp:28:47:   required from here
33 /cygdrive/p/gcc/gcc61-include/bits/unordered_set.h:95:63: error:
   'value' is not a member of 'std::__not_<std::__and_<std::__is_fast_
   hash<main()::MyCustomerHash>, std::__detail::__is_noexcept_hash<Customer,
   main()::MyCustomerHash> > >'
34      typedef __uset_hashtable<_Value, _Hash, _Pred, _Alloc> _Hashtable;
35                                                             ^~~~~~~~~~
36 /cygdrive/p/gcc/gcc61-include/bits/unordered_set.h:102:45: error:
   'value' is not a member of 'std::__not_<std::__and_<std::__is_fast_
   hash<main()::MyCustomerHash>, std::__detail::__is_noexcept_hash<Customer,
   main()::MyCustomerHash> > >'
37      typedef typename _Hashtable::key_type key_type;
38                                   ^~~~~~~~
...
```

又是這種難以閱讀的錯誤訊息(連要找到每個訊息的開頭和結尾都是件苦差事)。以上訊息的重點其實是,在標頭檔 hashtable_policy.h 的深處,以下陳述句

```
   std::unordered_set<Customer,MyCustomerHash> coll;
```

會需要 std::unordered_set<> 的實體,但這和所呼叫的函式宣告

```
   const main()::MyCustomerHash (const Customer&)
```

並不匹配,該函式於以下的實體化過程被呼叫

```
   noexcept(declval<const _Hash&>()(declval<const _Key&>())))>
           ~~~~~~~~~~~~~~~~~~~~~~~~~^~~~~~~~~~~~~~~~~~~~~~~~~~~
```

(declval<const _Hash&>() 代表 main()::MyCustomerHash 型別)。其中可能「比較接近」的候選函式是

```
   std::size_t main()::MyCustomerHash::operator()(const Customer&)
```

它被宣告為

```
   std::size_t operator() (const Customer& c) {
               ^~~~~~~~
```

同時最後一句註解提到了這個問題:

```
   passing 'const main()::MyCustomerHash*' as 'this' argument discards qualifiers
```

你看出問題了嗎？class template `std::unordered_set` 的實作要求用於 hash 物件的函式呼叫運算子（function call operator，即 `operator()`）得是個 const 成員函式（見 11.1.1 節，第 159 頁）。當不符合條件時，錯誤便會從在演算法內部深處竄出。

所有其他錯誤從頭到尾連成一氣，當簡單地為 hash 仿函式（function operator，或簡稱 functor）加上 const 關鍵字後，它們就都立馬消失了。

```
std::size_t operator() (const Customer& c) const {
    ...
}
```

Clang 3.9 於第一處錯誤訊息的尾端提供了稍微好一點的提示，表示 hash 仿函式的 `operator()` 未標示為 const：

```
...
errornovel2.cpp:28:47: note: in instantiation of template class
'std::unordered_set<Customer, MyCustomerHash, std::equal_to<Customer>,
std::allocator<Customer> >' requested here
  std::unordered_set<Customer,MyCustomerHash> coll;
                                              ^
errornovel2.cpp:22:17: note: candidate function not viable: 'this' argument has
type 'const MyCustomerHash', but method is not marked const
  std::size_t operator() (const Customer& c) {
              ^
```

注意 clang 在這裡提到了預設的 template parameter，像是 `std::allocator<Customer>`，相較之下 gcc 會忽略它們。

如你所見，使用多個編譯器來測試你的程式碼通常有所幫助。不僅能讓你寫出更具可攜性的程式碼，當一個編譯器產生格外難解的錯誤訊息時，其他編譯器也可能提供你更多見解。

9.5　後記

在標頭檔及 CPP 檔案裡組織程式碼的方式，實際上是單一定義規則（*one-definition rule*，ODR）各式各樣的化身之一。有關此原則的詳盡討論記載於附錄 A。

對於當前的 C++ 編譯器來說，置入式模型是在日常實踐中被廣泛採用的實用解決方案。不過第一個 C++ 實作版本情況就不同了：template 定義的置入行為是隱含的，這會導致某種**分離**的錯覺（有關此原始模型的細節，請參考第 14 章）。

首個 C++ 標準（[C++98]）利用 *exported templates*（**導出式模板**）來為編譯 template 時使用的分離模型（*separation model*）提供明確的支援。分離模型允許被標記為 export 的 template 宣告式出現於標頭檔，同時將對應的定義置於 CPP 檔案之中，類似於 nontemplate 程式碼的宣告式和定義式。與置入式模型不同，它是個理論模型，並不基於任何實作版本。而事實證明實作這個模型比 C++ 標準委員會預想得要複雜得多。推出第一個實作版本（2002 年五月）花費超過五年的時間，並且之後的幾年裡也都沒有推出過其他實作版本。為了讓 C++ 標準更符合實際經驗，C++ 標準委員會自 C++11 起移除了 exported templates。對了解分離模型的細節（及陷阱）感興趣的讀者，建議可以參考本書初版的 6.3 及 10.3 節（[*Vandev oordeJosuttisTemplates1st*]）。

我們偶爾忍不住會思考：有沒有哪種擴展預編譯標頭檔的作法，可以在單次編譯載入一個以上的標頭檔。原則上這樣就能做到更細緻的預編譯。主要的瓶頸來自於前置處理器：某個標頭檔裡的 macros 可以完全改變後面其他標頭檔的意義。然而，一旦某個檔案預先完成編譯，處理 macro 的動作也就結束了。此時若因為其他標頭檔引起前置處理上的變動，而再嘗試修補預先編譯好的標頭檔是不切實際的。於不久的將來，有個被稱為 *modules*（模組，見 17.11 節，第 366 頁）的新語言特性預計會被加入 C++ 裡，用來解決這個問題（macro 的定義無法滲透進 module 的介面裡）。

9.6 總結

- Templates 的置入型模型是最廣泛地用於組織 template 程式碼的模型。第 14 章會討論其他的替代做法。

- 在標頭檔裡，唯有不定義於 classes 或 structures 中的 function templates 全特化版本需要加上 `inline`。

- 要利用預編譯標頭檔的優點，請確保 `#include` 指令的順序一致。

- 對帶有 templates 的程式碼進行除錯可能滿有挑戰性的。

10

Template 基本術語
Basic Template Terminology

截至目前為止，我們介紹了 C++ 裡關於 templates 的基本概念。在進入細節之前，我們先檢視一下會用到的術語。這件事有其必要，因為在 C++ 社群裡（即便是早期的標準版本），有時在術語表述上會有失精確。

10.1 「Class Template」還是「Template Class」？

C++ 裡的 structs、classes、和 unions 統稱為 *class* 型別（類別型別）。如果沒有額外限制，敘述型別時使用的「class」一字包含了以 class 或 struct 關鍵字[1]宣告的 class 型別。特別注意，「class 型別」包含了 unions，但「class」則否。

關於如何稱呼一個屬於 template 的 class，有些地方容易造成混淆：

- 術語 *class template* 表示此 class 是一個 template。也就是說，這代表了對一整個 class 家族的參數化描述。
- 另一方面，術語 *template class* 用於以下情境
  - 作為 class template 的同義詞。
  - 指涉從 template 衍生出來的 class。
  - 指涉名稱是個 *template-id*（由 template 名稱加上後面標記於角括號內的 templates 引數所形成的組合）的 class。

  第二和第三種情境於意義上的差別很微妙，同時對剩下的篇幅來說並不重要。

有鑑於術語 *template class* 不夠精確，本書中我們避免使用它。

出於相同原因，我們使用 *function template*、*member template*、*member function template*、以及 *variable template*，而避免使用 *template function*、*template member*、*template member function*、以及 *template variable*。

---

1 在 C++ 裡，class 與 struct 之間唯一的差別是：class 預設的存取權限為 private，而 struct 的預設權限為 public。不過，我們偏好使用 class 來表現使用新式 C++ 特性的型別，同時使用 struct 來表示那些可以被用作「plain old data（POD，舊式資料型別）」的普通 C 語言資料結構。

10.2 替換（substitution）、實體化（instantiation）與 特化（specialization）

在處理用到 templates 的程式碼時，C++ 編譯器必須時不時將 template 裡的 template parameters 替換（*substitute*）成具體的 template arguments。有時候的替換只是暫時的：編譯器需要檢查這樣的替換是否合法（見 8.4 節，第 129 頁、以及 15.7 節，第 284 頁）。

將 template parameters 替換成具體引數的過程裡，會替 template 裡的一般 class、型別別名、函式、成員函式、或變數建立定義（*definition*），此過程被稱為模板實體化（*template instantiation*）。

有趣的是，目前還沒有標準或是約定俗成的術語，能夠用來描述藉由替換 template parameter 來創建不具定義的宣告式（*declaration*）的過程。我們知道有些團隊利用部分實體化（*partial instantiation*）或是宣告實體化（*instantiation of a declaration*）之類的文字來稱呼它們，但是以上稱呼並不普遍。更加直觀的術語也許是不完全實體化（*incomplete instantiation*，因為當對象是 class template 時，這個過程會產生不完整的 class）。

經由實體化或不完全實體化而獲得的程式實體（*entity*；如 class、函式、成員函式、或變數）通常被稱為特化版本（*specialization*）*。

然而，C++ 的實體化過程並非唯一能夠產生特化版本的方式。有些替代機制可以讓程式設計師們明確指定將某個宣告和特定的 template parameters 替換過程綁在一起。如我們在 2.5 節（第 31 頁）介紹過的，該特化版本經由 template<> 字首引入：

```
template<typename T1, typename T2>    // 原型 class template
class MyClass {
    …
};

template<>                            // 顯式特化版本
class MyClass<std::string,float> {
    …
};
```

嚴格說來，這應該稱作顯式特化（*explicit specialization*，相對於被實體化或生成出來的特化版本）。

如 2.6 節（第 33 頁）提到的，仍具有 template parameters 的特化過程稱為偏特化（*partial specializations*）：

```
template<typename T>                  // 偏特化版本
class MyClass<T,T> {
    …
};

template<typename T>                  // 偏特化版本
```

---

* 譯註：本書部分章節會以特化體稱之。

```
class MyClass<bool,T> {
   …
};
```

當提及（顯式、偏）特化時，最泛用的 template 也被稱為原型模板（*primary template*）。

10.3 宣告 vs. 定義

到目前為止，宣告（*declaration*）與定義（*definition*）這兩個詞在本書中已經出現了不少次。然而，標準 C++ 對這兩個詞有相當精確的定義，使用上我們以該定義為準。

宣告是用於將名稱引入（或是重新引入）某個 C++ scope 的 C++ 構件。引入時必然會對該名稱進行部分分類（partial classification），但建立有效的宣告時並不需要該名稱的細節。例如：

```
class C;                // 將 C 宣告為 class
void f(int p);          // 將 f() 宣告為函式，同時將 p 宣告為具名參數
extern int v;           // 將 v 宣告為變數
```

注意，即便像 macro 定義和 goto 標籤也具有「名稱」，但它們並不被認為是 C++ 的宣告。

在宣告時，如果給出了內部結構的細節，或是會針對變數進行記憶體配置的話，此時宣告就變成了定義。定義 class 型別時，需要提供包含於大括號內的本體。定義函式時，（一般狀況下）需要提供包含於大括號內的本體，或是該函式需要被標記為 = default [2] 或 = delete。對於變數來說，進行初始化、或是未使用 extern 關鍵字都會讓宣告成為定義。以下範例對前述的非定義宣告進行補充說明：

```
class C {};              // class C 的定義（和宣告）

void f(int p) {          // 函式 f() 的定義（和宣告）
  std::cout << p << '\n';
}

extern int v = 1;        // 初始化動作使得式子變成 v 的定義

int w;                   // 未冠上 extern 的全域變數宣告
                         // 也算是定義
```

進一步擴展觀念，如果帶有本體的 class template 或 function template 宣告式，也會被稱為定義。因此以下宣告

```
template<typename T>
void func (T);
```

並不算是定義，不過

```
template<typename T>
class S {};
```

就算是定義式了。

---

[2] 被標記成 default 的函式屬於特殊成員函式，表示由編譯器來提供預設的實作版本，像是預設複製建構子。

10.3.1 　完整型別 vs. 不完整型別

型別本身可以是完整的（*complete*）或是不完整的（*incomplete*）。這個概念與區分宣告和定義之間密切相關。有些語言構件需要完整型別、而有些也能接受不完整型別。

不完整型別指的是以下幾種型別：

- 已宣告、但尚未定義的 class 型別。
- 未指定邊界的 array 型別。
- 由不完整型別元素組成的 array 型別。
- void
- 底層型別或列舉值尚未被定義的列舉型別。
- 以上任意型別加上 const 或 volatile。

除此之外都算是完整型別。舉例說明：

```
class C;                   // C 是一個不完整型別
C const* cp;               // cp 是個指向不完整型別的指標
extern C elems[10];        // elems 是個不完整型別
extern int arr[];          // arr 是個不完整型別
...
class C { };               // 現在 C 是個完整型別（與此同時 cp 和 elems
                           // 也不再表現不完整型別了）
int arr[10];               // 現在 arr 是個完整型別
```

關於如何在 templates 裡處理不完整型別，請參考 11.5 節（第 171 頁）。

10.4　單一定義規則

C++ 語言在定義時替各種程式實體的重新宣告加上了一些限制，可以統稱為**單一定義規則**（*one-definition rule*，*ODR*）。規則的細節有些複雜，牽涉到各式各樣的情況。後面的章節會說明此規則於各種情境下所導致的各種結果，你也可以參考附錄 A 裡對 ODR 的完整描述。現在只要先記住以下的 ODR 基本觀念就夠了：

- 普通（非 template）的 noninline 函式和成員函式、以及（noninline）的全域變數和 static 資料成員，在整個程式裡僅能被定義一次[3]。
- class 型別（包含 struct 和 union）、templates（包含偏特化、但不包括全特化）、以及 inline 函式和變數，於**每個編譯單元內**最多僅能被定義一次，並且所有的定義應該都要一樣。

編譯單元（*translation unit*）是對原始程式碼檔案進行預處理的結果；也就是說，它包含由 #include 指令引入的內容、以及 macro 展開得到的結果。

---

[3] 全域變數、static 變數、以及資料成員自 C++17 起可以被定義為 inline。這去除了它們僅能被定義於唯一一個編譯單元的限制。

本書的後續篇幅中，**可連結個體**（*linkable entity*）指的是下面任何一種：函式或成員函式、全域變數或 static 資料成員。這也包含自 template 產生，連結器可以識別出的以上任何類型。

10.5 Template Arguments vs. Template Parameters

將以下的 class template：

```
template<typename T, int N>
class ArrayInClass {
  public:
    T array[N];
};
```

與相似的普通 class 比一比：

```
class DoubleArrayInClass {
  public:
    double array[10];
};
```

如果我們分別將參數 T 和 N 替換成 double 和 10，後者與前者實際上是等價的。在 C++ 裡，這樣的替換過程可以表示成以下的名稱：

```
ArrayInClass<double,10>
```

注意 template 名稱的後面會跟著被角括號包圍的 *template arguments*。

無論引數本身是否依賴於其他 template parameters，template 名稱和其後角括號內引數的組合，被合稱為 *template-id*。

此名稱可以像使用相對應的 nontemplate 個體那樣地被使用。舉例來說：

```
int main()
{
  ArrayInClass<double,10> ad;
  ad.array[0] = 1.0;
}
```

區別 *template parameters* 和 *template arguments* 相當重要。簡單來說，你可以這樣說：「*parameters* 是透過 *arguments* 來初始化的」[4]。或者更精確地說：

- *Template parameters* 是在 template 宣告或定義裡，列在 template 關鍵字後面的那些名稱（在我們的例子裡是 T 和 N）。
- *Template arguments* 是那些用來替換掉 template parameters 的東西（在我們的例子裡是 double 和 10）。與 template parameters 不同，template arguments 可能並不僅僅只表示個「名稱」而已。

---

[4] 在學術的世界裡，引數有時被稱作實際參數（*actual parameters*），而參數被稱作形式參數（*formal parameters*）。

當寫出 template-id 時，將 template parameters 替換為 templates arguments 的行為便屬
於顯式替換，不過隱式（implicit）替換卻有著各式各樣不同的情況（例如，以預設引數替換
template parameters）。

有個基本原則是，任何 template argument 都必須是一個能在編譯期就決定的數量或數
值。稍後會提到，這個條件對降低 template 個體於執行期的計算成本帶來巨大效益。由於
template parameters 最終都會被替換為編譯期（可決定的）數值，它們本身就能用於組成編
譯期陳述式。這個特性被用來決定 ArrayInClass template 裡的成員 array array 的大小。
Array 的大小必須要是一個**常數述式**（*constant-expression*），而 template parameter N 滿足
這個條件。

我們可以進一步擴展這個推論：因為 template parameters 是編譯期存在的個體，它們也能
被用於創建合法的 template arguments。以下是一個例子：

```
template<typename T>
class Dozen {
  public:
    ArrayInClass<T,12> contents;
};
```

注意這裡的名稱 T 既是一個 template parameter，同時也是一個 template argument。這因
而提供了一個能以簡單 templates 來建構更複雜 templates 的機制。當然，本質上這個機制
和我們用來組建型別和函式的作法並沒有什麼不同。

10.6 總結

- 分別使用 *class template*、*function template*、和 *variable template* 來描述屬於 template
  的 class、函式、和變數。

- **模板實體化**是一個透過用具體**引數**來替換 *template parameters*，建立普通 classes 或函
  式的過程。最終得到的個體稱為一個**特化版本**。

- 型別可以是完整或不完整的。

- 根據單一定義規則（ODR），noninline 函式、成員函式、全域變數、和 static 資料成
  員在整個程式裡僅能夠被定義一次。

11

泛型程式庫
Generic Libraries

截至目前為止，我們對於 template 的討論都集中在它們獨有的特性、功能、與限制，同時考慮最直接的工作與應用（也就是作為應用程式開發者會遇到的情境）。不過，實作泛型程式庫和框架才是 template 最能大展身手的地方，此時的設計需考量到使用者會如何自由自在地以各種可能的方式使用它們。儘管本書的所有內容在做類似設計時都派得上用場，不過這裡描述了一些在實作可套用於尚未知曉型別的可攜式組件時，需要考慮到的常見問題。

以下提出的問題清單從各方面來看都不算完備，但是它總結了一些截至目前介紹過的特性，並提及會在本書後面介紹到的部分功能。希望能同時帶給讀者繼續閱讀後面許多章節的動力。

11.1 可呼叫物件（Callables）

許多程式庫提供了介面，能讓使用者傳進必須被「呼叫（called）」的個體（entity）。這類個體的例子像是：需要在另一個 thread 進行排程的操作、描述如何 hash 數值以便存於 hash table 的函式、定義在集合裡排序元素的順序規則的物件、以及提供部分預設引數的泛型 wrapper。標準程式庫也不免俗的定義了許多接受此類可呼叫實體的組件。

用來描述這種情境的術語是 *callback*（回呼）。傳統上該術語專指作為函式 call arguments 傳遞的程式實體（相對於 template arguments），我們遵循這個傳統。例如，排序函式可能包含了一個 callback 參數作為「排序準則」，它會被呼叫來判定兩個元素彼此的先後順序，以得到期望的排序結果。

C++ 裡有許多型別很適合作為 callbacks 使用，因為它們能透過函式的 call arguments 傳遞、也可以利用 f(...) 的語法直接呼叫：

- 函式指標（pointer-to-function）型別
- 重載了 operator() 函式的 class 型別（有時被稱作*仿函式*，*functors*），這也包括了 lambdas
- 帶有轉換函式，能夠回傳函式指標或函式 reference 的 class 型別

以上的型別統稱為*函式物件型別*（*function object types*），以此類型別建立的數值稱作*函式物件*（*function object*）。

157

C++ 標準程式庫引進了稍微再廣一點的概念：*callable*（可呼叫）型別，它可以是函式物件型別、也可以是指向成員的指標。以 callable 型別建立的物件稱為 *callable object*（可呼叫物件）。為了方便，我們將之簡稱為 *callable*。

能夠接受各種型式 callable 的泛型程式碼十分有用，templates 讓我們得以做到這點。

11.1.1　支援函式物件

讓我們來瞧瞧標準程式庫裡的 for_each() 演算法是如何實作的（我們使用「foreach」以避免同名衝突，同時為了簡單起見不回傳任何東西）：

basics/foreach.hpp

```
template<typename Iter, typename Callable>
void foreach (Iter current, Iter end, Callable op)
{
  while (current != end) {    // 只要迴圈仍未結束
    op(*current);             // 就使用當前元素來呼叫傳入的操作
    ++current;                // 並令迭代器指向下一個元素
  }
}
```

以下程式示範如何將這個 template 用於各式各樣的函式物件：

basics/foreach.cpp

```
#include <iostream>
#include <vector>
#include "foreach.hpp"

// 被呼叫的函式
void func(int i)
{
  std::cout << "func() called for: " << i << '\n';
}

// 函式物件型別（其物件能被當成函式使用）
class FuncObj {
  public:
    void operator() (int i) const { // 注意：const 成員函式
      std::cout << "FuncObj::op() called for: " << i << '\n';
    }
};

int main()
{
  std::vector<int> primes = { 2, 3, 5, 7, 11, 13, 17, 19 };
```

```
    foreach(primes.begin(), primes.end(),  // 範圍
            func);                          // 函式作為 callable 使用（退化為指標）

    foreach(primes.begin(), primes.end(),  // 範圍
            &func);                         // 函式指標作為 callable 使用

    foreach(primes.begin(), primes.end(),  // 範圍
            FuncObj());                     // 函式物件作為 callable 使用

    foreach(primes.begin(), primes.end(),  // 範圍
            [] (int i) {                    // lambda 作為 callable 使用
              std::cout << "lambda called for: " << i << '\n';
            });
}
```

讓我們仔細看看每個例子：

- 當我們將**函式名稱**作為 function argument 傳入時，傳遞的並不真的是函式本身，而是指向它的指標或 reference。類似於傳遞 array 時（見 7.4 節，第 115 頁），function arguments 在以值傳遞時會退化為指標。同時在參數的型別是 template parameter 的情況下，會推導出指向函式的指標型別。

  和 array 一樣，函式也可以透過不會發生退化的 reference 來傳遞。不過函式型別事實上無法被冠以 const。如果我們將 foreach() 的最後一個參數宣告為 Callable const& 型別，這裡的 const 會直接被忽略（一般來說，指向函式的 references 在主流的 C++ 程式碼中很少用到）。

- 第二次呼叫時，我們藉由傳遞函式名稱的位址，顯式地啟用了**函式指標**。這與第一次呼叫的做法（函式名稱暗自退化為指標）意思是一樣的，不過這種寫法或許比較清楚一點。

- 在傳遞**仿函式**（functor）時，我們將 class 型別的物件作為 callable 傳入。透過 class 型別來呼叫，通常等於喚起該型別的 operator()。故以下呼叫

  ```
  op(*current);
  ```

  通常會轉換為

  ```
  op.operator()(*current);    // 以參數 *current 來呼叫 op 的 operator()
  ```

  注意在定義 operator() 時，你應該將其定義為 const 成員函式。否則若是框架或程式庫預期此呼叫不會修改傳入物件的內部狀態，則會產生難以捉摸的錯誤訊息（細節詳見 9.4 節，第 146 頁）。

  將 class 型別的物件隱式地轉型成指向某個代理呼叫函式（surrogate call function）的指標或 reference 也是可行的（將在 C.3.5 節，第 694 頁進行討論）。這樣一來，以下呼叫

  ```
  op(*current);
  ```

  會被轉換成

  ```
  (op.operator F())(*current);
  ```

這裡的 F 是個 class 型別，其物件能夠被轉換為指向函式的指標或 **reference**。這樣的用法相對少見。

- **Lambda 表示式**（**Lambda expressions**）能產生仿函式（稱作 *closures*），因此這個例子和先前仿函式的例子沒什麼差別。不過 lambdas 身為方便產生仿函式的速記法，自 C++11 起就在 C++ 程式碼裡普遍使用了。

有趣的是，以 [] 開頭的 lambdas（其不擷取任何內容）會產生一個能轉型為函式指標的運算子。然而，該運算子並不會被選為代理呼叫函式，因為它的匹配度比 closure 裡的普通 operator() 更差。

11.1.2　處理成員函式及附加引數

前面的例子忽略了某個可能出現的程式實體：成員函式。這是因為呼叫 nonstatic 成員函式一般會用到像 object.memfunc(...) 或是 ptr->memfunc(...) 之類的語法來標示此呼叫作用於哪一個物件，而這不符合函式物件一般的使用模式 *function-object(...)*。

幸運的是，從 C++17 開始，標準程式庫提供了 std::invoke() 工具，可以方便地將這種呼叫方式與一般的函式呼叫語法整合在一起，因而能使用同一模式呼叫任何 callable 物件。以下的 foreach() template 實作版本就用到了 std::invoke()：

basics/foreachinvoke.hpp

```
#include <utility>
#include <functional>

template<typename Iter, typename Callable, typename... Args>
void foreach (Iter current, Iter end, Callable op, Args const&... args)
{
  while (current != end) {        // 在尚未訪問完最後一個元素前
    std::invoke(op,               // 呼叫傳入的 callable
                args...,          // 此時任何額外附加的引數
                *current);        // 以及當前的元素，都會被使用到
    ++current;
  }
}
```

這裡除了 callable 參數外，我們同時接受任意數目的附加引數。接著 foreach() template 會以給定的 callable、傳入的附加參數、以及當前參考到的元素來呼叫 std::invoke()。std::invoke() 會用以下方式進行處理：

- 如果該 callable 是指向成員的指標，它會使用第一個附加引數作為 this 物件。剩下的其他附加參數就直接作為該 callable 的引數傳入。
- 除此之外，所有的引數都會作為 callable 的引數傳入。

注意這裡我們不能對 callable 或附加參數使用完美轉發：第一次的呼叫可能會「搜括」裡頭的數值，導致後續對 op 的呼叫產生非預期的行為。

我們仍然可以將先前對 foreach() 的呼叫套用於這個實作版本，並通過編譯。此外，我們現在還可以將附加引數傳遞給 **callable**、而這時的 **callable** 也可以是個成員函式[1]。下面的客戶端程式碼示範了這點：

basics/foreachinvoke.cpp

```cpp
#include <iostream>
#include <vector>
#include <string>
#include "foreachinvoke.hpp"

// 擁有待呼叫成員函式的一個 class
class MyClass {
  public:
    void memfunc(int i) const {
      std::cout << "MyClass::memfunc() called for: " << i << '\n';
    }
};

int main()
{
  std::vector<int> primes = { 2, 3, 5, 7, 11, 13, 17, 19 };

  // 傳遞可作為 callable 的 lambda、加上一個附加引數
  foreach(primes.begin(), primes.end(),        // 作為 lambda 第二引數的元素
          [](std::string const& prefix, int i) {    // 被呼叫的 lambda
            std::cout << prefix << i << '\n';
          },
          "- value: ");                          // lambda 的第一引數

  // 以 primes 裡的每個元素作為引數，來呼叫 obj.memfunc()
  MyClass obj;
  foreach(primes.begin(), primes.end(), // 作為引數的元素們
          &MyClass::memfunc,             // 被呼叫的成員函式
          obj);                          // 用來呼叫 memfunc() 的物件
}
```

第一次呼叫 foreach() 時，我們把第四個引數（string literal "- value: "）傳進了 lambda 的第一個參數裡，同時也將當下的 **vector** 元素綁定為 **lambda** 的第二個參數。而第二次的呼叫則是把成員函式 memfunc() 作為第三個引數傳入，並使用作為第四個引數傳入的 obj 來呼叫該函式。

關於用來判斷某個 *callable* 是否可用於 std::invoke() 的 **type traits**，請參考 D.3.1 節（第 716 頁）。

---

[1] std::invoke() 也允許指向資料成員的指標扮演 **callback** 型別使用。與呼叫函式不同，此時回傳的是：附加引數所指涉的物件裡，對應資料成員的數值。

11.1.3　包裝函式呼叫

std::invoke() 的常見應用之一是用來包裝單獨的函式呼叫（例如，記錄每次呼叫行為、測量呼叫經過的時間、或是做某些事前準備，像是為該呼叫創建一個新的 thread）。現在我們可以透過完美轉發 callable 和所有傳入的引數，來支援搬移語義了。

basics/invoke.hpp

```cpp
#include <utility>        // 為了使用 std::invoke()
#include <functional>     // 為了使用 std::forward()

template<typename Callable, typename... Args>
decltype(auto) call(Callable&& op, Args&&... args)
{
  return std::invoke(std::forward<Callable>(op),        // 傳遞 callable
                     std::forward<Args>(args)...);      // 以及任何附加引數
}
```

另一個有趣的議題是如何處理被呼叫函式的回傳值，將其「完美轉發」回呼叫方。為了支援回傳 reference（像是 std::ostream&），你必須使用 decltype(auto) 而非直接使用 auto：

```cpp
template<typename Callable, typename... Args>
decltype(auto) call(Callable&& op, Args&&... args)
```

decltype(auto)（自 C++14 起支援）是一個 *placeholder*（佔位符）型別，它會根據相關陳述式（可以是初始器、回傳值、或是 template argument）的型別來決定變數型別、回傳型別、或 template arguments 的型別。細節請參考 15.10.3 節（第 301 頁）。

如果你想暫時將 std::invoke() 的回傳值保存在變數中，等到做了其他的事情（像是處理該回傳值、或記錄了呼叫）之後再進行回傳，你也需要以 decltype(auto) 來宣告該暫存變數：

```cpp
decltype(auto)  ret{std::invoke(std::forward<Callable>(op),
                                std::forward<Args>(args)...)};
...
return ret;
```

注意，把 ret 用 auto&& 來宣告是不對的。作為 reference，auto&& 會延長回傳值的生命週期到所屬的 scope 結束（見 11.3 節，第 167 頁），但不會超出 return 陳述句到函式呼叫者的這個範圍。

然而，使用 decltype(auto) 也有個問題：如果 callable 的回傳型別是 void，則將 ret 初始化為 decltype(auto) 型別是不被允許的，因為 void 是個不完整型別。現在你有以下選擇：

- 在該陳述句的前一行宣告一個物件，利用物件本身的解構子執行你想做的可觀察行為（observable behavior）。例如 [2]：

2　感謝 Daniel Krügler 指出這個作法。

```
    struct cleanup {
      ~cleanup() {
        ...    // 在 return 時執行的程式碼
      }
    } dummy;
    return std::invoke(std::forward<Callable>(op),
                       std::forward<Args>(args)...);
```

- 分別實作 void 和 non-void 的情況：

basics/invokeret.hpp

```
#include <utility>        // 為了使用 std::invoke()
#include <functional>     // 為了使用 std::forward()
#include <type_traits>   // 為了使用 std::is_same<> 和 invoke_result<>

template<typename Callable, typename... Args>
decltype(auto) call(Callable&& op, Args&&... args)
{
  if constexpr(std::is_same_v<std::invoke_result_t<Callable, Args...>,
                              void>) {
    // 當回傳型別是 void：
    std::invoke(std::forward<Callable>(op),
                std::forward<Args>(args)...);
    ...
    return;
  }
  else {
    // 當回傳型別不是 void：
    decltype(auto) ret{std::invoke(std::forward<Callable>(op),
                                   std::forward<Args>(args)...)};
    ...
    return ret;
  }
}
```

藉由以下式子

```
    if constexpr(std::is_same_v<std::invoke_result_t<Callable, Args...>,
                                void>)
```

我們會在編譯期測試以 Args... 呼叫 callable 時的回傳型別是否為 void。關於
std::invoke_result<> 的細節，請參考 D.3.1 節（第 717 頁）[3]。

也許未來的 C++ 版本有望免除這種對 void 的特別處理（見 17.7 節，第 361 頁）。

---

[3] std::invoke_result<> 從 C++17 開始支援。而 C++11 後的版本，也可以透過以下呼叫取得回傳型別：
    typename std::result_of<Callable(Args...)>::type

11.2 用於實作泛型程式庫的其他工具

std::invoke() 僅僅是 C++ 標準程式庫所提供眾多用來實作泛型程式庫的有用工具之一。
在後續的篇幅裡,我們會審視其他重要的工具:

11.2.1　Type Traits(型別特徵萃取)

標準程式庫提供了各式各樣稱為 *type traits*(型別特徵萃取)的工具,用以驗證和修改型別。
對於泛型程式碼需要因應實體化後產生的型別、或是對其特性做出反應時,type traits 能夠
支援以上的各種情境。舉例來說:

```
#include <type_traits>

template<typename T>
class C
{
  // 確保 T 不是 void(忽略 const 或 volatile):
  static_assert(!std::is_same_v<std::remove_cv_t<T>,void>,
                "invalid instantiation of class C for void type");
 public:
  template<typename V>
  void f(V&& v) {
    if constexpr(std::is_reference_v<T>) {
      ... // 因應當 T 是 reference 型別時的特殊程式碼
    }
    if constexpr(std::is_convertible_v<std::decay_t<V>,T>) {
      ... // 因應當 V 能夠轉型為 T 時的特殊程式碼
    }
    if constexpr(std::has_virtual_destructor_v<V>) {
      ... // 因應當 V 具有 virtual 解構子時的特殊程式碼
    }
  }
};
```

如同這個例子所示,透過檢查某些條件,我們可以在不同的 template 實作版本間做出選擇。
這裡我們用上了 C++17 後提供的編譯期 if 特性(見 8.5 節,第 134 頁),不過也可以使用
std::enable_if、偏特化、或是 SFINAE 做為替代方案來啟用或停用 helper template(細
節詳見第 8 章)。

不過,請注意 type traits 在使用上需要格外地小心:它們的行為或許會和(沒經驗的)程式
設計者期待的不大一樣。例如:

```
std::remove_const_t<int const&>      // 產生 int const&
```

在這裡,因為 reference 不會是 const(即便你無法修改它),故這個呼叫沒有任何作用,
並直接給出傳入的型別。

如此一來，移除 references 和 const 時的順序也很重要：

```
std::remove_const_t<std::remove_reference_t<int const&>> // int
std::remove_reference_t<std::remove_const_t<int const&>> // int const
```

與其這樣寫，你可以直接呼叫

```
std::decay_t<int const&>                 // 產生 int
```

但是這也可能會同時將原始陣列和函式轉型為對應的指標型別。

也有某些情況 type traits 會有使用上的限制條件。無法滿足這些條件可能導致未定義行為[4]：例如：

```
make_unsigned_t<int>                 // unsigned int
make_unsigned_t<int const&>          // 未定義行為（祈禱編譯器會直接報錯）
```

有時結果可能會出人意料。舉例來說：

```
add_rvalue_reference_t<int>          // int&&
add_rvalue_reference_t<int const>    // int const&&
add_rvalue_reference_t<int const&>   // int const& （仍然還是個 lvalue-ref）
```

這樣我們可能期待 add_rvalue_reference 總是會產生出 rvalue reference，不過 C++ 的參考坍解原則（見 15.6.1 節，第 277 頁）會使得 lvalue reference 與 rvalue reference 的組合產生的是 lvalue reference。

另一個例子：

```
is_copy_assignable_v<int>    // 回傳 true（一般來說，可以用 int 來對 int 賦值）
is_assignable_v<int,int>     // 回傳 false（無法呼叫 42 = 42）
```

is_copy_assignable 只會檢查你是否能把 int 賦值給別人（檢查操作能否用於 lvalue），而 is_assignable 則會把 value category（數值類型，見附錄 B）納入考量（這裡會檢查是否可以用 prvalue 對 prvalue 賦值）。換句話說，第一個式子等同下式。

```
is_assignable_v<int&,int&>       // 回傳 true
```

基於相同原因：

```
is_swappable_v<int>              // 回傳 true（假設對象是 lvalues）
is_swappable_with_v<int&,int&>   // 回傳 true（和上述檢查相同）
is_swappable_with_v<int,int>     // 回傳 false（會把 value category 納入考量）
```

因為以上原因，請格外留意 type traits 的確切定義。我們會在附錄 D 詳細分析標準 type traits。

---

[4] 在 C++17 有個提案，要求每次違反 type traits 的先決條件（precondition）時必須發出編譯期錯誤。不過由於某些 type traits 的要求過於嚴格，像是始終要求完整型別（complete type），因此這個更動被推遲了。

11.2.2   `std::addressof()`

`std::addressof()` 這個 function template 提供了物件或函式的真實位址。這個函式即便
在該物件型別具有重載的 `&` 運算子時也依然適用[*]。上述的情況雖然很罕見，但還是可能發生
（例如當對象是智慧型指標時）。因此，當你需要取得任意型別物件的位址時，我們建議使
用 `std::addressof()`：

```
template<typename T>
void f (T&& x)
{
  auto p = &x;                     // 當 T 重載了 & 運算子時可能會有問題
  auto q = std::addressof(x);      // 即便存在重載的 & 運算子，式子依然有效
  ...
}
```

11.2.3   `std::declval()`

`std::declval()` 可以用來作為特定型別物件 reference 的 placeholder。這個函式並不具有
定義，因此無法被呼叫（同時也不會創建物件）。因此，它僅能用於未經核算的運算元中（像
是由 `decltype` 和 `sizeof` 構件組成的式子）。所以與其試著創建一個物件，你可以利用它
來假設已經具備一個對應型別的物件了。

舉例來說，下列宣告利用傳入的 **template parameters** `T1` 和 `T2`，推導出預設的回傳型別
`RT`：

basics/maxdefaultdeclval.hpp

```
#include <utility>

template<typename T1, typename T2,
         typename RT = std::decay_t<decltype(true ? std::declval<T1>()
                                                   : std::declval<T2>())>>
RT max (T1 a, T2 b)
{
  return b < a ? a : b;
}
```

為了避免在式子裡透過呼叫 `operator?:` 來初始化 `RT`，還得先呼叫 `T1` 和 `T2`（預設）的建
構子，我們透過 `std::declval` 來「運用」對應型別的物件，而不用先創建它們。雖然這只
能用在由 `decltype` 構成的未經核算的上下文裡。

別忘了使用 `std::decay<>` **type trait** 來確保預設回傳型別不會是 reference，因為
`std::declval()` 本身會產生 **rvalue references**。如此一來，像 `max(1, 2)` 這樣的呼叫會
得到 `int&&` 作為回傳型別[5]。細節詳見 **19.3.4** 節（第 **415** 頁）。

5　謝謝 Dietmar Kühl 指出這點。

*　譯註：此時無法利用 `operator&` 獲取位址。

11.3 完美轉發暫存值

如 6.1 節（第 91 頁）提到的，我們可以使用 *forwarding references*（轉發參考）和 `std::forward<>` 來「完美轉發」泛型參數：

```
template<typename T>
void f (T&& t)                       // t 是 forwarding reference
{
  g(std::forward<T>(t));             // 完美地將傳入引數 t 轉發給 g()
}
```

不過，有時我們需要在泛型程式裡對不是透過參數餵進來的資料進行完美轉發。這種情況下，我們可以使用 `auto&&` 來創建可以被轉發的變數。舉例來說，我們接連呼叫了函式 `get()` 和 `set()`，而 `get()` 的回傳值需要被完美轉發給 `set()`：

```
template<typename T>
void foo(T x)
{
  set(get(x));
}
```

假設我們需要進一步更新程式碼，以便對 `get()` 產生的中間值進行一些操作。我們可以把該值保存在用 `auto&&` 宣告的變數中：

```
template<typename T>
void foo(T x)
{
  auto&& val = get(x);
  …
  // 完美地將 get() 的回傳值轉發給 set()：
  set(std::forward<decltype(val)>(val));
}
```

這可以避免為中間值生成用不到的副本。

11.4 References 作為 Template Parameters

雖然不大常見，template type parameters 也可以是 reference 型別。舉個例子：

basics/tmplparamref.cpp

```
#include <iostream>

template<typename T>
void tmplParamIsReference(T v) {
  std::cout << "T is reference: " << std::is_reference_v<T> << '\n';
}
```

```
int main()
{
  std::cout << std::boolalpha;
  int i;
  int& r = i;
  tmplParamIsReference(i);          // false
  tmplParamIsReference(r);          // false
  tmplParamIsReference<int&>(i);    // true
  tmplParamIsReference<int&>(r);    // true
}
```

即便傳給 tmplParamIsReference() 的是一個 reference 變數，但 template parameter T 會被推導為該變數所參考的型別（因為當給定 reference 變數 v 時，陳述式 v 會屬於被參考到的型別；而陳述式的型別不可能是 reference）。不過，我們可以透過顯式指定 T 的型別來強制採用 reference 的情境：

```
tmplParamIsReference<int&>(r);
tmplParamIsReference<int&>(i);
```

這麼做會從本質上改變 template 的行為，同時很可能由於 template 並非被設計成這麼使用，從而觸發錯誤或是非預期行為。考慮下面這個例子：

basics/referror1.cpp

```
template<typename T, T Z = T{}>
class RefMem {
  private:
    T zero;
  public:
    RefMem() : zero{Z} {
    }
};

int null = 0;

int main()
{
    RefMem<int> rm1, rm2;
    rm1 = rm2;                 // OK

    RefMem<int&> rm3;          // 錯誤：rm3 具有非法的預設值
    RefMem<int&, 0> rm4;       // 錯誤：rm4 具有非法的預設值

    extern int null;
    RefMem<int&,null> rm5, rm6;
    rm5 = rm6;                 // 錯誤：因為具有 reference 成員，operator= 被刪除了
}
```

這裡有個具有 template parameter 型別 T 的 class，其使用 nontype teamplate parameter Z 來初始化，且 Z 具有以零初始化的預設值。若使用型別 int 來實體化這個 class，一切正常；不過當試著用 reference 進行實體化時，事情就變得棘手了：

- 預設的初始化不再起作用。
- 無法繼續透過直接傳遞 0 作為 int 的初始值。
- 同時，可能最讓你感到驚訝的是，class 賦值運算子不再起作用了。因為有著 nonstatic reference 成員的 class，預設賦值運算子會被刪除。

同樣的，對 nontype template parameters 代入 reference 型別是很吊詭的一件事，同時也很危險。考慮下面這個例子：

basics/referror2.cpp

```cpp
#include <vector>
#include <iostream>

template<typename T, int& SZ>        // 注意：大小是個 reference
class Arr {
  private:
    std::vector<T> elems;
  public:
    Arr() : elems(SZ) {              // 使用當前的 SZ 作為初始 vector 大小
    }
    void print() const {
      for (int i=0; i<SZ; ++i) {     // 逐一訪問 SZ 的元素
        std::cout << elems[i] << ' ';
      }
    }
};

int size = 10;

int main()
{
  Arr<int&,size> y;       // class std::vector<> 深處的程式碼出現編譯期錯誤

  Arr<int,size> x;        // 以 10 個元素初始化內部 vector
  x.print();              // OK
  size += 100;            // 唉呀：更改了 Arr<> 裡的 SZ
  x.print();              // 執行期錯誤：非法的記憶體存取：訪問了 110 個元素
}
```

在此嘗試以 reference 型別的元素來實體化 Arr，會導致在 class std::vector<> 程式碼深處出現錯誤，因為該型別無法使用 reference 來實體化元素：

```cpp
    Arr<int&,size> y;     // class std::vector<> 深處的程式碼出現編譯期錯誤
```

這類錯誤常常引發在 9.4 節（第 143 頁）提過的那種「錯誤演義」，編譯器在此提供了全部的 template 實體化歷史，從最初的實體化原因一直到錯誤發生處 template 的實際定義都有。

或許更麻煩的是當尺寸參數 SZ 是個 reference 時，可能發生的執行期錯誤：這麼做的話，儲存的尺寸值便得以在容器未察覺的狀況下被更改（例如，尺寸值可能變得無效）。於是乎，用到該尺寸的操作（像是 print() 成員）必然會遭遇未定義行為（導致程式崩潰、或是更糟）：

```
int size = 10;
…
Arr<int,size> x;      // 以 10 個元素初始化內部 vector
size += 100;          // 唉呀：更改了 Arr<> 裡的 SZ
x.print();            // 執行期錯誤：非法的記憶體存取：訪問了 110 個元素
```

注意，把 template parameter SZ 的型別換成 int const& 無法克服這個問題，因為 size 本身仍然可被更改。

或許這個例子本身有點牽強。不過在更複雜的情況下，類似的問題確實會發生。同時，在 C++17 裡 nontype 參數是可以經由推導產生的，例如：

```
template<typename T, decltype(auto) SZ>
class Arr;
```

使用 decltype(auto) 很容易產生 reference 型別，因此通常會避免在此類語境下使用（預設使用 auto）。細節請參考 15.10.3 節（第 302 頁）。

出於以上原因，C++ 標準程式庫有時會有出乎意料的規格和限制。舉例來說：

- 為了在 template parameter 以 reference 進行實體化時，仍然存在賦值運算子，classes std::pair<> 和 std::tuple<> 自行實作了賦值運算子，而非使用預設行為。例如：

```
namespace std {
  template<typename T1, typename T2>
  struct pair {
    T1 first;
    T2 second;

    …
    // 即使在使用 references 的情況下，預設的複製/搬移建構子依然 OK：
    pair(pair const&) = default;
    pair(pair&&) = default;

    …
    // 不過為了在使用 references 時賦值運算子依然可用，需要為其提供定義：
    pair& operator=(pair const& p);
    pair& operator=(pair&& p) noexcept(...);

    …
  };
}
```

- 由於可能副作用導致的複雜性，以 reference 型別對 C++17 標準程式庫裡的 class templates std::optional<> 和 std::variant<> 實體化得到的結果（至少在 C++17 裡）是有問題的。

  要停用 references，簡單的靜態斷言就辦得到：

  ```
  template<typename T>
  class optional
  {
    static_assert(!std::is_reference<T>::value,
                    "Invalid instantiation of optional<T> for references");
    …
  };
  ```

一般而言，reference 型別與其他型別相當不同，它們會受限於若干特別的語言規則。這會對像是 call parameter 的宣告方式（見第 7 節，第 105 頁）以及我們定義 type traits 的方式造成影響（見 19.6.1 節，第 432 頁）。

11.5 推遲核算

當實作 templates 時，我們偶爾會迸出這樣的問題：程式碼本身有辦法處理不完整型別（見 10.3.1 節，第 154 頁）嗎？考慮以下的 class template：

```
template<typename T>
class Cont {
  private:
    T* elems;
  public:
    …
};
```

目前看來，這個 class 可以用於不完整型別。這是很有用的特性，舉例來說，這讓它可以被用在「會指涉以 class 自身型別構成的元素」的這種 class 中：

```
struct Node
{
    std::string value;
    Cont<Node> next; // 唯有 Cont 接受不完整型別時可行
};
```

不過，一旦使用了某些 traits，可能就會失去處理不完整型別的能力。例如：

```
template<typename T>
class Cont {
  private:
    T* elems;
  public:
    …
```

```
        typename std::conditional<std::is_move_constructible<T>::value,
                                  T&&,
                                  T&
                                  >::type
        foo();
   };
```

這裡我們用到了 trait std::conditional（見 D.5 節，第 732 頁），來判斷成員函式 foo() 的回傳型別是 T&& 還是 T&。判斷結果取決於 template parameter 型別 T 是否支援搬移語義。

問題在於，trait std::is_move_constructible 要求它的引數是個完整型別（也不能是 void 或具有未知邊界的 array；見 D.3.2 節，第 721 頁）。因此這裡的 foo() 宣告式，使得 struct node 的宣告失敗了[6]。

我們可以藉由將 foo() 替換為 member template，使 std::is_move_constructible 的核算動作推遲到 foo() 實體化的時間點，來解決這個問題：

```
    template<typename T>
    class Cont {
      private:
        T* elems;
      public:
        template<typename D = T>
        typename std::conditional<std::is_move_constructible<D>::value,
                                  T&&,
                                  T&
                                  >::type
        foo();
    };
```

現在 traits 依賴於 template parameter D（預設為 T，或任何我們想要的值），並且編譯器需要等到 foo() 被某個像是 Node 的具體型別呼叫時，才能開始核算 traits（那時用的 Node 是個完整型別；D 只有在進行定義時是不完整的）。

11.6 撰寫泛型程式庫需考慮的幾件事

讓我們列出一些在實作泛型程式庫時需要注意的幾件事（其中部分內容可能會在本書後續篇幅介紹）：

- 在 template 裡使用 forwarding references 來轉發數值（見 6.1 節，第 91 頁）。如果該數值不依賴於 template parameters，則使用 auto&&（見 11.3 節，第 167 頁）。

- 當參數被宣告為 forwarding references 時，要考慮到該參數在傳遞 lvalue 時會是個 reference 型別的情形（見 15.6.2 節，第 279 頁）。

---

[6] 不是所有編譯器都會在 std::is_move_constructible 是個不完整型別時拋出錯誤。這樣做是可以的，因為這類的錯誤並不需要診斷。因此，這僅僅是個可移植性的問題而已。

- 當需要某個依賴於 template parameter 物件的位址時，請使用 std::addressof()，以避免當相應物件型別具有重載的 operator& 運算子時帶來的意外驚喜（11.2.2 節，第 166 頁）。

- 對於成員函式模板，確保它們不會比預設的複製／搬移建構子或是賦值運算子具有更佳的匹配性（6.4 節，第 99 頁）。

- 當 template parameter 可能是 string literal、並且不是以值進行傳遞時，考慮使用 std::decay（7.4 節，第 116 頁、和 D.4 節，第 731 頁）。

- 如果有依賴於 template parameters 的 *out* 或 *inout* 參數時，請考慮到需要處理以下情況：給定的引數可能會是個 const template arguments（參考 7.2.2 節，第 110 頁的例子）。

- 請考慮處理當 template parameter 是 reference 時會有的副作用（細節請參考 11.4 節，第 167 頁、以及 19.6.1 節，第 432 頁中的例子）。特別提醒，你可能也會想要確保回傳型別不會是個 reference（見 7.5 節、第 117 頁）。

- 請考慮特別處理不完整型別，像是在遞迴引用的資料結構之中（見 11.5 節，第 171 頁）。

- 對所有 array 型式進行重載，而非僅針對 T[SZ]（見 5.4 節，第 71 頁）。

11.7 總結

- Template 允許傳入函式、函式指標、函式物件、仿函式、和 lambda 作為 *callable*。

- 在定義重載 operator() 的 class 時，將該函式宣告為 const（除非呼叫會改變物件內部狀態）。

- 藉由 std::invoke()，你可以實作能處理所有 callables 的程式碼，這也包括了成員函式。

- 使用 decltype(auto) 來完美地轉發回傳值。

- **Type traits** 是一種 type function（型別函式），用來檢查型別的性質和能力。

- 當你需要取得 template 裡某個物件的位址時，使用 std::addressof()。

- 使用 std::declval() 在未經核算的陳述式裡建立特定型別的數值。

- 使用 auto&& 來完美轉發泛型程式碼內的物件，前提是它們的型別並不依賴於 template parameters。

- 請考慮處理當 template parameters 型別是 references 時會有的副作用。

- 你可以利用 template 來推遲對陳述式的核算（像是為了支援在 class template 中使用不完整型別）。

第二篇
深入模板

Templates in Depth

本書的第一部分為 C++ templates 裡大多數的語言觀念提供了一份教程，它足以回答於日常 C++ 程式設計中可能出現的大多數疑問。而本書的第二部分則提供了一份參考，藉此回答為達成更先進的軟體效果，而在推進語言演化的過程中出現的更罕見問題。如果你喜歡的話，可以在第一次閱讀時略過此部分，並在需要時根據提示（後續章節的參考、或在索引中查到的概念）回來閱讀特定的主題。

我們寫作的目標是盡量清楚且詳盡，但也希望能夠保持討論的簡潔。為此，我們的範例都很短，並且常常有點像是刻意造出來的。但這同時確保我們不會偏離手邊的主題、跑到不相關的議題去。

此外，我們也關注 C++ template 語言特性未來可能會有的改變和擴充。

此部分的主題包括：

- Template 宣告時的基本問題
- Template 內名稱的含義
- C++ template 實體化機制
- Template 引數推導規則
- 特化與重載
- 未來可能的發展

12

基本觀念再深入

Fundamentals in Depth

本章我們會回頭深入地審視一些本書第一部分介紹過的基本觀念：如 template 的宣告、template parameter 的使用限制、以及 template argument 的限制條件等。

12.1 參數化宣告

C++ 目前支援四種基本的 template 型式：class template、function template、variable template、以及 alias template。每一種 template 型式都可以在 namespace scope、或是 class scope 中出現。當出現在 class scope 時，它們便成為了巢狀 class template、成員函式模板、static 資料成員模板、以及成員別名模板。這些 templates 的宣告方式相當類似於一般的 class、函式、變數、以及型別別名（或是與之對應的 class 成員版本），差別只在於它們引入時使用下面這種參數化語句（*parameterization clause*）的型式

```
template<這裡放的是 parameters>
```

注意 C++17 引進了另一個以這種參數化語句進行引入的語言構件：推導方針（*deduction guides*，見 2.9 節，第 42 頁、以及 15.12.1 節，第 314 頁）。本書不會把推導方針稱為 *templates*（例如它們不會被實體化），但它選用的語法卻刻意讓人聯想到 function templates。

我們會在後面小節回頭討論實際的 template parameter 宣告方式。我們先用一些範例展示這四種型式的 templates，當出現在 *namespace scope*（位於 global scope 或是某個 namespace 裡）時，它們長得像這樣：

details/definitions1.hpp

```
template<typename T>      // 在 namespace scope 裡的 class template
class Data {
  public:
    static constexpr bool copyable = true;
    …
};
```

```
template<typename T>          // 在 namespace scope 裡的 function template
void log (T x) {
    ...
}

template<typename T>          // 在 namespace scope 裡的 variable template（C++14 起支援）
T zero = 0;

template<typename T>          // 在 namespace scope 裡的 variable template（C++14 起支援）
bool dataCopyable = Data<T>::copyable;

template<typename T>          // 在 namespace scope 裡的 alias template
using DataList = Data<T*>;
```

注意這個例子裡的 static 資料成員 Data<T>::copyable 並不是一個 variable template，即便它隨著 class template Data 的參數化，也間接的跟著被參數化了。不過，variable template 實際上是可以出現在 class scope 裡的（如同下面例子示範的那樣），如此它便成為一個 static 資料成員模板。

下面的範例展示了上述四種型式的 templates 作為 class 成員、並定義在父類別（parent class）裡的樣子：

details/definitions2.hpp

```
class Collection {
  public:
    template<typename T>      // 在 class 裡的 member class template 定義式
    class Node {
        ...
    };

    template<typename T>      // 在 class 裡的（也因此暗示其為 inline）
    T* alloc() {              // 成員函式模板定義式
        ...
    }

    template<typename T>      // 成員變數模板（C++14 起支援）
     static T zero = 0;

    template<typename T>      // 成員別名模板
     using NodePtr = Node<T>*;
};
```

注意在 C++17 裡，變數——包括 static 資料成員——以及 variable template 可以被加上「inline」，令其定義可以在不同的編譯單元中重複出現。這對 variable templates 而言有點畫蛇添足，它們總是可以被定義在多個編譯單元裡。不過不同於成員函式，定義於所屬 class 內的 static 資料成員並不會自動被 inline：故需要在所有情況下手動標註 inline 關鍵字。

最後，下列範例示範如何將不是 alias templates 的 member templates 定義在 class 外面：

details/definitions3.hpp

```
template<typename T>                 // 在 namespace scope 裡的 class template
class List {
  public:
    List() = default;                // 因為定義了 template 建構子，故必須標明

    template<typename U>             // 另一個 member class template，
     class Handle;                   // 但並未提供定義式

    template<typename U>             // 成員函式模板
     List (List<U> const&);          // （建構子）

    template<typename U>             // 成員變數模板（C++14 起支援）
     static U zero;
};

template<typename T>                 // 在 class 外的 member class template 定義式
 template<typename U>
class List<T>::Handle {
    …
};

template<typename T>                 // 在 class 外的成員函式模板定義式
 template<typename T2>
List<T>::List (List<T2> const& b)
{
    …
}

template<typename T>                 // 在 class 外的 static 資料成員模板定義式
 template<typename U>
U List<T>::zero = 0;
```

定義於所屬 class 之外的 member template 可能需要多個 template<...> 參數化語句：每個所屬的 class template 都需要一個、再加上 member template 本身也會用到一個。這些語句會從最外層的 class template 開始寫起。

同時要注意建構子模板（屬於特殊型式的成員函式模板）會停用對預設建構子的隱式宣告（因為隱式宣告只在未宣告其他建構子的情況下發生）。加上下面的預設宣告

```
List() = default;
```

可以確保 List<T> 實體是支援預設建構的（default-constructible）、並且使用的是隱式宣告產生的建構子。

Union Templates

Union Templates（聯集模板）也是可能的用法（它們被視為某種型式的 class template）：

```
template<typename T>
union AllocChunk {
    T object;
    unsigned char bytes[sizeof(T)];
};
```

預設的 call argument

Function templates 可以如同一般函式的宣告一樣，帶有預設的 call arguments：

```
template<typename T>
void report_top (Stack<T> const&, int number = 10);

template<typename T>
void fill (Array<T>&, T const& = T{});   // 對於內建型別，T{} 會得到零
```

下面的宣告式示範了預設的 call argument 也可能會依賴於 template parameter。我們也可以改用下面的方式來定義（這是 C++11 以前的唯一做法，見 5.2 節，第 68 頁）

```
template<typename T>
void fill (Array<T>&, T const& = T());   // 對於內建型別，T() 會得到零
```

當 fill() 函式被呼叫時，如果提供了第二個 call argument，則預設引數不會被實體化。這確保了當預設的 call argument 無法針對特定型別 T 被實體化時，不會發生錯誤。舉例來說：

```
class Value {
  public:
    explicit Value(int);        // 未定義預設建構子
};

void init (Array<Value>& array)
{
    Value zero(0);

    fill(array, zero);          // OK：不會用到預設建構子
    fill(array);                // 錯誤：用到了 Value class 未定義的建構子
}
```

Class Templates 裡的 Nontemplate 成員

除了可以在 class 裡宣告四種基本型式的 templates 之外，也可以讓普通的 class 成員藉由成為 class template 的一部分被參數化。它們偶爾會被（錯誤地）稱作 *member templates*。即便它們可以被參數化，但這樣的定義式並不能算是 template。它們的參數完全取決於所屬的那個 template。例如：

```cpp
template<int I>
class CupBoard
{
    class Shelf;                      // 在 class template 裡的普通 class
    void open();                      // 在 class template 裡的普通函式
    enum Wood : unsigned char;        // 在 class template 裡的普通列舉型別
    static double totalWeight;        // 在 class template 裡的普通 static 資料成員
};
```

相對應的定義式只針對父類別 template 標注參數化語句，而不是針對成員本身，因此它並不是個 template（換句話說，與寫在 :: 後面的名稱有關的參數化語句並不存在）：

```cpp
template<int I>                       // class template 裡的普通 class 定義式
class CupBoard<I>::Shelf {
    ...
};

template<int I>                       // class template 裡的普通函式定義式
void CupBoard<I>::open()
{
    ...
}

template<int I>                       // class template 裡的普通列舉型別定義式
enum CupBoard<I>::Wood {
    Maple, Cherry, Oak
};

template<int I>                       // class template 裡的普通 static 資料成員定義式
double CupBoard<I>::totalWeight = 0.0;
```

從 C++17 開始，static 成員 totalWeight 可以在 class template 裡利用 inline 來初始化：

```cpp
template<int I>
class CupBoard
    ...
    inline static double totalWeight = 0.0;
};
```

雖然這類的參數化定義式經常被稱作 *templates*，不過這個名字並不是很合適。偶爾也有人建議把這類實體稱為 *temploid*。從 C++17 開始，C++ 標準定義了模板化個體（*templated entity*）這個概念，它包含了 templates 和 temploids、以及任何（遞迴地）定義或創建於模板化個體中的個體。這包括了像是定義在 class template 內的 friend 函式（見 2.4 節，第 30 頁）、或是出現在 template 裡的 lambda 表示式具有的 closure（閉包）型別。截至目前為止，無論是 *temploid* 或是 *templated entity* 都還不是十分通用，不過往後在精確地討論 C++ templates 時，這些詞語可能會滿有用的。

12.1.1　Virtual 成員函式

成員函式模板無法被宣告為 virtual。會出現這個限制是因為 virtual 函式的呼叫機制一般使用一個固定大小的 table 來實作，裡頭的每個欄位都代表一個 virtual 函式。不過直到整個程式被編譯完成之前，成員函式模板的實體個數都無法完全確定。所以如果要支援 virtual 成員函式模板，也仰賴 C++ 編譯器和連結器提供全新的機制來支援。

另一方面，class templates 裡的一般成員函式可以定義為 virtual，因為當 class 被實體化時，函式實體的個數是固定的：

```
template<typename T>
class Dynamic {
  public:
    virtual ~Dynamic();        // OK：每個 Dynamic<T> 的實體都僅有一個解構子

    template<typename T2>
    virtual void copy (T2 const&);
                              // 錯誤：對於每個已知的 Dynamic<T> 實體來說，
                              //       copy() 實體版本的數目仍屬未知
};
```

12.1.2　連結 Templates

每個 template 都必須具有名稱，且該名稱在所屬 scope 裡必須是唯一的，但可以被重載的 function templates 是個例外（參考第 16 章）。請特別注意，與 class 型別不同，class templates 無法和不同類型的個體共享名稱：

```
int C;
…
class C;        // OK：class 名稱和 nonclass 名稱分屬不同的「空間」

int X;
…
template<typename T>
class X;        // 錯誤：和變數 X 的名稱相衝突
```

```
struct S;
…
template<typename T>
class S;   // 錯誤：和 struct S 的名稱相衝突
```

Template 的名稱具有連結性，但是它們並不具備 C 語言連結性（C linkage）。非標準的連結行為可能會隨著實作方式不同而有著不同涵義（不過，我們並不清楚支援 template 非標準名稱連結實作的行為）：

```
extern "C++" template<typename T>
void normal();               // 這是預設行為：連結標註（linkage specification，即 "C++"）
                             //   也可以被省略

extern "C" template<typename T>
void invalid();              // 錯誤：template 不具備 C 語言連結性

extern "Java" template<typename T>
void javaLink();             // 非標準，但部分編譯器有朝一日可能會
                             // 支援相容於 Java 泛型的連結方式
```

Template 通常具有外部連結性。少數的例外是帶有 static 關鍵字的 namespace scope function templates、屬於某個 unnamed namespace（不具名的命名空間）直接或間接成員的 templates（以上兩者具有內部連結性）、以及屬於 unnamed class 的 member templates（本身不具連結性）。舉例來說：

```
template<typename T>         // 指向其他檔案裡宣告為
void external();             // 相同名稱（以及 scope）的同一個實體

template<typename T>         // 和其他檔案裡具有相同名稱
static void internal();      // 的 template 無關

template<typename T>         // 重複宣告前面的宣告式
static void internal();

namespace {
  template<typename>         // 同樣和其他檔案裡具有相同名稱
  void otherInternal();      // 的 template 無關，即便
}                            // 該 template 也出現於 unnamed namespace 中

namespace {
  template<typename>         // 重複宣告前面的 template 宣告式
  void otherInternal();
}

struct {
  template<typename T> void f(T) {} // 不具連結性：無法被重新宣告
} x;
```

注意由於最後一個 member template 不具有連結性，故它必須被定義在 unnamed class 裡，否則沒有方法可以在 class 外再提供定義。

目前 templates 無法被宣告於函式 scope 或 local class scope 裡，不過連結了帶有成員函式模板 closure 型別的泛型 lambdas（見 15.10.6 節，第 309 頁），可以出現在 local scopes 裡，這相當於一種使用 local 成員函式模板的方式。

Template 實體的連結性與該 template 的連結性相同。例如，從先前宣告的 internal template 實體化而來的函式 internal<void>() 具備的是內部連結性，這會為 variable templates 帶來有趣的結果。的確如此，考慮下面這個例子：

```
template<typename T> T zero = T{};
```

所有 zero 的實體都具有外部連結性，即便是 zero<int const> 也有。這可能會違反你的直覺，因為以下的變數

```
int const zero_int = int{};
```

具備的是內部連結性，理由是它被宣告為 const 型別。不過與其相似的這個 template

```
template<typename T> int const max_volume = 11;
```

所產生的所有實體都具有外部連結性，儘管這些實體同樣帶有 int const 型別。

12.1.3　原型模板（Primary Templates）

一般的 template 宣告式宣告的是原型模板（*primary templates*）。這類 template 宣告式不會在 template 名稱後加上用角括號包起來的 template arguments：

```
template<typename T> class Box;                    // OK：原型模板
template<typename T> class Box<T>;                 // 錯誤：不會發生特化

template<typename T> void translate(T);            // OK：原型模板
template<typename T> void translate<T>(T);         // 錯誤：函式不適用此宣告方式

template<typename T> constexpr T zero = T{};       // OK：原型模板
template<typename T> constexpr T zero<T> = T{};    // 錯誤：不會發生特化
```

非原型模板會在宣告 class 或 variable templates 的偏特化版本（*partial specializations*）時產生，第 16 章會討論它們。function templates 任何情況下都得是個原型模板（關於未來語言特性上可能會有的變化，相關討論請參考 17.3 節，第 356 頁）。

12.2　**Template Parameters**

有三種基本的 template parameters 類型：

1. Type parameters（到目前為止最常見的）

2. Nontype parameters

3. Template template parameters

以上任何一種基本 template parameters 類型都可以用來作為 *template parameter pack* 的組成部分（見 12.2.4 節，第 188 頁）

Template parameter 宣 告 於 template 宣 告 式 裡 的 引 導 式 參 數 化 語 句（introductory parameterization clause）之中 [1]。該宣告不一定要具有名稱：

```
template<typename, int>
class X;                 // X<> 使用一個型別和一個整數進行參數化
```

假如該參數後續會在 template 裡用到，則想當然耳需要名稱。同時注意先出現的 template parameter 名稱可以用於後續的參數宣告之中（但無法用在更之前的宣告）：

```
template<typename T,               // 第一個參數被用於
         T Root,                   // 第二個參數的宣告式、以及
         template<T> class Buf>    // 第三個參數的宣告式
class Structure;
```

12.2.1　**Type Parameters（型別參數）**

Type parameter 可以利用關鍵字 `typename` 或 `class` 引入：兩者的作用完全一樣 [2]。該關鍵字後面會跟著簡單的識別字，該識別字後面必須跟著用來指示下個參數宣告起始點的逗號、用來結束參數化語句的結尾角括號（`>`）、或是用來指示預設 template argument 開頭處的等號（`=`）。

在 template 宣告式裡，type parameter 的行為有點像是型別別名（*type alias*；請見 2.8 節，第 38 頁）。舉例來說，當 `T` 是個 template parameter 時，無法使用 `class T` 型式的修飾後名稱，即便 `T` 會被某個 class 型別替換也不行：

```
template<typename Allocator>
class List {
    class Allocator* allocptr;   // 錯誤：請使用「Allocator* allocptr」
    friend class Allocator;      // 錯誤：請使用「friend Allocator」
    ...
};
```

---

[1] 有一個從 C++14 開始的例外是用於泛型 lambda 的 implicit template type paramater（隱式模板型別參數）；參考 15.10.6 節（第 309 頁）。

[2] 關鍵字 `class` 並不代表用於替換的引數得要是個 class 型別，它可以是任何的型別。

12.2.2　Nontype Parameters（非型別參數）

Nontype template parameters 代表了可以在編譯期或連結期被決定的常數值[3]。這類參數的型別（也就是指，該參數所代表數值的型別）必須屬於下列型別裡的某一種：

- 整數型別或列舉型別
- 指標型別 [4]
- 指向成員的指標型別
- lvalue reference 型別（指向物件、或是指向函式的 reference 都可以）
- std::nullptr_t
- 帶有 auto 或是 decltype(auto) 的型別（只在 C++17 後出現；見 15.10.1 節，第 296 頁）

目前所有其他的型別都被排除在外（即便未來可能會納入浮點數型別；見 17.2 節，第 356 頁）。

或許會令你感到驚訝，nontype template parameter 的宣告在某些情況下可能也會以關鍵字 typename 作為開頭：

```
template<typename T,                              // 一個 type parameter
         typename T::Allocator* Allocator>        // 一個 nontype parameter
class List;
```

或者以關鍵字 class 開頭：

```
template<class X*>          // 一個指標型別的 nontype parameter
class Y;
```

宣告 nontype parameter 的兩種情況很容易分辨，因為第一種情況後面跟的是簡單的識別字、接著加上一小組 tokens（用「=」來表示預設引數，用「,」來帶出後面的另一個 template parameter，或是用結尾的「>」來結束 template parameter list）。5.1 節（第 67 頁）和 13.3.2 節（第 229 頁）解釋了何時需要在第一個 nontype parameter 前面加上關鍵字 typename。

也可以指定函式和原始陣列型別作為 nontype parameters，不過它們會偷偷地被調整成退化後的指標型別：

```
template<int buf[5]> class Lexer;       // buf 實際上是 int*
template<int* buf> class Lexer;         // OK：重複宣告前一個 template

template<int fun()> struct FuncWrap;    // fun 實際上是指向函式的指標型別

template<int (*)()> struct FuncWrap;    // OK：重複宣告前一個 template
```

---

[3]　Template template parameters 也不代表型別；不過，它們和 *nontype* parameters 有所區別。這樣的特別之處有其歷史原因：Template template parameters 是在 type parameters 和 nontype parameters 之後被納入語言的。

[4]　本書寫作的當下，只允許「指向物件的指標」和「指向函式的指標」這兩種型別，這排除了像是 void* 之類的型別。不過，所有編譯器看來都接受 void*。

Nontype template parameter 的宣告方式比較像是變數，但不能具有像是 static、mutable 之類的 nontype 關鍵字。它們可以冠上 const 和 volatile 修飾詞，不過如果該修飾詞出現在參數型別的最外面那一層，則會直接被忽略：

```
template<int const length> class Buffer;      // const 在此失去作用
template<int length> class Buffer;            // 與上述宣告式一模一樣
```

最後，當 nonreference nontype parameters 用於陳述式時，它們都是 *prvalues*（純右值）[5]。既無法取得它們的位址、也無法對其賦值。另一方面，lvalue reference 型別的 nontype parameter，則可以用於表示某個 lvalue：

```
template<int& Counter>
struct LocalIncrement {
  LocalIncrement() { Counter = Counter + 1; } // OK：指向整數的 reference
  ~LocalIncrement() { Counter = Counter - 1; }
};
```

這裡不允許使用 rvalue references。

12.2.3 Template Template Parameters（模板化模板參數）

Template template parameters 用來作為 class templates 或 alias templates 的 placeholder。其宣告方式相當類似 class templates，不過無法使用關鍵字 struct 和 union：

```
template<template<typename X> class C>   // OK
void f(C<int>* p);

template<template<typename X> struct C>  // 錯誤：這裡無法使用 struct
void f(C<int>* p);

template<template<typename X> union C>   // 錯誤：這裡無法使用 union
void f(C<int>* p);
```

C++17 允許使用 typename 來取代 class，會有這樣的改變是基於以下理由：template template parameter 不僅能夠使用 class templates 來替換，也可以被 alias templates 替換掉（它可以實體化成任意型別）。故在 C++17 之中，上述例子也可以改寫為

```
template<template<typename X> typename C>    // 從 C++17 開始 OK
void f(C<int>* p);
```

在宣告式本身的 scope 裡使用 template template parameters 的方式，和使用其他的 class templates 或 alias templates 一樣。

Template template parameter 的參數也可以有預設的 template arguments。當用到 template template parameter 的地方未指定對應的參數時，便會使用預設引數：

---

[5] 關於 value categories（數值類型，如 rvalues 與 lvalues）的討論，請參考附錄 B。

```
template<template<typename T,
                  typename A = MyAllocator> class Container>
class Adaptation {
    Container<int> storage;  //隱然等同於 Container<int,MyAllocator>
    …
};
```

`T` 和 `A` 是 template template parameter `Container` 的 template parameter 名稱。這些名稱只會用於該 template template parameter 其他參數的宣告中。下面這個設計過的 template 說明了這個概念：

```
template<template<typename T, T*> class Buf>       // OK
class Lexer {
    static T* storage;         // 錯誤：template template parameter 不能用於此處
    …
};
```

不過通常在 template template parameter 裡，後續 template parameters 的宣告並不會用到先前的 template parameter 名稱，所以一般都不會寫出名稱。舉例來說，先前的 `Adaptation` template 可以用以下方式來宣告：

```
template<template<typename,
                  typename = MyAllocator> class Container>
class Adaptation {
    Container<int> storage;  //隱然等同於 Container<int,MyAllocator>
    …
};
```

12.2.4　Template Parameter Packs

從 C++11 開始，任何一種 template parameter 類型都可以在名稱前加上省略符號（`...`）變成 *template parameter pack*（模板參數包）。如果 template parameter 不具有名稱，也可以將省略符號放在原本名稱應該出現的地方：

```
template<typename... Types> // 宣告一個名為 Types 的 template parameter pack
class Tuple;
```

Template parameter pack 的行為如同其底層的 template parameter，不過有個決定性的區別：一個普通的 template parameter 只匹配一個 template argument，而 template parameter pack 可以匹配任意數目的 template arguments。這代表上面宣告的 `Tuple` class template 可以接受任意數目（同時可能完全不同）的型別作為 template arguments：

```
using IntTuple = Tuple<int>;             // OK：一個 template argument
using IntCharTuple = Tuple<int, char>;   // OK：兩個 template arguments
using IntTriple = Tuple<int, int, int>;  // OK：三個 template arguments
using EmptyTuple = Tuple<>;              // OK：零個 template argument
```

同樣地，分別由 nontype parameter 和 template template parameters 組成的 template parameter packs 各自也可以接受任意數目的 nontype arguments 或 template template arguments：

```
template<typename T, unsigned... Dimensions>
class MultiArray;          // OK：宣告一個 nontype template parameter pack

using TransformMatrix = MultiArray<double, 3, 3>; // OK：3×3 矩陣

template<typename T, template<typename,typename>… Containers>
void testContainers();    // OK：宣告一個 template template parameter pack
```

這個 `MultiArray` 範例要求所有的 nontype template arguments 具有相同的 unsigned 型別。C++17 帶來了對 nontype template arguments 進行推導的可能性，它允許我們在某個程度上繞過該限制——相關細節請參考 15.10.1 節（第 298 頁）。

原型 class template、variable template、以及 alias template 最多只能有一個 template parameter pack，並且該 template parameter pack 必須是最後一個 template parameter。Function template 的限制較為寬鬆：只要 template parameter pack 後面的每個 template parameter 都具備預設值（下節會討論到）、或是可以藉由推導得知（參考第 15 章），便可以使用多個 template parameter packs：

```
template<typename... Types, typename Last>
class LastType; // 錯誤：template parameter pack 不是最後一個 template parameter

template<typename... TestTypes, typename T>
void runTests(T value);       // OK：template parameter pack 後面跟的是
                              //     一個可由推導得知的 template parameter

template<unsigned...> struct Tensor;
template<unsigned... Dims1, unsigned... Dims2>
  auto compose(Tensor<Dims1...>, Tensor<Dims2...>);
                           // OK：tensor（張量）的維度可由推導得知
```

最後一個例子是個函式宣告，其回傳型別可藉由推導得知——這是 C++14 引入的特性。請參考 15.10.1 節（第 296 頁）。

class 或 variable templates 的偏特化宣告式（參考第 16 章）可以具有多個 parameter packs，這點和它們的原型 template 不同。這是因為偏特化透過和 function template 幾乎相同的推導過程來做選擇。

```
template<typename...> Typelist;
template<typename X, typename Y> struct Zip;
template<typename... Xs, typename... Ys>
  struct Zip<Typelist<Xs...>, Typelist<Ys...>>;
             // OK：偏特化使用 template 推導過程來決定
             //     Xs 和 Ys 的替換方式
```

或許並不那麼令人訝異，type parameter pack 無法在它所屬的參數語句中被展開。舉例來說：

```
template<typename... Ts, Ts... vals> struct StaticValues {};
  // 錯誤：Ts 無法在其所屬的參數列中被展開
```

然而，巢狀 templates 可以建立類似、卻合法的情境：

```
template<typename... Ts> struct ArgList {
  template<Ts... vals> struct Vals {};
};
ArgList<int, char, char>::Vals<3, 'x', 'y'> tada;
```

一個包含了 template parameter pack 的 template 稱為 *variadic template*（可變參數模板），因為它接受了可變數目的 template arguments。第 4 章和 12.4 節（第 200 頁）描述了 variadic templates 的使用方式。

12.2.5　預設的 Template Arguments

任何不是 template parameter pack 的 template parameter 都可以加註預設引數，不過該引數的種類必須符合對應參數就是了（例如 type parameter 不能有個 nontype 預設引數）。預設引數不能依賴於它自身所屬的參數，因為該參數名稱要到預設引數的敘述結束之後才會存在於 scope 裡。不過依賴於先前出現過的參數是可以的：

```
template<typename T, typename Allocator = allocator<T>>
class List;
```

Class template、variable template、以及 alias template 的 template parameter，唯有在後續的所有參數也都具備預設引數的情況下，方能擁有預設引數（普通函式預設的 call arguments 也遵循類似限制）。通常在 template 宣告式裡會一併寫出後續的引數預設值，但是預設引數也可能宣告於同一個 template 先前出現過的宣告式中。下面的例子清楚地說明這個情況：

```
template<typename T1, typename T2, typename T3,
         typename T4 = char, typename T5 = char>
class Quintuple;        // OK

template<typename T1, typename T2, typename T3 = char,
         typename T4, typename T5>
class Quintuple;        // OK：T4 和 T5 已經具備預設值了

template<typename T1 = char, typename T2, typename T3,
         typename T4, typename T5>
class Quintuple;        // 錯誤：T1 無法擁有預設引數
                        // 因為 T2 不具備預設值
```

Function templates 所屬 template parameters 的預設引數不需要後續的 template pararmeters 都具備預設引數[6]：

```
template<typename R = void, typename T>
R* addressof(T& value); // OK：若未明確指定，R 會是 void
```

---

[6] 後續 template parameters 的 template arguments 仍可透過 template 引數推導來決定；見第 15 章。

預設的 template arguments 無法重複出現：

```
template<typename T = void>
class Value;

template<typename T = void>
class Value;        // 錯誤：重複的預設引數
```

有些上下文情境不允許預設的 template arguments：

- 偏特化：

```
template<typename T>
class C;
...
template<typename T = int>
class C<T*>;                                      // 錯誤
```

- Parameter packs：

```
template<typename... Ts = int> struct X;          // 錯誤
```

- 位於 class template 之外的成員定義式：

```
template<typename T> struct X
{
  T f();
};

template<typename T = int> T X<T>::f() {          // 錯誤
  ...
}
```

- Friend class template 宣告式：

```
struct S {
  template<typename = void> friend struct F;      // 錯誤
};
```

- Friend function template 宣告式。唯一可被接受的情況是：該宣告為定義，且該 function template 在所屬編譯單元內沒有其他宣告式出現：

```
struct S {
  template<typename = void> friend void f();      // 錯誤：不是定義式
  template<typename = void> friend void g() {     // 目前為止 OK
  }
};
template<typename> void g();// 錯誤：g() 在定義時已經給定了預設的
                            // template arguments；這裡不能再出現其他宣告式
```

12.3 Template Arguments（模板引數）

當實體化 template 時，template parameters 會被 template arguments 替換掉。而引數可以透過幾種不同的機制被確定：

- 明確指定的 template arguments：Template 名稱後面可以跟著被包裹於角括號之中、明確指定的 template arguments。最後得到的整體名稱稱作 *template-id*。

- 注入的 class 名稱：在具有 template parameters P1、P2、... 的 class template X 本身的 scope 裡，該 template（X）的名稱與 template-id X<P1, P2, ...> 相同。細節詳見 13.2.3 節（第 221 頁）。

- 預設的 template arguments：在具有預設 template arguments 的情況下，template 實體可以不必明確指定 template arguments。不過對於 class 或 alias template 來說，即便所有 template parameters 都具有預設值，使用時也需要寫出（可能為空的）角括號。

- 引數推導：未明確指定 template arguments 的 function templates，其引數可能會透過呼叫時的函式 call arguments 型別推導出來。這個過程會在第 15 章詳細說明。推導也可能在其他幾種情況下發生。如果所有的 template arguments 都能夠被推導出來，則function template 名稱的後面不必特別加上角括號。C++17 也引進了能夠從變數宣告的初始式、或函式標記型別轉換（functional-notation type conversion）推導出 class template arguments 的功能；相關討論請參考 15.12 節（第 313 頁）。

12.3.1　Function Template Arguments

對於 function template 的 template arguments，我們可以明確指定其型別、從 template 被使用的方式推導出來、或是提供預設的 template argument。舉例來說：

details/max.cpp

```
template<typename T>
T max (T a, T b)
{
  return b < a ? a : b;
}

int main()
{
  ::max<double>(1.0, -3.0);    // 明確指定 template argument
  ::max(1.0, -3.0);            // template argument 被暗自推導為 double
  ::max<int>(1.0, 3.0);        // 明確給定的 <int> 阻止了推導行為；
                               // 因此最後得到的是 int 型別
}
```

有些 template arguments 永遠無法被推導出來，因為它們對應的 template parameters 並非函式 call parameter 的型別、或者也有可能出於其他的原因（見 15.2 節，第 271 頁）。在這種情形下，該對應參數原則上會放在 template parameter list 的開頭，以便在明確指定該參數後、同時也能讓其他引數自動被推導出來。例如：

details/implicit.cpp

```
template<typename DstT, typename SrcT>
DstT implicit_cast (SrcT const& x) // SrcT 可被推導出來，而 DstT 則不行
{
  return x;
}

int main()
{
  double value = implicit_cast<double>(-1);
}
```

如 果 我 們 反 轉 了 這 個 例 子 裡 template parameter 的 順 序（ 也 就 是 將 其 改 寫 為 template<typename SrcT, typename DstT>），則呼叫 implicit_cast 時需要明確指出兩個 template arguments。

其次，該參數如果被放在 template pararmeter pack 後面、或是出現在偏特化之中則毫無用處，因為這樣一來就無法明確指定、或是推導出其型別：

```
template<typename ... Ts, int N>
void f(double (&)[N+1], Ts ... ps);       // 無效的宣告式，因為無法經由
                                          // 指定或是推導出 N 來
```

因為 function template 能夠被重載，明確地提供所有 function template 的引數可能也不足以識別某個函式：在某些情況下，這樣會識別出一整組函式。下面這個例子說明了這個現象的後果：

```
template<typename Func, typename T>
void apply (Func funcPtr, T x)
{
    funcPtr(x);
}

template<typename T> void single(T);

template<typename T> void multi(T);
template<typename T> void multi(T*);

int main()
{
    apply(&single<int>, 3); // OK
    apply(&multi<int>, 7);  // 錯誤：沒有唯一的 multi<int>
}
```

在這個例子裡,第一次呼叫 apply() 時會起作用,因為陳述式 &single<int> 的型別是唯一的(沒有歧義)。因此可以簡單推導出作用於 Func parameter 的 template argument 型別。然而在第二次呼叫時,&multi<int> 可能會是兩種型別的其中一個,因此在這個例子裡無法推導出 Func。

其次,以 template arguments 替換 function template 裡的參數也可能會建構出不合法的 C++ 型別或陳述式。考慮以下 function template 的重載版本(RT1 和 RT2 是不特定的型別):

```
template<typename T> RT1 test(typename T::X const*);
template<typename T> RT2 test(...);
```

陳述式 test<int> 對於第一個式子沒有意義,因為 int 型別不具有成員型別 X。不過第二個 template 則沒有這樣的問題。因此,陳述式 &test<int> 標示了單一函式的位址。以 int 對第一個 template 做替換所導致的失敗,並不會讓該陳述式變得不合法。這裡的 SFINAE(substitution failure is not an error,替換失敗不算錯誤)原則是讓重載 function templates 變得實用的重要因素,於 8.4 節(第 129 頁)和 15.7 節(第 284 頁)會討論此原則。

12.3.2　Type Arguments(型別引數)

Template type arguments 是用來餵給 template type parameters 的「值」。任何型別(包括 void、函式型別、reference 型別等)一般都可以作為 template argument 使用,但是它們對 template parameters 的替換動作必須產生合法的構件:

```
template<typename T>
void clear (T p)
{
    *p = 0;          // T 要能夠套用一元運算子 *
}

int main()
{
    int a;
    clear(a);        // 錯誤:int 不支援一元運算子 *
}
```

12.3.3　Nontype Arguments(非型別引數)

Nontype template arguments 是用來替換 nontype parameters 的數值。該數值必須符合以下任一特性:

- 某個具有正確型別的 nontype template parameter。
- 屬於整數(或是列舉值)型別的編譯期常數值。這只在該值能與對應參數的型別相匹配、或是能在不限縮範圍(narrowing)的前提下隱式轉換為對應參數型別時,方可被接受。舉例來說,某個 char 值可以用於 int 參數,但數值 500 無法用於 8-bit char 參數。

- 某個外部變數的名稱、或是前面加了內建的一元（取址）運算子 & 的函式。對於函式和 array 變數來說，& 可被省略。這類 template arguments 會匹配指標型別的 nontype parameters。C++17 放寬了這項條件，將能夠產生「指向函式或變數的指標」的任何常數述式（constant-expression）都算在內。

- 將上述類型的引數除去帶頭的 & 運算子，就能夠匹配 reference 型別的 nontype parameter 了。同樣地，這裡 C++17 也放寬了限制，允許任何指涉函式或變數的 glvalue（泛左值）常數述式。

- 指向成員的指標常數；也就是像 &C::m 這樣的陳述式，其中 C 是 class 型別、而 m 是個 nonstatic 成員（資料或函式）。它們僅能匹配「指向成員的指標」型別的 nontype parameters。同時再一次，於 C++17 裡不再受限於實際的語法形式：任何經過核算後能夠匹配指向成員的指標常數的常數述式都是可以的。

- 空指標常數是能夠替換指標或指向成員指標 nontype pararmeter 的合法引數。

對於整數型別的 nontype parameters——這可能是最常見的 nontype parameter 類型——隱式轉換成參數型別是可行的。有了 C++11 引進的 constexpr 轉型函式，代表轉型前的引數可以是個 class 型別。

在 C++17 之前，在將引數與「指標或 reference 類型的參數」進行匹配時，並不會考慮使用者定義轉型（*user-defined conversions*，包括單個引數的建構子和轉型運算子）和從 derived-to-base（子類別轉成基礎類別）的轉型，即使在某些情況下這會是有效的隱式轉換。不過加上 const 或是 volatile 這類的隱式轉型是可以的。

以下是一些 nontype template arguments 的合法例子：

```
template<typename T, T nontypeParam>
class C;

C<int, 33>* c1;                 // 整數型別

int a;
C<int*, &a>* c2;                // 外部變數的位址

void f();
void f(int);
C<void (*)(int), f>* c3;        // 函式名稱：重載決議在這個例子中
                                // 選擇了 f(int)；&（取址行為）被隱含在陳述式中

template<typename T> void templ_func();
C<void(), &templ_func<double>>* c4; // function template 的實體為函式

struct X {
    static bool b;
    int n;
```

```
        constexpr operator int() const { return 42; }
};

C<bool&, X::b>* c5;        // static class members 是可接受的變數和函式名稱

C<int X::*, &X::n>* c6;    // 指向成員的指標常數的例子

C<long, X{}>* c7;          // OK：X 首先會透過 constexpr 轉型函式轉為 int
                           // 然後藉由標準整數轉型，再轉型為 long
```

Template arguments 普遍具有的一個限制是：編譯器或連結器必須能夠在構建程式當下表現出該值。在程式實際運行前仍舊未知的數值（像是 local 變數的位址）與 template 會在程式構建期間實體化的概念，彼此無法相容。

即便如此，現在仍舊有些常數數值（或許滿意外的）未能被支援：

- 浮點數
- String literal（字串文字）

（C++11 之前，空指標常數也不被支援）

String literal 所引發的問題之一是，兩個相同的 string literals 可以被存放在兩個不同的位址。如果想要表現以常數字串實體化的 template，有個替代作法（但滿麻煩的）是引入一個用來保存字串的額外變數：

```
template<char const* str>
class Message {
  …
};

extern char const hello[] = "Hello World!";
char const hello11[] = "Hello World!";

void foo()
{
  static char const hello17[] = "Hello World!";

  Message<hello>   msg03;    // 在所有版本都 OK
  Message<hello11> msg11;    // 從 C++11 開始 OK
  Message<hello17> msg17;    // 從 C++17 開始 OK
}
```

這裡的限制條件是：宣告為 reference 或指標的 nontype template parameters，在所有的 C++ 版本都可以接受具有外部連結性的常數陳述式（constant expression）*；從 C++11 開始可以接受具有內部連結性的常數陳述式；而從 C++17 開始可以接受具有任何連結性的常數陳述式。

---

* 譯註：與帶有連字號的常數述式有一點不同。

關於此議題未來可能有的變動，相關討論請參考 17.2 節（第 354 頁）。

這裡有一些其他（並不太意外）會不合法的例子：

```
template<typename T, T nontypeParam>
class C;

struct Base {
    int i;
} base;

struct Derived : public Base {
} derived;

C<Base*, &derived>* err1;      // 錯誤：不支援 derived-to-base 的轉型

C<int&, base.i>* err2;         // 錯誤：變數內的欄位不被視為變數

int a[10];
C<int*, &a[0]>* err3;          // 錯誤：array 內元素的位址同樣不被接受
```

12.3.4　**Template Template Arguments**（模板化模板參數）

Template template argument 一般得是個具有參數的 class template 或 alias template，且完全匹配於要替換的 template template parameter 本身帶有的參數。在 C++17 之前，template template *argument* 的預設 template arguments 會被忽略（但假如該 template template *parameter* 具有預設引數，則在實體化該 template 時會將其納入考慮）。C++17 放寬了匹配規則，僅要求 template template pararmeter 至少和對應的 template template argument 特定程度相同（見 16.2.2 節，第 330 頁）即可。

以上規則導致在 C++17 以前，下面這個例子都是不合法的：

```
#include <list>
    // 宣告於 namespace std：
    //   template<typename T, typename Allocator = allocator<T>>
    //   class list;

template<typename T1, typename T2,
         template<typename> class Cont> // Cont 接受一個參數
class Rel {
    …
};

Rel<int, double, std::list> rel;      // 在 C++17 以前會出錯：std::list
                                       // 具有一個以上的 template parameter
```

上述範例的問題在於標準程式庫裡的 `std::list` template 擁有超過一個的參數。第二個參數（用以描述配置器，*allocator*）具有預設值，但在 C++17 以前於 `std::list` 與 Cont 參數進行匹配時並不會將其納入考慮。

Variadic template template parameters 是前述 C++17 以前的「精準匹配」原則中的一個例
外，並且為此項限制提供了一個解決方案：它使得針對 template template arguments 更廣泛
的匹配變得可行。Template template parameter pack 可以在 template template argument
中匹配零個或多個同樣類型的 template pararmeters。

```
#include <list>

template<typename T1, typename T2,
         template<typename... > class Cont> //Cont 接受任意數目的
class Rel {                                 // 型別參數
    ...
};

Rel<int, double, std::list> rel;    // OK：std::list 有兩個 template pararmeters
                                    //     不過可以使用一個引數與其匹配
```

Template parameter packs 僅能匹配同樣類型的 template arguments。舉例來說，下列
class template 可以用任意的 class template 或 alias template 來實體化，前提是它們只具有
template type pararmeters。因為傳入的 template type pararmeter pack TT 可以匹配零個
或多個 template type parameters：

```
#include <list>
#include <map>
    // 宣告於 namespace std：
    //   template<typename Key, typename T,
    //            typename Compare = less<Key>,
    //            typename Allocator = allocator<pair<Key const, T>>>
    //   class map;
#include <array>
    // 宣告於 namespace std：
    //   template<typename T, size_t N>
    //   class array;

template<template<typename... > class TT>
class AlmostAnyTmpl {
};

AlmostAnyTmpl<std::vector> withVector;   // 兩個 type parameters
AlmostAnyTmpl<std::map> withMap;         // 四個 type parameters
AlmostAnyTmpl<std::array> withArray;     // 錯誤：template type parameter pack
                                         // 無法匹配 nontype template parameter
```

事實上，在 C++17 以前，只有 class 關鍵字可以用來宣告 template template pararmeter，
但這並不表示只有用 class 關鍵字宣告的 class templates 方能作為替換用的引數。實際上
struct、union、和 alias templates 都是能用於 template template pararmeter 的合法引
數（C++11 後才引進 alias templates）。這點與另一個情境相似：任何型別都可以被當作以
class 關鍵字宣告的 template type pararemter 的引數。

12.3.5　等價

當兩組 template arguments 每個相應引數的值都相同，這兩組引數彼此等價（equivalent）。
對於 type arguments 而言，型別別名不會造成影響：因為用來比較的是型別別名所代表的那
個最初型別。對於整數 nontype arguments 來說，比的是 argument 的值；而該值透過何種
方式表現並不重要。以上概念可以用下面的例子說明：

```
template<typename T, int I>
class Mix;

using Int = int;

Mix<int, 3*3>* p1;
Mix<Int, 4+5>* p2;          // p2 和 p1 具有相同型別
```

（從這個例子可以清楚看出，template argument list 的等價性毋須參考 template 定義式）。

不過在依賴於 template 的上下文情境中，無法總是明確決定 template argument 的「值」，
判斷等價的規則因而變得稍微複雜了一點。考慮以下的例子：

```
template<int N> struct I {};

template<int M, int N> void f(I<M+N>);   // #1
template<int N, int M> void f(I<N+M>);   // #2

template<int M, int N> void f(I<N+M>);   // #3 錯誤
```

仔細研究宣告式 *#1* 和 *#2*，你會發現只要分別將 M 和 N 重新命名為 N 和 M，即可得到相同的
宣告式：因此，這兩個式子是等價的，它們宣告了同樣的 function template f。位於兩式中
的陳述式 M+N 和 N+M 也被稱作是等價的。

然而宣告式 *#3* 則有細微的不同：運算子的順序是反過來的。這使得 *#3* 裡的陳述式 M+N 不等
價於其他兩個陳述式的任何一個。不過，由於該陳述式套用任何 template parameter 值都會
產生與其他兩式相同的結果，故這些陳述式被稱作*功能性等價*（*functionally equivalent*）。
以不同的方式宣告 template 時，如果因為宣告式裡含有並不真正等價的功能性等價陳述式，
便會導致錯誤。不過你的編譯器並不需要診斷這類錯誤。因為某些編譯器可能會，舉例來說，
在內部使用與表示 N+2 相同的方式來表示 N+1+1，而其他編譯器可能不會這樣做。與其強行
規定特定的實作方式，C++ 標準允許使用任何一種實作方式，並要求程式設計者們在此議題
上多加小心。

從 function template 產生的 function 絕對不會等價於普通函式，即使它們具有相同的型別
和名稱。這對 class members 來說有兩個重要的後果：

1. 從 member function template 產生的 function 絕對不會覆寫 virtual 函式。

2. 從建構子模板產生的建構子絕對不會是個複製或搬移建構子[7]。同樣地，從賦值運算子模板產生的賦值運算子也絕不會是個複製賦值（copy-assignment）或搬移賦值（move-assignment）運算子（不過這點不大容易引發問題，因為針對複製賦值或搬移賦值運算子的隱式呼叫較不常見）。

   這點或許有好有壞。相關細節請參考 6.2 節（第 95 頁）和 6.4 節（第 102 頁）。

12.4　Variadic Templates

在 4.1 節（第 55 頁）介紹過的 variadic template，是包含至少一個 template parameter pack（見 12.2.4 節，第 188 頁）的 template[8]。當 template 的行為可以針對任意數目的引數被一般化時，variadic templates 就很有用處。在 12.2.4 節（第 188 頁）介紹過的 Tuple class template 就屬於這種類型，因為一個 tuple 可以擁有任意數量的元素，且所有元素都以相同方式來處理。我們也可以想像一個簡單的 print() 函式，其接受任意數目的引數，並且將這些引數依序顯示出來。

當 variadic template 的 template argument 確定時，在 variadic template 裡的每個 template parameter pack 會匹配零或多個 template arguments 形成的序列。這個由 template arguments 組成的序列，我們將其稱作一份 *argument pack*（引數包）。下面的範例說明如何根據提供給 Tuple 的 template arguments，將 template parameter pack Types 與不同的 argument packs 進行匹配：

```
template<typename... Types>
class Tuple {
  // 提供作用於 Types 內的型別列表的操作
};

int main() {
  Tuple<> t0;              // Types 包含了空的列表
  Tuple<int> t1;           // Types 包含 int
  Tuple<int, float> t2;    // Types 包含 int 和 float
}
```

因為 template pararmeter pack 表現的是一整列 template arguments，而非單一 template argument，故必須用在「會對 argument pack 裡所有引數套用相同語言構件」的上下文情境中。一個符合的構件是 sizeof... 運算，它被用來計算在 argument pack 中的引數個數：

```
template<typename... Types>
class Tuple {
```

---

[7] 不過建構子模板可以做為預設建構子。

[8] *Variadic* 這個詞是從 C 語言的 variadic function 那裡借過來的，此類函式能接受不定數目的函式引數。Variadic templates 同樣從 C 語言那裡借用以省略符號來表示零或多個引數，並且希望在某些應用上作為 C 語言 variadic function 的型別安全替代做法。

```
  public:
    static constexpr std::size_t length = sizeof...(Types);
};

int a1[Tuple<int>::length];              // 一個整數組成的 array
int a3[Tuple<short, int, long>::length]; // 三個整數組成的 array
```

12.4.1 Pack Expansion

上述的 sizeof... 陳述式是 *pack expansion*（封包展開）的一個例子。Pack expansion 是一個語言構件，能夠將 argument pack 展開成個別的引數們。sizeof... 進行展開動作只會計算個別引數的個數，而其他型式的 parameter packs（出現在當 C++ 期待收到一個 list 時）可以在 list 中展開成多個元素。這類的 pack expansions 會在 list 內元素的右側加上省略符號（...）做為標記。下面是一個簡單的例子，這裡我們創建了一個繼承於 Tuple 的新 class template MyTuple，並傳入相應的引數：

```
template<typename... Types>
class MyTuple : public Tuple<Types...> {
  // 只針對 MyTuple 進行的額外運算
};

MyTuple<int, float> t2; // 繼承於 Tuple<int, float>
```

Template argument Types... 是個 pack expansion，會產生一個 template argument 序列，argument pack 裡的每個引數都會一一被用於替換 Types。如範例所示，型別 MyTuple<int, float> 的實體版本使用 argument pack int, float 來替換 template type parameter pack Types。當以上動作於 pack expansion Types... 內發生時，我們會分別得到一個對應於 int、和一個對應於 float 的 template argument，故 MyTuple<int, float> 會繼承自 Tuple<int, float>。

一種直觀理解 pack expansions 的方式是以語法展開的型式來思考它們，其中 template pararmeter packs 被以正確數量的（non-pack）template parameters 所取代，同時 pack expansions 被寫成分開的引數們，一次將一個引數應用於 non-pack template parameters。舉例來說，下面展示了當 MyTuple 用兩個參數進行展開時看起來的樣子[9]：

```
template<typename T1, typename T2>
class MyTuple : public Tuple<T1, T2> {
  // 只針對 MyTuple 進行的額外運算
};
```

當參數有三個時：

---

[9] 從語法上理解 pack expansions 是種有用的工具，不過當 template pararmeter pack 的長度為零時，它便沒轍了。12.4.5 節（第 207 頁）提供了更多關於長度為零的 pack expansions 的詳細解釋。

```
template<typename T1, typename T2, typename T3>
class MyTuple : public Tuple<T1, T2, T3> {
    // 只針對 MyTuple 進行的額外運算
};
```

不過,請注意你無法直接藉由名稱直接取用 parameter pack 裡的個別元素,因為像是 T1、T2 之類的名稱並未定義於 variadic template 之中。假如你需要裡頭的型別,唯一的辦法是將它們(遞迴地)傳給另一個 class 或函式。

每個 pack expansion 都有個 *pattern*(模式),它是個會重複施行於 argument pack 裡各個元素的型別或陳述式,通常會出現在代表 pack expansion 的省略符號之前。先前的例子都只具備簡單的 patterns(也就是 parameter pack 的名字),不過 patterns 可以無限複雜。舉例來說,我們可以定義一個新型別 PtrTuple,其繼承自以「指向引數型別的指標」組成的 Tuple:

```
template<typename... Types>
class PtrTuple : public Tuple<Types*...> {
    // 只針對 PtrTuple 進行的額外運算
};

PtrTuple<int, float> t3;           // 繼承自 Tuple<int*, float*>
```

前面例子裡 pack expansion Types*... 的 pattern 是 Types*。重複對此 pattern 進行替換會產生一串 template type arguments,它們全部都是指標,用來指向 argument pack 中用來取代 Types 的型別。按照 pack expansions 的語法解釋,PtrTuple 針對三個參數進行展開,看起來會像這樣:

```
template<typename T1, typename T2, typename T3>
class PtrTuple : public Tuple<T1*, T2*, T3*> {
    // 只針對 PtrTuple 進行的額外運算
};
```

12.4.2　展開會在何處發生?

目前為止我們的例子都關注於利用 pack expansions 來產生一串 template arguments。事實上,pack expansions 特別適合用在語言文法描述由逗號分隔的列表的任何地方,包括:

- (繼承時的)base classes 列表。
- 建構子裡的 base class 初始化列表。
- call arguments 列表(此 pattern 為 argument expression)。
- 初始化列表(像是使用大括號的初始列)。
- class、function、或 alias template 的 template parameter list。
- 可被函式拋出的異常列表(在 C++11 和 C++14 中不推薦使用,在 C++17 中無法使用)。
- 某個支援 pack expansions 的屬性之中(即便在 C++ 標準裡並未定義此類屬性)。
- 給出宣告式的對齊方式時。

- 給出 lambda 的擷取列表（capture list）時。

- 函式型別的參數列表。

- using 宣告式（從 C++17 開始適用；見 4.4.5 節，第 65 頁）。

先前提過的 sizeof... 在作為一種 pack-expansion 的機制時，實際上並不會產生一個 list。C++17 也加入了**摺疊表示式**（*fold expressions*），是另外一種不會產生以逗號分隔的列表的機制（見 12.4.6 節，第 207 頁）。

部分被納入的 pack-expansion 語境僅僅是基於完整性的考量，故我們還是把焦點放在那些有益於實際編程工作的 pack-expansion 語境上。由於 pack expansions 在所有語境中都遵循相同的原理和語法，當有需要時，讀者應該可以從這裡提供的例子來類推更複雜的 pack-expansion 語境。

Base classes 列表的 pack expansion 會展開成一些 direct base classes（直接基礎類別）。此種 expansions 對於透過 *mixins*（混合）來聚合外部提供的資料和功能來說會很有用。Mixin 是一種用來「混入」某個 class 階層體系的 class，用來提供新的行為。舉例來說，下列的 Point class 在多個不同語境利用 pack expansions 來允許任意的 mixins [10]：

```
template<typename... Mixins>
class Point : public Mixins... {          // base class pack expansion
  double x, y, z;
 public:
  Point() : Mixins()... { }               // base class 初始器 pack expansion

  template<typename Visitor>
  void visitMixins(Visitor visitor) {
    visitor(static_cast<Mixins&>(*this)...);  // call argument pack expansion
  }
};

struct Color { char red, green, blue; };
struct Label { std::string name; };
Point<Color, Label> p;                    // 同時繼承自 Color 和 Label
```

Point class 利用 pack expansion 來獲取每一個提供的 mixin，同時將其擴展為一個 public base class。接著，Point 的預設建構子於 base class 初始列中應用 pack expansion，針對每個由 mixin 機制引入的 base class 進行數值初始化。

成員函式模板 visitMixins 是最有趣的部分，因為它將 pack expansion 的結果作為呼叫式的引數使用。藉由將 *this 轉型為各種 mixin 型別，pack expansion 能夠產生一系列 call arguments，其指涉 mixin 裡對應的各個 base class。事實上我們可以撰寫一個用於 visitMixins 的 visitor，以利用任意個數的函式 call arguments，這點會在 12.4.3 節（第 204 頁）提到。

---

[10] Mixins 會在 21.3 節（第 508 頁）有更深入的討論。

Pack expansion 也可以用於 template parameter list，用來創建一個 nontype 或 template parameter pack：

```
template<typename... Ts>
struct Values {
  template<Ts... Vs>
  struct Holder {
  };
};

int i;
Values<char, int, int*>::Holder<'a', 17, &i> valueHolder;
```

注意一旦給定了用於 Values<...> 的 type arguments，Values<...>::Holder 的 nontype argument list 便擁有了固定的長度；因此 parameter pack Vs 就不是個長度不定的 parameter pack 了。

Vs 是一個 nontype template pararmeter pack，每個接受的具體 template arguments 都可以具備不同型別，就像餵給 template type pararmeter pack Ts 的型別所標示的那樣。請注意在 Vs 的宣告式中，省略符號扮演了雙重角色。分別將 template parameter 宣告為一個 template parameter pack，並且將該 template parameter pack 的型別宣告為一個 pack expansion。雖然這種 template pararmeter pack 在實際應用時很少見，不過相同原理也適用於更通俗的情境之中：即 function parameters。

12.4.3 Function Parameter Packs

Function parameter pack（函式參數包）是個 function parameter，可以匹配零或多個函式 call arguments。如同 template parameter pack，我們可以透過將省略符號（...）置於函式參數名稱之前（或是直接放在參數的位置）來使用 function parameter pack；同時也像 template parameter pack 一樣，function parameter pack 被用到時必須透過 pack expansion 來展開。Template parameter packs 和 function parameter packs 一起被合稱為 *parameter packs*（參數包）。

與 template parameter pack 不同的是，function parameter pack 必然進行 pack expansion，所以它們宣告的型別必須至少包含一個 parameter pack。在下面的例子裡，我們引進一個新的 Point 建構子，用來對每個從給定的建構子引數處取得的 mixin 進行複製初始化（copy-initializes）：

```
template<typename... Mixins>
class Point : public Mixins...
{
  double x, y, z;
 public:
  // 省略了預設建構子、visitor 函式等
  Point(Mixins... mixins)          // mixins 是個 function parameter pack
    : Mixins(mixins)... { }        // 以給定的 mixin 值來初始化每個 base class
};
```

```
struct Color { char red, green, blue; };
struct Label { std::string name; };
Point<Color, Label> p({0x7F, 0, 0x7F}, {"center"});
```

出現於 function template 裡的 function parameter pack 可能會依賴在該 template 裡宣告的 template parameter packs，這可以讓 function template 在不失去型別資訊的情況下，接受任意數目的 call arguments：

```
template<typename... Types>
void print(Types... values);

int main
{
  std::string welcome("Welcome to ");
  print(welcome, "C++ ", 2011, '\n');      // 呼叫 print<std::string,
}                                          // char const*, int, char>
```

當使用一定數量的引數來呼叫 function template `print()` 時，所有引數的型別會被放進 argument pack 裡，用以替換 template type parameter pack Types；而實際的引數值會被放進另一個用來替換 function paremeter pack `values` 的 argument pack 裡。第 15 章詳細介紹了透過呼叫式來決定引數的這個過程。目前的話，只要先知道記錄在 `Types` 裡的第 i 個型別，就是 `Values` 裡的第 i 個數值所具有的型別，同時這兩個 parameter packs 都能夠在 function template `print()` 的函式本體裡取用。

實際上 `print()` 的實作利用了遞迴模板實體化，這是一個於 8.1 節（第 123 頁）、和第 23 章介紹的 template metaprogramming 技術。

當一個匿名的 function parameter pack 出現在 parameter list 的最尾端時，會與 C-style 的「vararg」參數存在語義上的歧義，舉例來說：

```
template<typename T> void c_style(int, T...);
template<typename... T> void pack(int, T...);
```

在第一個例子裡，「`T...`」被當成了「`T, ...`」：在某個 `T` 型別的匿名參數後面跟著 C-style 的 vararg 參數。在第二個例子裡，「`T...`」語言構件被視作 function parameter pack，因為 `T` 是一個有效的 expansion pattern。我們可以透過在省略符號前加上逗號（確保省略符號會被當作 C-style 的 vararg 參數）強制消除歧義，或是在 `...` 後面加上識別字，形成具名的 function parameter pack。注意在泛型 lambda 表示式裡，緊跟著型別描述的 `...` 字尾（兩者之間沒有逗號做為區隔），當型別包含 auto 時，會被視為標示了一個 parameter pack。

12.4.4　多重與巢狀 Pack Expansion

Pack expansion 的 pattern 也許會十分複雜，可能包含了多個獨立的 parameter packs。當實體化某個具有多個 parameter packs 的 pack expansion 時，所有 parameter packs 的長度必須相同。透過將每個 parameter pack 裡的第一個引數按照 pattern 進行替換，隨後再替換第二個引數，以此類推，逐次形成最後的型別或是數值序列。舉例來說，下面這個函式在把擁有的全部引數轉發給函式物件 f 之前，先進行了複製：

```
template<typename F, typename... Types>
void forwardCopy(F f, Types const&... values) {
  f(Types(values)...);
}
```

上述的 call argument pack expansion 寫出了兩個 parameter packs，Types 和 Values。
當實體化此 template 時，Types 和 values 這兩個 parameter packs 逐個元素展開的過程，
會導致一連串的物件建構，藉由將 values 裡的第 i 個數值轉型為 Types 裡的第 i 個型別、
來建立第 i 個數值的副本。擁有三個引數的 forwardCopy，其 pack expansion 的語法解釋
看起來會像這樣：

```
template<typename F, typename T1, typename T2, typename T3>
void forwardCopy(F f, T1 const& v1, T2 const& v2, T3 const& v3) {
  f(T1(v1), T2(v2), T3(v3));
}
```

Pack expansion 本身也可能是巢狀的。在這種情形下，每個出現的 parameter pack 都會被
最鄰近的上一層 pack expansion 給「展開」（同時也只會被該層展開而已）。下面的例子說
明了具有三個不同的 parameter packs 時的巢狀 pack expansion：

```
template<typename... OuterTypes>
class Nested {
  template<typename... InnerTypes>
  void f(InnerTypes const&... innerValues) {
    g(OuterTypes(InnerTypes(innerValues)...)...);
  }
};
```

在對 g() 的呼叫式中，具有 pattern InnerTypes(innerValues) 的 pack expansion
是最內層的 pack expansion，它同時展開了 InnerTypes 和 innerValues，並且創建
了一整列 function call arguments，用以初始化標記為 OuterTypes 的某個物件。外層
pack expansion 的 pattern 包含了內層的 pack expansion，同時會產生一組用於 g() 的
call arguments；這些引數則創建自每個 OuterTypes 內型別的初始化過程，其利用了內
層 expansion 產生的 function call arguments 序列。假定 OuterTypes 具有兩個引數、
且 InnerTypes 和 innerValues 都具備三個引數時，我們透過語法解釋來表示 pack
expansion，巢狀關係會顯得更加清楚：

```
template<typename O1, typename O2>
class Nested {
  template<typename I1, typename I2, typename I3>
  void f(I1 const& iv1, I2 const& iv2, I3 const& iv3) {
    g(O1(I1(iv1), I2(iv2), I3(iv3)),
      O2(I1(iv1), I2(iv2), I3(iv3)),
      O3(I1(iv1), I2(iv2), I3(iv3)));
  }
};
```

多重 pack expansion 與巢狀 pack expansion 是威力十分強大的工具（請參考 26.2 節，第 608 頁）。

12.4.5　長度為零的 Pack Expansions

Pack expansion 語法解釋對於理解具備不同數目引數的 variadic template 行為，是十分有用的工具。不過當長度為零（zero-length）的 argument pack 存在時，語法解釋經常不管用。為了說明這點，讓我們考慮 12.4.2 節（第 202 頁）出現的 Point class template，並有系統的將其以零個引數進行替換：

```
template<>
class Point : {
  Point() : { }
};
```

上面寫的程式碼並不符合正確的格式，因為現在的 template parameter list 是空的，並且空的 base class 和 base class 初始化列表都有個迷路的冒號字元。

Pack expansions 實際上是個語義構件，以某個任意大小的 argument pack 進行的替換動作並不會影響 pack expansion（以及它包含的 variadic template）的解析（parse）方式。相反地，當 pack expansions 展開為一個空列表時，程式（語義上）的行為就彷彿該列表不存在。最終產生的 Point<> 實體並不會有 base class、同時預設建構子也沒有 base class 初始器，程式碼的格式也會是正確的。即便當長度為零的 pack expansion 的語法解釋會形成有效定義（但不同）的程式碼時，語意上的規則依舊成立。舉例來說：

```
template<typename T, typename... Types>
void g(Types... values) {
  T v(values...);
}
```

Variadic function template g() 建立了數值 v，並直接使用給定的一串數值對其初始化。如果該數值序列為空，則 v 的宣告式語法上看起來會像個函式宣告式 T v()。不過因為替換成 pack expansion 的動作本身是語義上的行為，並無法影響任何解析過程所產生的程式實體，故 v 會以零個引數進行初始化，亦即進行數值初始化（value-initialization）[11]。

12.4.6　摺疊表示式（Fold Expressions）

有一種編程上的遞迴 pattern，形式是作用於數值序列的運算所形成的摺疊（fold）。舉個例子，函式 fn 對於序列 x[1], x[2], ..., x[n-1], x[n] 的右摺疊（right fold），可以表示如下：

```
fn(x[1], fn(x[2], fn(..., fn(x[n-1], x[n])...)))
```

---

[11] 在 class templates 裡的成員和巢狀 class 定義也有類似的限制：如果成員被宣告成某個看起來不像是函式型別的型別，但是經過實體化後，該成員的型別成為了函式型別，那麼程式是有問題的。因為該成員在語義上的解釋，從資料成員變成了成員函式。

在探索新的語言特性時，C++ 委員會需要處理當二元邏輯運算（像是 `&&` 或 `||`）用於 pack expansion 時的語言構件特殊情境。不額外添加特性的情況下，我們或許可以寫出下列程式碼來應付遇到 `&&` 運算子的情況：

```
bool and_all() { return true; }
template<typename T>
  bool and_all(T cond) { return cond; }
template<typename T, typename... Ts>
  bool and_all(T cond, Ts... conds) {
    return cond && and_all(conds...);
  }
```

隨著 C++17 推出，納入了名為**摺疊表示式**（*fold expressions*）的新特性（其介紹請參考 4.2 節，第 58 頁）。它適用於所有除了 `.`、`->`、和 `[]` 之外的二元運算子。

給定一個未展開的陳述式 pattern *pack*、和一個 nonpattern 陳述式 *value*，C++17 允許我們對任何運算子 *op* 寫出下列型式的程式碼：

    (*pack* `op` ... `op` *value*)

上式可用於該運算的右摺疊（稱作**二元右摺疊**，*binary right fold*），或是下式

    (*value* `op` ... `op` *pack*)

可以應用於左摺疊（稱作**二元左摺疊**，*binary left fold*）。注意這裡需要加上括號。部分基本範例請參考 4.2 節（第 58 頁）。

摺疊運算適用於展開 **pack** 所得到的序列，每次展開處理的可以是序列的最後一個元素（用於右摺疊）、或是序列的第一個元素（用於左摺疊）。

透過這個特性，像下面這段替每個傳入型別 `T` 呼叫某個 **trait** 的程式碼

```
template<typename... T> bool g() {
  return and_all(trait<T>()...);
}
```

（這裡的 `and_all` 請參考先前定義），可以改寫為

```
template<typename... T> bool g() {
  return (trait<T>() && ... && true);
}
```

和你想的一樣，摺疊表示式是個 pack expansion。注意當 pack 為空時，摺疊表示式的型別仍然可以透過 non-pack 運算元來決定（上面式子裡的 `true`）。

不過此特性的設計者們也希望有個不使用 `value` 運算元的選擇。故 C++17 也提供了另外兩個形式：**一元右摺疊**（*unary right fold*）

    (*pack* `op` ...)

和**一元左摺疊**（*unary left fold*）

    (... `op` *pack*)

再一次，這裡必須加上括號。顯然這會引發一個針對 empty expansion（空白展開式）的問題：我們要怎麼決定它的型別和值呢？答案是一元摺疊的 empty expansion 通常意味著錯誤，但有三個例外：

- 由 && 組成的一元摺疊，其 empty expansion 產生的值為 true。
- 由 || 組成的一元摺疊，其 empty expansion 產生的值為 false。
- 由逗號運算子（,）組成的一元摺疊，其 empty expansion 會產生一個 void 陳述式。

注意，若你以某種不尋常的方式重載以上三個特殊運算子中的任何一個，會導致意料之外的狀況。舉例來說：

```
struct BooleanSymbol {
  …
};

BooleanSymbol operator||(BooleanSymbol, BooleanSymbol);

template<typename... BTs> void symbolic(BTs... ps) {
  BooleanSymbol result = (ps || ...);
  …
}
```

假定我們以繼承自 BooleanSymbol 的型別來呼叫 symbolic，對於所有除了 empty expansion 之外的 expansions 來說，呼叫都會產生一個 BooleanSymbol 數值。而 empty expansion 產生的是一個 bool 數值[12]。因此我們通常告誡不要使用一元摺疊表示式，而是建議使用二元摺疊表示式（並明確指定 empty expansion 的值）。

12.5 Friends（友元）

Friend（友元）宣告的基本概念很簡單：賦予 class 或 function 在擁有該 friend 宣告式的 class 裡的特權。但事情偶爾會變得複雜，源自以下兩個因素：

1. Friend 宣告式可能是某個實體僅有的唯一一個宣告式。
2. Friend 函式宣告式可以做為定義式。

12.5.1 Class Templates 的 Friend Classes

Friend class 宣告式無法作為定義式，因此鮮少會是問題。在 templates 的語境中，friend class 宣告式的唯一一個新觀念是具備將某個特定的 class template 實體宣告為 friend 的能力：

---

[12] 因為對這三個特殊運算子的重載並不常見，所以幸好這個問題鮮少發生（但也難以察覺）。Fold expression 的原始提案包括了將更常見的運算子（如 + 和 *）用於 empty expansion 的值，這會導致更嚴重的問題。

```
template<typename T>
class Node;

template<typename T>
class Tree {
    friend class Node<T>;
    …
};
```

請注意，當以上的 class template 實體成為某個 class 或 class template 的 friend 時，此 class template 必須是可見的（visible）。但對於普通的 friend class 來說，並不存在以上限制：

```
template<typename T>
class Tree {
    friend class Factory;       // 即便這是 Factory 的第一個宣告式也 OK
    friend class Node<T>;       // 如果 Node 不可見則錯誤
};
```

13.2.2 節（第 220 頁）有更多關於這點的討論。

在 5.5 節（第 75 頁）介紹過一個將其他 class template 實體宣告為 friends 的實際應用：

```
template<typename T>
class Stack {
  public:
    …
    // 替具有 T2 型別元素的 stack 賦值
    template<typename T2>
    Stack<T>& operator= (Stack<T2> const&);
    // 允許取用 Stack<T2> 的私有成員，T2 可以是任何型別：
    template<typename> friend class Stack;
    …
};
```

C++11 也新增了讓 template parameter 成為 friend 的語法：

```
template<typename T>
class Wrap {
  friend T;
    …
};
```

此語法適用於任何型別 T，但若 T 實際上不是個 class 型別，則忽略此敘述 [13]。

---

[13] 這是 C++11 最初的擴充功能之一，感謝 William M. "Mike" Miller 的這個提案。

12.5.2　Class Templates 的 Friend 函式

我們可以讓 function template 的實體成為 friend 函式，只要在該 friend 函式名稱後面接著寫角括號就行了。角括號裡可以寫上 template arguments，不過如果該引數可被推導出來，那不寫也是可以的：

```
template<typename T1, typename T2>
void combine(T1, T2);

class Mixer {
    friend void combine<>(int&, int&);
                        // OK：T1 = int&，T2 = int&
    friend void combine<int, int>(int, int);
                        // OK：T1 = int，T2 = int
    friend void combine<char>(char, int);
                        // OK：T1 = char，T2 = int
    friend void combine<char>(char&, int);
                            // 錯誤：與 combine() template 不匹配
    friend void combine<>(long, long) { … }
                            // 錯誤：不允許定義式！
};
```

注意我們無法定義某個 template 實體（我們最多只能定義其特化版本），因此代表某個實體名稱的 friend 宣告式無法作為定義式使用。

如果函式名稱並未跟著角括號，則有兩種可能：

1. 如果名稱不是被限定的（qualified，換句話說，名稱不包含 ::），則永遠不會指涉某個 template 實體。如果在 friend 宣告的時間點沒有見到任何匹配的 nontemplate 函式，則該 friend 宣告會是該函式的第一個宣告式。宣告式也可以是定義式。

2. 如果名稱是限定的（包含 ::），則該名稱必須指涉某個已被宣告的函式或 function template。且函式會較 function template 在匹配時具有更高的優先級。不過，這類的 friend 宣告式無法當成定義式。

以下例子有助於弄清楚各種可能的情況：

```
void multiply(void*);     // 普通函式

template<typename T>
void multiply(T);         // function template

class Comrades {
    friend void multiply(int) { }
                    // 定義新函式 ::multiply(int)

    friend void ::multiply(void*);
                    // 指向第一行的普通函式，
                    // 而非 multiply<void*> 實體
```

```
        friend void ::multiply(int);
                            // 指向該 template 的某個實體

        friend void ::multiply<double*>(double*);
                            // 限定名稱也可以帶有角括號，
                            // 不過 template 必須是可見的

        friend void ::error() { }
                            // 錯誤：限定的 friend 無法作為定義式
    };
```

在前一個例子裡，我們在一般的 class 裡宣告 friend 函式。在 class templates 裡宣告時也遵循相同的規則，不過在指定函式為 friend 時會用到 template parameters：

```
    template<typename T>
    class Node {
        Node<T>* allocate();
        …
    };

    template<typename T>
    class List {
        friend Node<T>* Node<T>::allocate();
        …
    };
```

Friend function 也可以定義於 class template 中，這麼一來唯有在實際用到時才會被實體化。這通常要求該 friend function 於其型別部分使用所屬的 class template 本身，當可被呼叫的函式在 namespace scope 裡可見時，這樣做能夠更簡單的表示在 class template 裡的函式：

```
    template<typename T>
    class Creator {
      friend void feed(Creator<T>) {      // 每個 T 都實體化出獨立的 ::feed() 函式
        …
      }
    };

    int main()
    {
      Creator<void> one;
      feed(one);                          // 實體化出 ::feed(Creator<void>)
      Creator<double> two;
      feed(two);                          // 實體化出 ::feed(Creator<double>)
    }
```

在這個例子裡，每個 Creator 的實體版本都會產生不同的函式。注意，即便這些函式作為某個 template 實體的一部分被創造出來，它們本身都是普通函式，而不是 template 的實體（instances）。不過，它們被視為模板化個體（*templated entities*，見 12.1 節，第 181 頁），其定義式只有在用到時才會被實體化。也請注意由於這類函式的本體定義於某個 class 定義式裡，這暗示了它們是 inline 的。因此，當同樣的函式產生於兩個不同的編譯單元時，並不會被當成是錯誤。13.2.2 節（第 220 頁）和 21.2.1 節（第 497 頁）將會說明更多關於此議題的細節。

12.5.3 Friend Templates

通常在宣告某個身為函式或是 class template 實體的 friend 時，我們會精確表示成為 friend 的是哪一個程式實體。不過有時也會有表示 template 的全部實體都是某個 class 的 friend 這樣的需求。這需要用到 *friend template*（友模板）。舉例來說：

```
class Manager {
    template<typename T>
      friend class Task;

    template<typename T>
      friend void Schedule<T>::dispatch(Task<T>*);

    template<typename T>
      friend int ticket() {
          return ++Manager::counter;
      }
    static int counter;
};
```

如同普通的 friend 宣告式，某個 friend template 只有當給出了非限定函式名稱、且沒有附帶角括號時，方能作為定義式出現。

某個 friend template 可以只宣告原型模板以及原型模板的成員。任何與原型模板相關的偏特化和顯式特化版本也都會被自動認為是 friends。

12.6 後記

打從 1980 年代後期以來，C++ templates 大體上的概念和語法相對來說趨於穩定。Class templates 和 function templates 都是早期 template 機制的一部分。Type parameters 和 nontype parameters 同樣也是。

不過，在原始設計之外也新增了重要的擴充功能，大多都是因應 C++ 標準程式庫的需求產生的。Member template 可能算是這些新增功能裡最基本的一個。有趣的是，只有 member *function* template 被正式地票選進 C++ 標準之中。而 member *class* templates 則是因為編輯的失察而成為標準的一部分 *。

Friend templates、default template arguments 和 template parameters 在 C++98 標準研議期間被發展出來。宣告 template template parameters 的能力有時被稱為高階泛型（*higher-order genericity*）。這原本是被發展來支援某個 C++ 標準程式庫裡的配置器模型（allocator model），不過該配置器模型後來被另一個不依賴 template template parameters 的模型給取代了。其後，template template parameters 差點就要從語言中拿掉，因為其規格到 1998 年標準研議過程的相當晚期仍然不完備。最終，多數委員會成員投票決定留下這個功能，並且完成了規格。

Alias templates 作為 2011 年標準的一部分被提出。Alias templates 讓撰寫「與既有 class template 只在拼寫方式上有出入的 templates」變得更簡單，滿足了與常用的「typedef templates」特性同樣的需求。Gabriel Dos Reis 和 Bjarne Stroustrup 撰寫了將其納入標準的 N2258 號規格書。Mat Marcus 同樣也對早期草案做出了部分貢獻。Gaby 也為 C++14 裡 variable template 的提案（N3651）制定細節。起先該提案僅被用來支援 constexpr 變數，不過在納入標準草案之前，該限制就被取消了。

Variadic templates 的發展被 C++11 標準程式庫和 Boost 程式庫（見 [*Boost*]）的需求所驅動，其中 C++ template 程式庫使用了愈來愈先進（和複雜）的技術，以支援能夠接受任意數目 template arguments 的 templates。Doug Gregor、Jaakko Järvi、Gary Powell、Jens Maurer、和 Jason Merrill 提供了該標準的最初規格（N2242）。在規格研議期間，Doug 同時也開發了此特性的最初實作版本（於 GNU 的 GCC 編譯器中），這對能夠在標準程式庫裡使用此特性有莫大助益。

摺疊表示式是 Andrew Sutton 和 Richard Smith 的傑作：透過兩位作者撰寫的 N4191 文件，摺疊表示式被加進了 C++17。

---

*　摘錄自初版譯註：C++ 標準委員會只投票通過加入 member function templates，C++ 標準檔案也隨之做出增補。然而這部份文字寫得並不嚴謹，使得人們誤以為 member class templates 也被加入 C++ *Standard*。之後不久，某些標準程式庫也在實作中使用了 member class templates。這使得這個誤會更鑿實，人們再也無法把它從語言標準規格中剔除。

13

Templates 內的名稱

Names in Templates

名稱（names）是大多數程式語言中的基本概念。程式設計師藉此得以指涉先前建立過的程式實體。當 C++ 編譯器遇見一個名稱，編譯器必須透過「查詢」來識別出指涉的程式實體是哪一個。從編譯器實作者的角度看來，在這方面 C++ 是個很棘手的語言。考慮 C++ 陳述句 x*y;，如果 x 和 y 是變數的名稱，則此陳述句代表一個乘法；不過如果 x 是某個型別的名稱，則此陳述句宣告了 y 作為指向某個 x 型別實體的指標。

這個小例子說明了 C++ 是一種對上下文敏感的語言（*context-sensitive language*，這點和 C 相似）：在瞭解某個語言構件所處的外部語境（wider context）之前，並不一定能理解它所代表的意思。但這點和 template 又有什麼關係呢？好吧，templates 是一個必須處理多種外部語境的構件：(1) template 出現處的上下文、(2) template 實體化處的上下文、(3) 和實體化 template 所使用的 template arguments 有關的上下文。因此，在 C++ 裡得要格外小心地處理「名稱」這件事，這完全不令人感到意外。

13.1 名稱分類學（Name Taxonomy）

C++ 用了各式各樣的方法對名稱分類——事實上，方法五花八門。為了應對這些豐富的術語，我們提供了表 13.1 和表 13.2，用以描述這些分類法則。幸運的是，透過熟悉兩種主要的命名概念，你便能夠深入理解大多數的 C++ template 問題：

1. 如果某個名稱利用 scope 決議運算子（resolution operator，::）或是成員存取運算子（. 或 ->）明確地標示所處的 scope，則該名稱是個*限定名稱*（*qualified name*）。舉例來說，this->count 是個限定名稱，但 count 不是（即便這個簡單的 count 敘述可能實際指涉了某個 class 成員）。

2. 如果某個名稱以某些方式依賴於 template parameter，則它是個*依附名稱*（*dependent name*）。例如，若 T 是個 template parameter，則 std::vector<T>::iterator 通常是個依附名稱。不過如果 T 是個已知型別的別名（像是透過 using T = int 定義的 T），則以上敘述是個非依附名稱（nondependent name）。

215

分類	解釋和附註
識別字（identifier）	僅包含字母、底線（_）、和數字的連續序列所構成的名稱。識別字無法以數字作為開頭，同時出於實作考量保留了部分識別字：你不應該在程式中使用它們（根據經驗，請避免使用單個或兩個底線作為名稱的開頭）。同時也需要從更廣泛的角度考慮「字母」的概念、並包含用於編碼非字母語言（nonalphabetical languages）字形的特殊通用字元名稱（universal character names，UCNs）。
Operator-function-id（運算子函式識別字）	operator 關鍵字後面接著代表運算子的符號——例如，operator new 和 operator []。[1]
Conversion-function-id（轉換函式識別字）	用於標注使用者定義的隱式轉換運算子——例如：operator int&，它也可以被模糊地寫成 operator int bitand。
Literal-operator-id（定字運算子識別字）	用於標示使用者定義的定字運算子——例如，operator "" _km，這在表示像是 100_km 之類的定字時會用得到（C++11 引入的特性）。
Template-id（Template 識別字）	Template 名稱後面跟著包在角括號裡的 template arguments；例如，List<T, int, 0>。Template-id 也可以是個 operator-function-id 或是 literal-operator-id 後面跟著包在角括號裡的 template arguments；例如 operator+<X<int>>。
Unqualified-id（非限定識別字）	識別字的一般化版本。可以是上面的任何一種形式（identifier、operator-function-id、conversion-function-id、literal-operator-id、或是 template-id）、或者是個「解構子名稱」（像是 ~Data 或是 ~List<T, T, N> 等表示法）。
Qualified-id（限定識別字）	被 class、enum、namespace 名稱、或是直接被 global scope 決議運算子所限定的 unqualified-id。注意該名稱本身也可以被限定。例子像是 ::X、S::x、Array<T>::y、以及 ::N::A<T>::z。
限定名稱（Qualified name）	這個術語並未定義於標準之中，不過我們用它來指涉那些會進行限定查詢（qualified lookup）的名稱。更淺白地說，它會由某個跟在成員存取運算子（. 或 ->）後面的 qualified-id 或是 unqualified-id 所構成。例子像是 S::x, this->f 和 p->A::m。不過在程式碼中只寫 class_mem 會暗自等同於 this->class_mem 的這件事，並不是一個限定名稱：成員存取的動作需要被明確標示才算。
非限定名稱（Unqualified name）	某個不是限定名稱的 unqualified-id。這也不是標準定義的術語，不過它對應於會進行標準稱為非限定查詢（unqualified lookup）過程的名稱。
名稱（Name）	任何的限定或是非限定名稱。

表 13.1. 名稱分類學（第一部分）

---

[1] 許多運算子具有替代的表示法。舉例來說，operator & 可以等價地寫成 operator bitand，即使它表示的是一元運算子的位址時也可以這麼寫。

分類	解釋和附註
依附名稱 （Dependent name）	以某種方式依賴於 template parameter 的名稱。通常明確帶有 template parameter 的限定或非限定名稱，即為依附名稱；此外，藉由成員存取運算子（. 或 ->）限定的限定名稱，如果存取運算子左邊的陳述式型別為 *type-dependent*（依賴於其他型別）時，一般為依附名稱。這個概念會在 13.3.6 節（第 233 頁）討論到。特別提一下，在 this->b 裡頭的 b，若出現在 template 裡時，通常是個依附名稱。最後，某個受限於依賴引數的查詢（argument-dependent lookup）的名稱（在 13.2 節，第 217 頁會提及），像是呼叫式 ident(x, y) 裡的 ident、或是陳述式 x + y 裡的 +，唯有且僅有在任何引數的表示式是 type-dependent 時，才算是依附名稱。
非依附名稱 （Nondependent name）	某個根據以上敘述判斷不屬於依附名稱的名稱。

表 13.2. 名稱分類學（第二部分）

透過閱讀以上表格，可以更熟悉這些在描述 C++ template 問題偶爾會用到的術語，這很有幫助，不過也不必強記每個術語的精確意思。當有需要時，你可以透過索引簡單地找到它們。

13.2　查詢名稱

在 C++ 裡查詢名稱時有許多小細節，不過我們只關注幾個主要概念。這些細節得以確保 (1) 能夠直觀地處理一般情況、以及 (2) 能藉由標準來使用某種方式對付出問題的狀況。

限定名稱會在限定構件（qualifying construct）所提示的 scope 內被查詢。如果該 scope 是個 class，則也會搜尋其 base classes。不過在查詢限定名稱時不會考慮 enclosing scopes（外圍作用範圍）。下列範例說明了此項基本原則：

```cpp
int x;

class B {
  public:
    int i;
};

class D : public B {
};

void f(D* pd)
{
    pd->i = 3;        // 找到 B::i
    D::x = 2;         // 錯誤：不會找到 enclosing scope 裡的 ::x
}
```

相較之下，非限定名稱通常會在後續的更多 enclosing scopes 內查詢（儘管在成員函式定義
裡，class 本身及所屬 base class 的 scope 都會先於任何其他 enclosing scopes 被查詢）。這
被稱為普通查詢（*ordinary lookup*）。下面是個基本範例，展示了普通查詢的主要精神：

```
extern int count;                      // #1

int lookup_example(int count)          // #2
{
    if (count < 0) {
        int count = 1;                 // #3
        lookup_example(count);         // 非限定的 count，其指向 #3
    }
    return count + ::count;            // 第一個（非限定的）count，其指向 #2；
}                                      // 第二個（限定的）count，其指向 #1
```

近來在非限定名稱的查詢方面有個轉變——除了普通查詢之外——有時也可能實行依賴於引
數的查詢（*argument-dependent lookup*，*ADL*）[2]。在進入 ADL 的細節之前，讓我們先藉由
老梗的 max() template 來說明此項機制的動機：

```
template<typename T>
T max (T a, T b)
{
    return b < a ? a : b;
}
```

假定現在我們需要針對某個定義在其他 namespace 裡的型別應用這個 template：

```
namespace BigMath {
    class BigNumber {
        …
    };
    bool operator < (BigNumber const&, BigNumber const&);
    …
}

using BigMath::BigNumber;

void g (BigNumber const& a, BigNumber const& b)
{
    …
    BigNumber x = ::max(a,b);
    …
}
```

---

[2] 在 C++98 / C++03 裡，這類查詢也被稱作 *Koenig lookup*（或是 *extended Koenig lookup*），因為 Andrew Koenig
首先提出了這類機制的某種變形。

這裡的問題在於，max() template 無法感知到 BigMath namespace，並且普通查詢會找不到適用於型別為 BigNumber 的數值運算子 <。如果沒有一些特別的規則，這會讓 template 於 C++ namespaces 存在時的可用性大為降低。ADL 就是這類「特殊規則」的解方。

13.2.1 依賴於引數的查詢

ADL 主要用於看起來像在呼叫函式或喚起運算子時，指名了非成員函式的那些非限定名稱。如果普通查詢能夠找到下列名稱，則 ADL 不會發生：

- 某個成員函式的名稱、
- 某個變數的名稱、
- 某個型別的名稱、或
- 某個 block-scope 函式宣告式的名稱。

如果待呼叫函式的名稱被包含於括號內，同樣會抑制 ADL 的執行。

另一方面，如果該名稱後面跟著一串包在括號裡的引數陳述式，則會執行 ADL，在 call arguments 型別的「相關」 namespaces 和 classes 之中查詢名稱。稍後我們會給出 *associated namespaces*（相關命名空間）和 *associated classes*（相關類別）的精確定義，不過直觀上它們可以被想成是與給定型別直接連結的所有 namespaces 和 classes。舉例來說，如果該型別是指向某個 class X 的指標，則 associated classes 和 namespaces 包含了 X 以及任何 X 所屬的 namespaces 和 classes。

對於某個給定的型別，*associated namespaces* 和 *associated classes* 所構成的集合，其精確定義由以下規則決定：

- 對於內建型別來說，兩者皆為空集合。
- 對於指標和 array 型別，associated namespaces / classes 的集合由底層型別（underlying type）所組成。
- 對於列舉型別，associated namespace 為列舉值宣告處的 namespace。
- 對於 class 成員，所屬的 class 即為 associated class。
- 對於 class 型別（包含 union 型別），其 associated classes 的集合包含了該型別本身、所屬的 class、以及任何直接與間接的 base classes。其 associated namespaces 的集合則為 associated classes 宣告處的 namespaces。如果該 class 是個 class template 實體，則也會包含 template type arguments 的型別、以及 template template arguments 宣告處的 classes 和 namespaces。
- 對於函式型別，associated namespaces 和 classes 的集合包含了和所有與參數型別和回傳型別相關的 namespaces 和 classes。
- 對於指向 class X 內某成員的指標而言，associated namespaces / classes 的集合包含了與 X 相關以及與對象成員型別相關的 namespaces 和 classes（如果是指向成員函式型別的指標，則也要納入參數型別和回傳型別相關的 namespaces 和 classes）。

ADL 接著會在所有的 associated namespaces 裡查詢名稱，就彷彿該名稱已經被一一地限定於每個 namespaces 裡一樣，差別只在於 using 指令在此會被忽略。下面的例子說明了這個過程：

details/adl.cpp

```cpp
#include <iostream>

namespace X {
    template<typename T> void f(T);
}

namespace N {
    using namespace X;
    enum E { e1 };
    void f(E) {
        std::cout << "N::f(N::E) called\n";
    }
}

void f(int)
{
    std::cout << "::f(int) called\n";
}

int main()
{
    ::f(N::e1);  // 限定函式名稱：不使用 ADL
    f(N::e1);    // 普通查詢找到了 ::f()、同時 ADL 找到了 N::f()，
                 // 考慮參數型別，後者具備較高優先級
}
```

注意在這個例子裡，namespace N 裡的 using 指令在執行 ADL 時會被忽略。因此位於 main() 函式裡的呼叫永遠不會考慮 X::f()。

13.2.2　為 Friend 宣告進行依賴於引數的查詢

Friend 函式宣告可以作為指定函式的第一個宣告式。這樣一來，會假設該函式被宣告於「包含了該 friend 宣告式的 class」最近的 enclosing namespace（外圍命名空間）scope 裡（可能會是 global scope）。不過這樣的 friend 宣告式並不會直接在該 scope 中可見。考慮下面這個例子：

```cpp
template<typename T>
class C {
    …
    friend void f();
```

```
    friend void f(C<T> const&);
    …
};

void g (C<int>* p)
{
    f();      // f() 於此處是否可見?
    f(*p);    // f(C<int> const&) 於此處是否可見?
}
```

如果 friend 宣告式在 enclosing namespace 裡可見,則實體化一個 class template 可能會令普通函式的宣告式變得可見。這會導致出人意料的行為:除非在程式裡,class C 的實體化時間點早於對 f() 的呼叫,否則呼叫動作會導致編譯錯誤!

另一方面,只在 friend 宣告時進行函式宣告(和定義)可能會很有用(某個依賴此行為的技巧,請參考 21.2.1 節,第 497 頁)。當接受該函式為 friend 的 class 出現在 ADL 認定的 associated classes 裡時,該函式便能夠被找到。

回到我們的最後一個例子。由於不帶引數,故 f() 呼叫式不具有 associated classes 或 namespaces:所以在上述例子裡,它是無效的呼叫。然而,呼叫式 f(*p) 有個 associated class C<int>(因為它是 *p 的型別),因此 global namespace 也算是 associated namespace(因為它是 *p 型別宣告身處的 namespace)。如此一來,如果 class C<int> 在呼叫發生前已被完全地實體化,第二個 friend 函式的宣告式就能夠被找到。為了確保這點,我們預設「涉及在 associated classes 之中查詢 friends 的呼叫」會導致該 class 被實體化(假定該 class 尚未完成實體化的話)[3]。

利用依賴引數的查詢找到 friend 宣告和定義式的能力,有時被稱作 *friend name injection*(友元名稱植入)。不過這個名詞有點誤導,因為這是某個尚未成為 C++ 標準特性的名稱,暗示該特性實際上會將 friend 宣告的名稱「植入」enclosing scope 裡,令其可見於一般的名稱查詢。在我們的例子裡,這代表兩個呼叫都會是合法的。本章後記會詳細說明 friend name injection 的發展歷史。

13.2.3　內植 Class 名稱

class 的名稱會被植入 class 自身的 scope 中,故可以在該 scope 裡作為非限定名稱來存取(不過它無法作為限定名稱訪問,因為這和建構子的寫法相同)。舉個例子:

details/inject.cpp

```
#include <iostream>

int C;
```

---

[3] 儘管撰寫 C++ 標準的人們明確傳達了這個想法,但並未在標準中以文字闡明這點。

```
class C {
  private:
    int i[2];
  public:
    static int f() {
        return sizeof(C);
    }
};

int f()
{
    return sizeof(C);
}

int main()
{
    std::cout << "C::f() = " << C::f() << ','
              << " ::f() = " << ::f() << '\n';
}
```

成員函式 C::f() 會回傳型別 C 的大小，而函式 ::f() 則回傳變數 C 的大小（亦即 int 物件的大小）。

Class template 也具備內植的（injected）class 名稱。不過比起普通的內植名稱，它顯得有些奇怪：它後面可以跟著 template arguments（此時它為內植的 class *template* 名稱）；不過若是沒有跟著 template arguments，在上下文期望得到型別時，則會代表「以現有 template parameter 作為 template argument」時的 class 型別（或對於偏特化版本作為其特化引數）、或是在上下文期望 template 時，用來表示一個 template。這解釋了以下這些情況：

```
template<template<typename> class TT> class X {
};

template<typename T> class C {
  C* a;              // OK：與「C<T>* a;」相同
  C<void>& b;        // OK
  X<C> c;            // OK：未具備 template argument list 的 C，表示的是 template C
  X<::C> d;          // OK：::C 並非內植的 class 名稱，因此總是表示 template
};
```

注意非限定名稱是如何引用內植名稱的，同時若該名稱後面未跟著 template argument list，則該非限定名稱不會被視為 template 名稱。為了抵消這種效果，我們可以利用檔案 scope 修飾符號 :: 來強制讓 template 被找到。

用於 variadic template 的內植 class 名稱有個額外的缺點：如果內植的 class 名稱利用了 variadic template 的 template parameters 作為其 template arguments，該內植的 class 名稱會包含尚未被展開的 template parameter packs（pack expansion 的細節請參考 12.4.1 節，第 201 頁）。因此，在形成 variadic template 的內植 class 名稱時，對應於 template parameter pack 的 template argument 會是個 pack expansion，其 pattern 即為該 template parameter pack：

```
template<int I, typename... T> class V {
    V* a;              // OK：與「V<I, T...>* a;」相同
    V<0, void> b;      // OK
};
```

13.2.4 當前實體版本

某個 class 或 class template 的內植 class 名稱，實際上等同被定義型別的別名（alias）。對一個 nontemplate class 來說，這個性質顯而易見，因為該 class 本身是該 scope 中唯一一個具備該名稱的型別。不過，對於 class template、或內嵌於 class template 的 class 來說，每個 template 實體版本都會產生不同的型別。此性質在這種語境下特別有趣，因為它代表內植的 class 名稱指涉的是和所處 class template 相同的實體版本，而非該 class template 的其他特化版本（class templates 裡的巢狀 classes 也遵循相同規則）。

在 class template 之中，任何內含的（enclosing）class 或 class template 的內植 class 名稱、或任何等同於前述內植 class 名稱的型別（包括透過查詢型別別名宣告所得到的型別），指涉的即為當前實體版本（*current instantiation*）。依賴於某個 template parameter（像是依附型別，*dependent types*）、但又不指涉當前實體版本的一群型別，我們會說它們指涉的是一個未知特化版本（*unknown specialization*）。這些型別可能會在同一個 class template 裡被實體化，也有可能在完全不同的 class template 被實體化。下面的例子說明了差別所在：

```
template<typename T> class Node {
  using Type = T;
  Node* next;              // Node 指涉當前實體版本
  Node<Type>* previous;    // Node<Type> 指涉當前實體版本
  Node<T*>* parent;        // Node<T*> 指涉某個未知特化版本
};
```

存在巢狀 classes 和巢狀 class templates 的情形下，確定某個型別是否指涉當前實體版本可能會把人弄糊塗。內含的 classes 或 class templates 的內植 class 名稱（或與之相等的型別）即指涉當前實體版本，而其他巢狀 classes 或巢狀 class templates 則並非如此：

```
template<typename T> class C {
  using Type = T;

  struct I {
    C* c;              // C 指涉當前實體版本
    C<Type>* c2;       // C<Type> 指涉當前實體版本
    I* i;              // I 指涉當前實體版本
  };
```

```
struct J {
  C* c;               // C 指涉當前實體版本
  C<Type>* c2;        // C<Type> 指涉當前實體版本
  I* i;               // I 指涉某個未知特化版本
                      // 因為 I 並未包含 J
  J* j;               // J 指涉當前實體版本
};
};
```

當某個型別指涉的是當前實體版本，則該 class 實體的內容保證會是從當前正在定義的 class template 或巢狀 class 實體化出來的。這件事會在解析（parsing）template（我們下一節的主題）時影響名稱查詢，不過這也帶來了另一種更近似於遊戲的方式，來決定存在於 class template 定義中的某個型別 X 是否指涉當前實體版本、抑或某個未知特化版本：假設另一名程式設計師寫出一個顯式特化體（會在第 16 章詳細說明），同時令 X 指涉該特化體，則 X 指涉的是某個未知特化版本。例如，考慮上個例子的語境裡型別 C<int>::J 的實體化過程：我們已知 C<T>::J 的定義式會用來實體化該具體型別（因為那是我們想要實體化的型別）。再者，因為顯式特化無法在尚未特化完所有內含的 template 或成員之前，特化某個 template 裡包含的 template 或成員，故 C<int> 會先從內含的 class 定義式中被實體化出來。因此，在 J 裡頭指向 J 和 C<int>（這裡的 Type 是 int）的 references 指涉的是當前實體版本。另一方面，對 C<int>::I 的顯式特化可以寫成下面這樣：

```
template<> struct C<int>::I {
  // 此特化版本的定義式
};
```

此處 C<int>::I 特化體提供了一個完全不同於 C<T>::J 的定義中可見到的定義式。故位於 C<T>::J 定義式裡的 I，指涉的是某個未知特化版本。

13.3 解析 Templates

對大多數程式語言的編譯器而言，最基本的兩個任務是切分單詞（tokenization，也被稱作掃描（scanning）或語彙分析（lexing））以及解析（parsing）。切分單詞的過程將原始程式碼視為一連串的字元讀入，並據此產生一連串的 tokens（標記）。舉例來說，當看到 int* p = 0; 組成的一連串字元，「分詞器（tokenizer）」會為關鍵字 int、符號／運算子 *、識別字 p、符號／運算子 =、整數定字 0、及符號／運算子 *，分別產生對應的 token 描述。

接著解析器（parser）會在 token 序列中找尋已知的 pattern（圖樣），它會透過遞迴地將 token 或已尋獲的 pattern 轉成更高階的構件來減少前述元素的數量。例如，token 0 代表合法的陳述式（expression）；* 加上識別字（identifier）p 的組合是個合法的宣告子（declarator）；而宣告子加上「=」再加上陳述式「0」是個合法的初始宣告子（init-declarator）。最後，關鍵字 int 是個已知的型別名稱，同時當後面跟著初始宣告子 *p = 0 時，你會得到針對 p 的初始化宣告式。

13.3.1   Nontemplates 裡的上下文敏感性

如你知道或預期的那樣,切分單詞比解析簡單。幸運的是,解析是個已形成堅實理論的主題。藉由這套理論,解析許多有用的語言並不困難。然而,這套理論對於與上下文無關的語言(*context-free languages*)來說表現得最好,而我們已經注意到 C++ 具有上下文敏感性。為了應付這點,C++ 編譯器會將一個符號表(symbol table)連結到分詞器和解析器:當某個宣告式解析完成,它會被插入符號表。當分詞器找到一個識別字,它會查詢符號表並在發現該識別字為型別時標註最後的 token。

舉個例子,如果 C++ 編譯器看到了

```
x*
```

分詞器會試著查詢 x。如果發現符合某個型別,則解析器會看到

```
identifier, type, x
symbol, *
```

同時判斷某個宣告式開始了。不過如果它並未發現 x 是個型別,則解析器會從分詞器那兒收到

```
identifier, nontype, x
symbol, *
```

並且該構件僅在代表乘法時能被合法解析。這些原則的細節依賴於特定的實作策略,不過大意大致如此。

藉由下面這個陳述式表現另一個上下文敏感性的實例:

```
X<1>(0)
```

如果 X 是個 class template 的名稱,則上式會將整數 0 轉為由該 template 所產生的型別 X<1>。如果 X 並非 template,則上式等價於

```
(X<1)>0
```

也就是說,X 和 1 相互比較。比較後得到的結果──true 或 false,在這個例子會被隱式的轉型成 1 或 0 ──然後再和 0 做比較。雖然這樣的程式碼鮮少使用,但它是合法的 C++ 程式碼(同時,這個例子也是合法的 C 程式碼)。C++ 編譯器因此會查詢出現在 < 之前的名稱,並且唯有在該名稱代表 template 時,才會視 < 為角括號;否則,< 會被視為一個普通的小於運算子。

這類的上下文敏感性是選擇了角括號來分隔 template argument lists 的不幸後果。下面是另一個類似的後果:

```
template<bool B>
class Invert {
  public:
    static bool const result = !B;
};

void g()
{
    bool test = Invert<(1>0)>::result;  // 需要引號!
}
```

如果 `Invert<(1>0)>` 裡的括號被省略，裡頭的大於符號會被錯當成 template argument list 的結束符號。這會讓程式碼變得不合法，因為編譯器會將其視為與 `((Invert<1>))0>::result` 等義[4]。

分詞器同樣不會放過角括號表示法造成的問題。例如

```
List<List<int>> a;
           // ⌐ 在兩個右角括號之間沒有空白
```

兩個 > 字元組成了一個右移 token `>>`，分詞器因而不會將其視為兩個個別的 token。這是貪食（*maximum munch*）分詞原則帶來的後果：C++ 實作上必須盡可能的收集連續的字元，將其轉成單一 token[5]。

如 2.2 節（第 28 頁）所述，C++ 標準從 C++11 起特別關照了這個案例——當某個內嵌的 template-id 以一個右移 token `>>` 結束時——解析器內部會將右移等義視作兩個個別的右角括號（> 和 >），用來一次將兩個 template-ids 收尾[6]。有趣的是，這種變動默默地改變了某些（被刻意製造出來）程式的含義。考慮下面這個例子：

names/anglebrackethack.cpp

```cpp
#include <iostream>

template<int I> struct X {
  static int const c = 2;
};

template<> struct X<0> {
  typedef int c;
};

template<typename T> struct Y {
  static int const c = 3;
};

static int const c = 4;

int main()
{
  std::cout << (Y<X<1> >::c >::c>::c)::c) << ' ';
  std::cout << (Y<X< 1>>::c >::c>::c)::c) << '\n';
}
```

---

[4] 注意這裡的雙重括號是為了避免將 `(Invert<1>)0` 解析為轉型運算——另一個語法歧義的來源。

[5] 特定的異常處理被引進來對付本節描述的分詞問題。

[6] 1998 和 2003 年的 C++ 標準版本並不支援這種「angle bracket hack（角括號對付法）」。然而，被要求在兩個相連的右角括號之間插入一個空白，時常成為 template 新手使用者的絆腳石，故標準委員會決定將這個解法納入 2011 年的標準版本。

這是一個合法的 C++98 程式，輸出結果為 0 3。在 C++11 這也是合法的程式，不過 angle bracket hack 使這兩個具有括號的陳述式變得等價，輸出結果變為 0 0[7]。

這裡也存在另一個類似的問題，肇因於 *digraph*（複合字元）<: 能夠用來表示 [字元（某些傳統鍵盤上沒有這個字）。考慮以下範例：

```
template<typename T> struct G {};
struct S;
G<::S> gs;                    // 從 C++11 開始合法，但是在先前的版本會造成錯誤
```

在 C++11 之前，最後一行程式碼等價於 G[:S> gs;，很明顯這樣寫不合法。另一種「hexical hack（語彙對付法）」被添加來對付這個問題：當編譯器見到字符 <: 後面未跟著 : 或 > 時，開頭的 <: 字符並不會被視為等價於 [的複合字 token [8]。這個 *digraph hack*（複合字元對付法）可以使先前合法的（但有點刻意造出來的）程式變成非法[9]。

```
#define F(X) X ## :

int a[] = { 1, 2, 3 }, i = 1;
int n = a F(<::)i;           // 在 C++98 / C++03 合法，但在 C++11 則否
```

要想理解這個例子，請注意「digraph hack」適用於預處理標記（*preprocessing tokens*）。預處理標記是能被預處理器接受的 token 類型（在預處理完成後可能無法被接受），它們會在 macro（巨集）展開完成之前被決定。記住這一點，C++98 / C++03 會無條件的把位於巨集呼叫 F(<::) 裡面的 <: 轉換成 [，並把 n 的定義式展開成

```
int n = a [ :: i];
```

上式完全沒有任何問題。可是，C++11 並不會執行 digraph 轉換，因為在巨集展開前的 <: 序列並未跟著 : 或 >，而是跟著)。沒有了複合字轉換，連接運算子 ## 必然會試著將 :: 和 : 結合成一個新的預處理 token。但這是徒勞無功，因為 ::: 並不是個合法的連接 token。標準將其歸類成未定義行為，這允許編譯器採取任何行動。部分編譯器會診斷出此問題，而其他編譯器則否、並乾脆讓兩個預處理 tokens 保持分開，這導致了語法錯誤，因為它讓 n 的定義式展開之後變成了

```
int n = a < :: : i];
```

---

[7] 有些編譯器會提供 C++98 或 C++03 模式，並在這些模式裡保有 C++11 的行為。從而在正式編譯 C++98 / C++03 程式時也會輸出 0 0。

[8] 因此這也是前述貪食原則的一個例外。

[9] 感謝 Richard Smith 指出這點。

13.3.2　型別的依附名稱

存在於 templates 裡的名稱所帶來的問題是，這些名稱始終無法確定其類型。具體來說，一個 template 無法看到另一個 template 裡的內容，因為該內容物可能因為某個顯式特化而變得無效。下面經過刻意設計的例子說明了這一點：

```
template<typename T>
class Trap {
  public:
    enum { x };              // #1 這裡的 x 不是型別
};

template<typename T>
class Victim {
  public:
    int y;
    void poof() {
        Trap<T>::x * y;      // #2 這代表宣告式？還是乘法？
    }
};

template<>
class Trap<void> {           // 特化行為壞壞！
  public:
    using x = int;           // #3 這裡的 x 是個型別
};

void boom(Victim<void>& bomb)
{
    bomb.poof();
}
```

當編譯器解析 *#2* 這一行時，它必須決定此時看到的是一個宣告式、還是一個乘法。這個決定又會取決於限定的依附名稱 Trap<T>::x 是不是一個型別名稱。此時（編譯器）會忍不住想偷看一下 template Trap 裡面的內容，然後發現根據 *#1*，Trap<T>::x 並不是個型別。這會讓我們相信 *#2* 這行代表乘法。不過稍後的程式替 T 為 void 的情況重載了泛型的 Trap<T>::x，因而破壞了先前的猜想。此案例中的 Trap<T>::x 實際上是個 int 型別。

在這個例子裡，型別 Trap<T> 是個依附型別（*dependent type*），因為其型別依賴於 template parameter T。其次，Trap<T> 指涉了某個未知特化版本（曾於 13.2.4 節，第 223 頁提及），這代表編譯器無法安全地藉由觀察 template 內部來決定名稱 Trap<T>::x 是不是一個型別。如果 :: 符號之前的型別指涉的是當前實體版本——舉例來說，像是 Victim<T>::y ——則編譯器便得以看見 template 定義式，因為可以確定不會有其他特化版本的干擾。因此，當位於 :: 之前的型別指涉的是當前實體版本時，在 template 裡查詢限定名稱的行為會十分類似於替非依附型別查詢限定名稱的方式。

不過如同這個例子所示，在未知特化版本裡查詢名稱仍然是個問題。語言定義藉由聲明限定依附名稱在一般情形下不會表示型別，除非該名稱前面冠上了關鍵字 typename，來解決這個問題。如果結果表明，替換了 **template arguments** 之後的名稱不是個型別名稱，則此程式不合法，同時你的 C++ 編譯器應該在實體化時發出抱怨。請注意此時 typename 的用法不同於用來標示 **template type parameter** 時的用法，你不能等效的將 typename 替換成 class，這點與 **type parameter** 不一樣。

當名稱滿足以下所有條件時，需要在前面加上 typename [10]：

1. 該名稱為限定名稱，同時後面未跟著用來形成更加限定名稱的 :: 符號。

2. 該名稱不屬於某個已解釋型別標示符（*elaborated-type-specifier*）的一部分。意即使用以下任何一個關鍵字起始的型別名稱：class、struct、union、或是 enum。

3. 該名稱並未出現於 **base class list** 中[*]，也未出現在引用了建構子定義的成員初始化列表之中 [11]。

4. 該名稱依賴於 **template parameter**。

5. 該名稱屬於某個未知特化版本的成員。這意味著該標示名稱代表的型別指涉了某個未知特化版本。

再者，除非滿足上面的前兩個條件，否則你不能在前面加上 typename 關鍵字。為了說明這點，考慮下面的錯誤範例 [12]：

```
template<typename₁ T>
struct S : typename₂ X<T>::Base {
    S() : typename₃ X<T>::Base(typename₄ X<T>::Base(0)) {
    }
    typename₅ X<T> f() {
      typename₆ X<T>::C * p;        // 宣告了指標 p
      X<T>::D * q;                  // 這是乘法！
    }
    typename₇ X<int>::C * s;

    using Type = T;
    using OtherType = typename₈ S<T>::Type;
};
```

---

10 請注意 C++20 在大多數情況下，可能不需要加上 typename（細節參考 17.1 節，第 354 頁）。

11 依語法來說，只有型別名稱被允許在上述語境中出現，故限定名稱肯定意味著型別名稱。

12 改編自 [*VandevoordeSolutions*]，證明了 C++ 的確促進了程式碼的重複利用（**code reuse**）。

* 初版譯註：上述說的 **base class list** 是指這種情況：
```
template <typename T>
class Derived : Base1<typename T::x>, Base2<typename T::y> {
      // Base1 和 Base2 之前不能加 typename，
         但是當 x 和 y 都是型別時，T::x 和 T::y 之前必須加 typename
         ...
};
```

每次當 typename 出現時——無論其正確與否——這裡都會加上數字作為下標，方便讀者參考。第一個出現的 typename₁ 指定了一個 **template parameter**。上述規則並不適用於這個 typename。

根據前述第二條規則，第二和第三個 typename 是不合法的。出現於這兩處上下文的 **base class** 名稱，前面不能加上 typename。不過 typename₄ 則是必要的。此處的 **base class** 名稱並不用於表示被初始化的目標型別、或是被繼承的基礎型別。相反地，該名稱屬於某個陳述式的一部分，其使用引數 0 構建一個暫時的 X<T>::Base（如果你想的話，它也可以是個轉型動作）。第五個 typename 是不合法的，因為後面跟的名稱，X<T>，並不是個限定名稱。第六個則是必要的，前提是該陳述句用來宣告指標。它的下一行省略了 typename 關鍵字，因而會被編譯器解釋為一個乘法。第七個 typename 可加可不加，因為它滿足了前兩條規則，但並不滿足最後兩條規則。第八個 typename 同樣也是可自由選用的，因為它指涉的是當前實體版本的成員（也因此不滿足最後一條規則）。

用於決定是否需要加上 typename 的最後一條規則有時可能會難以驗證，因為它會依賴用來決定某個型別是否指涉當前實體版本、或是指涉未知實體版本的規則。遇到這種情況，最安全的方式是直接加上 typename 關鍵字，表示你希望後面跟著的限定名稱代表型別。即便該 typename 關鍵字可有可無，它仍可記錄下你當前的想法。

13.3.3　Templates 的依附名稱

當 template 的名稱依賴於他物時，會發生類似於上一節遇到的問題。一般來說，C++ 編譯器需要將後面跟著某個 template 名稱的 < 符號，視為 template arguemnt list 的開始，否則它便是個小於運算子。和型別名稱類似，除非程式設計師利用 template 關鍵字提供了額外的資訊，否則編譯器必須假設某個依附名稱並不指涉某個 template：

```cpp
template<typename T>
class Shell {
  public:
    template<int N>
    class In {
      public:
        template<int M>
        class Deep {
            public:
            virtual void f();
        };
    };
};

template<typename T, int N>
class Weird {
  public:
    void case1 (
            typename Shell<T>::template In<N>::template Deep<N>* p) {
        p->template Deep<N>::f();      // 阻止了 virtual call
```

```
        }
        void case2 (
                typename Shell<T>::template In<N>::template Deep<N>& p) {
            p.template Deep<N>::f();        // 阻止了 virtual call
        }
    };
```

這個有些複雜的例子展示了在什麼情況下，所有能用來修飾名稱的運算子（::、->、和 .），前面必須加上 template 關鍵字。當每個前面加上了修飾運算子的名稱或陳述式，其型別依賴於 template parameter，且該型別指涉的是未知的特化版本，同時運算子後面跟著的名稱是個 template-id（亦即 template 名稱加上包在角括號裡的 template arguments）時便符合這種情況。例如

```
    p.template Deep<N>::f()
```

在上述陳述式裡，p 的型別依賴於 template parameter T。因此 C++ 編譯器無法藉由直接查詢 Deep 來得知其是否為 template。我們必須透過冠上 template，來明確的指出 Deep 是個 template 名稱。如果不這麼做，p.Deep<N>::f() 會被解析為 ((p.Deep)<N>)>f()。注意在某個限定名稱裡，這件事可能需要重複好幾次，因為限定詞本身可能也會被某個依賴他人的限定詞修飾（在上個範例裡，我們透過參數 case1 和 case2 的宣告式說明了這點）。

如果在這些情況下省略了 template 關鍵字，作為開頭和結尾的角括號會被解析為小於和大於運算子。即使 template 關鍵字並不是必要的，使用者也可以安全地在前面加上 template，用以表示後面跟著的名稱是個 template-id。

13.3.4　Using 宣告式內的依附名稱

Using 宣告式可以自兩種地方引用名稱：namespace 或 class。Namespace 不在我們的討論範圍，因為並沒有 *namespace template* 這種東西。另一方面，從 class 裡引入名稱的 using 宣告式只能從 base class 裡將名稱帶入 derived class（子類別）。這類 using 宣告式的行為類似於從 derived class 指向 base class 宣告式的「符號連結（symbolic links）」或是「捷徑（shortcuts）」一般，從而允許 derived class 的成員存取指定的名稱，彷彿它是宣告於 derived class 裡的成員一樣。一個簡短的 nontemplate 範例比起單純的文字更能說明這個概念：

```
class BX {
  public:
    void f(int);
    void f(char const*);
    void g();
};

class DX : private BX {
  public:
    using BX::f;
};
```

上述的 using 宣告式將名稱 f 從 base class BX 帶進了 derived class DX。在這個例子裡，此名稱連結了兩個不同的宣告式，因此在此強調我們對付的是名稱處理機制，而非該名稱的個別宣告式。也請注意這類的 using 宣告式能夠令不可存取的成員變得可以存取。Base class BX（包含其成員）對於 class DX 來說是 private（私有）的，但被引入 DX public（公有）介面的函式 BX::f 除外，該函式因而可以被 DX 的客戶使用。

現在你可能察覺到，當 using 宣告式從某個依附類別（dependent class）引入名稱時，會產生問題了。即使我們知道該名稱，但我們並不清楚它代表的是某個型別、template、還是其他的東西：

```
template<typename T>
class BXT {
  public:
    using Mystery = T;
    template<typename U>
    struct Magic;
};

template<typename T>
class DXTT : private BXT<T> {
  public:
    using typename BXT<T>::Mystery;
    Mystery* p;        // 如果上面沒有加上 typename，會導致語法錯誤
};
```

再一次，如果想要利用 using 宣告式帶入一個用來表示型別的依附名稱，我們必須明確藉由 typename 關鍵字表達這點。不過說也奇怪，C++ 標準並未提供用來將依附名稱標記為 template 的類似機制。下面的程式片段說明了這個問題：

```
template<typename T>
class DXTM : private BXT<T> {
  public:
    using BXT<T>::template Magic;    // 錯誤：不屬於標準
    Magic<T>* plink;                 // 語法錯誤：Magic 不是個
};                                   //          已知的 template
```

標準委員會尚未顯露出解決此議題的打算。不過 C++11 的 alias template 提供了些許應急做法：

```
template<typename T>
class DXTM : private BXT<T> {
  public:
    template<typename U>
      using Magic = typename BXT<T>::template Magic<T>;  // Alias template
    Magic<T>* plink;                                     // OK
};
```

這個方法有點笨拙，但它確實在 class templates 上達成想要的效果。不過不幸的是，對於 function templates 而言問題還是未能解決（但這種情況比較少見）。

13.3.5　ADL 和 Explicit Template Arguments（顯式模板引數）

考慮下面這個例子：

```
namespace N {
    class X {
        ...
    };

    template<int I> void select(X*);
}

void g (N::X* xp)
{
    select<3>(xp);  // 錯誤：ADL 未發生！
}
```

在這個例子裡，我們期待能透過 ADL 來找到呼叫式 `select<3>(xp)` 裡的 template `select()`。不過這件事不會發生，因為編譯器在確定 `<3>` 是個 template argument list 之前，無法判斷 xp 是函式的呼叫引數。再來，編譯器無法在發現 `select()` 是個 template 之前，判斷 `<3>` 是個 template argument list。因為無法解決這種雞生蛋、蛋生雞的問題，上式會被解析為 `(select<3>)(xp)`，這很沒道理。

這個例子可能讓你覺得 template-id 不會啟動 ADL，但並非如此。這段程式可以透過引入一個名為 `select` 的 function template 來修正，如下所示：

```
template<typename T> void select();
```

即便上式對於呼叫式 `select<3>(xp)` 來說不具任何意義，但此 function template 的存在確保了 `select<3>` 會被解析為一個 template-id。接著 ADL 會找到 fucntion template `N::select`，呼叫便得以成功。

13.3.6　依附型陳述式

如同名稱，陳述式（expressions）本身也可以依賴於 template parameters。依賴於某個 template parameter 的陳述式，在不同的實體版本之間的行為可以不一樣。像是會選擇不同的重載函式、或是生成不同的型別或常數值。相對來說，不依賴 template parameter 的陳述式會在所有的實體版本中展現相同的行為。

陳述式可以透過好幾種不同的方式依賴於 template parameter。最常見的依附型陳述式的形式是*型別依附型陳述式*（*type-dependent expression*），陳述式自身的型別在不同的實體間會不一樣。舉例來說，下面的陳述式指涉了型別為 template parameter 的 function parameter：

```
template<typename T> void typeDependent1(T x)
{
  x;                 // 陳述式依賴於型別，因為 x 的型別可以改變
}
```

包含了型別依附型陳述式的陳述式本身也是依賴於型別的。例如，利用引數 x 來呼叫函式 f()：

```
template<typename T> void typeDependent2(T x)
{
  f(x);              // 因為 x 依賴於型別，故陳述式也依賴於型別
}
```

請注意這裡 f(x) 的型別在不同實體之間可以不一樣。因為 f 可能會被解析成一個本身型別依賴於引數型別的 template，而兩段式查詢（two-phase lookup，在 14.3.1 節，第 249 頁會討論到）可能在不同的實體版本裡找到截然不同的 f 函式。

並不是所有帶有 template parameter 的陳述式都依賴於型別。舉例來說，某個帶有 template parameter 的陳述式可以在不同實體間產生不同的**常數值**。此類陳述式被稱作數值依附型陳述式（*value-dependent expressions*），其中最簡單的例子是當陳述式指涉了某個非依附型別的 nontype template parameter 時。例如：

```
template<int N> void valueDependent1()
{
  N;                 // 此陳述式依賴於數值，而非型別。
                     // 因為 N 具有固定的型別，但卻有個可變的常數值
}
```

像型別依附型陳述式一樣，某個由別的數值依附型陳述式組成的陳述式，一般也會依賴於數值。因此 N + N 或 f(N) 都是數值依附型陳述式。

有趣的是，有些運算（像是 sizeof）具有已知的結果型別，故它們可以將某個依賴於型別的運算元轉成一個數值依附型陳述式，令其不再依賴於型別。舉例來說：

```
template<typename T> void valueDependent2(T x)
{
  sizeof(x);         // 此陳述式依賴於數值、而非型別
}
```

無論輸入為何，sizeof 運算總是產生一個型別為 std::size_t 的數值，故 sizeof 永不依賴於型別——即便像上個例子一樣，包含的是型別依附型陳述式。不過不同實體之間，最後得到的常數可能不同，故 sizeof(x) 是個數值依附型陳述式。

那假如我們把 sizeof 用在一個數值依附型陳述式會怎麼樣？

```
template<typename T> void maybeDependent(T const& x)
{
  sizeof(sizeof(x));
}
```

這裡如先前提過的，內層的 sizeof 依賴於數值。不過外層的 sizeof 陳述式肯定會計算出 std::size_t 的大小，所以即便最內層的 (x) 陳述式依賴於型別，它的型別和數值在 template 的所有實體版本中都是一致的。任何牽涉到 template parameter 的陳述式都是個**實體依附型陳述式**（*instantiation-dependent expression*）[13]，即便其型別和常數值在所有合法實體中都是不變的。不過實體依附型陳述式可能會在實體化時變得不合法。舉例來說，用不完整的 class 型別來實體化 maybeDependent() 會觸發錯誤，因為 sizeof 無法用於不完整的型別。

型別、數值、以及實體依附可以想成是一個範圍愈來愈大的陳述式分類階層體系。任何型別依附型陳述式同時也被認為是依賴於數值的，因為某個在不同實體間具有可變型別的陳述式，自然也會在不同實體之間擁有不同的常數值。同樣地，某個於不同實體間具有可變型別和數值的陳述式必定以某種方式依賴於 template parameter，故型別依附型和數值依附型陳述式都會依賴於實體。這種包含關係可以用 圖 13.1 來說明。

圖 *13.1. 型別、數值、和實體依附型陳述式之間的包含關係*

當從最內層的語境（型別依附型陳述式）漸漸演變成最外層的語境時，template 會有更多行為在該 template 進行解析時決定，也因此無法在不同實體間變化。舉例來說，考慮呼叫式 f(x)：如果 x 依賴於型別，則 f 是個受到兩段式查詢（two-phase lookup）限制的依附名稱；然而，如果 x 依賴於數值、但不依賴於型別，則 f 是個非依附名稱，名稱查詢的結果可以於解析 template 時被完全確定。

---

[13] 名詞「*型別依附型陳述式*」和「*數值依附型陳述式*」用來在 C++ 標準裡描述 templates 的語義，並且對 template 實體化（第 14 章）的許多方面都有影響。另一方面，「*實體依附型陳述式*」這個名詞主要是 C++ 編譯器的開發人員在使用。我們對於實體依附型陳述式的定義來自於 Itanium C++ ABI [*Itanium-ABI*]，它為許多不同的 C++ 編譯器提供了二進位碼的互通性（binary interoperability）。

13.3.7　編譯器報錯

當對於每一個 template 實體版本都會產生錯誤時，C++ 編譯器被允許（但非必要）在解析 template 時進行錯誤診斷。讓我們擴展上一節裡的 f(x) 範例，進一步探討這一點：

```
void f() { }

template<int x> void nondependentCall()
{
  f(x);      // x 依賴於數值，故 f() 是非依附的；
             // 此呼叫永不成功
}
```

這裡對 f(x) 的呼叫會在每一個實體版本中產生一個錯誤。因為 f 是一個非依附名稱，但當前唯一可見的 f 接受零個引數，而不是一個。C++ 編譯器可以在解析該 template 時、或是等到第一次 template 實體化時報錯：即便這個例子很簡單，常用的編譯器行為也不大一樣。你也可以用實體依附型陳述式取代數值依附型陳述式，創建一個類似的範例。

```
template<int N> void instantiationDependentBound()
{
  constexpr int x = sizeof(N);
  constexpr int y = sizeof(N) + 1;
  int array[x - y];        // array 會在所有實體版本中具有負的大小
}
```

13.4　繼承與 Class Templates

Class templates 可以繼承他人、也可以被他人繼承。出於各種目的，template 和 nontemplate 在繼承上沒有什麼明顯的不同。不過在繼承 class template、利用依附名稱指定 base class 時，有個重要的微妙細節。讓我們先看一下由非依附型 base class 構成的、稍微簡單一點的例子。

13.4.1　非依附型 Base Class

在 class template 之中，非依附型（nondependent）base class 具有完整型別，且該型別不用知道 template arguments 就能決定。換言之，該 base class 的名稱以非依附名稱表示。例如：

```
template<typename X>
class Base {
  public:
    int basefield;
    using T = int;
};
```

```
class D1: public Base<Base<void>> {          // 事實上它並不真的是個 template
  public:
    void f() { basefield = 3; }              // 以一般方式存取繼承而來的成員
};

template<typename T>
class D2 : public Base<double> {             // 非依附型 base
  public:
    void f() { basefield = 7; }              // 以一般方式存取繼承而來的成員
    T strange;                    // 這裡的 T 是 Base<double>::T，而非 template parameter！
};
```

在 template 裡的非依附型 base，其行為非常類似於普通 nontemplate class 裡的 base，不過不幸存在一些些意外之處：在 derived templates 裡查詢某個非限定名稱時，該非依附型 base class 會優先於 template parameter list 被考慮。這代表在上述例子裡，class template D2 裡的成員 strange 擁有對應於 Base<double>::T（也就是 int）的型別 T。舉例來說，下列函式不是合法的 C++ 程式碼（假定用了前面的宣告式）：

```
void g (D2<int*>& d2, int* p)
{
    d2.strange = p;          // 錯誤：型別不符！
}
```

這違反我們的直覺，同時也要求 derived template 的作者必須當心其繼承的非依附型 base 裡存在的名稱——即便是間接繼承、或者該名稱是 private 都還是得小心。這樣一來，將 template parameter 放在會被其「模板化」的程式實體的 scope 裡可能會比較好。

13.4.2　依附型 Base Classes

在前面的例子中，base class 是完全確定的。它並未依賴於某個 template parameter。這意味著 C++ 編譯器只要一見到 template 定義，就可以在這些 base classes 裡查詢非依附名稱。有個（不被 C++ 標準允許的）另一種做法是：延後對名稱的查詢，直到該 template 被實體化後才進行。這個替代做法的缺點是，它同時把因為缺少符號（symbols）會產生的錯誤訊息，也延後到了實體化階段才產生。因此 C++ 標準規定，一見到出現於 template 裡的非依附名稱，就立馬進行查詢。謹記這一點，來看看下面這個例子：

```
template<typename T>
class DD : public Base<T> {          // 依附型 base
  public:
    void f() { basefield = 0; } // #1 問題所在…
};
```

```
template<>                            // 顯式特化
class Base<bool> {
  public:
    enum { basefield = 42 };        // #2 來這招！
};

void g (DD<bool>& d)
{
    d.f();                          // #3 唉呀？
}
```

在 #1 的時間點，我們尋找非依附名稱 basefield 指涉的對象：這件事必須立刻進行。假定我們在 template Base 裡進行查詢，同時將名稱綁定為在該處找到的 int 成員。不過之後我們馬上透過顯式特化來覆寫了 Base 的泛型定義式。此時特化改變了我們先前確認過的 basefield 成員本身的意義！所以，當我們在 #3 處實體化 DD::f 的定義式時，會發現我們在 #1 時就太心急地對該非依附名稱進行綁定。在 #2 時間點特化的 DD < bool > 裡不存在可以修改的 basefield，因此應該發出錯誤訊息。

為了避免這個問題，標準 C++ 規定非依附名稱不會在依附型 base class 裡進行查詢 [14]（不過仍然會在遇到非依附名稱時馬上進行查詢）。所以合乎標準的 C++ 編譯器會在 #1 時報錯。要修正此錯誤，可以將名稱 basefield 改為依附名稱，因為依附名稱只會在實體化時進行查詢，那時必須被查詢的具體 base 實體已為編譯器所知。舉例來說，在 #3 時間點，編譯器會知道 DD<bool> 的 base class 是 Base<bool>，而該 class 已經被程式設計者明確地特化。在此例中，我們偏好的做法是用以下方式將名稱改為依附名稱：

```
// 修改 1：
template<typename T>
class DD1 : public Base<T> {
  public:
    void f() { this->basefield = 0; }         // 查詢被推遲
};
```

另一個替代做法是藉由限定名稱引入相依性：

```
// 修改 2：
template<typename T>
class DD2 : public Base<T> {
  public:
    void f() { Base<T>::basefield = 0; }
};
```

---

[14] 這是兩段式查詢（*two-phase lookup*）規則的一部分。第一階段發生於第一次見到 template 定義時、第二階段則發生在 template 被實體化時（見 14.3.1 節，第 249 頁）。

使用上述解法時需格外小心，因為若該非限定、非依附名稱被用來構成某個 virtual 函式的呼叫式，則限定動作會抑制 virtual 呼叫機制，這樣一來程式的意義就改變了。然而，也有些情況無法使用第一種修改方式，此時推薦使用第二種解法：

```
template<typename T>
class B {
  public:
    enum E { e1 = 6, e2 = 28, e3 = 496 };
    virtual void zero(E e = e1);
    virtual void one(E&);
};

template<typename T>
class D : public B<T> {
  public:
    void f() {
        typename D<T>::E e;     // this->E 語法有誤
        this->zero();          // D<T>::zero() 抑制了虛擬性 (virtuality)
        one(e);                // one 是依附名稱，因為其引數具有依賴性
    }
};
```

注意我們在此例中用的是 D<T>::E，而非使用 B<T>::E。這個例子裡兩種用法都行得通。不過遇到多重繼承時，我們不會知道哪個 base class 提供我們要的成員（此時用 derived class 來限定仍舊行得通）、或者可能多個 base classes 都宣告了相同名稱（此時我們必須指定 base class 名稱來消除歧義）。

注意呼叫式 one(e) 裡的名稱 one 依賴於 template parameter，只因為呼叫式裡其中一個明確給定的引數型別具有依賴性。這並不包括被隱式引用、同時依賴於 template parameter 的預設引數，因為編譯器直到確定查詢結果之前都無法驗證該引數——這又是個雞生蛋、蛋生雞的問題。為了避免這種玄妙的情況，我們建議如果可以的話，在所有情境下使用 this-> 作為開頭——即便對 nontemplate 程式碼也是如此。

如果你發現這麼多修飾符號會弄亂你的程式碼，你可以在 derived class 裡一勞永逸地引入某個位於依附型 base class 中的名稱：

```
// 修改 3:
template<typename T>
class DD3 : public Base<T> {
  public:
    using Base<T>::basefield;     // 現在 #1 限定名稱存在於當前 scope
    void f() { basefield = 0; }   // #2 沒問題
};
```

於 #2 處進行的查詢成功找到了位於 #1 的 using 宣告式。不過該 using 宣告式直到實體化期（instatiation time）之前都不會進行驗證，我們的目的也就此達成。這個方案也有一些微妙的限制。舉例來說，如果繼承了多個 base classes，程式設計師必須精確選擇包含了目標成員的 base class。

在當前的實體中尋找限定名稱時，C++ 標準規定名稱查詢過程應優先在當前實體之中、以及
非依附型 base class 裡尋找，這類似於查詢非限定名稱的方式。如果名稱被找到了，則該限
定名稱會指涉當前實體版本中的成員、並且不會是個依附名稱 [15]。如果沒有找到任何名稱，並
且 class 具有任何依附型 base class，則該限定名稱會指涉某個未知實體的成員。舉個例子：

```
class NonDep {
 public:
   using Type = int;
};

template<typename T>
class Dep {
 public:
   using OtherType = T;
};

template<typename T>
class DepBase : public NonDep, public Dep<T> {
 public:
   void f() {
     typename DepBase<T>::Type t;           // 找到了 NonDep::Type；
                                            // 關鍵字 typename 可加可不加
     typename DepBase<T>::OtherType* ot;    // 一無所獲；DepBase<T>::OtherType
                                            // 是未知實體版本的成員
   }
};
```

13.5 後記

第一個實際對 template 進行解析的編譯器是由 Taligent 公司於 1990 年代中期開發的。在
那之前（和那之後的好些年），多數的編譯器仍將 templates 視為一連串的 tokens，並在實
體化期間被反覆餵進解析器進行處理。因此除了少部分能夠找到定義式結束點的 template
以外，大都無法完成解析。在寫作的當下，Microsoft Visual C++ 編譯器仍然用這種方式
處理 template。Edison Design Group（EDG）的編譯器前端則運用了複合技術，其內部
將 template 視為一連串帶有解釋的 tokens，但是會在必要的情境下透過執行「泛型解析
（generic parsing）」來驗證語法（EDG 的產品可以模擬多個他牌編譯器；特別是它能精確
模擬微軟編譯器的行為）。

---

[15] 不過，當 template 被實體化時，查詢依然會不斷執行。如果在同樣的段落裡找到的結果不同，則該程式不合法。

Bill Gibbons 曾是 Taligent 公司在 C++ 標準委員會的代表,同時也是讓 template 能夠無歧義地進行解析的主要貢獻者。Taligent 的成果一直未被公開,直到到該編譯器被 Hewlett-Packard（HP）併購、並加以完善後,方作為 aC++ 編譯器登場。在眾多具有競爭力的優點中,aC++ 藉由高品質的診斷資訊快速地為人所知。能做到這點,肯定要歸功於它並不會老是將 template 診斷工作推遲到實體化期才進行。

在 template 發展過程的相對早期,Tom Pennello（眾所周知的 parsing 專家,效力於 Metaware）注意到角括號會造成一些問題。Stroustrup 也在 [StroustrupDnE] 裡對此做出評論,主張比起小括號,大眾對角括號更為順眼。不過當時也有其他提議,像 Pennello 在 1991 年（於 Dallas 舉行的）C++ 標準會議特別提議使用大括號（像是 List{::X}）[16]。當時這個問題的規模還不算大,因為嵌套於其他 template 裡的巢狀 template——名為 *member templates*（成員模板）——並不合法。因此 13.3.3 節（第 230 頁）的相關討論在當時基本上都無關緊要。最後的結果是,委員會否決定取代角括號的提案。

針對非依附名稱和依附型 base class 的名稱查詢規則（在 13.4.2 節（第 237 頁）曾提及）,在 1993 年納入了 C++ 標準。Bjarne Stroustrup 於 1994 年初在 [StroustrupDnE] 裡向「普羅大眾」描述了前項規則。不過直到 1997 年,HP 將該項規則放進了自家的 aC++ 編譯器後,第一個可用的實作版本才出現。之後大量的程式碼從依附型 base classes 繼承了 class templates。當 HP 的工程師們開始測試它們的實作版本時,發現以較複雜的方式運用 template 的大多數程式變得無法通過編譯 [17]。特別是所有的標準模板庫（*Standard Template Library*,STL）實作版本在幾百個（有時是上千個）地方都違反規則 [18]。為了減輕客戶們在轉換過程中的痛苦,HP 放寬了對程式碼的診斷,令非依附名稱可以在依附型 base classes 裡被找到:當無法透過標準規則找到在某個 class template 的 scope 裡用到的非依附名稱時,aC++ 會偷偷檢查依附型 base classes。若還是找不到該名稱,則發出錯誤、令編譯過程失敗。不過,如果該名稱可以在依附型 base class 中找到,則發出警告訊息,同時標記使用類似處理依附名稱的方式進行處理,因而會在實體化期再次嘗試查詢該名稱。

名稱查詢規則使得某個在非依附型 base class 裡的名稱,會掩蓋同名的 template parameter（見 13.4.1 節,第 236 頁）。這是一個疏失,不過對規則的修改提案尚未得到 C++ 標準化委員會的支持。故最好避免寫出會在非依附型 base classes 裡用到的同名 template parameter。好的命名慣例可以避免這類問題。

---

[16] 大括號也並非完全沒有問題。特別是 class templates 的特化語法需要相當程度的更動。

[17] 幸運的是,他們在釋出該項新功能前就發現了這一點。

[18] 說也諷刺,第一個 STL 實作版本也正是由 HP 開發出來的。

內植 friend 名稱公認會造成危害,因為它讓程式的合法性會受到實體化順序的影響。Bill
Gibbons(當時從事 Taligent 編譯器開發)是最主要關切此問題的人,因為消除實體化順序
的相依性能夠促成更新、更有趣的 C++ 開發環境(據稱 Taligent 正著手處理此問題)。不過,
Barton-Nackman 技巧(見 21.2.1 節,第 497 頁)需要特定型式的植入 friend 名稱,這種技
巧的獨特性使得它得以用基於 ADL 的現有(弱化的)型式保留在語言之中。

Andrew Koenig 首先提出了僅用於運算子函式的 ADL(這也是為什麼 ADL 有時被稱為
Koenig lookup)。這主要出於對美的追求:將運算子名稱明確地加上所在 namespace 看起來
顯得很累贅(像是不能只寫 a+b,而是得寫出 N::operator+(a, b))。同時,必須替每
一個運算子寫出 using 宣告式也會讓程式碼顯得很笨重,因而決定運算子會在與引數相關聯
的 namespace 處進行查詢。之後 ADL 被擴展到支援普通函式名稱,以提供某些內植 friend
名稱、同時為 template 和其實體版本支援兩段式查詢模型(第 14 章)。這類泛型的 ADL 規
則也被稱作 *extended Koenig lookup*(擴展 Koenig 查詢)。

角括號對付法的規格書被 David Vandevoorde 藉由 N1757 文件,被納入了 C++11。他也透
過核心議題 1104 決議文加入 digraph hack,用來應付一個在 C++11 標準草案審閱時美國提
出的要求。

14

實體化

Instantiation

Template 實體化是從泛型 template 定義式中產生型別、函式、和變數的一種過程[1]。C++ templates 的實體化概念雖然很基本、但卻有些複雜。這種複雜性背後的一個深層原因是：某個 template 所產生的所有實體版本定義式，不再僅限於程式碼裡的單一位置。template 所在的位置、被使用的地方、以及其 template arguments 的定義處，都在衍生實體代表的意義中扮演一定的角色。

本章我們會解釋如何透過組織手邊的程式碼，讓 template 能正確地被使用。此外，我們也會審視在最流行的 C++ 編譯器中所使用的各種用來處理 template 實體化的方法。雖然所有這些方法在語意上應該是等價的，但瞭解編譯器實體化策略背後的基本原理仍然很有幫助。每種機制在實際用來構建軟體時都伴隨一些注意事項。同時它們也會回過頭來，影響標準 C++ 的最終規格。

14.1 隨需實體化

當 C++ 編譯器遇見用到了某個 template 特化體（specialization，亦作特化版本）的地方時，它會藉由將 template parameter 替換為所需的引數來建構該特化體[2]。這件事會自動進行，並不需要客戶端程式碼（或是 template 定義式）的指示。這種隨需實體化（on-demand instantiation）的特性，讓 C++ templates 機制有別於其他早期編譯式語言的類似功能（像是 Ada 或 Eiffel；其中某些語言要求明確的實體化指令，而其他部分語言使用執行期分發（run-time dispatch）機制以完全避免實體化過程）。這種方式有時也被稱作隱式實體化（*implicit instantiation*）、或是自動實體化（*automatic instantiation*）。

---

1 術語實體化（*instantiation*）有時也用來指涉從型別產生物件。不過在本書中，該名詞指的都是 *template* 實體化。

2 術語特化體（*specialization*）用來表述由某個 template 所衍生出的特定實體（見第十章）。它代表的並不是第十六章敘述的顯式特化（*explicit specialization*）機制。

隨需實體化意味著編譯器經常需要在使用 template 的地方讀取完整的 template 定義式（而非只有 template 宣告式）和其中部分成員的定義式。考慮下面的小巧程式碼檔案：

```
template<typename T> class C;       // #1 只有宣告式

C<int>* p = 0;                       // #2 沒問題：不需要 C<int> 的定義式

template<typename T>
class C {
  public:
    void f();                       // #3 成員宣告式
};                                  // #4 class template 定義結束

void g (C<int>& c)                  // #5 只用到 class template 宣告式
{
    c.f();                          // #6 使用了 class template 定義式；
}                                   // 會需要這個編譯單元裡的 C::f() 定義

template<typename T>
void C<T>::f()                      // 在 #6 所需要的定義
{
}
```

在程式碼裡的 *#1* 處，只存在 template 的宣告式，而不存在定義式（這種宣告式有時被稱為提前宣告（*forward declaration*））。就像普通的 class 一樣，宣告它們的指標或參考時並不需要見到該 class template 的定義式，也就是 *#2* 做的事。舉例來說，函式 g() 的參數型別並不需要 template C 的完整定義。然而，一旦某個物件需要知道 template 特化體的大小、或是存取了特化體中的某個成員，則需要見到完整的 class template 定義。這解釋了為什麼在程式碼的 *#6* 處需要見到 class template 的定義式。一旦做不到，編譯器便無法驗證是否該成員存在、以及是否能夠被存取（不屬於 private 或 protected 成員）。除此之外，我們也需要成員函式的定義式，因為在 *#6* 進行的呼叫要求 c<int>::f() 存在。

這裡有另一個陳述式需要上述 class template 的實體，因為我們需要 C<void> 的大小：

```
C<void>* p = new C<void>;
```

在這個例子裡，實體化是必要的。如此一來編譯器才能決定 C<void> 的大小，讓 new 陳述式能夠確定要配置多少空間。你可能會注意到，對於這個獨特的 template 而言，以任意引數型別 X 替換 T 並不影響 template 的大小。因為在任何情況下，C<X> 都是個空的（empty）class。不過，編譯器不被要求要透過分析 template 的定義來避免實體化發生（並且實際上所有的編譯器都會執行前述實體化）。再說，實體化在這個例子中也是必要的，用以確定 C<void> 是否具有可被呼叫的預設建構子、以及確保 C<void> 並未宣告成員運算子 new 或 delete。

存取 class template 某個成員的必要性並不總是能夠透過觀察原始程式碼明確得知。舉例來說，C++ 重載決議機制便需要得知候選函式們自身參數的 class types：

```
template<typename T>
class C {
  public:
    C(int);                // 能以單一參數呼叫的建構子，
};                         // 可能會被用於隱式轉型

void candidate(C<double>);  // #1
void candidate(int) { }     // #2

int main()
{
    candidate(42);          // 上面宣告的兩個函式都可以被呼叫
}
```

呼叫式 candidate(42) 會被決議為 #2 處的重載宣告式。不過位於 #1 處的宣告式也可能會被實體化，用於檢查該函式是不是上述呼叫式的合理候選函式（這個例子符合以上情況，因為具備單一引數的建構子可以將 42 隱式轉型成型別為 C<double> 的 **rvalue**）。注意，就算編譯器可以在不實體化 template 的情況下決議重載呼叫式（如本例所描述的情境，因為存在完全匹配的宣告式 candidate(int)，因而不會考慮隱式轉型），它也被允許執行前述實體化（但不強制要求這麼做）。也請注意，將 C<double> 實體化可能會觸發一個令人感到意外的錯誤。

14.2 惰式實體化

截至目前為止的 template class 範例所展現的需求條件，和 nontemplate class 相比並沒有什麼根本上的差異。許多使用情境都需要完整（*complete*）的 class 型別（見 10.3.1 節，第 154 頁）。而遇到 template 時，編譯器會根據 class template 定義式來產生上述的完整定義。

現在浮現出一個相關的問題：template 裡的內容有多少會被實體化？這裡有個籠統的答案：只有「真正需要」的那些會被實體化。換言之，在實體化 template 這件事上，編譯器應該要「懶」一點。讓我們看看到底是懶在哪裡。

14.2.1 部分和完全實體化

如同我們曾經見過的，編譯器有時不需要對 class template 或 function template 的完整定義進行替換。舉例來說：

```
template<typename T> T f (T p) { return 2*p; }
decltype(f(2)) x = 2;
```

在這個例子裡，decltype(f(2)) 代表的型別並不需要對 function template f() 進行完全的實體化。編譯器因此只允許對 f() 的宣告式，而非其「本體」進行替換。這件事有時被稱作部分實體化（*partial instantiation*）。

同樣地，如果引用了某個 class template 實體，但並不要求該實體得是個完整型別，則編譯器就不應該對該 class template 實體進行完全的實體化。考慮下面的這個例子：

```
template<typename T> class Q {
  using Type = typename T::Type;
};

Q<int>* p = 0;              // OK：Q<int> 的本體不會進行替換
```

在這裡對 Q<int> 進行完全實體化會觸發錯誤，因為當 T 為 int 時，T::Type 沒有意義。但因為在這個例子裡 Q<int> 並不需要是個完整型別，故不會進行**完全實體化**（*full instantiation*）、程式碼也沒問題（儘管很可疑）。

Variable templates（變數模板）的實體化同樣也有「部分」和「完全」的區別。下面的程式碼說明了這個現象：

```
template<typename T> T v = T::default_value();
decltype(v<int>) s;         // OK：v<int> 的初始器（initializer）不會被實體化
```

對 v<int> 進行完全實體化會引發錯誤，但當我們只需要該 variable template 實體的型別時，就不需要那麼做。

有趣的是，**alias templates**（別名模板）不存在這種區別：不存在兩種對其進行替換的方式。

在 C++ 裡，當我們談論「template 實體化」時，如果未明確指出是完全還是部分實體化，通常指的是前者。意即，實體化預設是完全實體化。

14.2.2　被實體化的元件

當一個 class template 被暗自地（完全）實體化時，所屬成員的宣告式也會同時被實體化，但對應的成員定義式則否（意即所屬成員們被部分地實體化）。這個特性有少許例外。首先，如果 class template 帶有匿名聯集（anonymous union），則該聯集定義裡寫出的成員也會被實體化[3]。其他例外情形則與 virtual 成員函式有關。在 class template 的實體化結果中，它們的定義可能會、也可能不會被實體化。事實上，許多 C++ 實作版本中會實體化該定義，因為啟用 virtual 呼叫機制的內部結構，要求該 virtual 函式必須作為可連結個體（linkable entities）存在。

當實體化 templates 時，函式預設的 call arguments 會被另外考慮。具體來說，除非存在實際使用了該預設引數的呼叫式，否則它們不會被實體化。另一方面，如果以覆蓋了預設引數的明確引數來呼叫該函式，則預設引數不會被實體化。

---

[3] 匿名聯集總是因為以下原因而具備特殊性：它們的成員會被當作外圍 class 的成員。匿名聯集主要用來做為讓部分 class 成員共享同一個儲存空間的構件。

同樣地，除非有其必要，否則異常規格（exception specification）和預設成員初始器都不會
被實體化。

讓我們將說明以上原則的範例們擺在一起：

details/lazy1.hpp

```
template<typename T>
class Safe {
};

template<int N>
class Danger {
    int arr[N];                      // 在這裡 OK，即便當 N<=0 時會出錯
};

template<typename T, int N>
class Tricky {
  public:
    void noBodyHere(Safe<T> = 3);    // 在用到預設值因而導致錯誤前都 OK
    void inclass() {
        Danger<N> noBoomYet;         // 在用到以 N<=0 產生的 inclass() 前都 OK
    }
    struct Nested {
        Danger<N> pfew;              // 在用到以 N<=0 產生的 Nested 前都 OK
    };
    union {                          // 因為具有匿名聯集：
        Danger<N> anonymous;         // 在 Tricky 以 N<=0 實體化前都 OK
        int align;
    };
    void unsafe(T (*p)[N]);          // 在 Tricky 以 N<=0 實體化前都 OK
    void error() {
        Danger<-1> boom;             // 必定出錯（但不是所有編譯器都抓得到）
    }
};
```

標準的 C++ 編譯器會檢視這些 template 定義式，檢查語法及一般語義上的限制。即便如此，
當檢查牽涉到 template parameters 的限制時，編譯器會假設「最好的情況」。舉例來說，
成員 Danger::arr 裡的參數 N 可能會是負數或零（不合法的參數），但編譯器會假定情況
不會那麼糟[4]。故上面的 inclass()、struct Nested、和匿名聯集都不會造成問題。

4　有些編譯器（像是 GCC）允許長度為零的 array，作為擴充 struct 之用*。因此即便 N 最後是 0，仍然可以
　　接受以上程式碼。

*　譯註：GCC 定義長度為零的 array 不佔空間，並且可以像指標一樣，以該 array 名稱來存取新獲得的記憶體空
　　間。

基於相同原因，成員 unsafe(T (*p)[N]) 的宣告式也不會造成問題，只要 template parameter N 還沒有被替換就沒問題。

至於成員 noBodyHere() 宣告式裡的預設引數（= 3）則有點可疑，因為 template Safe<> 無法使用整數對其初始化。不過這裡會假定該預設引數實際上不會用於 Safe<T> 的泛型定義式、或是 Safe<T> 會再被特化（參考第 16 章），使得能夠以整數值來對其初始化。然而，成員函式 error() 的定義式則會導致錯誤，即便該 template 並未被實體化。因為使用 Danger<-1> 需要 class Danger<-1> 的完整定義，而產生該 class 則會嘗試定義大小為負的 array。有趣的是，即使標準明確指出這段程式碼不合法，它也允許編譯器在實際並未用到該 template 實體時，略過對此錯誤的診斷。也就是說，由於 Tricky<T,N>::error() 並未被以任何具體的 T 和 N 實體化，故編譯器不需要對這個例子報錯。像是在本書寫作時，GCC 和 Visual C++ 都不會診斷出以上錯誤。

現在讓我們分析一下，加上下面的定義式後會發生什麼事：

```
Tricky<int, -1> inst;
```

這個式子會導致編譯器透過將 template Tricky<> 定義式裡的 T 替換成 int、N 替換成 -1，來（完全地）實體化 Tricky<int, -1>。這裡並不需要所有成員的定義式，不過預設建構子和解構子（此例中這兩者都被隱式地宣告）肯定會被呼叫到，因此它們的定義式無論如何得要存在才行（我們的例子符合這個情況，因為這兩個式子都會暗自地被產生）。如同上面解釋的，Tricky<int, -1> 的成員被部分實體化（意即，它們的宣告式被替換了）：這個過程可能會引發錯誤。舉例來說，unsafe(T (*p)[N]) 的宣告式創建了一個元素數目為負值的 array 型別，這是有問題的。同樣地，成員 anonymous 現在也會引發錯誤，因為無法生成型別 Danger<-1>。相較之下，成員 inclass() 和 struct Nested 的定義式還沒有被實體化，因此並不會因為需要完整的 Danger<-1> 型別（如上所述，其帶有不合法的 array 定義）而造成錯誤。

如先前提到過的，實際上在實體化某個 template 時，也需要提供 virtual 成員的定義式。否則很可能導致連結器錯誤。舉例來說：

details/lazy2.cpp

```
template<typename T>
class VirtualClass {
  public:
    virtual ~VirtualClass() {}
    virtual T vmem();     // 如果實體化時未提供定義式，則很可能會出錯
};

int main()
{
    VirtualClass<int> inst;
}
```

最後，有個關於 `operator->` 的小提醒。考慮下式：

```
template<typename T>
class C {
  public:
    T operator-> ();
};
```

通常來說，`operator->` 必須回傳一個指標型別、或是其他適用 `operator->` 的 class 型別。這會讓生成型別 C<int> 時引發錯誤，因為它宣告 `operator->` 的回傳型別為 int。然而，由於某些自然的 class template 定義式會觸發這類定義[5]，故語言採用較寬鬆的規則。當重載決議選中該運算時，使用者定義的 `operator->` 只需要回傳另一個 `operator->`（如內建的 `->` 運算子）適用的型別即可。即便在 template 之外，以上原則也是成立的（雖然上述的彈性只在 template 裡比較有用）。因此，該宣告式不會觸發錯誤，即便回傳型別會被替換成 int。

14.3 C++ 實體化模型

Templates 實體化是藉由適當地替換 template parameters，自對應的 template 個體（entity）中獲取某個普通型別、函式、或變數的過程。這件事聽起來可能很直覺，不過實際上得要確定許多細節才行。

14.3.1 兩段式查詢

在第 13 章我們曾提過，依附名稱（dependent names）無法在對 templates 進行解析時被確定。相反地，它們會在實體化點再次進行查詢。不過，非依附名稱（nondependent names）會在較早的時間點進行查詢，使得許多錯誤能夠在首次見到該 template 時就及早被診斷出來。這帶出了兩段式查詢（*two-phase lookup*）的概念[6]：解析 template 是第一階段，而實體化則是第二階段：

1. 於第一階段解析某個 template 時，若要查詢非依附名稱，會同時使用普通查詢規則（*ordinary lookup rule*）以及依賴於引數的查詢規則（rules for ADL，若適用的話）。查詢非限定的依附名稱（unqualified dependent names，因為其類似於「具備依附引數的函式呼叫式」裡的函式名稱，故為依附名稱）時會使用普通查詢規則，不過得到的查詢結果在第二階段進行再次查詢之前（於該 template 被實體化時），都不會被認為是完整的（completed）。

5　典型的例子是 *smart pointer* templates（智慧型指標模板）。例如標準裡的 `std::unique_ptr<T>`。

6　除了 *two-phase lookup* 之外，也有人用如 *two-stage lookup* 或 *two-phase name lookup* 之類的術語來稱呼兩段式查詢。

2. 在第二階段中，於實體化點（*point of instantiation*，*POI*）實體化某個 template 時，會針對限定依附名稱（對特定實體以 template arguments 取代 template parameters）進行查詢，同時對已於第一階段執行過普通查詢的非限定依附名稱，再次進行 ADL 查詢。

對於非限定依附名稱，最初執行的（不完整）普通查詢是用來確認該名稱是否為 template。考慮下面這個例子：

```
namespace N {
  template<typename> void g() {}
  enum E { e };
}

template<typename> void f(T p) {}

template<typename T> void h(T p) {
  f<int>(p);              // #1
  g<int>(p);              // #2 錯誤
}

int main() {
  h(N::e);                // 呼叫帶有 T = N::E 的 template h
}
```

在 *#1* 這一行，當看見名稱 f 後面跟著一個 < 符號時，編譯器需要決定該 < 符號代表的是角括號或是一個小於符號。這取決於是否知道 f 是個 template 名稱；這個例子裡，普通查詢發現 f 的宣告式確實是個 template，故會以角括號進行解析。

不過 *#2* 這一行則會導致錯誤，因為普通查詢並未發現 template g 的存在；該 < 符號因此會被當作小於符號，而這在例子裡會造成語法錯誤。假設可以順利通過，我們最終會在以 T = N::E 來實體化 h 時，透過 ADL 找到 template N::g，不過除非能夠成功解析 h 的泛型定義式，否則走不到這一步。

14.3.2　實體化點

對於用到了 template 的程式碼，我們已經說明了 C++ 編譯器在什麼時間點會需要存取 template 個體的宣告式和定義式。當某個程式碼構件（code construct）指涉了某個 template 特化版本，而創建該特化版本得要實體化出對應的 template 定義式時，便創造了一個實體化點（*point of instantiation*，*POI*）。POI 即為程式碼中完成替換後的 template 可能會被安插的時間點。舉例來說：

```
class MyInt {
  public:
    MyInt(int i);
};

MyInt operator - (MyInt const&);

bool operator > (MyInt const&, MyInt const&);

using Int = MyInt;

template<typename T>
void f(T i)
{
    if (i>0) {
        g(-i);
    }
}
// #1
void g(Int)
{
    // #2
    f<Int>(42); // 呼叫發生處
    // #3
}
// #4
```

當 C++ 編譯器看到呼叫式 f<Int>(42) 時，它會知道 template f 需要以 MyInt 替換 T 進行實體化：此時建立了一個 POI。*#2* 和 *#3* 距離呼叫發生處很近，但它們無法作為 POI，因為 C++ 不允許我們在這裡安插 ::f<Int>(Int) 的定義式。而 *#1* 和 *#4* 最根本的差異在於，在 *#4* 處函式 g(Int) 是可見的，因此可以決議出依賴於 template 的呼叫式 g(-i)。然而，如果將 *#1* 做為 POI，則該呼叫式無法決議，因為此時 g(Int) 仍然不可見。幸運的是，C++ 將某個 function template 指涉處的 POI 定義為：緊跟在「最直接包含該指涉點的 namespace scope 宣告或定義」的後面。於上述例子中，這指的是 *#4*。

你可能會疑惑，為什麼這個例子用的是 MyInt 型別，而非簡單的 int 型別。答案的關鍵在於，在 POI 處所進行的第二次查詢僅為 ADL。因為 int 型別並沒有相關的 namespace，故 POI 查詢因而不會發生、也不會找到函式 g。因此，如果我們將 Int 的別名宣告用以下式子替換

```
using Int = int;
```

前述例子便無法再通過編譯。下面的範例就遇到了類似的問題：

```
template<typename T>
void f1(T x)
{
    g1(x);   // #1
}

void g1(int)
{
}

int main()
{
    f1(7);   //錯誤：找不到g1！
}
// #2 f1<int>(int) 的 POI
```

呼叫式 f1(7) 為 f1<int>(int) 創建了一個 POI，就位於 main() 外面的 *#2* 位置。此次實體化的主要問題是針對函式 g1 的查詢。當第一次遇見 template f1 的定義式時，可以注意到非限定名稱 g1 是個依附名稱，因為 g1 這個名稱出現在帶有依附引數的函式呼叫之中（引數 x 的型別依賴於 template parameter T）。因此會在 *#1* 處利用普通查詢規則來查詢 g1；不過此時還看不到 g1。在 *#2* 處（即 POI），該函式被再次於相關的 namespaces 及 classes 中進行查詢，不過唯一的引數型別為 int，並不具備相關的 namespace 和 class。因此即便普通查詢可以在 POI 處找到 g1，g1 仍舊無法被發現。

Variable templates 的實體化點是用類似於 function templates 的方式處理的[7]。

但對 class template 特化過程而言，狀況就不同了。以下範例說明了這一點：

```
template<typename T>
class S {
  public:
    T m;
};
// #1

unsigned long h()
{
    // #2
    return (unsigned long)sizeof(S<int>);
    // #3
}
// #4
```

7 出乎意料的是，於本文寫作時這件事仍未在標準中被明確寫出。不過這件事並不存在爭議之處。

再一次，位於函式 scope 中的 *#2* 和 *#3* 無法做為 POIs，因為就 namespace scope 而言，class S<int> 的定義式並不未出現於此（通常 templates 不會出現在函式 scope 中 [8]）。如果我們遵循用於 function template 實體的規則，則 POI 應該位於 *#4* 處。不過這樣一來陳述式 sizeof(S<int>) 會變得不合法，因為 S<int> 的大小在遇到 *#4* 之前都無法被決定。因此，某個衍生 class 實體指涉處的 POI，其定義為：緊接在「最直接包含（指涉該實體的）參考點的 namespace scope 宣告或定義」的開頭處。在這個例子中，即為 *#1*。

當某個 template 實際被實體化之後，可能會出現對其他實體的需求。考慮一個簡短的例子：

```
template<typename T>
class S {
  public:
    using I = int;
};

// #1
template<typename T>
void f()
{
    S<char>::I var1 = 41;
    typename S<T>::I var2 = 42;
}

int main()
{
    f<double>();
}
// #2: #2a, #2b
```

我們先前的討論已經確認 f<double>() 的 POI 會位於 *#2* 處。Function template f() 也用到了 class 特化版本 S<char>，其 POI 位於 *#1* 的位置。它還用到了 S<T>，但因為 S<T> 仍依賴於其引數，因此在 *#1* 的時間點無法確實將其實體化。然而，如果我們在 *#2* 處實體化 f<double>()，我們會發現也需要實體化 S<double> 的定義式。這種**次級 *POI***（secondary POI，或稱 transitive POI）的定義會有些許不同。對 function templates 來說，其次級 POI 與**主要 *POI***（primary POI）定義完全相同。而對 class 個體而言，次級 POI 會緊接在（屬於同一個外圍 namespace scope 的）主要 POI 之前。在我們的例子裡，這代表 f<double>() 的 POI 會被放在 *#2b*，而它正前方的位置（*#2a*），則為適用於 S<double> 的次級 POI。注意這個位置與 S<char> 的 POI 位置有所不同。

---

[8] 泛型 lambda 的呼叫運算子是此論點的微妙例外。

單一編譯單元常常會對同一個實體具有多個 POIs。不過對每個 class template 實體來說，只會保留各個編譯單元中的第一個 POI，後續的 POIs 會被忽略（它們並不會被真正視為 POI）。對於 function templates 和 variable templates 的實體來說，所有的 POIs 都會被保留。無論是哪種情況，單一定義規則（one-definition rule，ODR）都要求在每個被保留的 POIs 所生成的實體必須相等，不過 C++ 編譯器並不需要檢驗和診斷程式是否違反了前項規則。這讓 C++ 編譯器得以只挑出單一 nonclass POI 用以執行實體化，而不用煩惱其他 POI 可能會產生不同的實體。

實際應用時，多數編譯器會將大部分 function templates 的實際實體化動作推遲到所屬編譯單元的結尾處。有些實體化無法被推遲，這包括了需要進行實體化以確定推導出的回傳型別時（參考 15.10.1 節，第 296 頁、及 15.10.4 節，第 303 頁）、或是該函式是個 constexpr，需要進行核算以產生常數值時。有些編譯器在 inline 函式首次被嘗試用於內嵌呼叫式時，會立即實體化該 inline 函式[9]。上述行為會確實地將對應 template 特化版本的 POI 搬動到編譯單元末端，這是 C++ 標準所允許的替代 POI 位置。

14.3.3　置入式模型

每當遇見了某個 POI，我們要求其對應的 template 定義必須能夠透過某種方式取得。對於 class 特化體，這意味該 class template 的定義必須在同個編譯單元更前面的地方就出現過。這對於 function templates 和 variable templates（外加成員函式和 class templates 裡的 static 資料成員）的 POIs 也是成立的。我們通常會簡單地把 template 定義式加到會被 #include 進編譯單元的標頭檔中，即便對於 nontype template 也是如此。這類 template 定義的原始碼組織方式被稱為置入式模型（inclusion model），同時它是唯一一個現行 C++ 標準支援的自動化原始碼組織模型（automatic source model）[10]。

即便置入式模型鼓勵程式設計師將全部的 template 定義式放到標頭檔裡，以便它們能讓任何可能出現的 POI 加以利用。但也可以藉由顯式實體化宣告（explicit instantiation declarations）和顯式實體化定義（explicit instantiation definitions）來明確管控實體化（參考 14.5 節，第 260 頁）。這麼做在邏輯上並不直覺，大多數的時候程式設計師們寧可仰賴自動實體化（automatic instantiation）機制。而使用自動化機制進行實作時的一大挑戰，在於怎麼處理同一個 function template 或 variable template（或屬於同一個 class template 實體的成員函式或 static 資料成員）的特化版本可能存在跨不同編譯單元的 POIs。我們接下來會討論解決這個問題的方法。

9　在現代編譯器中，呼叫式的內嵌動作主要由編譯器中專門進行最佳化、且大體上無關語言特性（mostly language-independent）的組件來處理，即某個「後端（back end）」或「中段（middle end）」部分。不過 C++「前端（front end）」部分，亦即 C++ 編譯器中專門處理 C++ 的那部分（C++-specific part），在 C++ 早期發展階段也曾被設計成能夠於 inline 處展開呼叫式，因為古早的後端在考慮展開 inline 呼叫式時會過於保守。

10　最初的 C++98 標準也提供了分離模型（separation model）。但它從未被廣泛使用，並且於 C++11 標準發行前夕自標準中被移除。

14.4 實作方案

在本節我們會審視 C++ 實作版本中實現置入式模型的一些方法。所有的實作方式都仰賴兩個經典的組件：編譯器和連結器。編譯器將原始碼轉譯為目的檔（object files），裡頭包含了帶有符號標註（symbolic annotations；用以交互參考其他目的檔和程式庫）的機械碼。連結器透過結合目的檔、並分析其中包含的交互參照符號，創建可執行的程式或程式庫。即便完全可以透過其他可能（但不普及）的方式來實作 C++ 編譯系統，像是你可以想像出 C++ 的直譯器（interpreter），但於接下來的內容裡，我們依然假定使用此架構進行實作。

當某個 class template 特化體被用於多個編譯單元，編譯器會在每個編譯單元裡重複實體化過程。這幾乎不會引發什麼問題，因為 class 定義式並不會直接產生低階程式碼，而只是被 C++ 實作版本用來在內部驗證和解釋其他各種陳述式和宣告式。從這個角度出發，在不同的編譯單元間多次實體化 class 定義式與多次引入 class 定義式（通常透過標頭檔引入），兩者在本質上並無任何差別。

然而，如果你實體化某個（noninline）function template，情況就不同了。如果你為某個普通的 noninline 函式提供了多個定義式，會違反單一定義規則。例如，假定你對包含了以下兩個檔案的程式進行編譯和連結：

```
// === a.cpp :
int main()
{
}
```

```
// === b.cpp :
int main()
{
}
```

C++ 編譯器會毫無問題地分別完成兩個檔案的編譯，因為它們確實是合法的 C++ 編譯單元。然而，當你試著連結這兩個單元時，連結器非常可能會提出抗議：重複定義是不被允許的。

作為對比，考慮這個 template 的例子：

```
// === t.hpp :
// 共用的標頭檔（置入式模型）
template<typename T>
class S {
  public:
    void f();
};

template<typename T>
void S::f() // 成員定義式
{
}

void helper(S<int>*);
```

```
// === a.cpp：
#include "t.hpp"

void helper(S<int>* s)
{
    s->f();        // #1 S::f 的首個實體化點
}

// === b.cpp：
#include "t.hpp"

int main()
{
    S<int> s;
    helper(&s);
    s.f();         // #2 S::f 的第二個實體化點
}
```

假如連結器使用像是處理普通函式或成員函式的方式，來處理 class templates 實體化出來的成員函式，編譯器必須確保只會在兩個 POI 的其中一處產生程式碼：#1 或 #2，而非兩者皆有。要做到這點，編譯器必須將資訊從某個編譯單元帶到另一個編譯單元。在 templates 被引進 C++ 之前，編譯器完全毋須考慮這件事。接下來的篇幅，我們會討論被 C++ 實作者採用的三大類解決方案。

注意同樣的問題也會發生於 template 實體化後產生的所有可連結個體（linkable entities）：包括被實體化出來的 function templates 和 member function templates、以及被實體化出來的 static 資料成員和 variable templates。

14.4.1　貪婪式實體化

首個應用貪婪式實體化（greedy instantiation）的 C++ 編譯器是由 Borland 公司開發的。截至目前為止，貪婪式實體化已然成為眾多 C++ 系統中最常採用的技術。

貪婪式實體化假定，連結器會察覺到部分個體（entity，特別指可連結的 template 實體）實際上會重複出現在各個目的檔和程式庫中。編譯器通常會以特別方式標記這些個體。當連結器發現多個重複的實體時，它會保留其中的一個、同時丟棄剩下的實體。就是這麼簡單。

理論上，貪婪式實體化有一些重大的缺點：

- 編譯器通常會浪費時間在產生和最佳化 N 個實體，但最後只有一個會被留下。

- 連結器通常不會檢查兩個實體是否「完全相同」，因為對於同一個 template 特化體的多個實體來說，其機械碼可能會合理存在一些無關緊要的差異（這可能是由實體化時，編譯器內部狀態的微小差異所導致的），而這些差異不應該導致連結失敗。不過這也常常導致連結器未能注意到更加重要的不同點，像是某個實體版本是用嚴格的浮點數數學規則編譯出來，而其他則是由較寬鬆、但高效率的浮點數數學規則編譯出來的 [11]。

---

[11] 不過現在的編譯系統已經成熟到能夠偵測某些差異了。例如它們可能會回報其中一個實體結合了除錯資訊、而其他實體則否之類的情況。

- 產生的所有目的檔總和，有可能會比使用其他機制產生的總和大得多，因為同樣的程式碼可能被重複了許多次。

實際使用時，上述缺點似乎並不會造成很大的問題。這可能是因為貪婪式實體化在其中一個重要方面明顯優於其他替代方案：它能保有傳統上原始碼與目的檔之間的依賴關係（source-object dependency）。特別是，一個編譯單元僅產生一個目的檔，同時每個目的檔包含了相應原始碼中所有可連結定義式所編譯而成的程式碼，這也包含了實體化出來的定義式。另一個重要的優點是，所有的 function template 實體都可以用來進行 inlining（內嵌），而且不用仰賴昂貴的「連結期（link-time）」最佳化機制（實際上 function template 實體又常常是很適合 inline 的小函式）。其他的實體化機制會特別處理 inline function template 實體，以確保能夠進行 inline 展開。不過即使是 noninline function template 實體，貪婪式實體化也允許其進行 inline 展開。

最後值得注意的是，若連結器的處理機制允許重複的可連結個體定義式，通常該機制也會用來處理重複的 *spilled inlined functions*（散落各處的內嵌函式）[12]、以及 *virtual function dispatch tables*（虛擬函式分發表）[13]。如果該機制未能被支援，替代做法通常是產生這類物件的內部連結（internal linkage），代價是產生較大的機械碼。但 inline 函式只能具有單一位址的限制條件，會令人難以採用符合標準的方式實作此一替代方案。

14.4.2 查詢式實體化

在 1990 年代中期，有間名為 *Sun Microsystems* [14] 的公司釋出了自有 C++ 編譯器的重製版（4.0 版本），對於實體化問題有著新奇有趣的解法，我們稱之為 **查詢式實體化**（*queried instantiation*）。查詢式實體化在概念上極其簡單、優雅，並且時間上是我們介紹的各式方案中最晚被提出的。在此方案中，系統會維護一個被程式裡所有相關的編譯單元、於編譯過程中共享的資料庫（database）。此資料庫會追蹤哪一個特化體完成了實體化、和它依賴於哪段原始碼。產生的特化體本身通常也會和這些訊息一併保存在資料庫中。每當遇見可連結個體的實體化點，便會發生下面三個事件中的一個：

1. 沒有可用的特化體：這種情況下會發生實體化，並將產生的特化體存進資料庫中。

2. 找得到特化體，但它過期了。這是因為該特化體被產生之後，程式碼發生了改動。此時同樣也會進行實體化，但最後得到的特化體會取代先前版本、被存進資料庫中。

3. 在資料庫中找到了最新版的特化體。此時不用做任何事。

---

[12] 當編譯器無法「inline」每個被你用關鍵字 inline 標記的函式呼叫式時，便會個別地將一份該函式的副本放到目的檔中。這件事可能於多個目的檔中發生。

[13] 對 virtual 函式的呼叫，通常會實作成利用一張「指向函式的指標」列表進行間接呼叫（indirect call）。有關這類 C++ 實作方面的詳實研究，請參考 *[LippmanObjMod]*。

[14] Sun Microsystems 後來被 Oracle 併購。

即便概念很簡單，這個設計卻有一些實作上的挑戰：

- 根據原始碼的狀態、正確地維持資料庫內容的依賴關係，這件事並不容易。就算誤把第三種情況當作第二種並不會導致錯誤結果，但這麼做會加重編譯器的工作量，並因此增加了整體的建置（build）時間。

- 同時編譯多個原始檔相當常見。因此，一個能夠達到工業應用等級的編譯器實作需要在資料庫中提供相當程度的並行控制（concurrency control）能力。

就算有著上述挑戰，查詢式實體化還是可以被實作得相當有效率。其次，並沒有明顯的問題案例，顯示這個方案無法適用於更大規模的程式。相較之下，像是貪婪式實體化就可能會導致大量的白工。

不過不幸的是，使用了資料庫會對程式設計師造成某些問題。大多數問題的起源都是因為繼承自大多數 C 編譯器的傳統編譯模型，於此不再適用：亦即單一編譯單元不再產生單一獨立的目的檔。舉例來說，假定你想要連結你的最終版本程式。這類連結動作不僅需要各個編譯單元對應的目的檔裡的內容，還需要存放在資料庫中的目的檔。同樣地，如果你想創建一個二進制程式庫（binary library），你需要確保用來建立該程式庫的工具（通常是連結器或archiver）能夠知道資料庫的內容。更通俗地說，所有會操作目的檔的工具都需要知道資料庫的內容。上述許多問題都能透過不要將實體存放在資料庫中來緩解，取而代之的做法是，直接回傳目的檔中第一個導致實體化發生的目的程式碼（object code）。

程式庫帶來了另一個難題。許多被生成的特化體可能被封裝於某個程式中。當此程式庫被加進另一個專案，該專案的資料庫會需要知道程式庫中已有的實體。如果該資料庫不知道、同時該專案本身也具有「已存在於程式庫裡的特化體」的實體化點，則會發生重複實體化。一個可能解決這個問題的策略是，使用貪婪式實體化用到的連結器技術：讓連結器意識到已經生成的特化體、同時清除重複的版本（相較於使用貪婪式實體化，這種情況較少出現）。各種原始碼、目的檔、和程式庫的細微安排方式可能會導致令人沮喪的問題，像是因為包含了必要實體的目的程式碼並未被連結到最終的可執行程式，因而導致找不到實體。

最終，查詢式實體化並未在市場上存活下來，即便 Sun 自家的編譯器現在也都採用貪婪式實體化了。

14.4.3 迭代式實體化

首個支援 C++ templates 的編譯器是 Cfront 3.0 —— 是 Bjarne Stroustrup 為了發展 C++ 語言所開發編譯器的直系子孫 [15]。Cfront 有個硬性條件是需要具備高度的可移植性，而這代表著：(1) 使用 C 語言作為跨目標平台的共通表示法，以及 (2) 使用各平台提供的連結器。明確地說，這意味著連結器並不知道會有 templates。事實上，Cfront 將 template 實體輸出成普通的 C 函式，因此必須防範重複的實體出現。即便 Cfront 的原始碼模型（source model）與標準的置入式模型並不相同，不過其實體化策略能夠加以調整，以匹配置入式模型。也因此，它被人們譽為**迭代式實體化**（*iterated instantiation*）的第一個具體化身。Cfront 迭代過程可以敘述如下：

1. 編譯原始碼，同時不實體化任何需要的可連結特化體（linkable specializations）。

2. 使用**預連結器**（*prelinker*）來連結目的檔。

3. 預連結器會喚起連結器，同時解析連結器產生的錯誤訊息，以確定裡面哪些錯誤是因缺少實體所導致的。如果有的話，預連結器會呼叫編譯器處理包含所需 template 定義的原始碼，並附帶選項，令其生成所缺少的實體。

4. 如果生成了任何實體，則重複進行第三步驟。

重複迭代第三步驟的必要性，主要基於以下觀察：一個可連結個體的實體化，可能會觸發另一個尚未實體化的個體本身對實體化的需求。最終這個迭代過程會**收斂**，連結器也會成功建置一個完整的程式。

原始的 Cfront 方案有重大的缺點：

- 連結時間顯著增加了，除了預連結器新增的開銷外，每次必要的重新編譯和重新連結也造成了額外的成本。部分使用者回報，以 Cfront 做為基礎的編譯系統，其連結時間長達「數天」之久，而採用前幾節替代方案的系統，卻只花了「一小時左右」。

- 對錯誤（errors）和警告（warnings）的診斷被推遲到連結時才進行。當連結時間變長時，這點尤其令人感到痛苦。程式設計師僅僅為了找出一個 template 定義式裡的錯別字，需等待數小時之久。

- 為了記住某個特定定義式於原始碼中的位置，（於第一步驟）必須進行特殊處理。Cfront 特別採用了一個集中數據庫（central repository），但該數據庫也必須處理像是查詢式實體化方案裡集中資料庫會遇到的某些挑戰。特別是原始的 Cfront 實作版本並未在工程上進行調整，以支援並行編譯（concurrent compilations）。

這裡的迭代原則接著被 Edison Design Group's（EDG）以及 HP 的 aC++[16] 於實作上加以改良，消除了原始 Cfront 實作版本的部分缺點。於實際應用中，這些實作版本運作得相當良好。就算相較於其他替代方案，這個做法「從頭開始」構建程式花的時間通常會比較多，但對於

---

[15] 別讓這段敘述誤導你，讓你覺得 Cfront 只是一個學術用的原型編譯器：它被用於工業應用中，並且成為後續許多商用 C++ 編譯器的基礎。3.0 版本出現在 1991 年，但深受 bugs 的困擾。接著旋即推出 3.0.1 版，並支援了 templates。

[16] HP 的 aC++ 出自於 Taligent 公司（稍晚被併入 International Business Machines，即 IBM）的技術。HP 也把貪婪式實體化加進 aC++，作為預設處理機制。

既有程式，再次進行構建的時間卻頗有競爭力。但即便如此，採用迭代式實體化的 C++ 編譯器也相當少見了。

14.5 顯式實體化

我們可以特別為某個 template 特化體創建一個實體化點，這得仰賴名為顯式實體化指令（*explicit instantiation directive*）的構件。文法上，它由 template 關鍵字、加上欲實體化的特化體宣告式組成。舉例來說：

```
template<typename T>
void f(T)
{
}

// 四道有效的顯式實體化：
template void f<int>(int);
template void f<>(float);
template void f(long);
template void f(char);
```

注意這裡的每道實體化指令都是合法的，可以成功推導 template arguments（見第 15 章）。

Class template 的成員也可以用以下方式進行顯式實體化：

```
template<typename T>
class S {
  public:
    void f() {
    }
};

template void S<int>::f();

template class S<void>;
```

除此之外，class template 特化體的所有成員都可以透過顯式實體化 class template 而一併被顯式實體化。因為這些顯式實體化指令確保會建立該具名 template 特化體的定義式（因此也會產生其成員），故上述的顯式實體化指令可以被更精確的稱作顯式實體化定義（*explicit instantiation definitions*）。被顯式實體化的 template 特化體不能再進行顯式特化，反之亦然，因為這樣做就代表兩邊的定義式可能會不一樣（因此會違反 ODR）。

14.5.1 手動實體化

許多 C++ 程式設計師注意到，自動 template 實體化對程式建置時間有著不可忽視的負面影響。對於使用貪婪式實體化（14.4.1 節，第 256 頁）來實作的編譯器尤其如此，因為同樣的 template 特化體會在許多不同的編譯單元裡被實體化和最佳化。

一個改善建置時間的技術是，於某一處手動實體化程式所需的 template 特化體，然後在所有其他的編譯單元裡禁止實體化發生。一個能夠確保實體化被禁止的可移植（portable）方式為：除了顯式實體化發生的編譯單元外，不提供 template 定義式[17]。舉例來說：

```
//=== 編譯單元 1：
template<typename T> void f();   // 不具定義式：避免實體化於此編譯單元中發生

void g()
{
    f<int>();
}
```

```
//=== 編譯單元 2：
template<typename T> void f()
{
    // 實作內容
}

template void f<int>();              // 手動實體化

void g();

int main()
{
    g();
}
```

在第一個編譯單元中，編譯器看不到 function template f 的定義式，故它不會（也無法）產生 f<int> 的實體。第二個編譯單元藉由顯式實體化定義，提供了 f<int> 的定義；如果沒有它，整個程式會於連結時失敗。

手動實體化有個明顯的缺點：我們必須小心地追蹤哪個個體要實體化。對於大型專案來說，這很快就會成為沉重的負擔；因此我們並不建議這麼做。我們曾於好幾個專案開始時輕忽了這點，而在程式開發後期對此感到懊悔。

不過手動實體化也有一些優點，因為實體化可以根據程式的需求進行調整。顯然這可以避免大型標頭檔帶來的負擔，亦即在多個編譯單元中，以同樣的引數重複實體化同一個 template 所造成的負擔。其次，template 定義的程式碼也可以被隱藏起來。不過這樣一來客戶端程式也無法再創建新的實體了。

---

[17] 針對 1998 和 2003 年的 C++ 標準，這是唯一能夠在其他編譯單元禁止實體化的可移植方式。

手動實體化帶來的部分負擔可以藉由將 template 定義式放進第三個原始檔來減輕，習慣上該檔會以 .tpp 做為副檔名。函式 f 可以被這樣拆分：

```
// === f.hpp：
template<typename T> void f();    // 不具定義式：避免實體化

// === f.tpp：
#include "f.hpp"
template<typename T> void f()     // 定義式
{
  // 實作內容
}

// === f.cpp：
#include "f.tpp"

template void f<int>();                    // 手動實體化
```

這個結構提供了一些彈性。某些地方可以藉由單獨引用 f.hpp 來取得 f 的宣告式，同時避免自動進行實體化。顯式實體化可以在需要時以手動方式加進 f.cpp。或是如果手動實體化變得太過麻煩，也可以引用 f.tpp 來啟用自動實體化。

14.5.2　顯式實體化宣告

想消除多餘的自動實體化，更到位的方式是利用**顯式實體化宣告**（*explicit instantiation declaration*），它是一個以關鍵字 extern 開頭的顯式實體化指令。顯式實體化宣告**通常**會抑制具名 template 特化體的自動實體化，因為它宣告了該具名 template 特化體會在程式裡的某處（透過顯式實體化定義）被定義。我們強調通常，是因為有不少例外情況：

- Inline 函式仍可以被實體化，用來在 inline 處做展開（但是不會產生個別的機械碼）。
- 帶有可推導的 auto 或 decltype(auto) 型別的變數、以及帶有可推導回傳型別的函式，仍可進行實體化以確定其所屬型別。
- 其值作為常數述式（constant-expression）使用的變數仍可以被實體化，以便核算其值。
- 屬於 reference 型別的變數仍可以被實體化，以便決議其指涉對象。
- Class templates 和 alias templates 依然可以被實體化，用來檢查最終型別。

利用顯式實體化宣告，我們可以在標頭檔（t.hpp）為 f 提供 template 定義式，接著抑制為共同使用的特化體進行的自動實體化，就像這樣：

```
// === t.hpp：
template<typename T> void f()
{
}

extern template void f<int>();        // 宣告但未定義
extern template void f<float>();         // 宣告但未定義

// === t.cpp：
template void f<int>();                // 定義
template void f<float>();              // 定義
```

每個顯式實體化宣告都需要搭配對應的顯式實體化定義，後者較前者晚出現。省略定義會導致連結錯誤。

當某個特化體出現在多個不同的編譯單元時，可以利用顯式實體化宣告來改善編譯和連結時間。和手動實體化不同，它不要求人們在需要新的特化體時，手動更新顯式實體化定義。顯式實體化宣告可以像最佳化一樣，用於任何時間點。不過它對編譯時間的改善幅度會不如手動實體化那樣顯著，因為還是可能發生一些多餘的自動實體化[18]、而且 template 定義式仍然會被解析成為標頭檔的一部分。

14.6 編譯期 if 陳述句

如同在 8.5 節（第 134 頁）介紹過的，C++17 加入了一種新的陳述句（statement），在撰寫 templates 時非常有用：編譯期 if（compile-time if）。它同時也為實體化過程帶來了一些新的波折。

下面的範例說明了基本的使用方式：

```
template<typename T> bool f(T p) {
  if constexpr (sizeof(T) <= sizeof(long long)) {
    return p>0;
  } else {
    return p.compare(0) > 0;
  }
}

bool g(int n) {
  return f(n);          // OK
}
```

---

[18] 對於如何最佳化這件事，有個有趣的問題：如何精準決定在哪個特化體使用顯式實體化宣告可以帶來較大的改善呢？有些低階工具程式，像是常用的 Unix 工具 nm，在這裡可能會很有用。它們可以用來判斷哪個自動實體化會實際出現在包含了整個程式的目的檔之中。

這裡的編譯期 `if` 是個在 `if` 關鍵字後面，馬上接著 `constexpr` 關鍵字的 *if* 陳述句（如同上面的範例）[19]。後面包在括號裡的條件式必須是個常數的 Boolean 值（可以隱式轉型成 `bool` 的數值也包含在內）。編譯器因而會知道接下來要採用哪個決策分支；而沒有被採用的分支被稱作**捨棄分支**（*discarded branch*）。這裡特別有趣的是，在 **templates** 進行實體化時（這裡包含泛型 lambdas），捨棄分支並**不會**被實體化。而我們的範例要想合法，這是必要條件：我們用 `T = int` 來實體化 `f(T)`，意味著 *else* 分支被捨棄了。假如該分支沒有被捨棄，便會進行實體化，而我們會因為陳述式 `p.compare(0)` 而發生錯誤（當 `p` 是簡單的整數型別時，該陳述式並不合法）。

在 C++17 引進 *constexpr if* 陳述句以前，想要避免前項錯誤，需要仰賴顯式 template 特化或重載（見第 16 章）以達成類似的效果。

上述範例在 C++14，可以被實作如下：

```
template<bool b> struct Dispatch {    // 只會在 b 為 false 時被實體化
  static bool f(T p) {                // （因為下一個是 true 時的特化體）
    return p.compare(0) > 0;
  }
};

template<> struct Dispatch<true> {
  static bool f(T p) {
    return p > 0;
  }
};

template<typename T> bool f(T p) {
  return Dispatch<sizeof(T) <= sizeof(long long)>::f(p);
}

bool g(int n) {
  return f(n);    // OK
}
```

利用 *constexpr if* 陳述句來表達我們的意圖，顯然會更清楚、更簡潔。不過這得要在實作時調整實體化單元才行：前述函式定義總是作為一個整體來實體化，而現在則需要能夠抑制函式部分組成的實體化。

constexpr if 陳述句的另一個十分方便的用途是用來表示處理函式 parameter pack 所需的遞迴。將 8.5 節（第 134 頁）介紹過的範例，概括表示如下：

---

[19] 雖然程式碼讀起來是 `if constexpr`，但這個特性卻被稱作 *constexpr if*（常數 *if* 陳述），因為它是常數型式的 `if` 陳述句。

```
template<typename Head, typename... Remainder>
void f(Head&& h, Remainder&&... r) {
  doSomething(std::forward<Head>(h));
  if constexpr (sizeof...(r) != 0) {
    //遞迴處理餘下的參數（將引數完美轉發）：
    f(std::forward<Remainder>(r)...);
  }
}
```

如果沒有 *constexpr if* 陳述句，就需要額外增加一個 f() **template** 的重載版本，以確保遞迴會終止。

即便在 **nontemplate** 的語境中，*constexpr if* 陳述句也有滿獨特的功用：

```
void h();
void g() {
  if constexpr (sizeof(int) == 1) {
    h();
  }
}
```

於大多數的平台，g() 裡頭的條件式會是 false，對 h() 的呼叫因而會被捨棄掉。如此一來，不一定需要定義 h()（當然啦，除非它還會在其他地方被用到）。如果省略範例裡的 constexpr 關鍵字，缺乏 h() 的定義式便會導致連結期發生錯誤 [20]。

14.7 標準程式庫內的應用

C++ 標準程式庫包含了一些通常只會使用少數基本型別來實體化的 **templates**。舉例來說，std::basic_string **class template** 主要只用於 char（因為 std::string 是 std::basic_string<char> 的 **type alias**）或 wchar_t，即便它也能利用其他類似於字元的型別進行實體化。因此，標準程式庫在實作上時常會為這些常見情境引入顯式實體化宣告。像是這樣：

```
namespace std {
  template<typename charT, typename traits = char_traits<charT>,
           typename Allocator = allocator<charT>>
  class basic_string {
    …
  };
  extern template class basic_string<char>;
  extern template class basic_string<wchar_t>;
}
```

接著，實作了標準程式庫的原始碼檔案會包含對應的顯式實體化定義，讓這些通用實作版本可以被程式庫裡的所有使用者共享。類似的顯式實體化也常常用於各種 **stream classes**（資料流類別），像是 basic_iostream、basic_istream 等等。

---

[20] 不過最佳化有可能會遮掩這個錯誤。使用 *constexpr if* 陳述則能夠保證不會出錯。

14.8 後記

本章介紹兩個彼此相關、但各自獨立的主題：C++ template 編譯模型（*compilation model*）與各式 C++ template 實體化機制（*instantiation mechanisms*）。

編譯模型會於程式的多個編譯階段決定一個 template 的意義。特別是當某個 template 被實體化時，它決定了裡頭的構件各自代表了什麼意思。而名稱查詢（name lookup）是編譯模型裡最重要的部分。

標準 C++ 只支援一種編譯模型，即置入式模型（inclusion model）。不過 1998 年和 2003 年版的標準也支援了 template 編譯過程的分離模型（*separation model*），它允許 template 定義式被寫在與實體化發生處不同的編譯單元裡。這類 *exported templates*（導出式模板）僅僅被 Edison Design Group（EDG）實現過一次 [21]。他們對該實作所付出的努力確定了 (1) 實現 C++ templates 的分離模型比預期要更加困難許多、也更花時間；以及 (2) 由於模型過於複雜，原先假定分離模型能帶來的好處（像是改善編譯時間），並未真正實現。隨著 2011 年版標準進入收尾階段，其他實作單位不會支援此項特性這件事也趨於明朗。此時 C++ 標準委員會投票決定將 exported template 從語言中移除。如果讀者對分離模型的細節感興趣，我們推薦您閱讀本書的第一版（[*VandevoordeJosuttisTemplates1st*]），裡頭描述了 exported templates 的行為。

實體化機制是使 C++ 實作版本得以正確創建實體的外部機制。這些機制會受限於連結器或是其他軟體建置工具的需求條件。雖然不同實作版本間的實體化機制都不同（每個版本都有各自的考量和取捨），但這通常不會對日常 C++ 編程工作造成什麼重大影響。

C++11 甫推出，Walter Bright、Herb Sutter、和 Andrei Alexandrescu 旋即（透過 N3329 文件）提出不同於 ***constexpr if*** 陳述的「static if（靜態 if）」特性。它是一種更加泛用的特性，甚至可以出現在函式定義之外（Walter Bright 是 D 語言的主要設計者和實作者，而 D 語言有類似的特性）。舉例來說：

```
template<unsigned long N>
struct Fact {
  static if (N <= 1) {
    constexpr unsigned long value = 1;
  } else {
    constexpr unsigned long value = N*Fact<N-1>::value;
  }
};
```

注意在這個範例裡，如何使 class scope 裡的宣告式依據條件進行宣告。不過這個強大的功能有點爭議，委員會裡某些委員擔心這項功能會被濫用，而其他某些委員不喜歡提案的部分技術內容（像是大括號並未引入 scope、以及捨棄分支完全不會被解析）。

---

[21] 諷刺的是，當這項特性被加進原始標準的工作草案時，EDG 曾是該特性的最主要反對者。

幾年過去之後，Ville Voutilainen 回頭給出一個提案（P0128），其中大部分的內容後來成為了 *constexpr if* 陳述句。經過一些小的設計往返（涉及實驗性的 `static_if` 和 `constexpr_if` 關鍵字），再加上 Jens Maurer 的協助，Ville 最終（透過文件 P0292r2）將該提案帶進了語言之中。

15

Template 引數推導

Template Argument Deduction

在 每 次 呼 叫 某 個 function template 時 都 明 確 標 示 template arguments（ 像 是 `concat<std::string, int>(s, 3)`）很快就會讓程式碼變得笨重。幸好，C++ 編譯器通常會藉由一個稱作 *template 引數推導*（*template argument deduction*）的強大過程，自動決定期望的 template arguments。

本章我們會解釋 template 引數推導過程的細節。大多數的時候，C++ 裡的各種規則會產生直觀的結果。而深入理解本章，可以讓我們避免令人感到意外的狀況。

即便 template 引數推導一開始是發展來簡化對 function template 的呼叫，但它後續被推廣到其他用途之上，包含從初始式中確定變數的型別。

15.1 推導過程

基本的推導過程會將函式呼叫式裡的引數型別與 function template 裡對應的參數型別相互比對，並嘗試推論出一或多個被推導參數（deduced parameter）的正確替換方式。對每個引數 - 參數組合（argument-parameter pair）的分析都是獨立進行，如果最終得到的結果不一致，則整個推導過程失敗。考慮下面這個範例：

```
template<typename T>
T max (T a, T b)
{
    return b < a ? a : b;
}

auto g = max(1, 1.0);
```

這裡的第一個 call argument （呼叫引數）型別為 `int`，因此原始 `max()` template 裡的參數 `T` 會嘗試性地被推導為 `int`。而第二個 call argument 是 `double`，不過這樣一來，`T` 就得是 `double` 才符合該引數：這就和前面的推論相互矛盾了。注意我們這裡說的是：「推導過程失敗」，而不是「程式不合法」。畢竟針對另一個也叫做 max 的 **template** 來說，推導過程可能是成功的（function template 可以像普通函式一樣被重載；參考 1.5 節，第 15 頁、與第 16 章）

即使所有會被推導的 **template** 參數都確定下來了，但若是為剩下的函式宣告執行引數替換，並因而產生非法構件時，仍然會導致推導失敗。舉例來說：

```cpp
template<typename T>
typename T::ElementT at (T a, int i)
{
    return a[i];
}

void f (int* p)
{
    int x = at(p, 7);
}
```

這裡的 T 會被推斷為 int*（T 只在一個參數型別裡出現，故型別彼此間顯然不存在衝突）。不過若是將回傳型別 T::ElementT 裡的 T 替換為 int*，顯然是不合法的 C++ 程式，故推導失敗 [1]。

我們仍然需要探究引數 - 參數匹配是如何進行的。我們利用（取自 call argument 的）型別 A 是如何匹配於（取自 call parameter 宣告式的）參數化型別 P 來做說明。如果 call parameter 宣告為 reference（參考），則 P 會是被指涉的型別，而 A 則為引數本身的型別；不然的話，P 即為所宣告的參數型別，而 A 則是將 array 和函式型別退化（*decay*）[2] 成指標型別後、再去除最外層的 const 和 volatile 修飾，所得到的引數型別。舉例來說：

```cpp
template<typename T> void f(T);     // 參數化型別 P 為 T
template<typename T> void g(T&);    // 參數化型別 P 仍為 T

double arr[20];
int const seven = 7;

f(arr);      // nonreference 參數：T 為 double*
g(arr);      // reference 參數：    T 為 double[20]
f(seven);    // nonreference 參數：T 為 int
g(seven);    // reference 參數：    T 為 int const
f(7);        // nonreference 參數：T 為 int
g(7);        // reference 參數：    T 為 int => 錯誤：不能將 7 作為 int& 傳入
```

---

[1] 這種情況下的推導失敗會造成錯誤。不過，遵循 SFINAE 原則（參考 8.4 節，第 129 頁）：如果存在另外的函式能夠使得推導成功，則該程式碼依然可能合法。

[2] 退化（*decay*）是用來形容將函式和 array 型別隱式轉型為指標型別的專有名詞。

對呼叫式 f(arr) 而言，arr 由 **array** 型別退化為 double* 型別，這也正是 T 被推導成的型別。而對於 f(seven) 來說，const 修飾詞會被捨棄，因此 T 會被推導為 int。相較之下，呼叫 g(arr) 會使 T 被推導為 double[20] 型別（此時不發生退化）。同樣地，g(seven) 具有型別為 int const 的 **lvalue** 引數，又因為在匹配 **reference** 參數時，const 和 volatile 修飾詞都不會被去除，故 T 被推導為 int const。不過請注意，g(7) 會將 T 推導為 int（因為 **nonclass rvalue** 陳述式的型別不會冠上 const 或 volatile 修飾詞），同時該呼叫會失敗，因為引數 7 不能被傳給型別是 int& 的參數。

事實上，傳給 **reference** 參數的引數不會發生退化這件事，當引數為 **string literal**（字串文字）時，可能會讓人嚇一跳。再次考慮以 **reference** 宣告的 max() **template**：

```
template<typename T>
T const& max(T const& a, T const& b);
```

對於陳述式 max("Apple", "Pie") 來說，應該可以合理期待 T 被推導為 char const*。不過實際上 "Apple" 的型別是 char const[6]，同時 "Pie" 的型別為 char const[4]。從 **array** 到指標的退化過程並未發生（因為此次推導涉及 **reference** 參數）。因此如果要讓推導成功，T 同時得是 char[6] 以及 char[4]。這當然是不可能。關於如何對付這種情況的相關討論，請參考 7.4 節（第 115 頁）。

15.2 可推導上下文

比單純的「T」還要更加複雜的參數化型別，也能夠匹配於給定的引數型別。這裡有一些基本的例子：

```
template<typename T>
void f1(T*);

template<typename E, int N>
void f2(E(&)[N]);

template<typename T1, typename T2, typename T3>
void f3(T1 (T2::*)(T3*));

class S {
  public:
    void f(double*);
};

void g (int*** ppp)
{
    bool b[42];
    f1(ppp);           // 將 T 推導為 int**
    f2(b);             // 將 E 推導為 bool，同時將 N 推導為 42
    f3(&S::f);         // 推導結果：T1 = void、T2 = S、T3 = double
}
```

複雜的型別宣告式是由相對基本的構件（指標、reference、array、和函式宣告式；指向成員的宣告符號（pointer-to-member declarators）；template-id 等）組合而成的，匹配過程會從最上層構件開始，在組成元素之中遞迴進行。我們可以說，大多數的型別宣告結構都可以用這種方式來匹配，這些構件被稱作*可推導上下文*（*deduced contexts*）。不過，某些構件不算是可推導上下文。例如：

- 限定型別名稱。像是 Q<T>::X 這樣的型別名稱不會被用來推導 template parameter T。
- 「不僅僅只作為 nontype parameter」的 nontype 陳述式。舉例來說，像是 S<I+1> 這樣的型別名稱不會被用來推導 I 的值。與型別為 int(&)[sizeof(S<T>)] 的參數進行匹配也無法推導出 T 來。

會有這些限制並不奇怪，因為推導結果通常不會只有一個符合的匹配方式（甚至可能有無限種方式），雖然對於限定型別名稱來說，這些限制有時很容易被忽略。不可推導上下文（nondeduced context）並不表示程式有錯、甚至也不代表正在進行分析的參數不能參與型別推導。為了說明這點，請參考下面這個比較複雜的例子：

details/fppm.cpp

```
template<int N>
class X {
  public:
    using I = int;
    void f(int) {
    }
};

template<int N>
void fppm(void (X<N>::*p)(typename X<N>::I));

int main()
{
    fppm(&X<33>::f);      // 正確：N 被推導為 33
}
```

在 fppm() 這個 function template 裡，子構件 X<N>::I 是個不可推導上下文。不過，「指向成員型別的指標」裡的成員 class 構件 X<N> 是個可推導上下文。從該處推導出來的參數 N 被置入此不可推導上下文時，會得到一個與實際引數 &X<33> 相容的型別。基於該引數 - 參數組合的推導過程因而成功。

相反地，完全由可推導上下文中推導出來的參數型別也可能會產生矛盾。舉個例子，假定 class templates X 和 Y 都已經正確被宣告：

```
template<typename T>
void f(X<Y<T>, Y<T>>);
```

```
void g()
{
    f(X<Y<int>, Y<int>>());        // OK
    f(X<Y<int>, Y<char>>());       // 錯誤：推導失敗
}
```

對 function template f() 的第二次呼叫，其問題在於兩個引數對參數 T 推導出了不一致的 template argument，這是不合法的（在這兩次呼叫裡，函式的 call argument 是由呼叫 class template X 的預設建構子所獲得的暫存物件）。

15.3 特殊推導情境

在部分情形下，用於推導的組合 (A, P) 不會取自呼叫式中的引數和 function template 中的參數。第一種情形會發生在存取 function template 的位址時。此時的 P 是 function template 宣告式本身的參數化型別，而 A 是被初始化、或被賦值指標的底層函式型別（underlying function type）。舉例來說：

```
template<typename T>
void f(T, T);

void (*pf)(char, char) = &f;
```

在這個例子裡，P 是 void(T, T)、而 A 是 void(char, char)。推導過程藉由將 T 以 char 替換而獲得成功，同時 pf 被初始化為特化體 f<char> 的位址。

與此類似，函式型別在其他幾種情形下會被用來作為 P 和 A：

- 決定 function templates 重載版本之間的偏序關係（partial ordering）時
- 將某個顯式特化體（explicit specialization）與某個 function template 進行匹配時
- 將某個明確實體（explicit instantiation）與某個 template 進行匹配時
- 將某個 friend function template 與某個 template 進行匹配時
- 將 某 個 placement operator delete 或 operator delete[] 匹 配 到 對 應 的 placement operator new 或 operator new[] template 時

以上部分主題，會和 class template 偏特化時所使用的 template 引數推導一起在第 16 章時詳細介紹。

另一個特殊情形發生於具有 conversion function template（轉型函式模板）時。例如：

```
class S {
  public:
    template<typename T> operator T&();
};
```

本例中，組合 (P, A) 可以這樣取得：把待轉換的型別看成是引數型別，而把轉型函式的回傳型別視為參數型別。下面的程式碼展示了上述情況一種變體：

```
void f(int (&)[20]);

void g(S s)
{
    f(s);
}
```

這裡我們試著將 S 轉型為 int (&)[20]。因此型別 *A* 為 int[20]，型別 *P* 則是 T。推導會藉由將 T 替換為 int[20] 而獲得成功。

最後，針對 auto placeholder type，則需要做些特殊處置。我們會在 15.10.4 節（第 303 頁）討論到這點。

15.4 初始化列表

當函式呼叫式的引數是個初始化列表（initializer list）時，該引數不具有特定型別。故通常不會針對組合 (*A, P*) 執行引數推導，因為此時 *A* 不存在。舉個例子：

```
#include <initializer_list>

template<typename T> void f(T p);

int main() {
  f({1, 2, 3});          // 錯誤：無法從大括號列表中推導出 T
}
```

不過，假如參數型別 *P* 在去除了 references 和最外層的 const 和 volatile 修飾詞後，和 std::intializer_list<*P'*> 相等（這裡的 *P'* 是具有 deducible pattern（可推導模式）的型別），則推導會繼續進行。接著會將 *P'* 與初始化列表中的各個元素型別相比較，唯有所有元素都具備相同型別時，推導才算成功：

deduce/initlist.cpp

```
#include <initializer_list>

template<typename T> void f(std::initializer_list<T>);

int main()
{
  f({2, 3, 5, 7, 9});                    // OK：T 會被推導為 int
  f({'a', 'e', 'i', 'o', 'u', 42});      // 錯誤：T 同時被推導為 char 和 int
}
```

同樣地，如果參數型別 *P* 是個指向「具有元素型別 *P'* 的 array 型別」的 reference，同時型別 *P'* 具有 deducible pattern。則推導會繼續將 *P'* 與初始化列表中各個元素型別做比較，唯有當所有元素都具備相同型別時，推導才算成功。此外，如果（容器的）邊界值具備 deducible pattern（亦即代表某個 nontype template parameter），則該邊界值會被推導為列表內的元素個數。

15.5 Parameter Packs（參數包）

推導過程將每個引數和參數相互匹配，以決定 template arguments 的值。然而，在對 variadic templates（可變參數模板）實行 template 引數推導時，這種參數和引數間的一對一對應關係不復存在，因為單個 parameter pack（參數包）就能夠匹配多個引數。在這種情況下，同一個 parameter pack (P) 會與多個 arguments (A) 進行匹配，同時每次匹配都會為 P 裡存在的 template parameter packs 產生新的數值：

```
template<typename First, typename... Rest>
void f(First first, Rest... rest);

void g(int i, double j, int* k)
{
    f(i, j, k);        // 將 First 推導為 int、將 Rest 推導為 {double, int*}
}
```

此處第一個函式參數的推導過程很簡單，因為它並未牽涉到 parameter packs。第二個函式參數 rest 是個 function parameter pack。它的型別是 pack expansion（封包展開，即 Rest...），具有的 pattern 為 Rest 型別：此 pattern 會作為 P，用來與第二及第三個 call arguments 提供的型別 A 相比較。當和第一個 A（即 double 型別）做比較時，template paremter pack Rest 裡的第一個數值會被推導為 double。同樣地，當和第二個 A（即 int* 型別）做比較時，template parameter pack Rest 裡的第二個數值會被推導為 int*。因此，推導過程決定了 parameter pack Rest 的值為序列 {double, int*}。將此次推導結果及首個函式參數的推導結果用於替換，會得出函式型別 void(int, double, int*)，這和呼叫處的引數型別是匹配的。

因為 function parameter packs 的推導過程利用 pack expansion 的 pattern 來進行比較，故對 patten 的複雜度沒有限制，同時可以從各個引數的型別來決定多個 template pararmeters 和 parameter packs 的值。考慮下列 h1() 和 h2() 函式的推導行為：

```
template<typename T, typename U> class pair { };

template<typename T, typename... Rest>
  void h1(pair<T, Rest> const&...);
template<typename... Ts, typename... Rest>
  void h2(pair<Ts, Rest> const&...);

void foo(pair<int, float> pif, pair<int, double> pid,
         pair<double, double> pdd)
{
  h1(pif, pid); // OK：將 T 推導為 int、將 Rest 推導為 {float, double}
  h2(pif, pid); // OK：將 Ts 推導為 {int, int}、將 Rest 推導為 {float, double}
  h1(pif, pdd); // 錯誤：以第一引數將 T 推導為 int，但第二引數卻得出 T 為 double
  h2(pif, pdd); // OK：將 Ts 推導為 {int, double}、將 Rest 推導為 {float, double}
}
```

對於 h1() 和 h2() 兩者而言，P 是個 reference 型別。它會被調整成參考對象（分別為 pair<T, Rest> 和 pair<Ts, Rest>）的非限定版本，用以針對每個引數型別進行推導。因為所有參數和引數都是 class template pair 的特化體，故比較的是 template arguments。對於 h1()，第一個 template argument（T）並非 parameter pack，故其值會針對各個引數獨立進行推導。如果推導結果不同，例如 h1() 的第二次呼叫，則推導失敗。對於 h1() 和 h2() 裡的第二個 pair template argument（即 Rest）、以及 h2() 裡的第一個 pair template argument（即 Ts）來說，推導過程會根據各個 A 包含的引數型別，替 template parameter packs 決定所具有的連續數值。

Parameter packs 的推導過程並不限於從 call arguments 取得引數 - 參數組合。事實上，每當 pack expansion 位於函式參數列、或是 template argument list 的的尾端時，都會進行推導[3]。舉例來說，考慮在簡單的 Tuple 型別上進行的兩個類似操作：

```
template<typename... Types> class Tuple { };

template<typename... Types>
bool f1(Tuple<Types...>, Tuple<Types...>);

template<typename... Types1, typename... Types2>
bool f2(Tuple<Types1...>, Tuple<Types2...>);

void bar(Tuple<short, int, long> sv,
         Tuple<unsigned short, unsigned, unsigned long> uv)
{
  f1(sv, sv);    // OK：Types 被推導為 {short, int, long}
  f2(sv, sv);    // OK：Types1 被推導為 {short, int, long}，
                 //       Types2 被推導為 {short, int, long}
  f1(sv, uv);    // 錯誤：以第一引數將 Types 推導為 {short, int, long}，不過根據
                 //       第二引數卻推導出 {unsigned short, unsigned, unsigned long}
  f2(sv, uv);    // OK：Types1 被推導為 {short, int, long}，
                 //       Types2 被推導為 {unsigned short, unsigned, unsigned long}
}
```

在 f1() 和 f2() 中為了推導 template parameter packs，會透過將 Tuple 型別內含的 pack expansion（對 f1() 來說就是 Types）與 call argument 提供的 Tuple 型別裡的各個 template arguments 進行比對，為對應的 template parameter pack 推導出擁有的連續數值。函式 f1() 對兩個函式參數套用了相同的 template parameter pack Types，這確保唯有當兩個 call arguments 的型別是相同的 Tuple 特化體時，推導才會成功。另一方面，函式 f2() 針對兩個函式參數的 Tuple 型別套用了不同的 parameter packs，故 call arguments 彼此的型別可以不同——只要兩者都是 Tuple 的特化體就可以了。

---

[3] 如果 pack expansion 出現在函式參數列或 template argument list 的其他地方，該 pack expansion 會被視為不可推導的上下文。

15.5.1　**Literal Operator Templates**（文字運算子模板）

Literal operator templates（文字運算子模板）以獨特的方式來決定其引數。下面的範例說明了這一點：

```
template<char...> int operator "" _B7();     // #1
...
int a = 121_B7;                              // #2
```

此處 *#2* 所用的初始式包含了一個使用者定義文字（user-defined literal），該文字透過 template argument list `<'1', '2', '1'>` 被轉化為對 literal operator template *#2* 的呼叫。如此一來，像下面這樣的文字運算子實作

```
template<char... cs>
int operator"" _B7()
{
  std::array<char,sizeof...(cs)> chars{cs...};   // 以傳入字元初始化 array
  for (char c : chars) {                         // 並加以使用（將其輸出）
    std::cout << "'" << c << "' ";
  }
  std::cout << '\n';
  return ...;
}
```

對 `121.5_B7`，會輸出 `'1' '2' '1' '.' '5'`。

注意此項技術只支援即使沒有字尾也會合法的數值文字（numeric literals）。例如：

```
auto b = 01.3_B7;        // OK：推導出 <'0', '1', '.', '3'>
auto c = 0xFF00_B7;      // OK：推導出 <'0', 'x', 'F', 'F', '0', '0'>
auto d = 0815_B7;        // 錯誤：8 不是合法的八進制文字（octal literal）
auto e = hello_B7;       // 錯誤：識別字 hello_B7 尚未被定義
auto f = "hello"_B7;     // 錯誤：與文字運算子 _B7 不匹配
```

此特性於編譯期計算整數文字（integral literals）的相關應用，請參考 25.6 節（第 599 頁）。

15.6　**Rvalue References**（右值參考）

C++11 透過引入 rvalue reference（右值參考）帶進新的技術，包含搬移語意和完美轉發。本節描述 rvalue references 與推導過程間的交互作用。

15.6.1　**參考坍解規則**（**Reference Collapsing Rules**）

程式設計師們無法直接宣告一個「指向 reference 的 reference」：

```
int const& r = 42;
int const& & ref2ref = i;    // 錯誤：指向 reference 的 reference 並不合法
```

不過，在藉由替換 template parameters、型別別名、或是 decltype 構件來構成型別時，
發生這樣的狀況是可以的。舉例來說：

```
using RI = int&;
int i = 42;
RI r = i;
RI const& rr = r;          // OK：rr 的型別是 int&
```

根據 reference 組合來決定最終型別的規則，被稱作**參考坍解規則**（*reference collapsing rule*）[4]。首先，內層 reference 表面的任何 const 或 volatile 修飾詞均會被捨棄（亦即，能保留的只有內層 reference 內部的修飾詞。[*]）。接著，兩個 references 會透過表 15.1 被推導為單一 reference，這可以用一句話來總結：「如果任何一個 reference 屬於 lvalue reference，最終型別就是個 lvalue reference；反之，就是個 rvalue reference。」

內層 *reference*		外層 *reference*		結果 *reference*
&	+	&	→	&
&	+	&&	→	&
&&	+	&	→	&
&&	+	&&	→	&&

表 *15.1.* 參考坍解規則

另一個例子展示如何應用這些規則：

```
using RCI = int const&;
RCI volatile&& r = 42;     // OK：r 的型別是 int const&
using RRI = int&&;
RRI const&& rr = 42;       // OK：rr 的型別是 int&&
```

這裡的 volatile 被添加在 reference 型別 RCI 的表面（RCI 是 int const& 的別名），因此會被捨棄。rvalue reference 接著再被加在該型別的表面，但因為底層型別是個 lvalue reference，而 lvalue reference 在參考坍解規則裡「具有優勢」，故整體型別還是保持 int const&（或是它的等義別名 RCI）。與之相似，位於 RRI 表面的 const 也會被捨棄，同時在該型別表面再加上一個 rvalue reference，會讓我們最後依舊得到一個 rvalue reference 型別（該型別可以用來與 rvalue 綁定，例如 42）。

15.6.2　Forwarding References（轉發參考）

如 6.1 節（第 91 頁）所介紹，當 function parameter 是個 *forwarding reference*（轉發參考；添加在 template parameter 上的 rvalue reference）時，template 引數推導會以特殊的方式進行。這種情況下的 template 引數推導不只會考慮該函式 call argument 的型別，同時也會考慮該引數是 lvalue 或是 rvalue。當引數是 lvalue 時，由 template 引數推導得到的型別會

---

[4] 當注意到標準 pair class template 無法相容於 reference 型別後，參考坍解規則因而被納入 C++ 2003 標準。2011 年標準藉由納入適用於 rvalue references 的規則，更進一步擴展了參考坍解規則。

[*] 譯註：由於 C++ 處理陳述式的順序為由左至右，故這裡的「內層」指的是先出現的那個 reference。

是個「指向引數型別的 lvalue reference」，而參考坍解規則（見前一小節）確保了替換後的參數會是個 lvalue reference。否則推導出的 template parameter 型別直接就是引數的型別（不是 reference），故替換後的參數是個指向該型別的 rvalue reference。舉例來說：

```
template<typename T> void f(T&& p);  // p 是個 forwarding reference

void g()
{
  int i;
  int const j = 0;
  f(i);    // 引數是個 lvalue；故 T 會被推導為 int&
           // 參數 p 的型別也是 int&
  f(j);    // 引數是個 lvalue；故 T 會被推導為 int const&
           // 參數 p 的型別是 int const&
  f(2);    // 引數是個 rvalue；故 T 會被推導為 int
           // 參數 p 的型別是 int&&
}
```

在呼叫式 f(i) 裡，template parameter T 會被推導為 int&，因為陳述式 i 是 int 型別的 lvalue。將參數型別 T&& 裡的 T 用 int& 做替換時會用到參考坍解。我們採用規則 & + && → & 推斷最終參數型別為 int&，這完全可以用於接受一個 int 型別的 lvalue。與之相對，呼叫式 f(2) 裡的引數 2 是個 rvalue，因此 template parameter 會被簡單地推導為該 rvalue 的型別（也就是 int）。此時毋須使用參考坍解來取得最終函式的參數型別，直接得到 int&&（同樣地，得到的參數型別可被用來接受其引數）。

將 T 推導為 reference 型別可能會在實體化 template 時導致一些有趣的現象。例如，以型別 T 宣告的 local 變數，在以某個 lvalue 進行實體化後會具備 reference 型別，因而需要使用初始式：

```
template<typename T> void f(T&&)     // p 是個 forwarding reference
{
  T x;    // 若傳入 lvalue，x 會是個 reference
  ...
}
```

這表示在定義上面的 f() 函式時需要注意如何使用型別 T，否則若傳進 lvalue，function template 本身可能無法正常工作。對付這種情況時，常常會利用 std::remove_reference 這個 type trait 來確保 x 不是 reference：

```
template<typename T> void f(T&&)     // p 是個 forwarding reference
{
  std::remove_reference_t<T> x;      // x 絕對不會是 reference
  ...
}
```

15.6.3　完美轉發

適用 rvalue references 的特殊推導規則結合了參考坍解規則，讓我們得以寫出一個 function template，其參數幾乎能接受任何引數[5]、同時還能捕捉引數的外顯屬性（包括型別、以及它是 lvalue 或 rvalue）。Function template 接著可以用以下方式將該引數「轉發（forward）」到另一個函式中：

```
class C {
  …
};

void g(C&);
void g(C const&);
void g(C&&);

template<typename T>
void forwardToG(T&& x)
{
  g(static_cast<T&&>(x));          // 將 x 轉發給 g()
}


void foo()
{
  C v;
  C const c;
  forwardToG(v);                   // 最終會呼叫 g(C&)
  forwardToG(c);                   // 最終會呼叫 g(C const&)
  forwardToG(C());                 // 最終會呼叫 g(C&&)
  forwardToG(std::move(v));        // 最終會呼叫 g(C&&)
}
```

上面說明的這個技巧被稱為**完美轉發**（*perfect forwarding*），因為此處透過 forwardToG() 間接呼叫 g() 得到的結果，與直接呼叫 g() 的結果會一模一樣：這裡除了不會（為引數）創建出額外的副本、也會選中同一個 g() 的重載版本。

函式 forwardToG() 裡所使用的 static_cast 需要一些額外的說明。於各個 forwardToG() 的實體版本中，參數 x 會是 lvalue reference 或 rvalure reference 型別的其中一種。無論是哪種情況，**陳述式** x 本身都會是該 reference 所指涉型別的 lvalue[6]。故 static_cast 會將 x 轉型為原本的型別加上 lvalue 或 rvalue 後的結果。型別 T&& 可能會

---

[5]　Bit fields（位元欄位）是一個例外。

[6]　將具備 rvalue reference 型別的參數視為 lvalue，是考慮安全性而刻意為之。因為任何具名個體（named entity，像是參數）很可能會在函式裡被多次引用。如果每次引用都預設視為 rvalue 處理，則其值很可能在程式設計師未注意到的情況下被破壞。因此當該具名實體需要被視為 rvalue 來處理時，需要明顯指定。為了做到這點，C++ 標準程式庫裡的 std::move 函式會將任何數值視為 rvalue（或者更明確地說：視為 *xvalue*；細節詳見附錄 B）。

坍解成 lvalue reference（當原始引數是個 lvalue 時，會使 T 成為 lvalue reference）或
rvalue reference（若原始引數是個 rvalue 的話）的其中一種，故經由 static_cast 轉型的
結果會和原始引數具有同樣的型別及左右值，從而達成完美轉發。

如 6.1 節（第 91 頁）介紹過的，C++ 標準程式庫在標頭檔 <utility> 提供了
std::forward<>()，可以套用在 static_cast 的位置以達成完美轉發。使用該工具模板
（utility template）比起意思模稜兩可的 static_cast 構件，能夠更好的傳達程式設計師
的意圖、同時避免一些錯誤（像是漏寫了一個 &）。換句話說，上述例子可以寫成下面這份
更清楚的版本：

```
#include <utility>

template<typename T> void forwardToG(T&& x)
{
  g(std::forward<T>(x));      // 將 x 轉發給 g()
}
```

將完美轉發用於 Variadic Templates

完美轉發和 variadic templates 配合得相當好，能讓 function template 接受任何數目的
function call arguments、同時將其一一轉發給其他函式：

```
template<typename... Ts> void forwardToG(Ts&&... xs)
{
  g(std::forward<Ts>(xs)...);     // 將所有的 xs 轉發給 g()
}
```

呼叫 forwardToG() 時用到的引數會（各自獨立地）被推導為對應 parameter pack Ts 的連
續數值（參考 15.5 節，第 275 頁），以便捕捉每個引數的型別和左右值狀態。對 g() 呼叫式
裡的 pack expansion（見 12.4.1 節，第 201 頁）會接著將這些引數一一使用上面介紹的完美
轉發技術進行轉發。

儘管名字叫作「完美轉發」，但實際上它並不「完美」，因為它無法捕捉陳述式裡的所有
有趣性質。舉例來說，它不會分辨某個 lvalue 是否是個 bit-field lvalue、也不會捕捉某個
陳述式是否具備特定常數值。後者會造成某些問題，特別是當我們在處理空指標常數（null
pointer constant）時。主要是因為其為整數型別的數值、且會被核算為常數 0。由於陳述式
裡的常數值不會被完美轉發捕捉到，故下面範例裡的重載決議，對於直接呼叫 g() 和透過轉
發來呼叫 g()，會出現不同的行為：

```
void g(int*);
void g(...);

template<typename T> void forwardToG(T&& x)
{
  g(std::forward<T>(x));      // 將 x 轉發給 g()
}
```

```
void foo()
{
  g(0);                             // 呼叫 g(int*)
  forwardToG(0);                    // 最終呼叫 g(...)
}
```

這又是一個使用 nullptr（在 C++11 時引進）來取代空指標常數的好理由：

```
g(nullptr);                         // 呼叫 g(int*)
forwardToG(nullptr);                // 最終呼叫 g(int*)
```

以上所有完美轉發例子都聚焦於如何在轉發時精準地保有函式引數原有型別和左右值狀態。但是在轉發呼叫式的回傳值給另一個函式時，同樣的問題：如何精準地保留原有型別和 *value category*（數值類型），還是會再次出現。C++11 引進的 decltype 機制（將於 15.10.2 節、第 298 頁介紹）能透過有點冗長的慣用語法做到這點：

```
template<typename... Ts>
auto forwardToG(Ts&&... xs) -> decltype(g(std::forward<Ts>(xs)...))
{
  return g(std::forward<Ts>(xs)...);    // 將所有的 xs 轉發給 g()
}
```

請注意，在 return 陳述句裡的陳述式被逐字複製到 decltype 型別中，以便計算出回傳陳述式的確切型別。除此之外，這裡還用到了 *trailing return type*（後置回傳型別，亦即將 auto **placeholder** 放在函式名稱之前、同時以 -> 指出回傳型別），以便 decltype 可以利用存在於 scope 內的 **function parameter pack** xs。上述的轉發函式「完美地」將所有引數轉發給 g()，接著再「完美地」將結果回傳給函式呼叫者。

C++14 引入新的特性，進一步簡化這個用法：

```
template<typename... Ts>
decltype(auto) forwardToG(Ts&&... xs)
{
  return g(std::forward<Ts>(xs)...);    // 將所有的 xs 轉發給 g()
}
```

使用 decltype(auto) 做為回傳型別，表示編譯器必須從函式定義式中推導出回傳型別。詳見 15.10.1 節（第 296 頁）與 15.10.3 節（第 301）頁。

15.6.4　出乎意料的推導結果

針對 rvalue reference 的特殊推導結果，對於完美轉發來說十分有用。不過，它們也可能會帶給人意外的驚喜，因為 function templates 一般會在不影響（接受的）引數類型（lvalue 或 rvalue）的情況下泛化（generalize）其函式簽名中的型別。考慮下面這個例子：

```
void int_lvalues(int&);                       // 接受 int 型別的 lvalues
template<typename T> void lvalues(T&);        // 接受任何型別的 lvalues

void int_rvalues(int&&);                      // 接受 int 型別的 rvalues
template<typename T> void anything(T&&);      // 啊哈！接受任何型別的
                                              // lvalues 和 rvalues
```

把像 int_rvalues 這樣的具體函式簡單替換成等效 template 版本的程式設計師們，很可能會驚訝於 anything 這個 function template 竟然可以接受 lvalues。幸好，這種推導行為只在以下情況發生：function parameter 明確寫成 *template-parameter* && 這種陳述型式、同時此陳述式屬於 function template 的一部分、且該具名的 template parameter 是由該 function template 宣告時。因此，下面這些情況都不會使用上述推導規則：

```
template<typename T>
class X
{
  public:
    X(X&&);                                  // X 不是個 template parameter
    X(T&&);                                  // 此建構子並非 function template

    template<typename U> X(X<U>&&);          // X<U> 不是個 template parameter
    template<typename U> X(U, T&&);          // T 是個取自於上層 template
                                             // 的 template parameter
};
```

即便 template 推導規則會導致出乎意料的行為，但實際使用上該行為很少造成什麼問題。若真的遇到這種情況，可以透過結合 SFINAE（替換失敗不算錯誤，詳見 8.4 節，第 129 頁；與 15.7 節，第 284 頁）和像 std::enable_if（詳見 6.3 節，第 98 頁；與 20.3 節，第 469 頁）之類的 type traits，限制該 template 只接受 rvalues：

```
template<typename T>
  typename std::enable_if<!std::is_lvalue_reference<T>::value>::type
  rvalues(T&&);          // 接受任何型別的 rvalues
```

15.7 SFINAE（替換失敗不算錯誤）

在 8.4 節（第 129 頁）介紹過的 SFINAE（替換失敗不算錯誤）原則，是 template 引數推導的一個重點，可以防止無關的 function templates 在重載決議期間造成錯誤[7]。

舉例來說，考慮以下用來對容器（container）或 array 提取起始迭代器（beginning iterator）的一對 function templates：

```
template<typename T, unsigned N>
T* begin(T (&array)[N])
{
  return array;
}

template<typename Container>
typename Container::iterator begin(Container& c)
{
  return c.begin();
}

int main()
{
  std::vector<int> v;
  int a[10];

  ::begin(v); // OK：僅 container 版本的 begin() 符合，因為第一次推導會失敗
  ::begin(a); // OK：僅 array 版本的 begin() 符合，因為第二次推導會失敗
}
```

第一次呼叫 begin() 時，引數是個 std::vector<int>，此時編譯器會嘗試針對兩個 begin() function templates 進行 template 引數推導：

- 對 array 版本的 begin() 進行的 template 引數推導會失敗，因為 std::vector 並不是個 array，所以這個 begin() 版本會被忽略。
- 對 container 版本的 begin() 版本進行的 template 引數推導成功地將 Container 推導為 std::vector<int>，該 function template 因而被實體化、隨之被呼叫。

對 begin() 的第二次呼叫，引數是個 array，此時部分替換同樣會失敗：

- 對 array 版本的 begin() 推導成功，T 被推導為 int、同時 N 被推導為 10。
- 對 container 版本的 begin() 進行的推導會判斷 Container 應該被替換成 int[10]。儘管這樣替換通常是可以的，但產生的回傳型別 Container::iterator 並不合法，因為 array 型別並不具備名為 iterator 的巢狀型別（nested type）。在其他語境中，嘗試存取不存在的巢狀型別會立馬造成編譯期錯誤。但在進行 template arguments 替換時，SFINAE 會將這類錯誤轉化為推導失敗，同時該替換方式會從候選名單中被剔除。

---

[7] SFINAE 也適用於 class template 偏特化體的替換行為。請參考 16.4 節，第 347 頁。

因此，begin() 的第二個候選版本會被忽略，被呼叫的會是第一個 begin() function template 的特化體。

15.7.1　直接語境（Immediate Context）

SFINAE 會阻止非法的型別或陳述式（包括存在歧義、或違反存取規則導致的錯誤），於 function template 替換過程中的**直接語境**（*immediate context*）裡形成 *。要定義什麼是 function template 替換時的**直接語境**，更簡單的做法是反過來定義什麼**不是**直接語境 [8]。更明確地說，為了推導而進行 function template 替換動作時，在實體化下列結構時發生的任何事情（錯誤），都不屬於該 function template 替換過程的**直接語境**：

- Class template 的定義式（包含了 class「本體（body）」和 base class 列表）
- Function template 的定義式（包含「本體」；如果該函式為建構子，則還包含了建構子初始器）
- Variable template 初始器
- 預設引數
- 預設成員初始器，或是
- 異常規格（exception specification）

同時，經由替換過程觸發的特殊成員函式隱式定義，也不屬於該替換的直接語境。除此之外的其他任何行為，都**屬於**直接語境。

故假設為了替換某個 function template 宣告式中的 template parameter，而需要實體化另一個 class template（因為引用了該 class 裡的某個成員）。在此實體化過程中發生的錯誤，並不算是處於該 function template 替換過程的**直接語境**中，因此這的確算是個程式錯誤（即便另一個 function template 可以在沒有錯誤的情況下與其匹配）。舉例來說：

```
template<typename T>
class Array {
 public:
   using iterator = T*;
};

template<typename T>
void f(Array<T>::iterator first, Array<T>::iterator last);

template<typename T>
void f(T*, T*);

int main()
{
```

---

[8]　直接語境包含了許多行為，包括各種類型的查詢、alias template 替換過程、重載決議等。這個名字有點誤導人，因為它包含的某些行為和被替換的 template 之間沒有什麼直接的對應關係。

*　譯註：context 一詞於本書中可能譯為「語境」或「上下文」，視情況而定。

```
    f<int&>(0, 0);        // 錯誤：在第一個 function template 裡將 T 替換為 int&
    }                     //       會實體化 Array<int&> 而導致失敗
```

這個例子與前面提過的（推導失敗）的例子，主要的不同點在於失敗發生的位置。前面的例子裡，失敗發生於形成 typename Container::iterator 型別時，此時處在 **function template** begin() 替換過程的直接語境裡。而在這個例子裡，失敗發生於實體化 Array<int&> 時，而這實際上發生於 **class template** Array 的語境裡（即便這是由 function template 的上下文所觸發的）。因此不適用於 SFINAE 原則，編譯器會回報錯誤。

這裡有個 C++14 的例子：具有依賴於被推導出的回傳型別（見 15.10.1 節，第 296 頁），會在 **function template** 定義的實體化過程中產生錯誤：

```
template<typename T> auto f(T p) {
  return p->m;
}

int f(...);

template<typename T> auto g(T p) -> decltype(f(p));

int main()
{
  g(42);
}
```

呼叫式 g(42) 會將 T 推導為 int。而對宣告式 g() 進行的替換動作，迫使我們判斷 f(p) 的型別（此時會知道 p 是一個 int 型別），因而需要決定 f() 的回傳型別。這兒有兩個 f() 的候選函式。Nontemplate 版本的候選函式符合資格，但不是那麼合適，因為它是利用省略符號作為參數來匹配的。不幸的是，template 版本候選函式具有被推導的回傳型別（deduced return type），因此我們必須實體化該定義式以確定回傳型別。而當 p 為 int 時，p->m 並不合法，導致實體化失敗。而又因為該失敗處於替換過程的直接語境之外（發生於函式定義的後續實體化過程中），故這次失敗會導致錯誤。考慮到這點，我們建議在可以明確標明回傳型別的情況下，避免使用被推導的回傳型別 *。

SFINAE 起初是為了降低在 **function template** 重載時的意外匹配進一步造成出乎意料的錯誤，如同 container begin() 範例示範的那樣。不過能夠偵測非法陳述式和型別的這種能力，可以用來實現出色的編譯期技巧，用以判斷某個特定語法是否合法。這些技巧將會在 19.4 節（第 416 頁）中討論。

請特別參考 19.4.4 節（第 424 頁）的範例，讓 type trait 會考慮到 *SFINAE-friendly*，以避免直接語境造成的問題。

---

* 譯註：auto。

15.8 推導過程中的限制

Template 引數推導是個威力強大的特性，使得大多數對 function templates 的呼叫不必再明確標示 template arguments，同時實現了對 function template 的重載（見 1.5 節，第 15 頁）及 class template 偏特化（見 16.4 節，第 347 頁）兩項功能。不過在使用 templates 時，程式設計師們可能會遇到一些限制，我們會在本節討論這些限制條件。

15.8.1 允許的引數轉型

一般而言，template 推導過程會試著找到一種 function template parameters 的替換方式，能夠讓參數化型別 P 完全等同於型別 A。不過如果做不到這點，當 P 在可推導上下文中包含了 template parameter 時，下面這些差異是可被接受的：

- 如果原始參數以 reference 方式宣告，則被替換的 P 型別相比於 A 型別，可能會多了 `const` / `volatile` 修飾詞。

- 如果 A 型別是個指標型別、或是指向成員的指標型別，則可能可以藉由修飾詞轉型（qualification conversion，指的是加上 `const` 及 / 或 `volatile` 修飾詞的轉型）變成被替換的 P 型別。

- 除非推導的是轉型運算子 template，否則被替換的 P 型別可能會是 A 型別的 base class 型別之一、或是當 A 為指標型別時，P 型別為指向「A 所指型別的 base class 型別」的指標。舉例來說：

```
template<typename T>
class B {
};

template<typename T>
class D : public B<T> {
};

template<typename T> void f(B<T>*);

void g(D<long> dl)
{
    f(&dl);    // 當 T 以 long 進行替換時，推導成功
}
```

如果在可推導上下文裡，P 不包含 template parameter，則可以進行所有的隱式轉型。例如：

```
template<typename T> int f(T, typename T::X);

struct V {
  V();
  struct X {
    X(double);
  };
} v;
```

```
int r = f(v, 7.0);      // OK：T 藉由第一個參數被推導為 V，
                        //     這使得第二個參數具有 V::X 型別，
                        //     其建構子能夠接受 double 型別的 l 值
```

唯有當不存在完全匹配時，才會考慮放寬後的匹配條件。即便如此，也只有在恰好找到一種替換方式，可以藉由額外的轉型來匹配 *A* 型別與被替換的 *P* 型別時，推導才會成功。

注意以上規則的適用範圍非常有限，舉例來說，這忽略了各種能套用於函式引數、使得呼叫成功的轉型。舉個例子，考慮下列針對 15.1 節（第 269 頁）曾經出現過的 max() function template 的呼叫式：

```
std::string maxWithHello(std::string s)
{
  return ::max(s, "hello");
}
```

這裡 template 引數推導參考第一個引數，將 T 推導為 std::string，不過對第二個引數的推導，卻會將 T 推導為 char[6]。template 引數推導因而失敗，因為兩個參數共享同一個 template parameter。這類失敗也許會令人感到意外，因為 string literal "hello" 可以被隱式轉型為 std::string，以下呼叫式也應當是個成功的呼叫：

```
::max<std::string>(s, "hello")
```

也許更令人驚訝的是，兩個分屬不同 class 型別、但繼承自相同 base class 的引數，推導過程也不會考慮以共通 base class 作為被推導型別。此議題的相關討論及可能的解決方法，請參考 1.2 節（第 7 頁）。

15.8.2　Class Template Arguments

在 C++17 以前，template 引數推導僅適用於 function templates 及 member function templates。特別是：class template 的引數並不會根據某個建構子呼叫式所用的引數被推導出來。舉例來說：

```
template<typename T>
class S {
  public:
    S(T b) : a(b) {
    }
  private:
    T a;
};

S x(12);   // 在 C++17 前會引發錯誤：class template parameter T 並不會根據
           //                      建構子的 call argument 12 被推導出來
```

C++17 已經解除了此項限制，請參考 15.12 節（第 313 頁）。

15.8.3　預設的 Call Arguments

我們可以像普通函式那樣，將預設的 function call arguments 標示於 function templates 之中：

```
template<typename T>
void init (T* loc, T const& val = T())
{
    *loc = val;
}
```

如同範例所示，實際上預設的 function call argument 可以依賴於 template parameter。唯有在沒有明確給出引數時，此類依賴於參數的預設引數才會被實體化──這項規則確保了下面例子能夠合法：

```
class S {
  public:
    S(int, int);
};

S s(0, 0);

int main()
{
    init(&s, S(7, 42)); // T() 在 T = S 時合法；不過這裡不需要
                        // 實體化預設的 call argument T()，
                        // 因為式子明確提供了引數
}
```

即便預設的 call argument 不依賴於 template parameter，它也不能被用來推導 template arguments。這意味著下面的 C++ 程式碼並不合法：

```
template<typename T>
void f (T x = 42)
{
}

int main()
{
    f<int>();    // OK：T = int
    f();         // 錯誤：無法從預設的 call argument 推導出 T 來
}
```

15.8.4　異常規格（Exception Specifications）

如同預設的 call arguments，異常規格（exception specifications）只在需要時進行實體化。
這表示其不參與 template 引數推導。舉例來說：

```
template<typename T>
void f(T, int) noexcept(nonexistent(T()));   // #1

template<typename T>
void f(T, ...);                              // #2（C-style vararg 函式）

void test(int i)
{
  f(i, i);  // 錯誤：會選擇 #1，不過陳述式 nonexistent(T()) 不合法
}
```

#1 函式內的 noexcept 敘述試圖呼叫某個不存在的函式。通常，這種直接存在於 function
template 宣告式裡的錯誤會導致 template arguments 推導失敗（SFINAE），同時允許呼叫
式 f(i, i) 經由選擇 *#2* 函式（匹配度較差）而得以成立。從重載決議的角度看來，與省略
符號參數進行匹配是最壞的選擇（見附錄 C）。不過，由於異常規格不參與 template 引數推
導，故重載決議會選擇 *#1*。導致稍後 noexcept 規格被實體化後，程式變得不合法。

同樣的規則適用於列出潛在異常型別的異常規格：

```
template<typename T>
void g(T, int) throw(typename T::Nonexistent);   // #1

template<typename T>
void g(T, ...);                                  // #2

void test(int i)
{
  g(i, i);  // 錯誤：會選擇 #1，不過型別 T::Nonexistent 不合法
}
```

不過這類「動態異常規格（dynamic exception specifications）」，自 C++11 起就不建議使用，
並且已於 C++17 被捨棄 。

15.9 **Explicit Function Template Arguments**

當某個 function template arugment 無法藉由推導得知，我們可以將其顯式（explicit）標明於 function template 名稱之後。例如：

```
template<typename T> T default_value()
{
  return T{};
}

int main()
{
  return default_value<int>();
}
```

對於可以經由推導得知的 template parameter，這招也行得通：

```
template<typename T> void compute(T p)
{
  ...
}

int main()
{
  compute<double>(2);
}
```

一旦顯式標明了某個 template argument，其對應的參數便與推導過程無涉。從另一個角度說，這允許對 function call parameter 進行轉型，這在會被推導的呼叫式裡無法發生。上面的例子中，呼叫式 compute<double>(2) 裡的引數 2 會被隱式轉型成 double。

顯式標明部分 template arguments、同時藉由推導得出餘下的 template arguments 也是可以的。不過被顯式標明的引數，會由左至右地與 template parameters 相匹配。如此一來，無法被推導出來的那些參數（或是較可能被顯式標明的參數）應該寫在最前面。舉例來說：

```
template<typename Out, typename In>
Out convert(In p)
{
  ...
}

int main() {
  auto x = convert<double>(42);     // 參數 p 的型別經由推導得出，
                                    // 不過回傳型別則被顯式標明出來
}
```

利用推導過程決定 template arguments 時，有時需要刻意寫出空的 template argument list，以確保被選中的函式版本是個 template 實體：

```
int f(int);                         // #1
template<typename T> T f(T);        // #2

int main() {
  auto x = f(42);                   // 呼叫 #1
  auto y = f<>(42);                 // 呼叫 #2
}
```

這裡 f(42) 選中的是 nontemplate 函式。因為在條件相同的情況下，相較於 function template，重載決定機制更偏好普通函式。然而對 f<>(42) 而言，template argument list 的存在排除了 nontemplate 函式的可能性（即便我們未實際指定 template argument）。

在 friend 函式宣告的語境裡，explicit template argument list 的存在會造成一個有趣的現象。考慮下面這個例子：

```
void f();
template<typename> void f();
namespace N {
  class C {
      friend int f();               // OK
      friend int f<>();             // 錯誤：回傳型別矛盾
  };
}
```

當使用簡單的識別字為 friend 函式命名時，編譯器只會在最鄰近的 enclosing scope（外圍作用範圍）內查詢該函式。如果找不到的話，便會於該處宣告一個新的實體。該實體本身除非進行依賴於引數的查詢（ADL；見 13.2.2 節，第 220 頁），否則對外依然是「不可見的（invisible）」。而這便是上述第一個 friend 宣告式所發生的事：在 namespace N 裡不存在對 f 的宣告，因此會有個新的 N::f() 被「無形地」宣告出來。

不過，當 friend 識別名稱後面跟著一個 template argument list 時，在該處必須能夠以普通的查詢方式找到 template。該普通查詢會不斷往上層 scopes 查詢、直到找到目標。是故，上面的第二個宣告式會找到 global function template f()，不過旋即編譯器會報出錯誤，因為其回傳型別並不匹配（這裡不會執行 ADL，因此先前的 friend 函式宣告式所創建出來的 f() 宣告式會被忽略）。

顯式標明的 template arguments 會經由 SFINAE 原則進行替換：如果替換過程於直接語境中造成錯誤，則該 function template 會被捨棄，不過針對其他 templates 所進行的替換仍然可能成功。舉例來說：

```
template<typename T> typename T::EType f(); // #1
template<typename T> T f();                 // #2

int main() {
  auto x = f<int*>();
}
```

在此將候選對象 *#1* 裡的 T 替換為 int* 會令整個替換過程失敗。不過對 *#2* 的替換卻是成功的，因此最終會選擇後者。事實上，如果替換後只剩下唯一一個候選對象，則該帶有 explicit template argument 的 function template 名稱，用起來會十分類似於普通函式名稱，包括在許多情況下會退化成指向函式的指標型別。也就是說，將上述的 main() 函式替換成下面這樣，

```
int main() {
  auto x = f<int*>;        // OK：x 是個指向函式的指標
}
```

可以產生一個合法的編譯單元。不過下面這個例子：

```
template<typename T> void f(T);
template<typename T> void f(T, T);

int main() {
  auto x = f<int*>;        // 錯誤：這裡存在兩個可能的 f<int*>
}
```

就不是個合法的程式，因為 f<int*> 在這個情況下不只代表單一函式。

Variadic function templates 也可以搭配 explicit template arguments 使用：

```
template<typename ... Ts> void f(Ts ... ps);

int main() {
  f<double, double, int>(1, 2, 3); // OK：1 和 2 會被轉型為 double
}
```

有趣的是，parameter pack 的內容可以部分經由顯式標明、部分藉由推導得出：

```
template<typename ... Ts> void f(Ts ... ps);

int main() {
  f<double, int>(1, 2, 3);   // OK：template arguments 為 <double, int, int>
}
```

15.10 根據初始式和陳述式的推導

C++11 具備了以下能力：能夠宣告某個型別可以根據初始式（initializer）推導出來的變數。它也提供了一種機制，用來表示某個具名個體（named entity；可能是變數或函式）或某個變數的型別。這些功能十分實用，C++14 和 C++17 在這方面增添了許多功能上的變化。

15.10.1　auto 型別標示符

auto 型別標示符（type specifier）可以用在許多地方（主要是 namespace scope 和 local scope），用來從某個變數的初始式中推導出其型別。這類情況下，auto 被稱為 *placeholder type*（佔位符型別，decltype(auto) 是另一種 *placeholder type*，會在稍後的 15.10.2 節裡介紹，第 298 頁）。舉個例子：

```
template<typename Container>
void useContainer(Container const& container)
{
  auto pos = container.begin();
  while (pos != container.end()) {
    auto& element = *pos++;
    …    // 對元素進行操作
  }
}
```

例子裡有兩個地方利用了 auto，避免需要寫出兩個冗長、可能很複雜的型別，包括容器迭代器的型別、以及該迭代器數值的型別：

```
typename Container::const_iterator pos = container.begin();
…
typename std::iterator_traits<typename Container::iterator>::reference
  element = *pos++;
```

推導 auto 所使用的機制與 template 引數推導相同。型別標示符 auto 會被創建出來的 template 型別參數 T 替換掉。接下來的推導過程，就彷彿該變數是個函式參數、同時初始式是對應的函式引數那樣地進行。第一個 auto 範例可以表示為以下情況：

```
template<typename T> void deducePos(T pos);
deducePos(container.begin());
```

這裡的 T 代表被推導出來替換 auto 的型別。這樣做造成的一個直接影響是，具有 auto 型別的變數絕對不會是個 reference 型別。第二個 auto 範例裡用到的 auto&，則說明了如何產生指向被推導型別的 reference。它的推導過程等價於下面的 function template 加上呼叫式：

```
template<typename T> deduceElement(T& element);
deduceElement(*pos++);
```

這裡的 element 必定會是個 reference 型別，同時其初始器無法創建出暫存值。

將 auto 與 rvalue reference 組合使用也是可以的，但是這樣做的行為會類似於 *forwarding reference*（轉發參考），因為用於下式的推導模型，

```
auto&& fr = …;
```

會透過 function template 來建立：

```
template<typename t> void f(T&& fr);      // auto 被 template parameter T 所替換
```

這解釋了下面的這個例子：

```
int x;
auto&& rr = 42;            // OK：rvalue reference 綁定於 rvalue（auto = int）
auto&& lr = x;             // 也 OK：auto = int&，同時參考坍解規則使得
                           //        lr 成為 lvalue reference
```

這項技術經常出現於泛型程式碼，用來在 value category（數值類型；即 lvalue 或 rvalue）未知的情況下綁定函式或運算子的呼叫結果，同時不用創建該結果的副本。例如在 range-based（限定範圍）的 for 迴圈裡，常常會偏好使用此方式來宣告所迭代的數值：

```
template<typename Container> void g(Container c) {
  for (auto&& x: c) {
    …
  }
}
```

這裡我們對容器進行迭代時的介面簽名式一無所知。不過藉由使用 auto&&，我們可以確信在迭代過程中不會為目標數值額外創建副本。假設需要對該綁定數值進行完美轉發，也可以一如往常地照舊對該變數呼叫 std::forward<T>()。這賦予我們進行某種「延後（delayed）」完美轉發的能力，範例請參考 11.3 節（第 167 頁）。

除了 reference 之外，還可以透過組合 auto 識別字來創建 const 變數、指標、成員指標等，不過 auto 必須是該宣告式裡「主要（main）」的型別標示符。它不能內嵌於 template argument、或是成為型別標示符後面跟著的宣告子（declarator）的一部分。下面的例子展示各種可能的情況：

```
template<typename T> struct X { T const m; };
auto const N = 400u;              // OK：型別為 unsigned int 的常數
auto* gp = (void*)nullptr;        // OK：gp 的型別為 void*
auto const S::*pm = &X<int>::m;   // OK：pm 的型別為 int const X<int>::*
X<auto> xa = X<int>();            // 錯誤：auto 出現在 template argument 裡
int const auto::*pm2 = &X<int>::m;  // 錯誤：auto 是「宣告子」的一部分
```

至於為什麼 C++ 無法支援上述範例中的所有情況，這裡並不存在技術上的原因。只是 C++ 委員會覺得實作上的額外成本以及可能存在的濫用情形，都超過了所能帶來的好處。

為了避免對程式設計師和編譯器造成混淆，以往 auto 會被用來作為「儲存類別標示符（storage class specifier）」，但從 C++11（及其後續版本）開始就不再支援了：

```
int g() {
  auto int r = 24;  // 在 C++03 合法，但在 C++11 不合法
  return r;
}
```

這種舊有的 auto 用法（繼承自 C）十分多餘。大多數編譯器通常可以將舊式用法從新式用法（作為 placeholder）中區分出來（即便這個動作不是必須的），這提供了從舊式 C++ 程式碼轉換到新式 C++ 程式碼的方式。不過，舊有 auto 的用法實際上真的非常少用。

被推導的回傳型別（deduced return type）

C++14 引入了另一種會出現可推導的 auto placeholder type 的情況：函式回傳型別。舉例來說：

```
auto f() { return 42; }
```

上式定義了一個回傳型別為 int（42 的型別）的函式。這個例子也可以透過 trailing return type（後置回傳型別）語法來表現：

```
auto f() -> auto { return 42; }
```

這個例子裡，第一個 auto 宣告了 trailing return type，同時第二個 auto 是個待推導的 placeholder type。不過我們沒道理寫得這麼複雜。

同樣的機制也存在於採用了預設值的 lambdas：如果未明確指定回傳型別，則 lambda 的回傳型別會如同宣告為 auto 那樣地進行推導[9]：

```
auto lm = [] (int x) { return f(x); };
          //等同於：[] (int x) -> auto { return f(x); };
```

對於回傳型別需要經由推導得出的函式而言，函式宣告可以和定義分開進行也是成立的：

```
auto f(); //提前宣告
auto f() { return 42; }
```

不過在這種情況下，提前宣告的用途很有限，因為當函式被使用的任何時刻，其定義式都必須是可見的（visible）。也許有點意外，提供「已決議」回傳型別的提前宣告式，本身是不合法的。舉例來說：

```
int known();
auto known() { return 42; } //錯誤：回傳型別不相容
```

大多數時候，提前宣告帶有被推導回傳型別的函式只會用來將成員函式的定義式從 class 定義中移出，這完全是出於排版風格上的偏好：

```
struct S {
  auto f(); //定義式會跟在 class 定義之後
};
auto S::f() { return 42; }
```

Deducible Nontype Parameter（可推導的非型別參數）

在 C++17 以前，nontype template argument 必須以明確的型別進行宣告。不過該型別可以是個 template parameter type。例如：

```
template<typename T, T V> struct S;
S<int, 42>* ps;
```

---

[9] 雖然 C++14 大致引入了被推導的回傳型別，但 C++11 的 lambdas 早已透過某個（未提及推導）的規格啟用了這個功能。C++14 時，該規格被更新為使用通用的 auto 推導機制（從程式設計師的角度看來，兩者之間並沒有什麼區別）。

在這個例子裡，我們得標示出 nontype template arguments 的型別——也就是說，除了 42 還得寫上 int ——這有點囉嗦。C++17 因而加入了這種能力：能宣告某個實際型別會根據對應的 template argument 推導出來的 nontype template parameter。這可以藉由以下方式宣告：

```
template<auto V> struct S;
```

之後我們便可以這樣寫

```
S<42>* ps;
```

針對 S<42>，V 的型別會被推導為 int，因為 42 的型別為 int。如果我們寫的是 S<42u>，則 V 的型別會被推導為 unsigned int（關於推導 auto 型別標示符的細節，請參考 15.10.1 節，第 294 頁）。

注意，對於 nontype template parameters 的一般性限制仍然存在。舉個例子：

```
S<3.14>* pd;      // 錯誤：浮點數作為 nontype argument
```

具備此類 *deducible nontype parameter*（可推導的非型別參數）的 template 定義式也常常需要表現對應引數的實際型別。這可以簡單地透過 decltype 構件來達成（見 15.10.2 節，第 298 頁）。舉例來說：

```
template<auto V> struct Value {
  using ArgType = decltype(V);
};
```

auto nontype template parameters 對於在 class 成員上進行 template 參數化同樣十分有用。舉例來說：

```
template<typename> struct PMClassT;
template<typename C, typename M> struct PMClassT<M C::*> {
  using Type = C;
};
template<typename PM> using PMClass = typename PMClassT<PM>::Type;

template<auto PMD> struct CounterHandle {
  PMClass<decltype(PMD)>& c;
  CounterHandle(PMClass<decltype(PMD)>& c): c(c) {
  }
  void incr() {
    ++(c.*PMD);
  }
};

struct S {
  int i;
};
```

```
int main() {
  S s{41};
  CounterHandle<&S::i> h(s);
  h.incr();      // 增加 s.i
}
```

這裡我們利用了一個 helper class template（輔助類別模板）PMClassT，以便藉由 class template 偏特化，從指向成員的指標型別取得其「parent」class 的型別[10]（於 16.4 節，第 347 頁會提到）。有了 auto template parameter，我們只需要將指向成員的常數 &S::i 作為 template argument 即可。在 C++17 之前，我們尚且需要標示指標成員型別（pointer-member-type），也就是長得像這樣的東西：

```
OldCounterHandle<int S::*, &S::i>
```

這樣寫十分累贅，而且感覺很多餘。

就像你可能料想到的，該特性也可以用於 nontype parameter packs：

```
template<auto... VS> struct Values {
};
Values<1, 2, 3> beginning;
Values<1, 'x', nullptr> triplet;
```

這裡的 triplet 範例示範了 pack 裡的每一個 nontype parameter 元素都可以被推導為獨立的型別。不同於多重變數宣告子（multiple variable declarator；見 15.10.4 節，第 303 頁），這裡不要求所有推導結果相同。

如果我們想限制 pack 為 nontype template parameter 組成的 homogeneous pack（同質包），也是做得到的：

```
template<auto V1, decltype(V1)... VRest> struct HomogeneousValues {
};
```

然而，該特定用法下無法接受 template argument list 為空。

以 auto 作為 template parameter 型別的複雜範例，請參考 3.4 節（第 50 頁）。

15.10.2　以 decltype 來表現陳述式的型別

利用 auto 能夠在寫變數時省略其型別，但這會讓使用者無法簡單地使用該變數型別。而 decltype 解決了前述問題：它允許程式設計師表現某個陳述式或宣告式的精確型別。不過，程式設計師應當留意 decltype 所產出結果的細微差異，這會視傳入的引數為已宣告個體（declared entity）或是陳述式而定：

- 如果 e 是某個個體（*entity*；如變數、函式、列舉值、或資料成員）的*名稱*（*name*）、或存取了某個 class 成員，則 decltype(e) 會給出該個體、或是指涉的 class 成員的宣告型別（*declared type*）。因此，decltype 可以被用來檢查變數的型別。

---

[10] 同樣的技術可以用來萃取被綁定成員的型別：用 using Type = M; 來取代 using Type = C;。

當使用者想要精確匹配既有宣告式的型別時，這會很有用。舉例來說，考慮下面的變數 y1 及 y2：

```
auto x = …;
auto y1 = x + 1;
decltype(x) y2 = x + 1;
```

取決於 x 的初始式，y1 可能會、也可能不會和 x 具有相同的型別：這都視 + 的行為而定。若 x 被推導為 int，此時 y1 也會是個 int；若 x 被推導為 char，則 y1 會是個 int，因為對一個 char 加上 1（根據定義為 int）得到的會是個 int。而在宣告 y2 的型別時使用 decltype(x) 能夠確保其型別與 x 相同。

- 另一方面，如果 e 是上述類型以外的任意陳述式，則 decltype(e) 會依據以下方式，產生反映該陳述式的型別及數值類型（*value category*）：

    - 若 e 是具有 T 型別的 **lvalue**，則 decltype(e) 會產生 T&。

    - 若 e 是具有 T 型別的 **xvalue**（消亡值），則 decltype(e) 會產生 T&&。

    - 若 e 是具有 T 型別的 **prvalue**（純右值），則 decltype(e) 會產生 T。

有關數值類型的相關細節討論，請參閱附錄 B。

這兩類陳述式的不同可以藉由下面的例子來說明：

```
void g (std::string&& s)
{
  // 檢查 s 的型別：
  std::is_lvalue_reference<decltype(s)>::value;        // false
  std::is_rvalue_reference<decltype(s)>::value;        // true（s 宣告如上）
  std::is_same<decltype(s),std::string&>::value;       // false
  std::is_same<decltype(s),std::string&&>::value;      // true

  // 檢查作為陳述式的 s，其數值類型：
  std::is_lvalue_reference<decltype((s))>::value;      // true（s 是個 lvalue）
  std::is_rvalue_reference<decltype((s))>::value;      // false
  std::is_same<decltype((s)),std::string&>::value;     // true（T& 代表一個 lvalue）
  std::is_same<decltype((s)),std::string&&>::value;    // false
}
```

在最初四個陳述式中，我們對某個「變數 s」呼叫了 decltype：

```
decltype(s)        // 由 s 決定個體 e 的宣告型別
```

這表示 decltype 產生了 s 的宣告型別，即 std::string&&。在最後的四個陳述式中，decltype 構件的運算元並不僅僅代表一個名稱，因為所有例子裡的陳述式寫的都是 (s)，名稱外面特別加上了括號。這種情況下，產生的型別會反映 (s) 的數值類型：

```
decltype((s))      // 檢查 (s) 的數值類型
```

我們用的陳述式是透過名稱來指涉變數，因此是 lvalue [11]：基於以上原則，decltype(s) 代表的是指向 std::string 的 lvalue reference（因為 (s) 的型別為 std::string）。這是 C++ 裡除了改變運算元結合順序外，少數幾個替陳述式加上括號後會改變程式意涵的地方之一。

事實上，以 decltype 來計算任意陳述式 e 的型別在許多地方都很有用。特別是，decltype(e) 為陳述式保留了足夠的資訊，使其得以用於描述函式的回傳型別、並「完美地」回傳陳述式 e 本身：decltype 不僅會計算該陳述式的型別，也會同時將該陳述式的數值類型傳遞給函式的呼叫者。舉例來說，考慮一個簡單的轉發函式 g()，用來回傳呼叫 f() 所得到的結果：

```
??? f();

decltype(f()) g()
{
  return f();
}
```

g() 的回傳型別依賴於 f() 的回傳型別。如果 f() 回傳的是 int&，則對 g() 回傳型別的計算會先決定陳述式 f() 具備 int 型別。該陳述式是個 lvalue，因為 f() 回傳了一個 lvalue reference，故 g() 的宣告回傳型別會是 int&。同理，如果 f() 的回傳型別是個 rvalue reference 型別，則對 f() 的呼叫本身是個 xvalue。同時 decltype 會產生一個 rvalue reference 型別，精確地匹配於 f() 所回傳的型別。本質上說，這種形式的 decltype 會取得任意陳述式的主要特徵（**primary characteristics**）──其型別與數值類型──同時用能做到完美轉發回傳值的方式，在型別系統（**type system**）中對其進行編碼。

當產出數值的 auto 推導不敷使用時，decltype 也能派上用場。舉個例子，假定我們有個具有未知迭代器型別的變數 pos，同時想要創建一個名為 element 的變數，指向儲存於 pos 所指位置的元素。我們可以這樣寫

```
auto element = *pos;
```

不過，這樣總是會建立該元素的副本。如果我們改寫成

```
auto& element = *pos;
```

則得到的總會是一個指向該元素的 reference。這樣一來，當迭代器的 operator* 回傳的是個數值時，程式會失敗 [12]。要處理這個問題，我們可以利用 decltype，令迭代器的 operator* 本身的數值性（**value-ness**）和參考性（**reference-ness**）得以保留。

```
decltype(*pos) element = *pos;
```

---

[11] 如別處曾提及的，將 rvalue reference 型別的參數視為 lvalue 而不是 xvalue，是基於安全性考量，因為任何具有名稱的東西（像是參數）很容易會在函式裡多次引用。如果它是個 xvalue，則第一次使用時其值可能會被「移走」，導致後續再次使用時的意外行為。請參閱 6.1 節（第 91 頁）和 15.6.3 節（第 280 頁）。

[12] 當我們將後者（auto&）套用在介紹 auto 時使用的範例上時，意味著我們暗自假定了該迭代器產生的是指向某個底層儲存內容的 reference。雖然這對容器的迭代器而言大致成立（適用於除了 vector<bool> 以外的標準容器），但並不適用於所有的迭代器。

當迭代器支援以 reference 進行存取時,這樣寫會使用 reference;而在迭代器不支援時,會對該數值進行複製。這種寫法主要的缺點是,需要寫兩次初始式:一次寫在 decltype 裡(這裡不會進行核算)、另一次則是實際用到的初始式。C++14 引入了 decltype(auto) 構件來解決這個問題,我們會在下個小節討論。

15.10.3   decltype(auto)

C++14 加入了一個結合 auto 和 decltype 的新特性:decltype(auto)。類似於 auto 型別標示符,這是個 *placeholder type*,並且用它來建立的變數、回傳型別、或 template argument,其型別都由相關陳述式(包括初始式、回傳值、或 template argument)的型別來決定。不過,和透過 **template** 引數推導規則來決定目標型別的 auto 不同,此時實際的型別會藉由在陳述式上直接套用 decltype 構件來決定。這個例子說明了這點:

```
int i = 42;                  // i 的型別為 int
int const& ref = i;          // ref 的型別為 int const&,其指涉 i

auto x = ref;                // x 的型別為 int,是個新的獨立物件

decltype(auto) y = ref;      // y 的型別為 int const&,指涉的也是 i
```

y 的型別透過在初始式上套用 decltype 來獲得,此處 ref 是個 int const&。與之相對,auto 型別推導規則會產生 int 型別。

另一個例子展示了以索引對 std::vector 進行取值時的差異(此時會產生 lvaue):

```
std::vector<int> v = { 42 };
auto x = v[0];               // x 指的是一個型別為 int 的新物件
decltype(auto) y = v[0];     // y 是個 reference(型別為 int&)
```

這裡漂亮地解決了前面提過的重複問題:

```
decltype(*pos) element = *pos;
```

上式可以被改寫為:

```
decltype(auto) element = *pos;
```

對於回傳型別而言,這樣寫也很方便。參考下面這個例子:

```
template<typename C> class Adapt
{
  C container;
  …
  decltype(auto) operator[] (std::size_t idx) {
    return container[idx];
  }
};
```

如果 container[idx] 產生的是一個 lvalue，而我們必須將該 lvalue 傳給呼叫者（對方可能希望取得該 lvalue 的位址、或是修改它）：此時需要一個 lvalue reference 型別，而這正是 decltype(auto) 決議出的結果。相反地，如果產生的是個 prvalue，則決議出 reference 會造成 dangling reference（懸置參考）。不過幸運的是，這種情況下 decltype(auto) 產生的會是物件型別（object type），而非 reference 型別。

和 auto 不同，decltype(auto) 不允許加上會修改型別的標示符（specifier）或宣告運算子（declarator operator）。舉例來說：

```
decltype(auto)* p = (void*)nullptr;      // 不合法
int const N = 100;
decltype(auto) const NN = N*N;           // 不合法
```

也請注意，在初始式裡的括號可能至關重要（因為它們會影響 decltype 構件，如 6.1 節，第 91 頁曾提及的那樣）：

```
int x;
decltype(auto) z = x;                    // 型別為 int 的物件
decltype(auto) r = (x);                  // 型別為 int& 的 reference
```

尤其是括號會對於回傳陳述句的有效性造成嚴重的影響：

```
int g();
…
decltype(auto) f() {
  int r = g();
  return (r);                  // 執行期錯誤：回傳了指向暫存值的 reference
}
```

C++17 以後，decltype(auto) 也可以用於 deducible nontype parameters（可推導的非型別參數；見 15.10.1 節，第 296 頁）。下面的範例說明了這一點：

```
template<decltype(auto) Val> class S
{
  …
};
constexpr int c = 42;
extern int v = 42;
S<c> sc;           // #1 會產生 S<42>
S<(v)> sv;         // #2 會產生 S<(int&)v>
```

在 #1 這一行，沒有括號包圍著 c，這使得該 deducible parameter（可推導參數）持有的是 c 本身的型別（即 int）。因為 c 是一個常數述式（constant-expression），其值為 42，故結果等於 S<42>。而在 #2 這行，括號會令 decltype(auto) 成為 reference 型別 int&，並且可以用於綁定型別為 int 的 global 變數 v。有了 #2 宣告式，class template 因而依賴於指向 v 的 reference，同時任何對 v 值的變動都可能會影響 class S 的行為（細節請參考 11.4 節，第 167 頁）。（另一方面，未加上括號的 S<v> 則會導致錯誤，因為 decltype(v) 是個 int，因此 template 會期待收到一個型別為 int 的常數引數。不過這裡的 v 無法提供常數 int 數值）。

注意上面兩個例子本身特性有些不同；因此我們認為，廣泛地使用這類 nontype template parameter 很可能導致意外發生，也並不預期它們會被廣泛採用。

最後，有一則與在 function template 裡使用推導出的 nontype parameter 有關的說明：

```
template<auto N> struct S {};
template<auto N> int f(S<N> p);
S<42> x;
int r = f(x);
```

在這個例子中，function template f<>() 裡參數 N 的型別，會根據 S 的 nontype parameter 型別被推導出來。這件事是可行的，因為當 X 為 class template 時，具備 X<...> 形式的名稱是個可推導上下文。不過也有許多模式無法藉由這種方式推導出來：

```
template<auto V> int f(decltype(V) p);
int r1 = f<42>(42);        // OK
int r2 = f(42));           // 錯誤：decltype(V) 是個不可推導上下文
```

在這個例子裡的 decltype(V) 是個不可推導上下文：這裡不存在唯一一個能和引數 42 相匹配的 V 值（例如，decltype(7) 會產生與 decltype(42) 相同的型別）。因此，若想要呼叫該函式，必須明確地指定 nontype template parameter。

15.10.4　auto 型別推導的特殊情況

除了簡單的型別推導規則之外，對於 auto 還有些要注意的特殊情況。第一個是當變數的初始式是個初始化列表（initializer list）時，函式呼叫時的相應推導過程會失敗。因為我們無法從初始化列表引數推導出 template 型別參數：

```
template<typename T>
void deduceT (T);
…
deduceT({ 2, 3, 4});    // 錯誤
deduceT({ 1 });         // 錯誤
```

不過，假如我們的函式像下面的例子一樣具有更加明確的參數，則推導會成功。

```
template<typename T>
void deduceInitList(std::initializer_list<T>);
…
deduceInitList({ 2, 3, 5, 7 }); // OK：T 會被推導成 int
```

因此，對某個 auto 變數透過初始化列表進行的複製初始化（copy-initializing；即利用 = 標記進行的初始化），會採用更加明確的參數進行定義：

```
auto primes = { 2, 3, 5, 7 };    // primes 是個 std::initializer_list<int>
deduceT(primes);                 // T 被推導為 std::initializer_list<int>
```

在 C++17 之前，對 auto 變數進行的直接初始化（direct-initialization；不帶有 = 標記）也透過這種方式處理。不過這在 C++17 時有所改變，以更好地符合多數程式設計師的預期行為：

```
auto oops { 0, 8, 15 }; // 在 C++17 時會報錯
auto val { 2 };         // OK：val 在 C++17 時具備 int 型別
```

在 C++17 以前，上面兩個初始化都是合法的，會將 oops 和 val 兩者初始化成 initializer_list<int>。

有趣的是，將加了大括號的初始化列表作為回傳值，用在具有可推導的 **placeholder type** 的函式上並不合法：

```
auto subtleError() {
  return { 1, 2, 3 };        // 錯誤
}
```

這是因為存在於函式 scope 內的初始化列表，其實是個指向底層 **array** 物件（存有列表中標示的元素數值）的物件，而在函式回傳後該物件會失效。如果允許這樣的用法，實際上會促使 dangling reference 發生。

另一個特殊情況會在多個變數宣告共用同一個 auto 時發生，如下所示：

```
auto first = container.begin(), last = container.end();
```

這種情形下，每組宣告式的推導會獨立進行。換言之，這裡會針對 frist 生成一個虛擬的 **template** 型別參數 T1、同時對 last 也生成一個虛擬的 **template** 型別參數 T2。唯有在兩次推導皆成功完成、且得到的 T1 和 T2 型別相同時，宣告才算是順利完成。這可以引申出一些有趣的案例 [13]：

```
char c;
auto *cp = &c, d = c;     // OK
auto e = c, f = c+1;      // 錯誤：推導結果不匹配（char vs. int）
```

例子中，兩對變數都透過一個共用的 auto 標示符進行宣告。宣告式 cp 和 d 對於 auto 都推導出了相同的 char 型別，故該行程式碼合法。然而，宣告式 e 和 f 推導出的分別為 char 和 int。因為當計算 c+1 時，char 型別會提升（**promote**）為 int，而型別的不一致會導致錯誤。

在推導回傳型別時，**placeholder** 也可能會導致類似的特殊情況。考慮下面的例子：

```
auto f(bool b) {
  if (b) {
    return 42.0;          // 推導出的回傳型別為 double
  } else {
    return 0;             // 錯誤：推導結果相互矛盾
  }
}
```

---

[13] 這個例子並未遵循我們的慣例將 * 緊跟在 auto 旁邊，因為這可能會讓讀者誤以為我們宣告的是兩組指標。另一方面，這種宣告上的曖昧性，是在將多個個體（**entity**）以同一條式子進行宣告前最好再三考慮的一個有效論點。

這個例子裡的每個回傳陳述句都會獨立進行推導。不過如果得出的型別不同，則程式不合法。若回傳陳述式本身會遞迴地呼叫函式，則推導不會發生。此時除非先前進行過的推導已經確定了回傳型別，否則程式不合法。這代表下列的程式碼並不合法：

```
auto f(int n)
{
  if (n > 1) {
    return n*f(n-1);      // 錯誤：不知道 f(n-1) 的型別
  } else {
    return 1;
  }
}
```

不過下面的等價程式碼是合法的：

```
auto f(int n)
{
  if (n <= 1) {
    return 1;             // 回傳型別被推導為 int
  } else {
    return n*f(n-1);      // OK：f(n-1) 的型別為 int，故這也是 n*f(n-1) 的型別
  }
}
```

被推導出的回傳型別具有另一種特殊情況，其並未對應於任何可推導的變數型別和 nontype 參數型別：

```
auto f1() { }            // OK：回傳型別為 void
auto f2() { return; }    // OK：回傳型別為 void
```

`f1()` 和 `f2()` 兩者都是合法的，具備 void 回傳型別。不過如果回傳型別形式上無法與 void 相匹配，則該情況不合法：

```
auto* f3() {}            // 錯誤：auto* 無法被推導為 void
```

如你所料，任何具有可推導回傳型別的 function template，被用到時需要對該 template 立即進行實體化，以決定確切的回傳型別。不過，在進行 SFINAE（介紹於 8.4 節，第 129 頁、15.7 節，第 284 頁）時，這會造成意外的狀況。考慮下面這個例子：

deduce/resulttypetmpl.cpp

```
template<typename T, typename U>
auto addA(T t, U u) -> decltype(t+u)
{
  return t + u;
}

void addA(...);
```

```
template<typename T, typename U>
auto addB(T t, U u) -> decltype(auto)
{
  return t + u;
}

void addB(...);

struct X {
};

using AddResultA = decltype(addA(X(), X()));      // OK：AddResultA 為 void
using AddResultB = decltype(addB(X(), X()));      // 錯誤：addB<X> 的實體
                                                  //       並不合法
```

相較於使用了 decltype(t+u)，此處 addB() 使用的 decltype(auto) 會在重載決議時造成錯誤：template addB() 的函式本體在決定其回傳型別時必須被完全地實體化。該實體並不位於 addB() 呼叫式的直接語境（見 15.7.1 節，第 285 頁）中，也因此並不屬於 SFINAE 篩選過程的一部分，而直接造成錯誤。故我們應當謹記，被推導的回傳型別（*deduced return type*）並不僅僅代表某個複雜回傳型別的速記法，而是需要被謹慎的使用（換言之，我們必須清楚知道，不能在依賴於 SFINAE 性質的 function templates 簽名式中使用這類回傳型別）。

15.10.5　結構化綁定

C++17 新增了一個名為結構化綁定（*structured binding*）的新特性 [14]。這項特性可以很簡單地透過一個小例子來解釋：

```
struct MaybeInt { bool valid; int value; };
MaybeInt g();
auto const&& [b, N] = g();           // 將 b 和 N 綁定在 g() 回傳結果的成員上
```

呼叫 g() 所產生的數值（本例中為 MaybeInt 型別的簡單 class 聚合）可以被分解成各個「元素（elements）」（本例中指的是 MaybeInt 的資料成員）。該次呼叫生成的數值，其創建方式就彷彿括號裡的識別字序列 [b, N] 單獨被某個變數名稱取代一樣。如果該名稱為 *e*，則初始化會等義於：

```
auto const&& e = g();
```

括號內的識別字接著會綁定於 *e* 的元素上。因此，你可以將 [b, N] 視為新引進的名稱，用來描述 *e* 的各個組成部分（我們下面會討論綁定的部分細節）。

---

[14] 結構化綁定（*structured bindings*）這個名稱曾出自於該特性的最初提案，而最終也在語言的正式規格書中使用。不過簡單來說，提案規格書採用的是分解宣告式（*decomposition declaration*）這個名詞。

語法上，結構化綁定必須具備 auto 型別，並可以選擇性地加上 const、volatile 修飾詞、或者是宣告運算子 & 或 &&（但不能是指標宣告子 * 或其他的宣告子構件）。而後面會跟著一個帶有括號的列表，其中含有至少一個識別字（這讓人聯想到 lambdas 的「擷取」列表）。最後則是接著初始式。

有三種不同的程式實體（entities）可用於初始化一個結構化綁定：

1. 第一類是簡單 *class* 型別，其所有的 nonstatic 資料成員皆為 public（如上面的例子所示）。要適用此情境，全部的 nonstatic 資料成員都必須為 public（要麼所有成員都存在於 class 本體中、要麼就存在於同一個沒有歧義發生的 public base class 裡；且不涉及匿名聯集）。此時，引號內的識別字個數和 class 成員個數必須相等。同時使用結構化綁定所屬 scope 裡的任何一個識別字，就相當於使用了物件 *e* 裡的對應成員（該成員具備所有相關性質。例如：若對應成員是個 bit-field，便無法取得其位址）。

2. 第二類牽涉到 *arrays*。這裡有個例子：

   ```
   int main() {
     double pt[3];
     auto& [x, y, z] = pt;
     x = 3.0; y = 4.0; z = 0.0;
     plot(pt);
   }
   ```

   合乎直覺，帶有括號的初始式只是用來處理不具名 array 變數裡對應元素的一種簡寫方式。Array 元素的數目必須和帶有括號的初始式個數相等。

   這裡有另外一個例子：

   ```
   auto f() -> int(&)[2];   // f() 回傳了指向整數 array 的 reference

   auto [ x, y ] = f();    // #1
   auto& [ r, s ] = f();   // #2
   ```

   #1 這行有點特別：通常針對這種情況，前述的個體 *e* 會透過下式推導出來：

   ```
   auto e = f();
   ```

   不過，這樣會推導出指向該 array 的指標（藉由退化），但這並不是執行對 array 的結構化綁定會出現的情況。相反地，*e* 會被推導為具有「匹配於初始式型別的 array 型別」的變數。接著，該 array 會從初始式處，逐個元素進行複製（*copied*）：這對內建 array 而言是有點奇怪的概念 [15]。最終，x 和 y 會分別成為陳述式 *e*[0] 和 *e*[1] 的別名。

   #2 這行並不涉及 array 複製，同時對 auto 遵循一般規則。因此假想的 *e* 會以下面方式進行宣告：

   ```
   auto& e = f();
   ```

---

[15] 另外兩個會複製內建 array 的場景為 lambda 擷取行為和被生成的（generated）複製建構子。

這樣會產生指向 array 的 reference，同時 x 和 y 各自會再次成為陳述式 $e[0]$ 和 $e[1]$ 的別名（屬於 lvalues，直接指涉呼叫 f() 所產生的 array 裡的元素）。

3. 最後，第三種情況允許 std::tuple 這類的 *classes* 藉由基於 template 的協定（protocal），使用 get<>() 來分解所擁有的元素。假設 e 以前述方式被宣告[*]，且 E 為陳述式 (e) 的型別。因為 E 是陳述式的型別，故不會是 reference 型別。如果要讓 std::tuple_size<E>::value 成為合法的常整數陳述式，tuple（元組）內元素必須等於括號內的識別字個數（同時當協定成立時，會比第一類的簡單 class 更優先被考慮、但對於 *array* 的優先級不會高於第二類的情況）。我們在此將括號中的識別字標為 n_0、n_1、n_2，依此類推。如果 e 存在名為 get 的成員，且 e 被推導為 reference 型別時，其行為會彷彿這些識別字以下面方式被宣告

    ```
    std::tuple_element<i, E>::type& n_i = e.get<i>();
    ```

    如果 e 被推導為非 reference 型別時，則長得像這樣

    ```
    std::tuple_element<i, E>::type&& n_i = e.get<i>();
    ```

    但若 e 不具有 get 成員，則對應的宣告式會分別為

    ```
    std::tuple_element<i, E>::type& n_i = get<i>(e);
    ```

    或

    ```
    std::tuple_element<i, E>::type&& n_i = get<i>(e);
    ```

    此時只會在對應的 classes 或 namespaces 中尋找 get（所有情況下，get 都會被假定是個 template，因此後面接的 < 代表角括號）。std::tuple、std::pair、和 std::array templates 都實現了這個協定，使得如下面這段程式碼得以合法執行：

    ```
    #include <tuple>

    std::tuple<bool, int> bi{true, 42};
    auto [b, i] = bi;
    int r = i;                    // 將 r 初始化為 42
    ```

    不過，替 std::tuple_size、std::tuple_element、和 function template 添加特化版本，或是為它們加上一個 member function template get<>() 都不是件難事，因此這項機制實際上適用於任何的 class 或列舉型別。舉例來說：

    ```
    #include <utility>

    enum M {};

    template<> class std::tuple_size<M> {
      public:
        static unsigned const value = 2;    // 將 M 對應至一對數值
    };
    template<> class std::tuple_element<0, M> {
    ```

---

[*] 譯註：函式回傳。

```
  public:
    using type = int;                    // 第一個數值的型別會是 int
};

template<> class std::tuple_element<1, M> {
  public:
    using type = double;                 // 第二個數值的型別會是 double
};

template<int> auto get(M);
template<> auto get<0>(M) { return 42; }
template<> auto get<1>(M) { return 7.0; }

auto [i, d] = M();   // 類似於：int&& i = 42; double&& d = 7.0;
```

注意，要使用 std::tuple_size<> 和 std::tuple_element<> 這兩個 tuple 型式的存取輔助函式（access helper function），你只需要引入 <utility> 標頭檔即可。

此外，注意上面的第三個例子（使用類似於 tuple 的協定）實際上會對帶括號初始式執行初始化，同時實際上該綁定結果為 reference 變數；它們不僅僅是另一個陳述式的別名（不像前兩個使用簡單 class 型別和 array 的例子）。這需要留意，因為 reference 初始化可能會出錯；例如，它可能會拋出一個異常，同時該異常無法被事先預防。不過，C++ 標準委員會也討論了這種可能性：不把識別字與被初始化的 reference 相互關聯、而是稍後才將各個識別字用於核算 get<>() 陳述式。這能讓結構化綁定在用於處理型別時，先對「第一個」數值進行測試、通過後才存取「第二個」數值（如同基於 std::optional 一般）。

15.10.6　泛型 Lambda 表示式

Lambdas 很快就成為 C++11 中最受歡迎的特性之一，部分原因是它顯著簡化了 C++ 標準程式庫及許多其他現代 C++ 程式庫裡的函式元件使用方式，這都歸功於其簡潔的語法。不過應用於 templates 自身時，由於需要寫出參數和回傳型別，lambdas 可能會變得相當冗長。舉例來說，考慮一個能找出序列中第一個負數的 function template：

```
template<typename Iter>
Iter findNegative(Iter first, Iter last)
{
  return std::find_if(first, last,
                  [](typename std::iterator_traits<Iter>::value_type
                       value) {
                    return value < 0;
                  });
}
```

上面 function template 裡的 lambda，（目前看來）最複雜的部分是它的參數型別。C++14 引進了「泛型」lambdas 的觀念，利用 auto 推導出一或多個參數的型別，而不必明確的標示它們：

```
template<typename Iter>
Iter findNegative(Iter first, Iter last)
{
  return std::find_if(first, last,
               [] (auto value) {
                 return value < 0;
               });
}
```

Lambda 表示式參數裡出現的 auto，其處理方式會類似於寫在帶有初始式的變數型別位置的 auto：我們可以用假想的 template 型別參數 T 替換之。不過和處理變數的狀況不同，此時推導並不會馬上進行，因為在創建 lambda 時尚不知道其引數為何。此時會採取另外一種做法，lambda 表示式本身會「泛型化」（倘若它尚未這樣做的話），同時該假想的 template 型別參數會被添加進 template parameter list 裡。這樣一來，上述的 lambda 表示式便能使用任意的引數型別進行呼叫，只要該引數支援 < 0 運算、運算結果也能被轉型為 bool 即可。舉例來說，這個 lambda 表示式可以使用型別為 int 或 float 的數值進行呼叫。

要理解 lambda 泛型化所代表的意義，我們先思考一下非泛型 lambda 的實作模型。給定下面的 lambda 表示式

```
[] (int i) {
  return i < 0;
}
```

C++ 編譯器會將上述陳述式編譯為一個專屬於此 lambda 的新創 class 實體。該實體被稱為 *closure*（閉包）或 *closure 物件*，而所屬 class 則稱為 *closure* 型別。該 closure 型別擁有一個函式呼叫運算子（function call operator），因此該 closure 是個函式物件（function object）[16]。對於這個 lambda 來說，其 closure 型別看起來會有點像下面這樣（簡單起見，我們省略了用來轉成指向函式的指標值的轉型函式）：

```
class SomeCompilerSpecificNameX
{
  public:
    SomeCompilerSpecificNameX();        // 只能被編譯器呼叫
    bool operator() (int i) const
    {
      return i < 0;
    }
};
```

---

[16] 處理 lambdas 的這個編譯模型，實際上也在 C++ 語言規格中使用，使得該語義能夠被方便和準確地被描述。在這個 class 裡，被擷取的變數會作為資料成員、而將 noncapturing lambda（非擷取型 lambda）變為函式指標的轉型動作則被塑造為轉型函式，依此類推。同時由於 lambdas 就是個函式物件，因此對函式物件所定義的任何規則，同樣適用於 lambdas。

如果你用 `std::is_class<>` 來檢查 lambda 的 type category（型別類型），它會回傳 true（見 D.2.1 節，第 705 頁）。

Lambda 陳述式因而會產生一個該 class（closure 型別）的物件。像

```
foo(...,
    [] (int i) {
      return i < 0;
    });
```

會建立一個物件（即 closure），型別為內部編譯器指定的 class *SomeCompilerSpecificNameX*：

```
foo(...,
    SomeCompilerSpecificNameX{});     // 傳入一個該 closure 型別的物件
```

如果這裡 lambda 擷取的是 local 變數：

```
int x, y;
…
[x,y](int i) {
  return i > x && i < y;
}
```

這些擷取物會被用來初始化 class 型別的相應成員：

```
class SomeCompilerSpecificNameY {
  private
    int _x, _y;
  public:
    SomeCompilerSpecificNameY(int x, int y) // 只能被編譯器呼叫
    : _x(x), _y(y) {
    }
    bool operator() (int i) const {
      return i > _x && i < _y;
    }
};
```

對於泛型 lambda 來說，函式呼叫運算子會轉變為 member function template，故下面的簡單泛型 lambda

```
[] (auto i) {
  return i < 0;
}
```

會轉化為下面這個假想的 class（這裡我們再次忽略轉型函式。在這個泛型 lambda 的例子裡，它會變成轉型函式 *template*）：

```
class SomeCompilerSpecificNameZ
{
  public:
    SomeCompilerSpecificNameZ();     // 只能被編譯器呼叫
    template<typename T>
```

```
      auto operator() (T i) const
      {
        return i < 0;
      }
    };
```

當 closure 被呼叫時，此 member function template 會進行實體化，發生點通常和 lambda 陳述式出現的位置不同。舉個例子：

```
#include <iostream>

template<typename F, typename... Ts> void invoke (F f, Ts... ps)
{
  f(ps...);
}

int main()
{
  invoke([](auto x, auto y) {
        std::cout << x+y << '\n'
      },
      21, 21);
}
```

這裡的 lambda 陳述位於 main() 之中，這也是對應的 closure 被創建出來的地方。不過，closure 裡的呼叫運算子並不會在此處進行實體化。事實上是，invoke() function template 會以該 closure 型別作為第一個參數、並以 int（21 的型別）作為第二和第三個參數型別進行實體化。對 invoke 的實體化過程會用到此 closure 的副本（該副本仍然是一個對應於原始 lambda 的 closure）。這會實體化 closure 裡的 operator() template，以滿足實體化產生的呼叫式 f(ps...)。

15.11 Alias Templates（別名模板）

Alias templates（別名模板；見 2.8 節，第 39 頁）在推導時是「透通（transparent）」的。意思是每當帶有 template arguments 的 alias templates 出現時，該 alias 的定義（即 = 右側的型別）會用這些 templates arguments 進行替換，並使用最後得到的 pattern 進行推導。舉例來說，下面三個呼叫式都能成功地完成 template 引數推導：

deduce/aliastemplate.cpp

```
template<typename T, typename Cont>
class Stack;

template<typename T>
using DequeStack = Stack<T, std::deque<T>>;

template<typename T, typename Cont>
```

```
void f1(Stack<T, Cont>);

template<typename T>
void f2(DequeStack<T>);

template<typename T>
void f3(Stack<T, std::deque<T>>);     // 等價於 f2

void test(DequeStack<int> intStack)
{
  f1(intStack);          // OK：T 被推導為 int、Cont 被推導為 std::deque<int>
  f2(intStack);          // OK：T 被推導為 int
  f3(intStack);          // OK：T 被推導為 int
}
```

第一條（對 f1() 的）呼叫式裡，於 intStack 的型別中用到了 alias template DequeStack，這對推導並不構成影響：此處給出的型別 DequeStack<int> 會被視為經過替換後的型別 Stack<int, std::deque<int>> 來處理。第二和第三條呼叫式具有相同的推導行為，因為 f2() 裡的 DequeStack<T> 和 f3() 裡型別替換後的形式 Stack<T, std::deque<T>> 相同。為了進行 template 引數推導，template alias 是透通的：使用它們能讓程式碼變得清楚和簡單，卻不會影響推導的運作。

注意這件事之所以做得到，是因為 alias templates 無法被特化（關於 template 特化這個主題的細節，請參考第 16 章）。假設我們能夠寫出下面這樣的程式碼：

```
template<typename T> using A = T;
template<> using A<int> = void;        // 錯誤，不過先假設能夠這樣寫…
```

這樣一來，我們便無法把 A<T> 與型別 void 匹配，並且會得出 T 必須是 void 的結論，因為 A<int> 和 A<void> 都等同於 void。事實上我們不可能確保每個用到 alias 的地方，都可以根據其定義式進行一般化的展開。這件事使得 alias 對推導過程來說是能夠透通的。

15.12 Class Template 引數推導

C++17 引進了一種新的推導方式：根據變數宣告的初始式、或函式形式的型別轉換（functional-notation type conversion）裡給定的引數，推導出 class 型別的 template parameter。舉個例子：

```
template<typename T1, typename T2, typename T3 = T2>
class C
{
  public:
    // 適用零個到三個引數的建構子：
    C (T1 x = T1{}, T2 y = T2{}, T3 z = T3{});
    …
};
```

```
C c1(22, 44.3, "hi");// 於 C++17 OK：T1 為 int、T2 為 double、T3 為 char const*
C c2(22, 44.3);        // 於 C++17 OK：T1 為 int、T2 和 T3 為 double
C c3("hi", "guy");     // 於 C++17 OK：T1、T2、T3 皆為 char const*
C c4;                  // 錯誤：T1 和 T2 未被定義
C c5("hi");            // 錯誤：T2 未被定義
```

注意全部的參數都得要能夠藉由推導過程或預設引數來決定。我們無法僅顯式標明部分引數，同時透過推導決定餘下的引數。舉例來說：

```
C<string> c10("hi","my", 42);     // 錯誤：僅顯式標明 T1 時，T2 不會被推導出來
C<> c11(22, 44.3, 42);            // 錯誤：T1 和 T2 皆未被顯式標明
C<string,string> c12("hi","my");  // OK：T1 和 T2 由推導得出，T3 具有預設值
```

15.12.1　推導方針（Deduction Guides）

首先考慮對稍早出現過的例子（15.8.2 節，第 288 頁）所做的一點小變化：

```
template<typename T>
class S {
  private:
    T a;
  public:
    S(T b) : a(b) {
    }
};

template<typename T> S(T) -> S<T>;  // 推導方針

S x{12};         // 從 C++17 開始 OK，等同於：S<int> x{12};
S y(12);         // 從 C++17 開始 OK，等同於：S<int> y(12);
auto z = S{12};  // 從 C++17 開始 OK，等同於：auto z = S<int>{12};
```

特別注意這裡新加入的一個類似 template 的構件，這稱為推導方針（*deduction guide*）。它看起來有點像個 function template，不過語法上它和 function template 有許多地方不大一樣：

- 在看起來像是 trailing return type（後置回傳型別）的部分，無法採用傳統回傳型別的寫法。我們稱此處標示出的型別（即此例的 S<T>）為 *guided type*（方針型別）。
- 這裡的句首不存在用來標示後置回傳型別的 auto 關鍵字。
- 推導方針的「名稱」必須是一個非限定名稱，指涉當前 scope 宣告過的 class template。
- 指導方針裡的 guided type 必須是個 *template-id*，其 template 名稱對應方針的名稱。
- 宣告時可以帶有 explicit 標示符。

在宣告式 S x{12}; 裡，標示符 S 被稱為一個 *placeholder class type* [17]。當使用這類 placeholder 時，後面必須接著被宣告變數的名稱，其後則必須再跟著初始式。基於以上原因，下面的式子不合法：

```
S* p = &x;                  // 錯誤：語法不合法
```

以範例中的推導方針為例，當宣告式 S x(12); 推導變數型別時，會將與 class S 有關的推導方針視為一個重載集合，同時試著針對此集合以初始式進行重載決議。範例中，集合裡只存在一個推導方針，它能夠成功地將 T 推導為 int、將方針內的 *guided type* 推導為 S<int>[18]。該 guided type 因而被選中作為此宣告式的型別。

注意如果某個需要進行推導的 class template 名稱後面跟著多個宣告式，則各個宣告式用到的初始式必須產生相同型別。舉例來說，套用範例中的宣告後：

```
S s1(1), s2(2.0);           // 錯誤：S 同時被推導為 S<int> 和 S<double>
```

這類似於推導 C++11 裡的 placeholder type auto 所具有的的限制。

在前面的範例中，我們所宣告的推導方針與宣告於 class S 裡的建構子 S(T b)，彼此之間具有隱含的連結。但這種連結並非必要，這意味推導方針可以應用於 **aggregate class templates**：

```
template<typename T>
struct A
{
  T val;
};

template<typename T> A(T) -> A<T>;   // 推導方針
```

如果沒有推導方針，我們就得明確給出 template arguments（即便在 C++17 也要）：

```
A<int> a1{42};              // OK
A<int> a2(42);              // 錯誤：不是聚合（aggregate）的初始化方式
A<int> a3 = {42};           // OK
A a4 = 42;                  // 錯誤：無法推導出型別
```

但是如果具有上面的推導方針，我們可以直接寫：

```
A a4 = { 42 };              // OK
```

不過在這些例子裡隱含的一件事是：用到的初始式依然得要是個合法的聚合初始式；也就是說，它得是個使用大括號的初始化列表（initializer list）。下面這些宣告方式因而不被允許：

```
A a5(42);                   // 錯誤：不是聚合的初始化方式
A a6 = 42;                  // 錯誤：不是聚合的初始化方式
```

---

[17] 注意它和 *placeholder type* 有所區別，後者指的是 auto 或 decltype(auto)，可以被決議為任何型別；而 *placeholder class type* 是個 template 名稱，可以被決議為某個屬於指定 template 實體的 class 型別，

[18] 進行普通 function template 推導時，SFINAE 可能會生效，像是在替換 guided type 裡的可推導引數（deduced arguments）時發生了錯誤。不過這個簡單的範例中並未發生這種情況。

15.12.2　隱式推導方針

許多時候，class template 裡的每一個建構子都需要有推導方針。這讓 class template 引數推導的設計者在推導過程中包含了一個隱含機制。該機制相當於為每一個原型 class template [19] 的建構子和建構子模板引入一個如下所述的隱式推導方針（*implicit deduction guide*）：

- 用於隱式方針的 template parameter list 由 class template 的 template parameters 組成；當作用於建構子模板時，後面還會再接著該建構子模板的 template parameters。建構子模板的 template parameters 會保有全部的預設引數。
- 推導方針裡「長得像函式」的參數會從建構子或建構子模板處複製過來。
- 推導方針的 guided type 是帶有引數的 template 名稱，這些引數是從 class template 處取得的 template parameters。

我們將上述做法套用於最初的簡單 class template：

```
template<typename T>
class S {
  private:
    T a;
  public:
    S(T b) : a(b) {
    }
};
```

這裡的 template parameter list 是 typename T，看似函式的 parameter list 也就是單純的 (T b)，接著 guided type 是 S<T>。這麼一來，我們會得到一個等價於我們先前給出的使用者宣告推導方針 *：如此一來，不需要寫出方針也能達成我們想要的效果！也就是說，只要使用最初給的簡單 class template（不需額外寫出推導方針），我們可以合法地寫出 S x(12);並得到期望的結果，此時 x 的型別是 S<int>。

很不幸的推導方針具有歧義性（ambiguity）。再一次考慮上面給的簡單 class template S、並伴隨以下的初始式：

```
S x{12};                    // x 的型別為 S<int>
S y{x};
S z(x);
```

我們已經知道 x 的型別會是 S<int>，可是 y 和 z 的型別會應該是什麼呢？根據直覺，兩者的型別應該是 S<S<int>> 和 S<int>。不過委員會頗有爭議地決定，這兩種狀況都會得到 S<int>。為什麼這樣有爭議呢？考慮帶有 vector 型別的類似範例：

```
std::vector v{1, 2, 3}; // vector<int>，沒什麼奇怪的地方
std::vector w2{v, v};   // vector<vector<int>>
std::vector w1{v};      // vector<int> ！
```

---

[19] 第 16 章會介紹能夠「特化（specialize）」class templates 的各種方式。這些特化體不會參與 class template 引數推導。

* 譯註：即 template<typename T> S(T) -> S<T>。

換句話說，帶有一個元素的大括號初始式會和有著多個元素的大括號初始式具有不同的推導結果。大多數時候我們想要的是帶有一個元素的結果，但這種不一致性有點隱晦。在泛型程式碼裡，很容易就忽略了這個隱晦之處：

```
template<typename T, typename... Ts>
auto f(T p, Ts... ps) {
  std::vector v{p, ps...};   // 型別會根據 pack 的長度決定
  ...
}
```

這裡我們會很容易忘記，當 T 被推導為 vector 型別時，取決於 ps 是否為空的 pack，v 的型別會有本質上的不同。

加入隱式 template 推導方針這件事，本身並非沒有爭議。反對加入此功能的主要論點是，這個特性替既有程式庫自動新增了一個介面（interface）。要理解這點，我們再回頭看一下上面的簡單 class template S。因為 template 存在於 C++，所以這裡的定義式合法。不過，假設 S 的作者擴充了程式庫，導致 S 以更複雜的方式被定義：

```
template<typename T>
struct ValueArg {
  using Type = T;
};

template<typename T>
class S {
  private:
    T a;
  public:
    using ArgType = typename ValueArg<T>::Type;
    S(ArgType b) : a(b) {
    }
};
```

在 C++17 以前，這類（並非很罕見的）變化並不會影響既有的程式碼。不過，在 C++17 裡，這會令隱式推導方針失效。為了見證這點，讓我們寫一個與上述提及的隱式推導方針建構過程所得結果相對應的推導方針：此時 template parameter list 和 guided type 均保持不變，不過長得像函式的參數現在會使用 ArgType，即 typename ValueArg<T>::Type：

```
template<typename> S(typename ValueArg<T>::Type) -> S<T>;
```

回想一下 15.2 節（第 271 頁）提過，像 ValueArg<T>:: 這樣的名稱修飾詞，並不是一個可推導上下文。因此寫成這種形式的推導方針是無效的，像是 S x(12); 這樣的宣告式便無法被決議。換言之，做出這類變化的程式庫作者，在 C++17 中很可能會破壞客戶端的程式碼。

遇到這種情況，程式庫作者該怎麼辦呢？我們的建議是，你必須仔細考慮每一個建構子，是否要讓它們在整個程式庫生命週期裡作為隱式推導方針的輸入端。如果不想要，請使用類似 typename ValueArg<X>::Type 的型別，來取代每一個以 X 型別構成的可推導建構子參數實體。遺憾的是，並不存在簡單的方式可以「選擇性關掉」隱式推導方針。

15.12.3　其他微妙之處

內植 Class 名稱

考慮下面這個例子：

```
template<typename T> struct X {
  template<typename Iter> X(Iter b, Iter e);
  template<typename Iter> auto f(Iter b, Iter e) {
      return X(b, e);   // 這是什麼？
  }
};
```

這段程式碼在 C++14 是合法的：在 X(b, e) 裡的 X 是個內植 *class 名稱*（*injected class name*），等同於此處上下文中的 X<T>（見 13.2.3 節，第 221 頁）。然而，class template 引數推導所使用的規則，會自動令 X 等義於 X<Iter>。

不過，為了維持向後相容性，如果該 template 的名稱是個內植 class 名稱時，class template 引數推導會被關閉。

Forwarding References（轉發參考）

考慮另外一個例子：

```
template<typename T> struct Y {
  Y(T const&);
  Y(T&&);
};
void g(std::string s) {
  Y y = s;
}
```

很明顯，這裡的目的是透過結合了複製建構子的隱式推導方針，將 T 推導為 std::string。然而，若將隱式推導方針寫成明確宣告的（顯式）推導方針，會彰顯某件意想不到的事：

```
template<typename T> Y(T const&) -> Y<T>;    // #1
template<typename T> Y(T&&) -> Y<T>;         // #2
```

回想 15.6 節（第 277 頁）提到過，T&& 在 template 引數推導時會有特別的行為：作為 *forwarding reference*（轉發參考）。當對應的 call argument 是個 lvalue 時，它會令 T 被推導成一個 reference 型別。在上述例子中，推導過程使用的引數為陳述式 s，是個 lvalue。隱式方針 *#1* 會把 T 推導為 std::string，不過這會要求把參數型別從 std::string 調整為 std::string const。不過，推導方針 *#2* 會很平常地把 T 推導為 reference 型別 std::string&，同時產生相同型別的參數（根據參考坍解規則）。後者是更好的匹配方式，因為不需要出於調整型別的目的而加上 const。

這個結果頗令人意外，而且這很可能會導致實體化錯誤（當此 class template 被用在不允許 reference 型別的上下文時）。或者更糟糕的是，一聲不響地生成具有錯誤行為的實體（例如產生 dangling references）。

C++ 標準委員會因而決定，在對隱式推導方針進行推導時，如果 T 最初是個 class template parameter 時，停用 T&& 的特殊推導規則（但這不適用建構子 template parameter；處理它們時，仍舊保有特殊推導規則）。上面的範例因此會將 T 推導為 std::string，這符合我們的預期。

explicit 關鍵字

宣告推導方針時可以帶有關鍵字 explicit。這樣一來，該方針只會在進行直接初始化時被考慮、而不會用於複製初始化（copy-initialization）。舉例來說：

```
template<typename T, typename U> struct Z {
  Z(T const&);
  Z(T&&);
};

template<typename T> Z(T const&) -> Z<T, T&>;        // #1
template<typename T> explicit Z(T&&) -> Z<T, T>;     // #2

Z z1 = 1;    // 只考慮 #1；等義於：   Z<int, int&> z1 = 1;
Z z2{2};     // 偏好 #2；等義於：     Z<int, int> z2{2};
```

留心 z1 的複製初始化如何進行。同時基於以上理由，推導方針 #2 不會被納入考慮，因為它被宣告成 explicit 了。

複製建構與初始化列表

考慮如下的 class template：

```
template<typename ... Ts> struct Tuple {
  Tuple(Ts...);
  Tuple(Tuple<Ts...> const&);
};
```

要了解隱式方針造成的影響，讓我們將它們視為顯式宣告寫出來：

```
template<typename... Ts> Tuple(Ts...) -> Tuple<Ts...>;
template<typename... Ts> Tuple(Tuple<Ts...> const&) -> Tuple<Ts...>;
```

現在來考慮一些例子：

```
auto x = Tuple{1,2};
```

這顯然會選擇第一個方針，連帶的使用第一個建構子：因此 x 為 Tuple<int, int>。讓我們繼續看看一些用來對 x 進行複製的語法範例：

```
Tuple a = x;
Tuple b(x);
```

對於 a 和 b 兩者來說，兩個方針都可以匹配。第一個方針會選擇使用型別 Tuple<Tuple
<int, int>>，而另一個對應複製建構子的方針則會產生 Tuple<int, int>。幸運的是，
第二個方針匹配度更佳，a 和 b 因此會根據 x 進行複製建構。

現在我們來考慮一些使用帶括號初始化列表的例子：

```
Tuple c{x, x};
Tuple d{x};
```

第一個例子裡的 (x) 只能匹配於第一個方針，也因此產生出 Tuple<Tuple<int, int>,
Tuple<int, int>>。這完全符合直覺，也不令人意外。依此邏輯，第二個範例應該被推導
為 Tuple<Tuple<int, int>>。不過並非如此，它被推導為一個複製建構（亦即偏好選擇
第二個隱式方針）。這也發生在函式型式的轉型（functional-notation casts）中：

```
auto e = Tuple{x};
```

這裡 e 被推導為 Tuple<int, int>，而不是 Tuple<Tuple<int, int>>。

方針僅在推導時使用

推導方針並非 function templates：它們只被用於推導 template parameters，而不會被「呼
叫」。這意味著以 reference 或以 value 傳遞引數，在宣告方針時並沒有顯著的區別。舉例來
說：

```
template<typename T> struct X {
  …
};

template<typename T> struct Y {
  Y(X<T> const&);
  Y(X<T>&&);
};

template<typename T> Y(X<T>) -> Y<T>;
```

請注意推導方針和 Y 的兩個建構子之間並不完全對應。不過，這點並不重要，因為此方針僅
會在推導時使用。給定一個型別為 X<TT> 的數值 xtt ——無論其為左值或右值——它都會決
定推導出 Y<TT> 型別。接著，初始化會對具有 Y<TT> 的建構子進行重載決議，以確定呼叫
的對象（此時才會取決於 xtt 是 lvalue 或是 rvalue）。

15.13 後記

適用於 function template 的 template 引數推導是原始 C++ 設計的一部分。事實上，明確寫出 template argument 的替代做法，直到許多年後才被加進 C++。

本書的初板就已經使用了 SFINAE 這個名詞。很快地，它就在 C++ 程式設計社群中被廣泛使用。不過，在 C++98 時，SFINAE 的威力並不像現在這麼強大：它只適用於少部分型別操作，並不支援任意陳述式或存取控制機制。但隨著愈來愈多的 template 技術開始依賴於 SFINAE（見 19.4 節，第 416 頁），對更加泛用的 SFINAE 條件的需求開始出現。Steve Adamczyk 和 John Spicer 擬定了方案，讓這件事得以在 C++11 中實現（經由 N2634 文件）。即便標準裡的文字改動相對較小，但在部分編譯器裡的實作上，工作量卻是出奇的大。

auto 型別標示符和 decltype 構件是 C++03 最早新增的功能之一，最終它們都成為 C++11 的一部分。帶頭發展它們的是 Bjarne Stroustrup 和 Jaakko Järvi（請參考他們為 auto 型別標示符所寫的 N1607 文件、以及針對 decltype 的 N2343 文件）。

Stroustrup 於他原始的 C++ 實作版本（稱為 Cfront）中已經包含了 auto 語法。當此特性被加入 C++11 後，auto 作為存取標示符的原始意涵（繼承自 C 語言）被保留下來，同時透過一個消解歧義規則來決定如何解釋這個關鍵字。替 Edison Design Group 的編譯器前端實作此項特性時，David Vandevoorde 發現前述規則很可能為使用 C++11 的工程師們帶來一些驚喜（N2337 文件）。審視過問題後，標準委員會決定一併拋棄 auto 的傳統用法（所有在 C++03 程式中用到的 auto 關鍵字，都可以選擇不寫出來），並藉由文件 N2546 實施（作者為 David Vandevoorde 和 Jens Maurer）。這個做法十分罕見，通常拋棄一項語言特性之前都會先做出不鼓勵使用的聲明，不過就目前發展看來，證明了這項決定是正確的。

GNU 的 GCC 編譯器能接受一種 typeof 的擴充用法，類似於 decltype 特性，同時程式設計師們發現這項特性在 template 程式設計中相當好用。但不幸的是，這項特性是在 C 語言環境裡開發的，並不是那麼適合 C++。因此 C++ 委員會無法按原樣將其納入，也無法對其修改，因為這樣做會破壞依賴於當前 GCC 行為的既有程式碼。這也是為什麼 decltype 不拼寫成 typeof 的原因。Jason Merrill 與其他人曾據理力爭，主張採用分開的運算式會比保有目前這種存在於 decltype(x) 和 decltype((x)) 之間的隱晦差異更好，不過他們仍不足以說服大家改變 C++ 的最終規格。

在 C++17 裡透過 auto 宣告 nontype template parameter 的功能，主要由 Mike Spertus 進行開發，同時得到了 James Touton、David Vandevoorde、以及其他許多人的幫助。為了該特性所做的規格修正記載於 P0127R2 之中。有趣的是，我們不曉得選擇 decltype(auto)、而不是 auto 作為語言的一部分是否是刻意為之的（顯然委員會並沒有討論這件事，不過無論如何它並未被納入 C++ 規範）。

Mike Spertus 同時還推動了 C++17 中 *class template* 引數推導的發展。Richard Smith 和 Faisal Vali 提供了技術方面的關鍵想法（包括推導方針這個點子）。文件 P0091R3 裡記載的規格已經被選為下個語言標準的工作項目。

結構化綁定主要由 Herb Sutter 負責，他與 Gabriel Dos Reis 及 Bjarne Stroustrup 三人撰寫提出該項特性的 P0144R1 文件。委員會討論期間做出了許多調整，包括使用中括號來分隔各組識別字。Jens Maurer 將前述提案翻譯成作為標準的最終規格（P0217R3）。

16

特化與重載
Specialization and Overloading

截至目前為止，我們已經探討過 C++ template 是如何讓泛型定義式展開為一整組彼此相關的 class、函式、或變數。即便這個機制威力強大，但仍存在許多情況會讓某個泛型運算式針對特定的 template parameter 進行替換後，與最佳寫法相去甚遠。

相較於其他流行的程式語言，C++ 獨樹一幟的支援了泛型程式設計。因為 C++ 具備豐富的特性，能用更特定的標的透通地取代泛型定義式。本章中我們會探討兩組 C++ 語言機制，能用來對純粹的泛型描述進行語意上的細分（pragmatic deviations），它們是：template 特化與 function template 重載。

16.1 當「泛型碼」不那麼合用時

考慮下面這個例子：

```cpp
template<typename T>
class Array {
  private:
    T* data;
    …
  public:
    Array(Array<T> const&);
    Array<T>& operator= (Array<T> const&);

    void exchangeWith (Array<T>* b) {
        T* tmp = data;
        data = b->data;
        b->data = tmp;
    }
```

```
        T& operator[] (std::size_t k) {
            return data[k];
        }
        …
    };

    template<typename T> inline
    void exchange (T* a, T* b)
    {
        T tmp(*a);
        *a = *b;
        *b = tmp;
    }
```

對於簡單的型別來說，exchange() 的泛型實作版本運作良好。然而，對於複製操作很昂貴的型別，相較於為特定結構量身打造的實作版本而言，泛型實作版本會讓這些操作的成本更高——在機器運作週期以及記憶體使用方面都是如此。在我們的例子裡，泛型實作版本需要呼叫一次 Array<T> 的複製建構子、以及兩次的複製賦值（**copy-assignment**）運算。對於大型資料結構來說，這些複製常常牽涉到相當大量的記憶體複製。不過，exchange() 的功能通常可以用直接交換兩個物件內部的 data 指標來取代，就像成員函式 exchangeWith() 做的那樣。

16.1.1　透通訂製（**Transparent Customization**）

在前面的例子裡，成員函式 exchangeWith() 為泛型 exchange() 函式提供了高效率的替代方案，不過需要使用另外一個函式在許多地方會不太方便：

1. Array class 的使用者需要多記住一個介面，同時使用該介面時需要盡可能的小心。
2. 泛型演算法通常無法辨別各種可能的方案。舉例來說：

    ```
    template<typename T>
    void genericAlgorithm(T* x, T* y)
    {
        …
        exchange(x, y);  // 這裡我們要如何選擇正確的演算法？
        …
    }
    ```

考量以上幾點，C++ template 提供了一個能透通地客製化 function templates 和 class templates 的方法。對 function templates 來說，這可以利用重載機制來做到。舉例來說，我們可以為 quickExchange() function templates 寫出一組重載函式，如下所示：

```
template<typename T>
void quickExchange(T* a, T* b)                         // #1
{
    T tmp(*a);
    *a = *b;
    *b = tmp;
}

template<typename T>
void quickExchange(Array<T>* a, Array<T>* b)           // #2
{
    a->exchangeWith(b);
}

void demo(Array<int>* p1, Array<int>* p2)
{
    int x=42, y=-7;
    quickExchange(&x, &y);                             // 使用 #1
    quickExchange(p1, p2);                             // 使用 #2
}
```

第一個 quickExchange() 呼叫式具有兩個 int* 型別的引數，因此只有第一個 template
（宣告於 #1 處）可以令推導成功，此時 T 會被 int 所取代。這裡對於應該呼叫哪一個函式
因而不存在疑義。相反地，第二個呼叫式可以匹配於兩個 template 中的任何一個：無論是
在第一個 template 裡用 Array<int> 替換 T、或是在第二個 template 用 int 進行替換，
都可以得到適用於呼叫式 quickExchange(p1, p2) 的函式。再來，兩組替換所得到的函
式，其參數型別都可以確實匹配第二個呼叫式的引數型別。通常，這會讓我們論斷該呼叫式
存在歧義，不過（如後面討論的）C++ 語言會認為第二個 template 比第一個 template「更
為特定（more specialized）」。在其他條件相同的情況下，重載決議會偏好更為特定的
template，也因此會選擇 #2 處的 template。

16.1.2　語意的透通性

如上一節示範，利用重載來實現實體化過程中的透通訂製十分有用，不過重點是我們得要知
道，這種「透通性（transparency）」很大程度仰賴實作上的細節。為了說明這點，請回想
我們的 quickExchange() 解法。雖然泛型演算法和為 Array<T> 型別量身訂製的演算法，
最終都會交換所指涉的數值，不過這兩個操作帶來的副作用大不相同。透過比較「對 struct
物件進行交換」和「對 Array<T> 進行交換」的程式碼，可以很戲劇性的說明這一點：

```
struct S {
    int x;
} s1, s2;

void distinguish (Array<int> a1, Array<int> a2)
{
    int* p = &a1[0];
    int* q = &s1.x;
    a1[0] = s1.x = 1;
    a2[0] = s2.x = 2;
    quickExchange(&a1, &a2);      // 執行完畢後，*p == 1（值不變）
    quickExchange(&s1, &s2);      // 執行完畢後，*q == 2
}
```

這個例子展示了指向第一個 Array 的指標 p，在呼叫 quickExchange() 之後會改為指向第二個 **array**。不過指向 **non-Array** s1 的指標，即使交換操作執行後，指的依然是 s1：交換的只有被指涉的數值。這個差異大到會讓該 template 實作的使用者感到混亂。字首的 quick 倒是有助於讓人們認知到，該操作會透過一個速解法來達成。不過，最初的泛型 exchange() **template** 仍然可以對 Array<T> 進行一項有效的最佳化：

```
template<typename T>
void exchange (Array<T>* a, Array<T>* b)
{
    T* p = &(*a)[0];
    T* q = &(*b)[0];
    for (std::size_t k = a->size(); k-- != 0; ) {
        exchange(p++, q++);
    }
}
```

這個版本優於泛型程式碼的地方在於，這裡不需要（可能被用到的）大型 Array<T> 暫存值。這個 exchange() 模板會被遞迴地呼叫，因而對於像 Array<Array<char>> 這樣的型別也能有不錯的表現。同時請注意，這個較為特化的 template 版本並不會被宣告為 inline，因為它本身執行的工作量相當龐大。而最初的泛型實作則是 inline 的，因為它只進行少數幾個操作而已（每個操作的成本有可能會很高）。

16.2 重載 Function Templates

在上一節，我們看到具有相同名稱的兩個 function templates 可以同時存在，即便它們都會被實體化，因而具備相同的參數型別。這裡有另一個簡單的例子：

details/funcoverload1.hpp

```
template<typename T>
int f(T)
{
    return 1;
}

template<typename T>
int f(T*)
{
    return 2;
}
```

當第一個 template 中的 T 被 int* 替換後，所得函式的參數（及回傳）型別，會與將第二個 template 中的 T 以 int 替換所得到的函式完全相同。這兩個 templates 不僅可以並存，連它們各自的實體也可以同時存在，即便它們具備相同參數和回傳型別。

下面的程式碼示範了如何利用顯式 template argument 語法，呼叫這兩個生成出的函式（假定用的是上面的 template 宣告式）：

details/funcoverload1.cpp

```
#include <iostream>
#include "funcoverload1.hpp"

int main()
{
    std::cout << f<int*>((int*)nullptr);        // 呼叫 f<T>(T)
    std::cout << f<int>((int*)nullptr);         // 呼叫 f<T>(T*)
}
```

這個程式會輸出以下結果：

```
12
```

為了弄清楚發生什麼事，讓我們仔細分析一下呼叫式 f<int*>((int*)nullptr)。語法 f<int*>() 指出我們想要將 template f() 的第一個 template parameter 替換為 int*，並且不依賴 template 引數推導過程。這個例子裡名為 f() 的 template 不只一個，因此會建立一個重載集合（overload set），裡頭包含由兩個產生自 template 的函式：f<int*>(int*)（產生自第一個 template），以及 f<int*>(int**)（產生自第二個 template）。第一個呼叫式的 call argument (int*)nullptr 具有 int* 型別，僅匹配於第一個 template 所產生的函式，因此最終被呼叫的正是該函式。

另一方面，對第二個呼叫式建立的重載集合包含了函式 f<int>(int)（產生自第一個 template）及 f<int>(int*)（產生自第二個 template），因而匹配的是第二個 template。

16.2.1 簽名式

如果兩個函式具備不同的簽名式（signatures），它們便能同時存在。我們將函式的簽名式定義為以下資訊[1]：

1. 該函式的非限定（unqualified）名稱（或是生成該函式的 function template 名稱）

2. 該名稱所處的 class 或 namespace scope；同時若名稱具有內部連結性（internal linkage），還會包含該名稱宣告式所處的編譯單元

3. 該函式的 const、volatile、或 const volatile 修飾詞（若該函式是帶有以上修飾詞的成員函式）

4. 該函式的 & 或 && 修飾詞（若該函式是帶有以上修飾詞的成員函式）

5. 函式的參數型別（若該函式產生自某個 function template，則這裡指的是 template parameter 被替換前的參數型別）

6. 回傳型別（若該函式產生自某個 function template）

7. Template parameters 和 template arguments（若該函式產生自某個 function template）

這代表以下的 templates 和它們的實體，實際上可以在同一個程式裡共存：

```
template<typename T1, typename T2>
void f1(T1, T2);

template<typename T1, typename T2>
void f1(T2, T1);

template<typename T>
long f2(T);

template<typename T>
char f2(T);
```

不過，當它們宣告在同一個 scope 時可能會無法被使用，因為實體化這兩個相似的 template 會產生重載歧義（overload ambiguity）。舉例來說，在上面兩個 templates 被宣告的情況下呼叫 f2(42)，明顯會發生歧義。下面有另一個例子：

```
#include <iostream>

template<typename T1, typename T2>
void f1(T1, T2)
{
    std::cout << "f1(T1, T2)\n";
}
```

---

[1] 這裡的定義和 C++ 標準裡描述的不同，不過它們的結果是等價的。

```cpp
template<typename T1, typename T2>
void f1(T2, T1)
{
    std::cout << "f1(T2, T1)\n";
}

// 目前為止還好

int main()
{
    f1<char, char>('a', 'b');    // 錯誤：存在歧義
}
```

於此處，函式

```cpp
f1<T1 = char, T2 = char>(T1, T2)
```

可以和以下函式同時存在

```cpp
f1<T1 = char, T2 = char>(T2, T1)
```

不過重載決議機制並不會特別偏好哪一方。如果這兩個 templates 位於不同的編譯單元，則兩個實體實際上都可以存在於同一個程式中（並且像是連結器應該不會針對重複定義報錯，因為兩個實體的簽名式有所區別）：

```cpp
//=== 編譯單元 1：
#include <iostream>

template<typename T1, typename T2>
void f1(T1, T2)
{
    std::cout << "f1(T1, T2)\n";
}

void g()
{
    f1<char, char>('a', 'b');
}

//=== 編譯單元 2：
#include <iostream>

template<typename T1, typename T2>
void f1(T2, T1)
{
    std::cout << "f1(T2, T1)\n";
}
extern void g();    // 定義於編譯單元 1

int main()
{
    f1<char, char>('a', 'b');
```

```
        g();
    }
```

以上程式是合法的,會產生如下結果:

```
f1(T2, T1)
f1(T1, T2)
```

16.2.2　重載 Function Templates 的偏序規則

再一次思考先前的範例:我們發現替換了給定的 **template argument lists**(`<int*>` 和 `<int>`)之後,重載決議最終會選擇呼叫正確的函式:

```
std::cout << f<int*>((int*)nullptr);    // 呼叫 f<T>(T)
std::cout << f<int>((int*)nullptr);     // 呼叫 f<T>(T*)
```

不過,即便不顯式提供 **template arguments**,最後也是會選中某個函式。遇到這種情況,**template** 引數推導會加入戰局。讓我們稍微修改先前範例中的 `main()` 函式,以便討論這項機制:

details/funcoverload2.cpp

```cpp
#include <iostream>

template<typename T>
int f(T)
{
    return 1;
}

template<typename T>
int f(T*)
{
    return 2;
}

int main()
{
    std::cout << f(0);              // 呼叫 f<T>(T)
    std::cout << f(nullptr);        // 呼叫 f<T>(T)
    std::cout << f((int*)nullptr);  // 呼叫 f<T>(T*)
}
```

考慮第一個呼叫式 `f(0)`:此時引數的型別為 `int`,能夠匹配第一個 **template** 的參數型別(倘若我們將 `T` 替換為 `int`)。不過,由於第二個 **template** 的參數型別必定是個指標,因此推導完成後,只會有一個產生自第一個 **template** 的實體,能夠作為呼叫對象的候選函式。此時重載決議派不上什麼用場。

同樣情形也發生於第二個呼叫式:`f(nullptr)`:此時引數型別為 `std::nullptr_t`,匹配的也只有第一個 **template**。

第三個呼叫式 f((int*)nullptr) 比較有趣一點：引數推導對兩個 template 都能成功進行，產生 f<int*>(int*) 和 f<int>(int*) 兩個函式。從傳統的重載決議的角度上講，這兩者對於給定的 int* 引數都一樣適合，因而可能會讓人覺得呼叫式具有歧義（見附錄 C）。不過在這類情況下，會額外考慮另一個決議準則：選擇衍生自更加特定的（more specialized）template 的函式。此時，第二個 template 被認為是更加特定的（我們立馬會討論這件事），因此上述範例的輸出為

```
112
```

16.2.3 正式排序規則

在上面的最後一個範例裡，應該很容易就可以看出第二個 template 比第一個更加特定，因為第一個 template 幾乎適合於所有引數型別，而第二個 template 只適用於指標型別。不過其他例子不一定這麼直觀。下面我們會說明用來判斷重載集合（overload set）裡，某個 function template 是否比另一個更為特定的明確流程。注意這邊指的都是*偏序規則*（*partial ordering rules*）：因此也可能會發生給定的兩個 template，彼此都不比對方更為特定的情況。如果重載決議必須從兩個這樣的 templates 中選擇一個，這時會無法做決定，意味程式包含了一個歧義性錯誤。

假定我們正在比較兩個具備相同名稱的 function templates，兩者看起來都適用於給定的函式呼叫。此時重載決議會用以下的方式做判斷：

- 下面的動作將會忽略函式中用到預設引數的 call parameter，以及未用到的省略符號參數（ellipsis parameters）。
- 我們接著會透過以下步驟替換每一個 template parameter，並合成出兩個引數型別列表；如果是 conversion function templates（轉型函式模板），則會合成出回傳型別：
    1. 以獨一無二的新創型別（invented type）來替換每一個 template type parameter
    2. 以獨一無二的新創 class template 來替換每一個 template template parameter（模板化模板參數）
    3. 以適當型別、且獨一無二的新創數值（invented value）來替換每一個 nontype template parameter

    （在此上下文中新創的型別、templates、和數值，與程式設計師用過、或是編譯器在其他上下文中合成出來的型別、templates、數值之間有所區別。）

- 如果以第一組合成出來的引數型別列表，對第二個 template 進行引數推導，可以成功找到完美匹配；同時，反過來卻無法完成。此時代表第一個 template 比起第二個更加特定。相反地，如果第二組合成出來的引數型別列表，執行 template 引數推導可以成功匹配第一個 template，同時反之無法的話。則第二個 template 比起第一個更加的特定。除此之外（無法成功推導、或兩次推導都成功），則兩個 template 之間沒有次序關係（no ordering）。

讓我們將以上規則套用於最後一個範例，來更具體地說明其內容。從這兩個 template 之中，我們透過前面提過的方式替換 template parameters，合成出兩個引數型別列表：(A1)和 (A2*)（A1 和 A2 都是獨一無二的新創型別）。很明顯，以第二組引數型別列表來推導第一個 template 能夠成功，只要把 T 以 A2* 進行替換即可。然而，我們沒有辦法讓第二個template 裡的 T*，與第一組列表中的非指標型別 A1 相互匹配。是故，我們正式地做出結論，第二個 template 比起第一個 template 更為特定。

考慮一個涉及多個函式參數、更加複雜的例子：

```
template<typename T>
void t(T*, T const* = nullptr, ...);

template<typename T>
void t(T const*, T*, T* = nullptr);

void example(int* p)
{
    t(p, p);
}
```

首先，由於實際呼叫時不會用到第一個 template 的省略符號，同時第二個 template 的最後一個參數也參照了原有的預設引數，這些參數在決定偏序的過程中都會被忽略。注意這裡不會用到第一個 template 的預設引數，因此相應的（第二個）參數會參與決定順序的過程。

合成出來的引數型別列表為 (A1*, A1 const*) 和 (A2 const*, A2*)。以 (A1*, A1 const*) 與第二個 template 進行的 template 引數推導，實際上會透過將 T 替換為 A1 const 而獲得成功。不過最終無法做到完美匹配，因為以引數型別 (A1*, A1 const*) 來呼叫 t(A1 const*, A1 const*, A1 const* = nullptr) 時，需要調整一個修飾詞。同樣地，利用引數型別列表 (A2 const*, A2*) 來推導第一個 template 的引數型別，也無法找到完美的匹配方式。是故，這兩個 template 之間並不存在偏序關係，該呼叫帶有歧義。

正式排序規則通常會在 function templates 間做出符合直覺的選擇。不過，有時候該規則做出的某個選擇會不符合直覺。因此未來這些規則可能會被修正，以適應這些情況。

16.2.4 Templates 和 Nontemplates

Function templates 可以被 nontemplate 函式重載。在其他條件相同的情況下，選擇會呼叫的函式時實際上會偏好選擇 nontemplate 函式。下面的例子說明了這一點：

details/nontmpl1.cpp

```
#include <string>
#include <iostream>

template<typename T>
```

```
std::string f(T)
{
    return "Template";
}

std::string f(int&)
{
    return "Nontemplate";
}

int main()
{
    int x = 7;
    std::cout << f(x) << '\n';   //印出：Nontemplate
}
```

程式會輸出

```
Nontemplate
```

不過，當 const 和 reference 修飾詞有出入時，重載決議裡的優先順序可能會改變。例如：

details/nontmpl2.cpp

```
#include <string>
#include <iostream>

template<typename T>
std::string f(T&)
{
    return "Template";
}

std::string f(int const&)
{
    return "Nontemplate";
}

int main()
{
    int x = 7;
    std::cout << f(x) << '\n';   //印出：Template
    int const c = 7;
    std::cout << f(c) << '\n';   //印出：Nontemplate
}
```

這個程式會輸出以下內容：

```
Template
Nontemplate
```

此時如果傳入的是非常數的 int，function template f<>(T&) 是個比較好的匹配對象。原因在於，針對 int 而言，實體化版本 f<>(int&) 相較 f(int const&) 來說是更好的匹配。是故這裡兩者的差別不僅僅在於其中一個函式是 template，而另外一個不是。這種情況下，套用的是重載決議的一般性規則（見 C.2 節，第 682 頁）。只有當使用 int const 來呼叫 f() 時，兩個簽名式會具有相同型別 int const&，因而會偏好選擇 nontemplate 版本。

基於以上原因，將成員函式模板宣告成以下形式是不錯的做法

```
template<typename T>
std::string f(T const&)
{
    return "Template";
}
```

然而，當成員函式被定義成與複製或搬移建構子接受相同的引數時，上述效應很容易不經意地發生，並且導致意料之外的行為。舉個例子：

details/tmplconstr.cpp

```
#include <string>
#include <iostream>

class C {
  public:
    C() = default;
    C (C const&) {
      std::cout << "copy constructor\n";
    }
    C (C&&) {
      std::cout << "move constructor\n";
    }
    template<typename T>
    C (T&&) {
      std::cout << "template constructor\n";
    }
};

int main()
{
    C x;
    C x2{x};              // 印出：template constructor
    C x3{std::move(x)};   // 印出：move constructor
    C const c;
    C x4{c};              // 印出：copy constructor
    C x5{std::move(c)};   // 印出：template constructor
}
```

程式輸出的結果如下：

```
template constructor
move constructor
copy constructor
template constructor
```

這樣一來，對於複製 C 型別的物件，成員函式模板會比複製建構子更為匹配。同時對於 std::move(c) 而言（此時會產生 C const&& 型別。這種型別是合法的，不過有點語焉不詳），成員函式模板也會比搬移建構子匹配得更好。

基於以上原因，當這類成員函式模板可能會掩蓋複製或搬移建構子時，你通常得要部分地停用它們。這點在 6.4 節（第 99 頁）有詳細的說明。

16.2.5　Variadic Function Templates

Variadic function templates（可變參數函式模板，見 12.4 節，第 200 頁）在進行偏序分析時需要一些特殊的處理方式，因為 parameter pack 的推導過程（於 15.5 節，第 275 頁提過）會將單一參數與多個引數進行匹配。這種行為替 function template 的排序帶來許多有趣的情況，用下面的例子來說明這點：

details/variadicoverload.cpp

```cpp
#include <iostream>

template<typename T>
int f(T*)
{
  return 1;
}

template<typename... Ts>
int f(Ts...)
{
  return 2;
}

template<typename... Ts>
int f(Ts*...)
{
  return 3;
}

int main()
{
  std::cout << f(0, 0.0);                              // 呼叫 f<>(Ts...)
  std::cout << f((int*)nullptr, (double*)nullptr);     // 呼叫 f<>(Ts*...)
  std::cout << f((int*)nullptr);                       // 呼叫 f<>(T*)
}
```

這個例子輸出的結果（我們稍後會討論）為

　　231

處理第一個呼叫式 f(0, 0.0) 時，會考慮每一個名為 f 的 function templates。對於第一個 function template f(T*) 進行的推導會失敗，原因有兩個：一是無法推導出 template parameter T，其次是這裡的函式引數個數超過了這個 nonvariadic function templates 的參數個數。第二個 function template f(Ts...) 具有長度可變的參數（variadic）：此時推導過程會把 function parameter pack 的 pattern (Ts) 與兩個引數的型別（分別為 int 和 double）互相比較，將 Ts 推導為序列 (int, double)。而對於第三個 function template，推導過程會把 function parameter pack 的 pattern Ts*，與每一個引數的型別做比較。上述推導會失敗（無法推導出 Ts），故餘下可用的 function template 僅有第二個。因而也不需要為 function templates 決定次序。

第二個呼叫式 f((int*)nullptr, (double*)nullptr) 的狀況比較有趣：對第一個 function template 的推導會失敗，因為函式的引數比參數還多。不過對第二和第三個 templates 的推導則是成功的。我們把推導得到的呼叫式明確寫出來，它們分別是：

```
f<int*,double*>((int*)nullptr, (double*)nullptr)        // 出自第二個 template
```
和
```
f<int,double>((int*)nullptr, (double*)nullptr)          // 出自第三個 template
```

接著以偏序規則考量第二和第三個 templates 之間的順序，它們兩者都具有長度可變的參數：當我們把 16.2.3 節（第 331 頁）描述的正式排序規則套用於某個 variadic template 時，每個 template parameter pack 都會以一個新創虛構（made-up）型別、class template、或數值進行替換。舉例來說，這表示針對第二和第三個 function templates 所分別合成出的引數為 A1 和 A2*，A1 和 A2 都是獨一無二的新創型別。以第三個 template 具備的引數型別列表來推導第二個 template，可以透過將 parameter pack Ts 替換為具有單一元素的序列 (A2*) 而獲得成功。相對來說，不存在將第三個 template 的 parameter pack 所具有的 pattern Ts* 與非指標型別 A1 之間相互匹配的方法。因此第三個 function template（接受指標作為引數）會被認為比第二個 function template（接受任何引數）要來得更為特定。

第三個呼叫式 f((int*)nullptr) 帶來了一個新問題：這三個 function templates 的推導過程皆能成功完成，因此需要利用偏序規則來比較 nonvariadic template 和 variadic template。為了說明這點，我們比較第一個與第三個 function templates。此處合成出的引數型別為 A1* 和 A2*，皆為獨一無二的新創型別。利用第三個 template 的合成引數列表來對第一個 template 的合成引數列表來推導第一個 template 時，可以簡單地將 T 替換為 A2 完成匹配。而另外一個方向的推導，會利用第一個 template 的合成引數列表來推導第三個 template，此時會將 parameter pack Ts 替換為擁有一個元素的序列 (A1) 以獲得成功。第一和第三個 templates 之間的偏序關係一般會導致歧義發生。不過，有一個特別的規則禁止源自於某個 function parameter pack 的引數（如第三個 template 裡的 parameter pack Ts*...）被用來匹配不算是 parameter pack 的參數（像是第一個 template 的參數 T*）。因此，利用第三個 template 的合成引數列表來推導第一個 template 的過程會失敗。同時第一個 template 會被認為比第三個 template 更加特定。這個特殊規則很有效地考慮到 nonvariadic templates（其具有固定數目的參數）會比 variadic templates（擁有可變數目的參數）更加特定的這件事。

上面談到的規則同樣適用於針對位於函式簽名式內型別所進行的 pack expansions（封包展開）。舉例來說，我們可以將上述例子中，每一個 function templates 裡的參數與引數打包成一個 variadic class template Tuple，以獲得一個不使用 function parameter pack 的類似範例：

details/tupleoverload.cpp

```cpp
#include <iostream>

template<typename... Ts> class Tuple
{
};

template<typename T>
int f(Tuple<T*>)
{
  return 1;
}

template<typename... Ts>
int f(Tuple<Ts...>)
{
  return 2;
}

template<typename... Ts>
int f(Tuple<Ts*…>)
{
  return 3;
}

int main()
{
  std::cout << f(Tuple<int, double>());        // 呼叫 f<>(Tuple<Ts...>)
  std::cout << f(Tuple<int*, double*>());       // 呼叫 f<>(Tuple<Ts*…>)
  std::cout << f(Tuple<int*>());                // 呼叫 f<>(Tuple<T*>)
}
```

決定 function template 的優先次序時，會將 template arguments 裡頭對 Tuple 的 pack expansions 類比為上個例子中的 function parameter packs，並得到相同的結果：

231

16.3 顯式特化

將重載 function templates 的功能，進一步結合用來挑選「最佳匹配」function template 的偏序規則，可以讓我們為某個泛型實作添加更加「特定（specialized）」的 templates，用來透通地調整程式碼、取得更高效率。不過，class templates 與 variable templates 無法被重載。取而代之的是，另外一種被選來為 class templates 提供透通訂製功能的機制：**顯式特化**（*explicit specialization*）。顯式特化這個標準術語，指的是被我們稱為**全特化**（*full specialization*）的語言特性。它為某個 template parameter 已經被完全替換掉的 template 提供了一份實作版本：其不存在餘下的 template parameter。Class templates、function templates、和 variable templates 都可以進行全特化[2]。

Class templates 的成員（像是成員函式、巢狀 class、static 資料成員、和成員列舉型別）也可以在 class 定義的本體之外被定義。

於後面的小節裡，我們會說明**偏特化**（*partial specialization*）。它類似於全特化，不過並不會將 template parameter 完全替換掉，而是在 template 的替代實作中留下部分參數化的空間。全特化和偏特化兩者在程式碼中都是「顯式標註（explicit）」的，這也是為什麼我們避免在討論中使用**顯式特化**（*explicit specialization*）這個術語。無論是全特化或是偏特化，都不會引入全新的 template 或 template 實體。相反地，這些構件是替已經在泛型（未特化）template 中被隱式（implicitly）宣告的實體，提供一份替代的定義。這是一個相對重要的概念，同時也是與 template 重載版本之間一個關鍵性的區別。

16.3.1 Class Template 全特化

全特化會經由「以三種 token 所構成的序列」被引入，它們是：template、<、和 >[3]。另外，class 名稱會跟在用來宣告特化版本的 template argument 後面。下面的例子說明了這一點：

```
template<typename T>
class S {
  public:
    void info() {
        std::cout << "generic (S<T>::info())\n";
    }
};

template<>
class S<void> {

  public:
    void msg() {
```

---

[2]　Alias templates（別名模板）是唯一**無法**被特化的 template 形式，全特化或偏特化都不行。為了使 template 引數推導能夠完全掌握使用 template aliases 的地方，這項限制是必需的。詳見 15.11 節，第 312 頁。

[3]　宣告 function template 全特化版本也需要相同的前綴詞。早期 C++ 語言的設計並未包含該前綴詞，不過新增 member templates 時會需要額外的語法替複雜的特化情況消除歧義。

```
        std::cout << "fully specialized (S<void>::msg())\n";
    }
};
```

注意，全特化的實作版本並不需要與泛型定義式之間具備任何關聯性：這允許我們擁有不同名稱的成員函式（info vs. msg）。它們之間的連結完全取決於 class template 的名稱。

全特化所給定的 template argument list，必須對應於 template parameter list。舉例來說，將某個 nontype 值指定給一個 template type parameter 是不合法的。不過對具有預設引數的 template parameter 而言，template argument 可有可無：

```
template<typename T>
class Types {
  public:
    using I = int;
};

template<typename T, typename U = typename Types<T>::I>
class S;                         // #1

template<>
class S<void> {                  // #2
  public:
    void f();
};

template<> class S<char, char>; // #3

template<> class S<char, 0>;      // 錯誤：無法用 0 替換 U

int main()
{
    S<int>*         pi;      // OK：使用 #1，不需要定義式
    S<int>          e1;      // 錯誤：使用 #1，但不存在可用的定義式
    S<void>*        pv;      // OK：使用 #2
    S<void,int>     sv;      // OK：使用 #2，存在可用的定義式
    S<void,char>    e2;      // 錯誤：使用 #1，但不存在可用的定義式
    S<char,char>    e3;      // 錯誤：使用 #3，但不存在可用的定義式
}

template<>
class S<char, char> {            // #3 的定義式
};
```

範例同時展示，全特化的宣告式（以及 template 宣告式本身）並不一定要是定義式。不過在宣告了某個全特化版本之後，對於既定的 template arguments 來說，就不會再參考泛型定義式了。因此，如果發現未提供某個必須要有的定義式，程式會出錯。對於 class template 特化而言，有時「提前宣告（forward declare）」型別會很有用，這使得彼此相依（mutually dependent）的型別可以被成功創建。這樣宣告的全特化宣告式會等義於普通的 class 宣告式（意即它並非是一個 template 宣告式）。和 class 宣告式的相異之處只有語法、以及全特化宣告必須匹配出現過的 template 宣告式而已。因為全特化宣告式並非 template 宣告式，故 class template 全特化版本的成員，可以用定義普通 out-of-class（置於 class 本體外）成員的語法來定義（換言之，這也表示你不能寫出 template<> 前綴）：

```cpp
template<typename T>
class S;

template<> class S<char**> {
  public:
    void print() const;
};

// 下列定義式的前方不能冠上 template<>
void S<char**>::print() const
{
    std::cout << "pointer to pointer to char\n";
}
```

再複雜一點的範例應該有助於加深你的觀念：

```cpp
template<typename T>
class Outside {
  public:
    template<typename U>
    class Inside {
    };
};

template<>
class Outside<void> {
    // 下面的巢狀 class 與定義於泛型 template 中的另一個 class
    // 彼此之間沒有什麼特別的關聯
    template<typename U>
    class Inside {
      private:
        static int count;
    };
};
```

```
// 下列定義式的前方不能冠上 template<>
template<typename U>
int Outside<void>::Inside<U>::count = 1;
```

全特化版本是某個具體的泛型 **template** 實體的代替品，故在同一個程式裡同時存在某個 **template** 的顯式指定版本和衍生版本是不合法的。試圖在同一個檔案裡使用這兩種版本，通常會被編譯器抓出來：

```
template<typename T>
class Invalid {
};

Invalid<double> x1;        // 導致 Invalid<double> 的實體化

template<>
class Invalid<double>;     // 錯誤：Invalid<double> 已經被實體化了
```

不幸的是，如果這種用法發生於不同的編譯單元中，問題可能不會那麼簡單就被抓到。下面這個不合法的 C++ 範例包含了兩個檔案，可以在許多編譯器和連結器的實作版本上通過編譯，但它不但不合法、還很危險：

```
// 編譯單元 1：
template<typename T>
class Danger {
  public:
    enum { max = 10 };
};

char buffer[Danger<void>::max]; // 使用泛型版本數值

extern void clear(char*);

int main()
{
    clear(buffer);
}

// 編譯單元 2：
template<typename T>
class Danger;

template<>
class Danger<void> {
  public:
    enum { max = 100 };
};
```

```
void clear(char* buf)
{
    // Array 的邊界值並不匹配
    for (int k = 0; k<Danger<void>::max; ++k) {
        buf[k] = '\0';
    }
}
```

這個例子顯然經過精心設計來保持簡短，但它足以說明我們必須格外注意，務必確保每一個泛型 template 的使用者都能看到特化版本的宣告式。實際使用上，這意味著特化版本的宣告式通常應該要緊跟在標頭檔裡的 template 宣告後面。不過當泛型實作取自於外部原始碼（故無法修改對應的檔頭檔）時，上述做法可能不太實際，不過我們或許還是可以創建一個標頭檔，裡頭引入泛型 template、同時後面緊接著特化版本的宣告式，來避免這類難以發現的錯誤。我們發現，一般來說應該避免對取自外部原始碼的 template 進行特化，除非該 template 清楚標明就是被設計來這樣用的。

16.3.2　Function Template 全特化

（顯式）function template 全特化背後的語法和原理，大體上與 class template 全特化相同，不過此時重載與引數推導加入了戰局。

當被特化的 template 可以從引數推導（利用宣告式內提供的參數型別作為引數型別）和偏序規則確定時，全特化宣告式可以省略給出明確的 template arguments。舉例來說：

```
template<typename T>
int f(T)                 // #1
{
    return 1;
}

template<typename T>
int f(T*)                // #2
{
    return 2;
}

template<> int f(int)    // OK：#1 的特化體
{
    return 3;
}

template<> int f(int*)   // OK：#2 的特化體
{
    return 4;
}
```

Function template 全特化體不能帶有預設引數值。不過，被特化的 template 本身給定的所有預設引數仍然可以用於顯式特化版本：

```
template<typename T>
int f(T, T x = 42)
{
    return x;
}

template<> int f(int, int = 35)  // 錯誤
{
    return 0;
}
```

（這是因為全特化提供的是一份替代定義，而非一份替代宣告。在呼叫 function template 的當下，該呼叫式會根據 function template 進行完整的決議）。

Function template 全特化在許多地方類似於普通的函式宣告（或者可以說是，普通的再宣告，*re*declaration）。更明確地說，它宣告的並不是一個 template，因此程式裡應該僅出現一份 noninline function template 全特化版本的定義式（*one definition*）。不過我們仍然必須確保全特化的宣告式緊跟在 template 後面，避免程式企圖使用產生自 template 的函式。因此 template g() 的宣告式和一份全特化版本，通常會用以下方式安排在兩個檔案裡：

- 介面檔（interface file，即標頭檔）包含了原型模板、以及偏特化版本的定義式，但只對全特化版本進行宣告：

```
#ifndef TEMPLATE_G_HPP
#define TEMPLATE_G_HPP

// template 定義式應該出現在標頭檔中：
template<typename T>
int g(T, T x = 42)
{
    return x;
}

// 特化版本的宣告式會抑制該 template 的實體化；
// 定義式則不應該出現在這裡，以避免重複定義引發的錯誤
template<> int g(int, int y);

#endif  // TEMPLATE_G_HPP
```

- 對應的實作檔案則提供了全特化版本的定義式：

```cpp
#include "template_g.hpp"

template<> int g(int, int y)
{
    return y/2;
}
```

或者你也可以指定特化版本為 inline，這樣一來其定義式便可以（也應該要）置於標頭檔中。

16.3.3　Variable Template 全特化

Variable template 也可以被全特化。下列語法現在看起來應該滿直覺的：

```cpp
template<typename T> constexpr std::size_t SZ = sizeof(T);

template<> constexpr std::size_t SZ<void> = 0;
```

顯然特化版本可以提供一份初始式，與自 template 產生的版本有所區別。有趣的是，variable template 特化體本身的型別不需要和 template 給出的型別相匹配：

```cpp
template<typename T> typename T::iterator null_iterator;

template<> BitIterator null_iterator<std::bitset<100>>;
                        // BitIterator 與 T::iterator 不匹配，這是可以的。
```

16.3.4　成員全特化

除了 member templates 之外，普通的 static 資料成員和 class template 的成員函式也都可以進行全特化。語法上需要在每一個封閉 class template 區塊的前方加上 template<> 前綴。如果某個 member template 本身被特化了，也需要加上 template<> 來表示這是個特化版本。為了說明其涵義，讓我們假定存在下面這些宣告式：

```cpp
template<typename T>
class Outer {                       // #1
  public:
    template<typename U>
    class Inner {                   // #2
      private:
        static int count;           // #3
    };
    static int code;                // #4
    void print() const {            // #5
        std::cout << "generic";
    }
};
```

```
template<typename T>
int Outer<T>::code = 6;                      // #6

template<typename T> template<typename U>
int Outer<T>::Inner<U>::count = 7;           // #7

template<>
class Outer<bool> {                          // #8
  public:
    template<typename U>
    class Inner {                            // #9
      private:
        static int count;                    // #10
    };
    void print() const {                     // #11
    }
};
```

位於 #4 的 code 和位於 #5 的 print()，都屬於 #1 處泛型 template Outer 的一般成員。該 template 具有單一 class template 封閉區塊，因此需要加上一個 template<> 前綴，使其完全特化於某一組特定的 template arguments：

```
template<>
int Outer<void>::code = 12;

template<>
void Outer<void>::print() const
{
    std::cout << "Outer<void>";
}
```

針對 class Outer<void>，以上定義會用來覆蓋位於 #4 和 #5 的泛型版本，不過 class Outer<void> 的其他成員仍然會由位於 #1 的 template 中產生出來。請注意，當給出以上宣告式之後，為 Outer<void> 提供顯式特化版本便不再合法。

如同 function template 全特化，我們需要一個能夠宣告 class template 普通成員特化版本、又不用給出定義式的方法（為了避免重複定義）。儘管在 C++ 中，不允許為普通 class 裡的成員函式和 static 資料成員提供非定義的 class 外宣告式（nondefining out-of-class declarations），不過在特化 class template 的成員時，這樣做是可以的。上述的定義式可以這樣宣告：

```
template<>
int Outer<void>::code;

template<>
void Outer<void>::print() const;
```

細心的讀者可能會發現，Outer<void>::code 全特化版本的非定義宣告式看起來十分酷似「以預設建構子進行初始化的定義式」。的確如此，不過長得像這樣的宣告都會被解釋為非定義宣告式。而對於只能夠以預設建構子來初始化的 static 資料成員型別，若想進行初始化，我們必須仰賴初始化列表（initializer list）語法。給定以下程式碼：

```
class DefaultInitOnly {
  public:
    DefaultInitOnly() = default;
    DefaultInitOnly(DefaultInitOnly const&) = delete;
};

template<typename T>
class Statics {
  private:
    static T sm;
};
```

下面是宣告式的寫法：

```
template<>
DefaultInitOnly Statics<DefaultInitOnly>::sm;
```

而下面的寫法則是一個會呼叫預設建構子的定義式：

```
template<>
DefaultInitOnly Statics<DefaultInitOnly>::sm{};
```

在 C++11 以前，這件事是做不到的。預設初始化因此無法用於這類特化，故通常會使用的是針對預設值進行複製的初始式：

```
template<>
DefaultInitOnly Statics<DefaultInitOnly>::sm = DefaultInitOnly();
```

不幸的是，我們的範例無法這樣做。因為複製建構子被刪除了。然而，C++17 引進了複製省略（*copy-elision*）規則，使得上述替代方案變得可行，因為再也不會喚起複製建構子。

Member template Outer<T>::Inner 也可以針對給定的 **template argument** 進行特化，並且這不會影響到該特定 Outer<T> 實體（即正在特化的 member template 所屬的實體）的其他成員。同樣的，因為這裡存在一個封閉模板（enclosing template），故我們需要加上 template<> 前綴。這會讓程式碼看起來像下面這樣：

```
template<>
    template<typename X>
    class Outer<wchar_t>::Inner {
      public:
        static long count;  // 成員的型別被改變了
    };
```

```
template<>
    template<typename X>
    long Outer<wchar_t>::Inner<X>::count;
```

Template Outer<T>::Inner 也可以進行全特化，不過只能針對某個給定的 Outer<T> 實體進行。我們現在需要兩個 template<> 前綴：其中一個針對最外層的封閉 class 區塊、另一個則是針對我們正在進行全特化的（內層）template：

```
template<>
    template<>
    class Outer<char>::Inner<wchar_t> {
      public:
        enum { count = 1 };
    };

    // 下面並非合法的 C++ 程式碼：
    // template<> 不能跟在 template parameter list 的後面
    template<typename X>
    template<> class Outer<X>::Inner<void>; // 錯誤
```

我們將上述程式碼與 Outer<bool> 的 **member template** 特化版本相比較。由於後者已經被完全特化過了，故不存在封閉 template。此時我們只需要一個 template<> 前綴：

```
template<>
class Outer<bool>::Inner<wchar_t> {
  public:
    enum { count = 2 };
};
```

16.4 Class Template 偏特化

Template 全特化十分有用，不過偶爾會很自然的想要針對一整類 template arguments 來特化某個 class template 或 variable template，而不是只針對某一組特定的 template arugments。舉個例子，讓我們假設有一個用來實作 linked list（鏈結串列）的 class template：

```
template<typename T>
class List {             // #1
  public:
    …
    void append(T const&);
    inline std::size_t length() const;
    …
};
```

使用這個 template 的大型專案，可能會針對許多不同型別來實體化其成員。對於那些不會進行 inline 展開的成員函式（像是 List<T>::append()），這可能會導致目的程式碼（object code）的顯著增長。然而從底層實現的角度來看，我們會知道用於 List<int*>::append() 和 List<void*>::append() 兩者的程式碼是相同的。換句話說，我們希望標明所有「以指標構成的 List」共享同一份實作。雖然這個概念在 C++ 裡無法表達，不過我們可以藉由標明所有「以指標構成的 List」必須用另外一個不同的 template 定義式來實體化，達到相當類似的效果：

```cpp
template<typename T>
class List<T*> {              // #2
  private:
    List<void*> impl;
    …
  public:
    …
    inline void append(T* p) {
        impl.append(p);
    }
    inline std::size_t length() const {
        return impl.length();
    }
    …
};
```

在這份程式碼中，位於 *#1* 的原始 template 被稱為原型模板（*primary template*），同時後面出現的定義式被稱作一份偏特化體（或稱部分特化體，*partial specialization*；因為它只指定 template 定義式必須使用的一部分 template arguments）。用來標示偏特化特性的語法，結合了 template parameter list 宣告（template<...>）、class template 名稱、以及一組明確指定的 template arguments（即範例中的 <T*>）。

此處程式碼有個問題，因為 List<void*> 遞迴地包含了一個同樣具有 List<void*> 型別的成員。想要打破遞迴循環，我們可以添加一個比上述偏特化體優先程度更高的全特化版本：

```cpp
template<>
class List<void*> {          // #3
    …
    void append (void* p);
    inline std::size_t length() const;
    …
};
```

這招之所以管用，因為全特化在匹配時優先於偏特化。如此一來，所有以指標構成的 List 所屬的成員函式都會（透過簡單的可 inline 函式）被轉發給 List<void*> 上的實作版本。這是對抗 *code bloat*（程式碼膨脹，template 經常會被指控的罪名）的有效方式。

偏特化宣告式中的 parameter list 和 argument list 存在著一些限制。部分條列如下：

1. 偏特化版本的引數，其種類（kind；指型別、非型別、或 template）必須匹配原型
   template 的對應參數。

2. 偏特化版本的 parameter list 無法擁有預設引數；它使用的會是原型 class 模板的預設
   引數。

3. 偏特化版本的非型別引數必須是非依附數值（nondependent values）、或是素樸
   非型別（plain nontype）template parameters。它們不能是較複雜的依附型陳述式
   （dependent expressions），例如 2*N（N 是個 template parameter）。

4. 偏特化版本的 template argument list 不能與原型模板的 parameter list 完全相同（不
   考慮重新命名參數所造成的不同）。

5. 如果 template argument list 裡的某個引數是個 pack expansion，它必須位於 template
   argument list 的最末端。

下面的例子說明了以上的限制條件：

```
template<typename T, int I = 3>
class S;                        // 原型模板

template<typename T>
class S<int, T>;                // 錯誤：參數種類不符

template<typename T = int>
class S<T, 10>;                 // 錯誤：無法使用預設引數

template<int I>
class S<int, I*2>;              // 錯誤：無法使用該非型別陳述式（nontype expressions）

template<typename U, int K>
class S<U, K>;                  // 錯誤：和原型模板無顯著差異

template<typename... Ts>
class Tuple;

template<typename Tail, typename... Ts>
class Tuple<Ts..., Tail>;       // 錯誤：pack expansion 非位於末端

template<typename Tail, typename... Ts>
class Tuple<Tuple<Ts...>, Tail>; // OK：pack expansion 位於一個
                                 // 巢狀 template argument list 的末端
```

每一個偏特化版本——如同全特化版本一樣——與原型模板相關聯。使用 template 時，永遠
會第一個查詢原型模板，接著會對相關的特化版本進行引數匹配（透過引數推導進行，如第
15 章介紹的那樣）來決定要選擇哪一份 template 實作。如同 function template 引數推導一
般，這裡也會運用 SFINAE 原則：在嘗試匹配某個偏特化版本時，如果形成了不合法的構件，
則該特化版本會默默地被捨棄，然後再接著檢查下一個候選版本是否可用。如果找不到匹配

的特化版本,則會選用原型模板。如果找到不只一個匹配的特化版本,則會選擇最特定(most specialized,依據 function templates 的重載決議機制決定)的那一個;如果無法找出最特定的版本,則判定程式具有歧義錯誤。

最後我們要指出,class template 偏特化版本完全有可能比原型模板擁有更多、或更少個參數。再次考慮我們在 #1 處宣告的泛型 template List。我們已經討論過如何對「以指標構成的列表」進行最佳化,但我們也會想要對某些以「指向成員的指標型別」構成的 argument list 做同樣的事。以下程式碼可以針對以「指向指標成員的指標」構成的列表實行最佳化:

```
// 對任何「指向 void* 成員的指標」進行偏特化
template<typename C>
class List<void* C::*> {            // #4
  public:
    using ElementType = void* C::*;
    …
    void append(ElementType pm);
    inline std::size_t length() const;
    …
};


// 對任何「指向指標型別成員的指標」進行偏特化,除了
// 已經藉由上面程式碼處理的「指向 void* 成員的指標」
// (注意此處的偏特化具有兩個 template pararmeter,而
// 原型模板只有一個 template parameter)
// 這個特化版本利用了前一個特化版本來達成想要的最佳化效果
template<typename T, typename C>
class List<T* C::*> {            // #5
  private:
    List<void* C::*> impl;
    …
  public:
    using ElementType = T* C::*;
    …
    inline void append(ElementType pm) {
        impl.append(staic_cast<void* C::*>(pm));
    }
    inline std::size_t length() const {
        return impl.length();
    }
    …
};
```

我們除了觀察到 template parameter 在數目上的變化之外,也請注意在 #4 處定義的實作本身是個偏特化版本(針對一般的指標時,使用的是全特化版本*)。該份實作會被其他的型別所共享,經由宣告於 #5 處的程式碼進行轉發。不過,位於 #4 的特化版本顯然比位於 #5 的版本更為特定;因此不會有歧義發生。

---

* 譯註:見 #3。

除此之外，明確寫出的 template *arguments* 個數甚至也可以和原型模板裡的 template parameter 個數不同。原因可能是預設 template arguments 所導致，也可能是源於用途更廣泛的形式，即 variadic templates 所造成的：

```
template<typename... Elements>
class Tuple;                    // 原型模板

template<typename T1>
class Tuple<T>;                 // 單個元素的 tuple

template<typename T1, typename T2, typename... Rest>
class Tuple<T1, T2, Rest...>;             // 具有兩個以上元素的 tuple
```

16.5 Variable Template 偏特化

當 variable template 被加進 C++11 標準草案時，規格裡的幾個面向被輕忽了，並且其中部分問題仍未被正式解決。不過，實際的（語言）實作版本大致都同意會處理這些問題。

也許這些問題中最令人感到驚訝的是：標準提及可以偏特化 variable templates，但卻沒有描述如何進行宣告、或是這件事本身代表什麼意思。因此，下面的討論都是基於現實世界中（允許進行這類偏特化）的 C++ 實作版本，而不是 C++ 標準。

如人們所料，variable template 偏特化的語法類似於 variable template 全特化，除了下面兩點：template<> 會被具體的 template 宣告標頭（declaration header）取代、以及跟在 variable template 名稱後面的 template argument list 必須依賴於 template parameters。舉個例子：

```
template<typename T> constexpr std::size_t SZ = sizeof(T);

template<typename T> constexpr std::size_t SZ<T&> = sizeof(void*);
```

如同 variable templates 全特化，偏特化版本的型別不一定要和原型模板相符：

```
template<typename T> typename T::iterator null_iterator;

template<typename T, std::size_t N> T* null_iterator<T[N]> = null_ptr;
          // T* 與 T::iterator 彼此並不匹配，這是可接受的
```

可以用來標示 variable template 偏特化版本的 template arguments 種類，適用的規定和 class template 特化相同。同理，根據給定的具體 template arguments 來選擇特化版本的規則也是相同的。

16.6 後記

Template 全特化打從一開始就是 C++ template 機制的一部分。另一方面，function template 重載與 class template 偏特化則到很晚才被加進 C++。HP 的 aC++ 是第一個實作出 function template 重載的編譯器，而 EDG 的 C++ front end 則率先實作出了 class template 偏特化。本章描述的偏序原則，源自 Steve Adamczyk 和 John Spicer 的發明（他們兩位都服務於 EDG）。

Template 特化能夠用來終止一個無限遞迴的 template 定義式（如 16.4 節，第 348 頁示範的 List<T*> 範例），這點早就為人所知。不過 Erwin Unruh 或許是第一位注意到這件事能夠引發有趣的 *template metaprogramming*（模板後設編程）概念的人：利用 template 實體化機制於編譯期進行不簡單的（nontrivial）運算。我們將第 23 章獻給了這個主題。

你可能會合理地產生這樣的疑問：為什麼只有 class template 和 variable template 可以進行偏特化。基本上這是歷史因素。或許 function template 也可以定義同樣的機制（見第 17 章）。在某些方面，重載 function template 也有類似的效果，不過還是有些微妙的不同。這些差異主要都和以下現象有關：當遇見被使用的 template 時，第一時間只需要對原型模板進行查詢。這之後才會考慮各個特化版本，用以決定應該使用哪份實作。與之相對，所有被重載的 function templates 會先經過查詢，接著被放進一個重載集合之中。它們可能來自於不同的 namespaces 或 classes。這在某種程度上增加了「無意中重載 template 名稱」的可能性。

相反地，我們也可以想像出一種需要重載 class templates 和 variable templates 的形式。這裡有個例子：

```
// 不合法的 class templates 重載
template<typename T1, typename T2> class Pair;
template<int N1, int N2> class Pair;
```

不過，看起來這種機制在應用上並沒有迫切的需求。

17

未來發展方向

Future Directions

自 1988 年的初始設計以來，憑藉著 1998、2011、2014、和 2017 年完成的各個標準化里程碑，C++ template 一直不斷地在進化。或許可以這麼說，template 至少在某種程度上，和 1998 年初版標準以降的大部分主要語言新增特性均有所關聯。

本書的第一版列出了一些在初版標準後可能會出現的擴充功能，其中部分已然實現：

- Angle bracket hack（角括號對付法）：C++11 免除了在兩個相鄰的角括號中間插入空白的需要。
- 預設 function template argument：C++11 允許 function templates 擁有預設的 template arguments。
- Typedef templates（型別定義模板）：C++11 引進了類似的 alias template。
- typeof 運算子：C++11 引進了 decltype 運算子，扮演的是同樣的角色（但使用一個不同的 token 來避免和既有擴充功能衝突，並不能完全滿足 C++ 程式設計師社群的需求）。
- 靜態性質（static properties）：本書第一版預期編譯器會直接支援一組被選出的 type traits。這件事已經實現，雖然它的介面是藉由標準程式庫來表示（標準庫隨後針對各式 traits 使用編譯器的擴充功能進行實作）。
- 客製化的實體化診斷（custom instantiation diagnostics）：新的關鍵字 static_assert 實現了本書初版敘述過的想法，當時的例子用的是 std::instantiation_error。
- List parameters（序列參數）：變成了 C++11 裡的 *parameter packs*。
- Layout control（佈局控制）：C++11 的 alignof 和 alignas 滿足了在初版提過的需求。除此之外，C++17 程式庫新增了 std::variant template 來支援 discriminated unions（可辨聯集）。
- Initializer deduction（初始式推導）：C++17 新增了 class template 引數推導，用來處理同樣的問題。
- Function expressions（函式陳述式）：C++11 的 lambda 表示式提供的正是這個功能（所使用的語法和初版討論的有點不同）。

第一版裡預測的其他方向尚未納入當代 C++ 語言之中，不過其中大部分偶爾仍會被討論到，我們在第二版裡繼續保留它們。同時，也存在其他正在成形的想法，我們同樣分享其中的部分內容。

17.1 放寬 `typename` 規則

在本書第一版的這個小節，我們提及未來可能會在兩個地方放寬 `typename` 的使用規則（參考 13.3.2 小節，第 228 頁）：允許使用（當時仍未採用的）`typename` 語法、以及當編譯器可以相對簡單地推斷出某個必定代表型別的具有依附修飾詞（dependent qualifier）的限定名稱（qualified name）時，可以不用寫出 `typename`。前者已然實現（C++11 可以在許多非必要的地方加上 `typename` 關鍵字），不過後者仍未被支援。

不過，最近再次出現了以下訴求：於寫上型別標示符（type specifier）不會發生歧義的上下文中，可以自由省略 `typename`，這包括了：

- Namespace 和 class scope 裡的函式和成員函式，其宣告式的回傳型別和參數型別。類似狀況還包括了 function template 和成員函式模板、以及出現在任何 scope 中的 lambda 表示式。
- 變數、variable template、和 static 資料成員宣告式裡的型別。同樣地，variable templates 也算是類似情況。
- 在別名宣告式或 alias templates 宣告式裡，跟在 = 符號後面的型別。
- Templates 裡某個 type parameter 的預設引數。
- 跟在 `static_cast`、`const_cast`、`dynamic_cast`、或是 `reinterpret_cast` 構件後面的角括號裡出現的型別。
- `new` 陳述式中被用到的型別。

雖然這是一個頗為隨意的列表。不過事實證明，在語言裡做出這樣的改變，可以使得目前大多數這類用法的 `typename` 都被省略不寫，讓程式碼更加緊湊和易讀。

17.2 泛化 Nontype Template Parameters

在所有 nontype template arguments 的限制之中，或許最令 template 開發新手和老手感到意外的是：無法提供 string literal（字串文字）作為 template argument。

下面的例子夠符合直覺了吧：

```
template<char const* msg>
class Diagnoser {
  public:
    void print();
};

int main()
{
    Diagnoser<"Surprise!">().print();
}
```

然而，這兒有些潛在的問題。標準 C++ 裡，`Diagnoser` 的兩份實體如果擁有相同的引數，則一定具備相同的型別，反之亦然。本例中的引數是個指標值——換言之，是個位址。然而，兩個出現在不同程式碼位置的相同 string literal，不必然擁有同樣的位址。我們因而發現自己的處境有點尷尬，`Diagnoser<"X">` 和 `Diagnoser<"X">`，事實上是不同、也不相容的兩種型別！（注意 `"X"` 的型別為 `char const[2]`，不過當作為 template argument 傳入時，它會退化成 `char const*`）。

出於以上（及其相關議題）考量，C++ 標準禁止 string literal 作為 template arguments。不過某些實作版本提供了這項擴充功能。它們藉由在 template 實體的內部表示法裡使用 string literal 的實際內容來實現這個功能。雖然這招顯然行得通，不過部分 C++ 語言的評論者認為，能夠被 string literal 內容值替換的 nontype template parameter，其宣告方式應該不同於能被位址替換的 template parameter。一個可能的做法是透過由字元構成的 parameter pack 來擷取 string literal：

```cpp
template<char... msg>
class Diagnoser {
  public:
    void print();
};

int main()
{
    // 實體化 Diagnoser<'S','u','r','p','r','i','s','e','!'>
    Diagnoser<"Surprise!">().print();
}
```

我們也應該要注意到，這個問題還存在其他技術上的挑戰。考慮以下 template 宣告式，同時讓我們假定在這個例子裡，語言本身已經被擴充成能夠接受 string literal 作為 template arguments：

```cpp
template<char const* str>
class Bracket {
  public:
    static char const* address();
    static char const* bytes();
};

template<char const* str>
char const* Bracket<str>::address()
{
    return str;
}

template<char const* str>
char const* Bracket<str>::bytes()
{
    return str;
}
```

上述程式碼裡的兩個成員函式除了名稱之外完全相同——這種情況並不算罕見。想像某個程式實作會利用類似於巨集展開（macro expansion）的方式來實體化 Bracket<"X">：這種情況下，如果兩個成員函式在不同的編譯單元內被實體化，它們可能會回傳不同的值。有趣的是，針對支援上述擴充功能的部分 C++ 編譯器進行測試，結果顯示這類意外行為的確會對它們造成影響。

一個類似的問題是：將浮點數文字（floating-point literal）作為 template arguments。例如：

```
template<double Ratio>
class Converter {
  public:
    static double convert (double val) {
        return val*Ratio;
    }
};

using InchToMeter = Converter<0.0254>;
```

這項功能也被部分 C++ 實作版本支援，同時不存在嚴重的技術挑戰（與 string literal 引數不同）。

C++11 引進了 *literal class type*（文字 *class* 型別）的概念：class 型別可以援引編譯期計算出來的常數值（包括透過 constexpr 函式進行的不簡單計算）。一旦這類 class 型別被實體化出來，旋即它們就要能夠被用於 nontype template parameters。然而，這會引發類似前面提過的 string literal 參數問題。具體來說，判斷某兩個 class 型別的值是否「等價」並不簡單，因為這通常會由 operator== 的定義來決定。等價性決定了兩個實體是否相等，不過實際上等價這件事必須透過連結器來檢查，它會比較兩者重載後（mangled）的名稱。一個可能的做法是：將部分 literal class 標記為具有「簡單等價標準（trivial equality criterion）」，這意味著可以直接捉對比較（pairwise comparing）該 class 的 scalar 成員確定等價性。唯有具備上述簡單等價標準的 class 型別可以被用來作為 nontype template parameter 的型別。

17.3 Function Templates 偏特化

我們於第 16 章曾經討論，如何對 class template 進行偏特化；然而 function templates 只能進行簡單的重載。這兩種機制有點不一樣。

偏特化不會引入全新的 template：它是既有 template（即原型模板）的擴充。當查詢某個 class template 時，首先只會考慮原型模板。在選中了某個原型模板後，假如發現該 template 存在某個偏特化版本，其擁有的 template argument 形式和實體化所用的引數相匹配，則該版本的定義式（亦即其本體）會被實體化，以取代對原型模板的定義式進行實體化。（template 全特化的工作流程與之完全相同）。

相反地，被重載的 function templates 彼此有所區別，每個都是完全獨立的存在。在選擇要
實體化哪一個 template 時，所有的 templates 重載版本會同時被考慮，重載決議機制再嘗試
從中挑選一個作為最佳匹配。乍看之下這似乎也是個不錯的替代作法，不過實際上會有一些
限制存在：

- 特化某個 class 的 member templates，可以在不修改 class 定義式的情況下做到。不
  過，添加一個成員的重載版本，必須得要修改該 class 的定義式。許多情況下無法選擇
  這種做法，因為我們可能沒有權限這樣做。其次，C++ 標準目前不允許我們添加新的
  template 到 std namespace 中，不過它允許我們特化該 namespace 裡的 templates。

- 如果想要重載一群 function templates，它們彼此的 function parameter 必須存在具
  體的差異。考慮某個 function template R convert (T const&)，此處的 R 和 T 都是
  template parameters。我們可能十分想要以 R = void 對該 template 進行特化，不過
  重載無法做到這點。

- 對非重載函式合法的程式碼，當函式被重載後可能會變得不再合法。具體來說，給定兩
  個 function templates f(T) 和 g(T)（此處 T 是某個 template parameter），則陳述
  式 g(&f<int>) 只會在 f 未被重載時合法（否則會無法決定指的是哪個 f）。

- Friend 宣告會指涉某個具體的 function template、或是某個具體 function template 的
  實體版本。而 function template 的重載版本無法自動擁有原始 template 被授予的權利。

總結以上各點，這份列表成為對 function templates 提供偏特化構件支援的一份有力論據。

Function template 偏特化的直觀語法，可以視為是 class template 概念的一般化：

```
template<typename T>
T const& max (T const&, T const&);          // 原型模板

template<typename T>
T* const& max <T*>(T* const&, T* const&);   // 偏特化
```

有些語言設計者擔心這類偏特化方式和 function template 重載之間的交互作用。舉例來說：

```
template<typename T>
void add (T& x, int i);          // 某個原型模板

template<typename T1, typename T2>
void add (T1 a, T2 b);           // 另一個（重載的）原型模板

template<typename T>
void add<T*> (T*&, int);         // 特化的是哪一個原型模板？
```

不過，我們預期這類情況被視為錯誤，這不會對該語言特性的效用產生重大的影響。

這項擴充特性在 C++11 標準化的過程中被簡單地討論到，不過最終並未得到什麼關注。不過這個主題仍舊會偶爾出現，因為它能巧妙地解決一些常見程式設計上的問題，或許這項特性會在未來的某個 C++ 標準版本再次被考慮到。

17.4 Named Template Arguments（具名模板引數）

21.4 節（第 512 頁）描述了一項技術，讓我們可以為某個特定的 template parameter 提供非預設的 template arguments，同時無須為其他具有預設值的 template parameter 標明引數。這誠然是一項有趣的技術，不過為了達到這個相對簡單的效果，顯然我們得做上不少事情。因此，很自然會想要提供一套能對 template arguments 命名的語言機制。

我們在此應當強調，Roland Hartinger 早先在 C++ 標準化過程中曾經對於這項議題提出過一個類似的擴充方案（有時被稱作關鍵字引數，*keyword arguments*，可參考 [StroustrupDnE] 的 6.5.1 節）。雖然技術上聽起來合理，但這個提案最終基於各種理由未被納入語言標準。目前看來，仍然沒有理由相信 named template arguments 會被採納為語言標準，不過這個議題經常在標準委員會的討論中出現。

然而，考量主題的完整性，我們提一下曾經被討論過的一種語法方案：

```
template<typename T,
         typename Move = defaultMove<T>,
         typename Copy = defaultCopy<T>,
         typename Swap = defaultSwap<T>,
         typename Init = defaultInit<T>,
         typename Kill = defaultKill<T>>
class Mutator {
  …
};

void test(MatrixList ml)
{
   mySort (ml, Mutator <Matrix, .Swap = matrixSwap>);
}
```

這裡 template argument 名稱前的句點，用來表明我們是透過名稱來指涉 template argument。這項語法類似於 1999 年的 C 語言標準中引入的「指定初始式（designated initializer）」：

```
struct Rectangle { int top, left, width, height; };
struct Rectangle r = { .width = 10, .height = 10, .top = 0, .left = 0 };
```

當然，引入 named template arguments 意味著 template parameter 的名稱現在成為了所屬 template 公開介面（public interface）的一部分，並且無法自由地更改。這點可以透過更明確、主動選擇式的語法來解決，像是下面這樣：

```
template<typename T,
         Move: typename M = defaultMove<T>,
         Copy: typename C = defaultCopy<T>,
         Swap: typename S = defaultSwap<T>,
         Init: typename I = defaultInit<T>,
         Kill: typename K = defaultKill<T>>
class Mutator {
    ...
};

void test(MatrixList ml)
{
    mySort (ml, Mutator <Matrix, .Swap = matrixSwap>);
}
```

17.5 重載 Class Templates

應該完全想像得到，class templates 可以基於它們的 template parameter 進行重載。例如，你可以想像正在創建一整個家族的 Array templates，其中包括動態和固定大小的 arrays：

```
template<typename T>
class Array {
    // 動態大小的 array
    ...
};

template<typename T, unsigned Size>
class Array {
    // 固定大小的 array
    ...
};
```

重載並不限於不同數目的 template parameters；參數的種類（*kind*）也是可以變動的：

```
template<typename T1, typename T2>
class Pair {
    // 由不同欄位（fields）構成的 pair
    ...
};

template<int I1, int I2>
class Pair {
    // 由不同常數值構成的 pair
    ...
};
```

雖然這個想法被一些語言設計者非正式地討論過，不過它尚未被正式地提交給 C++ 標準化委員會。

17.6 推導不位於末端的 Pack Expansions

對 pack expansions（封包展開）進行的 template 引數推導，只有在 pack expansion 位於參數或引數列表最末端時起作用。這代表從列表中提取第一個元素相當簡單：

```
template<typename... Types>
struct Front;

template<typename FrontT, typename... Types>
struct Front<FrontT, Types...> {
  using Type = FrontT;
};
```

不過你無法簡單地從列表裡提取最後一個元素，理由是 16.4 節（第 347 頁）曾經提及的那些偏特化時的限制：

```
template<typename... Types>
struct Back;

template<typename BackT, typename... Types>
struct Back<Types..., BackT> {         // 錯誤：pack expansion 並非位於
  using Type = BackT;                  //       template argument list 的最末端
};
```

適用 variadic function templates 的 template 引數推導具有類似的限制。放寬 template 引數推導與偏特化的相關規則，令 pack expansion 可以在 template argument list 的任何位置發生，相信可以大大地降低這類操作的複雜度。除此之外，允許對具有多個 pack expansions 的單一參數列表進行推導也許可行（即便不大可能允許這種事發生）：

```
template<typename... Types> class Tuple {
};

template<typename T, typename... Types>
struct Split;

template<typename T, typename... Before, typename... After>
struct Split<T, Before..., T, After...> {
  using before = Tuple<Before...>;
  using after = Tuple<After...>;
};
```

允許多重 pack expansion 會引進額外的複雜度。舉例來說，Split 會將第一次出現的 T 作為分段點？或是最後一次出現的 T？又或是這兩個之間的任何一個？你能想像在編譯器投降之前的推導過程會變得多麼複雜嗎？

17.7 `void` 正規化

撰寫具有 template 的程式時，注重正規性（regularity）是一項美德：如果用單一概念就可以涵蓋所有例子，能讓我們的 template 更加簡單。我們的程式中具有些許不規則性（irregular）的地方之一是型別。例如，考慮以下式子：

```
auto&& r = f();            // 如果 f() 回傳 void 會造成錯誤
```

上式適用於除了 void 外，f() 回傳的任何型別。若使用的是 decltype(auto)，也會發生同樣的情形：

```
decltype(auto) r = f(); // 如果 f() 回傳 void 會造成錯誤
```

void 不是唯一一個不規則的型別：函式型別（function types）和 reference 型別也會在某些方面表現出例外行為。不過事實證明，void 常常會讓我們的 templates 變得複雜，同時 void 的行為會這麼古怪也沒有什麼特別的原因。像是你可以參考 11.1.3 節（第 162 頁）的例子，看看它是怎麼讓用於完美轉發的 std::invoke() wrapper 變得複雜的。

我們可以直接判定 void 是一個具有特殊值的正常數值型別（normal value type，如同用於 nullptr 的 std::nullptr_t）。考量向後相容性，我們依然需要保留一個用於函式宣告時的特殊情況，長得像下面這樣：

```
void g(void);              // 與 void g(); 相同
```

不過，其他大多數的宣告方式中，void 會是個完整數值型別（complete value type）。我們接著可以宣告像是 void 變數和 void references 之類的東西：

```
void v = void{};
void&& rrv = f();
```

最重要的是，這樣一來許多 templates 就不再需要對 void 情況進行特化了。

17.8 Templates 型別檢查

Template 程式設計本身的複雜性，多數源自於編譯器無法在看見某個 template 定義式的當下，立即確認該定義式是否正確。相反地，大多數對 template 的檢查都發生於實體化時，此時 template 定義式的上下文會和 template 實體化處的上下文，彼此緊密交織在一起。不同上下文間的相互混雜，使得我們很難找出凶手：是 template 定義式有錯，因為它以錯誤的方式使用 template arguments；抑或是 template 使用者的錯，因為他提供的 template arugments 不符合 template 的要求呢？這個問題可以透過一個簡單的例子示範，這裡我們對一般編譯器所產生的診斷訊息*加上了註解：

---

* 譯註：診斷訊息已譯為中文。

```
template<typename T>
T max(T a, T b)
{
   return b < a ? a : b; //錯誤："無法匹配 operator <
                         //          (運算子的型別為 'X' 和 'X')"
}

struct X {
};
bool operator> (X, X);

int main()
{
   X a, b;
   X m = max(a, b);          //注意："在 function template 特化體的實體化
                             //          過程中,需要用到 'max<X>'"
}
```

請注意,這個實際發生的錯誤(缺少合適的 operator<)在 function template max() 的定義式中被抓到了。這可能真的是個錯誤——或許 max() 應該改用 operator>?不過編譯器也在引發 max<X> 實體化的地方給出一則提示,可能這裡才真的是錯誤所在——或許 max() 的規格明訂必須使用 operator<?由於這個問題難以回答,因而經常造成 9.4 節(第 143 頁)曾經描述過的「錯誤演義」。此時編譯器會給出完整的 template 實體化歷史,從最初實體化的起因,一直到抓出錯誤的 template 實際定義。接著冀望程式設計師判斷出哪個 template 定義式(又或許是最初引用 template 的地方)才是真正的問題所在。

Templates 型別檢查的基本概念是:把 template 的需求條件,記錄在該 template 本體之中。這樣一來,當編譯失敗時,編譯器就可以決定錯在 template 定義式、還是使用 template 的地方。這個問題的一種解法是,透過所謂的 concept(概念),讓 template 的需求作為 template 本身簽名式(signature)的一部分表現出來:

```
template<typename T> requires LessThanComparable<T>
T max(T a, T b)
{
   return b < a ? a : b;
}

struct X { };
bool operator> (X, X);

int main()
{
   X a, b;
   X m = max(a, b); //錯誤:X 不滿足 LessThanComparable 的需求條件
}
```

因 為 有 了 對 **template parameter** T 限 制 條 件 的 描 述， 編 譯 器 得 以 確 定 **function template** max 對 T 進行的操作，只限於使用者*應該要提供的那些運算（這個例子裡的 LessThanComparable 表示需要 operator<）。此外，當使用 **template** 時，編譯器可以檢查給定的 **template argument** 是否提供了能讓 max() **function template** 正常工作所需要的全部行為。藉由將型別檢查問題獨立出來，編譯器能夠更簡單地提供對問題的準確診斷。

在上面的範例中，LessThanComparable 被稱作一個 *concept*：它表現出對單一型別的限制條件（在更一般化的例子中，限制條件的對象可以是一整組型別），讓編譯器能夠進行檢查。我們可以用不同的方式來設計一個概念系統（concept systems）。

在 C++11 的標準化週期中，有個用來表現 concepts 的精緻系統被設計和實作出來，功能足以在 **template** 實體化、以及 **template** 定義的地方進行檢查。前者代表了在上面的例子裡，位於 main() 裡的錯誤可以很早就被抓出來，診斷結果會表明 X 並不滿足 LessThanComparable 的限制條件。後者代表在處理 max() **template** 時，編譯器會確認沒有用到違反 LessThanComparable 概念的操作（如果違反了限制條件，則會回報對該錯誤的診斷資訊）。出於各種現實考量（像是因為 C++11 標準發佈時間已經拖得夠晚了，卻仍然有不少規格方面小議題的解決方案難產中），上述的 C++11 提案最終從語言規格中被抽掉了。

C++11 總算推出之後，委員會成員提出了一份自行開發的新提案（最初被稱為 *concepts lite*）。這套系統並非著眼於透過附加在 **template** 上的限制條件來確認 **template** 的正確性。相反地，它僅關注實體化當下的情況。因此，如果上面例子裡的 max() 是用 > 運算子實作的，那麼便不會在該處回報錯誤。不過，由於 X 並不滿足 LessThanComparable 的限制條件，故依然會在 main() 中報錯。這項新的 concept 提案被稱為 *C++ extensions for Concepts*，其實作內容和詳細說明被記載於 *Concepts TS* 之中（*TS* 表示技術規格，*Technical Specification*）[1]。目前該技術規格的基本要素已經被納入了下一代標準（預計成為 C++20）的草案中。附錄 E 包含了在本書出版前夕，記載於該草案中的語言特性。

17.9 Reflective Metaprogramming（反身式後設編程）

在程式設計的領域裡，*reflection*（反身性）指的是以編程方式檢查程式特性的能力（像是回答這樣的問題：這個型別是整數嗎？ 或者是這個 *class* 型別包含了哪些 *nonstatic* 資料成員呢？）。**Metaprogramming**（後設編程）屬於「用程式來設計程式（programming the program）」的一種技術，通常等義於用程式來產生新的程式碼。因此，*reflective metaprogramming*（反身式後設編程）代表的就是，可以自動合成出「能夠適應既有程式特性的程式碼」的一種技術（這裡的特性指的通常是型別）。

於本書第三部分，我們會探討 **template** 如何做到某些簡單形式的 reflection 與 metaprogramming（從某些角度看來，**template** 實體化就是 metaprogramming 的一種形

---

1 舉例來說，針對 *Concepts TS* 於 2017 年初的版本，可以參考文件 N4641。

* 譯註：即引數型別 T。

式，因為它可以引發新程式碼的合成）。不過，C++17 template 在 reflection 方面的能力相當有限（例如它無法回答以下問題：這個 *class* 型別包含了哪些 *nonstatic* 資料成員呢？），同時達成 metaprogramming 的方法，從各個方面來說都不是很方便（特別是語法會變得很笨拙、效能方面也令人失望）。

認知到這類新功能的潛力，C++ 標準化委員會創建了一個研究小組（SG7）來探索達成更強 reflection 的做法。該小組的負責範圍後來也擴展到涵蓋 metaprogramming。下面的例子是其中一個考慮使用的做法：

```
template<typename T> void report(T p) {
  constexpr {
    std::meta::info infoT = reflexpr(T);
    for (std::meta::info info : std::meta::data_members(infoT)) {
      -> {
          std::cout << (: std::meta::name(info) :)
                    << ": " << p.(.info.) << '\n';
      }
    }
  }
  // 會於此處注入程式碼
}
```

這段程式碼裡有不少新東西。首先，constexpr{...} 構件會強制令包含在括號裡的陳述句於編譯期進行核算。不過由於它出現在 template 裡，故核算只有在 template 被實體化時才會發生。其次，reflexpr() 運算子會產生帶有*不透明型別*（opaque type）std::meta::info 的陳述式，該型別是一個 handle（句柄），反映了其引數（這個例子裡指的是用來替換 T 的型別）的相關資訊。標準 metafunctions 函式庫允許我們查詢這樣的 metainformation。其中一個標準 metafunctions 是 std::meta::data_members，它會產生一整串 std::meta::info 物件，用來描述參數型別的直屬 nonstatic 資料成員。因此上面的 for 迴圈，實際上會遍歷 p 物件的 nonstatic 資料成員。

此系統在 metaprogramming 方面最核心的功能是：可以在各個 scope 裡「注入（inject）」程式碼。語言構件 ->{...} 能夠在發動 constexpr 核算的陳述句或宣告式後面，注入其他的陳述式或宣告式。這個例子裡，指的就是 constexpr{...} 構件的後面。被注入的程式碼片段可以包含會被「計算得到的數值」所取代的特定程式碼形式（pattern）。此例中，(:...:) 會產生一組 string literal。陳述式 std::meta::name(info) 會產生一個類似 string 的物件，用來表示 info 所代表實體（本例中指的是資料成員）的非限定名稱（unqualified name）。同理，陳述式 (.info.) 會產生一個標示符，表示 info 所代表實體的名稱。此外提案中也包含了其他用來產生型別、**template argument lists** 等等的程式碼形式。

綜合上述各點，當我們用下述型別來實體化 function template report() 時：

```
struct X {
  int x;
  std::string s;
};
```

會產生類似於下面所描述的 **template** 實體：

```
template<> void report(X const& p) {
  std::cout << "x" << ": " << p.x << '\n';
  std::cout << "s" << ": " << p.s << '\n';
}
```

也就是說，這個函式會自動生成另一個函式，用來印出某個 **class** 型別裡的 **nonstatic** 資料成員。

這類功能有許多應用。但即便諸如此類的功能最終會被納入語言，但何時成真都還說不準。我們只能說，在寫作本書的當下，這類系統已經出現一些實驗性的實作版本（就在本書付印前夕，SG7 認可使用 `constexpr` 核算、以及類似於 `std::meta::info` 之類的數值型別，作為處理反身式後設編程的大致方向。不過，在此處展示的注入機制並沒有獲得認可，並且很可能會改採其他不同形式的系統）。

17.10 支援 **Pack** 的基礎設施

C++11 引進了 **parameter packs**，不過處理它們常常需要使用遞迴模板實體化技術。回想一下在 14.6 節（第 263 頁）討論到的這類程式碼：

```
template<typename Head, typename... Remainder>
void f(Head&& h, Remainder&&... r) {
  doSomething(h);
  if constexpr (sizeof...(r) != 0) {
    // 用遞迴方式處理剩下的部分（對引數進行完美轉發）：
    f(r...);
  }
}
```

藉由 C++17 的編譯期 `if` 陳述句，我們簡化了這份程式碼（參見 8.5 節，第 134 頁），不過這裡還是用到了遞迴實體化技術，在編譯時的成本會有點高。

幾個委員會上的提案試圖在某種程度上簡化這種情況。其中一種做法是：引入某種可以從 **pack** 裡取出特定元素的表示法。具體來說，對於 **pack** P 裡的第 N+1 個元素，建議可以寫成 `P.[N]` 這種表示法。同樣地，也有一些用來表示 **pack**「區間」的提案（像是採用 `P.[b, e]` 這種表示法）。

細細檢視這類提案，會發現它們多少都和上面討論到的反身式後設編程概念有些交互作用。目前還不清楚語言是否會納入特定的 **pack** 選取機制、抑或是會提供能滿足這類需求的 **metaprogramming** 功能。

17.11 Modules（模組）

下一個主要的擴充功能：*modules*（模組），和 templates 的關係並不大，不過仍舊值得一提，因為它對實作 template 程式庫有莫大的助益。

目前程式庫的介面都會表示於標頭檔內，各個編譯單元再透過 #include 語法引用程式碼。這種做法有不少問題，但其中最討厭的兩點是：(a) 介面程式碼所代表的意涵，可能會被先前引用過的程式碼意外的改變（像是透過 macros）、和 (b) 不斷地對該程式碼進行重新處理，很快便會佔據大部分的程式建置時間（build time）。

Module 是一種允許程式庫介面被編譯成某種「專屬於特定編譯器」格式的特性，同時這些介面可以被「載入」到編譯單元內，而不會受到 macro 展開、或存在意想不到的宣告式，改變了程式碼本身的意義。除此之外，編譯器也可以選擇只讀取編譯好的 module 檔案中與客戶端程式碼有關的部分，從而大大地加快編譯過程。

下面是 module 定義式可能的寫法：

```
module MyLib;

void helper() {
  …
}

export inline void libFunc() {
  …
  helper();
  …
}
```

這個 module 會輸出一個可以在客戶端程式碼中被使用的函式，libFunc()：

```
import MyLib;
int main() {
  libFunc();
}
```

注意，libFunc() 對客戶端程式碼來說是可見的，不過 helper() 函式則否（即便編譯好的 module 檔案為了啟用 inlining，很可能包含有關 helper() 的資訊）。

將 module 加進 C++ 的提案順利進行中，標準化委員會的目標是在 C++17 後納入這項特性。開發這類提案會擔心的一點是：如何從使用標頭檔的世界過渡到使用 module 的世界。現下已經有方法可以在某些程度上做到這點（例如：能夠在不讓標頭檔的內容成為 module 一部分的情況下引用標頭檔），其他做法也在討論中（像是能從 modules 導出 macros 的能力）。

Modules 對於 template 程式庫實作格外有用，因為標頭檔中幾乎都會給出完整的 template 定義式。即便引用的是像 <vector> 這樣基本的標準標頭檔，也相當於處理成千上萬行的 C++ 程式碼（就算只會用到該標頭檔裡很小一部分的宣告式也一樣）。其他常用的程式庫，程式碼會比這類基本程式庫再多上一個數量級。如何避免所有這些編譯過程帶來的成本，會是處理龐大、複雜程式碼的 C++ 程式設計師們主要關注的焦點。

第三篇
模板與設計

Templates and Design

我們通常會使用設計模式（design pattern）來建構程式，這樣做會更相襯於程式語言所提供的機制。由於 templates 引入了全新的語言機制，故理所當然地也需要新的設計元素。我們在本書的這一部分會探討這些元素。注意，其中已經有不少被實作於 C++ 標準程式庫中、或是被其使用到。

Templates 和較早期的語言構件不大一樣，它允許我們參數化（parameterize）程式碼內的型別和常數。當它進一步與 (1) 偏特化（partial specialization）和 (2) 遞迴實體化（recursive instantiation）相結合，可以成就驚人的表達能力。

本書的目標不僅止於列出各式各樣有用的設計元素，也會傳達啟發該項設計的背後原理，從而幫助新技術的誕生。因此，接下來的章節會介紹大量的設計技術，包括：

- 進階多型分發（advanced polymorphic dispatching）
- 利用 traits（特徵萃取）進行泛型程式設計（generic programming）
- 處理重載（overloading）和繼承（inheritance）
- Metaprogramming（後設編程）
- 異質結構（heterogeneous structures）與演算法（algorithms）
- 陳述式模板（expression templates）

我們也會提到一些對 template 除錯有所幫助的要點。

18

Templates 的多型威力

The Polymorphic Power of Templates

多型（*polymorphism*）是一種使用單一泛型表示法，把不同特性的行為結合在一起的能力[1]。多型同時也是物件導向編程範式（object-oriented programming paradigm）的基石，該範式於 C++ 中主要藉由 class 繼承和 virtual 函式來提供支援。因為這類機制（至少有一部分）都是在執行期才做處理，我們稱之為**動態多型**（*dynamic polymorphism*）。一般我們在 C++ 裡談到的多型，指的都是這種型式。不過 templates 也允許我們使用單一泛型表示法，將不同特性的行為結合在一起，只是這種結合通常會在編譯期做處理，我們稱其為**靜態多型**（*static polymorphism*）。本章我們會回顧這兩種形式的多型，並討論它們各自適用於什麼場合。

注意，在穿插介紹一些設計上的問題與討論後，第 22 章會討論到一些用來處理多型的方法，

18.1 動態多型

回顧歷史，C++ 一開始只透過結合了 virtual 函式的繼承來支援多型[2]。這種情況下的多型設計藝術由以下兩件事構成：首先是從相關的物件型別中，提取出一組通用功能、接著將其宣告為共同基礎類別裡的 virtual 函式介面。

這種設計方式的典型應用是：用以管理幾何形狀、並且允許它們以某種方式（像是在螢幕上）進行渲染（rendered）的程式。在這類應用中，我們可能會定義一個名為 GeoObj 的**抽象基礎類別**（*abstract base class*，ABC），裡頭宣告了一些可用於幾何物件的共同操作和性質。接著令每個表示特定幾何物件的具體 class 繼承自 GeoObj（見圖 18.1）：

---

[1] 多型（*polymorphism*）字面上的意思是：具有多種形式（forms）和長相（shapes）的一種狀態（取自於希臘語 *polymorphos*）。

[2] 嚴格說來，macros（巨集）也可以被視為一種原始形式的靜態多型。不過這裡我們不將其列入考慮，因為它們幾乎和其他語言機制沒什麼交集。

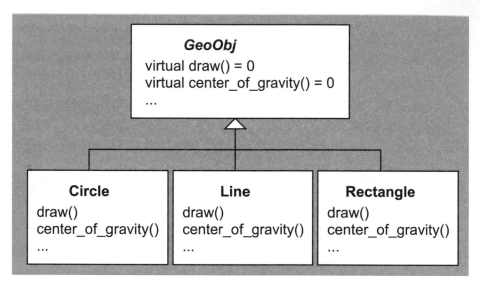

圖 18.1. 透過繼承來實作的多型

poly/dynahier.hpp

```cpp
#include "coord.hpp"

// 用於幾何物件的共同抽象基礎類別 GeoObj
class GeoObj {
  public:
    // 畫出幾何物件:
    virtual void draw() const = 0;
    // 回傳幾何物件的重心:
    virtual Coord center_of_gravity() const = 0;
    …
    virtual ~GeoObj() = default;
};

// 具體的幾何物件 class Circle
// - 繼承自 GeoObj
class Circle : public GeoObj {
  public:
    virtual void draw() const override;
    virtual Coord center_of_gravity() const override;
    …
};
```

```
// 具體的幾何物件 class Line
// - 繼承自 GeoObj
class Line : public GeoObj {
  public:
    virtual void draw() const override;
    virtual Coord center_of_gravity() const override;
    …
};
…
```

創建具體物件之後，客戶端程式碼便可以透過指向共同基礎類別的 references 或指標，利用 virtual 函式分發（dispatch）機制來操作這些物件。透過指向 base class subobject（子物件，指 derived 物件內含有 base class 內容的部分）的指標或 reference 來呼叫 virtual 成員函式，最終會喚起被指涉的特定「最終衍生（most-derived）」具體物件裡面的適當成員。

以本例而言，實際程式碼可以寫成下面這樣：

poly/dynapoly.cpp

```
#include "dynahier.hpp"
#include <vector>

// 畫出任一個 GeoObj
void myDraw (GeoObj const& obj)
{
    obj.draw();                    // 依據物件的型別來呼叫 draw()
}

// 計算兩個 GeoObjs 的質心之間的距離
Coord distance (GeoObj const& x1, GeoObj const& x2)
{
    Coord c = x1.center_of_gravity() - x2.center_of_gravity();
    return c.abs();                // 以絕對值回傳座標
}

// 畫出以 GeoObjs 構成的異質集合（heterogrneous collection）
void drawElems (std::vector<GeoObj*> const& elems)
{
    for (std::size_type i=0; i<elems.size(); ++i) {
        elems[i]->draw();          // 依據元素的型別來呼叫 draw()
    }
}
```

```
int main()
{
    Line l;
    Circle c, c1, c2;

    myDraw(l);                  // myDraw(GeoObj&) => Line::draw()
    myDraw(c);                  // myDraw(GeoObj&) => Circle::draw()

    distance(c1,c2);            // distance(GeoObj&,GeoObj&)
    distance(l,c);              // distance(GeoObj&,GeoObj&)

    std::vector<GeoObj*> coll;  // 異質集合
    coll.push_back(&l);         // 放入一條直線
    coll.push_back(&c);         // 放入一個圓形
    drawElems(coll);            // 繪製不同類型的 GeoObjs
}
```

此處主要的多型介面元素是 draw() 和 center_of_gravity()，兩者皆為 virtual 成員函式。上述範例於 myDraw()、distance()、和 drawElems() 函式裡示範了上面兩個函式的用法。我們使用共同基礎類別 GeoObj 來表示這三個函式。這種作法導致的結果是，在編譯時期（compile time）我們通常無法得知要呼叫的是哪個版本的 draw() 和 center_of_gravity()。然而在執行時期被用來喚起 virtual 函式的物件，其完整動態型別（dynamic type）可以被取得，並用以進行該呼叫式的分派[3]。這樣一來，依據幾何物件的實際型別，會採取適當的操作：假設我們對一個 Line 物件呼叫 myDraw()，則函式內的 obj.draw() 陳述式會呼叫 Line::draw()；而如果是 Circle 物件，則被呼叫的會是 Circle::draw()。同樣地，對於 distance()，也會呼叫適用於引數物件的 center_of_gravity() 成員函式。

或許這類動態多型最令人注目的特性，是能夠用來處理由不同物件構成的異質集合。drawElems() 說明了這個概念：下面這個簡單的陳述式

    elems[i]->draw()

會根據被訪問元素的動態型別，來喚起不同的成員函式。

18.2 靜態多型

Templates 也可以用來實現多型，不過它並不是依靠分解和歸納 base classes 的共同行為來做到這點。相反地，此處的共通性（commonality）是隱性的：出現在應用程式中的不同「形狀」，必須透過共通的語法來支援操作（意即相關的函式必須具備同樣的名稱）。每個具體的 class 均獨立地進行定義（見圖 18.2）。不過當 templates 以具體 classes 進行實體化時，便獲得了多型的能力。

---

[3] 也就是說，多型 base class subobject 的編碼裡包含了一些資料（大部份是隱藏的），使執行期分派得以進行。

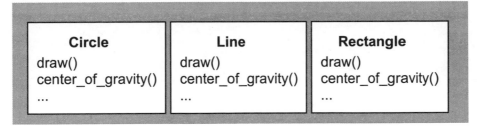

圖 18.2. 透過 *template* 來實作的多型

舉例來說，在上個小節提過的 `myDraw()` 函式：

```
void myDraw (GeoObj const& obj)        // GeoObj 是抽象基礎類別
{
    obj.draw();
}
```

可以想像成被改寫為下面這樣

```
template<typename GeoObj>
void myDraw (GeoObj const& obj)        // GeoObj 是 template parameter
{
    obj.draw();
}
```

比較兩個 `myDraw()` 實作版本，我們會歸結出：主要的差異在於，後者的 **template parameter** 用的是 `GeoObj` 的特化體，而非共同基礎類別。不過在這個表象背後，還存在一些更根本的差異。舉例來說：使用動態多型時，我們在執行期只會得到一組 `myDraw()` 函式。不過若是使用 **template**，則我們會得到數個個別的函式，像是 `myDraw<Line>()` 和 `myDraw<Circle>()`。

我們試著利用靜態多型來改寫上個小節裡的完整範例。首先，不同於一整個幾何 class 的繼承體系，這裡我們使用數個獨立的幾何 classes：

poly/statichier.hpp

```
#include "coord.hpp"

// 具體的幾何物件 class Circle
// - 並未繼承自任何 class
class Circle {
  public:
    void draw() const;
```

```
      Coord center_of_gravity() const;
      …
};

// 具體的幾何物件 class Line
// - 並未繼承自任何 class
class Line {
  public:
    void draw() const;
    Coord center_of_gravity() const;
    …
};
…
```

現在，這些 classes 所構成的應用程式會長得像這樣：

poly/staticpoly.cpp

```cpp
#include "statichier.hpp"
#include <vector>

// 畫出任一個 GeoObj
template<typename GeoObj>
void myDraw (GeoObj const& obj)
{
    obj.draw();  // 依據物件的型別來呼叫 draw()
}

// 計算兩個 GeoObjs 的質心之間的距離
template<typename GeoObj1, typename GeoObj2>
Coord distance (GeoObj1 const& x1, GeoObj2 const& x2)
{
    Coord c = x1.center_of_gravity() - x2.center_of_gravity();
    return c.abs();  // 以絕對值回傳座標
}

// 畫出以 GeoObjs 構成的異質集合
template<typename GeoObj>
void drawElems (std::vector<GeoObj> const& elems)
{
    for (unsigned i=0; i<elems.size(); ++i) {
        elems[i].draw();  // 依據元素的型別來呼叫 draw()
    }
}
```

```
int main()
{
    Line l;
    Circle c, c1, c2;

    myDraw(l);              // myDraw<Line>(GeoObj&)  => Line::draw()
    myDraw(c);              // myDraw<Circle>(GeoObj&)  => Circle::draw()

    distance(c1,c2);        // distance<Circle,Circle>(GeoObj1&,GeoObj2&)
    distance(l,c);          // distance<Line,Circle>(GeoObj1&,GeoObj2&)

    // std::vector<GeoObj*> coll; // 錯誤：無法使用異質集合
    std::vector<Line> coll;       // OK：允許同質集合（homogeneous collection）
    coll.push_back(l);            // 放入一條直線
    drawElems(coll);              // 繪製所有直線
}
```

如 myDraw() 所示，我們無法再使用 GeoObj 作為 distance() 的實際參數型別[*]。相反地，我們提供了兩個 template parameters，GeoObj1 和 GeoObj2，使得在計算距離時可以接受任意幾何物件型別形成的組合作為參數：

    `distance(l,c);          // distance<Line,Circle>(GeoObj1&,GeoObj2&)`

不過，現在我們無法再直接處理異質集合了。這是靜態多型（*static polymorphism*）中的「靜態（*static*）」部分造成的限制：所有型別都必須在編譯期時決定。取而代之，我們可以簡單地為不同的幾何物件型別構建不同的集合。此時集合內的元素不再受限於使用指標，這樣可以帶來效能和型別安全方面的顯著好處。

18.3 動態多型 vs. 靜態多型

讓我們針對兩種不同形式的多型，做進一步的分類和比較。

術語

動態和靜態多型分別支援了不同的 C++ 編程手法（programming idioms）[4]：

- 以繼承方式實作的多型是綁定的（*bounded*）和動態的（*dynamic*）：
    - 綁定指的是參與多型行為的型別，其介面取決於共同基礎類別的預先設計（其他用來描述這個概念的術語還有 *invasive* 和 *intrusive*，意為侵入性的）。
    - 動態則意味著介面的綁定會在執行期（動態地）完成。

4　想進一步了解多型的相關術語，也可以參考 [*CzarneckiEiseneckerGenProg*] 的 6.5 到 6.7 節。

*　譯註：此處參數 GeoObj 不再直接對應某個具體型別，而是代表某個具備 draw() 函式的不特定型別。

- 以 templates 實作的多型是非綁定的（*unbounded*）和靜態的（*static*）：
  - 非綁定代表參與多型行為的型別，其介面不會事先被決定（用來描述這個概念的術語還有 *noninvasive* 和 *nonintrusive*，非侵入性的）。
  - 靜態意味著介面的綁定會在編譯期（靜態地）完成。

因此嚴格說來，借用 C++ 的行話，動態多型和靜態多型是綁定動態多型（*bounded dynamic polymorphism*）和非綁定靜態多型（*unbounded static polymorphism*）的簡稱。在其他語言裡也存在其他種組合方式（像是 Smalltalk 提供了非綁定動態多型）。不過在 C++ 的語境裡，動態多型與靜態多型這兩個更精簡的名詞並不會使人混淆。

優點與缺點

C++ 裡的動態多型展現出以下優點：

- 可以優雅的處理異質集合。
- 執行程式碼的大小可能會比較小（因為只需要一個多型函式。反觀靜態多型需要產生個別的 template 實體以處理不同型別）。
- 程式碼可以被完整的編譯，故不需要對外發佈實作程式碼（發佈 template 程式庫時，通常需要連同 template 實作程式碼一起發佈）。

相對的，下面這些則是 C++ 靜態多型帶來的好處：

- 很容易實作出內建型別（built-in types）所構成的集合。更通俗地說，不必透過共同基礎類別來表現介面的共通性（commonality）。
- 生成的程式碼可能會更快（因為不需要透過指標進行間接存取，同時 nonvirtual 函式可以被 inlined 的機會更多了。）
- 僅實作一部分介面的具體型別依然可以使用，只要實際應用時只用到該部分介面即可。

靜態多型經常被認為比起動型多型來說，更符合型別安全（*type safety*）。因為所有的綁定（bindings）都會在編譯期進行檢查。舉例來說，將一個具有錯誤型別的物件插入到某個從 template 實體化出來的容器中，幾乎不會發生什麼危險。不過，在一個期望接收到「指向共同基礎類別的指標」的容器裡，有可能最終會意外指向具有不同型別的完整物件。

實際上，當看起來一樣的介面，背後卻藏著不同的語義假設時，template 實體化也可能會造成一些傷害。例如，當 template 假定某型別具有 operator+ ，但實際上此型別卻不具備該運算子時，便可能發生意外。實際應用上，這類的語義錯配（semantic mismatch）現象在基於繼承的階層體系中較不常發生，可能是因為此時會更明確地給出介面規格。

將兩種形式相結合

當然，你也可以將兩種形式的多型結合起來。例如，你可以從一個共同基礎類別中衍生出不同種類的幾何物件，以便處理幾何物件構成的異質集合。即便如此，你依然可以使用 template 來為特定種類的幾何物件撰寫程式碼。

繼承與 templates 之間的結合方式會在第 21 章中詳加描述。我們會看到如何對成員函式的虛擬性（virtuality）進行參數化、以及如何利用基於繼承的**奇特遞迴模板模式**（*curiously recurring template pattern*，*CRTP*），來為靜態多型提供額外的彈性。

18.4 使用 Concepts

一項反對以 template 達成靜態多型的論點是：介面綁定是透過實體化對應的 template 來達成的，這意味著在程式裡找不到共通的介面（即 class）。換個角度來看，只要所有實體化產生的程式碼合法，怎麼使用 template 都行得通。但如果不合法，則可能導致難以理解的錯誤訊息，或甚至造成合法但非預期的行為。

基於以上理由，C++ 語言的設計者們一直致力於為 template parameters 明確地提供介面（以及檢查該介面）。這裡指的介面，在 C++ 裡通常被稱為 *concept*（概念）。它代表一整組的限制條件，傳入的 template arguments 必須滿足這些條件，方能成功實體化該 template。

儘管在這方面的工作已經進行了許多年，但 concept 直到 C++17 依然未能成為標準 C++ 的一部分。不過，部分編譯器為此特性提供了實驗性的支援[5]，並且 concepts 很可能被納入 C++17 之後的下一個標準版本中。

Concepts 可以被理解成一種適用靜態多型的「介面」。套用在我們的例子裡，看起來大概會長得像這樣：

poly/conceptsreq.hpp

```
#include "coord.hpp"

template<typename T>
concept GeoObj = requires(T x) {
  { x.draw() } -> void;
  { x.center_of_gravity() } -> Coord;
  …
};
```

這裡我們使用關鍵字 concept 來定義 concept GeoObj，限制某個型別必須具備可被呼叫的成員 draw() 和 center_of_gravity()，並且包含適當的回傳型別。

現在我們可以改寫先前的部份範例 templates。引入一條 requires 語句，使 template parameters 受限於 GeoObj concept：

---

[5] 像是 GCC 7 就提供了 -fconcepts 選項。

poly/conceptspoly.hpp

```cpp
#include "conceptsreq.hpp"
#include <vector>

// 畫出任一個 GeoObj
template<typename T>
requires GeoObj<T>
void myDraw (T const& obj)
{
    obj.draw(); // 依據物件的型別來呼叫 draw()
}

// 計算兩個 GeoObjs 的質心之間的距離
template<typename T1, typename T2>
requires GeoObj<T1> && GeoObj<T2>
Coord distance (T1 const& x1, T2 const& x2)
{
    Coord c = x1.center_of_gravity() - x2.center_of_gravity();
    return c.abs(); // 以絕對值回傳座標
}

// 畫出以 GeoObjs 構成的異質集合
template<typename T>
requires GeoObj<T>
void drawElems (std::vector<T> const& elems)
{
    for (std::size_type i=0; i<elems.size(); ++i) {
        elems[i].draw();      // 依據元素的型別來呼叫 draw()
    }
}
```

對能夠參與（靜態）多型行為的型別來說，這種做法依然屬於 noninvasive（非侵入性的）：

```cpp
    // 具體的幾何物件 class Circle
    // - 並未繼承自任何 class、也沒有實作任何介面
    class Circle {
      public:
        void draw() const;
        Coord center_of_gravity() const;
        …
    };
```

也就是說,這類型別的定義仍舊毋須包含任何特定的 base class 或需求語句(requirements clause)。基本資料型別、或是取自於其他獨立框架(independent frameworks)的型別,依然可以被用於靜態多型。

附錄 E 包含了對 C++ concepts 更詳盡的討論,它們預計會出現在下個 C++ 標準之中。

18.5 設計模式的新形式

能夠在 C++ 中使用靜態多型,開啟了實作經典設計模式(design patterns)的新方式。我們以 *Bridge*(橋接)模式為例,它在許多 C++ 程式中扮演重要角色。使用 Bridge 模式的其中一個目的是:在某個介面的不同實作之間進行切換。

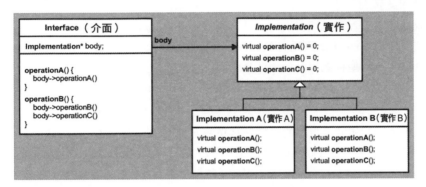

圖 *18.3. 使用繼承實作的 Bridge 模式*

根據 [*DesignPatternsGoF*] 的描述,此模式通常會使用一個內嵌指標的介面 class 來指涉實際的實作版本,並透過該指標將所有呼叫委託(delegating)給該實作處理(見圖 18.3)。

然而,如果該實作的型別在編譯時期就已經知道,我們便可以發揮 template 的威力(見圖 18.4)。這可以增進型別安全性(部份出自於避免以指標進行轉型)、同時也具有較好的效能。

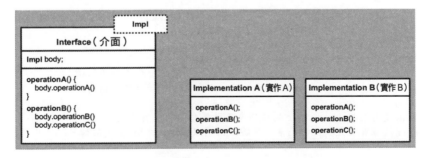

圖 *18.4. 使用 template 實作的 Bridge 模式*

18.6 泛型程式設計

靜態多型衍生出了 *generic programming*（泛型程式設計）此一概念。不過泛型程式設計並不存在一個大家普遍認同的定義（就像也不存在一個普遍認同的物件導向程式設計定義一樣）。根據 [*CzarneckiEiseneckerGenProg*] 所述，其定義包括從以泛型參數進行編程，一直到尋找高效率演算法的最抽象表示法。該書最後總結如下：

> 泛型程式設計是電腦科學（*computer science*）的分支學科，用來對付尋找高效率演算法、資料結構、和其他軟體概念的抽象表示法，以及它們系統性的組織方式（*systematic organization*）⋯ 泛型程式設計側重於表現「領域概念」所形成的體系們（第 169-170 頁）。

在 C++ 的語境中，泛型程式設計有時會被定義為使用 *template* 進行編程（而物件導向程式設計則被看成是使用 *virtual* 函式進行編程）。從這個意義上來說，幾乎 C++ templates 的任何用法都可以被視為泛型程式設計的一個實例。不過軟體從業人員大都認為泛型程式設計具備一項額外的本質要素：templates 應該被設計在框架（framework）之中，以實現大量有用的組合運用。

截至目前為止，這個領域最重要的貢獻是標準模板庫（*Standard Template Library*，STL），它隨後被改寫、整合進 C++ 標準程式庫之中。STL 是一個框架，裡頭為許多物件集合（collection of objects）提供了線性資料結構（被稱為容器），並對容器提供許多有用的操作，稱為演算法（*algorithms*）。演算法和容器兩者皆為 templates。不過這裡的關鍵在於，演算法並非容器的成員函式。相反地，演算法以泛型（*generic*）方式寫成，故可以應用於任何容器（以及元素構成的線性集合）。為了做到這點，STL 的設計者們確立了一個抽象的概念：迭代器（*iterator*），可被用於任何類型的線性集合。本質上來說，容器操作方式中與集合相關的部分（像是遍歷各個元素、取最首位或末位元素），都已經被拆解出來、並整合進迭代器的功能之中了。

因此，我們可以實作一個像是「找出序列中最大值」的操作，而毋須知道數值是如何被存放在該序列之中的：

```
template<typename Iterator>
Iterator max_element (Iterator beg,          // 指向集合的開頭
                      Iterator end)          // 指向集合的結尾
{
    // 僅需使用某些 Iterator 的操作來遍歷集合中的所有元素，
    // 以尋找擁有最大數值的元素。並將該位置以 Iterator 型式回傳。
    ...
}
```

與其讓每個線性容器提供（像是 max_element() 之類的）所有會用到的操作，不如只需讓容器提供一個迭代器型別，用以遍歷其擁有的數值序列，同時提供用來創建迭代器的成員函式：

```cpp
namespace std {
    template<typename T, …>
    class vector {
      public:
        using const_iterator = …;        // 用於 const vector 的特定實作
        …                                 // (implementation-specific) 迭代器型別
        const_iterator begin() const;    // 標示集合開頭的迭代器
        const_iterator end() const;      // 標示集合結尾的迭代器
        …
    };

    template<typename T, …>
    class list {
      public:
        using const_iterator = …;        // 用於 const list 的特定實作
        …                                 // (implementation-specific) 迭代器型別
        const_iterator begin() const;    // 標示集合開頭的迭代器
        const_iterator end() const;      // 標示集合結尾的迭代器
        …
    };
}
```

現在我們可以透過呼叫泛型版本的 max_element() 操作、並將集合的開頭和結尾作為引數傳入，來找到任何集合內的最大值（這裡省略了針對空集合的特殊處理）：

poly/printmax.cpp

```cpp
#include <vector>
#include <list>
#include <algorithm>
#include <iostream>
#include "MyClass.hpp"

template<typename T>
void printMax (T const& coll)
{
    // 計算最大值的所在位置
    auto pos = std::max_element(coll.begin(),coll.end());

    // 印出 coll 裡具有最大值的元素（如果存在的話）：
    if (pos != coll.end()) {
        std::cout << *pos << '\n';
    }
    else {
        std::cout << "empty" << '\n';
```

```
    }
}

int main()
{
    std::vector<MyClass> c1;
    std::list<MyClass>   c2;
    …
    printMax(c1);
    printMax(c2);
}
```

STL 透過利用這些迭代器，對操作進行了參數化，避免操作的定義式在數量上爆炸式增長。
與其針對每一種容器來實作各種操作，我們只需要實作一次演算法，便可以適用於各種容器。
迭代器是一種泛型黏合劑（*generic glue*），由容器提供、被演算法所使用。以上機制之所以
行得通，是因為迭代器具備一組由容器提供、且能被演算法利用的特定介面。該介面通常被
稱作 *concept*（概念），用來標示一整組限制條件。template 必須滿足該條件，方能適用於此
框架。另外，這個概念也可被用於其他操作和資料結構。

你可能會回憶起，我們先前曾經在 18.4 節（第 377 頁）提過一個叫 *concepts* 的語言特性（在
附錄 E 中有更多細節）。確實，該語言特性完全對應這裡提到的概念。事實上，這裡用到的
術語 *concept*，最早是由 STL 的設計者們提出的，用來形式化（formalize）STL。隨後不久，
在 templates 中明確表達此種概念的工作便開始著手進行。

即將推出的語言特性，能夠幫助我們指定和確認迭代器上的需求條件。由於存在著不同的
迭代器分類，像是前向迭代器（*forward iterator*）和雙向迭代器（*bidirectional iterator*），
因此會涉及多個相應的 concepts（見 E.3.1 節，第 744 頁）。不過，於當前的 C++ 版本，
concepts 大多隱含在泛型程式庫的規格之中（特別是標準 C++ 程式庫）。幸運的是，部分
C++ 特性和技術（如 static_assert 和 SFINAE）仍允許我們做一些自動檢查。

理論上，與 STL 相仿的功能可以利用動態多型來實作。不過實際上，這種做法在用途上會
受到限制，因為迭代器概念與 virtual 函式的呼叫機制相比，算是非常輕量級的操作。基於
virtual 函式來添加新的介面層（interface layer），很可能會讓我們的運算效能變慢一個數
量級（或是更糟）。

泛型程式設計之所以實用，正是因為它依賴於在編譯期進行介面決議的靜態多型。另一方面，
在編譯期對介面進行決議的需求，也渴求著新的設計原則，這些原則在許多方面都不同於物
件導向設計原則。這些泛型設計原則（*generic design principles*）的許多精華部分，將會在本
書後續章節提及。另外，附錄 E 也藉由描述語言中直接支援 concepts 概念的部分，深入探討
泛型程式設計如何作為一種開發範式（development paradigm）。

18.7 後記

容器型別是將 templates 引入 C++ 程式語言的主要動機。在引進 templates 之前，流行使用多型階層體系（polymorphic hierarchies）來實作容器。一個廣為流傳的例子是美國國立衛生研究院類別程式庫（National Institutes of Health Class Library，NIHCL），它在相當程度上「翻譯」了 Smalltalk 的容器類別階層體系（見圖 18.5）。

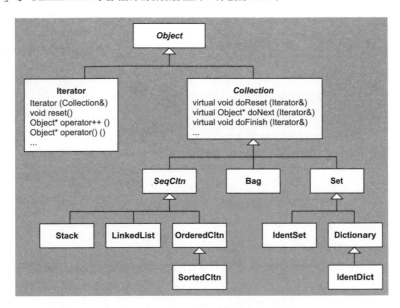

圖 18.5. NIHCL 的類別階層體系

NIHCL 與 C++ 標準程式庫十分類似，支援了種類豐富的容器和迭代器。不過在實作上它遵循 Smalltalk 風格的動態多型：Iterator 會利用抽象基礎類別 Collection 來操作不同類型的集合：

```
Bag c1;
Set c2;
…
Iterator i1(c1);
Iterator i2(c2);
…
```

遺憾的是，這種實作方式在執行時間和記憶體用量方面都代價高昂。通常執行時間會比使用 C++ 標準程式庫的等價程式碼慢上幾個數量級，因為大多數操作最終都需要進行 virtual 呼叫；而在 C++ 標準程式庫中，多數操作都被內嵌（inlined）了，在迭代器和容器之間的介面也不會涉及 virtual 函式。此外，由於這裡的介面都是被綁定的（bounded，這點和 Smalltalk 不同），內建型別因此必須被包裝在更大的多型 class 之中（該 wrapper 由 NIHCL 所提供），從而導致所需儲存空間的急劇增加。

即便在當下這樣的 template 時代，許多專案依舊在實作多型時做了次佳的選擇。誠然，在許多情況下選用動態多型是正確的，異質迭代（heterogeneous iteration）就是一個例子。不過同樣地，許多編程任務可以利用 templates 自然且高效地解決，同質容器（homogeneous containers）正是一例。

靜態多型本身非常適合用來編寫底層的基礎計算結構。相對地，動態多型需要挑選某個共同基礎型別，這代表動態多型程式庫通常必須依據特定領域（domain-specific）用途來做決定。因此 C++ 標準程式庫的 STL 部分之中，從未包含多型容器（polymorphic container），也就一點也不令人意外。不過它仍舊具備使用靜態多型的容器和迭代器形成的豐富集合（如同 18.6 節，第 380 頁所示）。

中大型 C++ 程式通常需要同時處理本章提及的這兩種多型。某些情況下，甚至需要緊密地結合兩者。依照我們的討論，大多數時候最佳的設計方式會十分明確，不過花點時間思考長期可能的演變方向，這樣的嘗試也總是值得的。

19

實作 Traits

Implementing Traits

Templates 讓我們可以針對各式各樣的型別將 class 和函式進行參數化。引進盡可能多的 template parameters，讓型別和演算法的各個面向能夠被客製化，這件事聽起來很有吸引力。這樣一來，這些「模板化」的組成元件便能夠以適當方式被實體化，以滿足客戶端程式碼的精確需求。不過從比較實際的角度來看，我們鮮少會為了最大程度的參數化，而引入大量 template parameters。敞若真的需要在客戶端程式碼中標明所有的對應引數，那也太無聊了，而且每個新增的 template parameter 都會使得組件和其用戶之間的協作約定變得更複雜。

還好，我們引入的大部分額外參數都可以具備合理的預設值。某些情況下，這些額外參數可以完全取決於少數主要參數，我們會看到這類的額外參數可以被一口氣省略。而其他的某些參數可以在大多數的情況下依賴主要參數來取得預設值，不過該預設值偶爾會（在某些特殊應用時）需要被覆寫。而剩下的參數則與主要參數無關：從某種意義上說，它們本身就是主要參數，只不過它們具備幾乎能夠滿足需求的預設值。

Traits（特徵萃取）或是 *traits templates*，是一種 C++ 編程裝置（programming devices），它很大程度上加強了工業等級 templates 設計中，對於額外參數的管理。在本章中，我們會展示一些證明 traits 十分有用的情境，同時示範各式各樣的技巧。讓你可以自行寫出穩健、威力強大的編程裝置。

我們介紹的大部分 traits 都會以某種形式存在於 C++ 標準程式庫。不過為了表達得更清楚，我們通常會介紹化簡後的實作版本，並略去會在工業等級的實作中存在的部分細節（像是標準程式庫裡會出現的那些）。出於這個原因，我們也採用自成一格的命名方式，不過它可以很簡單地被對應至標準 traits。

19.1 範例：求序列和

計算數值序列的總和是相當常見的計算工作。不過這個看似簡單的問題，提供了我們一個精采的範例來介紹 policy classes（策略類別）和 traits 可以派上用場的各個不同層級（levels）。

19.1.1　Fixed Traits（固定式特徵）

讓我們首先假設需要加總的數值存放在一個 array 裡，同時我們得到了一個指向第一個待加總元素的指標、以及一個指向最後一個待加總元素的指標。因為這本書主要討論的是 templates，故我們希望寫出一個適用於各種型別的 template。目前看來，下面的寫法直截了當 [1]：

traits/accum1.hpp

```
#ifndef ACCUM_HPP
#define ACCUM_HPP

template<typename T>
T accum (T const* beg, T const* end)
{
    T total{};   // 假設此處實際上創建了一個零值（zero value）
    while (beg != end) {
        total += *beg;
        ++beg;
    }
    return total;
}

#endif // ACCUM_HPP
```

這裡唯一有些微妙的部分是：如何創建一個具有正確型別的零值（*zero value*），用來開始進行加總。我們這裡使用了 5.2 節（第 68 頁）介紹過的*數值初始化*（*value initialization*，利用了 {...} 表示法）。這意味著 local 物件 total 會透過自身的預設建構子、或是藉由零（若對象是指標，則零代表 nullptr；如果是 Boolean 值，則表示 false）來進行初始化。

為了帶出我們的第一個 traits templates，考慮下面這段用到了 accum() 的程式碼：

traits/accum1.cpp

```
#include "accum1.hpp"
#include <iostream>

int main()
{
    // 建立由 5 個整數值構成的 array
    int num[] = { 1, 2, 3, 4, 5 };
```

---

[1]　出於簡潔考量，本節裡大部分範例使用的是一般的指標。不過顯然一個工業等級的介面會更偏好使用迭代器，作為參數，這遵循了 C++ 標準程式庫的慣例（見 [*JosuttisStdLib*]）。我們晚點會重新回顧例子裡的這個部分。

```
    // 印出平均數
    std::cout << "the average value of the integer values is "
              << accum(num, num+5) / 5
              << '\n';

    // 建立由字元值構成的 array
    char name[] = "templates";
    int length = sizeof(name)-1;

    // （試圖）印出平均字元值
    std::cout << "the average value of the characters in \""
              << name << "\" is "
              << accum(name, name+length) / length
              << '\n';
}
```

這個程式的前半部，我們使用 accum() 來加總五個整數值：

```
    int num[] = { 1, 2, 3, 4, 5 };
    …
    accum(num, num+5)
```

接著直接把最後的總和除以 array 裡的數值個數，便能得到平均值。

程式的後半部試圖對單字「templates」裡的所有字母做同樣的事（這有個前提：給定從 a 到 z 的字母以形成實際字元集合裡的一串連續序列，這件事對 ASCII 成立、但對 EBCDIC 則否）[2]。推測結果應該會是介於 a 和 z 之間的數值。當今的多數平台裡，這些數值會由 ASCII 碼來決定：a 會被編碼成 97、同時 z 會被編碼為 122。因此，我們會期望得到介於 97 和 122 之間的結果。然而在我們的平台上，程式的輸出如下：

```
    the average value of the integer values is 3
    the average value of the characters in "templates" is -5
```

這裡問題在於，我們的 template 是以 char 型別來實體化的。即便是用於加總相對較小的數值，該型別的數值範圍也太小了。顯然我們可以藉由引進一個額外的 template parameter AccT，用它作為變數 total 的型別（同時也代表回傳型別），來解決這個問題。不過，這會對所有用到該 template 的使用者造成額外的負擔。在我們的例子中，我們可能因而需要將程式改寫成下面這樣：

```
    accum<int>(name,name+5)
```

雖然這種（寫出引數）的限制並非承受不起，但它可以被避免。

---

[2] EBCDIC 是 Extended Binary-Coded Decimal Interchange Code 的縮寫，是廣泛使用於大型 IBM 主機中的 IBM 字元集。

另一種不同於添加額外參數的做法是：在每個用來呼叫 `accum()` 的型別 `T`、以及用來保存累計數值的型別之間建立關聯。這種關聯性可以被認為是型別 `T` 的一種特徵（characteristic），故用來計算加總的型別會被稱作 `T` 的 *trait*（特徵萃取）。如此一來，上述關聯可以被編碼為 template 的特化體：

traits/accumtraits2.hpp

```
template<typename T>
struct AccumulationTraits;

template<>
struct AccumulationTraits<char> {
    using AccT = int;
};

template<>
struct AccumulationTraits<short> {
    using AccT = int;
};

template<>
struct AccumulationTraits<int> {
    using AccT = long;
};

template<>
struct AccumulationTraits<unsigned int> {
    using AccT = unsigned long;
};

template<>
struct AccumulationTraits<float> {
    using AccT = double;
};
```

Template `AccumulationTraits` 被稱為一個 *traits template*（特徵萃取模板），因為它保存了自身參數型別的 trait（一般來說，這裡會出現一個以上的 traits 和參數）。此處我們決定不提供這個 template 的泛型定義式，因為在無法事先得知參數型別時，並不存在很好的辦法來決定適合的累計型別。不過我們也可以說，`T` 型別本身經常是這類型別的不錯選擇（即便在稍早的例子中顯然不是這樣）。

憑藉以上想法，我們可以將 `accum()` template 重寫如下[3]：

[3] 在 C++11 中，你需要以類似於型別 `AccT` 的方式來宣告回傳型別。

traits/accum2.hpp

```
#ifndef ACCUM_HPP
#define ACCUM_HPP

#include "accumtraits2.hpp"

template<typename T>
auto accum (T const* beg, T const* end)
{
    // 回傳型別是元素型別的 traits
    using AccT = typename AccumulationTraits<T>::AccT;

    AccT total{};    // 假定此處實際上創建了一個零值
    while (beg != end) {
        total += *beg;
        ++beg;
    }
    return total;
}

#endif // ACCUM_HPP
```

這樣一來，範例程式的輸出便符合我們的預期：

```
the average value of the integer values is 3
the average value of the characters in "templates" is 108
```

總的來說，由於我們新增了一項非常有用的機制來客製化演算法，因此程式碼不用做什麼劇烈的修改。此外，如果出現了會用到 accum() 的新型別，只要簡單額外宣告一個 AccumulationTraits template 的顯式特化體，便可以連結合適的 AccT。注意這件事適用於任何型別：基本型別（fundamental types）、宣告於其他程式庫中的型別等。

19.1.2 Value Traits（數值式特徵）

到目前為止，我們已經見過用 trait 來表現與某個給定的「主型別」相關的額外型別資訊。在本節中，我們會展示這種額外資訊並不僅限於型別。常數和其他類型的數值一樣可以和某個型別產生關聯。

我們原來的 accum() template 利用了回傳型別的預設建構子，將表示最終結果的變數初始化成我們期望的類零值（zero-like value）[*]：

```
AccT total{};    // 假設此處實際上創建了一個零值
…
return total;
```

---

[*] 初版譯註：之所以說類零值，因為該值並非絕對為零，例如 bool 的初值為 false。

這段程式碼顯然無法保證會產生一個適合用於在迴圈中進行加總的（初始）值。型別 AccT
甚至可能沒有預設建構子。

又一次，**traits** 可以作為一帖良藥。針對上述範例，我們可以替 AccumulationTraits 加上
一個新的 *value trait*（數值式特徵）：

traits/accumtraits3.hpp

```
template<typename T>
struct AccumulationTraits;

template<>
struct AccumulationTraits<char> {
    using AccT = int;
    static AccT const zero = 0;
};

template<>
struct AccumulationTraits<short> {
    using AccT = int;
    static AccT const zero = 0;
};

template<>
struct AccumulationTraits<int> {
    using AccT = long;
    static AccT const zero = 0;
};
…
```

這個例子裡，新的 **trait** 提供了一個 zero 元素，它是可以在編譯期被核算（evaluated）出來
的常數。因此，accum() 會變成下面這樣：

traits/accum3.hpp

```
#ifndef ACCUM_HPP
#define ACCUM_HPP

#include "accumtraits3.hpp"

template<typename T>
auto accum (T const* beg, T const* end)
{
  // 以元素型別的 traits 作為回傳型別
  using AccT = typename AccumulationTraits<T>::AccT;
```

```
  AccT total = AccumulationTraits<T>::zero;  // 以 trait 值來初始化 total
  while (beg != end) {
    total += *beg;
    ++beg;
  }
  return total;
}

#endif // ACCUM_HPP
```

這段程式碼中用於進行累計的變數，其初始化過程仍舊符合直覺：

```
  AccT total = AccumulationTraits<T>::zero;
```

這種寫法的缺點在於，對於位在 class 內的某個 static 常數資料成員，只有當它具備整數（integral）或列舉（enumeration）型別時，C++ 才允許我們對其初始化。

constexpr static 資料成員的限制較為寬鬆，允許浮點數以及其他文字（literal）型別：

```
  template<>
  struct AccumulationTraits<float> {
      using Acct = float;
      static constexpr float zero = 0.0f;
  };
```

然而，無論用的是 const 或 constexpr，都不允許非文字（nonliteral）型別以這種方式進行初始化。舉例來說，某個使用者定義的任意精度（arbitary-precision）型別：BigInt，可能並非是個文字型別。因為通常該型別必須在 heap（記憶體）中為物件配置空間，這會妨礙它成為一個文字型別；但也有可能只是因為用到的建構子並非 constexpr。像是下面的特化方式會造成錯誤：

```
  class BigInt {
    BigInt(long long);
    ...
  };
  ...
  template<>
  struct AccumulationTraits<BigInt> {
      using AccT = BigInt;
      static constexpr BigInt zero = BigInt{0}; // 錯誤：不是文字型別
  };
```

更為直接的替代做法是：不要在 class 裡定義該 value trait：

```
  template<>
  struct AccumulationTraits<BigInt> {
      using AccT = BigInt;
      static BigInt const zero;    // 這邊只做宣告
  };
```

這麼一來初始器（initializer）就會到原始碼裡，尋找長得像下面這樣的陳述句：

```
BigInt const AccumulationTraits<BigInt>::zero = BigInt{0};
```

雖然這招有用，但缺點是過於累贅（需要在兩個地方加上程式碼）。同時效率也可能較差，因為編譯器通常不會察覺定義式位於別處 *。

在 C++17 中，可以利用 *inline* 變數（*inline variable*）對付這個情況：

```
template<>
struct AccumulationTraits<BigInt> {
    using AccT = BigInt;
    inline static BigInt const zero = BigInt{0};      // C++17 之後 OK
};
```

C++17 之前的替代做法是：利用 inline 成員函式來處理未必提供整數值的 value traits。如果這類函式回傳的是文字型別，則該函式也可以被宣告為 constexpr [4]。

舉例來說，我們可以將 AccumulationTraits 改寫成下面這樣：

traits/accumtraits4.hpp

```
template<typename T>
struct AccumulationTraits;

template<>
struct AccumulationTraits<char> {
    using AccT = int;
    static constexpr AccT zero() {
        return 0;
    }
};

template<>
struct AccumulationTraits<short> {
    using AccT = int;
    static constexpr AccT zero() {
        return 0;
    }
};

template<>
struct AccumulationTraits<int> {
    using AccT = long;
    static constexpr AccT zero() {
```

---

[4] 大部分現代 C++ 編譯器可以「看穿」對簡單 inline 函式的呼叫。此外，加上 constexpr 便可以在必須使用常數的上下文中使用 value traits（像是 template argument）。

* 譯註：故無法利用 BigInt 的初值進行最佳化。

```
        return 0;
    }
};

template<>
struct AccumulationTraits<unsigned int> {
    using AccT = unsigned long;
    static constexpr AccT zero() {
        return 0;
    }
};

template<>
struct AccumulationTraits<float> {
    using AccT = double;
    static constexpr AccT zero() {
        return 0;
    }
};
...
```

同時將上述 traits 針對我們的型別進行擴充：

traits/accumtraits4bigint.hpp

```
template<>
struct AccumulationTraits<BigInt> {
    using AccT = BigInt;
    static BigInt zero() {
        return BigInt{0};
    }
};
```

對於應用端程式碼來說，和先前唯一不同之處在於使用了函式呼叫語法（而非較簡潔地存取 static 資料成員）：

```
    AccT total = AccumulationTraits<T>::zero(); // 以 trait 函式來初始化 total
```

顯然，traits 不單單只能代表額外的*型別*。在我們的範例裡，它可以是一種機制，用來提供 accum() 一些關於「將要處理的元素型別」的所有必要資訊。這是 traits 概念的關鍵所在：**Traits** 為泛型計算提供了針對具體元素（通常是型別）進行設定（*configure*）的有效途徑。

19.1.3　Parameterized Traits（參數化特徵）

先前章節中，accum() 裡 traits 的用法被稱為 *fixed*（固定式），因為一旦該 decoupled trait（去耦合的特徵萃取機制）被定義完成，它便無法在演算法內被替換。不過需要替換的情況是可能存在的。舉例來說，我們可能碰巧知道一組浮點數集合可以安全地用某個相同型別的變數進行加總，此時覆寫原有的 traits 也許能帶給我們一些效率上的好處。

我們可以透過替 trait 本身新增一個 template parameter AT 來解決這個問題，該 trait 的預設值會藉由我們的 traits template 來決定：

traits/accum5.hpp

```cpp
#ifndef ACCUM_HPP
#define ACCUM_HPP

#include "accumtraits4.hpp"

template<typename T, typename AT = AccumulationTraits<T>>
auto accum (T const* beg, T const* end)
{
    typename AT::AccT total = AT::zero();
    while (beg != end) {
        total += *beg;
        ++beg;
    }
    return total;
}

#endif // ACCUM_HPP
```

這樣一來，大多數使用者可以不用給出額外的 template argument。不過若是具備特殊需求的使用者，可以為預先設定的加總型別提供替代方案。我們猜想，這個 template 的大多數使用者都毋需明確指定第二個 template argument，因為該參數可以根據第一個引數所推導出的各種型別，被設定成適當的預設值。

19.2　Traits vs. Policies（策略）和 Policy Classes（策略類別）

截至目前為止，我們都把累計（*accumulation*）和加總（*summation*）看成同一件事。不過我們可以想像出另外一種方式的累計。舉例來說，我們可以連乘一整串給定的數值。或是如果該數值為一群字串，我們可以將它們串接起來。即便是在序列中尋找最大值，這件事也可以被塑造成一個累計問題。以上所有情況裡，accum() 裡唯一需要修改的地方是 += *beg。該運算可以被稱為累計過程中的 *policy*（策略）。

下面有個例子，說明我們如何將 policy 引進我們的 accum() function template：

traits/accum6.hpp

```
#ifndef ACCUM_HPP
#define ACCUM_HPP

#include "accumtraits4.hpp"
#include "sumpolicy1.hpp"

template<typename T,
         typename Policy = SumPolicy,
         typename Traits = AccumulationTraits<T>>
auto accum (T const* beg, T const* end)
{
    using AccT = typename Traits::AccT;
    AccT total = Traits::zero();
    while (beg != end) {
        Policy::accumulate(total, *beg);
        ++beg;
    }
    return total;
}

#endif   // ACCUM_HPP
```

這個 accum() 版本裡的 SumPolicy 是一個 *policy class*（策略類別），亦即：利用事先商定好的介面[5]，為特定演算法實作了一或多個 **policies** 的 class。SumPolicy 可以實作如下：

traits/sumpolicy1.hpp

```
#ifndef SUMPOLICY_HPP
#define SUMPOLICY_HPP

class SumPolicy {
  public:
    template<typename T1, typename T2>
    static void accumulate (T1& total, T2 const& value) {
        total += value;
    }
};

#endif   // SUMPOLICY_HPP
```

---

[5]　我們可以將該介面泛化為一個 *policy parameter*（策略參數）。它可以是一個 class（如上所述）、也可以是個指向函式的指標。

透過在累計時給出不同的策略，我們可以針對各種目標進行計算。舉個例子，考慮下面這個程式，它會嘗試計算部分數值的乘積：

traits/accum6.cpp

```cpp
#include "accum6.hpp"
#include <iostream>

class MultPolicy {
  public:
    template<typename T1, typename T2>
    static void accumulate (T1& total, T2 const& value) {
        total *= value;
    }
};

int main()
{
    // 建立具有 5 個整數值的 array
    int num[] = { 1, 2, 3, 4, 5 };

    // 印出所有數值的乘積
    std::cout << "the product of the integer values is "
              << accum<int,MultPolicy>(num, num+5)
              << '\n';
}
```

然而，上述程式的輸出並不符合我們的期待：

```
the product of the integer values is 0
```

這個問題是我們選用的初始值所造成的：雖然對加總而言，0 是個不錯的初始值，不過對乘法來說卻不是那樣（以零作為初始值，會令連乘的結果變為零）。這說明了不同的 traits 與 policies 彼此之間會互相影響，突顯仔細設計 template 的重要性。

這個例子裡，我們應該注意到：累計迴圈的初始化也是累計策略的一部分。該策略可能會、也可能不會用到 trait zero()。也不要忘了還有其他替代做法，並非所有問題都必須使用 traits 和 policies 來解決。舉例來說，C++ 標準程式庫裡的 std::accumulate() 函式把初始值作為第三個函式 call argument。

19.2.1　Traits 和 Policies，差在哪？

我們可以舉出一個合理的例子，用來支持以下論述：policies（策略）只不過是 traits 的一個特例。反過來說，也可以聲稱 traits 只是對 policy 進行編碼的結果。

新簡明牛津英文字典（*New Shorter Oxford English Dictionary*，請參考 [*NewShorterOED*]）裡面這樣說：

- **trait** *n.* … 能表現某物特徵的一種特性（*feature*）。
- **policy** *n.* … 為了好處或某些權宜考量而採取的任何行動方針。

根據以上觀點，我們傾向於只針對某些 class 使用 *policy classes*（策略類別）這個術語：這類 class 會以某種方式對行為進行編碼，同時該編碼方式基本上獨立於（*largely orthogonal*）其他同時使用的 termplate arguments。這和 Andrei Alexandrescu 在其著作 *Modern C++ Design* 裡的陳述是一致的（參考 [*AlexandrescuDesign*] 一書的第 8 頁）[6]：

> *Policies have much in common with traits but differ in that they put less emphasis on type and more on behavior.*（policies 與 traits 有許多共通點，但前者較少提及型別、更強調行為。）

引進 traits 技術的 Nathan Myers，提出了更為開放的定義（見 [*MyersTraits*]）：

> *Traits class: A class used in place of template parameters. As a class, it aggregates useful types and constants; as a template, it provides an avenue for that "extra level of indirection" that solves all software problems.*（特徵類別：用於 *template parameter* 處的 *class*。作為一個 *class*，它收集了有用的型別和常數；作為一個 *template*，它為用來解決所有軟體問題的「額外間接層」提供了一條康莊大道。）

一般而言，我們傾向使用下面這種（有點模糊的）定義：

- **Traits** 表現某個 template parameter 的自然附加屬性（natural additional properties）。
- **Policies** 表現用於泛型函式和型別（通常具備常用的預設值）的可設定行為（configurable behavior）。

為了進一步闡述這兩個概念間的可能區別，我們列出了有關 traits 的以下觀察：

- Traits 作為 *fixed traits* 會很好用（意指毋須經由 template parameters 傳遞）
- Traits 參數通常具有很自然的預設值（該值很少被覆寫，或是根本無法覆寫）
- Traits 參數傾向緊密依賴於一或多個主要參數
- Traits 大多和型別及常數併用，而非和成員函式併用
- Traits 傾向被收集在 traits *templates* 之中

對於 policy classes，我們列出以下觀察：

6　Alexandrescu 一直是 policy classes 世界的主要代言人。他以 policy classes 為基礎，開發了一套豐富的技術[*]。

[*]　初版譯註：主要表現於 Loki 程式庫。

- Policy classes 如果不作為 template parameters 傳入，它就沒什麼用處
- Policy parameters 毋需具有預設值，它們時常會被顯式標明出來（雖然許多泛型組件以常用的預設策略進行設定）
- Policy parameters 大多獨立於（orthogonal to）template 的其他參數
- Policy classes 主要和成員函式併用
- Policies 可以被收集在 plain classes（素樸類別）或 class templates 之中

不過，這兩個術語之間的界限確實很模糊。舉例來說，C++ 標準程式庫中的 character traits（字元特徵）也定義了像是比較、搬移、和搜尋字元之類的功能性行為（functional behavior）。同時藉由替換這類 traits，我們可以在保有相同字元類別的前提下，定義出自身行為不區分大小寫的字串 classes（參考 [JosuttisStdLib] 的 13.2.15 節）。因此，儘管被稱作 traits，它們仍具備一些與 policies 有關的性質。

19.2.2　Member Templates vs. Template Template Parameters

為了實作用於累計（accumulation）的 policy，我們選用帶有 member template（成員模板）的普通 class 來表現 SumPolicy 和 MultPolicy。另一種做法是使用 class templates 來設計 policy class 的介面，再將之作為 template template arguments 使用（參考 5.7 節，第 83 頁、以及 12.2.3 節，第 187 頁）。舉例來說，我們可以將 SumPolicy 改寫為 template：

traits/sumpolicy2.hpp

```
#ifndef SUMPOLICY_HPP
#define SUMPOLICY_HPP

template<typename T1, typename T2>
class SumPolicy {
  public:
    static void accumulate (T1& total, T2 const& value) {
        total += value;
    }
};

#endif // SUMPOLICY_HPP
```

接著可以修正 Accum 的介面，讓我們能夠使用 template template parameter：

traits/accum7.hpp

```
#ifndef ACCUM_HPP
#define ACCUM_HPP

#include "accumtraits4.hpp"
#include "sumpolicy2.hpp"

template<typename T,
         template<typename,typename> class Policy = SumPolicy,
```

```
                typename Traits = AccumulationTraits<T>>
auto accum (T const* beg, T const* end)
{
    using AccT = typename Traits::AccT;
    AccT total = Traits::zero();
    while (beg != end) {
        Policy<AccT,T>::accumulate(total, *beg);
        ++beg;
    }
    return total;
}

#endif // ACCUM_HPP
```

同樣的轉換也適用於 traits parameter（這類應用場景也存在其他可能的做法：例如，與其明確傳入 AccT 作為 policy 型別，不如傳遞 accumulation trait，同時讓 policy 根據該 traits parameter 來決定結果型別，這樣可能更好）。

透過 template template parameter 來取用 policy classes 最主要的好處，在於可以令以下這件事變得更簡單：讓 policy class 帶有部分狀態資訊（state information，亦即 static 資料成員），同時該資訊的型別依賴於 template parameters（在我們的第一種做法中，static 資料成員必須得內嵌於某個 member class template 之中）。

不過 template template parameter 做法的缺點在於，現在該 policy class 必須被寫成 template 型式，同時得具備完全符合介面定義的一組 template parameters。這會讓 traits 本身的表現方式變得更冗長、也比簡單的 nontemplate class 更不自然。

19.2.3　將多個 Policies 或 Traits 互相結合

正如先前的發展所示，traits 和 policies 無法完全免除對多個 template parameters 的需求。不過它們的確令參數減少到可控管的數量。接下來有個有趣的問題：如何對這些個參數進行排序？

一個簡單的策略是，根據預設值會被選擇的可能性，以遞增方式對這些參數進行排序。通常這代表 traits parameters 會寫在 policy parameters 的後面，因為 policy parameters 更常被客戶端程式碼覆寫（在前述開發過程中，細心的讀者可能已經留意到了這項策略）。

如果我們願意在程式碼中引入大量的複雜性，基本上存在一個替代做法能讓我們以任何順序標示非預設引數。相關細節請參閱 21.4 節（第 512 頁）。

19.2.4　以泛用迭代器進行累計

在我們對 traits 和 policies 的介紹告一段落之前，瞧瞧一個添加了處理泛用迭代器（general iterators）能力的 accum() 版本（而非僅能處理指標），應該會帶來一些啟發。這種能力方符合對工業等級泛型組件的期待。有趣的是，這仍然允許我們利用指標來呼叫 accum()，因為 C++ 標準程式庫提供了 *iterator traits*（**traits** 無所不在！）。因此我們可以將 `accum()` 的初始版本（先忽略會對它進行的改進）定義如下 [7]：

traits/accumO.hpp

```
#ifndef ACCUM_HPP
#define ACCUM_HPP

#include <iterator>

template<typename Iter>
auto accum (Iter start, Iter end)
{
    using VT = typename std::iterator_traits<Iter>::value_type;

    VT total{}; // 假定此處實際上創建了一個零值
    while (start != end) {
        total += *start;
        ++start;
    }
    return total;
}

#endif // ACCUM_HPP
```

`std::iterator_traits` 結構封裝了所有迭代器的相關屬性。因為存在針對指標的偏特化版本，故這些 **traits** 可以方便地與任何常規指標型別併用。這裡示範標準程式庫會如何實作此項支援：

```
namespace std {
  template<typename T>
  struct iterator_traits<T*> {
    using difference_type  = ptrdiff_t;
    using value_type       = T;
    using pointer          = T*;
    using reference        = T&;
    using iterator_category = random_access_iterator_tag ;
  };
}
```

不過，這裡不存在代表「迭代器所指物的累計值」的型別；因此我們仍然需要設計自己的 `AccumulationTraits`。

---

[7] 在 C++11 中，你必須將回傳型別宣告為 `VT`。

19.3 Type Functions（型別函式）

最初的 traits 範例示範了我們可以定義依賴於型別的行為。在 C 和 C++ 中，傳統上我們定義的函式可以被更精確的稱為 *value functions*（數值函式）：它們接受數值作為引數，同時回傳另一個數值作為結果。透過 templates，我們可以另外定義 *type functions*（型別函式）：這類函式接受型別作為引數，同時產生一種型別或常數作為結果。

有個非常好用的內建函式 sizeof，它會回傳一個常數，描述給定（型別）引數的大小（以 bytes 作為單位）。Class template 也可以作為 type functions 使用。這類 type function 的參數為 template parameters，同時會萃取出一個成員型別（member type）或是成員常數作為結果。舉例來說，sizeof 運算子可以具備以下介面：

traits/sizeof.cpp

```cpp
#include <cstddef>
#include <iostream>

template<typename T>
struct TypeSize {
    static std::size_t const value = sizeof(T);
};

int main()
{
    std::cout << "TypeSize<int>::value = "
              << TypeSize<int>::value << '\n';
}
```

這看起來好像沒什麼用，因為我們已經有了內建的 sizeof 運算子。不過請注意，TypeSize<T> 是個型別，故它可以作為 class template argument 傳遞（也可用於自身）。另一方面，TypeSize 是一個 template，故可以被用作 template template argument。

在下面的章節中，我們會開發一些更加泛用的 type functions。它們可以依循以上方式作為 traits class 使用。

19.3.1 決定元素型別

假定我們具有一系列的 container templates（容器模板），像是 std::vector<>、std::list<>、以及內建的 arrays。我們希望有個 type function，可以在接受一個容器型別後，給出其元素型別。這件事可以透過偏特化來達成：

traits/elementtype.hpp

```cpp
#include <vector>
#include <list>
```

```
template<typename T>
struct ElementT;                         // 原型模板

template<typename T>
struct ElementT<std::vector<T>> {     // 針對 std::vector 的偏特化
    using Type = T;
};

template<typename T>
struct ElementT<std::list<T>> {       // 針對 std::list 的偏特化
    using Type = T;
};
...

template<typename T, std::size_t N>
struct ElementT<T[N]> {               // 針對具有已知邊界 array 的偏特化
    using Type = T;
};

template<typename T>
struct ElementT<T[]> {                // 針對具有未知邊界 array 的偏特化
    using Type = T;
};
...
```

注意我們應該要對所有可能的 array 型別提供偏特化版本（細節詳見 5.4 節，第 71 頁）。

我們可以按以下方式使用這個 type function：

traits/elementtype.cpp

```
#include "elementtype.hpp"
#include <vector>
#include <iostream>
#include <typeinfo>

template<typename T>
void printElementType (T const& c)
{
    std::cout << "Container of "
              << typeid(typename ElementT<T>::Type).name()
              << " elements.\n";
}

int main()
{
```

```
    std::vector<bool> s;
    printElementType(s);
    int arr[42];
    printElementType(arr);
}
```

透過偏特化，我們得以在容器型別毋須知曉 type function 的情形下，實作該 type function。然而在許多狀況中，type function 會和其適用型別同時進行設計，這樣一來可以簡化程式實作。舉例來說，如果容器型別定義了一個成員型別 value_type（如同標準容器的做法），我們可以這樣撰寫程式碼：

```
template<typename C>
struct ElementT {
    using Type = typename C::value_type;
};
```

上述程式碼可以作為預設的實作版本，同時它不會排除適用於容器型別、且尚未定義適當 value_type 成員型別的特化體。

即便如此，通常仍會建議為 class template 的 type parameter 提供成員型別定義，使得在泛型程式碼裡能夠更簡單地存取它們（類似於標準容器模板的做法）。下面的程式碼傳達了這個想法：

```
template<typename T1, typename T2, ...>
class X {
  public:
    using ... = T1;
    using ... = T2;
    ...
};
```

Type function 好用的地方在哪裡呢？它讓我們可以用容器型別來參數化某個 template，同時毋需提供用來描述元素型別和其他特徵的參數。舉個例子，如果我們這樣寫

```
template<typename T, typename C>
T sumOfElements (C const& c);
```

這樣一來便需要用到類似 sumOfElements<int>(list) 的語法來明確標示元素型別。我們不如這麼宣告

```
template<typename C>
typename ElementT<C>::Type sumOfElements (C const& c);
```

此時元素型別便會透過 type function 來決定。

請觀察我們如何實作 traits，令其成為既有型別的一種擴充物；也就是說，我們甚至可以為基本型別（fundamental types）和封閉程式庫內的型別定義 type functions。

這個例子裡的 `ElementT` 型別被稱作 *traits class*（特徵類別），因為它被用來存取給定容器型別 `C` 裡頭的一個 trait（通常這類 class 會整合多個 traits）。因此，traits classes 不僅限於用來描述容器參數的特徵，也用以表現各種類型的「主要參數（main parameters）」。

方便起見，我們可以為 type funcitons 建立一個 alias template（別名模板）。例如，我們可以引入以下程式碼

```
template<typename T>
using ElementType = typename ElementT<T>::Type;
```

這能讓我們進一步簡化上述的 `sumOfElements` 宣告式，變成

```
template<typename C>
ElementType<C> sumOfElements (C const& c);
```

19.3.2　Transformation Traits（轉化特徵）

除了對主要參數型別（main parameter type）的特定內容提供存取方式，traits 也可以執行型別轉化（transformations on types），像是添加或去除 references 或 `const`、`volatile` 修飾詞（qualifiers）。

去除 Reference

舉例來說，我們可以實作一個 `RemoveReferenceT` trait，它能將 reference 型別轉為底層（underlying）的物件或函式型別，僅留下 nonreference 型別：

traits/removereference.hpp

```
template<typename T>
struct RemoveReferenceT {
  using Type = T;
};

template<typename T>
struct RemoveReferenceT<T&> {
  using Type = T;
};

template<typename T>
struct RemoveReferenceT<T&&> {
  using Type = T;
};
```

又一次，便利的 alias template 能讓使用上變得更簡單：

```
template<typename T>
using RemoveReference = typename RemoveReference<T>::Type;
```

當使用有時會產生 reference 型別的構件來獲得型別時，去除該型別上的 reference 通常會有所幫助，像是我們在 15.6 節（第 277 頁）討論過的，針對型別為 T&& 的函式參數所使用的特殊推導規則。

C++ 標準程式庫提供了相應的 type traits：std::remove_reference<>。D.4 節（第 729 頁）有相關敘述。

添加 Reference

同樣地，我們可以根據某個既有型別，創建一個 lvalue 或 rvalue reference（同時運用常見、方便的 alias templates）：

traits/addreference.hpp

```
template<typename T>
struct AddLValueReferenceT {
  using Type = T&;
};

template<typename T>
using AddLValueReference = typename AddLValueReferenceT<T>::Type;

template<typename T>
struct AddRValueReferenceT {
  using Type = T&&;
};

template<typename T>
using AddRValueReference = typename AddRValueReferenceT<T>::Type;
```

這裡會套用參考坍解規則（見 15.6 節，第 277 頁）。像是呼叫 AddLValueReference<int&&> 會產生 int& 型別（故此處毋須特別為其手工實作偏特化版本）。

如果我們想按原樣保有 AddLValueReferenceT 和 AddRValueReferenceT，同時不需要額外引入它們的特化體，則這些方便的 alias 實際上可以被簡化為

```
template<typename T>
using AddLValueReferenceT = T&;

template<typename T>
using AddRValueReferenceT = T&&;
```

它們可以在不實體化 class template 的前提下被實體化（因此這算是一個輕量級的動作）。不過這麼做有其風險，因為我們可能會針對特殊情況特化上述的 template。舉例來說，如先前所述，我們無法使用 void 作為這些 templates 的 template arguments。簡單的顯式特化可以應付這個問題：

```
template<>
struct AddLValueReferenceT<void> {
  using Type = void;
};

template<>
struct AddLValueReferenceT<void const> {
  using Type = void const;
};

template<>
struct AddLValueReferenceT<void volatile> {
  using Type = void volatile;
};

template<>
struct AddLValueReferenceT<void const volatile> {
  using Type = void const volatile;
};
```

類似做法也適用於 `AddRValueReferenceT`。

若想使用以上定義，方便的 alias templates 就必須被構建為 class templates 的形式，以確保特化版本也可以被選擇（因為 alias templates 無法被特化）。

C++ 標 準 程 式 庫 提 供 了 對 應 的 type traits：`std::add_lvalue_reference<>` 和 `std::add_rvalue_reference<>`。D.4 節（第 729 頁）有相關敘述。標準 templates 包含了對 `void` 型別的特化體。

去除修飾詞

Transformation traits 可以去除或引入任何類型的複合型別（compound type），這並不僅限於 references。舉例來說，如果出現了 `const` 修飾詞，我們也可以將其去除：

traits/removeconst.hpp

```
template<typename T>
struct RemoveConstT {
  using Type = T;
};

template<typename T>
struct RemoveConstT<T const> {
  using Type = T;
};

template<typename T>
using RemoveConst = typename RemoveConstT<T>::Type;
```

除此之外，**transformation traits** 也可以組合使用，像是創建一個 RemoveCVT trait，用來將 const 和 volatile 一併去除：

traits/removecv.hpp

```
#include "removeconst.hpp"
#include "removevolatile.hpp"

template<typename T>
struct RemoveCVT : RemoveConstT<typename RemoveVolatileT<T>::Type> {
};

template<typename T>
using RemoveCV = typename RemoveCVT<T>::Type;
```

關於 RemoveCVT 的定義，有兩件事需要注意。第一點，它同時用到了 RemoveConstT 和 RemoveVolatileT 兩者，首先會去除 volatile（如果有的話），接著再把結果傳給 RemoveConstT [8]。其次，它透過 *metafunction forwarding*（後設函式轉發）從 RemoveConstT 那裡繼承了 Type 成員，而不是像 RemoveConstT 特化體那樣自行宣告專屬的 Type 成員。這裡的 **metafunction forwarding** 單純是為了在定義 RemoveCVT 時少打幾個字。不過即便某些輸入未定義該 metafunction，metafunction forwarding 也經常能夠幫得上忙。我們會在 19.4 節（第 416 頁）深入討論某項相關技術。

方便的 **alias template** RemoveCV 可以化簡如下：

```
template<typename T>
using RemoveCV = RemoveConst<RemoveVolatile<T>>;
```

再一次，這種寫法只在 RemoveCVT 不會被特化時適用。不過和 AddLValueReference 與 AddRValueReference 時的狀況不同，我們想不到什麼理由會在這裡使用特化。

C++ 標準程式庫也提供了對應的 **type traits**：std::remove_volatile<>、std::remove_const<>、以及 std::remove_cv<>。在 D.4 節（第 728 頁）有相關敘述。

退化

為了完善我們對 transformation traits 的討論，我們開發了一個模仿「函式引數與參數間的以值傳遞（by value）型別轉換」的 trait。根據繼承自 C 語言的特性，這代表該引數會發生退化（decay，會將 array 型別轉為指標型別、將函式型別轉為指向函式的指標型別；參考 7.4 節，第 115 頁、11.1.1 節，第 159 頁）同時除去任何最外層（top-level）的 const、volatile、或是 reference 修飾詞（因為在決議某個函式呼叫時，參數型別最外層的型別修飾詞會被忽略）。

---

[8] 去除修飾詞的順序不會導致語義上的差異：我們也可以先去除 const，然後再去除 volatile。

以值傳遞的效果如下面的程式所示。該程式會印出當給定型別被編譯器退化之後，實際產生的參數型別：

traits/passbyvalue.cpp

```cpp
#include <iostream>
#include <typeinfo>
#include <type_traits>

template<typename T>
void f(T)
{
}

template<typename A>
void printParameterType(void (*)(A))
{
  std::cout << "Parameter type: " << typeid(A).name() << '\n';
  std::cout << "- is int:     " << std::is_same<A,int>::value << '\n';
  std::cout << "- is const:   " << std::is_const<A>::value << '\n';
  std::cout << "- is pointer: " << std::is_pointer<A>::value << '\n';
}

int main()
{
  printParameterType(&f<int>);
  printParameterType(&f<int const>);
  printParameterType(&f<int[7]>);
  printParameterType(&f<int(int)>);
}
```

在程式的輸出結果中，int 參數仍舊保持原樣。不過 int const、int[7]、和 int(int) 參數都分別退化（*decay*）為 int、int*、和 int(*)(int)。

我們可以實作一個 trait，令其產生和以值傳遞結果相同的型別轉換。為了與 C++ 標準程式庫 trait std::decay 的名稱相符，我們將其命名為 DecayT [9]，並結合先前提過的多項技術進行實作。首先，我們定義遇到 nonarray、nonfunction 情況的退化，此時會簡單地去除任何 const 和 volatile 修飾詞：

```cpp
template<typename T>
struct DecayT : RemoveCVT<T> {
};
```

---

[9] 使用退化（*decay*）這個術語可能會有點混淆。因為在 C 語言裡它只代表了從 array / 函式型別到指標型別的轉換，但在這裡它也包括了去除最外層的 const / volatile 修飾詞。

接著，我們處理從 array 到指標的退化。這要求我們使用偏特化來辨識所有的 array 型別（無論有沒有邊界）：

```cpp
template<typename T>
struct DecayT<T[]> {
  using Type = T*;
};

template<typename T, std::size_t N>
struct DecayT<T[N]> {
  using Type = T*;
};
```

最後，我們處理從函式到指標的退化。此時必須能夠匹配任意函式型別，不管它們的回傳型別、參數型別的數量為何。針對這點，我們利用 variadic templates（可變參數模板）：

```cpp
template<typename R, typename... Args>
struct DecayT<R(Args...)> {
  using Type = R (*)(Args...);
};

template<typename R, typename... Args>
struct DecayT<R(Args..., ...)> {
  using Type = R (*)(Args..., ...);
};
```

注意第二個偏特化也匹配任何使用了 C-style varargs 的函式型別[10]。綜上所述，我們利用 DecayT 原型模板和四個偏特化體實作出參數型別退化行為，如同以下範例程式所示：

traits/decay.cpp

```cpp
#include <iostream>
#include <typeinfo>
#include <type_traits>
#include "decay.hpp"

template<typename T>
void printDecayedType()
{
  using A = typename DecayT<T>::Type;
  std::cout << "Parameter type: " << typeid(A).name() << '\n';
  std::cout << "- is int:      " << std::is_same<A,int>::value << '\n';
```

---

[10] 嚴格說來，第二個省略符號（...）前的逗號可加可不加，但為了清楚起見，我們將其寫出。由於省略符號可被忽略（optional），故實際上第一個偏特化裡的函式型別，在語法上具有歧義：它可以被解析為 R(Args, ...)（C-style 的 varargs 參數），也可以是 R(Args... name)（一個 parameter pack）。此時選擇的是第二種解釋方式，因為 Args 是個未展開的 parameter pack。當需要第一種解釋方式時，我們可以在這種（相當罕見）的情況下明確添加逗號。

```
  std::cout << "- is const:   " << std::is_const<A>::value << '\n';
  std::cout << "- is pointer: " << std::is_pointer<A>::value << '\n';
}

int main()
{
  printDecayedType<int>();
  printDecayedType<int const>();
  printDecayedType<int[7]>();
  printDecayedType<int(int)>();
}
```

一如以往,我們提供方便的 alias template:

```
template typename T>
using Decay = typename DecayT<T>::Type;
```

如上所述,C++ 標準程式庫同樣提供了對應的 type traits:`std::decay<>`。相關敘述位於 D.4 節(第 731 頁)。

19.3.3　Predicate Traits(決斷特徵)

截至目前為止,我們已經探討過、同時實作了由單一型別構成的 type functions:給定一種型別,產生另一種相關型別或常數。不過,一般來說我們可以開發依賴於多個引數的 type function。這也帶出了另一種特殊形式的 type traits:*type predicates*(型別決斷特徵,產生 Boolean 值的 type functions)。

IsSameT

`IsSameT` trait 會判斷兩個型別是否相同:

traits/issame0.hpp

```
template<typename T1, typename T2>
struct IsSameT {
    static constexpr bool value = false;
};

template<typename T>
struct IsSameT<T, T> {
    static constexpr bool value = true;
};
```

此處的原型模板定義：一般而言，作為 template arguments 傳入的兩個不同型別彼此相異。故此時 value 成員為 false。不過，當遇到兩個傳入型別相同的特殊情況時，我們利用偏特化令 value 為 true。

舉個例子，下面的陳述式會檢查某個傳入的 template parameter 是否為整數：

```
if (IsSameT<T, int>::value) …
```

對於會產生常數值的 traits，我們無法為其提供 alias template。不過我們可以提供一個 constexpr **variable template** 來達成相同的效果：

```
template<typename T1, typename T2>
constexpr bool isSame = IsSameT<T1, T2>::value;
```

C++ 標準程式庫提供了一個對應的 **type trait**：std::is_same<>。相關敘述位於 D.3.3 節（第 726 頁）。

true_type 與 false_type

我們可以透過為兩種可能的結果（true 和 false）分別提供不同的型別，來大幅改善 IsSameT 的定義式。事實上，假如我們宣告了一個 class template BoolConstant，其擁有兩種可能的實體 TrueType 和 FalseType：

traits/boolconstant.hpp

```
template<bool val>
struct BoolConstant {
  using Type = BoolConstant<val>;
  static constexpr bool value = val;
};
using TrueType = BoolConstant<true>;
using FalseType = BoolConstant<false>;
```

我們便可以根據 IsSameT 匹配的是 TrueType 或 FalseType，來決定其定義會繼承自兩者中的哪一個：

traits/issame.hpp

```
#include "boolconstant.hpp"

template<typename T1, typename T2>
struct IsSameT : FalseType
{
};

template<typename T>
struct IsSameT<T, T> : TrueType
{
};
```

現在，下式最終得到的*型別*

```
IsSameT<T,int>
```

會隱式轉型成其基礎型別 TrueType 或 FalseType。它們不僅提供了對應的 value 成員，同時也允許我們在編譯期（將客戶端的呼叫）分發至不同的函式實作版本或 **class template** 偏特化體。例如：

traits/issame.cpp

```cpp
#include "issame.hpp"
#include <iostream>

template<typename T>
void fooImpl(T, TrueType)
{
  std::cout << "fooImpl(T,true) for int called\n";
}

template<typename T>
void fooImpl(T, FalseType)
{
  std::cout << "fooImpl(T,false) for other type called\n";
}

template<typename T>
void foo(T t)
{
  fooImpl(t, IsSameT<T,int>{}); //根據 T 是否為 int 來選擇實作版本
}

int main()
{
  foo(42);  //呼叫 fooImpl(42,  TrueType)
  foo(7.7); //呼叫 fooImpl(7.7, FalseType)
}
```

這項技術被稱作**按標籤分發**（*tag dispatching*），會在 20.2 節（第 467 頁）詳細介紹。

注意我們的 BoolConstant 實作包含了一個 Type 成員，這讓我們能再度為 IsSameT 引入一個 **alias template**：

```cpp
template<typename T>
using IsSame = typename IsSameT<T>::Type;
```

該 **alias template** 能夠與 **variable template** isSame 同時存在。

一般而言，會產生 **Boolean** 值的 **traits** 應當藉由繼承像是 TrueType 和 FalseType 之類的型別，來支援按標籤分發。不過為了達到最大程度的泛型，用來表現 true 和 false 的型別各自應該僅有一個，而非讓每個泛型程式庫都針對 **Boolean** 常數定義專屬的型別。

幸好，自 C++11 起，C++ 標準程式庫於 `<type_traits>` 內提供了相對應的型別：`std::true_type` 和 `std::false_type`。於 C++11 和 C++14 中，它們的定義如下：

```
namespace std {
  using true_type  = integral_constant<bool, true>;
  using false_type = integral_constant<bool, false>;
}
```

從 C++17 開始，它們被這樣定義：

```
namespace std {
  using true_type  = bool_constant<true>;
  using false_type = bool_constant<false>;
}
```

此處的 `bool_constant` 定義於 namespace std 中：

```
template<bool B>
using bool_constant = integral_constant<bool, B>;
```

更多細節請參考 D.1.1（第 699 頁）。

基於以上理由，我們於本書後續章節直接採用 `std::true_type` 和 `std::false_type`，特別是在定義 type predicates 時。

19.3.4　Result Type Traits（最終型別特徵）

Type functions 的另外一個例子，是處理多種型別的 *result type traits*（最終型別特徵）。它們在撰寫 operator templates（運算子模板）時十分有用。為了理解這個概念，讓我們寫一個允許對兩個 `Array` 容器進行相加的 function template：

```
template<typename T>
Array<T> operator+ (Array<T> const&, Array<T> const&);
```

這樣做很合理，不過因為語言允許我們將 `char` 值與 `int` 值彼此相加，故我們的確會希望這類的型別混合運算也能在 **array** 上實行。我們接下來會面臨到的是，決定最終 template 應當回傳何種型別的問題

```
template<typename T1, typename T2>
Array<???> operator+ (Array<T1> const&, Array<T2> const&);
```

除了在 1.3 節（第 9 頁）提過的另一種做法外，result type template（最終型別模板）允許我們將上述宣告裡的問號以下面這種方式改寫：

```
template<typename T1, typename T2>
Array<typename PlusResultT<T1, T2>::Type>
operator+ (Array<T1> const&, Array<T2> const&);
```

假如這裡能夠使用方便的 alias template，那也可以這樣寫，

```
template<typename T1, typename T2>
Array<PlusResult<T1, T2>>
operator+ (Array<T1> const&, Array<T2> const&);
```

這裡的 PlusResultT trait 決定了使用 + 運算子來加總兩種（可能不同的）型別後產生的型別：

traits/plus1.hpp

```
template<typename T1, typename T2>
struct PlusResultT {
    using Type = decltype(T1() + T2());
};

template<typename T1, typename T2>
using PlusResult = typename PlusResultT<T1, T2>::Type;
```

該 trait template 利用 decltype 來計算陳述式 T1() + T2() 的型別，將決定最終型別的苦工留給編譯器，這包含對型別提升規則（promotion rules）與重載運算子的處理。

然而，對於這個例子最初的動機來說，decltype 實際上保留了**過多**的資訊（參見 15.10.2，第 298 頁，針對 decltype 行為的敘述）。舉例來說，我們的 PlusResultT 實作會產生一個 reference 型別，但是很可能我們的 Array class 並未被設計成可以處理 reference 型別。更現實的問題是，重載後的 operator+ 可能會回傳一個型別為 const class 的值：

```
class Integer { … };
Integer const operator+ (Integer const&, Integer const&);
```

將兩個 Array<Integer> 數值相加會產生一個由 Integer const 構成的 **array**，這很可能不是我們期望的結果。事實上，我們希望得到的應該是去除了 reference 和修飾詞後的最終型別，如同我們在先前章節曾討論過的那樣：

```
template<typename T1, typename T2>
Array<RemoveCV<RemoveReference<PlusResult<T1, T2>>>>
operator+ (Array<T1> const&, Array<T2> const&);
```

這類的巢狀 traits 在 template 程式庫中相當常見，經常會被用在 metaprogramming 的語境中。第 23 章會詳細介紹 metaprogramming（後設編程）。方便的 alias templates 格外適合用來對付這類的多層巢狀（multilevel nesting）結構。如果沒有它們，我們就得在每一層都額外加上 typename 和 ::Type 字尾了。

現在，當兩個由（可能相異的）特定元素型別所構成的 **arrays** 彼此進行相加時，**array** 的加法運算子（addition operator）會好好地計算出最終型別。不過我們的 PlusResultT 實作對元素型別 T1 和 T2 強行施加了一條限制：由於陳述式 T1()+T2() 試圖對具有 T1 和 T2 型別的數值進行數值初始化（value-initialize），故這兩個型別都必須具備一個可取用（accessible）且未被刪除（nondeleted）的預設建構子（又或是它們必須為 nonclass 型別）。然而，Array class 本身可能不需要對其元素型別進行數值初始化，這樣一來上述新加的限制就是多餘、沒必要的了。

declval

幸運的是，藉由能產生「具有指定型別 T 的數值」的函式，讓我們得以簡單地在*毋需建構子*的情形下，為 + 運算式建立數值。針對這點，C++ 標準提供了 std::declval<>，我們在 11.2.3 節（第 166 頁）曾經介紹過它，該模板定義在 <utility> 裡，簡單表述如下：

```
namespace std {
  template<typename T>
  add_rvalue_reference_t<T> declval() noexcept;
}
```

陳述式 declval<T>() 會產生一個型別為 T 的數值，並*毋需*預設建構子（或其他運算）的協助。

這裡刻意不為該 function template 提供定義，因為這表示該模板僅會被用於 decltype、sizeof、或是一些不需要定義的語境中。它還有兩個有趣的屬性：

- 對於可被參考的（referenceable）型別，回傳型別必然是該型別的 rvalue reference。這樣一來，即便是通常無法被函式回傳的型別，declval 依然能夠適用。例如抽象 class 型別（帶有 pure virtual 函式的 class）及 array 型別。應用於陳述式時，從 T 到 T&& 的轉換對於 declval<T>() 的行為沒有實際影響：兩者皆為 rvalues（假設 T 為物件型別），同時由於參考坍解（reference collapsing）規則，lvalue reference 型別會保持不變（相關說明位於 15.6 節，第 277 頁）[11]。

- 此處的 noexcept 標記明確表示：陳述式不會因為使用了 declval，而被編譯器認為會拋出異常。當 declval 用於具有 noexcept 運算子（見 19.7.2 節，第 443 頁）的上下文中時，這點十分有用。

有了 declval，我們可以免除 PlusResultT 對數值初始化的需求：

traits/plus2.hpp

```
#include <utility>

template<typename T1, typename T2>
struct PlusResultT {
  using Type = decltype(std::declval<T1>() + std::declval<T2>());
};

template<typename T1, typename T2>
using PlusResult = typename PlusResultT<T1, T2>::Type;
```

Result type traits 提供了一種能用來決定特定運算的精準回傳型別的方法，在描述 function templates 的回傳型別時，這種方法經常能幫得上忙。

---

[11] 透過直接使用 decltype，我們可以察覺 T 和 T&& 兩種回傳型別之間的不同。不過由於此處 declval 用法上的限制，故實際上感受不到什麼差別。

19.4 SFINAE-Based Traits（應用 SFINAE 的 Traits）

SFINAE 原則（替換失敗不算錯誤；請參考 8.4 節，第 129 頁、15.7 節，第 284 頁）能將 template 引數推導過程中，由於形成非法的型別和陳述式所導致的潛在錯誤（可能造成程式語法不正確）轉化為簡單的推導失敗，並允許重載決議選擇另一個候選函式。雖然起初 SFINAE 是為了避免 function template 重載過程中的假性失敗（spurious failures），但它同時也令一些出色的編譯期編程技術得以實現，並用來判斷某個特定型別或陳述式是否合法。舉例來說，這讓我們可以藉由撰寫 traits 來判斷某個型別是否具備特定成員、是否支援特定運算、或者是否是個 class。

SFINAE-based traits（應用 SFINAE 的 traits），其兩大主流用途為：用來 SFINAE out 重載函式、以及 SFINAE out 偏特化體（譯注：SFINAE out，指透過 SFINAE 來排除某個程式組件，中文可以寫成「將某物給 SFINAE 掉」）。

19.4.1 SFINAE Out 重載函式

作為首次涉足 SFINAE-based traits，我們闡述一項同時使用 SFINAE 與函式重載的基本技術，用來找出某個型別是否支援預設建構（default constructible）。如果是的話，你就可以在不提供任何初始值（value for initialization）的情況下創建物件。也就是說，對於給定的型別 T，類似 T() 的陳述式必然合法。

基本的實作版本看起來會像下面這樣：

traits/isdefaultconstructible1.hpp

```
#include "issame.hpp"

template<typename T>
struct IsDefaultConstructibleT {
  private:
    // test() 會嘗試以傳入的 T 作為 U，來對預設建構子進行替換：
    template<typename U, typename = decltype(U())>
      static char test(void*);
    // test() 的備案 (fallback)：
    template<typename>
      static long test(...);
  public:
    static constexpr bool value
      = IsSameT<decltype(test<T>(nullptr)), char>::value;
};
```

以函式重載來實作 SFINAE-based trait 的做法，一般會宣告兩個名為 test() 的重載 function templates，兩者具有不同的回傳型別：

```
template<...> static char test(void*);
template<...> static long test(...);
```

第一個重載函式被設計成唯有當所需檢查成功時，方能成功匹配（我們下面會討論如何做到這點）。第二個重載函式則為備案（fallback）[12]：它必定會匹配呼叫式，但因為它「使用省略符號（ellipsis）」完成匹配（也就是說它是個 vararg 參數），故編譯器會偏好其他也能匹配的選擇（參見 C.2 節，第 682 頁）。

這裡的「回傳值」value 取決於最後選擇的是哪一個重載 test 成員：

```
static constexpr bool value
  = IsSameT<decltype(test<T>(nullptr)), char>::value;
```

如果選擇的是第一個 test() 成員（回傳型別為 char），則 value 會被初始化為 isSame<char, char>，也就是 true；否則它會被初始化為 isSame<long, char>，亦即 false。

現在得來對付我們想要測試的具體性質。我們的目標是：唯有且僅有當我們想要檢查的條件滿足時，令第一個 test() 重載版本合法。在這個例子裡，我們想要找出當傳入型別為 T 時，是否能夠使用預設建構來產生物件。為了實現這點，我們將 T 作為 U 傳入，同時替第一個 test() 宣告式加上第二個未具名的虛設模板引數（unnamed dummy template argument）。該引數會被某個構件（陳述式）初始化，而該構件唯有且僅有在從 T 到 U 的轉換合法時才會有效。此例中，我們用的陳述式 U() 只會在隱式或顯式的預設建構子存在時有效。該陳述式被包在 decltype 裡，為了讓它成為能夠用於初始化 type parameter 的有效陳述式。

如果沒有相應的引數傳入，第二個 template parameter 會無法被推導出來。由於我們並不會為它提供明確的 template argument，因此該參數的替換行為會發生。如果替換失敗了，根據 SFINAE，這個 test() 宣告式會被捨棄，因而只有備案宣告式會匹配。

這麼一來，我們可以如此運用這個 trait：

```
IsDefaultConstructibleT<int>::value        // 產生 true

struct S {
  S() = delete;
};
IsDefaultConstructibleT<S>::value          // 產生 false
```

注意我們無法直接在第一個 test() 裡寫出 template parameter T：

```
template<typename T>
struct IsDefaultConstructibleT {
  private:
    // 錯誤：test() 直接使用了 T：
    template<typename, typename = decltype(T())>
      static char test(void*);
    // test() 的備案：
    template<typename>
      static long test(...);
  public:
```

---

[12] 備案（fallback）的宣告式有時可以是個素樸（plain）成員函式宣告，並不一定要是成員函式模板。

```
    static constexpr bool value
      = IsSameT<decltype(test<T>(nullptr)), char>::value;
};
```

這樣寫會行不通，因為對 T 來說，會對每一個成員函式均進行替換。故對於不支援預設建構的型別，整段程式碼會無法通過編譯，而非僅僅忽略第一個 test() 重載函式。藉由將 class template parameter T 傳遞給 function template parameter U，我們僅為第二個 test() 重載函式製造了一個特定的 SFINAE 語境。

針對 SFINAE-based Traits 的替代實作方案

在 1998 年第一個 C++ 標準發佈之前，就已經能夠實作 SFINAE-based traits 了 [13]。這種做法的關鍵始終在於：宣告兩個會回傳不同型別的重載 function templates：

```
    template<...> static char test(void*);
    template<...> static long test(...);
```

不過，最初發佈的技術 [14] 利用回傳型別的大小來決定所選擇的重載版本（它也用到了 0 和 enum，因為當時尚無法使用 nullptr 和 constexpr）：

```
    enum { value = sizeof(test<...>(0)) == 1 };
```

在某些平台上，可能會發生 sizeof(char)==sizeof(long)。舉例來說，在數位訊號處理器（DSP）或舊式 Cray 主機上，所有的整數基本型別可能具有相同的大小。根據定義 sizeof(char) 會等於 1，但在這些機器上 sizeof(long)、甚至是 sizeof(long long) 也都等於 1。

有鑑於以上觀察，我們希望確保 test() 各重載函式的回傳型別在所有平台上都具備不同的大小。例如，給定以下定義

```
    using Size1T = char;
    using Size2T = struct { char a[2]; };
```

或是

```
    using Size1T = char(&)[1];
    using Size2T = char(&)[2];
```

我們可以用以下方式來定義 test() 重載函式：

```
    template<...> static Size1T test(void*);        // 檢查 test()
    template<...> static Size2T test(...);          // 備案
```

這裡我們會回傳 Size1T（大小為 1 的單個 char）或是由兩個 chars 構成的 array 結構（在所有平台上的大小都至少會是 2）。

---

[13] 不過，當時的 SFINAE 規則受到更多的限制：當對 template arguments 的替換動作產生格式不符的型別構件時（像是 T::X，而 T 是個 int），SFINAE 行為會符合預期。但是當產生的是不合法的陳述式時（例如 sizeof(f())，而 f() 回傳的是 void），SFINAE 不起作用、同時立馬發出錯誤。

[14] 本書初版或許是這項技術的最初出處。

使用這類做法的程式碼依然相當常見。

同時請注意，傳遞給 `func()` 的 **call argument**，其型別並不重要。重要的是傳入引數能夠匹配於期望型別。舉例來說，你也可以定義成傳入整數值 42：

```
template<…> static Size1T test(int);        // 檢查 test()
template<…> static Size2T test(...);         // 備案
…
enum { value = sizeof(test<...>(42)) == 1 };
```

將 SFINAE-based Traits 作為 Predicate Traits

如 19.3.3 節（第 410 頁）介紹過的，一個會回傳 Boolean 值的 **predicate trait**（決斷特徵），所回傳的數值應當繼承自 `std::true_type` 或 `std::false_type`。透過這種方式，我們也能夠解決在某些平台上 `sizeof(char)==sizeof(long)` 的問題。

針對這點，我們需要一份 `IsDefaultConstructibleT` 的間接定義。該 trait 自身應該繼承自某個 **helper class**（輔助類別）的 `Type` 成員，以獲得所需的 **base class**。幸運的是，我們可以簡單地把相應的 **base class** 作為 `test()` 重載版本的回傳型別：

```
template<…> static std::true_type  test(void*); // 檢查 test()
template<…> static std::false_type test(...);    // 備案
```

這樣一來，用來表示 **base class** 的 `Type` 成員可以簡單宣告如下：

```
using Type = decltype(test<T>(nullptr));
```

這樣我們便無需使用 `IsSameT` **trait** 了。

如此一來，完整的 `IsDefaultConstructibleT` 改良版實作看起來會像這樣：

traits/isdefaultconstructible2.hpp

```
#include <type_traits>

template<typename T>
struct IsDefaultConstructibleHelper {
  private:
    // test() 會嘗試以傳入的 T 作為 U，來對預設建構子進行替換：
    template<typename U, typename = decltype(U())>
      static std::true_type test(void*);
    // test() 的備案：
    template<typename>
      static std::false_type test(...);
  public:
    using Type = decltype(test<T>(nullptr));
};

template<typename T>
struct IsDefaultConstructibleT : IsDefaultConstructibleHelper<T>::Type {
};
```

現在，如果第一個 test() function template 合法，則編譯器會偏好使用該重載版本。成員 IsDefaultConstructibleHelper::Type 因而會以該版本的回傳型別 std::true_type 進行初始化。如此一來，IsConvertibleT<...> 便繼承自 std::true_type。

若第一個 test() function template 不合法，根據 SFINAE 它會無效。同時 IsDefaultConstructibleHelper::Type 會以 test() 備案版本的回傳型別來初始化。亦即 std::false_type。結果便是，IsConvertibleT<...> 會繼承自 std::false_type。

19.4.2　SFINAE Out 偏特化體

實作 SFINAE-based traits 的第二種方式是利用偏特化。再一次，我們可以利用以下範例來判斷某個型別 T 是否支援預設建構：

traits/isdefaultconstructible3.hpp

```
#include "issame.hpp"
#include <type_traits>   // 定義 true_type 和 false_type

// 用來忽略任意 template parameter 個數的 helper：
template<typename...> using VoidT = void;

// 原型模板：
template<typename, typename = VoidT<>>
struct IsDefaultConstructibleT : std::false_type
{
};

// 偏特化體（可能會被 SFINAE 掉）
template<typename T>
struct IsDefaultConstructibleT<T, VoidT<decltype(T())>> : std::true_type
{
};
```

和上述用作 predicate traits 的 IsDefaultConstructibleT 改良版相同，泛用情況被我們定義為繼承自 std::false_type，因為預設情況下所有的型別並不具備預設建構子。

這裡有個有趣的特性，第二個 template argument 的預設型別為某個 helper 型別 VoidT。這讓我們提供的偏特化體，能夠使用任意數量的編譯期型別構件（compile-time type constructs）。

這個例子裡，我們只需要用到一個構件：

```
decltype(T())
```

用來檢查 T 的預設建構子是否可用。如果該構件針對特定的 T 不合法，此時 SFINAE 會導致整個偏特化體被捨棄，同時退回使用原型模板。反過來說，如果偏特化體合法，則偏好使用該偏特化體。

在 C++17 中，C++ 標準程式庫引進了一個 type trait std::void_t<>，對應此處介紹的型別 VoidT。在 C++17 之前，按照上述方式自行定義可能很管用，或甚至可以用以下方式在 namespace std 中進行定義 [15]：

```
#include <type_traits>

#ifndef __cpp_lib_void_t
namespace std {
  template<typename...> using void_t = void;
}
#endif
```

從 C++14 開始，C++ 標準化委員會建議編譯器和標準程式庫表明哪一部分標準是透過商定好的 *feature macros*（特性巨集）來實作的。這並不是需要嚴格遵守的標準要求，不過實作者通常會遵循該建議，因為這有益於使用者 [16]。此處的 macro __cpp_lib_void_t 是一種建議用法，用於表明某個程式庫實作了 std::void_t 的 macro。故我們的的程式碼利用該 macro 作為判斷條件。

顯然這種定義 type trait 的方式，看起來比第一種使用重載 function templates 的做法更加精煉。但是，這需要能在 template parameter 的宣告式中構築條件。而使用帶有重載函式的 class template 這種方式，讓我們得以運用額外的輔助函式（helper function）或輔助型別（helper types）。

19.4.3　利用泛型 Lambdas 實現 SFINAE

無論我們用的是哪種技術，總是需要用某些老梗程式碼（*boilerplate code*，指萬古不變的常用程式碼）來定義 traits：像是重載和呼叫兩個 test() 成員函式、或是實作多個偏特化體。接下來，我們會展示如何在 C++17 中，透過泛型 lambda 來表示需要檢查的條件，以少寫一點老梗程式碼 [17]。

首先，我們介紹一項由兩個巢狀泛型 labmda 表示式構成的工具：

---

[15] 在 namespace std 中定義 void_t 原則上不合法：不允許使用者的程式碼於 namespace std 裡添加宣告式。但實際上，目前沒有編譯器嚴格實施該限制，也不會因此出現非預期行為（標準指出這樣做會導致「非定義行為，undefined behavior」，意味著可能發生任何事）。

[16] 於寫作當下，Microsoft Visual C++ 不幸是個例外。

[17] 感謝 Louis Dionne 提出本小節介紹的這項技術。

traits/isvalid.hpp

```
#include <utility>

// helper：檢查 f(args...) 對於 F f 和 Args... args 的可用性：
template<typename F, typename... Args,
         typename = decltype(std::declval<F>()(std::declval<Args&&>()...))>
std::true_type isValidImpl(void*);

// 當 helper 被 SFINAE out 後的備案：
template<typename F, typename... Args>
std::false_type isValidImpl(...);

// 定義一個 lambda，其接受某個 lambda f、同時會回傳以 args 來呼叫 f 是否合法
inline constexpr
auto isValid = [](auto f) {
                  return [](auto&&... args) {
                            return decltype(isValidImpl<decltype(f),
                                                        decltype(args)&&...
                                            >(nullptr)){};
                         };
               };

// 用來將某個型別表示為數值的 helper template
template<typename T>
struct TypeT {
    using Type = T;
};

// 用來將某個型別包裝為數值的 helper
template<typename T>
constexpr auto type = TypeT<T>{};

// 用來在未經核算的上下文中，解開已包裝型別的 helper
template<typename T>
T valueT(TypeT<T>);        // 不需要定義
```

讓我們看看 isValid 的定義：它是一個 constexpr 變數，其型別為 lambda 的 closure 型別。這裡一定得用 placeholder type（在此為 auto）進行宣告，因為 C++ 無法直接表示 closure 型別。C++17 之前，lambda 表示式不能出現在常數述式（constant-expressions）中，這也是為什麼上述程式碼只在 C++17 裡有效。因為 isValid 具有 closure 型別，它能夠被喚起（be *invoked*），例如被呼叫（called）。但是它的回傳物本身就是一個 lambda closure 型別的物件，由內部的 lambda 表示式所產生。

在深入鑽研內層 lambda 表示式包含的細節之前，讓我們先來看看 isValid 的一般用法：

```
constexpr auto isDefaultConstructible
  = isValid([](auto x) -> decltype((void)decltype(valueT(x))()) {
        });
```

我們已經知道 isDefaultConstructible 具有 lambda closure 型別，同時如其名稱所示，它是一個用來檢查「某個型別的 trait 是否支援預設建構」的函式物件（稍後我們會知道為什麼）。換句話說，isValid 是個 *traits factory*（特徵工廠）：一種能從引數中生成「能夠檢查 traits 的物件（traits checking object）」的程式組件。

這裡的 type helper variable template（輔助變數模板）讓我們可以將某個型別（type）表示為一個數值（value）。用這個方式獲得的數值 x，可以藉由 decltype(valueT(x))[18] 轉回原本的型別，而這正是上述傳遞數值給 isValid 的 lambda 表示式裡頭做的事。如果萃取出來的型別無法支援預設建構，則 decltype(valueT(x))() 不合法。如此一來，我們也會收到一個編譯期錯誤、或是某個相關宣告式會因此被「SFINAE out」（而後者達到的效果正是我們想要的，感謝 isValid 定義式裡的細節部分！）

isDefaultConstructible 可以被這樣使用：

```
isDefaultConstructible(type<int>)    // true（int 支援預設建構）
isDefaultConstructible(type<int&>)   // false（reference 無法被預設建構）
```

想知道這些片段湊在一起如何工作，可以想想當 isValid 的參數 f 綁定於（isDefaultConstructible 定義式裡的）泛型 lambda 的引數時，內層的 lambda 表示式會變成什麼。藉由對 isValid 定義式內部進行參數替換，我們會得到以下等效陳述句[19]：

```
constexpr auto isDefaultConstructible
  = [](auto&&... args) {
      return decltype(
               isValidImpl<
                   decltype([](auto x)
                               -> decltype((void)decltype(valueT(x))())),
                   decltype(args)&&...
               >(nullptr)){};
    };
```

如果回顧上面第一份 isValidImpl() 宣告式，我們會注意到它包含了一個預設 template argument，形式如下：

```
decltype(std::declval<F>()(std::declval<Args&&>()...))>
```

它會試著喚起型別為第一個 template argument（亦即 isDefaultConstructible 定義式內的 lambda 所擁有的 closure 型別）的數值。喚起時使用的數值，其型別為傳給 isDefaultConstructible 的引數型別 (decltype(args)&&...)。由於此處 lambda 中只有一個 parameter x，故 args 必須展開為單一引數；在我們上面的 static_assert 範例中，引數的型別為 TypeT<int> 或 TypeT<int&>。TypeT<int&> 的情況下，decltype(valueT(x)) 為 int&，這會令 decltype(valueT(x))() 變得不合法。因此針對第一個 isValidImpl() 裡預設 template argument 的替換行為會失敗，該版本被 SFINAE out。於是只會留下第二個宣告式（於其他情形下的匹配程度較低），其產生一個

---

[18] 這對非常簡單的 helper templates，是像 Boost.Hana 之類的高階程式庫核心部分使用的基本技術！

[19] 這段程式碼在 C++ 裡並不合法（因為編譯器技術上的問題，lambda 表示式無法直接出現在 decltype 運算元內），但它能清楚的傳達程式碼的意涵。

false_type 數值。總的來說，當傳入的是 type<int&> 時，isDefaultConstructible
會產生 false_type。相反地，如果傳入 type<int>，替換過程便不會失敗，此時會選擇第
一個 isValidImpl() 宣告，產生一個 true_type 數值。

回想一下，要讓 SFINAE 起作用，替換過程必須發生於被替換 templates 的 **直接語境**
（*immediate context*）中。在這個例子裡，被替換的 templates 為 isValidImpl 的第一份宣
告式、以及傳給 isValid 的泛型 lambda 所擁有的呼叫運算子。因此，要被測試的構件應該
被放在 lambda 的回傳型別裡，而非它的本體（body）之中！

我們的 isDefaultConstructible trait 和先前的 trait 實作方式有點不一樣。它仰賴函式
形式的喚起動作，而不是直接給定 template arguments。這種標記方式被認為更易閱讀，不
過我們也可以運用先前使用的 trait 形式：

```
template<typename T>
using IsDefaultConstructibleT
  = decltype(isDefaultConstructible(std::declval<T>()));
```

不 過 由 於 這 是 傳 統 的 template 宣 告 式，它 只 能 出 現 在 namespace scope 裡，而
isDefaultConstructible 則可以合理地在 block scope（區塊範圍）中使用。

到目前為止，這項技術可能看起來並不怎麼吸引人，因為實作時的陳述方式和用法上都比先
前介紹過的技術更加複雜。然而，只要具備 isValid、同時理解它的意義，許多 traits 都可
以只用一個宣告式實作出來。舉例來說，要測試名為 first 的成員是否可被存取，做法很簡
單（完整範例請參考 19.6.4 節，第 438 頁）：

```
constexpr auto hasFirst
  = isValid([](auto x) -> decltype((void)valueT(x).first) {
            });
```

19.4.4　SFINAE-Friendly Traits（考慮 SFINAE 的 Traits）

一般來說，type trait 應該要能給出某個特定查詢的答案，同時不會讓程式變得不合法。針對
這個問題，SFINAE-based traits 透過小心地在 SFINAE 語境中捕捉潛在問題來應對，並將那
些可能的錯誤轉化為不成立的結果 *。

不過，目前為止某些 traits（像是在 19.3.4 節，第 413 頁介紹的 PlusResultT trait）當錯誤
發生時的表現並不好。回想一下該小節裡，PlusResultT 的定義式：

traits/plus2.hpp

```
#include <utility>

template<typename T1, typename T2>
struct PlusResultT {
  using Type = decltype(std::declval<T1>() + std::declval<T2>());
};

template<typename T1, typename T2>
using PlusResult = typename PlusResultT<T1, T2>::Type;
```

---

* 譯註：例如失敗的推導過程。

在這個定義式中，加號 + 身處的上下文並未受到 SFINAE 的保護。因此，如果程式試圖針對不具備 + 運算子的型別核算（**evaluate**）PlusResultT，對 PlusResultT 進行的核算動作本身會造成程式不合法。如同下面試圖為「分別由兩個無關型別 A 與 B 構成的 **array**，彼此進行相加」的動作，定義回傳型別 [20]：

```
template<typename T>
class Array {
  …
};

// 替由不同型別構成的 array 宣告 + 運算子：
template<typename T1, typename T2>
Array<typename PlusResultT<T1, T2>::Type>
operator+ (Array<T1> const&, Array<T2> const&);
```

顯然，如果沒有為 **array** 元素定義相對應的 + 運算子，在這裡使用 PlusResultT<> 會造成錯誤。

```
class A {
};
class B {
};

void addAB(Array<A> arrayA, Array<B> arrayB) {
  auto sum = arrayA + arrayB;    // 錯誤：在 PlusResultT<A, B>
  …                              // 的實體化過程中失敗
}
```

真正的問題並不是這類明顯不合法的程式碼（無法將由 A 和 B 構成的 **array** 彼此相加）會引發錯誤，而是在於該錯誤會發生在對 operator+ 進行 **template** 引數推導的時候，這位在 PlusResultT<A,B> 實體化程序的深處。

這件事會造成嚴重的後果：這代表即便我們添加了一個特定的重載版本，用來處理 A 和 B **array** 的相加，程式依然會出錯。因為在另一個重載版本更好的情況下，C++ 不會明確指出 **function template** 裡的型別是否真的會被實體化：

```
// 為具有不同元素型別的 array 宣告泛型 + 運算子：
template<typename T1, typename T2>
Array<typename PlusResultT<T1, T2>::Type>
operator+ (Array<T1> const&, Array<T2> const&);

// 針對具體型別重載 + 運算子：
Array<A> operator+(Array<A> const& arrayA, Array<B> const& arrayB);

void addAB(Array<A> const& arrayA, Array<B> const& arrayB) {
```

---

20 簡單起見，這裡的回傳型別直接寫成 PlusResultT<T1,T2>::Type。不過實際使用時，該回傳型別也應該再加上 RemoveReferenceT<> 和 RemoveCVT<>，以避免回傳的是個 **reference**。

```
    auto sum = arrayA + arrayB;     // 錯誤？：取決於編譯器是否
    ...                             // 實體化 PlusResultT<A,B>
}
```

如果編譯器能夠在不對第一份 operator+ 的（**template**）宣告式進行推導與替換的情況下，確定 operator+ 的第二份宣告會是更好的匹配，則它會接受第二份宣告。

不過在對 function template 候選函式進行推導和替換的過程中，於 class template 定義實體化時發生的任何事都不算是 function template 替換行為的**直接語境**（*immediate context*）。並且 SFINAE 不會保護我們免於編譯器嘗試構建非法型別或陳述式所造成的危害。此時不會直接捨棄該 function template 候選函式，而是立馬發出錯誤。原因是我們試圖在 PlusResultT 裡，針對兩個型別為 A 和 B 的元素呼叫 operator+：

```
template<typename T1, typename T2>
struct PlusResultT {
    using Type = decltype(std::declval<T1>() + std::declval<T2>());
};
```

要解決這個問題，我們必須讓 PlusResultT 變得 *SFINAE-friendly*（會考慮到 *SFINAE*），這意味著使其變得更有彈性，當裡頭的 decltype 陳述式不合法時，必須提供它合適的定義。

下面的 HasLessT 範例在上一章介紹過。我們定義了一個 HasLessT **trait**，它允許我們針對給定的型別，偵測是否具有合適的 + 運算：

traits/hasplus.hpp

```
#include <utility>        // declval 需要
#include <type_traits>    // true_type、false_type、和 void_t 需要

// 原型模板：
template<typename, typename, typename = std::void_t<>>
struct HasPlusT : std::false_type
{
};

// 偏特化體（可能會被 SFINAE 掉）：
template<typename T1, typename T2>
struct HasPlusT<T1, T2, std::void_t<decltype(std::declval<T1>()
                                             + std::declval<T2>())>>
 : std::true_type
{
};
```

如果它給出的結果為 true，PlusResultT 可以使用既有的實作。否則，PlusResultT 便需要一個安全的預設版本。面對任何一組 template arguments，trait 的最佳預設版本是根本不提供任何名為 Type 的成員。這樣一來，如果該 trait 被用在某個 SFINAE 語境中（像是上述 **array** operator+ **template** 的回傳型別），不存在的 Type 成員會使得 template 引數推導失敗，而這正是 **array** operator+ **template** 期望的行為。

下面的 PlusResultT 實作版本提供了上述行為：

traits/plus3.hpp

```
#include "hasplus.hpp"

template<typename T1, typename T2, bool = HasPlusT<T1, T2>::value>
struct PlusResultT {                    // 原型模板，當 HasPlusT 回答 true 時使用
  using Type = decltype(std::declval<T1>() + std::declval<T2>());
};

template<typename T1, typename T2>
struct PlusResultT<T1, T2, false> { // 偏特化體，在其他情況下使用
};
```

在這個 PlusResultT 版本中，我們添加了一個帶有預設值的 **template parameter**，用來判斷前兩個 **parameters** 是否支援上述 HasPlusT **trait** 定義的相加。接著我們將 PlusResultT 針對新增參數之值為 false 的情況進行偏特化。該偏特化定義式不具備任何成員，以避免前面敘述過的問題。對於支援相加運算的情況，預設引數會被核算為 true，因而會選擇帶有我們已經定義過 Type 成員的原型模板。如此一來，我們便實現了以下合約（**contract**）：唯有當 + 運算子具有良好定義時，PlusResultT 才會提供最終型別（注意，無論何時你都不應該顯式標明這個新添加的 **template argument**）。

再次考慮 Array<A> 和 Array<B> 的相加行為：有了 PlusResultT 的最終實作版本，PlusResultT<A,B> 的實體便不會具有 Type 成員，因為 A 和 B 無法進行相加。因此，**array** operator+ **template** 不具備有效的最終型別，同時 SFINAE 會將該 function template 自考慮名單中剔除。這樣一來，特別針對 Array<A> 和 Array<B> 重載的 operator+ 就會被選中了。

作為普遍的設計原則，如果給定了合理的 **template** 作為輸入，則 trait **template** 絕對不應該在實體化時期失敗。一般的做法通常會執行兩次對應的檢查：

1. 一次用於找出該運算是否合法
2. 一次用來計算其結果

我們已經在 PlusResultT 上目睹了這點。在上述範例中，我們呼叫 HasPlusT<> 以判斷在 PlusResultImpl<> 裡頭呼叫的 operator+ 是否合法。

讓我們把這個原則應用在 **19.3.1** 節（第 **401** 頁）介紹過的 ElementT 上：該 **template** 會根據容器型別推論元素型別。又來了，因為最終的答案得仰賴於（容器）型別具備名為 value_type 的成員型別，故唯有當該容器型別具有這類 value_type 成員時，原型模型才應該嘗試定義 Type 成員：

```
template<typename C, bool = HasMemberT_value_type<C>::value>
struct ElementT {
  using Type = typename C::value_type;
```

```
  };

  template<typename C>
  struct ElementT<C, false> {
  };
```

第三個讓 triats 變得更 SFINAE-friendly 的範例，會在 19.7.2 節（第 444 頁）中介紹。該範例裡的 IsNothrowMoveConstructibleT 在檢查搬移建構子（move constructor）是否帶有 noexcept 宣告前，必須先行檢查該搬移建構子是否存在。

19.5 IsConvertibleT

魔鬼藏在細節裡。考慮這點，針對 SFINAE-based traits 的通用做法在實際運用時可能會變得更加複雜。讓我們透過定義一個「可以決定某特定型別能否被轉型為另一個既定型別」的 trait 來說明這一點：例如，當我們希望得到某個具體的 base class、或任何一個它的 derived class 時。IsConvertibleT trait 可以判斷我們是否能將第一個傳入型別轉型為第二個傳入型別：

traits/isconvertible.hpp

```
#include <type_traits>   // true_type 和 false_type 需要
#include <utility>        // declval 需要

template<typename FROM, typename TO>
struct IsConvertibleHelper {
  private:
    // test() 會嘗試以傳入的 FROM 作為 F，來呼叫 helper aux(TO)：
    static void aux(TO);
    template<typename F, typename,
             typename = decltype(aux(std::declval<F>()))>
      static std::true_type test(void*);
    // test() 的備案：
    template<typename, typename>
      static std::false_type test(...);
  public:
    using Type = decltype(test<FROM>(nullptr));
};

template<typename FROM, typename TO>
struct IsConvertibleT : IsConvertibleHelper<FROM, TO>::Type {
};

template<typename FROM, typename TO>
using IsConvertible = typename IsConvertibleT<FROM, TO>::Type;

template<typename FROM, typename TO>
constexpr bool isConvertible = IsConvertibleT<FROM, TO>::value;
```

這裡我們採用帶有重載函式的做法，如 **19.4.1** 節（第 416 頁）所介紹的那樣。也就是說，在 **helper class** 裡我們宣告了兩組名為 `test()` 的重載 **function templates**，它們分別具有不同的回傳型別。我們同時也為提供解答的 **trait** 的 **base class** 宣告一個 `Type` 成員：

```
template<...> static std::true_type test(void*);
template<...> static std::false_type test(...);
...
using Type = decltype(test<FROM>(nullptr));
...
template<typename FROM, typename TO>
struct IsConvertibleT : IsConvertibleHelper<FROM, TO>::Type {
};
```

一如既往，第一個 `test()` 重載版本僅用於匹配檢查成功的情況，而第二個重載版本則作為備案。因此，我們的目的是讓第一個 `test()` 重載版本唯有且僅有在型別 `FROM` 能被轉型成型別 `TO` 時合法。為了達成這點，我們再次將一個（未具名的）虛設模板引數添加於第一個 `test` 宣告式，該引數以某個唯有且僅有在轉型合法時會有效的構件來初始化。該引數相應的 **template parameter** 無法經由推導得出，我們也不會提供它顯式指定的 **template argument**。因此該參數會嘗試被替換，如果替換過程失敗了，該 `test()` 宣告式會被丟棄。

再次考慮以下的無效程式碼：

```
static void aux(TO);
template<typename = decltype(aux(std::declval<FROM>()))>
  static char test(void*);
```

當這個成員函式模板完成語法解析後，此處的 `FROM` 和 `TO` 都會完全確定，因此一對無法進行轉型的型別（例如 `double*` 和 `int*`）會立馬觸發錯誤，這件事會發生在任何對 `test()` 的呼叫之前（因此它不會落在任何 **SFINAE** 語境之中）。

基於以上理由，我們引入 `F` 作為特定的成員函式模板參數

```
static void aux(TO);
template<typename F, typename = decltype(aux(std::declval<F>()))>
  static char test(void*);
```

同時將 `FROM` 型別作為對 `test()` 呼叫式裡的一個顯式模板引數，該呼叫式會用於 `value` 的初始化：

```
static constexpr bool value
  = isSame<decltype(test<FROM>(nullptr)), char>;
```

注意這裡的 `std::declval`（於 **19.3.4** 節，第 415 頁曾介紹過）是如何被用來在不呼叫任何建構子的情況下產生數值的。如果該數值可被轉型為 `TO`，則對 `aux()` 的呼叫合法，同時引用的 `test()` 宣告式匹配成功。否則會引發 **SFINAE** 失敗，此時只有備案宣告式能夠匹配。

最終成果，我們可以依照以下方式使用該 trait：

```
IsConvertibleT<int, int>::value                    // 產生 true
IsConvertibleT<int, std::string>::value            // 產生 false
IsConvertibleT<char const*, std::string>::value    // 產生 true
IsConvertibleT<std::string, char const*>::value    // 產生 false
```

處理特殊情況

IsConvertibleT 尚有三種情況無法正確處理：

1. 轉為 array 型別的轉型應該都要回答 false。不過根據我們的程式碼，aux() 宣告式中型別為 TO 的參數會直接退化成指標型別，也因此對於某些 FROM 型別可能會出現「true」的結果。

2. 轉為函式型別的轉型應該都要回答 false。不過就如同 array 的情況，我們的實作方式會以退化後的型別來處理它們。

3. 轉為（帶有 const/volatile 飾詞的）void 型別應該都要回答 true。不幸的是，上述實作版本甚至無法成功地在 TO 為 void 型別的情況下進行實體化，因為參數的型別不能是 void（aux() 會以 void 參數進行宣告）。

為了對付以上這些情形，我們需要額外的偏特化。不過，針對每一種可能的 const、volatile 修飾詞組合添加這類偏特化體，很快就會令程式碼變得笨重。取而代之，我們可以在 helper class template 上增加一個額外的 template parameter，如下所示：

```
template<typename FROM, typename TO, bool = IsVoidT<TO>::value
                                          || IsArrayT<TO>::value
                                          || IsFunctionT<TO>::value>
struct IsConvertibleHelper {
  using Type = std::integral_constant<bool,
                                      IsVoidT<TO>::value
                                      && IsVoidT<FROM>::value>;
};

template<typename FROM, typename TO>
struct IsConvertibleHelper<FROM,TO,false> {
    ...      // 此處為前面實作的 IsConvertibleHelper
};
```

這個額外的 Boolean template parameter 確保了原型 hepler trait 的實作會被用於處理所有這類特殊情形。而當我們進行轉為 array 或函式的轉型，產生的會是 false_type（因為 IsVoidT<TO> 會成為 false）。當 FROM 為 void 而 TO 不是時，也同樣會產生 false_type，不過若兩者皆為 void 型別，則會得到 true_type。其他所有情況都會將引數值 false 提供給第三個參數，如此一來便會選中上面的偏特化體，其對應於我們已經討論過的實作版本。

有關如何實作 IsArrayT 的相關討論，請參考 19.8.2 節（第 453 頁）；至於如何實作 IsFunctionT 的相關討論，則請參考 19.8.3 節（第 454 頁）。

C++ 標準程式庫也提供了對應的 type trait：`std::is_convertible<>`，相關介紹請參考 D.3.3 節（第 727 頁）。

19.6 偵測成員

SFINAE-based traits 的另一個戰場，與創建下面這種 trait（也可能是一整組 traits）有關：這類 trait 能夠判斷給定型別 T 是否具有某個名稱為 X 的成員（可能是型別或是非型別成員）。

19.6.1 偵測成員型別

首先讓我們來定義一個能夠判斷某個給定型別 T 是否擁有成員型別 `size_type` 的 trait：

traits/hassizetype.hpp

```
#include <type_traits>  // 定義了 true_type 和 false_type

// 用來忽略任意 template parameter 個數的 helper
template<typename...> using VoidT = void;

// 原型模板：
template<typename, typename = VoidT<>>
struct HasSizeTypeT : std::false_type
{
};

// 偏特化體（可能會被 SFINAE 掉）：
template<typename T>
struct HasSizeTypeT<T, VoidT<typename T::size_type>> : std::true_type
{
};
```

這裡我們利用了在 **19.4.2** 節（第 420 頁）曾介紹過，將偏特化體給 SFINAE 掉的做法。

和 predicate traits 相同，我們定義通用情況繼承自 `std::false_type`，因為在預設情形下某個型別不會具備 `size_type` 成員。

針對這個例子，一個構件（construct）足矣：

```
typename T::size_type
```

該構件只會且僅會在型別 T 具有 `size_type` 成員型別時有效，這正好符合我們嘗試判斷的條件。如果針對某個特定的 T 而言，該構件不合法（意即型別 T 不具有 `size_type` 成員型別），SFINAE 會令該偏特化體被捨棄，同時我們會退回使用原型模板。否則，偏特化體成立，同時會被編譯器優先採用。

我們可以這麼使用這個 trait：

```
std::cout << HasSizeTypeT<int>::value;  // false

struct CX {
```

```
    using size_type = std::size_t;
  };
  std::cout << HasSizeType<CX>::value;            // true
```

注意若該成員型別 size_type 為 private（私有）成員，HasSizeTypeT 會回答 false，因為我們的 traits template 對於收到的 argument 型別並不具備特別的存取權限，因此 typename T::size_type 不合法（意即會觸發 SFINAE）。換言之，這個 trait 測試的是我們是否具有可取用的（*accessible*）size_type 成員型別。

處理 Reference 型別

身為程式設計者，我們經常碰到那些發生在我們思考領域「邊界地帶」所出現的驚喜。使用像是 HasSizeTypeT 之類的 traits template 時，遇到 reference 型別可能會發生有趣的問題。舉例來說，雖然以下的程式碼運作正常：

```
  struct CXR {
    using size_type = char&;        // 注意：型別 size_type 是個 reference 型別
  };
  std::cout << HasSizeTypeT<CXR>::value;   // OK：印出 true
```

但下面的程式則會出錯：

```
  std::cout << HasSizeTypeT<CX&>::value;   // 哎呀：印出 false
  std::cout << HasSizeTypeT<CXR&>::value;  // 哎呀：印出 false
```

這可能會令人吃驚。確實，reference 型別本身不具有成員，但每當我們用到 reference 時，所寫出的陳述式都會具備底層型別（underlying type）。因此，在這種情況下考慮底層型別或許會比較好。這件事可以透過在 HasSizeTypeT 的偏特化體中，利用前面提過的 RemoveReference trait 來達成：

```
  template<typename T>
  struct HasSizeTypeT<T, VoidT<RemoveReference<T>::size_type>>
   : std::true_type {
  };
```

內植 Class 名稱

以下這件事也值得我們留意，我們用於偵測成員型別的 traits 技術也會對於內植 class 名稱（injected class names，參考 13.2.3 節，第 221 頁）產生一個 true 值。舉個例子：

```
  struct size_type {
  };

  struct Sizeable : size_type {
  };

  static_assert(HasSizeTypeT<Sizeable>::value,
                "Compiler bug: Injected class name missing");
```

後面的靜態斷言（static assertion）會順利通過，因為 size_type 會引入自身名稱作為成員型別，並且該名稱會被繼承。如果無法通過，代表我們抓到一個編譯器的缺陷了。

19.6.2　偵測任意成員型別

定義像 HasSizeTypeT 這樣的 trait 引發了一個疑問：我們可以怎麼參數化該 trait，使其能用於檢查任何成員型別的名稱。

不幸的是，目前只能利用 macros（巨集）來做到這點。因為目前並不存在能夠描述「潛在名稱」的語言機制[21]。當前不利用 macros 而能夠做到的最接近方式是利用泛型 lambdas，像是 19.6.4 節（第 438 頁）介紹的那樣。

下面的 macro 可以順利運作：

traits/hastype.hpp

```
#include <type_traits>   // true_type、false_type、和 void_t 需要

#define DEFINE_HAS_TYPE(MemType)                                     \
  template<typename, typename = std::void_t<>>                       \
  struct HasTypeT_##MemType                                          \
   : std::false_type { };                                           \
  template<typename T>                                               \
  struct HasTypeT_##MemType<T, std::void_t<typename T::MemType>>     \
   : std::true_type { } // 這裡故意省略 ; 符號
```

每次使用 DEFINE_HAS_TYPE(*MemberType*) 都會定義一個新的 HasTypeT_*MemberType* trait。舉個例子，我們可以用它來偵測某個型別是否具有 value_type 或 char_type 成員型別，如下所示：

traits/hastype.cpp

```
#include "hastype.hpp"

#include <iostream>
#include <vector>

DEFINE_HAS_TYPE(value_type);
DEFINE_HAS_TYPE(char_type);

int main()
{
  std::cout << "int::value_type: "
            << HasTypeT_value_type<int>::value << '\n';
```

---

[21] 本書寫作當下，C++ 標準化委員會正在研究能夠「反映」各種程式實體（entities，像是 class 型別和它擁有的成員）的方法，該表示法可以被程式透過各種方式進行探索。

```
    std::cout << "std::vector<int>::value_type: "
              << HasTypeT_value_type<std::vector<int>>::value << '\n';
    std::cout << "std::iostream::value_type: "
              << HasTypeT_value_type<std::iostream>::value << '\n';
    std::cout << "std::iostream::char_type: "
              << HasTypeT_char_type<std::iostream>::value << '\n';
}
```

19.6.3 偵測非型別成員

我們可以修改上述 trait，讓它也能夠偵測資料成員和（某個）成員函式：

traits/hasmember.hpp

```
#include <type_traits>   // true_type、false_type、和 void_t 需要

#define DEFINE_HAS_MEMBER(Member)                                       \
  template<typename, typename = std::void_t<>>                          \
  struct HasMemberT_##Member                                            \
   : std::false_type { };                                               \
  template<typename T>                                                  \
  struct HasMemberT_##Member<T, std::void_t<decltype(&T::Member)>>      \
   : std::true_type { } // 這裡故意省略 ; 符號
```

此處我們利用 SFINAE，於 &T::Member 無效時，停用該偏特化體。有效的 &T::Member 構件得滿足以下條件：

- Member 得要能夠不存在歧義地標示出 T 的某個成員（例如，它不能是某個重載成員函式的名稱、也不能是多個同名的繼承成員所擁有的名稱），
- 該成員必須能夠被取用，
- 該成員必須是個非型別、非列舉成員（否則前綴 & 不合法），並且
- 如果 T::Member 是個 static 資料成員，該型別不得提供會讓 &T::Member 變得不合法的 operator&（例如：限制該運算子的存取權限）。

我們可以這樣使用上述 template：

traits/hasmember.cpp

```
#include "hasmember.hpp"

#include <iostream>
#include <vector>
#include <utility>

DEFINE_HAS_MEMBER(size);
DEFINE_HAS_MEMBER(first);
```

```
int main()
{
  std::cout << "int::size: "
            << HasMemberT_size<int>::value << '\n';
  std::cout << "std::vector<int>::size: "
            << HasMemberT_size<std::vector<int>>::value << '\n';
  std::cout << "std::pair<int,int>::first: "
            << HasMemberT_first<std::pair<int,int>>::value << '\n';
}
```

我們可以透過修改偏特化體來排除掉 &T::Member 不屬於指向成員型別的指標的情況（這相當於排除掉 static 資料成員），做到這件事並不難。同樣地，我們也可以自由地把指向成員函式的指標除外、或是包含在內，來做到將該 trait 的範圍限制於資料成員、或是擴及成員函式。

偵測成員函式

注意 HasMember trait 只會檢查是否存在和給定名稱相同的某個單一（*single*）成員。如果存在兩個同名的成員，也會造成 trait 實體化失敗。當我們檢查重載函式時，很可能會發生上述情況。舉個例子：

```
DEFINE_HAS_MEMBER(begin);
std::cout << HasMemberT_begin<std::vector<int>>::value; // false
```

不過呢，如 8.4.1 節（第 133 頁）解釋過的，SFINAE 原則對於在 function template 宣告式裡試圖創建不合法的型別與陳述式兩者，皆會提供保護。這讓我們能擴展重載技術，用於測試任意陳述式是否具備正確格式。

也就是說，我們可以簡單地檢查某個感興趣的函式是否能以特定方式呼叫。即便該函式被重載了，這件事也行得通。如同 19.5 節（第 428 頁）的 IsConvertibleT trait，訣竅在於制定下面這種陳述式：該陳述式能夠檢查，是否能在某個作為新增 function template parameter 預設值的 decltype 陳述式裡頭呼叫 begin()：

traits/hasbegin.hpp

```
#include <utility>       // declval 需要
#include <type_traits>   // true_type、false_type、和 void_t 需要

// 原型模板：
template<typename, typename = std::void_t<>>
struct HasBeginT : std::false_type {
};

// 偏特化體（可能會被 SFINAE 掉）
template<typename T>
struct HasBeginT<T, std::void_t<decltype(std::declval<T>().begin())>>
 : std::true_type {
};
```

這裡我們用了

```
decltype(std::declval<T>().begin())
```

來測試當型別為 T 時，呼叫了 begin() 成員的既定數值／物件是否合法（這裡使用 std::declval 以避免需要任何的建構子）[22]。

偵測其他陳述式

我們可以將上述技術應用於其他種類的陳述式，甚至是結合多重陳述。舉例來說，我們可以測試給定的兩個型別 T1 和 T2 之間，是否定義了合適的 < 運算子，能用於比較具備這兩種型別的兩個數值：

traits/hasless.hpp

```
#include <utility>        // declval 需要
#include <type_traits>    // true_type、false_type、和 void_t 需要

// 原型模板：
template<typename, typename, typename = std::void_t<>>
struct HasLessT : std::false_type
{
};

// 偏特化體（可能會被 SFINAE 掉）
template<typename T1, typename T2>
struct HasLessT<T1, T2, std::void_t<decltype(std::declval<T1>()
                                               < std::declval<T2>())>>
 : std::true_type
{
};
```

一如以往，關鍵在定義出能用來檢查條件的有效陳述式、以及利用 decltype 將該陳述置於 SFINAE 語境中。在該語境中，若陳述式不合法，則會退回使用原型模板：

```
decltype(std::declval<T1>() < std::declval<T2>())
```

---

[22] 這裡除了以下事項：decltype (*call-expression*) 並不要求（非 **reference**、非 void 的）回傳型別必須得是完整（**complete**）的，這點和處於其他上下文中的呼叫陳述（**call expressions**）不同。如果改寫成 decltype(std::declval<T>().begin(), 0) 等同於加上以下限制條件：要求該呼叫的回傳型別得是個完整型別，因為此時回傳值不再是 decltype 運算元的運算結果了。

以這種方式來偵測有效陳述式的 traits，穩定性（robust）相當高：它們只有在陳述式型式正確時才會回傳 true；當 < 運算子存在歧義（ambiguous）、被刪除了（deleted）、或是無法取用（inaccessible）時，都會正確地回傳 false [23]。

我們可以用以下方式使用這個 trait：

```
HasLessT<int, char>::value                                    // 產生 true
HasLessT<std::string, std::string>::value                     // 產生 true
HasLessT<std::string, int>::value                             // 產生 false
HasLessT<std::string, char*>::value                           // 產生 true
HasLessT<std::complex<double>, std::complex<double>>::value   // 產生 false
```

如 2.3.1 節（第 30 頁）介紹過的，我們可以利用這個 trait 來要求某個 template parameter T 支援 < 運算子：

```
template<typename T>
class C
{
    static_assert(HasLessT<T>::value,
                  "Class C requires comparable elements");
    …
};
```

請注意，仰賴 std::void_t 本身的性質，我們可以將多個限制條件整合於同一個 trait 中：

traits/hasvarious.hpp

```
#include <utility>        // declval 需要
#include <type_traits>    // true_type、false_type、和 void_t 需要

// 原型模板：
template<typename, typename = std::void_t<>>
struct HasVariousT : std::false_type
{
};

// 偏特化體（可能會被 SFINAE 掉）：
template<typename T>
struct HasVariousT<T, std::void_t<decltype(std::declval<T>().begin()),
                                  typename T::difference_type,
                                  typename T::iterator>>
 : std::true_type
{
};
```

---

[23] 在 C++11 將 SFINAE 擴展為涵蓋任何不合法的陳述式前，這類用於偵測特定陳述式有效性的技術，主要透過以下方式：為受測函式引入一份新的重載（例如 <），該重載會具有限制特別寬鬆的簽名式、以及罕見大小的回傳型別，用來做為備案。不過這種方式很容易導致歧義、以及因為違反了存取控制權限而造成錯誤。

能夠偵測特定語法是否有效的 traits，具有相當強大的威力。它讓我們能夠根據某個 template
是否具備特定運算，來客製化其行為。它們會再次被應用於以下兩個地方：作為 SFINAE-
friendly traits 定義的一部分（參考 19.4.4 節，第 424 頁），以及為根據型別性質進行的重載
提供協助（第 20 章）。

19.6.4　利用泛型 Lambdas 來偵測成員

在 19.4.3 節（第 421 頁）介紹過的 isValid lambda，提供了更加簡潔的方式來定義偵測成
員的 traits。這讓我們可以在成員名稱未定的情況下，不使用 macros 來處理成員。

下面的例子示範如何定義這樣的 traits：用以檢查某個資料或型別成員（如 first 或 size_
type）是否存在、或是兩個相異型別的物件之間是否具備定義好的 < 運算子：

traits/isvalid1.cpp

```cpp
#include "isvalid.hpp"
#include<iostream>
#include<string>
#include<utility>

int main()
{
  using namespace std;
  cout << boolalpha;

  // 定義針對 first 資料成員的檢查：
  constexpr auto hasFirst
    = isValid([](auto x) -> decltype((void)valueT(x).first) {
              });

  cout << "hasFirst: " << hasFirst(type<pair<int,int>>) << '\n'; // true

  // 定義針對成員型別 size_type 的檢查：
  constexpr auto hasSizeType
    = isValid([](auto x) -> typename decltype(valueT(x))::size_type {
              });

  struct CX {
    using size_type = std::size_t;
  };
  cout << "hasSizeType: " << hasSizeType(type<CX>) << '\n';       // true

  if constexpr(!hasSizeType(type<int>)) {
      cout << "int has no size_type\n";
      …
```

```
    }

    // 定義針對 < 運算子的檢查：
    constexpr auto hasLess
      = isValid([](auto x, auto y) -> decltype(valueT(x) < valueT(y)) {
                });

    cout << hasLess(42, type<char>) << '\n';                  // 產生 true
    cout << hasLess(type<string>, type<string>) << '\n';      // 產生 true
    cout << hasLess(type<string>, type<int>) << '\n';         // 產生 false
    cout << hasLess(type<string>, "hello") << '\n';           // 產生 true
}
```

再次注意 hasSizeType 得利用 std::dacay 來除去傳入的 x 身上的 reference，因為你無
法從 reference 上取得型別成員。如果你忽略了這個步驟，該 traits 總是會回傳 false，因為
此時會使用 isValidImpl<>() 的第二個重載版本。

為了支援常見的泛型語法、將型別作為 template parameter 使用，我們可以再次定義額外的
helpers。舉例來說：

traits/isvalid2.cpp

```
#include "isvalid.hpp"
#include<iostream>
#include<string>
#include<utility>

constexpr auto hasFirst
  = isValid([](auto&& x) -> decltype((void)&x.first) {
            });

template<typename T>
using HasFirstT = decltype(hasFirst(std::declval<T>()));

constexpr auto hasSizeType
  = isValid([](auto&& x)
            -> typename std::decay_t<decltype(x)>::size_type {
            });
template<typename T>
using HasSizeTypeT = decltype(hasSizeType(std::declval<T>()));

constexpr auto hasLess
  = isValid([](auto&& x, auto&& y) -> decltype(x < y) {
            });
```

```
template<typename T1, typename T2>
using HasLessT = decltype(hasLess(std::declval<T1>(), std::declval<T2>()));

int main()
{
  using namespace std;

  cout << "first: " << HasFirstT<pair<int,int>>::value << '\n'; // true

  struct CX {
    using size_type = std::size_t;
  };
  cout << "size_type: " << HasSizeTypeT<CX>::value << '\n';      // true
  cout << "size_type: " << HasSizeTypeT<int>::value << '\n';     // false

  cout << HasLessT<int, char>::value << '\n';                    // true
  cout << HasLessT<string, string>::value << '\n';               // true
  cout << HasLessT<string, int>::value << '\n';                  // false
  cout << HasLessT<string, char*>::value << '\n';                // true
}
```

現在有了

```
template<typename T>
using HasFirstT = decltype(hasFirst(std::declval<T>()));
```

讓我們可以用以下敘述

```
HasFirstT<std::pair<int,int>>::value
```

來對由兩個 int 組成的數對呼叫 hasFirst，接著會以前面提過的方式進行核算。

19.7 其他 Traits 技術

最後讓我們討論一些其他用來定義 traits 的方式。

19.7.1　If-Then-Else

在先前章節中，PlusResultT trait 的最終定義，會考慮另一個 type trait HasPlusT 的結果，而有著全然不同的實作方式。我們可以將這種 if-then-else 行為形塑成特殊的 type template IfThenElse，該 template 會根據一個 Boolean 非型別模板參數來選擇兩個型別參數中的一個：

traits/ifthenelse.hpp

```cpp
#ifndef IFTHENELSE_HPP
#define IFTHENELSE_HPP

// 原型模板：預設回傳第二個引數，同時如果
//        COND 的值為 false，則會依靠偏特化
//        來回傳第三個引數
template<bool COND, typename TrueType, typename FalseType>
struct IfThenElseT {
    using Type = TrueType;
};

// 偏特化體：當 false 時回傳第三個引數
template<typename TrueType, typename FalseType>
struct IfThenElseT<false, TrueType, FalseType> {
    using Type = FalseType;
};

template<bool COND, typename TrueType, typename FalseType>
using IfThenElse = typename IfThenElseT<COND, TrueType, FalseType>::Type;
#endif // IFTHENELSE_HPP
```

下面的例子示範了這個 template 的一種應用方式。它定義了一個 type function 來根據給定數值判斷最適合的整數型別（為由小到大的排序裡最接近、且可容納該數的型別）：

traits/smallestint.hpp

```cpp
#include <limits>
#include "ifthenelse.hpp"

template<auto N>
struct SmallestIntT {
 using Type =
   typename IfThenElseT<N <= std::numeric_limits<char>::max(), char,
    typename IfThenElseT<N <= std::numeric_limits<short>::max(), short,
     typename IfThenElseT<N <= std::numeric_limits<int>::max(), int,
      typename IfThenElseT<N <= std::numeric_limits<long>::max(), long,
       typename IfThenElseT<N <= std::numeric_limits<long long>::max(),
                       long long,        // then 分支
                       void             // 備案
                    >::Type
                  >::Type
                >::Type
              >::Type
            >::Type;
};
```

請注意，不同於一般的 C++ if-then-else 述句，針對「then」和「else」兩個分支的 template arguments 會在做出選擇之前就核算完成，故兩個分支都不能帶有不合法的程式碼，否則程式很可能會有問題。

舉例來說，考慮某個替給定的有號數（signed）型別產生對應無號數（unsigned）的型別 trait。有個標準 trait：`std::make_unsigned`，做的正是這個轉換。不過它要求傳入型別是一個有號數型別，並且不能為 `bool`；否則用了它會導致未定義行為（參見 D.4 節，第 729 頁）。考量這點，實作一個在許可情況下產生對應的無號數型別、否則便直接回覆傳入型別的 trait，應該是比較好的方式（如此一來就可以避免當給定不適當型別時，會導致的未定義行為）。不過下面的簡單實作並不起作用：

```cpp
// 錯誤：當 T 是個 bool 或非整數型別時會導致未定義行為：
template<typename T>
struct UnsignedT {
  using Type = IfThenElse<std::is_integral<T>::value
                            && !std::is_same<T,bool>::value,
                          typename std::make_unsigned<T>::type,
                          T>;
};
```

`UnsignedT<bool>` 的實體化仍會導致未定義行為，因為編譯器依舊會嘗試利用下式來產生型別

```cpp
typename std::make_unsigned<T>::type
```

為了對付這個問題，我們需要新增一層額外的間接層，使得用來作為 `IfThenElse` 引數的是封裝（wrap）了結果的 type functions：

```cpp
// 當用到成員 Type 時，回傳 T：
template<typename T>
struct IdentityT {
    using Type = T;
};

// 在 IfThenElse 核算完成後產生無號數：
template<typename T>
struct MakeUnsignedT {
  using Type = typename std::make_unsigned<T>::type;
};

template<typename T>
struct UnsignedT {
  using Type = typename IfThenElse<std::is_integral<T>::value
                                     && !std::is_same<T,bool>::value,
                                   MakeUnsignedT<T>,
                                   IdentityT<T>
                                   >::Type;
};
```

在這份 UnsignedT 的定義中，用於 IfThenElse 的 **type argument** 都是 **type function** 本身的實體。不過，這些 **type functions** 實際上並不會在 IfThenElse 選中它們之前被核算出來。相反地，IfThenElse 會先選擇其中一個 **type function** 實體（可能是 MakeUnsignedT 或是 IdentityT 中的任一個）。接著 ::Type 才會核算選中的型別實體、用以產生 Type。

這裡有一點值得強調，以上動作完全仰賴以下事實：在 IfThenElse 構件裡，未被選中的 **wrapper** 型別並不會被完全地實體化。具體來說，以下程式碼**無法**起作用：

```
template<typename T>
struct UnsignedT {
  using Type = typename IfThenElse<std::is_integral<T>::value
                                   && !std::is_same<T,bool>::value,
                                MakeUnsignedT<T>::Type,
                                T
                                >::Type;
};
```

取而代之，我們必須延後將 ::Type 附加在 MakeUnsignedT<T> 上的時間點。這意味著我們也會需要一個 IdentityT **helper**，使得在 *else* 分支裡也可以利用加上 ::Type 來取得 T。

這也代表我們無法在上下文中使用類似下面這種程式碼

```
template<typename T>
  using Identity = typename IdentityT<T>::Type;
```

我們可以宣告這類的 **alias template**（別名模板），它們在某些地方可能很好用。不過在 IfThenElse 的定義式中卻派不上什麼用場，因為任何用到 IdentityT 的地方都會立刻令 IdentityT<T> 被完全實體化，以取得 Type 成員。

IfThenElseT **template** 在 C++ 標準程式庫裡也存在，名為 std::conditional<>（參考 D.5 節，第 732 頁）。利用該 **template**，UnsignedT **trait** 可以定義成這樣：

```
template<typename T>
struct UnsignedT {
  using Type
    = typename std::conditional_t<std::is_integral<T>::value
                                  && !std::is_same<T,bool>::value,
                               MakeUnsignedT<T>,
                               IdentityT<T>
                               >::Type;
};
```

19.7.2 偵測不會拋出異常的運算

能夠判斷特定運算是否會拋出異常，有的時候會很有用。舉個例子，一個搬移建構子應該要被標示為 noexcept，代表它在任何時候都不會拋出異常。不過，針對特定 **class** 的搬移建構子會不會拋出異常，常常取決於其成員和 **base class** 的搬移建構子是否會拋出異常。舉例來說，考慮下面這個用於簡單 **class template** Pair 的搬移建構子：

```
template<typename T1, typename T2>
class Pair {
    T1 first;
    T2 second;
  public:
    Pair(Pair&& other)
     : first(std::forward<T1>(other.first)),
        second(std::forward<T2>(other.second)) {
    }
};
```

當 T1 或 T2 任何一方的搬移建構子能拋出異常時，Pair 的搬移建構子也可以拋出。給定
IsNothrowMoveConstructibleT 這個 **trait**，我們可以藉由在 Pair 搬移建構子裡計算出
來的 noexcept 異常規格來表現這個性質。舉例來說：

```
Pair(Pair&& other) noexcept(IsNothrowMoveConstructibleT<T1>::value &&
                            IsNothrowMoveConstructibleT<T2>::value)
  : first(std::forward<T1>(other.first)),
    second(std::forward<T2>(other.second))
{
}
```

現在要做的就只剩下實作出 IsNothrowMoveConstructibleT **trait**。我們可以直接利用
noexcept 運算子來實作該 **trait**，noexcept 會判斷給定的陳述式是否保證不拋出異常：

traits/isnothrowmoveconstructible1.hpp

```
#include <utility>          // declval 需要
#include <type_traits>      // bool_constant 需要

template<typename T>
struct IsNothrowMoveConstructibleT
 : std::bool_constant<noexcept(T(std::declval<T>()))>
{
};
```

這裡使用的是運算子版本的 noexcept，用來判斷某個陳述式是否不拋出異常
（nonthrowing）。由於回傳的結果為 Boolean 值，我們可以直接傳遞該值、並使
用 std::bool_constant<> 來定義 base class。該 **trait** 能產生 std::true_type 與
std::false_type 的定義（參見 **19.3.3** 節，第 **411** 頁）[24]。

不過，這份實作仍舊需要改進，因為它並非 SFINAE-friendly（參考 **19.4.4** 節，第 **424** 頁）：
如果這個 **trait** 使用「不具備可用的搬移或複製建構子」的型別進行實體化——這會使得陳述
式 T(std::declval<T&&>()) 不合法——因而導致整個程式出錯：

---

[24] 在 C++11 和 C++14 中，我們必須將 base class 寫成 std::integral_constant<bool,...> 而非這裡用的
std::bool_constant<...>。

```
class E {
  public:
    E(E&&) = delete;
};
…
std::cout << IsNothrowMoveConstructibleT<E>::value; // 編譯期錯誤
```

與其造成編譯中斷，該 **type trait** 應該產生具有 `false` 值的 `value`。

如 19.4.4 節（第 424 頁）討論過，我們在核算某個陳述式之前，必須先檢查用來計算結果的陳述式是否合法。這個例子裡，我們需要在檢查搬移建構子是否為 `noexcept` 前，先行判斷該搬移建構運算是否合法。因此，我們修改 trait 的第一個版本，加上一個預設值為 `void` 的 **template parameter**、以及一個接受 `std::void_t` 作為參數的偏特化體，該 `std::void_t` 參數擁有一個只有在具備有效的搬移建構子時才會成立的引數：

traits/isnothrowmoveconstructible2.hpp

```
#include <utility>     // declval 需要
#include <type_traits> // true_type、false_type、和 bool_constant<> 需要

// 原型模板：
template<typename T, typename = std::void_t<>>
struct IsNothrowMoveConstructibleT : std::false_type
{
};

// 偏特化體（可能會被 SFINAE 掉）：
template<typename T>
struct IsNothrowMoveConstructibleT
        <T, std::void_t<decltype(T(std::declval<T>()))>>
 : std::bool_constant<noexcept(T(std::declval<T>()))>
{
};
```

如果偏特化裡針對 `std::void_t<...>` 的替換成立，則會選中特化版本，同時 **base class** 標示符裡的 `noexcept(...)` 陳述式可以安全地進行核算。否則，偏特化版本會在未實體化的情況下被捨棄，取而代之，原型模板會被實體化（並產生 `std::false_type` 的結果）。

請注意，在無法直接呼叫搬移建構子的情形下，沒有辦法檢查它是否會拋出異常。也就是說，搬移建構子為 **public**、且尚未被刪除，這兩個條件仍不足夠，還得要對應型別不能是抽象類別（但可接受指向抽象類別的 **reference** 或指標）。出於以上原因，這個 **type trait** 被取名為 *IsNothrowMoveConstructible* 而不是 *HasNothrowMoveConstructor*。除此之外，我們也還需要編譯器的幫助。

C++ 標準程式庫提供了一個對應的 **type trait**：`std::is_move_constructible<>`，相關說明位於 D.3.2 節（第 721 頁）。

19.7.3　讓 Traits 更方便

一個對 type traits 常見的批評是：它們比較囉嗦，因為通常每次使用 type trait 都需要在後面加上 `::type`，同時在具有相依關係的上下文裡*，則需要在前面加上 `typename` 關鍵字，這兩種情況都會再三出現。當多個 type traits 被組合在一起時，這可能會導致格式變得陳腔濫調。像是下面以 array `operator+` 構成的示例，如果我們想正確地實作該運算子、同時確保不會回傳常數或 reference 型別，便會造成這種情況：

```
template<typename T1, typename T2>
Array<
  typename RemoveCVT<
    typename RemoveReferenceT<
      typename PlusResultT<T1, T2>::Type
    >::Type
  >::Type
>
operator+ (Array<T1> const&, Array<T2> const&);
```

利用 alias templates 和 variable templates，我們可以讓 traits 在產生型別或數值時，變得更方便。不過也請留意，某些語境裡無法套用這類便捷做法，我們得要使用原始的 class templates。我們已經在 `AddLValueReferenceT` 範例中討論過一種這類情況，不過下面會進行更一般化的討論。

Alias Template 和 Traits

如 2.8 節（第 39 頁）介紹過的，alias template 提供了一種降低冗餘程度的方式。與其將 type trait 表示成一個帶有 `Type` 型別成員的 class template，我們不如直接使用 alias template。舉例來說，下面的三個 alias templates 就將上面用到的 type traits 給包裝了起來：

```
template<typename T>
using RemoveCV = typename RemoveCVT<T>::Type;

template<typename T>
using RemoveReference = typename RemoveReferenceT<T>::Type;

template<typename T1, typename T2>
using PlusResult = typename PlusResultT<T1, T2>::Type;
```

運用上面的 alias templates，我們可以把 `operator+` 的宣告簡化成

```
template<typename T1, typename T2>
Array<RemoveCV<RemoveReference<PlusResultT<T1, T2>>>>
operator+ (Array<T1> const&, Array<T2> const&);
```

第二個版本顯然短得多，同時讓 traits 的組成變得更清楚。這樣的改進讓 alias template 更適合 type traits 的某些應用。

---

* 譯註：指借用另一個 trait 作為型別時。

不過，利用 alias templates 來表示 type traits 也有些缺點：

1. Alias templates 無法被特化（於 16.3 節，第 338 頁曾提到過），同時因為許多用來編寫 traits 的技術都仰賴特化，故這種情況下可能需要將 alias template 改寫為 class template。

2. 部分 traits 期待被使用者加以特化，例如用來描述特定加法運算是否具備交換律的 trait。如果大多數用到該 traits 的地方都使用了 alias templates，會對 class template 的特化造成困擾。

3. 使用 alias template 必然會實體化該型別（例如特化底層的 class template），在針對 給定型別進行 trait 實體化不具有意義時（像是 19.7.1 節，第 440 頁曾討論過的狀況），這會讓避免實體化發生變得更加困難。

最後一點的另一種說法是：alias templates 無法與 metafunction forwarding（後設函式轉發，參見 19.3.2 節，第 404 頁）同時使用。

因為用 alias templates 來表示 type traits 有好處也有壞處，我們建議按照本節的做法、以 及 C++ 標準程式庫的做法來使用它們：同時提供具有特定命名慣例的 class templates（我 們選用 T 作為字尾、以及 Type 作為型別成員）、以及在命名慣例上有些許差異的 alias templates（我們這裡會捨棄 T 字尾），每個 alias template 都使用底層的 class template 來 定義。這樣一來，我們可以在用了 alias templates 能讓程式碼變得更清楚的地方使用它們，而在更進階的應用時退回使用 class template。

因為歷史原因，C++ 標準程式庫有著不同的慣例。Class templates 形式的 type traits 會提 供名為 Type 的型別，同時不具備特定字尾（大部分 traits 都在 C++11 中被引入）。對應的 alias templates（用於直接產生型別）於 C++14 時被引進，同時後面被加上了 _t 字尾，因為 不加字尾的名稱已經被納為標準了（參考 D.1 節，第 697 頁）。

Variable Template 和 Traits

用於回傳的 traits 需要一個附加的 ::value（或是類似的成員選取動作）來產生要回傳的結 果。遇到這類情況，constexpr variable templates（在 5.6 節，第 80 頁曾經介紹過）提供 了一種降低冗餘程度的方式。

舉例來說，下面的 variable templates 包裝了在 19.3.3 節（第 410 頁）定義過的 IsSameT trait、以及在 19.5 節（第 428 頁）定義過的 IsConvertibleT trait：

```
template<typename T1, typename T2>
  constexpr bool IsSame = IsSameT<T1,T2>::value;
template<typename FROM, typename TO>
  constexpr bool IsConvertible = IsConvertibleT<FROM, TO>::value;
```

現在，我們可以簡單地這樣寫

```
if (IsSame<T,int> || IsConvertible<T,char>) …
```

而不用寫得這麼複雜

```
if (IsSameT<T,int>::value || IsConvertibleT<T,char>::value) …
```

又一次基於歷史原因，C++ 標準程式庫有著不同的慣例。用來產生結果的 **traits class templates** 不具備特定字尾，它們大都在 C++11 標準被引進。在 C++17 時引進、用於直接產生回傳數值的對應 **variable templates** 則具有 _v 字尾（參見 D.1 節，第 697 頁）[25]。

19.8 型別分類

有時候，能知道某個 template parameter 是內建型別（built-in type）、指標型別、或是 class 型別會滿有用的。在接下來的小節，我們開發了一套能讓我們判斷輸入型別各種性質的 type traits。如此一來，我們就能夠寫出特定型別專屬的程式碼：

```
if (IsClassT<T>::value) {
    ...
}
```

或者，我們可以運用 C++17 後出現的編譯期 if（參考 8.5 節，第 134 頁）、加上能讓 traits 更方便的各種特性（參考 19.7.3 節，第 446 頁）來這麼寫：

```
if constexpr (IsClass<T>) {
    ...
}
```

又或者，我們可以用上偏特化：

```
template<typename T, bool = IsClass<T>>
class C {                          // 對付通用情況的原型模板
  ...
};

template<typename T>
class C<T, true> {                 // 用於 class 型別的偏特化體
  ...
};
```

此外，像是 `IsPointerT<T>::value` 這樣的陳述式，屬於能夠作為合法非型別模板引數的 Boolean 常數值。反過來說，這讓我們得以構建更加複雜、威力強大的 templates，template 本身的行為得以藉由 type arguments 的性質進行特化。

C++ 標準程式庫定義了許多類似的 traits，用來判斷某個型別的 primary type category（主要型別類型）和 composite type category（綜合型別類型）[26]。相關細節請參考 D.2.1 節（第 702 頁）與 D.2.2 節（第 706 頁）。

---

[25] C++ 標準化委員會還受到一個古早傳統的束縛：所有的標準名稱都以小寫字元組成、加上用來分隔單字、自由選用的底線。也就是說，像是 isSame 或是 IsSame 這類的名稱不可能會被認真考慮作為標準使用（*concepts* 除外，它會採用這類拼寫方式）。

[26] "primary（主要）" 和 "composite（合成）" *type categories*（型別類型）之間的用法，不應該與 "fundamental" 和 "compound" *type* 兩者之間的差異相混淆。C++ 標準描述的是：*fundamental types*（基本型別，像是 int 或 std::nullptr_t）和 *compound types*（複合型別，像是指標型別和 class 型別）。這和 *composite type categories*（綜合型別類型，像是算術 *arithmetic*）不大一樣，後者代表 *primary type categories*（主要型別類型，如浮點數 *floating-point*）之間的聯集（union）。

19.8.1 判斷基本型別

作為開始，讓我們來開發一個用於判斷某個型別是否為基本型別的 template。預設情況下，我們假設型別都不是基本的（fundamental），同時我們針對基本型別來特化該 template：

traits/isfunda.hpp

```
#include <cstddef>      // nullptr_t 需要
#include <type_traits>  // true_type、false_type、和 bool_constant<> 需要

// 原型模板：一般來說 T 不會是基本型別
template<typename T>
struct IsFundaT : std::false_type {
};

// 用來針對基本型別進行特化的 macro
#define MK_FUNDA_TYPE(T)                               \
   template<> struct IsFundaT<T> : std::true_type {    \
   };

MK_FUNDA_TYPE(void)

MK_FUNDA_TYPE(bool)
MK_FUNDA_TYPE(char)
MK_FUNDA_TYPE(signed char)
MK_FUNDA_TYPE(unsigned char)
MK_FUNDA_TYPE(wchar_t)
MK_FUNDA_TYPE(char16_t)
MK_FUNDA_TYPE(char32_t)

MK_FUNDA_TYPE(signed short)
MK_FUNDA_TYPE(unsigned short)
MK_FUNDA_TYPE(signed int)
MK_FUNDA_TYPE(unsigned int)
MK_FUNDA_TYPE(signed long)
MK_FUNDA_TYPE(unsigned long)
MK_FUNDA_TYPE(signed long long)
MK_FUNDA_TYPE(unsigned long long)

MK_FUNDA_TYPE(float)
MK_FUNDA_TYPE(double)
MK_FUNDA_TYPE(long double)

MK_FUNDA_TYPE(std::nullptr_t)

#undef MK_FUNDA_TYPE
```

原型模板為一般情況提供定義。意即在一般情況下，IsFundaT<*T*>::value 會被核算成
false：

```
template<typename T>
struct IsFundaT : std::false_type {
    static constexpr bool value = false;
};
```

我們會為每個基本型別定義一個特化版本，使得 IsFundaT<*T*>::value 為 true。為了方
便，我們定義了一個 macro 來自動展開必要的程式碼。舉例來說：

```
MK_FUNDA_TYPE(bool)
```

這段程式碼會被展開為以下形式：

```
template<> struct IsFundaT<bool> : std::true_type {
    static constexpr bool value = true;
};
```

下面的程式示範了這個 template 可能的使用方式：

traits/isfundatest.cpp

```
#include "isfunda.hpp"
#include <iostream>

template<typename T>
void test (T const&)
{
    if (IsFundaT<T>::value) {
        std::cout << "T is a fundamental type" << '\n';
    }
    else {
        std::cout << "T is not a fundamental type" << '\n';
    }
}

int main()
{
    test(7);
    test("hello");
}
```

輸出結果如下：

```
T is a fundamental type
T is not a fundamental type
```

利用相同方式，我們可以定義 type functions IsIntegralT 和 IsFloatingT，用來識別出一群型別裡哪些是整數純量（integral scalar）型別、哪些又是浮點數純量型別。

相較於單純檢查某個型別是否為基本型別，C++ 標準程式庫使用了更加細緻的做法。它首先定義了一群 primary type categories，令每一個型別都恰好匹配一種 type category（參考 D.2.1 節，第 702 頁）。接著再定義像是 std::is_integral 或是 std::is_fundamental 這類的 composite type categories（參考 D.2.2 節，第 706 頁）。

19.8.2 判斷複合型別

複合型別是由其他型別所構成的型別。簡單的複合型別包括了指標型別、lvalue 和 rvalue reference 型別、指向成員的指標型別、以及 array 型別。它們都是以一或兩個底層型別建構得來的。Class 型別和函式型別也算是複合型別，不過它們的組成可能牽涉了任意數目的型別（用來作為參數或成員）。依照這種分類方式，列舉型別（enumeration type）也被認為是一種不簡單的（nonsimple）複合型別，即便它並非由多個底層型別構成。簡單（simple）複合型別可以利用偏特化進行分類。

指標

我們從一個針對指標的簡單分類方式開始：

traits/ispointer.hpp

```
template<typename T>
struct IsPointerT : std::false_type {        // 原型模板：預設不為指標
};

template<typename T>
struct IsPointerT<T*> : std::true_type {      // 針對指標的偏特化體
  using BaseT = T;   // 指向的型別
};
```

原型模板處理所有非指標的型別，和先前一樣，透過 base class std::false_type 來將 value 常數設定為 false，以標示該型別並非指標。偏特化體則會捕捉任何型別的指標（T*），同時設定 value 值為 true 來標示給定的型別為指標。除此之外，它還提供了一個型別成員 baseT，用來描述指標所指向的型別。注意這個型別成員只在原始型別為指標時存在，表示這是一個 SFINAE-friendly type trait（參考 19.4.4 節，第 424 頁）。

C++ 標準程式庫提供了對應的 trait：std::is_pointer<>，不過它並未提供用來表示指標所指型別的成員。該 trait 在 D.2.1 節（第 704 頁）有相關介紹。

References

同樣地，我們可以標示出 lvalue reference 型別：

traits/islvaluereference.hpp

```
template<typename T>
struct IsLValueReferenceT : std::false_type {      // 預設不為 lvalue reference
};

template<typename T>
struct IsLValueReferenceT<T&> : std::true_type {    // 除非 T 是 lvaue reference
    using BaseT = T;       // 指向的型別
};
```

以及 rvalue reference 型別：

traits/isrvaluereference.hpp

```
template<typename T>
struct IsRValueReferenceT : std::false_type {      // 預設不為 rvalue reference
};

template<typename T>
struct IsRValueReferenceT<T&&> : std::true_type {   // 除非 T 是 rvalue reference
    using BaseT = T;       // 指向的型別
};
```

兩者可以被合併為一個 `IsReferenceT<>` trait：

traits/isreference.hpp

```
#include "islvaluereference.hpp"
#include "isrvaluereference.hpp"
#include "ifthenelse.hpp"

template<typename T>
class IsReferenceT
 : public IfThenElseT<IsLValueReferenceT<T>::value,
                      IsLValueReferenceT<T>,
                      IsRValueReferenceT<T>
                     >::Type {
};
```

這 份 實 作 裡， 我 們 利 用 了 IfThenElseT（ 出 自 19.7.1 節， 第 440 頁 ） 於
IsLValueReferenceT<T> 和 IsRValueReferenceT<T> 之間選擇一個作為 base class，
這運用了 metafunction forwarding 技術（於 19.3.2 節，第 404 頁有相關討論）。如果 T
是個 lvalue reference，我們會繼承 IsLValueReferenceT<T> 以獲得恰當的 value 和

BaseT 成員。否則我們會繼承 IsRValueReferenceT<T>，它能夠決定該型別是否為一個
rvalue reference（同時在這種情況下提供恰當的成員）。

C++ 標準程式庫提供了相對應的 **triats**：std::is_lvalue_reference<> 和 std::is_
rvalue_reference<>，相關介紹位於 D.2.1 節（第 705 頁）；std::is_reference<>
則敘述於 D.2.2 節（第 706 頁）。老樣子，這些 **traits** 並不提供用來表示 **reference** 所指型別
的成員。

Arrays

在定義用來判斷 array 的 **traits** 時，你可能會驚訝於偏特化體使用了比原型模板更多的
template parameters：

traits/isarray.hpp

```cpp
#include <cstddef>

template<typename T>
struct IsArrayT : std::false_type {        // 原型模板：處理非 array
};

template<typename T, std::size_t N>
struct IsArrayT<T[N]> : std::true_type {    // 針對 array 的偏特化體
  using BaseT = T;
  static constexpr std::size_t size = N;
};

template<typename T>
struct IsArrayT<T[]> : std::true_type {     // 針對無邊界 array 的偏特化體
  using BaseT = T;
  static constexpr std::size_t size = 0;
};
```

此處新增的幾個成員提供了有關 **array** 分類的資訊：包括了它們的 **base type**（基礎型別）和
它們的大小（寫 0 表示大小未知）。

C++ 標準程式庫提供了對的 **trait**：std::is_array<>，用來檢查某個型別是否為 **array**（相
關介紹位於 D.2.1 節，第 704 頁）。此外，像是 std::rank<> 和 std::extent<> 之類的
traits，讓我們可以查詢它們的維度個數（**number of dimensions**）以及某個特定維度的大小
（請參考 D.3.1 節，第 715 頁）。

指向成員的指標

指向成員的指標可以利用相同方式來處理：

traits/ispointertomember.hpp

```
template<typename T>
struct IsPointerToMemberT : std::false_type {    // 預設不為指向成員的指標
};

template<typename T, typename C>
struct IsPointerToMemberT<T C::*> : std::true_type {       // 偏特化體
    using MemberT = T;
    using ClassT = C;
};
```

此處新增的成員提供了成員的型別、以及成員所在的 class 型別兩項資訊。

C++ 標準程式庫提供了更加細分的 traits：std::is_member_object_pointer<> 和 std::is_member_function_pointer<>，相關介紹位於 D.2.1 節（第 705 頁），以及 std::is_member_pointer<> 會於 D.2.2 節（第 706 節）介紹之。

19.8.3　識別函式型別

函式型別相當有趣，因為它除了回傳型別外、還帶有任意數量的參數。因此我們會在用來匹配函式型別的偏特化體中，使用 parameter pack 來捕捉所有參數的型別，這和 19.3.2 節（第 404 頁）處理 DecayT trait 的做法相似：

traits/isfunction.hpp

```
#include "../typelist/typelist.hpp"

template<typename T>
struct IsFunctionT : std::false_type {              // 原型模板：處理非函式
};

template<typename R, typename... Params>
struct IsFunctionT<R (Params...)> : std::true_type {        // 處理函式
    using Type = R;
    using ParamsT = Typelist<Params...>;
    static constexpr bool variadic = false;
};

template<typename R, typename... Params>
struct IsFunctionT<R (Params..., ...)> : std::true_type { // 可變參數函式
                                                        (variadic functions)
```

```
    using Type = R;
    using ParamsT = Typelist<Params...>;
    static constexpr bool variadic = true;
};
```

注意函式型別的各個部分都被揭露出來了：Type 提供了最終型別（**result type**），而所有的參數都被記錄在名為 ParamsT 的一個 *typelist*（型別列表）裡（第 24 章會介紹 *typelist*）、同時 variadic 標明了該函式型別是否使用了 C-style 的 varargs（可變參數）。

不幸的是，這個型式的 IsFunctionT 無法處理所有類型的函式，因為函式型別可能帶有 const 和 volatile 修飾詞、以及 **lvalue**（&）和 **rvalue**（&&）**reference** 修飾詞（相關介紹位於 C.2.1 節，第 684 頁），還有 C++17 開始出現的 noexcept 修飾詞。例如：

```
    using MyFuncType = void (int&) const;
```

這樣的函式型別只有在 **nonstatic**（非靜態）成員函式上時才成立，不過它依舊是個函式型別。其次，被標示成 const 的函式型別實際上和一般的 const 型別並不一樣[27]，故 RemoveConst 無法從函式型別上去除 const。因此，為了辨別具備這些修飾詞的函式型別，我們需要引入一大群額外的偏特化體，以涵蓋各修飾詞的組合（每一種都可能具備或不含 C-style 的 varargs）。這裡我們只列出這些[28] 必要的偏特化體當中的五個：

```
template<typename R, typename... Params>
struct IsFunctionT<R (Params...) const> : std::true_type {
    using Type = R;
    using ParamsT = Typelist<Params...>;
    static constexpr bool variadic = false;
};

template<typename R, typename... Params>
struct IsFunctionT<R (Params..., ...) volatile> : std::true_type {
    using Type = R;
    using ParamsT = Typelist<Params...>;
    static constexpr bool variadic = true;
};

template<typename R, typename... Params>
struct IsFunctionT<R (Params..., ...) const volatile> : std::true_type {
    using Type = R;
    using ParamsT = Typelist<Params...>;
    static constexpr bool variadic = true;
};
```

---

[27] 具體來說，當函式型別被標示為 const 時，它代表「被隱藏參數 this 所指物件」上面的修飾詞；而一般的 const 型別裡的 const 則直接修飾該實際型別的物件。

[28] 總數為 48 個。

```
template<typename R, typename... Params>
struct IsFunctionT<R (Params..., ...) &> : std::true_type {
    using Type = R;
    using ParamsT = Typelist<Params...>;
    static constexpr bool variadic = true;
};

template<typename R, typename... Params>
struct IsFunctionT<R (Params..., ...) const&> : std::true_type {
    using Type = R;
    using ParamsT = Typelist<Params...>;
    static constexpr bool variadic = true;
};
...
```

有了這些偏特化體，我們現在可以對除了 class 型別和列舉型別以外的所有型別進行分類了。我們會在後續章節對付這些例外情況。

C++ 標準程式庫提供 std::is_function<> trait，我們會在 D.2.1 節（第 706 頁）介紹它。

19.8.4 判斷 Class 型別

不同於先前處理過的其他複合型別，我們並沒有可以專門用來匹配 class 型別的偏特化形式。我們也不大可能像列舉基本型別一樣，列舉出所有的 class 型別。反過來，我們得利用一個間接做法來識別 class 型別，方法是提供一些只對所有 class 型別有效（對其他型別無效）的型別或陳述式。有了這種型別或陳述式，我們就可以直接採用 19.4 節（第 416 頁）討論過的 SFINAE trait 技術。

這種情況下會採用、也最方便的 class 型別性質是：唯有 class 型別可以被用來作為「指向成員的指標型別」的基礎型別。也就是說，以 X Y::* 形式構建的型別中，Y 只能是個 class 型別。下面的 IsClassT<> 形式利用了該性質（同時隨便選擇 int 來作為型別 X）：

traits/isclass.hpp

```
#include <type_traits>

template<typename T, typename = std::void_t<>>
struct IsClassT : std::false_type {          // 原型模板：預設不為 class
};

template<typename T>
struct IsClassT<T, std::void_t<int T::*>>    // class 可以擁有指向成員的指標
 : std::true_type {
};
```

C++ 語言明確指出 lambda 表示式的型別是：「獨一無二、未具名的非聯集 *class* 型別」。
出於這個原因，lambda 表示式在進行是否為 class 型別物件的檢查時，會給出 true：

```
auto l = []{};
static_assert<IsClassT<decltype(l)>::value, "">;      // 順利通過
```

請注意 int T::* 這種陳述式也對 union（聯集）型別有效（根據 C++ 標準，它們也算是
class 型別）。

C++ 標準程式庫提供了 std::is_class<> 和 std::is_union<> 兩個 **traits**，相關介紹位
於 D.2.1 節（第 705 頁）。不過這些 **traits** 需要編譯器的特別支援，因為目前透過 C++ 標準
的核心語言技術，仍無法從 union 型別中區分 class 和 struct 型別 [29]。

19.8.5 判斷列舉型別

尚未被上述 **traits** 分類的型別，還剩下列舉型別。要測試列舉型別，可以直接撰寫用於檢查
「可以顯式轉型成整數型別（即 int）」的 SFINAE-based **trait**，同時明確排除基本型別、
class 型別、reference 型別、指標型別、和指向成員的指標型別。因為它們能夠被轉型為整
數型別、但又不是列舉型別 [30]。反過來說就是，我們簡單地把不是除外型別的任何型別都當成
列舉型別，可以簡單實作如下：

traits/isenum.hpp

```
template<typename T>
struct IsEnumT {
    static constexpr bool value = !IsFundaT<T>::value &&
                                  !IsPointerT<T>::value &&
                                  !IsReferenceT<T>::value &&
                                  !IsArrayT<T>::value &&
                                  !IsPointerToMemberT<T>::value &&
                                  !IsFunctionT<T>::value &&
                                  !IsClassT<T>::value;
};
```

C++ 標準提供了 std::is_enum<> 這個 **trait**，我們在 D.2.1 節（第 705 頁）有相關介紹。
通常為了增進編譯效能，編譯器會原生支援這種 **trait**，而不是用「某些型別以外的其他型別」
這種方式來實作。

---

[29] 大部分的編譯器都支援像是 __is_union 的內建（intrinsic）運算子，用來幫助標準程式庫實作各式各樣的
traits templates。即便是對於那些能運用本章提到的技術、技術性實作出來的 **traits**，這麼做也有其道理，因
為內建運算子可以改進編譯效能。

[30] 本書初版介紹過用這種方式進行的列舉型別推導。不過那時是針對「隱式轉型為整數型別」做檢查，這對於
C++98 標準來說夠用了。但由於有域列舉（scoped enumeration）型別被納入語言標準，而它並不具備這種隱
式轉型，使得針對列舉型別的推導變得更複雜了。

19.9 Policy Traits（策略特徵）

截至目前為止，我們示範的 traits templates 都被用於判斷 template parameter 的性質：它們代表何種型別？某個運算子輸入這種型別的數值後，最終會產生何種型別？…等等。這類 traits 稱作 *property traits*（性質特徵）。

與之相對，有些 traits 定義了某些型別應該如何被使用。我們稱它們為 *policy traits*（策略特徵）。這讓我們聯想到先前討論過的 policy class 觀念（我們曾經提過，traits 和 policies 之間的區別並不是那麼地清楚），不過 policy traits 經常是和 templates parameter 有關的獨特屬性（而 policy class 通常與其他 template parameter 無關）。

雖然 property traits 通常可以被實作為 type functions，不過 policy traits 一般都會將 policy 封裝於成員函式裡。為了說明這個觀念，讓我們瞧瞧某個 type function，它定義了一個用來傳遞唯讀參數的 policy。

19.9.1 唯讀參數型別

在 C 和 C++ 中，函式的 call arguments 預設為以值傳遞（passed by value）。這代表呼叫式裡經由計算得來的引數值，會被複製到被呼叫函式能掌控的位置。大多數的編程人員都知道，這個動作對於大型結構來說代價相當高昂。故針對這類結構，比較適當的做法是用指向 const 的 reference（reference-to-const）來傳遞引數（在 C 語言裡會採用指向 const 的指標，pointer-to-const）。對於較小的結構來說，要採用何種方式往往並不十分明確。從效能的觀點看來，最好的做法取決於撰寫程式碼的實際架構。大部分情況下，這件事並不那麼嚴重，不過有時候就連小型結構都必須謹慎處理。

當然，有了 templates 後事情變得更複雜了：我們無法事先知道用來替換 template parameter 的型別會有多大。再者，判斷基準也不單單和大小有關：某個小型結構可能具有呼叫成本高昂的複製建構子，這樣的話透過指向 const 的 reference 來傳遞唯讀參數仍然會是較佳選項。

如同先前提過的，這個問題可以方便地利用身為 type function 的 policy traits templates 來解決：該函式將目標引數型別 T 映射到參數型別 T 或是 T const& 兩者間的最佳選擇。作為初步解法，原型模板可以將不大於兩個指標大小的型別以值進行傳遞，其他情形則使用指向 const 的 reference 來傳遞：

```
template<typename T>
struct RParam {
    using Type = typename IfThenElseT<sizeof(T)<=2*sizeof(void*),
                                      T,
                                      T const&>::Type;
};
```

另一方面，遇到容器型別時 sizeof 會回傳較小的數值，但它可能會用到昂貴的複製建構子。因此我們會需要一些長得像下面這樣的特化體和偏特化體：

```
template<typename T>
struct RParam<Array<T>> {
```

```
      using Type = Array<T> const&;
  };
```

因為這類型別在 C++ 中很常見，比較安全的做法是只把具有 trivial（單純）複製與搬移建構子的較小型別標記為以值傳遞的型別[31]，接著遵循效能考量選擇性地加入其他 class 型別（C++ 標準程式庫包含 std::is_trivially_copy_constructible 和 std::is_trivially_move_constructible 這兩個 type traits）。

traits/rparam.hpp

```
#ifndef RPARAM_HPP
#define RPARAM_HPP

#include "ifthenelse.hpp"
#include <type_traits>

template<typename T>
struct RParam {
  using Type
    = IfThenElse<(sizeof(T) <= 2*sizeof(void*)
                   && std::is_trivially_copy_constructible<T>::value
                   && std::is_trivially_move_constructible<T>::value),
                T,
                T const&>;
};

#endif   // RPARAM_HPP
```

無論採用上面的哪一種做法，現在 policy 都被集中在 traits template 定義裡頭，同時客戶端可以利用它們來達成更好的效果。舉個例子，假設我們有兩個 classes，其中一個針對唯讀引數採用以值呼叫的效果比較好：

traits/rparamcls.hpp

```
#include "rparam.hpp"
#include <iostream>

class MyClass1 {
 public:
    MyClass1 () {
    }
    MyClass1 (MyClass1 const&) {
        std::cout << "MyClass1 copy constructor called\n";
    }
```

---

[31] 如果被稱為 *trivial*（單純）的複製和搬移建構子，表示對該建構子的呼叫實際上可以替換成對底層位元組（underlying bytes）進行簡單地複製。

```
};

class MyClass2 {
 public:
    MyClass2 () {
    }
    MyClass2 (MyClass2 const&) {
        std::cout << "MyClass2 copy constructor called\n";
    }
};

// 將型別為 MyClass2 的物件，透過 RParam<> 進行以值傳遞
template<>
class RParam<MyClass2> {
  public:
    using Type = MyClass2;
};
```

現在我們可以宣告針對唯讀引數使用 RParam<> 的函式，然後呼叫它們：

traits/rparam1.cpp

```
#include "rparam.hpp"
#include "rparamcls.hpp"

// 函式允許參數以值或以 reference 傳遞
template<typename T1, typename T2>
void foo (typename RParam<T1>::Type p1,
          typename RParam<T2>::Type p2)
{
    …
}

int main()
{
    MyClass1 mc1;
    MyClass2 mc2;
    foo<MyClass1,MyClass2>(mc1,mc2);
}
```

不幸的是，RParam 在使用上有些明顯的缺點。首先，函式宣告顯然變得更複雜。其次，可能更令人討厭的是，像 foo() 這樣的函式無法透過引數推導進行呼叫了。因為 **template parameter** 現在只會出現在 **function parameter** 的修飾詞 * 裡頭。呼叫方因而必須顯式標明 **template arguments**。

---

* 譯註：即 RParam。

一個繞過這個問題的費勁方法是：使用一個提供了完美轉發（見 15.6.3 節，第 280 頁）的 inline wrapper function template（內嵌包裝函式模板），不過這個方式假定了該 inline 函式會被編譯器省略掉。舉例來說：

traits/rparam2.cpp

```cpp
#include "rparam.hpp"
#include "rparamcls.hpp"

// 函式允許參數以值或以 reference 傳遞
template<typename T1, typename T2>
void foo_core (typename RParam<T1>::Type p1,
               typename RParam<T2>::Type p2)
{
    ...
}

// wrapper，用來避免顯式傳遞 template parameter
template<typename T1, typename T2>
void foo (T1 && p1, T2 && p2)
{
    foo_core<T1,T2>(std::forward<T1>(p1),std::forward<T2>(p2));
}

int main()
{
    MyClass1 mc1;
    MyClass2 mc2;
    foo(mc1,mc2);    // 與 foo_core<MyClass1,MyClass2>(mc1,mc2) 意義相同
}
```

19.10 標準程式庫內的應用

C++11 後，type traits 成為了 C++ 標準程式庫的核心組件。它們大體上包含了本章討論到的所有 type functions 和 type traits。不過對於某些 traits，像是偵測單純操作（trivial operaiton）的 traits、以及前面討論過的 std::is_union，現在還沒有已知的語言原生解法（in-language solutions）。不過呢，編譯器為這些 traits 提供了內建支援。即便是具備語言原生解法的 traits，編譯器也開始對其提供支援，以縮短編譯時間。

基於以上原因，如果你需要 type traits，我們建議你盡可能使用 C++ 標準程式庫內的版本。它們都會在附錄 D 裡被詳細介紹。

注意（如前所述）有些 traits 具有潛在的驚奇行為（至少對某些單純的碼農來說是這樣）。除了我們在 11.2.1 節（第 164 頁）和 D.1.2 節（第 700 頁）提供的那些通用提示之外，也請參考我們在附錄 D 提供的那些具體描述。

C++ 標準程式庫也定義了一些 policy traits 和 property traits：

- Class template `std::char_traits` 被 string 和 I/O stream classes 作為 policy traits parameter 使用。
- 為了讓演算法能簡單地適應它們會用到的標準迭代器，C++ 標準程式庫提供了一個非常簡單的 property traits template：`std::iterator_traits`（它也被應用在標準程式庫介面中）。
- Template `std::numeric_limits` 作為 property traits template 也十分好用。
- 最後，標準容器型別的記憶體分配也是利用 policy traits classes 來處理。為了這個目的，從 C++98 開始提供 template `std::allocator` 作為標準組件。隨著 C++11 的推出，新增了 template `std::allocator_traits` 以變更記憶體配置器（allocators）的 policy 或行為（在傳統行為和定義域配置器（*scoped allocators*）之間切換；後者可能無法相容於 C++11 以前的框架）。

19.11 後記

Nathan Myers 是第一個將 traits parameter 概念形式化的人。起初他將之呈現給 C++ 標準化委員會時，是作為一個在標準程式庫組件（如輸出入資料流中）中定義如何處理字元型別的媒介。當時他稱之為 *baggage templates*，同時註明其中包含 traits。然而，部分 C++ 委員會成員不喜歡 *baggage* 這個術語，反而推薦使用 *traits* 這個名字。在那之後後者就被廣泛使用了。

客戶端程式碼通常毋需理會 traits：預設的 traits classes 能夠滿足大多數的一般需求，同時因為它們是預設的 template arguments，故他們完全不需要在客戶端程式碼出現。這有利於為預設的 traits templates 提供較長的描述性名稱。當客戶端程式碼透過「提供客製化的 traits argument」來改變 template 的行為時，最好替最終的特化版本宣告一個符合客製化行為的型別別名。此時可以替該 traits class 取個長一點、且不會犧牲太多程式碼品質的描述性名稱。

Traits 可以用來達到某種形式的 *reflection*（反身性），程式透過它來檢查本身的高階抽象性質（high-level properties，像是自身的型別結構）。像 `IsClassT` 和 `PlusResultT` 這樣的 traits、以及其他許多用來在程式裡檢查型別的 type traits，都實作了某種型式的編譯期反身性（*compile-time reflection*），它們最終都成為了後設編程（*metaprogramming*）的強大夥伴（參見第 23 章、以及 17.9 節，第 363 頁）。

將型別性質作為 template 特化體的成員儲存起來的想法，至少可以追溯到 90 年代中期。早期型別分類模板（type classification templates）的精實應用之一，是由 SGI（當時稱為 *Silicon Graphics*）所發佈的 STL 實作版本裡的 `__type_traits` 工具。這套 SGI template

旨在表現 template argument 所具備的某些性質。例如：它是否是一個舊式資料型別（*plain old datatype*，POD）、或是它的解構子是否單純（trivial）。接著這類資訊會被用於針對特定型別來最佳化具體的 STL 演算法。SGI 解決方案的一個有趣特性是：部分 SGI 編譯器會識別這些 __type_traits 特化體，並且會提供一些無法透過標準技術取得的、關於該引數的資訊（你可以放心使用 __type_traits template 的通用實作版本，雖然它的效能並非完美）。

Boost 提供了一個相當完整的型別分類模板（參考 [*BoostTypeTraits*]），它們構成了 2011 C++ 標準程式庫裡頭 <type_traits> 標頭檔的基礎。雖然許多這類的 traits 可以利用本章介紹的技術實作出來，但其他的 traits（像是用來偵測 PODs 的 std::is_pod）仍需要編譯器的支援，這與 SGI 編譯器提供的 __type_traits 特化體們更為相似。

於明確訂定型別推導和替換規則的第一次標準化期間，SFINAE 原則可以應用於型別分類這件事就已經被注意到了。然而卻從來沒有為此正式留下書面記錄，導致後來耗費許多努力來試圖重建本章介紹的某些技術。本書初版是這類技術最早的相關資源之一，並且引進了 *SFINAE* 這個術語。這個領域裡另一位值得一提的早期貢獻者是 Andrei Alexandrescu，他讓「使用 sizeof 運算子來決定重載決議結果」這項技術變得流行起來。由於該技術已廣為人知，2011 年標準將 SFINAE 的範圍從簡單的型別錯誤，擴展為在 function template 的直接語境（immediate context）內發生的任何錯誤（見 [*SpicerSFINAE*]）。該擴充功能與新增的 decltype、rvalue references、和 variadic templates 配合使用，極大程度上擴充了在 traits 裡針對特定性質進行測試的能力。

利用如 isValid 這樣的泛型 lambdas 來萃取 SFINAE 條件式的主要部分，這項技術是由 Louis Dionne 於 2015 年提出的，並且被 Boost.Hana（見 [*BoostHana*]）採用。該程式庫是個後設編程程式庫，適合用來在編譯期針對型別和數值兩者進行計算。

Policy class 顯然是由許多的程式設計者和一些作者們共同開發的。Andrei Alexandrescu 讓 *policy classes* 這個術語變得廣為人知。相較於我們的簡短篇幅，他的著作《*Modern C++ Design*》包含了關於 policy class 的更多細節（參考 [*AlexandrescuDesign*]）。

20

依型別性質重載
Overloading on Type Properties

函式重載（function overloading）允許多個函式共用相同的函式名稱，只要這些函式能夠透過參數型別被區分即可。例如：

```
void f(int);
void f(char const*);
```

有了 function template，我們也可以基於像是「指向 T 的指標」或「Array<T>」這樣的 type pattern（型別形式）進行重載：

```
template<typename T> void f(T*);
template<typename T> void f(Array<T>);
```

有鑑於 type traits 的廣泛使用（在第 19 章討論過），我們很自然會想要根據 template arguments 的性質來重載函式。舉例來說：

```
template<typename Number> void f(Number);       //僅用於數字
template<typename Container> void f(Container); //僅用於容器
```

不過，C++ 目前沒有能「根據型別性質」直接表現重載版本的方式。事實上，上面這兩個 f function templates 實際上宣告的是同一個 function templates，而非個別的重載版本，因為 template parameter 的名稱會在比較兩個 function templates 時被忽略。

還好，這裡有一些可以用來模擬「根據型別性質重載 function templates」的技術。我們將會在本章提及這些技術、以及進行這類重載的常見動機。

20.1 演算法特化

對 function templates 進行重載，背後常見的動機之一是想要根據參與運算的型別，為某個演算法提供更多的特化版本。考慮一個用來交換兩個數值的簡單 swap() 運算：

```
template<typename T>
void swap(T& x, T& y)
{
  T tmp(x);
  x = y;
  y = tmp;
}
```

這份實作用到了三個複製運算。不過對於某些型別，我們可以提供一份更為高效的 swap()
運算版本。下面的版本適用於將資訊以指向內容的指標加上一個長度值來儲存的 Array<T>：

```
template<typename T>
void swap(Array<T>& x, Array<T>& y)
{
  swap(x.ptr, y.ptr);
  swap(x.len, y.len);
}
```

兩份 swap() 實作都會正確地交換兩個 Array<T> 物件裡的內容。不過，後面那份實作效率
更好，因為它用到了 Array<T> 上的額外屬性（亦即知曉 ptr 與 len、以及它們各自扮演
的角色），該性質並非所有型別都會具備[1]。第二個 function template 因而（在概念上）比
前者更加特定（specialized），因為它針對第一個 function template 接受的某個子集合，
替它們實現了相同的運算。幸運的是，對於 function templates 適用的偏序規則（partial
ordering rules，請參考 16.2.2 節，第 330 頁）而言，第二個 function template 也更為特定。
因此若該版本適用的話（亦即引數為 Array<T> 時），編譯器會挑選更為特定（也因此更為
高效）的 function template；並且在較為特定的版本不適用時，退回使用更通用（可能效率
較差）的演算法。

透過引進更為特定的泛型演算法變體（variants），來進行設計和最佳化的做法，被稱為**演算
法特化**（*algorithm specialization*）。這個更為特化的變體適用於「該泛型演算法合法輸入」
的某個子集合，並且會根據特定的型別或型別的性質來識別出這個子集合。這個變體通常會
比該泛型演算法的最通用實作版本效率更高。

演算法特化在實作上最關鍵的部分在於：當更為特定的變體適用當前輸入時，要能夠自動地
選擇該變體，呼叫端甚至毋需感知到這些變體的存在。在我們的 swap() 範例中，這件事透
過以下方式達成：將（概念上）更為特定的 function template（第二個 swap()）和最通用
的 function template（第一個 swap()）進行重載，同時確保較為特定的 function template
從 C++ 的偏序規則的角度來說也更為特定。

請注意，所有在概念上更為特定的演算法變體，都可以被直接轉化成提供正確偏序行
為的 function templates。接下來的範例我們會考慮將某個迭代器 x 往前移動 n 步的

---

[1] 實際上對 swap() 而言，更好的選擇是使用 std::move() 來避免在原型模板中的複製行為。不過，這裡出現
     的替代做法適用範圍更廣。

advanceIter() 函式（類似於 C++ 標準程式庫裡的 std::advance()）。下面的通用演算法可以對任何輸入的迭代器進行操作：

```
template<typename InputIterator, typename Distance>
void advanceIter(InputIterator& x, Distance n)
{
  while (n > 0) {          // 線性時間
    ++x;
    --n;
  }
}
```

針對某些特定的迭代器 class ——提供了隨機存取操作（random access iterator）的那些——我們可以提供一份更有效率的實作：

```
template<typename RandomAccessIterator, typename Distance>
void advanceIter(RandomAccessIterator& x, Distance n) {
  x += n;                  // 常數時間
}
```

不幸的是，同時定義這兩種 function templates 會導致編譯期錯誤，因為——如本章一開始說的——僅在 template parameter 名稱上存在差異的 function templates 無法被重載。本章餘下的部分會討論能夠模擬出「重載這類 function templates」效果的技術，這是我們希望做到的。

20.2 按標籤分發

進行演算法特化的一種做法是：將某個演算法的不同實作變體，用能識別該變體的獨特型別來「貼標籤（tag）」。舉例來說，要對付剛才提到的 advanceIter() 問題，我們可以利用標準程式庫的迭代器類型標籤型別（iterator category tag types，定義如下）來識別 advanceIter() 演算法的兩個實作變體：

```
template<typename Iterator, typename Distance>
void advanceIterImpl(Iterator& x, Distance n, std::input_iterator_tag)
{
  while (n > 0) {          // 線性時間
    ++x;
    --n;
  }
}

template<typename Iterator, typename Distance>
void advanceIterImpl(Iterator& x, Distance n,
                     std::random_access_iterator_tag) {
  x += n;                  // 常數時間
}
```

接著，`advanceIter()` function template 會簡單地將自身引數加上適當的標籤進行轉發：

```
template<typename Iterator, typename Distance>
void advanceIter(Iterator& x, Distance n)
{
  advanceIterImpl(x, n,
                  typename
                    std::iterator_traits<Iterator>::iterator_category());
}
```

Trait class `std::iterator_traits` 藉由其成員型別 `iterator_category` 來提供所使用迭代器的類型。這個迭代器類型是先前提過的 `_tag` 型別的一種，用來識別給定型別屬於哪一種迭代器。C++ 標準程式庫裡可使用的標籤定義如下，當某個標籤描述的是一個從其他標籤衍生而來的類型時，會透過繼承來表現[2]：

```
namespace std {
  struct input_iterator_tag { };
  struct output_iterator_tag { };
  struct forward_iterator_tag : public input_iterator_tag { };
  struct bidirectional_iterator_tag : public forward_iterator_tag { };
  struct random_access_iterator_tag : public bidirectional_iterator_tag { };
}
```

想要有效地按標籤分發（tag dispatching），關鍵在於標籤彼此間的關聯性。我們提出的兩個 `advanceIterImpl()` 變體被分別貼上了 `std::input_iterator_tag` 和 `std::random_access_iterator_tag` 標籤，又因為 `std::random_access_iterator_tag` 繼承自 `std::input_iterator_tag`，故每當 `advanceIterImpl()` 以隨機存取迭代器進行呼叫時，一般的函式重載會偏好使用更為特定的演算法變體（也就是使用 `std::random_access_iterator_tag` 的那一個）。因此，按標籤分發完全仰賴於「從單一原型模板映射至一組貼上標籤的 `_impl` 變體」的委託行為，這令一般的函式重載會選擇適用於當前 template arguments 的演算法之中，最為特定的那個。

當演算法用到的性質裡存在天然的階層結構（natural hierarchical structure）、同時現有的 traits 集合也提供了對應的標籤值時，按標籤分發可以運作良好。但如果演算法特化版本會依賴於即時提供的型別性質（ad hoc type properties），像是型別 `T` 是否具備 trivial（單純）複製賦值運算，則這個方法就不那麼方便了。針對這種情況，我們需要更強大的技術。

20.3 啟用 / 停用 Function Templates

演算法特化涉及「提供一群能根據 template arguments 性質被選擇的不同 function templates」這件事。不幸的是，無論是 function templates 的偏序關係（見 16.2.2 節，第 330 頁）、或是重載決議機制（見附錄 C）都不足以表現更高層次的演算法特化形式。

---

[2] 這個例子裡的類型表現的是 *concepts*（概念），而 concepts 的繼承則被稱為 *refinement*（精鍊）。Concepts 與 refinement 在附錄 E 裡有詳細介紹。

對於這個問題，C++ 標準程式庫提供了 `std::enable_if` 作為輔助，我們曾經在 6.3 節（第 98 頁）介紹過它。本節會討論如何透過引進對應的 **alias template** 來實作該輔助語法，為了避免撞名，我們將其命名為 `EnableIf`。

和 `std::enable_if` 相同，`EnableIf` **alias template** 可以被用來在特定條件下啟用（或停用）某個特定的 **function template**。舉例來說，`advanceIter()` 演算法的隨機存取版本可以被實作成下面這樣：

```
template<typename Iterator>
constexpr bool IsRandomAccessIterator =
    IsConvertible<
        typename std::iterator_traits<Iterator>::iterator_category,
        std::random_access_iterator_tag>;

template<typename Iterator, typename Distance>
EnableIf<IsRandomAccessIterator<Iterator>>
advanceIter(Iterator& x, Distance n) {
  x += n;     // 常數時間
}
```

只有當迭代器實際上是個隨機存取迭代器的時候，這裡的 `EnableIf` 特化才會啟用 `advanceIter()` 的這份變體。`EnableIf` 接受的兩個引數分別是：指出該 **template** 是否應該被啟用的 **Boolean** 條件式、以及當條件為真時，展開 `EnableIf` 後會產生的型別。上面的例子裡，我們使用在 19.5 節（第 428 頁）和 19.7.3 節（第 447 頁）介紹過的 **type trait** `IsConvertible` 作為我們的條件，來定義 **type trait** `IsRandomAccessIterator`。這樣一來，只有當用來替換 `Iterator` 的具體型別能夠作為隨機存取迭代器使用（亦即對應的標籤能夠轉換為 `std::random_access_iterator_tag`）時，才會考慮這份特定的 `advanceIter()` 的實作版本。

`EnableIf` 有著相當簡單的實作：

typeoverload/enableif.hpp

```
template<bool, typename T = void>
struct EnableIfT {
};

template<typename T>
struct EnableIfT<true, T> {
  using Type = T;
};

template<bool Cond, typename T = void>
using EnableIf = typename EnableIfT<Cond, T>::Type;
```

EnableIf 會展開成某個型別，也因此會被實作成 alias template。我們希望使用偏特化（見第 16 章）來實作，不過 alias templates 無法被偏特化。還好，我們可以引入一個 helper class template EnableIfT 來進行我們實際需要的工作，同時讓 alias template EnableIf 簡單地從 helper template 裡選擇最終型別。當條件為 true 時，EnableIfT<...>::Type（也就是 EnableIf<...>）會簡單地對第二個 template argument T 進行核算。當條件為 false 時，EnableIf 不會生成合法的型別，因為 EnableIfT 的原型 class template 不具有名為 Type 的成員。通常這會造成錯誤，不過在 SFINAE（substitution failure is not an error，替換失敗不算錯誤，於 15.7 節，第 284 頁曾介紹過）語境裡——像是某個 function template 的回傳型別——這件事具有讓 template 引數推導失敗的效果，並將該 function template 從考慮名單中剔除[3]。

對 advanceIter() 來說，這樣使用 EnableIf 代表：當 Iterator 引數是個隨機存取迭代器時，該 function template 能夠被使用（同時回傳型別為 void），而在 Iterator 引數不是隨機存取迭代器時，該 template 會從考慮名單中被剔除。我們可以把 EnableIf 想成是針對使用不符合 template 實作版本需求的 template arguments 進行實體化的情況下，採取的一種「保護」template 的方式。因為這個 advanceIter() 版本只能使用隨機存取迭代器來實體化，原因是它需要只有隨機存取迭代器才提供的運算。雖然以這種方式使用 EnableIf 並非完全刀槍不入——用戶可以主張該型別是個隨機存取迭代器，但又不提供必要的運算——但它能幫助我們早一點診斷出常見錯誤。

我們現在已經確立了如何針對適用型別顯式地「啟用（activate）」較為特定的 template。可是這還不夠：我們也必須「取消啟用（de-activate）」較不特定的 template，因為編譯器無法排定兩版本的「優先順序」。如果兩個版本同時存在，它會回報歧義錯誤（ambiguity error）。幸運的是，要做到這點並不難：我們只要在較不特定的 template 上套用一樣的 EnableIf 模式，不同的是我們得反轉該條件敘述。這麼做就能確保：對於任何具體的 Iterator 型別，兩個 templates 裡就只會有一個被啟用。因此對於不是隨機存取迭代器的那些迭代器，我們的 advanceIter() 版本會變成這樣：

```
template<typename Iterator, typename Distance>
EnableIf<!IsRandomAccessIterator<Iterator>>
advanceIter(Iterator& x, Distance n)
{
  while (n > 0) {          // 線性時間
    ++x;
    --n;
  }
}
```

---

[3] EnableIf 也可以被擺在某個預設 template 參數裡，相較於放在回傳型別內，這樣做會有一些好處。請參考 20.3.2 節（第 472 頁）關於 EnableIf 擺放位置的討論。

20.3.1　提供多個特化版本

一言以蔽之，上述模式主要針對需要兩種以上實作方案的情況：我們替每一種候選方案加上 EnableIf 構件，這些構件的條件對於特定的具體 template arguments 集合而言，彼此之間是互斥的。條件本身通常使用那些可以透過 traits 來表達的各種性質。

例如，考慮替 advanceIter() 演算法引進第三種變體版本：這次我們想要藉由給定一個負數距離，允許迭代器「倒退」[4]。這個動作對於某個輸入迭代器（input iterator）來說顯然不合法（*invalid*），但對隨機存取迭代器而言顯然合法（*valid*）。不過標準程式庫還存在雙向迭代器（*bidirectional iterator*）這樣的概念，它允許在不具備隨機存取的條件下向後移動。實作這種情況需要稍微複雜一點的邏輯：每個 function template 必須使用帶有條件的 EnableIf，該條件會互斥於除了自身之外的其他 function templates（用以表現不同演算的變體）所擁有的條件。這推導出下面這種條件組合：

- 隨機存取迭代器（random access iterator）：用於隨機存取情況（常數時間，向前或向後移動皆可）
- 雙向迭代器（bidirectional iterator），且無法進行隨機存取：用於雙向移動情況（線性時間，向前或向後移動皆可）
- 輸入迭代器（input iterator），且無法雙向移動：用於一般情況（線性時間，向前移動）

下面這組 function templates 實作了上述條件：

typeoverload/advance2.hpp

```cpp
#include <iterator>

// 適用隨機存取迭代器的實作版本：
template<typename Iterator, typename Distance>
EnableIf<IsRandomAccessIterator<Iterator>>
advanceIter(Iterator& x, Distance n) {
  x += n;     // 常數時間
}

template<typename Iterator>
constexpr bool IsBidirectionalIterator =
   IsConvertible<
     typename std::iterator_traits<Iterator>::iterator_category,
     std::bidirectional_iterator_tag>;

// 適用雙向迭代器的實作版本：
template<typename Iterator, typename Distance>
EnableIf<IsBidirectionalIterator<Iterator> &&
```

---

[4] 通常演算法的特化版本只用來改善效率，可能是針對計算時間或資源使用量任一方面。不過，部分演算法特化也用來提供更多功能，像是（如本例所示的）能在序列中進行向後移動的能力。

```
        !IsRandomAccessIterator<Iterator>>
advanceIter(Iterator& x, Distance n) {
  if (n > 0) {
    for ( ; n > 0; ++x, --n) {    // 線性時間
    }
  } else {
    for ( ; n < 0; --x, ++n) {    // 線性時間
    }
  }
}

// 適用其他所有迭代器的實作版本:
template<typename Iterator, typename Distance>
EnableIf<!IsBidirectionalIterator<Iterator>>
advanceIter(Iterator& x, Distance n) {
  if (n < 0) {
    throw "advanceIter(): invalid iterator category for negative n";
  }
  while (n > 0) {    // 線性時間
    ++x;
    --n;
  }
}
```

透過讓每個 function template 本身的 EnableIf 條件與其他所有的 function template 條件互斥,我們可以確保其中最多只會有一個 function template 成功針對給定的引數組合進行 template 引數推導。

我們的範例展示了將 EnableIf 用在演算法特化上會帶來的缺點之一: 每當引入一個新的演算法變體時,所有演算法變體的條件都需要修正,以確保彼此間仍為互斥。相較之下,藉由按標籤分發(tag dispatching,見 20.2 節,第 467 頁)來引入雙向迭代器,只需要利用 std::bidirectional_iterator_tag 標籤來新增一份新的 advanceIterImpl() 重載版本即可。

這兩種技術——按標籤分發和 EnableIf ——適用於不同的場景:一般來說,按標籤分發根據階層化的標籤來支援簡單的分發動作,而 EnableIf 則根據由 type traits 決定的任意性質集合來支援更高級的分發行為。

20.3.2　EnableIf 應置於何處?

EnableIf 通常用於 function template 的回傳型別。不過這個做法並不適用於建構子模板(constructor templates)或是 conversion function templates(轉型函式模板),因為它

們都不具備既定的回傳型別[5]。除此之外，使用 EnableIf 會讓回傳型別非常難以閱讀。考量以上情況，我們可以將 EnableIf 改置於預設的 **template argument** 中，如下所示：

typeoverload/container1.hpp

```
#include <iterator>
#include "enableif.hpp"
#include "isconvertible.hpp"

template<typename Iterator>
  constexpr bool IsInputIterator =
    IsConvertible<
      typename std::iterator_traits<Iterator>::iterator_category,
      std::input_iterator_tag>;

template<typename T>
class Container {
 public:
  // 以輸入迭代器序列進行建構:
  template<typename Iterator,
           typename = EnableIf<IsInputIterator<Iterator>>>
  Container(Iterator first, Iterator last);

  // 只要該數值型別可以進行轉換，就將其轉成容器:
  template<typename U, typename = EnableIf<IsConvertible<T, U>>>
  operator Container<U>() const;
};
```

不過這裡有個問題。如果我們企圖添加另一個重載版本（像是一個對於隨機存取迭代子會更有效率的 Container 建構子版本），會導致錯誤發生：

```
  // 以輸入迭代器序列進行建構:
  template<typename Iterator,
           typename = EnableIf<IsInputIterator<Iterator> &&
                               !IsRandomAccessIterator<Iterator>>>
  Container(Iterator first, Iterator last);

  template<typename Iterator,
           typename = EnableIf<IsRandomAccessIterator<Iterator>>>
  Container(Iterator first, Iterator last);   // 錯誤: 重複宣告了
                                              // 建構子模板
```

---

[5] 如果某個 conversion function template 不具備回傳型別（即轉型動作的目標型別），代表回傳型別裡的 template parameters 得要可以被推導出來（參考第 15 章），以保證 conversion function template 能正常運作。

問題在於，除了預設的 template argument 外，這裡的兩個建構子模板長得一模一樣。可是在判斷兩個 templates 是否相同時，並不會把預設的 template arguments 納入考慮。

我們可以透過加入另外一個預設 template parameter 來緩解這個問題，這樣一來兩個建構子模板便具備了不同數量的 template parameters：

```
// 以輸入迭代器序列進行建構：
template<typename Iterator,
         typename = EnableIf<IsInputIterator<Iterator> &&
                             !IsRandomAccessIterator<Iterator>>>
Container(Iterator first, Iterator last);

template<typename Iterator,
         typename = EnableIf<IsRandomAccessIterator<Iterator>>,
         typename = int>          // 為了能夠使用兩個建構子而加的多餘參數
Container(Iterator first, Iterator last);    // 現在 OK 了
```

20.3.3　編譯期 if

值得留意的是，C++17 的 constexpr if 特性（參考 8.5 節，第 134 頁）在許多情況下免除了我們對於 EnableIf 的需求。舉例來說，在 C++17 裡可以把我們的 advanceIter() 範例重寫如下：

typeoverload/advance3.hpp

```
template<typename Iterator, typename Distance>
void advanceIter(Iterator& x, Distance n) {
  if constexpr(IsRandomAccessIterator<Iterator>) {
    // 適用隨機存取迭代器的實作版本：
    x += n;                                // 常數時間
  }
  else if constexpr(IsBidirectionalIterator<Iterator>) {
    // 適用雙向迭代器的實作版本：
    if (n > 0) {
      for ( ; n > 0; ++x, --n) {      // 對於正的 n 值為線性時間
      }
    } else {
      for ( ; n < 0; --x, ++n) {      // 對於負的 n 值為線性時間
      }
    }
  }
  else {
    // 適用其他所有迭代器的實作版本：
    if (n < 0) {
      throw "advanceIter(): invalid iterator category for negative n";
    }
```

```
            while (n > 0) {                 // 只適用於正的 n 值，具有線性時間
                ++x;
                --n;
            }
        }
    }
```

這樣寫清楚多了。更加特定的那些程式碼決策路徑（像是適用於隨機存取迭代器的路徑）只會針對那些支援它們的型別被實體化。如此一來，只要程式碼位於受到適當的 if constexpr 保護的區域內，即使它們用了不是全部迭代器都支援的運算（例如 += 運算子），它們也是安全的。

不過，這招也存在一些弱點。唯有在泛型組件間的差異可以完全地在 function template 本體裡表現出來時，才能這樣子使用 constexpr if。在下列情況中，我們仍然得要使用 EnableIf：

- 涉及不同的「介面（interface）」時。
- 需要不同的 class 定義式時。
- 對於某個 template argument lists 不存在合法的實體版本時。

針對最後一種情況，你可能會想要用下面這種模式來處理：

```
template<typename T>
void f(T p) {
  if constexpr (condition<T>::value) {
    // 進行某些動作…
  }
  else {
    // 當 T 無法產生合理的 f() 時：
    static_assert(condition<T>::value, "can't call f() for such a T");
  }
}
```

我們不建議這樣做，因為它不適用 SFINAE：函式 f<T>() 不會被從候選列表中去除，因此可能會抑制另一個重載決議的結果。但在替代做法中，當替換 EnableIf<...> 的動作失敗時，使用 EnableIf f<T>() 的動作會一起被刪除。

20.3.4　Concepts（概念）

到目前為止我們介紹的技術都運作良好，不過它們常常有點笨重，可能佔用大量的編譯器資源、同時在發生錯誤時，可能產生笨拙的診斷訊息。許多泛型程式庫作者因而希望能夠有一種以更直接的方式來達成相同效果的語言特性。基於以上原因，一個稱為 *concepts*（概念）的特性很可能會被加進語言裡；參考 6.5 節（第 103 頁）、18.4 節（第 377 頁）、以及附錄 E。

舉例來說，我們希望重載後的 Container 建構子看起來就像這樣：

typeoverload/container4.hpp

```
template<typename T>
class Container {
 public:
  // 以輸入迭代器序列進行建構：
  template<typename Iterator>
  requires IsInputIterator<Iterator>
  Container(Iterator first, Iterator last);

  // 以隨機存取迭代器序列進行建構：
  template<typename Iterator>
  requires IsRandomAccessIterator<Iterator>
  Container(Iterator first, Iterator last);

  // 只要數值的型別能夠支援，就將其轉型為容器：
  template<typename U>
  requires IsConvertible<T, U>
  operator Container<U>() const;
};
```

上面的 *requires* 語句（*requires clause*，在 E.1 節，第 740 頁有討論）描述了這份 template 的需求。如果任何一個需求條件無法被滿足，則該 template 不會被當成候選函式。因此這是一種能夠更直接表達 EnableIf 所要表達的概念的表現方式，由語言本身提供支援。

比起 EnableIf，**requires** 語句還有個額外的優點。限制條件的蘊含關係（constraint subsumption，在 E.3.1 節，第 744 頁有相關介紹）為 templates 提供了僅在 requires 語句中表現差異的排序方式，免除了對按標籤分發的需求。除此之外，requires 語句也可以附加在 nontemplate 上。舉個例子，我們可以只在型別 T 能夠使用 < 進行比較時，才提供 sort() 成員函式：

```
template<typename T>
class Container {
 public:
  …

  requires HasLess<T>
  void sort() {
    …
  }
};
```

20.4 Class 特化

Class template 偏特化體可以針對特定的 template arguments 提供 class template 的特化實作版本，這滿像我們對 function templates 使用的重載技術。同時，和重載 function template 相似，我們直覺上會根據 template arguments 本身的性質來區分這些偏特化體。考慮一個具有 key 和 value 兩種型別作為 template parameter 的泛型 Dictionary class template。只要 key 型別提供了等價運算子（equality operator），我們就能夠實作出簡單（但效率不好）的 Dictionary：

```cpp
template<typename Key, typename Value>
class Dictionary
{
 private:
  vector<pair<Key const, Value>> data;
 public:
  // 透過索引來存取資料：
  value& operator[](Key const& key)
  {
    // 使用 key 來尋找元素：
    for (auto& element : data) {
      if (element.first == key) {
        return element.second;
      }
    }

    // 如果沒有具備該 key 值的元素，就新增一個
    data.push_back(pair<Key const, Value>(key, Value()));
    return data.back().second;
  }
  ...
};
```

如果這裡的 key 型別支援 < 運算子，則我們可以基於標準程式庫的 map 容器，提供一個更有效率的實作版本。同樣地，如果 key 型別支援 hashing（雜湊）操作，我們還可以基於標準程式庫的 unordered_map 來提供效率更加出色的實作版本。

20.4.1 啟用 / 停用 Class Templates

啟用 / 停用 class templates 不同實作版本的方法是：控制 class templates 偏特化體的啟用 / 停用。想要在 class template 偏特化體上使用 EnableIf，我們得先替 Dictionary 引入一個不具名的預設 template parameter：

```cpp
template<typename Key, typename Value, typename = void>
class Dictionary
{
  ...   // 和上面的 vector 實作版本相同
};
```

這個新的 **template parameter** 用來安置 EnableIf。這樣一來，對 map 版本的 Dictionary 來說，EnableIf 就可以被嵌在其偏特化體的 **template arugment list** 裡了：

```
template<typename Key, typename Value>
class Dictionary<Key, Value,
                 EnableIf<HasLess<Key>>>
{
 private:
  map<Key, Value> data;
 public:
  value& operator[](Key const& key) {
    return data[key];
  }
  …
};
```

和重載 **function templates** 不同，我們毋須停用任何原型模板上的條件，因為任意偏特化體的優先次序都較原型模板還高。不過，當我們針對具有 **hashing** 操作的 **key** 型別新增了另外一份實作時，我們得確保所有偏特化體上的條件是互斥的：

```
template<typename Key, typename Value, typename = void>
class Dictionary
{
    …     // 和上面的 vector 實作版本相同
};

template<typename Key, typename Value>
class Dictionary<Key, Value,
                 EnableIf<HasLess<Key> && !HasHash<Key>>> {
{
    …     // 和上面的 map 實作版本相同
};

template<typename Key, typename Value>
class Dictionary<Key, Value,
                 EnableIf<HasHash<Key>>>
{
 private:
  unordered_map<Key, Value> data;
 public:
  value& operator[](Key const& key) {
    return data[key];
  }
  …
};
```

20.4.2 適用 Class Templates 的按標籤分發

按標籤分發（tag dispatching）也可以被用來在 class template 偏特化體中進行選擇。為了說明這點，我們定義一個函式物件型別（function object type）Advance<Iterator>，它類似於先前章節用到的 advanceIter() 演算法，該演算法能讓迭代器移動特定數目的步數。我們同時提供通用版本的實作（用於輸入迭代器）、以及針對雙向迭代器和隨機存取迭代器的特化版實作，並仰賴一個輔助 trait BestMatchInSet（如後所述）來選取匹配度最佳的迭代器類型標籤：

```
// 原型模板（刻意不提供定義）:
template<typename Iterator,
         typename Tag =
             BestMatchInSet<
                 typename std::iterator_traits<Iterator>
                               ::iterator_category,
                 std::input_iterator_tag,
                 std::bidirectional_iterator_tag,
                 std::random_access_iterator_tag>>
class Advance;

// 適用輸入迭代器的線性時間通用實作版本:
template<typename Iterator>
class Advance<Iterator, std::input_iterator_tag>
{
 public:
  using DifferenceType =
          typename std::iterator_traits<Iterator>::difference_type;

  void operator() (Iterator& x, DifferenceType n) const
  {
    while (n > 0) {
      ++x;
      --n;
    }
  }
};

// 適用雙向迭代器的雙向移動線性時間演算法:
template<typename Iterator>
class Advance<Iterator, std::bidirectional_iterator_tag>
{
 public:
  using DifferenceType =
          typename std::iterator_traits<Iterator>::difference_type;
```

```
      void operator() (Iterator& x, DifferenceType n) const
      {
        if (n > 0) {
          while (n > 0) {
            ++x;
            --n;
          }
        } else {
          while (n < 0) {
            --x;
            ++n;
          }
        }
      }
    };
```

```
    // 適用隨機存取迭代器的雙向移動常數時間演算法：
    template<typename Iterator>
    class Advance<Iterator, std::random_access_iterator_tag>
    {
     public:
      using DifferenceType =
              typename std::iterator_traits<Iterator>::difference_type;

      void operator() (Iterator& x, DifferenceType n) const
      {
        x += n;
      }
    }
```

這個架構相當類似於應用在 function templates 上的按標籤分發。不過真正的挑戰在於撰寫 **trait** BestMatchInSet，它用來決定哪個標籤（輸入、雙向、或隨機存取迭代器標籤）的匹配程度最接近於給定的迭代器。基本上，這個 **trait** 是打算告訴我們：針對給定的迭代器類型標籤，我們應該挑選下面哪個重載版本，同時回傳該輸入參數型別：

```
    void f(std::input_iterator_tag);
    void f(std::bidirectional_iterator_tag);
    void f(std::random_access_iterator_tag);
```

最簡單模擬重載決議的方式，就是真的使用重載決議，像下面這樣：

```
    // 替 Types... 裡的型別建構一個 match() 重載版本集合：
    template<typename... Types>
    struct MatchOverloads;
```

```
// 最基本的情況：未匹配任何對象：
template<>
struct MatchOverloads<> {
  static void match(...);
};

// 遇到遞迴時：引入新的 match() 重載版本：
template<typename T1, typename... Rest>
struct MatchOverloads<T1, Rest...> : public MatchOverloads<Rest...> {
  static T1 match(T1);                     // 為 T1 引入重載函式
  using MatchOverloads<Rest...>::match; // 從 bases 裡收集重載函式
};

// 替 Types... 裡的型別 T 尋找最佳匹配：
template<typename T, typename... Types>
struct BestMatchInSetT {
  using Type = decltype(MatchOverloads<Types...>::match(declval<T>()));
};

template<typename T, typename... Types>
using BestMatchInSet = typename BestMatchInSetT<T, Types...>::Type;
```

這裡的 MatchOverloads **template** 透過遞迴繼承，使用 Types 輸入集合裡的每一種型別來宣告一個 match() 函式。每當遞迴 MatchOverloads 偏特化體進行實體化時，都會為列表裡的下一個型別引進一個新的 match() 函式。接著它會利用一個 **using** 宣告式來引入定義於 **base class** 裡的這些 match() 函式，它們能夠處理列表中剩下的型別。如此遞迴進行下去，最終會得到一整個對應於給定型別的 match() 重載版本集合，裡頭的每個函式都會回傳其參數型別。接下來，BestMatchInSetT **template** 會將一個 T 物件傳給這堆 match() 重載版本的集合，並產生所選（最佳）match() 函式的回傳型別[6]。如果所有函式都無法匹配，則最基本的情況會回傳 void（其利用省略符號來捕捉任何可能出現的引數），表示失敗[7]。總而言之，BestMatchInSetT 將函式重載的結果轉為 **trait**，並使得透過按標籤分發在一群 class **template** 偏特化體進行挑選這件事，變得相對簡單。

---

[6] 在 C++17 裡，我們可以在 base class list 和 using 宣告式裡使用 **pack expansions**（參見 4.4.5 節，第 65 頁），來避免使用遞迴。我們在 26.4 節（第 611 頁）會示範這種技術。

[7] 失敗情況下，也許不提供任何結果是好一點的做法，會讓這個 **trait** 變得 **SFINAE-friendly**（參見 19.4.4 節，第 424 頁）。其次，比較穩健的實現方式是將回傳型別包在 Identity 之類的東西之中，因為有些型別——像是 **array** 和函式型別——能被當成參數型別，但無法作為回傳型別使用。考量篇幅和可讀性，我們先略過這部分的改進不談。

20.5 Instantiation-Safe Templates（可安全實體化的模板）

EnableIf 技術的精神在於：只有在 template arguments 滿足某些特定條件的情況下，才啟用某個特定的 template 或偏特化體。舉例來說，最高效的 advanceIter() 演算法形式會檢查迭代器引數的類型是否能轉型成 std::random_access_iterator_tag，這代表隨機存取迭代器上的各種操作可供當前演算法使用。

如果我們把這個概念無限地擴展下去、並將所有 template 會對 template arguments 進行的操作均作為 EnableIf 條件的一部分進行編碼，會發生什麼事？針對這類 template 進行的實體化應當永遠不會出錯，因為無法提供必要操作的 template arguments 會導致推導失敗（透過 EnableIf 進行檢查），而不會讓實體化繼續進行下去。我們管這類 templates 叫「instantiation-safe（可安全實體化的）」templates，並在這裡描述它的實作方式：

我們從一個非常簡單的 template min() 開始，它會計算兩個數值的最小值。通常我們會利用 template 來實作，像下面這樣：

```cpp
template<typename T>
T const& min(T const& x, T const& y)
{
  if (y < x) {
    return y;
  }
  return x;
}
```

這個 template 要求型別 T 具備能夠比較兩個 T 數值（更精確的說，是兩個 T const lvalues）的 < 運算子，並接著將比較結果隱式轉型為 bool，以便在 if 陳述句中使用。能夠針對 < 運算子進行檢查、並計算回傳型別的 trait，很類似於在 19.4.4 節（第 424 頁）討論過、SFINAE-friendly 的 PlusResultT trait。不過為了方便，我們這裡用的是 LessResultT trait：

typeoverload/lessresult.hpp

```cpp
#include <utility>        // declval() 需要
#include <type_traits>   // true_type 和 false_type 需要

template<typename T1, typename T2>
class HasLess {
  template<typename T> struct Identity;
  template<typename U1, typename U2> static std::true_type
    test(Identity<decltype(std::declval<U1>() < std::declval<U2>())>*);
  template<typename U1, typename U2> static std::false_type
    test(...);
 public:
  static constexpr bool value = decltype(test<T1, T2>(nullptr))::value;
};
```

```
template<typename T1, typename T2, bool HasLess>
class LessResultImpl {
 public:
  using Type = decltype(std::declval<T1>() < std::declval<T2>());
};

template<typename T1, typename T2>
class LessResultImpl<T1, T2, false> {
};

template<typename T1, typename T2>
class LessResultT
 : public LessResultImpl<T1, T2, HasLess<T1, T2>::value> {
};

template<typename T1, typename T2>
using LessResult = typename LessResultT<T1, T2>::Type;
```

這個 trait 可以接著與 IsConvertible trait 結合，讓 min() 變得 instantiation-safe [*]：

typeoverload/min2.hpp

```
#include "isconvertible.hpp"
#include "lessresult.hpp"

template<typename T>
EnableIf<IsConvertible<LessResult<T const&, T const&>, bool>,
         T const&>
min(T const& x, T const& y)
{
  if (y < x) {
    return y;
  }
  return x;
}
```

試著使用具備不同 < 運算子（或是假設根本沒有這個運算子）的各種型別來呼叫 min() 函式，
對理解這個情況會有幫助，像下面舉的例子一樣：

---

[*] 譯註：這樣一來所有會進行的運算都會被 EnableIf 先行檢查。

typeoverload/min.cpp

```cpp
#include "min.hpp"

struct X1 { };
bool operator< (X1 const&, X1 const&) { return true; }

struct X2 { };
bool operator<(X2, X2) { return true; }

struct X3 { };
bool operator<(X3&, X3&) { return true; }

struct X4 { };

struct BoolConvertible {
  operator bool() const { return true; }           //隱式轉型成 bool
};
struct X5 { };
BoolConvertible operator< (X5 const&, X5 const&)
{
  return BoolConvertible();
}

struct NotBoolConvertible {                          // 不會轉型成 bool
};
struct X6 { };
NotBoolConvertible operator< (X6 const&, X6 const&)
{
  return NotBoolConvertible();
}

struct BoolLike {
  explicit operator bool() const { return true; } //顯式轉型成 bool
};
struct X7 { };
BoolLike operator< (X7 const&, X7 const&) { return BoolLike(); }

int main()
{
  min(X1(), X1());   //X1 可以被傳給 min()
  min(X2(), X2());   //X2 可以被傳給 min()
  min(X3(), X3());   // 錯誤：X3 無法被傳給 min()
  min(X4(), X4());   // 錯誤：X4 無法被傳給 min()
  min(X5(), X5());   //X5 可以被傳給 min()
  min(X6(), X6());   // 錯誤：X6 無法被傳給 min()
  min(X7(), X7());   // 非預期的錯誤：X7 無法被傳給 min()
}
```

在編譯這個程式時，請注意即便其中四個個別的 min() 呼叫存在錯誤——分別針對 X3、X4、X6、與 X7——但這些錯誤並非像呼叫了 non-instantiation-safe 變體一樣，產生自 min() 函式的本體。相反的，它們抱怨的是這裡不存在合適的 min() 函式，因為僅有的選擇被 SFINAE 給去除了。Clang 會產生下列診斷訊息：

```
min.cpp:41:3: error: no matching function for call to 'min'
  min(X3(), X3()); //錯誤：X3 無法被傳遞 min
  ^~~
./min.hpp:8:1: note: candidate template ignored: substitution failure
    [with T = X3]: no type named 'Type' in
    'LessResultT<const X3 &, const X3 &>'
min(T const& x, T const& y)
```

這樣一來，EnableIf 只會允許那些滿足 template 條件的 template arguments 進行實體化（X1、X2、X5），所以我們永遠不會因為 min() 的本體而導致錯誤。此外，如果我們還具備其他一些適用於這些型別的 min() 重載版本，重載決議可能會選擇其中一個版本、而不會造成失敗。

範例中的最後一個型別，X7，說明了實現 instantiation-safe templates 的一些微妙之處。特別是如果 X7 被傳給了 non-instantiation-safe 版本的 min()，實體化便會成功。不過，instantiation-safe 版本的 min() 拒絕這麼做，因為 BoolLike 無法隱式轉型為 bool。此處的差異十分微妙：在某些特定的上下文中，可以隱式地利用顯式轉型，包括用於控制流程陳述句（control-flow statements，如 if、while、for、和 do）的 Boolean 條件、內建的 !、&&、和 !! 等運算子、以及三元運算子（ternary operator）?:。位於這些上下文中，數值會被認為是透過上下文轉型（contextually converted）轉成 bool 的[8]。

不過，追求一個通用、結果為 bool 的隱式轉型，會讓我們的 instantiation-safe template 受到過度限制（overconstrained）。也就是說，我們所給定（寫在 EnableIf 裡）的需求，其強度要高於實際上的需要（即正確實體化 template 所需的條件）。另一方面，如果我們完全忽略了轉型成 bool 這個條件，我們的 min() template 則會限制不足（underconstrained），這會讓某些 template arguments 得以通過，導致實體化失敗（像是 X6 的例子）。

要對 instantiation-safe min() 進行修正，我們需要一個能判斷「型別 T 是否能經由上下文轉型為 bool」的 trait。控制流程陳述句（control-flow statements）對於定義這種 trait 並無幫助，因為這類陳述句無法出現在 SFINAE 語境中、也無法作為會針對任意型別進行重載的邏輯運算。幸好，三元運算子 ?: 是個陳述式、同時無法被重載，故可被用來測試某個型別是否能被上下文轉型為 bool：

---

[8] C++11 引進了利用顯式轉型運算子來轉型成 bool 的上下文轉型（contextual conversion）概念。這同時取代了「safe bool」慣用手法（[KarlssonSafeBool]），該手法通常會用到一個轉為「指向資料成員指標」的（隱式）使用者定義轉型。這裡使用的是指向資料成員的指標，因為它能夠被視為一個 bool 值，卻又毋須進行非必要的額外轉型動作，像是在進行算數運算時，bool 被提升（promoted）成 int 那樣。舉個例子，像 BoolConvertible() + 5 就（很不幸的）算是合乎規則的程式碼。

typeoverload/iscontextualbool.hpp

```
#include <utility>        // declval() 需要
#include <type_traits>    // true_type 和 false_type 需要

template<typename T>
class IsContextualBoolT {
 private:
  template<typename T> struct Identity;
  template<typename U> static std::true_type
    test(Identity<decltype(declval<U>()? 0 : 1)>*);
  template<typename U> static std::false_type
    test(...);
 public:
  static constexpr bool value = decltype(test<T>(nullptr))::value;
};

template<typename T>
constexpr bool IsContextualBool = IsContextualBoolT<T>::value;
```

有了這個新的 trait，我們便能在 EnableIf 裡設定正確的需求集合，以提供 instantiation-safe 的 min() 函式。

typeoverload/min3.hpp

```
#include "iscontextualbool.hpp"
#include "lessresult.hpp"

template<typename T>
EnableIf<IsContextualBool<LessResult<T const&, T const&>>,
         T const&>
min(T const& x, T const& y)
{
  if (y < x) {
    return y;
  }
  return x;
}
```

透過將各種必要的檢查組合成描述某些型別種類的 traits（例如：前向迭代器），並利用 EnableIf 將這些 traits 結合起來，我們就可以擴展這種讓 min() 變得 instantiation-safe 的技術，用來描述複雜 templates 的需求條件。這麼做同時具有以下優點：較好的重載行為、以及能避免長篇錯誤訊息（error novel），因為編譯器偏好在巢狀 template 實體化的深處列印錯誤訊息。另一方面，印出的錯誤訊息通常無法明確指出失敗的是哪個特定的運算。此外，正如我們在小巧的 min() 範例所展示的，準確地判斷確切需求條件、並將之編碼，可能是一項很艱鉅的任務。我們會在 28.2 節（第 654 頁）探討利用這些 traits 的除錯技術。

20.6 標準程式庫內的應用

C++ 標準程式庫分別針對輸入、輸出、前向、雙向、及隨機存取迭代器,提供了迭代器標籤,我們也曾經在先前篇幅使用過它們。這些迭代器標籤被包含在標準迭代器 traits (std::iterator_traits)之中,同時標準迭代器的需求條件也是由這些標籤所構成,故讀者可以安全使用它們來進行按標籤分發。

C++11 標準程式庫裡的 std::enable_if class template,其行為與上面示範的 EnableIfT 完全相同。它們唯一的差異在於,標準版本的成員型別 type 為小寫,而我們則使用了首字大寫的 Type。

演算法特化在 C++ 標準程式庫裡隨處可見。舉例來說,std::advance() 和 std::distance() 都針對不同的迭代器類型,擁有好幾種不同的變體。大多數標準程式庫裡的實作都偏好使用按標籤分發,不過近來也有一些地方採用 std::enable_if 來實現演算法特化。除此之外,有不少 C++ 標準程式庫實作也在內部採用了這些技術,用來針對各式各樣的標準演算法實現演算法上的特化。舉例來說,當迭代器指涉的是連續的記憶體空間、同時數值型別具有簡單的複製賦值(copy-assignment)運算子時,std::copy() 可以被特化為呼叫 std::memcpy() 或 std::memmove() 的版本。同樣的,std::fill() 可以被優化成呼叫 std::memset(),並且在已經知道某個型別具備簡單解構子的情況下,許多演算法可以略過對解構子的呼叫。C++ 標準並沒有像要求 std::advance() 和 std::distance() 那樣地要求實現這些演算法特化,而是實作者本身基於效率考量提供這些特化版本。

如 8.4 節(第 131 頁)介紹過的,C++ 標準程式庫也強烈提醒,必須在自身需求條件中使用 std::enable_if<> 或類似的 SFINAE-based 技術。像是 std::vector 就具備一個允許從迭代子序列中建構 vector 的建構子模板:

```
template<typename InputIterator>
vector(InputIterator first, InputIterator second,
       allocator_type const& alloc = allocator_type());
```

這裡的需求條件為:「如果建構子被呼叫時,InputIterator 型別並不是個合格的輸入迭代器,則該建構子不應該參與重載決議」(參見 [C++11] 的 §23.2.3、段落 14)。這段敘述存在著模糊空間,讓人們得以採用當前最高效的技術來實現上述條件,不過在該條件被加入標準時,已經預料到可以採用 std::enable_if<> 了。

20.7 後記

按標籤分發在 C++ 中早就為人所知。最初的 STL 實作裡就已經用到了這項技術（參考 [*StepanovLeeSTL*]），它經常和 traits 一起使用。SFINAE 和 EnableIf 則是較晚近才為人所用。本書初版（參見 [*VandevoordeJosuttisTemplates1st*]）提出 SFINAE 這個名稱、同時（作為範例）示範如何用它來偵測成員型別是否存在。

「enable if」這項技術、以及該術語本身，最初由 Jaakko Järvi、Jeremiah Willcock、Howard Hinnant、和 Andrew Lumsdaine 在 [*OverloadingProperties*] 裡提出，介紹了 EnableIf template、如何利用成對的 EnableIf（以及 DisableIf）來實現函式重載、以及如何搭配 class template 偏特化來使用 EnableIf。從那之後，EnableIf 和類似的技術在高階 template 程式庫（包括 C++ 標準程式庫）中就變得無所不在。此外，這些技術的普及促成了 C++11 裡擴充的 SFINAE 行為（參考 15.7 節，第 284 頁）。Peter Dimov 是第一位注意到用於 function template 的預設模板引數（另一個 C++11 的特性）可以在不引入額外 function parameter 的情況下，將 EnableIf 應用在建構子模板上的先驅。

Concepts 語言特性（附錄 E 有相關介紹）預計會在 C++17 後的下一個標準版本出現。預期這會讓許多應用 EnableIf 的技術變得十分過時。與此同時，C++17 的 *constexpr if* 陳述句（請參考 8.5 節，第 134 頁、與 20.3.3 節，第 474 頁）也逐漸蠶食了這些技術在當代 template 程式庫裡的出場機會。

21

Templates 與繼承
Templates and Inheritance

按目前狀況看來，應該沒有什麼理由認為 template 和繼承機制存在有趣的互動方式。如果有的話，我們從第十三章得知，當繼承依附的（dependent）base classes 在處理限定名稱（unqualified names）時得要格外小心。然而，還是出現了一些結合了這兩項特性的有趣技術，包括奇特遞迴模板模式（Curiously Recurring Template Pattern，CRTP）以及 mixins（混合）。本章我們會介紹一些這方面的技術。

21.1 Empty Base Class 最佳化（EBCO）

C++ class 常常會是「空的（empty）」，這代表其內部表示法在執行期並不需要任何記憶體空間。這種情況經常發生在僅具有型別成員、nonvirtual 函式成員、以及 static 資料成員的 class 上。而另一方面，nonstatic 資料成員、virtual 函式、virtual base class 在執行期則需要一些記憶體空間。

不過，即使是 empty class，其大小也並非為零。如果你想驗證這一點，請試試下面這個程式：

inherit/empty.cpp

```cpp
#include <iostream>

class EmptyClass {
};

int main()
{
  std::cout << "sizeof(EmptyClass): " << sizeof(EmptyClass) << '\n';
}
```

這個程式在許多平台上會印出 1 作為 EmptyClass 的大小。某些系統對於 class 型別的對齊（alignment）要求更加嚴格，因而會印出其他的小整數值（通常為 4）。

21.1.1　空間配置原則

C++ 的設計者有著各式各樣的理由來避免大小為零的 class。舉例來說，一個由大小為零的 class 構成的 array，其大小可能也會被推斷為零，但這樣一來常用的指標計算性質可能就不再適用。舉個例子，讓我們假定 ZeroSizedT 型別的大小為零：

```
ZeroSizedT z[10];
...
&z[i] - &z[j]          // 計算兩個指標或位址之間的距離
```

先前範例中的距離通常都是透過以下方式獲得：將兩個位址之間相差的 byte（位元組）數，除以它們所指型別的大小，可是當型別大小為零時這樣做顯然行不通。

不過即使 C++ 裡不存在大小為零的型別，C++ 標準也明確指示：當一個 empty class 被用作 base class 時不需為其配置記憶體空間，只要這不會導致新物件和其他相同型別的物件或 subobject（子物件）被分配到相同的記憶體位址即可。讓我們瞧瞧一些例子，以清楚瞭解所謂的 empty base class 最佳化（*empty base class optimization*，EBCO）實際上代表什麼意思。

考慮下面這段程式：

inherit/ebco1.cpp

```
#include <iostream>

class Empty {
  using Int = int;   // 型別別名成員不會讓 class 變成 nonempty（非空）
};

class EmptyToo : public Empty {
};

class EmptyThree : public EmptyToo {
};

int main()
{
  std::cout << "sizeof(Empty):      " << sizeof(Empty) << '\n';
  std::cout << "sizeof(EmptyToo):   " << sizeof(EmptyToo) << '\n';
  std::cout << "sizeof(EmptyThree): " << sizeof(EmptyThree) << '\n';
}
```

如果你的編譯器實現了 EBCO，則上面的每個 class 印出的大小均會相同，但都不會是零（見圖 21.1）。這代表並未配置任何空間給 class EmptyToo 裡的 class Empty。也請注意，如果某個 empty class 擁有優化過的 empty bases（同時不具有其他 bases），則該 class 也會是 empty。這解釋了為何 class EmptyThree 也和 class Empty 的大小相同。如果你的編譯器並未實現 EBCO，則它會印出不同的大小（見圖 21.2）。

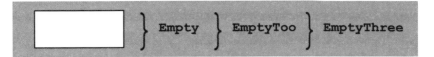

圖 21.1. 實現了 *EBCO* 的編譯器，針對 EmptyThree 的空間配置方式

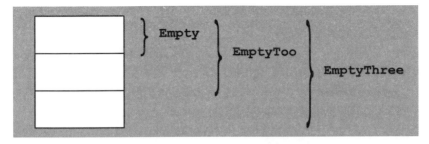

圖 21.2. 並未實現 *EBCO* 的編譯器，針對 EmptyThree 的空間配置方式

讓我們考慮一個會遇到 EBCO 自身限制的例子：

inherit/ebco2.cpp

```cpp
#include <iostream>

class Empty {
  using Int = int;        // 型別別名成員不會讓 class 變成 nonempty
};

class EmptyToo : public Empty {
};

class NonEmpty : public Empty, public EmptyToo {
};

int main()
{
  std::cout << "sizeof(Empty):    " << sizeof(Empty) << '\n';
  std::cout << "sizeof(EmptyToo): " << sizeof(EmptyToo) << '\n';
  std::cout << "sizeof(NonEmpty): " << sizeof(NonEmpty) << '\n';
}
```

可能會令你感到驚訝，class NonEmpty 並不是個 empty class。畢竟該 class、以及其 base classes 都不具備任何成員。不過，我們不能將 NonEmpty 擁有的 base class Empty 與 EmptyToo 配置於同一個記憶體位址，因為這會導致「EmptyToo 的 base class Empty」最終與「class NonEmpty 的 base class Empty」位址相同。換句話說，由同一型別構成的兩個 subobjects 最終會落在同一記憶體偏移量（offset）上，而 C++ 的物件配置原則（object layout rule）並不允許這件事發生。你可能會想到可以這麼做：將其中一個 Empty subobject 配置在偏移量為「0 bytes」的地方，同時把另一個配置在偏移量為「1 byte」的地方。不過完整的 NonEmpty 物件大小仍舊不能只是 1 byte，因為在由兩個 NonEmpty 物件組成的 array 中，第一個元素裡的 Empty subobject * 最終不能和第二個元素裡的 Empty subobject ** 落在相同的位址上（參見圖 21.3）。

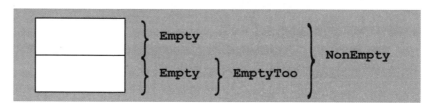

圖 21.3. 實現了 EBCO 的編譯器，針對 NonEmpty 的空間配置方式

附加於 EBCO 上的限制條件，其基本原則源自以下主張：要能夠比較兩個指標是否指向相同的物件。因為指標內部幾乎都是以位址來表示，故我們必須確保兩個不同位址（即指標值）對應到的是兩個不同的物件。

也許這個限制條件看來沒那麼重要。不過在實際應用上卻常常會遇到，因為許多 classes 偏好繼承一小組 empty classes，裡頭定義了一些通用的型別別名（type aliases）。當兩個這類 classes 的 subobjects 在同一個完整物件中被使用時，會停用這項最佳化。

即便存在這種限制，EBCO 對於 template 程式庫來說依然是個重要的最佳化，因為許多需要引入 base class 的技術只是為了引進新的型別別名、或是在不增加新資料的情況下，提供額外的功能。本章將介紹幾種這類型的技術。

21.1.2　將成員視為 Base Classes

針對資料成員，並不存在與 EBCO 等價的最佳化，因為這會在表示指向成員的指標時造成一些問題（還有一些別的原因）。因此，我們有時候會想要將乍看之下應該用成員變數來表示的東西，實作成（private）base class。不過，這樣做也有它棘手的地方。

當發生在 template 的上下文時，這個問題最是有趣，因為 template parameter 時常會用 empty class 型別進行替換，不過我們通常無法仰賴這項規則來做判斷。如果我們對某個 template type parameter 一無所知，就不容易利用 EBCO。確實如此，考慮下面的簡單範例：

---

* 譯註：此時偏移量為 1。

** 譯註：此時偏移量為 0。

```
template<typename T1, typename T2>
class MyClass {
  private:
    T1 a;
    T2 b;
    …
};
```

對這個例子來說，一或兩個 template parameters 被某個 empty class 型別所替換，這件事完全可能會發生。若是如此，那麼可能無法用最佳方式來表示 MyClass<T1,T2>，同時對每個 MyClass<T1,T2> 的實體，都會浪費一個 word（字組）的記憶體空間。

藉由將 template arguments 轉成使用 base class 來表示，便能夠避免這個問題：

```
template<typename T1, typename T2>
class MyClass : private T1, private T2 {
};
```

不過，這個很直覺的替代做法本身也有一些問題：

- 當 T1 或 T2 被替換成 nonclass 型別或 union 型別時，這招就沒用了。
- 當這兩個參數以相同型別進行替換，這招也會失效（雖然說這點可以簡單地透過在繼承時新增另一個抽象層來解決；參見第 513 頁）。
- 選用的 class 可能為 final（最終類別），此時嘗試對其繼承會導致錯誤。

即便我們完美地解決了上述問題，仍然存在一個至關重要的問題：為給定的 class 添加 base class，可能會從根本上改變其介面。對於上述的 MyClass class 來說，這點可能看起來並不嚴重，因為受影響的介面元素極少。不過我們稍後在本章會看到，繼承某個 template parameter 可能會影響成員函式是否會成為 virtual。顯然，用這種方法達成 EBCO，會伴隨著各式各樣的麻煩。

若已知某個 template parameter 只會被替換成 class 型別，同時該 class template 存在著另一個成員時，我們可以設計一個更實際的工具來應付這種通用情境。主要的概念是：將可能為 empty type 的參數與其他成員，透過 EBCO 進行「融合（merge）」。舉例來說，相較於這麼寫

```
template<typename CustomClass>
class Optimizable {
  private:
    CustomClass info;          // 可能為空
    void*        storage;
    …
};
```

template 的實作者可能會寫成這樣：

```
template<typename CustomClass>
class Optimizable {
  private:
```

```
    BaseMemberPair<CustomClass, void*> info_and_storage;
    …
};
```

即便我們還不知道 template BaseMemberPair 如何實作，我們也清楚知道，使用它會使
Optimizable 的實作碼變得冗長。不過根據眾多 template 程式庫實作者的迴響，這樣做
獲得的效能提升（對於使用這些程式庫的客戶而言）能夠抵銷它所帶來的複雜度。我們會在
25.1.1 節（第 576 頁）針對 tuple（元組）儲存方式的討論中，進一步探討這個慣用手法。

BaseMemberPair 的實現方式可以很精簡：

inherit/basememberpair.hpp

```cpp
#ifndef BASE_MEMBER_PAIR_HPP
#define BASE_MEMBER_PAIR_HPP

template<typename Base, typename Member>
class BaseMemberPair : private Base {
  private:
    Member mem;
  public:
    // 建構子
    BaseMemberPair (Base const & b, Member const & m)
     : Base(b), mem(m) {
    }

    // 透過 base() 來存取 base class
    Base const& base() const {
        return static_cast<Base const&>(*this);
    }
    Base& base() {
        return static_cast<Base&>(*this);
    }

    // 透過 member() 來存取成員資料
    Member const& member() const {
        return this->mem;
    }
    Member& member() {
        return this->mem;
    }
};

#endif // BASE_MEMBER_PAIR_HPP
```

實作時會需要利用成員函式 base() 和 member() 來存取封裝起來的（同時可能是經過儲存
空間最佳化後的）資料成員。

21.2 奇特遞迴模板模式（**CRTP**，**The Curiously Recurring Template Pattern**）

另一種模式是利用奇特遞迴模板模式（*Curiously Recurring Template Pattern*，CRTP）。這個有著奇怪名字的模式，泛指將某個 derived class（子類別）作為 template argument，傳遞給自身 base class 之一的這類技術。這類模式的最簡單形式，以 C++ 程式碼表示看起來會像這樣：

```
template<typename Derived>
class CuriousBase {
    …
};

class Curious : public CuriousBase<Curious> {
    …
};
```

我們首個 CRTP 架構展示了一個非依附型（nondependent）base class：class Curious 並非 template，故對某些非依附型 bass class 會有的名稱可視性（name visibility）問題免疫。然而，這點並不算是 CRTP 的固有特徵。事實上，我們也可以改用下面這種替代架構。

```
template<typename Derived>
class CuriousBase {
    …
};

template<typename T>
class CuriousTemplate : public CuriousBase<CuriousTemplate<T>> {
    …
};
```

透過 template parameter 將 derived class 往下傳遞給其 base class，base class 便可以在不使用 virtual 函式的情況下，針對 derived class 來客製化自身行為。這點讓 CRTP 在用來分析以下類型的實作方式時相當有用：只能作為成員函式的實作（像是建構子、解構子、以及索引運算子 [])、或是會依賴於 derived class 為何的實作。

CRTP 的簡單應用包括：追蹤有多少個特定 class 型別的物件被創建出來。這點可以透過在每個建構子對某個 static 整數資料成員進行遞增、以及在解構子中對其遞減來達成。不過，這樣必須在每個 class 中放置上述程式碼，而這件事十分繁瑣。同時透過某個（非 CRTP）base class 來實作此功能，會使不同 derived class 的物件個數彼此混淆。做為替代，我們可以實現下面這段 template：

inherit/objectcounter.hpp

```cpp
#include <cstddef>

template<typename CountedType>
class ObjectCounter {
  private:
    inline static std::size_t count = 0;      // 既有的物件個數

  protected:
    // 預設建構子
    ObjectCounter() {
        ++count;
    }

    // 複製建構子
    ObjectCounter (ObjectCounter<CountedType> const&) {
        ++count;
    }

    // 搬移建構子
    ObjectCounter (ObjectCounter<CountedType> &&) {
        ++count;
    }

    // 解構子
    ~ObjectCounter() {
        --count;
    }

 public:
    // 回傳既有的物件個數:
    static std::size_t live() {
        return count;
    }
};
```

注意,我們利用 inline 來使得位於 class 結構中的 count 成員能夠被定義和初始化。在 C++17 以前,我們必須在 class template 外面進行定義:

```cpp
template<typename CountedType>
class ObjectCounter {
  private:
    static std::size_t count;          // 既有的物件個數
    ...
};

// 以零來初始化 counter
template<typename CountedType>
std::size_t ObjectCounter<CountedType>::count = 0;
```

如果我們想要計算特定 class 型別存在（亦即尚未被解構）的物件個數，只需讓該 class 繼承自 ObjectCounter template 即可。舉例來說，我們可以照著下面幾行的做法來定義和使用某個已計數的 string class：

inherit/countertest.cpp

```cpp
#include "objectcounter.hpp"
#include <iostream>

template<typename CharT>
class MyString : public ObjectCounter<MyString<CharT>> {
  …
};

int main()
{
  MyString<char> s1, s2;
  MyString<wchar_t> ws;
  std::cout << "num of MyString<char>:    "
            << MyString<char>::live() << '\n';
  std::cout << "num of MyString<wchar_t>: "
            << ws.live() << '\n';
}
```

21.2.1　Barton-Nackman 技巧

1994 年，John J. Barton 和 Lee R. Nackman 提出了一項他們稱之為*受限制的模板展開*（*restricted template expansion*）的 template 技術（參見 [*BartonNackman*]）。開發該技術的動機部分源自於下面這件事：function template 重載（在當時）受到了嚴格的限制[1]，同時大多數編譯器都無法使用 namespace。

為了說明這點，假定有一個 class template Array，而我們要為其定義等價運算子 ==。有一種做法是將該運算子宣告為 class template 的成員，不過這實際上不是個好方法，因為第一個引數（綁定至 this 指標）的型別若與第二個引數不同，則彼此的轉型規則也會不同。由於 == 運算子意味著引數具有對稱性（symmetrical）[*]，故將其宣告為 namespace scope 函式較好。實作上比較自然的架構長得會像下面這樣：

```cpp
template<typename T>
class Array {
  public:
    …
};
```

---

[1] 值得讀一讀 16.2 節（第 326 頁），以瞭解現代 C++ 裡的 function template 重載是如何運行的。

[*] 譯註：即 a == b，則 b == a 也應成立。

```
template<typename T>
bool operator== (Array<T> const& a, Array<T> const& b)
{
    ...
}
```

不過，如果無法對 function template 進行重載，便會出現問題：在該 scope 中無法宣告其他 == operator template，不過其他 class template 可能又會需要這樣的 template。Barton 和 Nackman 透過將運算子定義為 class 裡的普通 friend 函式來解決這個問題：

```
template<typename T>
class Array {
    static bool areEqual(Array<T> const& a, Array<T> const& b);

  public:
    ...
    friend bool operator== (Array<T> const& a, Array<T> const& b) {
        return areEqual(a, b);
    }
};
```

假如這個 Array 版本針對 float 型別進行實體化。接下來 friend 運算子函式會被宣告成該次實體化的結果，不過請注意這個函式本身並不是 function template 的實體。它是個被植入（*injected*）到 global scope 的普通 nontemplate 函式，算是實體化過程的副作用。由於它是個 nontemplate 函式，故可以被其他的 == 運算子宣告式重載，即便在 function templates 的重載行為被加進 C++ 語言之前，這招也行得通。Barton 和 Nackman 稱這個做法為**受限制的模板展開**（*restricted template expansion*），因為它可以**避免**使用「適用於所有型別 T 的 template operator==(T, T)（亦即**無限制**的展開）」。

由於

```
operator== (Array<T> const&, Array<T> const&)
```

被定義在 class 定義式之中，這點暗示了它是個 inline 函式，我們因而決定將實作部分委託（delegate）給 static 成員函式 areEqual，而該函式毋須為 inline [*]。

針對 friend 函式定義的名稱查詢行為，自 1994 年以來有所變動。故 Barton-Nackman 技巧在標準 C++ 裡不如以往那麼有用。發明該技巧的時間點，當 template 透過被稱作**友元名稱植入**（*friend name injection*）的方式來實體化時，friend 宣告式在 class template 的 enclosing scope（外圍作用範圍）中是可見的（visible）。與之不同，標準 C++ 會透過依賴於引數的查詢（argument-dependent lookup，ADL；具體細節請參考 13.2.2 節，第 220 頁）來尋找 friend 函式的宣告。這點意味著：該函式呼叫的引數中，至少要有一個引數將「包含了該 friend 函式的 class」視為 associated class（相關類別）。如果引數是無關的 class 型別，但可以被轉型為「包含了該 friend 函式的 class」，這樣依然會找不到該 friend 函式。舉個例子：

---

[*] 初版譯註：故不致於和同名的其他 template 發生衝突。

inherit/wrapper.cpp

```
class S {
};

template<typename T>
class Wrapper {
  private:
    T object;
  public:
    Wrapper(T obj) : object(obj) {    // 從 T 隱式轉型成 Wrapper<T>
    }
    friend void foo(Wrapper<T> const&) {
    }
};

int main()
{
    S s;
    Wrapper<S> w(s);
    foo(w); // OK：Wrapper<S> 是個與 w 相關的 class
    foo(s); // 錯誤：Wrapper<S> 與 s 不相關
}
```

此處的 foo(w) 呼叫式合法，因為函式 foo() 是宣告於 Wrapper<S> 裡的 friend，而 Wrapper<S> 是個與引數 w 相關的 class [2]。然而在呼叫式 foo(s) 中，函式 foo(Wrapper<S> const&) 的 friend 宣告並不可見，因為定義了該函式的 class Wrapper<S> 和具有 S 型別的引數 s 並不相關。因此，即便存在著從型別 S 到型別 Wrapper<S> 的合法隱式轉型（透過 Wrapper<S> 的建構子），但該轉型永遠不會被納入考慮，因為一開始就找不到候選函式 foo()。當時 Barton 和 Nackman 開發了這個技巧，友元名稱植入會使得 friend foo() 變得可見，同時呼叫式 foo(s) 也能成功執行。

在現代 C++ 中，定義 class template 裡的 friend 函式與簡單地定義一般的 function template 相比，只剩下語法上的好處：friend 函式定義能夠存取 enclosing class（包含該函式的 class）裡的 private 和 protected 成員，同時不用重新宣告 enclosing class templates 裡的所有 template parameters。不過當與奇特遞迴模板模式（CRTP）結合使用時，friend 函式定義可能會變得很有用，就像下個小節介紹的運算子實作方式示範的那樣。

---

[2] 注意 S 也算是個與 w 相關的 class，因為它被作為 w 自身型別的 template argument。ADL 的具體規則於 13.2.1 節（第 219 頁）中有相關討論。

21.2.2 運算子實作方式

在實現提供重載運算子的 class 時，通常會為許多不同（但彼此相關）的運算子提供重載版本。
舉例來說，某個實現了等價運算子（==）的 class 很可能也實現了不等價（inequality）運算
子（!=）；而實現了小於運算子（<）的 class，則可能也實現了其他關係運算子（>、<=、
>=）。許多時候，這些運算子其中某一個的定義式會是重點所在，其他運算子可以簡單地利
用該運算子來進行定義。舉例來說，針對 class X 的不等價運算子很可能會利用等價運算子來
定義：

```
bool operator!= (X const& x1, X const& x2) {
  return !(x1 == x2);
}
```

若給定一大群具有與 != 類似定義的型別，你可能會很想將其泛化為一個 template：

```
template<typename T>
bool operator!= (T const& x1, T const& x2) {
  return !(x1 == x2);
}
```

事實上，C++ 標準程式庫有著與上式相似的定義式，包含在 <utility> 標頭檔中。不過在
確定這些（用來表現 !=、>、<=、和 >= 的）定義式放在 namespace std 中會造成問題後，
在標準化時它們被歸到了 namespace std::rel_ops。事實上，程式中看得到這些定義式，
代表任何型別現在都具備了 != 運算子（但它可能在實體化過程中失敗），同時該運算子對兩
個輸入引數而言肯定是首選。雖然第一個問題可以藉由使用 SFINAE 技術來克服（參考 19.4
節，第 416 頁），讓 != 定義式只會針對「具備合適的 == 運算子」的型別被實體化，但第
二個問題仍舊存在：上述的通用 != 定義式會比使用者提供（例如：需要多一道 derived-to-
base conversion）的定義式更受到編譯器的青睞，這可能會讓你措手不及。

Operator templates 另外一種基於 CRTP 的實作方式，允許 class 在通用運算子定義中進行
選擇，這提供了程式碼再利用的好處，又不存在運算子過度通用的副作用：

inherit/equalitycomparable.cpp

```
template<typename Derived>
class EqualityComparable
{
  public:
    friend bool operator!= (Derived const& x1, Derived const& x2) {
      return !(x1 == x2);
    }
};

class X : public EqualityComparable<X>
{
  public:
    friend bool operator== (X const& x1, X const& x2) {
```

```
       // 實現用於比較兩個 X 型別物件的邏輯
    }
};

int main()
{
  X x1, x2;
  if (x1 != x2) { }
}
```

這裡我們將 CRTP 與 Barton-Nackman 技巧互相結合。EqualityComparable<> 透過 CRTP 為它的 derived class 提供 operator!=，它依賴於 derived class 裡的 operator== 定義。實際上 derived class 是藉由 friend 函式定義（即 Barton-Nackman 技巧）來提供該定義式，這使得兩個參數在轉型發生時都會對於 operator!= 具有相同的行為。

在將行為分解成 base class、並保留識別最終 derived class 能力的時候，CRTP 會十分有用。藉由與 Barton-Nackman 技巧併用，CRTP 能夠為一群「基於某些標準運算子的運算子」提供通用定義式。這些性質使得 CRTP 和 Barton-Nackman 技巧成為 C++ template 程式庫作者們的最愛。

21.2.3　Facades（外觀模式）

用 CRTP 加上 Barton-Nackman 技巧來定義運算子，是一招方便的捷徑。我們可以延伸這個想法，CRTP 裡的 base class 定義了某個 class 大多數或全部的 public 介面，同時依據 CRTP 的 derived class 裡頭更加小巧（但較容易實現）的介面決定對外開放的方式。這個設計模式被稱為 *facade*（外觀）模式，在定義需要滿足既有介面需求條件的新型別（如數值型別、迭代器、容器等）時特別有用。

為了說明 facade 模式，我們會為迭代器實作一組 facade。它大大地簡化了撰寫一個滿足標準程式庫所需條件的迭代器的過程。迭代器型別需要的介面（特別是隨機存取迭代器）相當龐大。下面 template class IteratorFacade 採取的架構示範了一個迭代器介面的需求條件：

inherit/iteratorfacadeskel.hpp

```
template<typename Derived, typename Value, typename Category,
         typename Reference = Value&, typename Distance = std::ptrdiff_
t>
class IteratorFacade
{
 public:
  using value_type = typename std::remove_const<Value>::type;
  using reference = Reference;
  using pointer = Value*;
  using difference_type = Distance;
  using iterator_category = Category;
```

```
// 輸入迭代器的介面：
reference operator *() const { … }
pointer operator ->() const { … }
Derived& operator ++() { … }
Derived operator ++(int) { … }
friend bool operator== (IteratorFacade const& lhs,
                        IteratorFacade const& rhs) { … }
…
// 雙向迭代器的介面：
Derived& operator --() { … }
Derived operator --(int) { … }

// 隨機存取迭代器的介面：
reference operator [](difference_type n) const { … }
Derived& operator +=(difference_type n) { … }
…
friend difference_type operator -(IteratorFacade const& lhs,
                                  IteratorFacade const& rhs) { … }
friend bool operator <(IteratorFacade const& lhs,
                       IteratorFacade const& rhs) { … }
…
};
```

為求簡潔，我們省略了一些宣告式。不過即便是針對上面列出的這些式子，為每個新的迭代器逐一實現它們也都是件苦差事。還好，這份介面可以提煉出幾項核心操作：

- 適用所有的迭代器：
    - dereference()：存取迭代器所指的值（使用上通常藉助 * 與 -> 運算子）。
    - increment()：移動迭代器，指向序列中的下一個物件。
    - equals()：判斷兩個迭代器指的是否為序列中的同一物件。
- 適用雙向迭代器：
    - decrement()：移動迭代器，指向序列中的前一個物件。
- 適用隨機存取迭代器：
    - advance()：令迭代器向前（或向後）移動 n 步。
    - measureDistance()：判斷在序列中，從某個迭代器到另一個迭代器所需要的步數。

Facade 的作用在於，對僅實現上述核心操作的型別進行調整，使其能提供完整的迭代器介面。
`IteratorFacade` 的實作主要牽涉到將迭代器語法對應至核心介面。下面的範例裡，我們會
利用成員函式 `asDerived()` 來存取 CRTP derived class：

```
Derived& asDerived() { return *static_cast<Derived*>(this); }
Derived const& asDerived() const {
 return *static_cast<Derived const*>(this);
}
```

有了上面的定義，大部分 facade 的實作方式都變得頗為直覺[3]。我們只針對輸入迭代器的部分
定義式進行解說；其他運算式的做法大同小異。

```
reference operator*() const {
  return asDerived().dereference();
}
Derived& operator++() {
  asDerived().increment();
  return asDerived();
}
Derived operator++(int) {
  Derived result(asDerived());
  asDerived().increment();
  return result;
}
friend bool operator== (IteratorFacade const& lhs,
                        IteratorFacade const& rhs) {
  return lhs.asDerived().equals(rhs.asDerived());
}
```

定義 Linked-List 迭代器

有了上面的 `IteratorFacade` 定義式，我們現在可以輕鬆地替一個簡單的 linked-list（鏈結
串列）定義迭代器。舉例來說，假定我們這樣定義 linked list 裡的節點：

inherit/listnode.hpp

```
template<typename T>
class ListNode
{
 public:
  T value;
  ListNode<T>* next = nullptr;
  ~ListNode() { delete next; }
};
```

3　說明上為求簡單，我們忽略了代理迭代器（*proxy iterator*）的存在。該迭代器的取值（dereference）運算子
　　回傳的並不是真正的 reference。完整版的迭代器 facade 實作，像是 [*BoostIterator*] 裡示範的版本，會調整
　　`operator ->` 和 `operator[]` 的回傳型別，以支援代理迭代器。

利用 IteratorFacade，可以用相當直覺的方式為這樣的 list 定義迭代器：

inherit/listnodeiterator0.hpp

```
template<typename T>
class ListNodeIterator
 : public IteratorFacade<ListNodeIterator<T>, T,
                         std::forward_iterator_tag>
{
  ListNode<T>* current = nullptr;
 public:
  T& dereference() const {
    return current->value;
  }
  void increment() {
    current = current->next;
  }
  bool equals(ListNodeIterator const& other) const {
    return current == other.current;
  }
  ListNodeIterator(ListNode<T>* current = nullptr) : current(current) { }
};
```

ListNodeIterator 提供了輸入迭代器會需要的所有正確運算與巢狀型別（nested types），同時實作上也僅需要非常少的程式碼。如我們稍後會看到的，用它來定義更加複雜的迭代器（例如隨機存取迭代器）也只需要一點點的額外工作。

將介面隱藏起來

我們實作的 ListNodeIterator 有一個缺點，就是我們必須將運算子 dereference()、advance()、和 equals()（以 public 介面的型式）公開。為了去除這項條件，我們可以重寫 IteratorFacade，透過一個獨立的存取類別（*access* class）來進行在 derived CRTP class 上實施的所有操作，我們將這個 class 取名為 IteratorFacadeAccess：

inherit/iteratorfacadeaccessskel.hpp

```
// 在此 class 中設定「friend」，以允許 IteratorFacade 對其取用核心迭代器操作:
class IteratorFacadeAccess
{
  // 僅有 IteratorFacade 能使用以下定義式
  template<typename Derived, typename Value, typename Category,
           typename Reference, typename Distance>
    friend class IteratorFacade;
```

```
// 所有類型的迭代器都需要：
template<typename Reference, typename Iterator>
static Reference dereference(Iterator const& i) {
  return i.dereference();
}
…
// 雙向迭代器需要：
template<typename Iterator>
static void decrement(Iterator& i) {
  return i.decrement();
}

// 隨機存取迭代器需要：
template<typename Iterator, typename Distance>
static void advance(Iterator& i, Distance n) {
  return i.advance(n);
}
…
};
```

這個 class 為每個核心迭代器操作提供了 static 成員函式，該函式會呼叫迭代器內相對應的（nonstatic）成員函式。以上所有 static 成員函式皆為 *private*，僅有 IteratorFacade 本身會具備存取權限。因此我們的 ListNodeIterator 也可以將 IteratorFacadeAccess 設定為 friend，同時將 facade 所需的介面保持 private：

```
friend class IteratorFacadeAccess;
```

迭代器轉接器

我們的 IteratorFacade 讓建構迭代器轉接器（*adapter*）這件事變得簡單。轉接器會接受一個既有迭代器、同時給出一個新的迭代器，針對底層序列提供不同角度的觀察方式。舉例來說，假設我們擁有一個裝著 Person 值的容器：

inherit/person.hpp

```
struct Person {
  std::string firstName;
  std::string lastName;

  friend std::ostream& operator<<(std::ostream& strm, Person const& p)
  {
    return strm << p.lastName << ", " << p.firstName;
  }
};
```

不過，相較於逐一訪問容器內所有的 Person 數值，我們想查看的只有 **first name**（名字）。在本小節，我們會開發一個名為 ProjectionIterator 的迭代器轉接器，它允許我們將底層迭代器（**base iterator**）的值「投影（**project**）」成某些指向資料成員的指標（像是 Person::firstName）。

ProjectionIterator 迭代器會根據底層迭代器（Iterator）、與迭代器（T）提供的數值型別（**value type**）來進行定義：

inherit/projectioniteratorskel.hpp

```
template<typename Iterator, typename T>
class ProjectionIterator
 : public IteratorFacade<
           ProjectionIterator<Iterator, T>,
           T,
           typename std::iterator_traits<Iterator>::iterator_category,
           T&,
           typename std::iterator_traits<Iterator>::difference_type>
{
  using Base = typename std::iterator_traits<Iterator>::value_type;
  using Distance =
    typename std::iterator_traits<Iterator>::difference_type;

  Iterator iter;
  T Base::* member;

  friend class IteratorFacadeAccess;
  … // 實現 IteratorFacade 所需的核心迭代器操作
 public:
  ProjectionIterator(Iterator iter, T Base::* member)
    : iter(iter), member(member) { }
};

template<typename Iterator, typename Base, typename T>
auto project(Iterator iter, T Base::* member) {
  return ProjectionIterator<Iterator, T>(iter, member);
}
```

每個 projection 迭代器都保存了兩個數值：作為底層序列（裝有 Base 數值）迭代器的 iter、以及指向資料成員的指標 member，用來表示投影對象是哪一個成員。記住上面這點，現在我們瞧一瞧提供給 IteratorFacade **base class** 的 **template arguments**。第一個引數是 ProjectionIterator 本身（用來啟動 CRTP）。第二個引數（T）和第四個引數（T&）是 projection 迭代器的數值型別和 **reference** 型別，代表迭代器描述的對象是以 T 值構成的序列[4]。第三和第五引數則僅用來傳遞底層迭代器的 **category**（類型）和 **difference**（距離）型別。這樣一來，當 Iterator 是個輸入迭代器時，我們的 projection 迭代器也會是輸入

---

[4] 為簡化敘述，我們再次假設底層迭代器回傳的是個 reference，而非 proxy。

迭代器；當 Iterator 為雙向迭代器時，projection 迭代器亦為雙向迭代器，依此類推。而 project() 函式讓建構 projection 迭代器一事變得相當簡單。

現在缺的最後一片拼圖就是針對 IteratorFacade 核心需求條件的實作方式了。其中最有趣的部分是 dereference() 的實作，它會對底層迭代器取值（dereference）、接著再透過指向資料成員的指標完成投影：

```
T& dereference() const {
  return (*iter).*member;
}
```

餘下的操作則是藉由底層迭代器進行實作：

```
void increment() {
  ++iter;
}
bool equals(ProjectionIterator const& other) const {
  return iter == other.iter;
}
void decrement() {
  --iter;
}
```

為求簡短，我們略過對隨機存取迭代器的定義，你可以用類似方式自行實作。

大功告成！有了 projection 迭代器，我們可以針對包含了 Person 值的 **vector**，列印裡頭所有的 **first name**：

inherit/projectioniterator.cpp

```
#include <vector>
#include <algorithm>
#include <iterator>

int main()
{
  std::vector<Person> authors = { {"David", "Vandevoorde"},
                                  {"Nicolai", "Josuttis"},
                                  {"Douglas", "Gregor"} };

  std::copy(project(authors.begin(), &Person::firstName),
            project(authors.end(), &Person::firstName),
            std::ostream_iterator<std::string>(std::cout, "\n"));
}
```

程式輸出為：

```
David
Nicolai
Douglas
```

對於創建符合某些特定介面的新型別來說，facade 模式格外有用。新型別只需要提供 facade
少數某些核心操作（對於上述迭代器 facade 來說，數量介於三到六個），facade 就能夠透過
結合 CRTP 和 Barton-Nackman 技巧，負責提供完整且正確的 public 介面。

21.3 Mixins（混合）

考慮一個由一連串座標點構成的簡單 Polygon class：

```
class Point
{
  public:
    double x, y;
    Point() : x(0.0), y(0.0) { }
    Point(double x, double y) : x(x), y(y) { }
};

class Polygon
{
  private:
    std::vector<Point> points;
  public:
    …    // public 操作
};
```

如果使用者可以進一步擴充每個 Point 上綁定的資訊集合，以包含專屬於某種應用
（application-specific）的資料（如每個座標點的顏色）、或像是為每個座標點加上一組標籤，
該 Polygon class 可以變得更加有用。要達成上述的擴充性，其中一種做法是根據座標點的
型別來參數化 Polygon：

```
template<typename P>
class Polygon
{
  private:
    std::vector<P> points;
  public:
    …    // public 操作
};
```

使用者可以自由地利用繼承來創建個人專屬、同時與 Point 相仿的資料型別，該型別提供與
Point 相同的介面，不過尚包含其他專屬於特定應用的資料：

```
class LabeledPoint : public Point
{
  public:
    std::string label;
    LabeledPoint() : Point(), label("") { }
    LabeledPoint(double x, double y) : Point(x, y), label("") { }
};
```

這個實作方式有其缺點。第一，它需要將型別 Point 暴露給使用者，以利使用者對其繼承。再者，LabeledPoint 實作者需要小心地提供與 Point 完全相同的介面（像是提供所有與 Point 相同的建構子、或是繼承它們），否則 LabeledPoint 就無法與 Polygon 搭配使用。如果某個版本的 Polygon template 裡的 Point 在之後的版本中發生變化，上述限制會衍生出更多問題：例如新增一個新的 Point 建構子，可能得要對每一個 derived class 進行更新。

Mixins（混合）提供了一個毋須繼承某個型別，但又能對該型別的行為進行客製化的替代做法。Mixins 本質上反轉了正常的繼承方向，因為新的 class 是作為某個 class template 的 base class 被「混合進（mixed in）」當前的繼承階層體系中，而不是作為新的 derived class 被創建出來。這種做法允許在不複製當前介面的前提下，引入新的資料成員和其他操作。

一個支援 mixins 的 class template 通常會接受任意數量的額外 class，作為其繼承對象：

```
template<typename... Mixins>
class Point : public Mixins...
{
  public:
    double x, y;
    Point() : Mixins()..., x(0.0), y(0.0) { }
    Point(double x, double y) : Mixins()..., x(x), y(y) { }
};
```

現在我們可以把包含標籤的 base class 給「混合」進來，產生 LabeledPoint：

```
class Label
{
  public:
    std::string label;
    Label() : label("") { }
};

using LabeledPoint = Point<Label>;
```

甚或是混合進好幾個 base classes：

```
class Color
{
  public:
    unsigned char red = 0, green = 0, blue = 0;
};

using MyPoint = Point<Label, Color>;
```

有了上述基於 mixin 做法的 Point，我們可以在不改變介面的前提下，簡單地替 Point 添加額外資訊。如此一來 Polygon 會變得方便使用、也方便進一步地擴充。使用者只需要套用從 Point 特化體到專屬 mixin class（上述的 Label 或 Color）的隱式轉型，便能對資料或介面進行存取。此外，透過將 mixins 直接餵給 Polygon class template 本身，Point class 還可以進一步被完全隱藏起來：

```
template<typename... Mixins>
class Polygon
{
  private:
    std::vector<Point<Mixins...>> points;
  public:
    ...    // public 操作
};
```

在不要求程式庫公開展示或明確寫出內部資料型別和介面的前提下，當 template 需要一些程度較小的客製化時（例如用使用者指定的資料裝飾內部儲存的物件），mixins 相當有用。

21.3.1　Curious Mixins（奇特混合）

如果把 mixins 與 21.2 節（第 495 頁）介紹過的奇特遞迴模板模式（Curiously Recurring Template Pattern，CRTP）結合使用，威力會更加強大。這裡的各個 mixin 實際上是接受了 derived class（子類別）型別的 class template，故允許針對該 derived class 進行額外的客製化。CRTP-mixin 版本的 Point 寫起來會長得像這樣：

```
template<template<typename>... Mixins>
class Point : public Mixins<Point>...
{
  public:
    double x, y;
    Point() : Mixins<Point>()..., x(0.0), y(0.0) { }
    Point(double x, double y) : Mixins<Point>()..., x(x), y(y) { }
};
```

對於各個會被混合進來的 class 來說，這種做法需要進行一些額外的修改，所以像是 Label 和 Color 這樣的 class 需要被寫成 class template。然而，被混合的這些 class 現在可以針對「它們會與之混合的 derived class 特定實體」來定製自身行為。舉例來說，我們可以將上面提過的 ObjectCounter template 混合進 Point 中，以計算由 Polygon 創建出來的座標個數，也能再進一步將該 mixin 與其他專屬於特定應用的 mixins 相結合。

21.3.2　將虛擬性參數化

Mixins 也允許我們對 derived class 的其他屬性間接地進行參數化，例如成員函式的虛擬性（virtuality）。這個簡單的範例示範了這項頗為神奇的技術：

inherit/virtual.cpp

```cpp
#include <iostream>

class NotVirtual {
};

class Virtual {
  public:
    virtual void foo() {
    }
};

template<typename... Mixins>
class Base : public Mixins... {
  public:
    // foo() 的虛擬性會視其宣告式（如果有的話）
    // 是否出現在 base classes Mixins... 中來決定
    void foo() {
        std::cout << "Base::foo()" << '\n';
    }
};

template<typename... Mixins>
class Derived : public Base<Mixins...> {
  public:
    void foo() {
        std::cout << "Derived::foo()" << '\n';
    }
};

int main()
{
    Base<NotVirtual>* p1 = new Derived<NotVirtual>;
    p1->foo();              // 呼叫 Base::foo()

    Base<Virtual>* p2 = new Derived<Virtual>;
    p2->foo();              // 呼叫 Derived::foo()
}
```

這項技術能夠提供一項用來設計 class template 的工具，讓 class template 既可以用來實體化具體的 class，同時也可以利用繼承達成功能上的擴充。不過，僅僅是在某些成員函式上設定虛擬性，離獲得某個具備功能上更加特化的良好 base class 這個目標還很遠。這種開發方式需要更多基本層面上的設計決策。因此，設計兩套不同的工具（class 或整個 class template 階層體系），通常會比試圖將它們整合成一套 template 階層體系來得更加實際。

21.4 Named Template Arguments（具名模板引數）

各式各樣的 template 技術有時會導致最後的 class template 帶有許多不同的 template type parameters。不過其中的大多數通常都會具備合理的預設值。這種 class template 可能會很自然地定義成下面這樣：

```
template<typename Policy1 = DefaultPolicy1,
         typename Policy2 = DefaultPolicy2,
         typename Policy3 = DefaultPolicy3,
         typename Policy4 = DefaultPolicy4>
class BreadSlicer {
    ...
};
```

我們推測，這樣的 template 可能會經常透過 BreadSlicer<> 語法來引入預設的 template argument。不過，當需要給定某個非預設引數時，所有在該引數之前出現的引數也都必須明確指定（即便它們帶有預設值也是如此）。

顯然，如果能夠使用類似 BreadSlicer<Policy3 = Custom> 這樣的構件，會比寫出當前範例中的 BreadSlicer<DefaultPolicy1, DefaultPolicy2, Custom> 敘述，來得更具吸引力。在接下來的篇幅裡，我們會發展一套幾乎能夠實現這件事的技術[5]。

該技術由下面兩件事構成：將預設的型別數值（type values）放進 base class、並透過繼承來覆寫其中某些值。相較於直接標出 type arguments，我們選擇透過 helper class（輔助類別）來提供它們。例如，我們會這樣寫：BreadSlicer<Policy3_is<Custom>>。因為每個 template argument 皆能夠被用來描述這些 policies（策略）中的任何一個，故它們彼此之間的預設值應當相同。換句話說，從較高的層次看來，每個 template parameter 都是等效的：

```
template<typename PolicySetter1 = DefaultPolicyArgs,
         typename PolicySetter2 = DefaultPolicyArgs,
         typename PolicySetter3 = DefaultPolicyArgs,
         typename PolicySetter4 = DefaultPolicyArgs>
class BreadSlicer {
    using Policies = PolicySelector<PolicySetter1, PolicySetter2,
                                    PolicySetter3, PolicySetter4>;
    // 透過 Policies::P1、Policies::P2、… 來指涉不同的 policies
    ...
};
```

接下來的挑戰便是撰寫 PolicySelector template。它必須將不同的 template arguments 融合（merge）為單一型別，該型別會使用給定的任何非預設值來覆寫預設的型別別名成員。融合行為可以透過繼承來達成：

---

5 請注意，在 C++ 標準化過程早期，有個性質類似、適用於函式 call argument 的語言擴充功能曾經被提出（但被否決了）。相關細節請參考 17.4 節（第 358 頁）。

```cpp
// PolicySelector<A,B,C,D> 創建了作為 base classes 的 A,B,C,D
// Discriminator<> 允許同一個 base class 出現多次
template<typename Base, int D>
class Discriminator : public Base {
};

template<typename Setter1, typename Setter2,
         typename Setter3, typename Setter4>
class PolicySelector : public Discriminator<Setter1,1>,
                       public Discriminator<Setter2,2>,
                       public Discriminator<Setter3,3>,
                       public Discriminator<Setter4,4> {
};
```

注意這裡用了一個中間層 Discriminator **template**。為了能夠允許各個 Setter 型別出現相同的值，我們必須使用該 template（你不能擁有多個相同型別的 direct base class。相反地，indirect base class 則允許擁有和其他 base classes 重複的型別）。

如先前提過的，我們會將這些預設值收集在 base class 裡：

```cpp
// 將預設 policies 取名為 P1、P2、P3、P4
class DefaultPolicies {
  public:
    using P1 = DefaultPolicy1;
    using P2 = DefaultPolicy2;
    using P3 = DefaultPolicy3;
    using P4 = DefaultPolicy4;
};
```

不過，假如我們最終會多次繼承這個 base class，我們得注意避免產生歧義。因此，我們要確保該 base class 是以 virtual 方式被繼承：

```cpp
// 當我們會多次繼承 DefaultPolicies 時，透過這個 class
// 來定義所使用的預設 policy 值，能夠有效避免歧義
class DefaultPolicyArgs : virtual public DefaultPolicies {
};
```

最後，我們也需要一些用來覆寫預設 policy 值的 templates：

```cpp
template<typename Policy>
class Policy1_is : virtual public DefaultPolicies {
  public:
    using P1 = Policy;       // 覆寫型別別名
};

template<typename Policy>
class Policy2_is : virtual public DefaultPolicies {
  public:
    using P2 = Policy;       // 覆寫型別別名
};
```

```
template<typename Policy>
class Policy3_is : virtual public DefaultPolicies {
  public:
    using P3 = Policy;   // 覆寫型別別名
};

template<typename Policy>
class Policy4_is : virtual public DefaultPolicies {
  public:
    using P4 = Policy;   // 覆寫型別別名
};
```

當這一切都就定位，我們期盼的目標也就達成了。現在讓我們透過範例來看看成果如何。讓我們用以下方式來實體化 BreadSlicer<>：

```
BreadSlicer<Policy3_is<CustomPolicy>> bc;
```

對上面的 BreadSlicer<> 而言，型別 Policies 的定義如下：

```
PolicySelector<Policy3_is<CustomPolicy>,
               DefaultPolicyArgs,
               DefaultPolicyArgs,
               DefaultPolicyArgs>
```

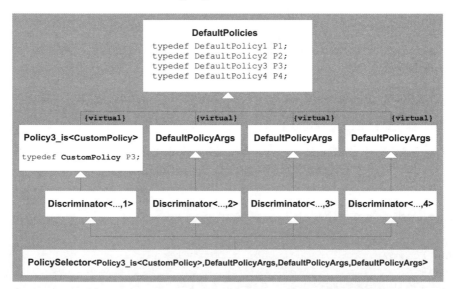

圖 21.4. BreadSlicer<>::Policies 最終型別階層體系

透過 Discriminator<> class templates 的協助，這樣宣告會產生一個所有的 template arguments 都是 base classes 的階層體系（見圖 21.4）。重點在於，所有這些 base classes 都具備相同的 virtual base class DefaultPolicies，它被用於定義 P1、P2、P3、和 P4 的預設值。只不過，P3 在某個 derived classes（亦即 Policy3_is<>）裡頭被重新定義了。根據 *domination rule*（優勢規則），該定義式會把 base class 裡的定義給隱藏起來。因此，這樣並不算出現歧義[6]。

在 template BreadSlicer 裡，你可以透過像是 Policies::P3 之類的限定名稱（qualified names）來指涉這四個 policies。舉例來說：

```
template<...>
class BreadSlicer {
    ...
  public:
    void print () {
        Policies::P3::doPrint();
    }
    ...
};
```

你可以在 inherit/namedtmpl.cpp 裡找到完整的範例。

雖然我們是針對四個 template type parameters 的情況來開發這項技術，不過顯然它也能夠針對任何合理的參數數目進行擴展。注意我們從未真的實體化出帶有 virtual bases 的 helper class 物件。因此，它們身為 virtual bases 這件事本身，並不會造成任何效能或記憶體消耗方面的問題。

21.5　後記

在將 EBCO 引進 C++ 程式設計語言這件事情上，Bill Gibbons 是主要的貢獻者。Nathan Myers 則讓 EBCO 變得更加普及，他也提出了與前述 BaseMemberPair 相似的 template，以更好地利用 EBCO。Boost 程式庫包含了一個十分複雜的 template，名為 compressed_pair，它解決了我們在本章針對 MyClass 提出的一些問題。boost::compressed_pair 也能夠被用來取代我們的 BaseMemberPair。

至少從 1991 年起，CRTP 就已經開始被使用了。不過 James Coplien 是頭一個正式將其作為一種模式（*pattern*）來介紹的人（見 [*CoplienCRTP*]）。自那時起，許多 CRTP 的應用紛紛被提出。術語**參數化繼承**（*parameterized inheritance*）有時會被錯誤地與 CRTP 劃上等號。如我們所示範的，CRTP 根本不要求對衍生型別實行參數化，同時許多參數化繼承的形式並不符合 CRTP。CRTP 有時也會與 Barton-Nackman 技巧彼此混淆（見 21.2.1 節，第 497 頁），因為 Barton 和 Nackman 經常將 CRTP 與友元名稱植入（friend name injection）併用（後者是 Barton-Nackman 技巧很重要的一個組成部分）。我們透過結合了 Barton-Nackman 技

---

[6] 你可以在第一個版本的 C++ 標準（參見 [*C++98*]）的 10.2/6 節找到 domination rule，同時在 [*EllisStroustrupARM*] 的 10.1.1 節找到和它相關的討論。

巧的 CRTP 來實作運算子，這和 Boost.Operators 程式庫（[*BoostOperators*]）的基本做法一樣，該程式庫提供了一組豐富的運算子定義。同樣地，我們處理迭代器 facades 的方式也遵循 Boost.Iterator 程式庫（[*BoostIterator*]）的做法，該程式庫提供了一組豐富、與標準程式庫相容的迭代器介面，適用於提供了部分核心迭代器操作（等價、取值、移動）的衍生型別。同時它也處理了有關 proxy 迭代器的棘手問題（篇幅考量，我們並未處理該問題）。本書的 `ObjectCounter` 範例和 Scott Meyers 於 [*MeyersCounting*] 一書中開發出的技術幾乎一模一樣。

Mixins（混合）的概念至少從 1986 年起（[*Moon-Flavors*]），便作為一種將小部分功能引進某個 OO（物件導向）class 的一種方式存在於物件導向程式設計（Object-Oriented programming，OOP）之中。在第一版 C++ 標準發布後不久，在 C++ 中使用 template 實作 mixins 的方式便開始流行起來，伴隨出現了兩篇介紹實現 mixins 方法的論文（[*SmaragdakisBatoryMixins*] 和 [*EiseneckerBlinnCzarnecki*]），這些方法現在依然經常使用。自那時起，mixins 便成為設計 C++ 程式庫的一種流行技術。

具名模板引數（named template arguments）在 Boost 程式庫中被用來簡化某些 class templates。Boost 透過 metaprogramming（後設編程）來創建與前述 `PolicySelector` 性質相似的型別（不過他們沒有用到 virtual 介面）。本書介紹的簡易替代做法是由其中一位作者（Vandevoorde）開發出來的。

橋接靜態與動態多型

Bridging Static and Dynamic Polymorphism

第 18 章介紹了 C++ 中靜態多型（static polymorphism，透過 template 達成）與動態多型（dynamic polymorphism，透過繼承和 virtual 函式達成）的本質。兩種類型的多型皆為撰寫程式提供了威力強大的抽象化概念，不過它們各自也有所取捨：靜態多型提供了與非多型程式碼相同的效能，不過能夠在執行期使用的型別集合必須在編譯期就固定下來。另一方面，動態多型透過繼承，讓單一版本的多型函式能夠適用在編譯期尚未確定的型別。不過動態多型的彈性也較小，因為這些型別都必須繼承自共同基礎類別（common base class）。

本章介紹如何於 C++ 中將靜態多型與動態多型橋接起來，以獲得 18.3 節（第 375 頁）曾討論過，兩者各自的某些優點：體積較小的可執行程式碼、以及（幾乎）可完整編譯等動態多型具備的性質，再加上靜態多型允許的介面彈性（像是和內建型別的完美配合）。作為範例，我們將會建構標準程式庫 function<> template 的一個簡化版本。

22.1 函式物件、指標與 `std::function<>`

函式物件（function objects）對於為 template 提供客製化行為十分有用。舉例來說，下面的 function template 會列舉從 0 到某個值之間的整數值，並將這些值交給指定的函式物件 `f`：

bridge/forupto1.cpp

```cpp
#include <vector>
#include <iostream>

template<typename F>
void forUpTo(int n, F f)
{
```

```
    for (int i = 0; i != n; ++i)
    {
        f(i);                       // 針對 i 呼叫傳入的函式 f
    }
}

void printInt(int i)
{
    std::cout << i << ' ';
}

int main()
{
    std::vector<int> values;

    // 插入從 0 到 4 的值：
    forUpTo(5,
            [&values](int i) {
                values.push_back(i);
            });

    // 列印元素：
    forUpTo(5,
            printInt);      // 印出 01234
    std::cout << '\n';
}
```

forUpTo() function template 可以適用任何函式物件，包括 lambda、函式指標、或是任何
符合以下行為的 class：實作了適當的 operator()、或是實作了轉為函式指標或 reference
的轉型。同時每次使用 forUpTo() 都可能會生成一個該 function template 的不同實體版本。
範例中的 function template 相當小，但如果它比較龐大的話，這些實體版本們很可能會令程
式碼大大增加。

阻止程式碼大小增加的一個方法是，將該 function template 轉為毋須實體化的
nontemplate。舉個例子，我們可能會想用函式指標來做到這件事：

bridge/forupto2.hpp

```
void forUpTo(int n, void (*f)(int))
{
    for (int i = 0; i != n; ++i)
    {
        f(i); // 針對 i 呼叫傳入函式 f
    }
}
```

不過，雖然這份實作在傳入 `printInt()` 時運作良好，但當傳入的是 **lambda** 時便會造成錯誤：

```
forUpTo(5,
        printInt);                  // OK：印出 0 1 2 3 4

forUpTo(5,
        [&values](int i) {          // 錯誤：lambda 無法轉型為函式指標
            values.push_back(i);
        });
```

標準程式庫的 **class template** `std::function<>` 允許我們寫出另一種形式的 `forUpTo()`：

bridge/forupto3.hpp

```
#include <functional>

void forUpTo(int n, std::function<void(int)> f)
{
  for (int i = 0; i != n; ++i)
  {
    f(i);    // 針對 i 呼叫傳入函式 f
  }
}
```

針對 `std::function<>` 所使用的 **template argument** 是個函式型別，它描述了該函式物件會接受的參數型別、以及它應當產生的回傳型別，這和會描述參數型別和回傳型別的函式指標頗為相似。

這種形式的 `forUpTo()` 提供了靜態多型的某些性質——能夠適用於無窮盡的型別集合，包括函式指標、**lambdas**、以及具備適當 `operator()` 的任何 class——同時它仍舊是個具有單一實作版本的 **nontemplate** 函式。此處使用了一種被稱作型別抹除（*type erasure*）的技術，它能跨越靜態與動態多型之間的鴻溝，將兩者連接起來。

22.2 通用函式指標

型別 `std::function<>` 實際上是 C++ 函式指標的一種通用形式，提供與之相同的基本操作：

- 它能夠用來呼叫函式，同時不要求呼叫端對函式本身具備任何理解。
- 它能夠被複製、搬移、以及賦值。
- 它能夠被初始化、或是以（具備相容簽名式的）其他函式進行賦值。
- 當不與任何函式綁定時，其狀態會是「空的（null）」。

然而，不同於 C++ 的函式指標，std::function<> 也可以保存 lambda 或任何具備合適
operator() 的函式物件，上述物品彼此間的型別均不相同。

本章後續部分，我們會創建屬於自己的通用函式指標 class template：FunctionPtr。它提
供了相同的核心操作及功能，能夠用來替換 std::function：

bridge/forupto4.cpp

```cpp
#include "functionptr.hpp"
#include <vector>
#include <iostream>

void forUpTo(int n, FunctionPtr<void(int)> f)
{
  for (int i = 0; i != n; ++i)
  {
    f(i);     // 針對 i 呼叫傳入函式 f
  }
}

void printInt(int i)
{
  std::cout << i << ' ';
}

int main()
{
  std::vector<int> values;

  // 插入從 0 到 4 的值：
  forUpTo(5,
          [&values](int i) {
            values.push_back(i);
          });

  // 列印元素：
  forUpTo(5,
          printInt);     // 印出 0 1 2 3 4
  std::cout << '\n';
}
```

FunctionPtr 的介面相當直覺，它提供了建構、複製、搬移、解構、初始化、以任意函式物
件進行賦值、以及呼叫底層函式物件等功能。該介面最有趣的部分在於，它是如何被完整描
述在 class template 偏特化體之中的，該偏特化體能夠將 template argument（函式型別）
分解成各個組成部分（即回傳型別和引數型別）：

bridge/functionptr.hpp

```cpp
// 原型模板:
template<typename Signature>
class FunctionPtr;

// 偏特化體:
template<typename R, typename... Args>
class FunctionPtr<R(Args...)>
{
 private:
  FunctorBridge<R, Args...>* bridge;
 public:
  // 建構子:
  FunctionPtr() : bridge(nullptr) {
  }
  FunctionPtr(FunctionPtr const& other);      // 請參照 functionptr-cpinv.hpp
  FunctionPtr(FunctionPtr& other)
    : FunctionPtr(static_cast<FunctionPtr const&>(other)) {
  }
  FunctionPtr(FunctionPtr&& other) : bridge(other.bridge) {
    other.bridge = nullptr;
  }
  // 以任意函式物件進行建構:
  template<typename F> FunctionPtr(F&& f);   // 請參照 functionptr-init.hpp

  // 賦值運算子:
  FunctionPtr& operator=(FunctionPtr const& other) {
    FunctionPtr tmp(other);
    swap(*this, tmp);
    return *this;
  }
  FunctionPtr& operator=(FunctionPtr&& other) {
    delete bridge;
    bridge = other.bridge;
    other.bridge = nullptr;
    return *this;
  }
  // 以任意函式物件進行賦值建構:
  template<typename F> FunctionPtr& operator=(F&& f) {
    FunctionPtr tmp(std::forward<F>(f));
    swap(*this, tmp);
    return *this;
  }
```

```
// 解構子：
~FunctionPtr() {
  delete bridge;
}

friend void swap(FunctionPtr& fp1, FunctionPtr& fp2) {
  std::swap(fp1.bridge, fp2.bridge);
}
explicit operator bool() const {
  return bridge != nullptr;
}

// 括號 (呼叫) 運算子：
R operator()(Args... args) const; // 請參照 functionptr-cpinv.hpp
};
```

這份實作包含唯一一個 nonstatic 成員變數 bridge，負責保存函式物件以及對其進行操作。
該指標的所有權被綁定於 FunctionPtr 物件，故這裡大部分的實作僅僅用於管理該指標。
這份實作好玩的地方位於尚未完成實作的函式中，我們會在接下來的小節介紹它們。

22.3 橋接介面

FunctorBridge class template 擁有底層函式物件的所有權、並負責相關的操作。它被實作
成一個抽象基礎類別（abstract base class），用來作為 FunctionPtr 動態多型的基礎：

bridge/functorbridge.hpp

```
template<typename R, typename... Args>
class FunctorBridge
{
  public:
    virtual ~FunctorBridge() {
    }
    virtual FunctorBridge* clone() const = 0;
    virtual R invoke(Args... args) const = 0;
};
```

FunctorBridge 透過 **virtual** 函式來提供對已儲存的函式物件進行操作所需的必要運算：一個解構子、一個能夠執行複製的 `clone()` 運算、以及一個用來呼叫底層函式物件的 `invoke()` 運算。別忘了要把 `clone()` 和 `invoke()` 定義成 **const** 成員函式[1]。

利用以上的 **virtual** 函式，我們可以實現 FunctionPtr 的複製建構子和函式呼叫運算子：

bridge/functionptr-cpinv.hpp

```
template<typename R, typename... Args>
FunctionPtr<R(Args...)>::FunctionPtr(FunctionPtr const& other)
 : bridge(nullptr)
{
  if (other.bridge) {
    bridge = other.bridge->clone();
  }
}

template<typename R, typename... Args>
R FunctionPtr<R(Args...)>::operator()(Args... args) const
{
  return bridge->invoke(std::forward<Args>(args)...);
}
```

22.4 型別抹除（**Type Erasure**）

每個 FunctorBridge 的實體都是個抽象類別（abstract class），因此它的 derived classes（子類別）必須負責提供 **virtual** 函式的具體實作。為了完整支援所有可能的函式物件——一個無窮盡的集合——我們需要無數個 derived classes。幸運的是，我們可以透過參數化「被儲存函式物件自身型別的 derived class」（即 FunctorBridge 的 derived class）來做到這點：

bridge/specificfunctorbridge.hpp

```
template<typename Functor, typename R, typename... Args>
class SpecificFunctorBridge : public FunctorBridge<R, Args...> {
  Functor functor;

 public:
  template<typename FunctorFwd>
```

---

[1] 將 `invoke()` 宣告為 **const** 算是以下行為的預防針：防止透過 **const** FunctionPtr 物件來呼叫非 **const** 版本的 `operator()`，這件事可能會違反程式設計者的預期行為。

```
  SpecificFunctorBridge(FunctorFwd&& functor)
    : functor(std::forward<FunctorFwd>(functor)) {
  }
  virtual SpecificFunctorBridge* clone() const override {
    return new SpecificFunctorBridge(functor);
  }
  virtual R invoke(Args... args) const override {
    return functor(std::forward<Args>(args)...);
  }
};
```

每個 SpecificFunctorBridge 的實體都保有一份函式物件的副本（其型別為 Functor），該副本能夠被呼叫、複製（經由複製 SpecificFunctorBridge 達成）、或是被消滅（隱含於解構子中）。每當 FunctionPtr 被初始化成一個新的函式物件時，便會產生 SpecificFunctorBridge 的實體，這件事讓 FunctionPtr 範例變得完整：

bridge/functionptr-init.hpp

```
template<typename R, typename... Args>
template<typename F>
FunctionPtr<R(Args...)>::FunctionPtr(F&& f)
 : bridge(nullptr)
{
  using Functor = std::decay_t<F>;
  using Bridge = SpecificFunctorBridge<Functor, R, Args...>;
  bridge = new Bridge(std::forward<F>(f));
}
```

請注意，雖然 FunctionPtr 建構子本身會根據函式物件的型別 F 來模板化，但只有特定的 SpecificFunctorBridge 特化體才知道該型別（記錄於 Bridge 型別別名中）。一旦新創建的 Bridge 實體被賦值給資料成員 bridge，有關特定型別 F 的額外資訊便會不見，原因在於從 Bridge * 到 FunctorBridge<R, Args...> * 的 **derived-to-based** 轉型[2]。這種型別資訊的遺失解釋了：為什麼**型別抹除**這個術語，經常被用來形容橋接靜態與動態多型的這項技術。

這份實作的一項特點是利用了 std::decay（請參考 **D.4** 節，第 731 頁）來產生 Functor 型別，這讓推導得來的型別 F 適合被保存下來。例如，將指向函式型別的 **reference** 轉為函式指標型別，同時去除最外層的 const、volatile、與 **reference** 型別。

---

[2] 即便該型別可以透過 dynamic_cast（或是其他做法）來查詢到，不過 FunctionPtr **class** 將 bridge 指標設為 **private**，因此 FunctionPtr 的使用者無法存取本身的型別。

22.5 選擇性橋接

我們的 FunctionPtr template 幾乎是函數指標的直接替代品。不過,它尚未支援一項函式指標提供的操作:判斷兩個 FunctionPtr 是否會呼叫相同的函式。新增這項操作需要修改 FunctorBridge,為其添加等價運算:

```
virtual bool equals(FunctorBridge const* fb) const = 0;
```

以及在 SpecificFunctorBridge 之中提供以下實作:當儲存的函式物件型別相同時,進一步比較物件本身:

```
virtual bool equals(FunctorBridge<R, Args...> const* fb) const override {
  if (auto specFb = dynamic_cast<SpecificFunctorBridge const*>(fb)) {
    return functor == specFb->functor;
  }
  // 不同型別的函式物件,彼此絕對不會相等:
  return false;
}
```

最後,我們替 FunctionPtr 實作 operator==,它首先會檢查函式物件是否為 null、接著再將其委託給 FunctorBridge:

```
friend bool
operator==(FunctionPtr const& f1, FunctionPtr const& f2) {
  if (!f1 || !f2) {
    return !f1 && !f2;
  }
  return f1.bridge->equals(f2.bridge);
}
friend bool
operator!=(FunctionPtr const& f1, FunctionPtr const& f2) {
  return !(f1 == f2);
}
```

這份實作具有正確的行為。不過,卻有個悲劇的缺點:如果 FunctionPtr 透過某個不具備適當 operator== 的函式物件(像是 lambda 也算在內)進行賦值或初始化,則程式會無法通過編譯。這可能會令人感到意外,因為 FunctionPtr 的 operator== 根本就沒被用到,並且許多其他的 class templates(像是 std::vector)可以使用不具備 operator== 的型別來實體化,只要程式中沒有用到 operator== 就行。

此處的 operator== 問題是由型別抹除引起的:因為每當 FunctionPtr 進行賦值或初始化時,我們立馬就會失去函式物件的型別。所以在賦值和初始化完成之前,我們得要抓住所有該型別必須被知道的相關資訊。該資訊包括是否需要建構「對函式物件的 operator== 所進行的呼叫」,因為我們無法確定何時會需要該呼叫式[3]。

---

[3] 從實作層面上來看,用來呼叫 operator== 的程式碼是被實體化出來的。因為當 class template 本身(此例中的 SpecificFunctorBridge)進行實體化時,所有該 class template 的 virtual 函式通常也會被實體化。

幸運的是，我們可以在呼叫 operator== 前，利用 SFINAE-based traits（基於 SFINAE 的特徵；於 19.4 節，第 416 頁有相關討論）來檢查運算子是否能夠被使用。該 trait 設計得相當精巧：

bridge/isequalitycomparable.hpp

```cpp
#include <utility>        // declval() 會用到
#include <type_traits>    // true_type 和 false_type 會用到

template<typename T>
class IsEqualityComparable
{
 private:
  // 測試 == 和 != 是否能夠轉型成 bool：
  static void* conv(bool);   // 用來檢查是否能夠轉型為 bool
  template<typename U>
    static std::true_type test(decltype(conv(std::declval<U const&>() ==
                                             std::declval<U const&>())),
                               decltype(conv(!(std::declval<U const&>() ==
                                               std::declval<U const&>()))))
                              );
  // 備案：
  template<typename U>
    static std::false_type test(...);
 public:
  static constexpr bool value = decltype(test<T>(nullptr,
                                                 nullptr))::value;
};
```

IsEqualityComparable trait 運用了常見形式的陳述式測試 traits，正如我們在 19.4.1 節（第 416 頁）介紹的做法：兩份 test() 重載版本，其中一份帶有被 decltype 包起來的待測陳述式，另一份則透過省略符號來接受任意引數。第一個 test() 函式會嘗試使用 == 來比較兩個型別為 T const 的物件，接著確保得到的結果可以被隱式轉型為 bool（用於第一個參數）、也可以被轉型為 bool 後再傳給邏輯否定運算子 operator!。如果兩條運算式均合法，則它們本身的參數型別都會是 void*。

利用 IsEqualityComparable trait，我們可以建構一個 TryEquals class template，它要嘛呼叫給定型別的 == 運算子（如果有的話）、要嘛就是在找不到適當的 == 運算子時拋出一個異常：

bridge/tryequals.hpp

```cpp
#include <exception>
#include "isequalitycomparable.hpp"

template<typename T,
         bool EqComparable = IsEqualityComparable<T>::value>
struct TryEquals
{
  static bool equals(T const& x1, T const& x2) {
    return x1 == x2;
  }
};

class NotEqualityComparable : public std::exception
{
};


template<typename T>
struct TryEquals<T, false>
{
  static bool equals(T const& x1, T const& x2) {
    throw NotEqualityComparable();
  }
};
```

最後，透過將 TryEquals 應用於 SpecificFunctorBridge 實作中，只要儲存的函式物件型別是符合的、同時該函式物件支援 == 運算，我們就可以在 FunctionPtr 中支援 ==：

```cpp
    virtual bool equals(FunctorBridge<R, Args...> const* fb) const override {
      if (auto specFb = dynamic_cast<SpecificFunctorBridge const*>(fb)) {
        return TryEquals<Functor>::equals(functor, specFb->functor);
      }
      // 不同型別的函式物件，彼此絕對不會相等:
      return false;
    }
```

22.6 效能方面的考量

型別抹除能夠提供靜態多型與動態多型的部分優點，但無法全部兼得。特別是在效能方面，利用型別抹除產生的程式碼，其表現更近似於動態多型，因為它們都透過 virtual 函式進行動態分發（dynamic dispatch）。因此，某些靜態多型具備的固有優點（像是編譯器能夠對呼叫式進行 inline）可能會消失。這類的效能損失是否會造成影響，實際上取決於應用程式，不過通常很容易透過比較「被呼叫函式自身的工作量」相對於「virtual 函式呼叫帶來的成本」來判斷：如果這兩者的大小相近（像是利用 FunctionPtr 簡單地對兩個整數進行相加），型別抹除執行起來很可能比靜態多型的版本慢得多。另一方面，如果被呼叫函式本身執行相當大量的工作（查詢資料庫、對容器進行排序、或刷新使用者介面），你不大可能測量得到型別抹除帶來的影響。

22.7 後記

Kevlin Henney 透過引進 any 型別 [*HenneyValued-Conversions*]，讓型別抹除在 C++ 變得普及。any 型別隨後變成了一個流行的 Boost 程式庫 [*BoostAny*]，以及隨著 C++17 推出，成為標準程式庫的一部分。這項技術在 Boost.Function 程式庫 [*Boost-Function*] 中被進一步改良，加入了各種針對效能與程式碼大小的最佳化，最終成為 std::function<>。不過這些早期開發的程式庫都只能處理固定的一組操作：any 屬於簡單的數值型別（value type），只具備一個複製和一個轉型運算；function 則在這之上增加了呼叫運算。

較晚近的成果（像是 Boost.TypeErasure 程式庫 [*BoostTypeErasure*] 和 Adobe 開發的 Poly 程式庫 [*AdobePoly*]）藉由 template metaprogramming 技術，讓使用者能以某些指定的功能列表（list of capabilities）來構建用來進行型別抹除的數值。舉個例子，下列（以 Boost. TypeErasure 程式庫創建出來的）型別本身能夠處理複製建構、類 typeid 操作、以及用於列印的輸出資料流（output streaming）：

```
using AnyPrintable = any<mpl::vector<copy_constructible<>,
                                     typeid_<>,
                                     ostreamable<>
                                     >>;
```

23

後設編程
Metaprogramming

Metaprogramming（後設編程）由「（讓電腦）寫程式（programming a program）」這件事所構成。換言之，我們寫出一份「讓編程系統執行後會生成新程式碼」的程式碼，最終獲得的程式會執行我們想要的功能。一般來說，*metaprogramming* 這個術語隱含著反身屬性（reflexive attribute）：metaprogramming 構件屬於程式的一部分，同時也會為其生成一部分程式碼（即程式不同版本間需要新增或存在差異的部分）。

為什麼會需要 metaprogramming 呢？與其他大多數的編程技術一樣，目的在於用更少的工作量完成更多的功能，其中工作量可以透過程式碼大小、維護成本等指標來衡量。Metaprogramming 的特色在於，某些使用者定義的計算會在轉（編）譯時（translation time）完成。背後的動機常常是效能（於轉譯時得到的結果常常可以被最佳化掉）、或者是介面的簡潔（metaprogram 通常比它展開後的版本小），抑或兩者皆是。

Metaprogramming 經常仰賴 traits（特徵萃取）和 type functions（型別函式）這兩項概念，如第 19 章所描述的一樣。因此，我們建議在深入本章前，先行熟悉該章內容。

23.1 現代 C++ 後設編程的發展

C++ metaprogramming 技術隨著時間不斷地演進（本章最後的後記回顧了這個領域的各個里程碑）。讓我們針對現代 C++ 中常見的各種 metaprogramming 方法，進一步討論並對其分門別類吧。

23.1.1　Value Metaprogramming（數值後設編程）

在本書第一版時，我們受限於原始 C++ 標準（1998 年推出，於 2003 年發佈少量修正）提供的特性。在當時的時空背景下，編寫簡單的編譯期（「後設（meta-）」）計算有點困難。因此在本章僅僅針對這個議題便耗費了相當的篇幅；我們當時提供了一個相當高階的範例，利用遞迴模板實體化（recursive template instantiations）於編譯期計算某個整數的平方根。但正如 8.2 節（第 125 頁）曾經提過，C++11 和（尤其是）C++14 透過引進 constexpr 函式消除了絕大多數的難題[1]。例如從 C++14 開始，用來計算平方根的編譯期函式可以簡單寫成下面這樣：

meta/sqrtconstexpr.hpp

```
template<typename T>
constexpr T sqrt(T x)
{
  // 將 x 與其平方根相等的情形視為特殊情況來處理，
  // 以簡化當 x 數目較大時的迭代條件：
  if (x <= 1) {
    return x;
  }

  // 重複判斷 x 的平方根落在 [lo, hi] 區間中的哪一半，
  // 直到該區間收斂到只剩下一個值：
  T lo = 0, hi = x;
  for (;;) {
    auto mid = (hi+lo)/2, midSquared = mid*mid;
    if (lo+1 >= hi || midSquared == x) {
      //mid 肯定就是平方根：
      return mid;
    }
    // 繼續在上半或下半區間中尋找：
    if (midSquared < x) {
      lo = mid;
    }
    else {
      hi = mid;
    }
  }
}
```

上述演算法會透過將包含了 x 平方根的已知區間不斷砍半以尋找答案（0 或 1 的平方根被視為特殊情況來處理，讓收斂條件得以保持簡單）。這份 sqrt() 函式在編譯期或執行期皆可進行核算：

```
static_assert(sqrt(25) == 5, "");     // OK（於編譯期核算）
static_assert(sqrt(40) == 6, "");     // OK（於編譯期核算）

std::array<int, sqrt(40)+1> arr;      // 宣告由 7 個元素構成的 array（編譯期執行）
```

---

[1] C++11 的 constexpr 功能足以解決許多常見的難題，不過所使用的編程模型在使用上有時不那麼漂亮（例如：無法使用迴圈陳述句，所以迭代計算得要透過呼叫遞迴函式來達成；參見 23.2 節，第 537 頁）。

```
long long l = 53478;
std::cout << sqrt(l) << '\n';          // 印出 231（於執行期核算）
```

這份函式實作在執行期可能不是效率最好的做法（進一步利用主機特性通常還能再得到一些好處），但由於這個程式的目的在於執行編譯期運算，故絕對效能不像可移植性那麼重要。你可以注意到，上述求平方根的例子裡並不存在什麼高階的「template magic（模板戲法）」，只有針對 function template 常用的 template deduction 而已。它是一份「素樸的 C++ 程式碼」，讀起來並不特別費力。

正如我們上面所示範的，value metaprogramming（數值後設編程，即編寫「能計算出編譯期數值」的程式）偶爾會滿有用的，不過利用現代 C++（亦即 C++14 和 C++17），還能夠實現另外兩種 metaprogramming：type metaprogramming 和 hybrid metaprogramming。

23.1.2   Type Metaprogramming（型別後設編程）

於第 19 章針對某些 traits templates 的討論中，我們已經見過一種型別計算的形式：接受一個輸入型別、並根據它產生一個新型別。舉例來說，我們的 RemoveReferenceT class template 能夠計算出某個 reference 型別的底層型別。不過我們於第 19 章開發的程式，僅針對相當基本的型別運算進行推導。藉由遞迴模板實體化（template-based metaprogramming 的核心之一），我們可以實現更加複雜的型別計算。

考慮下面的小例子：

meta/removeallextents.hpp

```
// 原型模板：通常直接回傳輸入型別
template<typename T>
struct RemoveAllExtentsT {
  using Type = T;
};

// 針對 array 型別的偏特化（開放和封閉邊界均適用）：
template<typename T, std::size_t SZ>
struct RemoveAllExtentsT<T[SZ]> {
  using Type = typename RemoveAllExtentsT<T>::Type;
};

template<typename T>
struct RemoveAllExtentsT<T[]> {
  using Type = typename RemoveAllExtentsT<T>::Type;
};

template<typename T>
using RemoveAllExtents = typename RemoveAllExtentsT<T>::Type;
```

這裡的 `RemoveAllExtentsT` 是個 type metafunction（型別後設函式，一種會產生最終型別的計算裝置），它會去除某個型別最外面任意數目的「array 層」[2]。你可以這樣使用它：

```
RemoveAllExtents<int[]>              // 給出 int
RemoveAllExtents<int[5][10]>         // 給出 int
RemoveAllExtents<int[][10]>          // 給出 int
RemoveAllExtents<int(*)[5]>          // 給出 int(*)[5]
```

這個 metafunction 會藉由讓符合最外層 array 情況的偏特化體「遞迴呼叫」該 metafunction 自身來達成任務。

如果我們僅能夠使用純量（scalar）值，以數值進行計算的功能將極為受限。不過幸好，幾乎所有的程式語言都至少會具備一個數值容器構件，這可以大大增強該語言的能力（大多數語言都具備為數眾多的容器類型，像是 array / vector、hash table 等）。Type metaprogramming 也是如此：增加一個「型別容器」構件會大大增進這項技術的適用性。幸運的是，現代 C++ 具備能夠開發這種容器的機制。第 24 章實作的 `Typelist<...>` class template 正是一個型別容器，我們會鉅細靡遺的實作它。

23.1.3 Hybrid Metaprogramming（混合後設編程）

我們可以利用 value metaprogramming 與 type metaprogramming 於編譯期計算出數值和型別。然而最終我們關注的仍是執行時的效果，因此我們將這些 metaprograms（後設程式）應用於執行期程式碼中需要型別和常數的地方。不過 metaprogramming 可以做的不止於此：我們可以於編譯期透過組合具有執行期效果的程式碼片段來進行編程。我們稱之為 *hybrid metaprogramming*（*混合後設編程*）。

讓我們用一個簡單的範例來說明其原理：計算兩個 `std::array` 值的內積（dot-product）。回想一下，`std::array` 是個固定長度的 container template，宣告式如下：

```
namespace std {
  template<typename T, size_t N> struct array;
}
```

這裡的 `N` 代表 array 裡（型別為 `T`）的元素個數。給定兩個具有相同 array 型別的物件，我們可以用以下方式計算它們的內積：

```
template<typename T, std::size_t N>
auto dotProduct(std::array<T, N> const& x, std::array<T, N> const& y)
{
  T result{};
  for (std::size_t k = 0; k<N; ++k) {
    result += x[k]*y[k];
  }
  return result;
}
```

---

[2] C++ 標準程式庫提供了一個相應的 type trait：`std::remove_all_extents`。相關細節請參考 D.4 節（第 730 頁）。

針對 for 迴圈直觀地進行編譯會產生分支指令（branching instructions），相較於執行下面的連續程式碼，分支指令在某些機器上會產生額外的開銷：

```
result += x[0]*y[0];
result += x[1]*y[1];
result += x[2]*y[2];
result += x[3]*y[3];
...
```

幸好，當今的編譯器會將上述迴圈優化成在目標平台上擁有最佳效率的形式。不過為了討論方便，讓我們用避免迴圈出現的方式改寫 dotProduct() 的實作程式碼[3]：

```
template<typename T, std::size_t N>
struct DotProductT {
    static inline T result(T* a, T* b) {
        return *a * *b + DotProduct<T, N-1>::result(a+1,b+1);
    }
};

// 作為終止條件的偏特化體
template<typename T>
struct DotProductT<T, 0> {
    static inline T result(T*, T*) {
        return T{};
    }
};

template<typename T, std::size_t N>
auto dotProduct(std::array<T, N> const& x,
                std::array<T, N> const& y)
{
    return DotProductT<T, N>::result(x.begin(), y.begin());
}
```

新的實作將工作委託給了 DotProductT 這個 class template。這讓我們能夠應用遞迴模板實體化、並透過 class template 偏特化體來終止遞迴。請注意每份 DotProductT 實體是如何將單項內積與 array 內剩餘組件的內積進行加總的。針對型別為 std::array<T,N> 的數值，此處會存在 N 個原型模板的實體、加上一個用於終止的偏特化實體。要讓這個做法具備高效率，關鍵在於編譯器必須將每一次對 static 成員函式 result() 的呼叫進行 inline（內嵌）。幸運的是，即便編譯器採用的是中等程度的最佳化，通常也會進行 inline[4]。

---

[3] 這招被稱為 *loop unrolling*（迴圈展開）。我們通常建議不要在可移植程式碼（portable code）中顯式展開迴圈，因為用於判斷最佳展開策略的實作細節會高度依賴於目標平台和迴圈內容。若將這些因素納入考量，交給編譯器處理的表現通常會比我們自行展開迴圈要來得更好。

[4] 我們在這裡明確寫出 inline 關鍵字，因為某些編譯器（特別是 Clang）會將其視為一種積極去嘗試 inline 呼叫式的暗號。從語言的角度看來，這些函式應該默認為 inline，因為它們被定義在所屬 class 的本體（body）中。

對這份程式碼最主要的觀察是：它把會決定程式碼整體結構的編譯期計算（此處透過遞迴模板實體化來達成）與帶來特定執行期效果的執行期計算（呼叫 result()）給混雜在一起。

我們曾經提過，「型別容器」的存在會大大增進 type metaprogramming 的效果。而我們也見識過，在 hybrid metaprogramming 中的固定長度 array 型別十分有用。即便如此，hybrid metaprogramming 裡真正的「萬能容器」是 *tuple*（元組）。Tuple 是一連串的數值，且每個數值的型別可以被自由地選擇。C++ 標準程式庫具有一個支援上述概念的 std::tuple class template。例如

```
std::tuple<int, std::string, bool> tVal{42, "Answer", true};
```

定義了一個變數 tVal，它（依序）聚合了由 int、std::string、和 bool 型別構成的三個數值。因為類 tuple 容器對於現代 C++ 程式設計來說至關重要，我們在第 25 章會詳細實作其中一種容器。上述的 tVal 型別十分類似於一個簡單的 struct 型別，像這樣：

```
struct MyTriple {
  int v1;
  std::string v2;
  bool v3;
};
```

有鑑於 std::array 和 std::tuple 能夠靈活地對應於 array 型別以及（簡單的）struct 型別。這很自然地會讓人想問，是否存在對應於簡單 union 型別的結構，方便我們進行 hybrid（混合）型式的計算呢？答案是有的。C++ 標準程式庫於 C++17 針對這個用途引入了 std::variant template，我們也會在第 26 章開發一個類似的組件。

由於 std:tuple 與 std::variane 類似於 struct 型別，都屬於異質（heterogeneous）型別，故利用這類型別進行的 hybrid metaprogramming 有時也被稱為 *heterogeneous metaprogramming*（異質後設編程）。

23.1.4　處理不同單位型別的 Hybrid Metaprogramming

另一個能展現 hybrid 計算威力的例子是「能夠計算不同單位型別（unit type）混合運算結果」的程式庫。數值（value）部分的計算會在執行期進行，不過使用的最終單位是在編譯時決定的。

讓我們用一個極度簡化的範例來說明這件事。我們經常使用與主要單位（principal unit）之間的比例（ratio；或是比值 fraction）來表示單位。舉例來說，如果用來表現時間的主要單位是秒，則毫秒會用比例 1/1000 來表示，而分鐘則表示為比例 60/1。接下來的關鍵在於：當每個數字分別具有不同型別時，如何定義最終的比例型別（ratio type）：

meta/ratio.hpp

```cpp
template<unsigned N, unsigned D = 1>
struct Ratio {
  static constexpr unsigned num = N;      // 分子
  static constexpr unsigned den = D;      // 分母
  using Type = Ratio<num, den>;
};
```

現在，我們可以定義像是兩個單位相加之類的編譯期運算：

meta/ratioadd.hpp

```cpp
// 實現兩個比例的相加
template<typename R1, typename R2>
struct RatioAddImpl
{
 private:
  static constexpr unsigned den = R1::den * R2::den;
  static constexpr unsigned num = R1::num * R2::den + R2::num * R1::den;
 public:
  typedef Ratio<num, den> Type;
};

// 利用方便的 using 宣告式
template<typename R1, typename R2>
using RatioAdd = typename RatioAddImpl<R1, R2>::Type;
```

這讓我們得以在編譯期對兩個比例進行加總：

```cpp
    using R1 = Ratio<1,1000>;
    using R2 = Ratio<2,3>;
    using RS = RatioAdd<R1,R2>;                  // RS 的型別為 Ratio<2003,3000>
    std::cout << RS::num << '/' << RS::den << '\n'; // 印出 2003/3000

    using RA = RatioAdd<Ratio<2,3>,Ratio<5,7>>;     // RA 的型別為 Ratio<29,21>
    std::cout << RA::num << '/' << RA::den << '\n'; // 印出 29/21
```

現在我們可以定義一個用來表示時長的 class template，它以一個任意的數值型別（value type）以及一個屬於 Ratio<> 實體的單位型別進行參數化：

meta/duration.hpp

```
// 當數值為 T 型別與 U 型別時，得到的時長型別：
template<typename T, typename U = Ratio<1>>
class Duration {
 public:
  using ValueType = T;
  using UnitType = typename U::Type;
 private:
  ValueType val;
 public:
  constexpr Duration(ValueType v = 0)
   : val(v) {
  }
  constexpr ValueType value() const {
    return val;
  }
};
```

精采的地方在於用來加總兩個 Duration 的 operatior+ 定義式：

meta/durationadd.hpp

```
// 對兩個可能具有不同單位型別的時長進行加總：
template<typename T1, typename U1, typename T2, typename U2>
auto constexpr operator+(Duration<T1, U1> const& lhs,
                         Duration<T2, U2> const& rhs)
{
    // 最終型別是個單位，以 1 作為分子、同時
    // 其分母為兩個單位型別比值彼此相加的結果
    using VT = Ratio<1,RatioAdd<U1,U2>::den>;
    // 最終數值是兩個轉為最終單位型別的數值
    // 進行相加所得到的結果：
    auto val = lhs.value() * VT::den / U1::den * U1::num +
               rhs.value() * VT::den / U2::den * U2::num;
    return Duration<decltype(val), VT>(val);
}
```

我們允許引數具備不同的單位型別，U1 和 U2。同時我們利用這些單位型別來計算最終時長，以獲得用來代表相應單位比值（*unit fraction*；分子為 1 時的比值）的單位型別。有了以上內容，我們得以編譯下面的程式碼：

```
int x = 42;
int y = 77;

auto a = Duration<int, Ratio<1,1000>>(x);      // x 毫秒
auto b = Duration<int, Ratio<2,3>>(y);         // y 個 2/3 毫秒
auto c = a + b;            // 算出最終單位型別為 1/3000 秒
                           // 同時為陳述式 c = a*3 + b*2000 生成執行期程式碼
```

關鍵的「混合（hybrid）」效果在於：編譯器於編譯時替總和 c 決定了最終單位型別為 Ratio<1,3000>，同時生成於執行期計算最終數值的程式碼，且最終數值會根據最終單位型別進行調整。

因為數值型別是個 **template parameter**，故我們可以將 class Duration 與除了 int 以外的數值型別搭配使用，或是使用異質數值型別（只要定義了這些型別的數值如何相加即可）：

```
auto d = Duration<double, Ratio<1,3>>(7.5);    // 7.5 個 1/3 秒
auto e = Duration<int, Ratio<1>>(4);           // 4 秒

auto f = d + e;          // 算出最終單位型別為 1/3 秒
                         // 同時替 f = d + e*3 產生程式碼
```

此外，因為用於計算時長的 operator+ 是個 constexpr，如果在編譯時已經知道這些數值，編譯器甚至可以於編譯時進行數值計算。

C++ 標準程式庫 class template std::chrono 利用經過進一步改良（像是使用如 std::chrono::milliseconds 這樣的預先定義單位）後的上述做法來支援代表時長的文字（例如 10ms），以及處理溢位問題（overflow）。

23.2 反身式後設編程的維度

先前我們曾經提過，value metaprogramming 是以 constexpr 核算作為基礎、而 **type metaprogramming** 則奠基於遞迴模板實體化。這兩種現代 C++ 支援的做法，背後顯然是以不同方式運行的。不過事實證明，**value metaprogramming** 也可以藉由遞迴模板實體化來達成，並且在 C++11 引進 constexpr 函式之前，這正是實現選擇機制的方式。舉個例子，下面的程式碼利用了遞迴實體化來計算整數的平方根：

meta/sqrt1.hpp

```
// 用來計算 sqrt(N) 的原型模板
template<int N, int LO=1, int HI=N>
struct Sqrt {
  // 計算中間值，向上取最接近整數
  static constexpr auto mid = (LO+HI+1)/2;

  // 在半區間中尋找一個不算太大的數值
  static constexpr auto value = (N<mid*mid) ? Sqrt<N,LO,mid-1>::value
                                            : Sqrt<N,mid,HI>::value;
};
```

```
// 適用於當 LO 與 HI 相等時的偏特化體
template<int N, int M>
struct Sqrt<N,M,M> {
  static constexpr auto value = M;
};
```

這個 metaprogram 利用與 23.1.1 節（第 529 頁）求整數平方根的 constexpr 函式幾乎相同的做法，重複將已知含有平方根的區間縮小一半。然而，此處 *metafunction* 的輸入並不是一個函式引數，而是 nontype template argument，同時用來記錄區間邊界的「local 變數」們，也會被轉為 nontype template arguments。顯然，相較於 constexpr 函式，這個做法（在效能上）更不友善。不過我們稍後會分析這段程式碼，檢視它對編譯器資源的影響。

無論如何，我們可以感受到 metaprogramming 的運算引擎本身有許多可能的實作方式。不過，這件事並不是唯一一個考量的維度。相反地，我們認為一個全方位的 C++ metaprogramming 解決方案應該權衡以下三個維度：

- 計算（複雜）性
- 反身性
- 生成性

反身性（*reflection*）指的是以編程方式檢查程式自身特性的能力。生成性（*generation*）則代表替程式生成額外程式碼的能力。

我們已經見過考量計算（複雜）性（*computation*）的兩種選擇：遞迴實體化與 constexpr 核算。而針對反身性，我們也從 type trait 中找到部分解決方案（參考 19.6.1 節，第 431 頁）。雖然使用 traits 能夠為相當數量的進階 template 技術提供支援，但仍遠遠不足以涵蓋語言內反身性工具所需的所有特性。舉例來說，當給定一個 class 型別時，許多應用程式會希望以編程方式來探查該 class 內的成員們。目前的 trait 是以 template 實體化作為基礎，同時我們可以預料到 C++ 會提供額外的語言工具或「固有的（intrinsic）」程式庫組件[5]於編譯期產生帶有反身性資訊（*reflected information*）的 class template 實體。這種做法相當吻合基於遞迴模板實體化的計算方式。但不幸的是，class template 實體化會佔用編譯器大量的儲存空間，同時該空間直到編譯結束前都無法被再次釋放出來（如果試圖釋放這些空間可能又會耗費可觀的編譯時間）。另一種考量「計算性」、同時搭配 constexpr 核算的做法是：引入一個能夠表現反身性資訊的新標準型別。17.9 節（第 363 頁）討論了這個選項（該方案目前正由 C++ 標準化委員會積極研究中）。

17.9 節（第 363 頁）也示範了一個未來能夠增進程式碼生成的可能方案。在現有 C++ 語言中創建一個有彈性、通用、且對程式設計者友善的程式碼生成機制，依然是各單位正在研究的挑戰。不過事實證明，template 實體化機制總是能夠適用各式各樣「程式碼生成」的需求。

---

[5] 某些 C++ 標準程式庫內的 traits 已然仰賴編譯器提供的某些支援（利用不屬於標準的「固有」操作）。請參見 19.10 節（第 461 頁）。

此外對於在行間將呼叫式展開成小型函式這件事上，編譯器已經頗為可靠，該機制也能夠作為一種用於程式碼生成的工具。以上是從前述 `DotProductT` 範例中得出的觀察，透過結合威力更強的反身性工具，既有技術已經能夠實現出色的 **metaprogramming** 效果。

23.3 遞迴實體化的成本

讓我們分析一下 23.2 節（第 537 頁）提過的 `Sqrt<>` template。它的原型模板會進行普通的遞迴計算，以 template parameter `N`（代表計算平方根的對象）與另外兩個可選參數進行呼叫。可選參數代表了答案所處範圍的最大與最小值。如果該 template 僅使用單一參數進行呼叫，我們知道這代表作為答案的平方根最小可能是 1，最大則可能為輸入數值本身。

接著會透過二分搜尋法（binary search technique）來進行遞迴，在本書中常以**二分法**（*method of bisection*）稱之。在 template 裡，我們會推估 `value` 屬於 `LO` 和 `HI` 所圍區間的上半或下半部分。這個分類動作利用條件運算子 `?:` 來完成。如果 mid^2 比 `N` 還要大，我們會在上半區間繼續搜尋。如果 mid^2 小於或等於 `N`，我們會對下半區間以同樣的 template 再次進行運算。

最後當 `LO` 和 `HI` 的值皆等於 `M` 時，偏特化體會被用來終止遞迴，而 `M` 即為 `value` 之終值。

Template 實體化的成本不低：即便是大小適中的 class templates 也可能為每個實體配置超過 1KB 的儲存空間，同時該空間在編譯結束前都無法被回收。是故，讓我們針對某個使用上述 `Sqrt` template 的簡單程式，檢視一下它的運行細節：

meta/sqrt1.cpp

```cpp
#include <iostream>
#include "sqrt1.hpp"

int main()
{
  std::cout << "Sqrt<16>::value = " << Sqrt<16>::value << '\n';
  std::cout << "Sqrt<25>::value = " << Sqrt<25>::value << '\n';
  std::cout << "Sqrt<42>::value = " << Sqrt<42>::value << '\n';
  std::cout << "Sqrt<1>::value =  " << Sqrt<1>::value << '\n';
}
```

陳述式

```
Sqrt<16>::value
```

會被展開成

```
Sqrt<16,1,16>::value
```

在 template 內部，上述 **metaprogram** 會用以下方式計算 `Sqrt<16,1,16>::value` 的值：

```
mid = (1+16+1)/2
    = 9
```

```
value = (16<9*9)  ? Sqrt<16,1,8>::value
                 : Sqrt<16,9,16>::value
      = (16<81)  ? Sqrt<16,1,8>::value
                 : Sqrt<16,9,16>::value
      = Sqrt<16,1,8>::value
```

如此一來，結果會被化簡為 `Sqrt<16,1,8>::value`，可以進一步展開成下面這樣：

```
mid = (1+8+1)/2
    = 5
value = (16<5*5)  ? Sqrt<16,1,4>::value
                 : Sqrt<16,5,8>::value
      = (16<25)  ? Sqrt<16,1,4>::value
                 : Sqrt<16,5,8>::value
      = Sqrt<16,1,4>::value
```

同樣地，`Sqrt<16,1,4>::value` 可以再分解成下面這樣：

```
mid = (1+4+1)/2
    = 3
value = (16<3*3)  ? Sqrt<16,1,2>::value
                 : Sqrt<16,3,4>::value
      = (16<9)  ? Sqrt<16,1,2>::value
                : Sqrt<16,3,4>::value
      = Sqrt<16,3,4>::value
```

最後，`Sqrt<16,3,4>::value` 會得出以下結果：

```
mid = (3+4+1)/2
    = 4
value = (16<4*4)  ? Sqrt<16,3,3>::value
                 : Sqrt<16,4,4>::value
      = (16<16)  ? Sqrt<16,3,3>::value
                 : Sqrt<16,4,4>::value
      = Sqrt<16,4,4>::value
```

此時 `Sqrt<16,4,4>::value` 會終止遞迴程序，因為它與偵測上下界是否相等的顯式特化版本相匹配。因此，最後的結果為

```
value = 4
```

23.3.1　審視所有實體版本

上述分析沿著計算 16 的平方根時會用到的主要實體進行。不過，當編譯器核算以下陳述式時

```
(16<=8*8)  ? Sqrt<16,1,8>::value
           : Sqrt<16,9,16>::value
```

它不僅會實體化位處正向分支（positive branch，被選擇的分支）上的 templates，同時也會實體化負向分支（negative branch，未選擇的分支）上的 templates（`Sqrt<16,9,16>`）。再者，由於這段程式碼試圖以 `::` 運算子存取最終 class 型別裡的成員，故該 class 型別內的所有成員也都會被實體化。這意味著 `Sqrt<16,9,16>` 的完全實體化也會引發

Sqrt<16,9,12> 與 Sqrt<16,13,16> 的完全實體化。進一步仔細檢視整個過程後，我們發現最終會生成數十個實體。總數幾乎是 N 值的兩倍。

不過幸好，有些技術可以降低實體數量的爆炸性增長。為了說明這類重要技術之中的一個，我們將 Sqrt metaprogram 重寫如下：

meta/sqrt2.hpp

```cpp
#include "ifthenelse.hpp"

// 用於主要遞迴階段的原型模板
template<int N, int LO=1, int HI=N>
struct Sqrt {
  // 計算中間值，向上取最接近整數
  static constexpr auto mid = (LO+HI+1)/2;

  // 在半區間中尋找一個不算太大的數值
  using SubT = IfThenElse<(N<mid*mid),
                          Sqrt<N,LO,mid-1>,
                          Sqrt<N,mid,HI>>;
  static constexpr auto value = SubT::value;
};

// 作為遞迴終止條件的偏特化體
template<int N, int S>
struct Sqrt<N, S, S> {
  static constexpr auto value = S;
};
```

此處主要的改變在於使用了 IfThenElse template，我們在 19.7.1 節（第 440 頁）曾經介紹過它。請記住，IfThenElse template 是個會根據某個給定的 Boolean 常數，在兩個型別之間選擇其一的工具。如果給定的常數為 true，第一個型別會被設定成 Type 的型別別名；反之，Type 表示的便是第二個型別。此時請務必回憶起下面這點：替某個 class template 實體定義型別別名（**type alias**）並不會使得 C++ 編譯器針對該實體的本體進行實體化。因此，當我們這樣寫時

```cpp
    using SubT = IfThenElse<(N<mid*mid),
                            Sqrt<N,LO,mid-1>,
                            Sqrt<N,mid,HI>>;
```

無論是 Sqrt<N,LO,mid-1> 或 Sqrt<N,mid,HI> 都不會被完全地實體化。最終不管是這兩個型別中的哪一個成為 SubT 的同義詞，等到針對 SubT::value 進行查詢的當下，該型別才會被完全實體化。對比於前面的第一種做法，這個策略會使實體個數與 log_2(N) 成正比：當 N 大到某個程度，**metaprogramming** 的成本會顯著地降低。

23.4　計算的完全性

我們的 Sqrt<> 範例展示了一個 template metaprogram 可以包含以下內容：

- 狀態變數（state variables）：即 template parameters
- 迴圈結構（loop constructs）：透過遞迴來實現
- 執行路徑的選擇（execution path selection）：使用條件陳述式或特化體來達成
- 整數運算

如果對遞迴實體化的次數和狀態變數的上限不加以限制，我們可以證明這項技術足以計算任何可以被計算的事物。不過藉由 templates 完成這件事可能沒那麼方便。其次，因為 template 實體化需要可觀的編譯器資源，大量的遞迴實體化很快就會讓編譯器變慢、甚至耗盡可用資源。C++ 標準建議（但未強制規定）至少應支援 1024 層的遞迴實體化，這已經能夠滿足大多數（但肯定不是全部）的 template metaprogramming 任務。

因此，實際運用時應該謹慎使用 template metaprograms。不過在某些場合作為用來實現合宜 templates 的工具，metaprograms 依舊無可取代。特別是它們有時可以被藏在慣常使用的 templates 中，以便從關鍵演算法的實作中擠出更多效能。

23.5　遞迴實體化 vs. 遞迴模板引數

考慮下面的遞迴 template：

```
template<typename T, typename U>
struct Doublify {
};

template<int N>
struct Trouble {
    using LongType = Doublify<typename Trouble<N-1>::LongType,
                              typename Trouble<N-1>::LongType>;
};

template<>
struct Trouble<0> {
    using LongType = double;
};

Trouble<10>::LongType ouch;
```

寫出 Trouble<10>::LongType 不僅會觸發 Trouble<9>, Trouble<8>, ..., Trouble<0> 等一系列遞迴實體化，它同時也會以愈來愈複雜的型別來實體化 Doublify。表 23.1 說明了該型別會成長得多快。

型別別名	底層型別
Trouble<0>::LongType	double
Trouble<1>::LongType	Doublify<double,double>
Trouble<2>::LongType	Doublify<Doublify<double,double>, 　　　　　　　Doublify<double,double>>
Trouble<3>::LongType	Doublify<Doublify<Doublify<double,double>, 　　　　　　　　　Doublify<double,double>>, 　　　　　<Doublify<double,double>, 　　　　　　　Doublify<double,double>>>

表 23.1. `Trouble<N>::LongType` 的增長情況

正如表 23.1 所示，陳述式 `Trouble<N>::LongType` 的型別描述，其本身的複雜度會以 N 的指數大小增長。通常這種情況會比未使用遞迴模板引數（recursive template arguments）的遞迴實體化帶給 C++ 編譯器更大的壓力。其中一個問題出自於編譯器會保有一個用來描述該型別重編後（mangled）名稱的表示法。重編後名稱會將精確的 template 特化體以某種方式進行編碼，早期的 C++ 實作版本使用的編碼方式大致會與 template-id 的長度呈正比。這類編譯器將會為 `Trouble<10>::LongType` 耗用超過 10,000 個字元。

由於巢狀 template-id 普遍出現在現今的 C++ 程式中，較新的 C++ 實作版本會將這個情況納入考量，並透過巧妙的壓縮技術有效地減緩名稱編碼的增長（例如，只用幾百個字元來描述 `Trouble<10>::LongType`）。如果實際上並不需要該名稱，像是這些 template 實體並未產生具體的低階程式碼，這些新一代的編譯器也會避免產生重編後的名稱。不過，在其他條件相同的情況下，最好還是採取 template argument 不會隨之進行巢狀遞迴的方式來組織遞迴實體化。

23.6 列舉值 vs. 靜態常數

在 C++ 發展的早期，列舉值（enumeration values）是能夠將「真常數（true constants，正式名稱為常數述式，*constant-expressions*）」創建成一個 class 宣告式裡的具名成員（named members）的唯一機制。舉例來說，我們可以用它來定義一個 Pow3 metaprogram，用以計算 3 的冪次，如下所示：

meta/pow3enum.hpp

```
// 原型模板，用來進行從 3 開始到第 N 項的計算
template<int N>
struct Pow3 {
  enum { value = 3 * Pow3<N-1>::value };
};
```

```
// 全特化版本，用來終止遞迴
template<>
struct Pow3<0> {
  enum { value = 1 };
};
```

C++98 標準化過程引進了類別內靜態常數初始器（in-class static constant initializers）的概念，因此我們的 Pow3 metaprogram 可以寫成下面這樣：

meta/pow3const.hpp

```
// 原型模板，用來進行從 3 開始到第 N 項的計算
template<int N>
struct Pow3 {
  static int const value = 3 * Pow3<N-1>::value;
};

// 全特化版本，用來終止遞迴
template<>
struct Pow3<0> {
  static int const value = 1;
};
```

不過這個版本有一個缺點：靜態常數成員為 lvalue（參見附錄 B）。因此，如果我們有著這樣的宣告式

```
    void foo(int const&);
```

同時我們將 metaprogram 的結果傳給該函式：

```
    foo(Pow3<7>::value);
```

則編譯器傳遞的必然會是 Pow3<7>::value 的位址，這同時會讓編譯器針對 static 成員的定義進行實體化及記憶體配置。如此一來，該運算便不再被限定為一個純粹的「編譯期」動作。

列舉值不是個左值（也就是說，這些值沒有記憶體位址）。因此，當我們以 reference 傳遞它們時不會用到 static 記憶體。這幾乎就像是將計算結果透過文字（literal）來傳遞一樣。是故，本書的第一版在這類應用上更偏好使用列舉常數（enumerator constants）。

不過，C++11 引進了 constexpr static 資料成員，同時也適用於整數以外的型別。它們無法解決上面提到的記憶體位址問題，不過即使有著這項缺點，現時它們依然是用來產生 metaprograms 結果的常見方法。static 資料成員具備以下優點：有著正確的型別（相對於人工產生的 enum 型別）、同時當 static 成員以 auto 型別標示符（type specifier）宣告時，該型別可以經由推導獲得。C++17 新增了 inline static 資料成員，它解決了上述提及的位址問題，同時可以與 constexpr 併用。

23.7 後記

文獻記載最早的 metaprogram 範例出自於 Erwin Unruh 之手，接著由 Siemens 提案至 C++ 標準化委員會。Erwin Unruh 注意到 template 實體化過程本身的計算完全性，並且透過實現第一個 metaprogram 來證明自身觀點。他使用的是 Metaware 編譯器，同時誘使其發出一連串帶有連續質數的錯誤訊息。這裡有一份 1994 年的 C++ 委員會議上流通的程式碼（程式碼經過修改，使其能在符合標準的編譯器上編譯）[6]：

meta/unruh.cpp

```cpp
// 質數計算
// (修改自 Erwin Unruh 於 1994 年發表的原始版本)

template<int p, int i>
struct is_prime {
  enum { pri = (p==2) || ((p%i) && is_prime<(i>2?p:0),i-1>::pri) };
};

template<>
struct is_prime<0,0> {
  enum {pri=1};
};

template<>
struct is_prime<0,1> {
  enum {pri=1};
};

template<int i>
struct D {
  D(void*);
};

template<int i>
struct CondNull {
  static int const value = i;
};

template<>
struct CondNull<0> {
  static void* value;
};
void* CondNull<0>::value = 0;

template<int i>
struct Prime_print {          // 原型模板，用於重複地印出質數
```

6　感謝 Erwin Unruh 為本書提供這段程式碼。你可以在 [*Unruh-PrimeOrig*] 裡找到原始範例。

```
    Prime_print<i-1> a;
    enum { pri = is_prime<i,i-1>::pri };
    void f() {
      D<i> d = CondNull<pri ? 1 : 0>::value;   //1 表示錯誤，0 則否
      a.f();
    }
};

template<>
struct Prime_print<1> {  //全特化版本，用來終止遞迴
  enum {pri=0};
  void f() {
    D<1> d = 0;
  };
};

#ifndef LAST
#define LAST 18
#endif

int main()
{
    Prime_print<LAST> a;
    a.f();
}
```

如果你編譯上述程式，每當（Prime_print::f() 裡的）d 初始化動作失敗，編譯器便會列印錯誤訊息。這種情況會在初始值為 1 時發生，因為 struct D 僅具備唯一一個適用於 void* 型別的建構子，同時唯有 0 可以被合理地轉型成 void*。舉個例子，在某個編譯器上我們會得到（伴隨著許多其他訊息的）下列訊息[7]：

```
    unruh.cpp:39:14: error: no viable conversion from 'const int' to 'D<17>'
    unruh.cpp:39:14: error: no viable conversion from 'const int' to 'D<13>'
    unruh.cpp:39:14: error: no viable conversion from 'const int' to 'D<11>'
    unruh.cpp:39:14: error: no viable conversion from 'const int' to 'D<7>'
    unruh.cpp:39:14: error: no viable conversion from 'const int' to 'D<5>'
    unruh.cpp:39:14: error: no viable conversion from 'const int' to 'D<3>'
    unruh.cpp:39:14: error: no viable conversion from 'const int' to 'D<2>'
```

---

7 由於編譯器的錯誤處理方式各異其趣，某些編譯器可能會在印出第一條錯誤訊息後便終止編譯。

將 C++ template metaprogramming 概念作為正式編程工具而為人所知,是藉由 Todd Veldhuizen 的論文 *Using C++ Template Metaprograms*(參見 *[VeldhuizenMeta95]*)率先達成的(該文也將上述觀念進行了某種程度的形式化)。Todd 於 Blitz++(針對 C++ 開發的數值矩陣程式庫,參見 *[Blitz++]*)項目上的貢獻,同時也為 metaprogramming(以及為第 27 章會介紹的陳述式模板)帶來了許多改良與擴充。

本書第一版與 Andrei Alexandrescu 的《*Modern C++ Design*》(參見 *[AlexandrescuDesign]*)均透過對某些現今仍在使用的基礎技術進行分類,促使採用 template-based metaprogramming 的 C++ 程式庫數量爆炸性地增長。Boost 計劃(參見 *[Boost]*)為此次的爆炸性增長引入秩序。早先它引進了 MPL(metaprogramming library),為 *type metaprogramming* 定義了一體適用的框架,MPL 同時也藉助 Abrahams 與 Gurtovoy 的《*C++ Template Metaprogramming*》一書而變得普及起來(參見 *[Boost-MPL]*)。

Louis Dionne 透過有系統地讓 metaprogramming 變得更加平易近人(特別是透過他的 Boost.Hana 程式庫;參見 *[BoostHana]*),取得了其他重要的進展。Louis、加上 Andrew Sutton、Herb Sutter、David Vandevoorde 等人,當下正在標準化委員會擔任先遣部隊,為 metaprogramming 在語言中提供最完善的支援。這項任務的一個重要目的在於:探索何種程式特性需要透過反身性來取得;Matúš Chochlík、Axel Naumann、以及 David Sankel 是這方面的主要貢獻者。

在 *[BartonNackman]* 中 J. Barton 和 Lee R. Nackman 說明了如何在執行計算的同時,追蹤維度單位。*SIunits* 程式庫在用來處理物理單位方面是個更加完善的程式庫,出自 Walter Brown 之手(*[BrownSIunits]*)。23.1.4 節(第 534 頁)我們利用了標準程式庫內的 `std::chrono` 組件來發起討論,該組件僅處理時間與日期,主要貢獻者為 Howard Hinnant。

24

型別列表

Typelists

高效編程通常需要使用各式各樣的資料結構（data structures），metaprogramming 也不例外。對於 type metaprogramming 來說，核心資料結構是 *typelist*（型別列表），顧名思義，它是個包含型別（type）的列表（list）。Template metaprograms 可以處理這些由型別構成的列表、並利用它們來產生一部分可執行程式。本章我們會討論使用 typelists 的技巧。因為大多數 typelists 的相關操作都會運用 template metaprogramming，我們建議你先熟悉 metaprogramming，可以參考第 23 章的相關內容。

24.1 剖析 Typelist

Typelist 是用來表現「由型別構成的列表」的一種型別，它可以透過 template metaprogram 來對其操作。Typelist 提供了 list 通常會具備的運算：遍歷 list 中的元素（型別）、新增元素、或是移除元素。不過，typelist 與大多數的執行期資料結構（像是 std::list）不同之處在於它不允許變異（mutation）。舉例來說，為 std::list 新增一個元素會改變 list 本身的狀態，同時這項改變可以被程式裡其他能夠存取該 list 的部分觀察到。另一方面，為某個 typelist 新增元素並不會改變原有的 typelist；相反地，替既有 typelist 添加一個新元素會創建一個全新的 typelist，同時不改變原有的 typelist。若讀者熟悉函數式程式語言（functional programming languages，例如 Scheme、ML、和 Haskell），可能會感受到使用 C++ 裡的 typelist 和上述語言中的 lists 之間的相似之處。

Typelist 通常會被實作成一個 class template 特化體，該特化體將 typelist 的內容（亦即包含的型別、以及型別間的順序）編碼在自身的 template arguments 之中。一個直截了當的 typelist 實作方式是將元素編碼於 parameter pack（參數包）之中：

typelist/typelist.hpp

```
template<typename... Elements>
class Typelist
{
};
```

Typelist 的元素會直接被當作 **template arguments**。空的 typelist 寫成 `Typelist<>`,只包含一個 `int` 的 **typelist** 寫成 `Typelist<int>`,依此類推。下面是一個包含了所有有號整數型別(**signed integral types**)的 typelist:

```
using SignedIntegralTypes =
            Typelist<signed char, short, int, long, long long>;
```

對上述 typelist 的操作通常需要將 typelist 進行分段,通常是將 list 內的第一個元素(head)與 list 剩下的元素(tail)彼此分開。舉個例子,下面的 Front **metafunction** 會從 typelist 中提取第一個元素:

typelist/typelistfront.hpp

```
template<typename List>
class FrontT;

template<typename Head, typename... Tail>
class FrontT<Typelist<Head, Tail...>>
{
 public:
  using Type = Head;
};

template<typename List>
using Front = typename FrontT<List>::Type;
```

這樣一來,`FrontT<SignedIntegralTypes>::Type`(可以更精簡地寫成 `Front<SignedIntegralTypes>`)會給出 `signed char`。與之類似,`PopFront` 這個 **metafunction** 會將 typelist 裡的第一個元素移除。它的實現方式是將 typelist 分成 head 和 tail,接著用 tail 裡的元素再建立一個新的 `Typelist` 特化體。

typelist/typelistpopfront.hpp

```
template<typename List>
class PopFrontT;

template<typename Head, typename... Tail>
class PopFrontT<Typelist<Head, Tail...>> {
 public:
  using Type = Typelist<Tail...>;
};

template<typename List>
using PopFront = typename PopFrontT<List>::Type;
```

PopFront<SignedIntegralTypes> 會產生下列 typelist

```
Typelist<short, int, long, long long>
```

人們也可以藉由以下方式於 typelist 的開頭處安插元素：先把所有既定元素放進一個 template parameter pack，接著再創建一個包含全部元素的全新 Typelist 特化體：

typelist/typelistpushfront.hpp

```
template<typename List, typename NewElement>
class PushFrontT;

template<typename... Elements, typename NewElement>
class PushFrontT<Typelist<Elements...>, NewElement> {
 public:
  using Type = Typelist<NewElement, Elements...>;
};

template<typename List, typename NewElement>
using PushFront = typename PushFrontT<List, NewElement>::Type;
```

一如所願，

```
PushFront<SignedIntegralTypes, bool>
```

會產生：

```
Typelist<bool, signed char, short, int, long, long long>
```

24.2 Typelist 演算法

我們可以組合 Front、PopFront、與 PushFront 這三個基本的 typelist 操作，以創造更有趣的 typelist 操作方式。舉例來說，我們可以將利用 PopFront 所得到的結果再次套用 PushFront 操作，以替換掉 typelist 中的的第一個元素：

```
using Type = PushFront<PopFront<SignedIntegralTypes>, bool>;
            // 等價於 Typelist<bool, short, int, long, long long>
```

更進一步，我們可以將各式各樣的演算法，像是搜尋（search）、變換（transformation）、倒轉（reversal），實作成 typelists 上的 metafunction 操作。

24.2.1 以索引取值

Typelist 上最基本的操作之一，是從 list 中提取特定元素。24.1 節示範了如何提取第一個元素。這裡我們將上述操作一般化為「提取第 N 個元素」。舉個例子，要提取給定的 typelist 裡索引值為 2 的型別，我們可以這麼寫：

```
using TL = NthElement<Typelist<short, int, long>, 2>;
```

這會令 TL 成為 long 的一個別名（alias）。NthElement 操作經由一個遞迴 metaprogram 來實現，它會遍歷整個 typelist，直到發現需要的元素：

typelist/nthelement.hpp

```
// 遞迴的情況：
template<typename List, unsigned N>
class NthElementT : public NthElementT<PopFront<List>, N-1>
{
};

// 基本的情況：
template<typename List>
class NthElementT<List, 0> : public FrontT<List>
{
};

template<typename List, unsigned N>
using NthElement = typename NthElementT<List, N>::Type;
```

首先，最基本的情況（N 等於 0）會由偏特化體來處理。該特化體藉由給出 list 開頭處的元素來終止遞迴。這件事透過公開繼承 FrontT<List> 來達成，FrontT<List> 會（間接地）利用 metafunction forwarding（後設函式轉發，相關討論位於 19.3.2 節，第 404 頁）提供 Type 這個型別別名（type alias），該別名代表 list 的開頭處，因而也會是 NthElement metafunction 的結果。

遞迴的情況（同時也是 template 的原型定義式）會遍歷該 typelist。因為偏特化體保證了 N>0，因此在遞迴時我們會移除 list 最開頭的元素、同時從餘下的 list 中尋找第 N-1 個元素。我們範例中的

```
NthElementT<Typelist<short, int, long>, 2>
```

繼承自

```
NthElementT<Typelist<int, long>, 1>
```

而它又會繼承自

```
NthElementT<Typelist<long>, 0>
```

此時，我們碰到了基本情況，同時因為繼承了 FrontT<Typelist<long>>，故我們可以藉由 Type 這個巢狀型別（nested type）取得結果。

24.2.2　尋找最佳匹配

許多 typelist 演算法會在 typelist 中尋找資料。舉例來說，人們可能會想要尋找 typelist 裡最大的型別（像是為了配置能滿足列表中任意型別的空間）。這件事也可以透過遞迴 template metaprogram 來達成：

typelist/largesttype.hpp

```cpp
template<typename List>
class LargestTypeT;

// 遞迴的情況：
template<typename List>
class LargestTypeT
{
 private:
  using First = Front<List>;
  using Rest = typename LargestTypeT<PopFront<List>>::Type;
 public:
  using Type = IfThenElse<(sizeof(First) >= sizeof(Rest)), First, Rest>;
};

// 基本的情況：
template<>
class LargestTypeT<Typelist<>>
{
 public:
  using Type = char;
};

template<typename List>
using LargestType = typename LargestTypeT<List>::Type;
```

LargestType 演算法會回傳 typelist 中第一個遇到的最大型別。舉例來說，給定 typelist Typelist<bool, int, long, short> 這個演算法會回傳大小與 long 相同的第一個型別，可能是 int 或 long，由你使用的平台（**platform**）決定[1]。

這個演算法中，LargestTypeT 的原型模板再一次被用於執行遞迴。它採行常見的 *first / rest* 慣用法，包括了三個步驟。第一步，它會僅根據第一個元素來計算部分結果。例子裡的第一個元素指的是 list 最前面的元素，被放置於 First 內。下一步，它會針對 list 裡剩下的元素進行遞迴計算，並將結果置於 Rest 之中。舉例來說，針對 typelist Typelist<bool, int, long, short> 進行的第一步驟中，First 為 bool，而 Rest 代表對 Typelist<int, long, short> 套用相同演算法後得到的結果。最後，第三步驟會將 First 與 Rest 的結果合併，以產生答案。此處，IfThenElse 會選擇 list 的第一個元素（First）以及目前為止的最佳解（Rest）中較大的那一個，並將答案回傳[2]。當平手時，>= 運算子會偏好 list 中較早出現的元素。

---

[1] 甚至在某些平台上，bool 會具備與 long 相同的大小！

[2] 請注意 typelist 中可能含有不適用 sizeof 的型別，像是 void。遇到這種情況，編譯器會在嘗試計算 typelist 內的最大型別時發出錯誤。

當 list 為空時，遞迴終止。預設情況下，我們利用 char 作為哨兵（sentinel）型別來初始化演算法，因為每一種型別都至少與 char 一樣大。

請注意，這裡的基本情況明確指定為空的 typelist Typelist<>。這有點可惜，因為這等於事先將其他形式的 typelists 給排除在外，像是我們在後面章節會提到的 typelist 形式（參見 24.3 節，第 566 頁；24.5 節，第 571 頁；與第 25 章）。為了解決這個問題，我們引進了 IsEmpty metafunction，用來判斷給定的 typelist 是否具有任何元素：

typelist/typelistisempty.hpp

```cpp
template<typename List>
class IsEmpty
{
 public:
   static constexpr bool value = false;
};

template<>
class IsEmpty<Typelist<>> {
 public:
   static constexpr bool value = true;
};
```

我們可以利用 IsEmpty 來實作 LargestType，這讓 LargestType 適用於任何實現了 Front、PopFront、和 IsEmpty 的 typelist，如下所示：

typelist/genericlargesttype.hpp

```cpp
template<typename List, bool Empty = IsEmpty<List>::value>
class LargestTypeT;

// 遞迴的情況：
template<typename List>
class LargestTypeT<List, false>
{
 private:
   using Contender = Front<List>;
   using Best = typename LargestTypeT<PopFront<List>>::Type;
 public:
   using Type = IfThenElse<(sizeof(Contender) >= sizeof(Best)),
                           Contender, Best>;
};

// 基本的情況：
template<typename List>
class LargestTypeT<List, true>
```

```
{
 public:
  using Type = char;
};

template<typename List>
using LargestType = typename LargestTypeT<List>::Type;
```

LargestTypeT 的第二個 template parameter 預設值：Empty，會檢查 list 是否為空。如果
不是，則套用遞迴情況（特化體的 template argument 固定為 false）持續對 list 進行搜索。
否則的話，基本情況（argument 固定為 true）會終止遞迴，同時給出初始答案（char）。

24.2.3　為 Typelist 添加元素

原生的 PushFront 操作允許我們將一個新元素加到 typelist 的前面，從而產生一個新的
typelist。反過來說，假設我們想在 list 的尾端新增一個新元素，如同我們經常對執行期容器
（像是 std::list 和 std::vector）做的那樣。對我們的 Typelist template 來說，我
們只需稍稍修改 24.1 節（第 549 頁）裡的 PushFront 實作，便能夠得到 PushBack 這項操
作：

typelist/typelistpushback.hpp

```
template<typename List, typename NewElement>
class PushBackT;

template<typename... Elements, typename NewElement>
class PushBackT<Typelist<Elements...>, NewElement>
{
 public:
  using Type = Typelist<Elements..., NewElement>;
};

template<typename List, typename NewElement>
using PushBack = typename PushBackT<List, NewElement>::Type;
```

不過與 LargestType 演算法相同，我們可以實現 PushBack 的通用演算法，它只會用到
Front、PushFront、PopFront、和 IsEmpty 這幾項原生操作[3]：

---

[3] 若想實驗這個版本的演算法，記得要移除用於 Typelist 的 PushBack 偏特化體，否則它會被用來取代泛型
版本。

typelist/genericpushback.hpp

```
template<typename List, typename NewElement, bool =
IsEmpty<List>::value>
class PushBackRecT;

// 遞迴的情況:
template<typename List, typename NewElement>
class PushBackRecT<List, NewElement, false>
{
  using Head = Front<List>;
  using Tail = PopFront<List>;
  using NewTail = typename PushBackRecT<Tail, NewElement>::Type;

 public:
  using Type = PushFront<Head, NewTail>;
};

// 基本的情況:
template<typename List, typename NewElement>
class PushBackRecT<List, NewElement, true>
{
 public:
  using Type = PushFront<List, NewElement>;
};

// 泛型的 push-back 操作:
template<typename List, typename NewElement>
class PushBackT : public PushBackRecT<List, NewElement> { };

template<typename List, typename NewElement>
using PushBack = typename PushBackT<List, NewElement>::Type;
```

此處遞迴過程由 PushBackRecT **template** 來管理。基本情況發生時,我們利用 PushFront 來將 NewElement 加進空的 list,因為對於空 list 來說,PushFront 與 PushBack 效果相同。遞迴的情況更好玩,它將 list 拆成第一個元素(Head)和包含剩餘元素的一個 **typelist**(Tail)。接著會以遞迴方式反覆進行呼叫,以便將新元素添加進 Tail,並產生 NewTail。最後我們會再次利用 PushFront 將 Head 加回到 NewTail,形成最終的 list。

讓我們針對一個簡單的例子展開上述遞迴過程:

　　　PushBackRecT<Typelist<short, int>, long>

在處理最外層時,Head 為 short,同時 Tail 表示 Typelist<int>。我們接著進行遞迴

　　　PushBackRecT<Typelist<int>, long>

此時 Head 是 int,Tail 表示 Typelist<>。

我們再次進行遞迴，以計算出

```
PushBackRecT<Typelist<>, long>
```

這會觸發基本情況，回傳 `PushFront<Typelist<>, long>`，上式會被自動核算為 `Typelist<long>`。接著遞迴回退，將 Head 從 list 前方推入：

```
PushFront<int, Typelist<long>>
```

這會產生 `Typelist<int, long>`。遞迴再次回退，將最外層的 Head（short）推入這個 list：

```
PushFront<short, Typelist<int, long>>
```

這會產生下面這項最終結果：

```
Typelist<short, int, long>
```

這份通用的 `PushBackRecT` 實作適用於任何類型的 typelist。如同本節前面實作的演算法，它在核算時需要的 template 實體個數與元素個數呈線性關係，因為對於長度為 *N* 的 typelist 來說，`PushBackRecT` 與 `PushFrontT` 都具備 *N+1* 個實體，同時 `FrontT` 與 `PopFrontT` 也有著 *N* 個實體。計算 template 實體個數可以為特定 metaprogram 所需的編譯時間提供粗略估計，因為 template 實體化對編譯器來說是個相當複雜的過程。

對於大型的 template metaprogram 來說，編譯時間可能是個問題，因此想當然耳會想要試著減少這類演算法引起的 template 實體化次數[4]。事實上，我們實現的第一版 PushBask（它利用了 Typelist 上的偏特化）只需要固定數量的 template 實體，這使它比起上面的泛型版本（在編譯時間方面）效率高上不少。此外，由於它是以 `PushBackT` 的偏特化來描述的，當針對某個 Typelist 實體執行 PushBack 時，會自動選擇這份高效實作版本，使得演算法特化（algorithm specialization，如 20.1 節，第 465 頁的相關討論）的概念被帶進 template metaprogram 之中。該小節所討論的許多技術都可以應用於 template metaprograms，以減少演算法執行的 template 實體化次數。

24.2.4　倒轉 Typelist

假設 typelist 中的元素遵循著某種排列方式，在應用一些演算法時若能夠倒轉 typelist 內元素的順序可能會很方便。舉例來說，於 24.1 節（第 549 頁）介紹的 `SignedIntegralTypes` typelist 是以遞增方式對整數進行排序。然而，如果能夠倒轉該 list，以便產生按遞減方式排序的 typelist `Typelist<long long, long, int, short, signed char>` 可能會更有用處。下面的 Reverse 演算法實現了這個 metafunction：

---

[4] Abrahams 和 Gurtovoy（[*AbrahamsGurtovoyMeta*]）提供許多關於 template metaprograms 編譯期行為的更深入討論，包括一些降低編譯時間的技術。我們於此僅粗淺帶過。

typelist/typelistreverse.hpp

```
template<typename List, bool Empty = IsEmpty<List>::value>
class ReverseT;

template<typename List>
using Reverse = typename ReverseT<List>::Type;

// 遞迴的情況:
template<typename List>
class ReverseT<List, false>
 : public PushBackT<Reverse<PopFront<List>>, Front<List>> { };

// 基本的情況:
template<typename List>
class ReverseT<List, true>
{
 public:
   using Type = List;
};
```

上述 metafunction 進行遞迴時,基本情況是一個用於判斷空 typelist 的識別函式。遞迴情況則會將 list 拆分為第一個元素、與 list 中所有剩餘的元素。舉個例子,給定 typelist Typelist<short, int, long>,遞迴過程會將第一個元素(short)與其他剩餘元素(Typelist<int, long>)彼此分開。接著它會以遞迴方式倒轉存放剩餘元素的 list(產生 Typelist<long, int>),最後將第一個元素以 PushBackT 新增至倒轉後的 list(產生 Typelist<long, int, short>)。

Reverse 演算法可以被用來實現 typelists 上的 PopBackT 操作,用來移除 typelist 裡的最後一個元素:

typelist/typelistpopback.hpp

```
template<typename List>
class PopBackT {
 public:
   using Type = Reverse<PopFront<Reverse<List>>>;
};

template<typename List>
using PopBack = typename PopBackT<List>::Type;
```

該演算法先將 list 倒轉過來,接著(利用 PopFront)移除已倒轉 list 的第一個元素,最後對結果再次進行倒轉。

24.2.5 變換 Typelist

前述的 typelist 演算法讓我們得以提取 typelist 裡的任何一個元素、在 list 內進行搜尋、建構新的 list、以及對 list 進行倒轉。不過，我們尚未將任何操作套用於 typelist 內的元素上。例如，我們可能想要用某種方式對 typelist 中的所有型別進行「變換」[5]，像是利用 AddConst metafunction 將各個型別轉成冠上 const 的對應版本：

typelist/addconst.hpp

```
template<typename T>
struct AddConstT
{
  using Type = T const;
};

template<typename T>
using AddConst = typename AddConstT<T>::Type;
```

為了做到這點，我們會實作一份 Transform 演算法。它接受一個 typelist 與一個 metafunction，並產生另外一個 typelist，用來包含套用 metafunction 變換後的各個型別。舉例來說，型別

```
    Transform<SignedIntegralTypes, AddConstT>
```

代表包含了 signed char const、short const、int const、long const、以及 long long const 的 typelist。其中 metafunction 會透過 template template parameter 傳遞，用來將某個輸入型別映射至另一個輸出型別。而 Transform 演算法本身，一如所料的是個遞迴演算法：

typelist/transform.hpp

```
template<typename List, template<typename T> class MetaFun,
         bool Empty = IsEmpty<List>::value>
class TransformT;

// 遞迴的情況:
template<typename List, template<typename T> class MetaFun>
class TransformT<List, MetaFun, false>
 : public PushFront<typename TransformT<PopFront<List>, MetaFun>::Type,
                     typename MetaFun<Front<List>>::Type>
{
};

// 基本的情況:
```

---

[5] 在函數式程式語言社群中，這項操作通常被稱為 map（映射）。不過我們使用 transform 這個名詞，以呼應 C++ 標準程式庫裡相應演算法的名稱。

```
template<typename List, template<typename T> class MetaFun>
class TransformT<List, MetaFun, true>
{
 public:
  using Type = List;
};

template<typename List, template<typename T> class MetaFun>
using Transform = typename TransformT<List, MetaFun>::Type;
```

雖然此處語法有些累贅,不過遞迴進行方式卻頗為直覺。我們將 typelist 中第一個元素的變換結果(PushFront 的第二個引數)添加至 typelist 中剩餘元素進行遞迴變換後所得到的序列(PushFront 的第一個引數)開頭處,以獲得最終的變換結果。

另外也可以參考 24.4 節(第 569 頁),如何開發更有效率 Transform 實作版本的介紹。

24.2.6 　加總 Typelist

Transform 是用來變換序列中各個元素的有用演算法,它經常會和能將序列中的所有元素合併成單一結果的 Accumulate 一起使用[6]。Accumulate(加總)演算法接受一個含有元素 T_1, T_2, …, T_N 的 typelist、一個初始型別 I、以及一個「接受兩個輸入型別、同時會回傳一個結果型別」的 metafunction F。當加總進行到第 N 步時,F 會將先前 $N - 1$ 步的計算結果與 T_N 的結果合併在一起,並回傳 $F(F(F(...F (I, T_1), T_2), …, T_{N-1}), T_N)$。

依據 typelist 的內容、選用的 F、以及不同的初始型別,我們可以利用 Accumulate 來產生各種不同的結果。舉例來說,如果 F 會選出兩個型別中較大者,Accumulate 的行為會與 LargestType 演算法相同。另一方面,如果 F 接受一個 typelist 與一個型別作為輸入,並且會將該型別安插至 typelist 的尾端,則 Accumulate 執行起來會像是 Reverse 演算法。

Accumulate 的實作方式遵循我們一貫的 recursive-metaprogram 分解動作:

typelist/accumulate.hpp

```
template<typename List,
         template<typename X, typename Y> class F,
         typename I,
         bool = IsEmpty<List>::value>
class AccumulateT;

// 遞迴的情況:
template<typename List,
         template<typename X, typename Y> class F,
```

6　在函數式程式語言社群中,這項操作通常被稱為 reduce(縮減)。不過我們使用 accumulate 這個名詞,以呼應 C++ 標準程式庫裡相應演算法的名稱。

```
            typename I>
class AccumulateT<List, F, I, false>
 : public AccumulateT<PopFront<List>, F,
                      typename F<I, Front<List>>::Type>
{
};

// 基本的情況：
template<typename List,
         template<typename X, typename Y> class F,
         typename I>
class AccumulateT<List, F, I, true>
{
 public:
  using Type = I;
};

template<typename List,
         template<typename X, typename Y> class F,
         typename I>
using Accumulate = typename AccumulateT<List, F, I>::Type;
```

這裡的初始型別 `I` 也作為累加數（accumulator）使用，用來擷取當前結果。因此當進行至 typelist 尾端時，會以「回傳 `I` 當作結果」作為基本情況[7]。而在遞迴情況時，演算法會將前一個結果（`I`）與 list 的開頭元素作為 `F` 的輸入，並將套用 `F` 後得到的結果作為初始值、繼續對 list 剩下的元素進行加總。

有了 `Accumulate`，我們可以將 `PushFrontT` 作為 metafunction `F`、將空的 typelist（`TypeList<>`）作為初始型別 `I`，用以倒轉 typelist：

```
using Result = Accumulate<SignedIntegralTypes, PushFrontT, Typelist<>>;
              // 產生 TypeList<long long, long, int, short, signed char>
```

要實現以 `Accumulate` 作為基礎的 `LargestType` 版本：`LargestTypeAcc`，事前工作稍微多一點，因為我們需要產生一個會回傳兩個型別中較大者的 metafunction：

typelist/largesttypeacc0.hpp

```
template<typename T, typename U>
class LargerTypeT
 : public IfThenElseT<sizeof(T) >= sizeof(U), T, U>
{
};
```

---

[7] 這同時也確保對空的 list 進行加總時，結果會是初始值。

```
template<typename Typelist>
class LargestTypeAccT
 : public AccumulateT<PopFront<Typelist>, LargerTypeT,
                      Front<Typelist>>
{
};

template<typename Typelist>
using LargestTypeAcc = typename LargestTypeAccT<Typelist>::Type;
```

請注意，這種形式的 LargerType 要求一個非空的 typelist，因為這樣 typelist 才能提供第一個元素作為初始值。我們可以藉由回傳某些哨兵（sentinel）型別（char 或 void）、或是令演算法本身變得 SFINAE-friendly 來明確處理空 list 的情況，如同 19.4.4 節（第 424 頁）的相關討論：

typelist/largesttypeacc.hpp

```
template<typename T, typename U>
class LargerTypeT
 : public IfThenElseT<sizeof(T) >= sizeof(U), T, U>
{
};

template<typename Typelist, bool = IsEmpty<Typelist>::value>
class LargestTypeAccT;

template<typename Typelist>
class LargestTypeAccT<Typelist, false>
 : public AccumulateT<PopFront<Typelist>, LargerTypeT,
                      Front<Typelist>>
{
};

template<typename Typelist>
class LargestTypeAccT<Typelist, true>
{
};

template<typename Typelist>
using LargestTypeAcc = typename LargestTypeAccT<Typelist>::Type;
```

Accumulate 是個威力強大的 typelist 演算法，因為它讓我們得以表達許多不同的操作方式，因此它可以被視為操縱 typelist 的最基本演算法之一。

24.2.7　插入排序法

作為最後一個 typelist 演算法，我們接著會實作插入排序法。與其他演算法相同，遞迴步驟會將 list 拆分成第一個元素（head）以及剩餘元素（tail）。接著 tail 部分會（以遞迴方式）進行排序，再將 head 安插在已排序 list 的正確位置。該演算法的外部介面（shell）被表示成一個 typelist 演算法：

typelist/insertionsort.hpp

```
template<typename List,
         template<typename T, typename U> class Compare,
         bool = IsEmpty<List>::value>
class InsertionSortT;

template<typename List,
         template<typename T, typename U> class Compare>
using InsertionSort = typename InsertionSortT<List, Compare>::Type;

// 遞迴的情況（將第一個元素插入已排序的 list）：
template<typename List,
         template<typename T, typename U> class Compare>
class InsertionSortT<List, Compare, false>
 : public InsertSortedT<InsertionSort<PopFront<List>, Compare>,
                        Front<List>, Compare>
{
};

// 基本的情況（空的 list 視為排序完成）：
template<typename List,
         template<typename T, typename U> class Compare>
class InsertionSortT<List, Compare, true>
{
 public:
  using Type = List;
};
```

參數 Compare 是比較函式，用來對 typelist 裡的元素進行排序。它接受兩個型別，並透過自身的 value 成員來核算出一個 Boolean 值。這裡的基本情況（即空的 typelist）十分直覺。

插入排序法的核心部分為 InsertSortedT metafunction，它會將單一數值插入已經排序完成的 list 中，將其放在第一個能夠保持 list 已排序特性的合適位置：

typelist/insertsorted.hpp

```
#include "identity.hpp"

template<typename List, typename Element,
         template<typename T, typename U> class Compare,
```

```
               bool = IsEmpty<List>::value>
class InsertSortedT;

// 遞迴的情況：
template<typename List, typename Element,
         template<typename T, typename U> class Compare>
class InsertSortedT<List, Element, Compare, false>
{
  // 計算最終 list 的 tail 部分：
  using NewTail =
    typename IfThenElse<Compare<Element, Front<List>>::value,
                        IdentityT<List>,
                        InsertSortedT<PopFront<List>, Element, Compare>
           >::Type;
  // 計算最終 list 的 head 部分：
  using NewHead = IfThenElse<Compare<Element, Front<List>>::value,
                             Element,
                             Front<List>>;
 public:
  using Type = PushFront<NewTail, NewHead>;
};

// 基本的情況：
template<typename List, typename Element,
         template<typename T, typename U> class Compare>
class InsertSortedT<List, Element, Compare, true>
 : public PushFrontT<List, Element>
{
};

template<typename List, typename Element,
         template<typename T, typename U> class Compare>
using InsertSorted = typename InsertSortedT<List, Element, Compare>::Type;
```

這裡的基本情況也很直覺，因為僅有一個元素的 list 必然是已經排好序的。而遞迴的情況會根據元素應該被安插在 list 的開頭處、或是放在 list 的後面部分而有所不同。如果待插入的元素小於（已排序）list 的第一個元素，則最終結果會利用 PushFront 將該元素安插在 list 的前面。否則的話，我們會將 list 拆分為 head 和 tail，並以遞迴方式嘗試將該元素插入 tail 部分，接著再將 head 添加至「已插入該元素的 tail」的最前端。

這份實作包含一項編譯期最佳化，用來避免不會用到的型別被實體化，該技術在 19.7.1 節（第 440 頁）有相關討論。下面這個實作版本就技術面來說也是正確的：

```
template<typename List, typename Element,
         template<typename T, typename U> class Compare>
class InsertSortedT<List, Element, Compare, false>
 : public IfThenElseT<Compare<Element, Front<List>>::value,
                      PushFront<List, Element>,
                      PushFront<InsertSorted<PopFront<List>,
                                             Element, Compare>,
                                Front<List>>>
{
};
```

不過，這種形式的遞迴會導致不必要的效率低下，因為它會對 IfThenElseT 兩條分支上的 **template argument** 均進行核算，即便最終會選擇的只有其中一條分支。在上述例子中，在正向分支（*then*）的 PushFront 成本通常很低，不過在負向分支（*else*）上對 InsertSorted 的遞迴呼叫可就沒那麼便宜了。

經過最佳化的實作版本中，第一個 IfThenElse 會計算最終 list 的 **tail** 部分，即 NewTail。該 IfThenElse 的第二及第三個引數皆為 **metafunctions**，用來計算對應分支的結果。第二個引數（即 *then* 分支）利用 IdentityT（參見 19.7.1 節，第 440 頁）來取得未被修改的 List。第三個引數（即 *else* 分支）利用 InsertSortedT 來計算將元素插入已排序 list 後會得到的結果。在最外層中只有 IdentityT 或 InsertSortedT 兩者中的一個會被實體化，故需要執行的額外動作非常少（最壞的情況也只需執行 PopFront）。第二個 IfThenElse 接著會計算最終 list 的 **head** 部分；此時兩個分支會立即進行核算，因為這兩次運算的成本相當低廉。而計算得到的 NewHead 和 NewTail 會被用來建構最終 list。這種做法具備我們所期望的性質：將元素插入已排序 list 所需要的實體個數，與該元素在最終 list 的位置呈正比。這展現了插入排序法一個相當高階的性質：用來對一個已排序 list 再次進行排序的所需實體個數，與該 list 的長度呈線性關係（當輸入的 list 順序完全顛倒時，插入排序法所需的實體個數依然與長度呈平方關係）。

下面程式示範了如何利用插入排序法，對以型別構成的 list 按照型別大小進行排序。我們利用 sizeof 運算子來進行比較，同時比對結果是否正確：

typelist/insertionsorttest.hpp

```
template<typename T, typename U>
struct SmallerThanT {
    static constexpr bool value = sizeof(T) < sizeof(U);
};

void testInsertionSort()
{
  using Types = Typelist<int, char, short, double>;
  using ST = InsertionSort<Types, SmallerThanT>;
  std::cout << std::is_same<ST,Typelist<char, short, int, double>>::value
            << '\n';
}
```

24.3 Nontype Typelists

藉由豐富的演算法和操作，typelist 賦予我們描述與操縱某個「以型別構成的序列」的能力。
在某些情況下，它也很適合用來處理由「編譯期數值」構成的序列，像是多維陣列的邊界值、
或是另一個 typelist 上的索引值。

有許多方式可以用來產生由編譯期數值構成的 typelist。有個簡單的方式需要定義一個
CTValue class template（該名稱代表編譯期數值，*compile-time value*），它能用來表示某個
由 typelist 裡的特定型別所構成的數值 [8]：

typelist/ctvalue.hpp

```
template<typename T, T Value>
struct CTValue
{
  static constexpr T value = Value;
};
```

藉由 CTValue template 的幫忙，我們現在可以表達一個包含前幾個質數的 typelist 了：

```
using Primes = Typelist<CTValue<int, 2>, CTValue<int, 3>,
                        CTValue<int, 5>, CTValue<int, 7>,
                        CTValue<int, 11>>;
```

有了上述表示式，我們便可以針對數值構成的 typelist 進行數值運算，例如：計算這些質數
的乘積。

首先，MultiplyT template 會接受兩個具備相同型別的編譯期數值，並且產生一個同樣型別
的新編譯期數值，其值為輸入數的乘積：

typelist/multiply.hpp

```
template<typename T, typename U>
struct MultiplyT;

template<typename T, T Value1, T Value2>
struct MultiplyT<CTValue<T, Value1>, CTValue<T, Value2>> {
 public:
  using Type = CTValue<T, Value1 * Value2>;
};

template<typename T, typename U>
using Multiply = typename MultiplyT<T, U>::Type;
```

---

[8] 標準程式庫定義了一個更有特色的 CTValue 版本：即 std::integral_constant template。

接著藉由使用 MultiplyT，下式可以得出所有質數的乘積：

```
Accumulate<Primes, MultiplyT, CTValue<int, 1>>::value
```

糟糕的是，這樣使用 Typelist 和 CTValue 相當地麻煩，特別是在所有數值的型別均相同的情況下。我們可以透過引進一個 alias template CTTypelist 來改善這個特別情況，它提供了一個帶有數值的同質列表（homogeneous list），用來描述由 CTValue 構成的 Typelist：

typelist/cttypelist.hpp

```
template<typename T, T... Values>
using CTTypelist = Typelist<CTValue<T, Values>...>;
```

我們現在可以透過 CTTypelist，替 Primes 寫出一份等價（但更精簡）的定義式，如下所示：

```
using Primes = CTTypelist<int, 2, 3, 5, 7, 11>;
```

這個做法的唯一一項缺點是，由於 alias template 僅僅只是別名，所以錯誤訊息最終可能會印出由 CTValueType 所構成的底層 Typelist，這會讓它比我們預期的更為冗長。為了處理這個問題，我們可以創建一個全新的 typelist class：Valuelist，並直接用它來儲存數值：

typelist/valuelist.hpp

```
template<typename T, T... Values>
struct Valuelist {
};

template<typename T, T... Values>
struct IsEmpty<Valuelist<T, Values...>> {
  static constexpr bool value = sizeof...(Values) == 0;
};

template<typename T, T Head, T... Tail>
struct FrontT<Valuelist<T, Head, Tail...>> {
  using Type = CTValue<T, Head>;
  static constexpr T value = Head;
};

template<typename T, T Head, T... Tail>
struct PopFrontT<Valuelist<T, Head, Tail...>> {
  using Type = Valuelist<T, Tail...>;
};

template<typename T, T... Values, T New>
struct PushFrontT<Valuelist<T, Values...>, CTValue<T, New>> {
  using Type = Valuelist<T, New, Values...>;
};
```

```
template<typename T, T... Values, T New>
struct PushBackT<Valuelist<T, Values...>, CTValue<T, New>> {
  using Type = Valuelist<T, Values..., New>;
};
```

藉由提供 IsEmpty、FrontT、PopFrontT、與 PushFrontT 等操作，我們讓 Valuelist
成為一個更合用的 typelist，能夠和本章定義的各個演算法搭配使用。PushBackT 作為一種
演算法特化版本，用以降低操作本身在編譯期的計算成本。舉個例子，Valuelist 可以和前
面定義過的 InsertionSort 演算法搭配使用：

typelist/valuelisttest.hpp

```
template<typename T, typename U>
struct GreaterThanT;

template<typename T, T First, T Second>
struct GreaterThanT<CTValue<T, First>, CTValue<T, Second>> {
  static constexpr bool value = First > Second;
};

void valuelisttest()
{
  using Integers = Valuelist<int, 6, 2, 4, 9, 5, 2, 1, 7>;

  using SortedIntegers = InsertionSort<Integers, GreaterThanT>;

  static_assert(std::is_same_v<SortedIntegers,
                               Valuelist<int, 9, 7, 6, 5, 4, 2, 2, 1>>,
               "insertion sort failed");
}
```

注意，你也可以藉由文字運算子（literal operator）來提供初始化 CTValue 的能力，像這樣

```
auto a = 42_c;          // 將 a 初始化成 CTValue<int,42>
```

相關細節請參考 25.6 節（第 599 頁）。

24.3.1　Deducible Nontype Parameters（可推導的非型別參數）

C++17 裡可以透過一個單獨的 deducible nontype parameter（可推導的非型別參數，寫作
auto）來改進 CTValue：

typelist/ctvalue17.hpp

```
template<auto Value>
struct CTValue
{
  static constexpr auto value = Value;
};
```

這免去了當每次用到 `CTValue` 時，都需要標明型別這件事，令 `CTValue` 變得更方便使用：

```
using Primes = Typelist<CTValue<2>, CTValue<3>, CTValue<5>,
                        CTValue<7>, CTValue<11>>;
```

C++17 的 `Valuelist` 可以做到同樣的事情，不過效果卻未必更好。15.10.1 節（第 296 頁）曾經提過，具有可推導型別的 **nontype parameter pack** 允許每個引數的型別彼此不同：

```
template<auto... Values>
class Valuelist { };

int x;
using MyValueList = Valuelist<1, 'a', true, &x>;
```

雖然這樣的異質數值列表也許很有用，不過它和我們前面提到的 `Valuelist` 是不同的東西，後者要求所有的元素型別得要一樣。即便人們可以指定所有的元素具備相同型別（這也在 15.10.1 節，第 296 頁討論過），但空的 `Valuelist<>` 必然不具備已知的元素型別。

24.4 利用 Pack Expansion 來優化演算法

Pack expansions（封包展開，於 12.4.1 節、第 201 頁中有深入介紹）是一個用來將 typelist 迭代工作交付給編譯器的有用機制。於 24.2.5 節（第 559 頁）開發的 `Transform` 演算法自然適用於 pack expansion，因為它會將同樣的操作套用在 list 裡的每個元素上。這使得適用於 `Typelist` 的 `Transform` 得以（透過偏特化的方式）進行演算法特化：

typelist/variadictransform.hpp

```
template<typename... Elements, template<typename T> class MetaFun>
class TransformT<Typelist<Elements...>, MetaFun, false>
{
 public:
  using Type = Typelist<typename MetaFun<Elements>::Type...>;
};
```

這份實作會將 typelist 元素擷取成 `Elements` 這組 **parameter pack**。接著它會運用 **pack expansion**，透過 `typename MetaFun<Elements>::Type` 這樣的形式來將 **metafunction** 套用至 `Elements` 裡的各個型別，最後再用得到的結果生成另一個 typelist。這份實作無疑更為簡潔，因為它毋需使用遞迴、並且以十分直接的方式運用語言特性。再者，這份實作需要的 template 實體也更少，因為僅需要實體化出一個 Transform **template** 實體。上述演算法需要的 MetaFun 實體個數仍遵循線性成長，不過這些實體對該演算法來說是必要的。

其他的演算法則間接從套用 **pack expansions** 這件事上受益。例如，24.2.4 節（第 557 頁）的 Reverse 演算法需要用到線性個數的 PushBack 實體。而使用 24.2.3 節（第 555 頁）裡介紹、作用於 Typelist 上、**pack-expansion** 形式的 PushBack（僅需單一實體）時，Reverse 亦為線性。不過同樣在該小節介紹、更為通用的 Reverse 遞迴實作版本，本身實體化次數為線性，但這卻會令 Reverse 個數呈平方成長！

當我們想從代表索引值的既定 list 中選取元素、藉以產生一個新的 typelist 時，pack expansions 同樣十分有用。Select **metafunction** 會接受一個 typelist、以及一個包含 typelist 索引值的 Valuelist，接著會產生一個包含 Valuelist 所指涉元素的新 typelist：

typelist/select.hpp

```
template<typename Types, typename Indices>
class SelectT;

template<typename Types, unsigned... Indices>
class SelectT<Types, Valuelist<unsigned, Indices...>>
{
 public:
  using Type = Typelist<NthElement<Types, Indices>…>;
};

template<typename Types, typename Indices>
using Select = typename SelectT<Types, Indices>::Type;
```

索引值被擷取至 **parameter pack** Indices 之中，該 **pack** 會被展開、產生一個由 NthElement 型別構成的序列，作為輸入 typelist 的索引。該索引指涉的值會再被擷取進新的 Typelist 之中。下列範例說明如何使用 Select 來倒轉一個 typelist：

```
using SignedIntegralTypes =
    Typelist<signed char, short, int, long, long long>;

using ReversedSignedIntegralTypes =
    Select<SignedIntegralTypes, Valuelist<unsigned, 4, 3, 2, 1, 0>>;
    // 產生 Typelist<long long, long, int, short, signed char>
```

用來表示另一個 list 索引值的 **nontype typelist**，通常被稱作 *index list*（*索引列表*，也可稱為

index sequence），可以用於簡化或消除遞迴計算。我們會在 25.3.4 節（第 585 頁）詳細介紹 index list。

24.5 Cons-style Typelists

在引進 variadic templates（可變參數模板）之前，typelist 通常會仿效 LISP 的 cons 結構，以遞迴資料結構來建構。每個 cons 結構都包含一個數值（用來表示 list 的開頭）、以及一個巢狀 list，後者可能是另外一個 cons 結構、或是被稱為 nil 的空 list。我們可以直接以 C++ 程式碼來表達上述概念：

typelist/cons.hpp

```
class Nil { };

template<typename HeadT, typename TailT = Nil>
class Cons {
 public:
  using Head = HeadT;
  using Tail = TailT;
};
```

空的 typelist 會寫成 Nil，而包含單個 int 元素的 list 則寫成 Cons<int, Nil>、或更簡單的 Cons<int>。更長的 list 則需要透過巢狀方式表示：

```
    using TwoShort = Cons<short, Cons<unsigned short>>;
```

任意長度的 typelist 都可以透過深度巢狀遞迴方式來建構，雖然手動編寫這麼長的 lists 顯得頗為累贅：

```
    using SignedIntegralTypes = Cons<signed char, Cons<short, Cons<int,
                                 Cons<long, Cons<long long, Nil>>>>>;
```

要提取 cons-style list 的第一個元素，可以直接指涉 list 的開頭處：

typelist/consfront.hpp

```
template<typename List>
class FrontT {
 public:
  using Type = typename List::Head;
};

template<typename List>
using Front = typename FrontT<List>::Type;
```

自開頭處新增一個元素時，會將既有的 list 用另一個 Cons 包裹起來：

typelist/conspushfront.hpp

```
template<typename List, typename Element>
class PushFrontT {
 public:
   using Type = Cons<Element, List>;
};

template<typename List, typename Element>
using PushFront = typename PushFrontT<List, Element>::Type;
```

最後，從遞迴形式的 typelist 中移除第一個元素，等同提取既有 list 的尾端（tail）：

typelist/conspopfront.hpp

```
template<typename List>
class PopFrontT {
 public:
   using Type = typename List::Tail;
};

template<typename List>
using PopFront = typename PopFrontT<List>::Type;
```

加上判斷 Nil 的 IsEmpty 特化版本，typelist 的核心操作組合就齊全了：

typelist/consisempty.hpp

```
template<typename List>
struct IsEmpty {
   static constexpr bool value = false;
};

template<>
struct IsEmpty<Nil> {
   static constexpr bool value = true;
};
```

有了這些 typelist 操作，我們現在可以套用 24.2.7 節（第 563 頁）定義的 InsertionSort 演算法了，這次對象是 cons-style lists：

typelist/conslisttest.hpp

```
template<typename T, typename U>
struct SmallerThanT {
  static constexpr bool value = sizeof(T) < sizeof(U);
};

void conslisttest()
{
  using ConsList = Cons<int, Cons<char, Cons<short, Cons<double>>>>;
  using SortedTypes = InsertionSort<ConsList, SmallerThanT>;
  using Expected = Cons<char, Cons<short, Cons<int, Cons<double>>>>;
  std::cout << std::is_same<SortedTypes, Expected>::value << '\n';
}
```

如同我們在插入排序法中所見，cons-style typelist 同樣能夠表現所有本章裡介紹、適用於 variadic typelists 的相同演算法。確實如此，許多曾提及演算法的實作方式都與操縱 cons-style typelists 的方式完全相同。然而它們存在一些缺點，使得我們偏好使用 variadic 版本：首先，巢狀結構導致較長的 cons-style typelist 所產生的程式原始碼與編譯器診斷訊息非常難以閱讀和撰寫。其次，部分演算法（包括 PushBack 和 Transform）可以針對 variadic typelist 進行特化，以提供效率更高的實作版本（藉由實體化的次數來衡量）。最後，對 typelists 採用 variadic template 的方式實作，可以很好的搭配第 25 及 26 章談論的 variadic template 於異質容器上的應用。

24.6 後記

於 1998 年發表第一份 C++ 標準後不久，typelist 很快就出現了。Krysztof Czarnecki 和 Ulrich Eisenecker 從 LISP 得到靈感，在 [*CzarneckiEiseneckerGenProg*] 裡介紹了由常整數組成、Cons 型式的 list，儘管他們並沒有進一步躍進至通用的 typelist。

Alexandrescu 在他具有影響力的著作《*Modern C++ Design*》（[*AlexandrescuDesign*]）中讓 typelist 廣泛為人所知。最重要的是，Alexandrescu 示範了 typelist 在解決涉及 template metaprogramming 與 typelist 的有趣設計問題上展現的多功能性（versatility），使得這些技術能為 C++ 編程人員們所用。

Abrahams 與 Gurtovoy 於 [*Abrahams-GurtovoyMeta*] 中提供了 metaprogramming 迫切需要的架構，從 C++ 標準程式庫借用大家熟悉的術語來描述 typelist、typelist 演算法、以及相關組件的抽象概念：序列（sequence）、迭代器（iterators）、演算法（algorithms）、以及（後設）函式（metafunctions）。伴隨而生的程式庫 Boost.MPL（[*BoostMPL*]）被廣泛用來操作 typelist。

25

Tuples

Tuples

綜觀本書，我們經常利用同質容器（homogeneous container）與類似 array 的型別來闡述 template 的威力。這類同質結構擴展了 C/C++ array 的概念，並普遍存在於多數應用之中。C++（與 C）也具備一種非同質組織工具：即 class（或 struct）。本章節針對 *tuples*（元組）進行探討，它會利用類似 class 和 struct 的方式來聚集（aggregate）資料。舉例來說，一個包含 int、double、和 std::string 的 tuple，與另一個包含了 int、double、和 std::string 成員的 struct 相似，不過 tuple 裡的元素會透過位置（如 0、1、2）而非名稱來進行指涉。以位置為主的介面、加上 typelist 能夠輕鬆地創建出 tuple，使得 tuple 比 struct 更適合與 template metaprogramming 技術併用。

Tuple 的另一種替代形象（alternative view）是作為 typelist 於可執行程式中的一種表現形式（manifestation）。例如，如果某個 typelist Typelist<int, double, std::string> 描述的是一個由 int、double、和 std::string 型別組成、並可以在編譯期操作的序列，Tuple<int, double, std::string> 則描述了用來保存 int、double、std::string、並能夠在執行期進行操作的空間。舉個例子，下列程式會為這樣的 tuple 建立一個實體：

```
template<typename... Types>
class Tuple {
    ...    // 實作方式會在稍後討論
};

Tuple<int, double, std::string> t(17, 3.14, "Hello, World!");
```

我們通常會在 typelist 上套用 template metaprogramming，以生成能夠用於儲存資料的 tuple。舉例來說，上述範例中我們任意選擇了 int、double、和 std::string 作為元素型別，不過我們同樣可以利用 metaprogram 來建立保存於 tuple 中的型別集合。

在本章剩下的篇幅裡，我們會探討 Tuple class template 的實現與操作方式，它算是 std::tuple 這個 class template 的簡化版本。

25.1 基本 Tuple 設計

25.1.1　儲存方式

Tuples 具備用來保存 template argument list 裡各個型別的儲存空間。該儲存空間可以透過 function template get 進行存取，例如針對 tuple t 使用 get<I>(t)。舉例來說，針對前頁範例中的 t 呼叫 get<0>(t)，會回傳一個指向 int 17 的 reference，而 get<1>(t) 則會回傳指向 double 3.14 的 reference。

Tuple 儲存的遞迴形式源自於以下概念。某個包含 $N > 0$ 個元素的 tuple 可以被拆成下面兩者來保存：一個單獨的元素（第一個元素，或稱作該 list 的 header）、以及一個包含 $N - 1$ 個元素的 tuple（即 tail），最後再加上用來表達零個元素 tuple 的個別特殊情況。因此，三個元素的 tuple Tuple<int, double, std::string> 可以儲存成一個 int 與一個 Tuple<double, std::string>。接著，上述兩個元素的 tuple 可以被儲存為一個 double 和一個 Tuple<std::string>，後者可以被儲存成一個 std::string 與一個 Tuple<>。事實上，這與泛型版本 typelist 演算法所使用的遞迴分解方式相同，同時遞迴 tuple 儲存方式的具體實作也會以類似的方式進行展開：

tuples/tuple0.hpp

```cpp
template<typename... Types>
class Tuple;

// 遞迴情況:
template<typename Head, typename... Tail>
class Tuple<Head, Tail...>
{
 private:
  Head head;
  Tuple<Tail...> tail;
 public:
  // 建構子:
  Tuple() {
  }
  Tuple(Head const& head, Tuple<Tail...> const& tail)
    : head(head), tail(tail) {
  }
  …

  Head& getHead() { return head; }
  Head const& getHead() const { return head; }
  Tuple<Tail...>& getTail() { return tail; }
  Tuple<Tail...> const& getTail() const { return tail; }
};
```

```
// 基本情況：
template<>
class Tuple<> {
  // 無需儲存空間
};
```

遞迴情況下每個 Tuple 實體都包含了一個資料成員 head，用來儲存 list 中的第一個元素，同時伴隨一個用來儲存 list 中剩餘元素的資料成員 tail。基本情況是簡單的空 tuple，不會連結任何的儲存空間。

get function template 會遍歷整個遞迴結構，以取得需要的元素[1]：

tuples/tupleget.hpp

```
// 遞迴情況：
template<unsigned N>
struct TupleGet {
  template<typename Head, typename... Tail>
  static auto apply(Tuple<Head, Tail...> const& t) {
    return TupleGet<N-1>::apply(t.getTail());
  }
};

// 基本情況：
template<>
struct TupleGet<0> {
  template<typename Head, typename... Tail>
  static Head const& apply(Tuple<Head, Tail...> const& t) {
    return t.getHead();
  }
};

template<unsigned N, typename... Types>
auto get(Tuple<Types...> const& t) {
  return TupleGet<N>::apply(t);
}
```

請注意，get 這個 function template 就只是一層薄薄的 wrapper，用來包裹對於 TupleGet 所屬 static 成員函式的呼叫。當缺少針對 N 值進行特化的 function template 偏特化體時，這項技術是個有效的權宜做法（我們曾經於 17.3 節，第 356 頁討論過）。遞迴情況下（N > 0），static 成員函式 apply() 會提取當前 tuple 的 tail 部分，同時將 N 遞減、以持續在 tuple 的後續部分尋找所需元素。基本情況（N = 0）會回傳當前 tuple 的 head 部分，如此便完成了實作。

---

[1] 完整的 get() 實作還應該要妥善地處理 non-const 和 rvalue-reference tuple。

25.1.2　建構方式

除了我們當前定義的建構子之外：

```
Tuple() {
}

Tuple(Head const& head, Tuple<Tail...> const& tail)
 : head(head), tail(tail) {
}
```

如果想要讓 tuple 變得實用，我們需要能透過下面兩種方式來建構 tuple：利用一組獨立數值
（每一項數值都對應一個元素）或是利用另一個 tuple。根據一組獨立數值進行的複製建構會
運用這些數值中的第一個來初始化 head 元素（透過其 base class），接著將剩餘的數值傳給
用來表現 tail 的 base class：

```
Tuple(Head const& head, Tail const&... tail)
 : head(head), tail(tail...) {
}
```

有了上述定義，我們首個 Tuple 範例便得以實現：

```
Tuple<int, double, std::string> t(17, 3.14, "Hello, World!");
```

然而，這並不是最泛用的介面：使用者可能會希望使用搬移建構來初始化部分（但不是全部
的）元素，或是利用不同型別的數值來構建某個數值。因此，我們應當利用完美轉發（perfect
forwarding，參見 15.6.3 節，第 280 頁）來初始化 tuple：

```
template<typename VHead, typename... VTail>
Tuple(VHead&& vhead, VTail&&... vtail)
 : head(std::forward<VHead>(vhead)),
   tail(std::forward<VTail>(vtail)...) {
}
```

接下來，我們要支援利用另一個 tuple 來構建 tuple：

```
template<typename VHead, typename... VTail>
Tuple(Tuple<VHead, VTail...> const& other)
 : head(other.getHead()), tail(other.getTail()) { }
```

不過，引入上述建構子並不足以實現 tuple 的轉型：試圖以上面的 tuple t 來建立另一個具備
相容型別的 tuple 將會失敗：

```
// 錯誤：不存在從 Tuple<int, double, string> 到 long 的轉型
Tuple<long int, long double, std::string> t2(t);
```

這裡的問題在於，以一組獨立數值進行初始化的建構子模板，其匹配度要比接受一個 tuple
的建構子模板來得更好。要解決這個問題，我們必須在 tail 的長度不符預期時，使用
std::enable_if<>（參考 6.3 節，第 98 頁、與 20.3 節，第 469 頁）來停用這兩個成員函
式模板：

```cpp
template<typename VHead, typename... VTail,
         typename = std::enable_if_t<sizeof...(VTail)==sizeof...(Tail)>>
Tuple(VHead&& vhead, VTail&&... vtail)
 : head(std::forward<VHead>(vhead)),
   tail(std::forward<VTail>(vtail)...) { }

template<typename VHead, typename... VTail,
         typename = std::enable_if_t<sizeof...(VTail)==sizeof...(Tail)>>
Tuple(Tuple<VHead, VTail...> const& other)
 : head(other.getHead()), tail(other.getTail()) { }
```

你可以在 *tuples/tuple.hpp* 裡頭找到全部的建構子宣告式。

makeTuple() function template 會經由推導來決定回傳的 Tuple 裡頭的元素型別，這使得從給定元素集合來建構 tuple 這件事變得容易許多：

tuples/maketuple.hpp

```cpp
template<typename... Types>
auto makeTuple(Types&&... elems)
{
  return Tuple<std::decay_t<Types>...>(std::forward<Types>(elems)...);
}
```

和以前一樣，我們利用與 std::decay<> 結合的完美轉發來將 string literal（字串文字）與其他原始陣列（raw arrays）轉型為指標、同時移除 const 與 reference。舉例來說：

```cpp
makeTuple(17, 3.14, "Hello, World!")
```

會初始化出一個

```cpp
Tuple<int, double, char const*>
```

25.2 基本 Tuple 操作

25.2.1 比較

Tuple 是用來容納其他數值的結構型別。要比較兩個 tuples，只需比較它們的元素即可。因此，我們可以將 operator== 定義為：針對兩份定義式的元素進行逐個比較：

tuples/tupleeq.hpp

```cpp
// 基本情況：
bool operator==(Tuple<> const&, Tuple<> const&)
{
  // 空的 tuples 彼此必定相等
  return true;
}
```

```
// 遞迴情況：
template<typename Head1, typename... Tail1,
         typename Head2, typename... Tail2,
         typename = std::enable_if_t<sizeof...(Tail1)==sizeof...(Tail2)>>
bool operator==(Tuple<Head1, Tail1...> const& lhs,
                Tuple<Head2, Tail2...> const& rhs)
{
  return lhs.getHead() == rhs.getHead() &&
         lhs.getTail() == rhs.getTail();
}
```

和許多 typelist 和 tuple 上的演算法類似，對元素進行逐個比較的過程會先訪問 head 元素，
接著以遞迴方式訪問 tail，最終達到基本情況。其他的 !=、<、>、<=、與 >= 運算都採用類
似的做法。

25.2.2 輸出

本小節我們將會創建不同的新 tuple 型別，因此若能夠在程式執行中檢視這些 tuples 會很有
幫助。下面的 operator<< 能夠幫我們印出「自身元素可被列印」的任意 tuple：

tuples/tupleio.hpp

```
#include <iostream>

void printTuple(std::ostream& strm, Tuple<> const&, bool isFirst = true)
{
  strm << ( isFirst ? '(' : ')' );
}

template<typename Head, typename... Tail>
void printTuple(std::ostream& strm, Tuple<Head, Tail...> const& t,
                bool isFirst = true)
{
  strm << ( isFirst ? "(" : ", " );
  strm << t.getHead();
  printTuple(strm, t.getTail(), false);
}

template<typename... Types>
std::ostream& operator<<(std::ostream& strm, Tuple<Types...> const& t)
{
  printTuple(strm, t);
  return strm;
}
```

現在，創建 tuples 並將它們顯示出來這件事變得十分簡單。舉例來說：

```
std::cout << makeTuple(1, 2.5, std::string("hello")) << '\n';
```

會印出

```
(1, 2.5, hello)
```

25.3　Tuple 演算法

Tuple 是提供下列功能的容器：存取、修改自身攜帶的各個元素（透過 get）、創建新的 tuple（直接建立或是透過 makeTuple()）、將某個 tuple 分解為 head 及 tail 兩部分（利用 getHead() 和 getTail()）。這些基本組件足以用來建構一系列的 tuple 演算法，像是從某個 tuple 中新增或移除元素、對 tuple 內的元素重新排序、或選取 tuple 內元素的某些子集合。

Tuple 演算法特別有意思，因為它們同時需要編譯期與執行期的計算。與第 24 章的 typelist 演算法類似，將 tuple 演算法套用在某個 tuple 上，可能會產生一個帶有完全不同型別的 tuple，這件事需要進行編譯期計算。例如，倒轉 Tuple<int, double, string> 會得到 Tuple<string, double, int>。然而，如同作用於同質容器的演算法（如作用在 std::vector 上的 std::reverse()），tuple 演算法實際上需要程式碼於執行期被執行，故同時我們也必須關心所生成程式碼的效率問題。

25.3.1　以 Tuple 作為 Typelist

如果我們忽略上述 Tuple template 的執行期組成部分，我們會發現它與第 24 章開發的 Typelist template 擁有完全相同的結構：它們都接受任意數量的 template type parameters。事實上，利用一些偏特化體，我們可以將 Tuple 轉變成一個功能完備的 typelist：

tuples/tupletypelist.hpp

```
// 判斷 tuple 是否為空：
template<>
struct IsEmpty<Tuple<>> {
  static constexpr bool value = true;
};

// 提取開頭元素：
template<typename Head, typename... Tail>
class FrontT<Tuple<Head, Tail...>> {
 public:
  using Type = Head;
};
```

```
// 移除開頭元素:
template<typename Head, typename... Tail>
class PopFrontT<Tuple<Head, Tail...>> {
 public:
   using Type = Tuple<Tail...>;
};

// 將元素新增至開頭處:
template<typename... Types, typename Element>
class PushFrontT<Tuple<Types...>, Element> {
 public:
   using Type = Tuple<Element, Types...>;
};

// 將元素新增至結尾處:
template<typename... Types, typename Element>
class PushBackT<Tuple<Types...>, Element> {
 public:
   using Type = Tuple<Types..., Element>;
};
```

現在,所有於第 24 章開發的 typelist 演算法,在 Tuple 和 Typelist 上都運作得一樣好。
這樣一來我們可以很輕鬆地處理 tuple 衍生出的型別。舉例來說:

```
Tuple<int, double, std::string> t1(17, 3.14, "Hello, World!");
using T2 = PopFront<PushBack<decltype(t1), bool>>;
T2 t2(get<1>(t1), get<2>(t1), true);
std::cout << t2;
```

這會印出:

```
(3.14, Hello, World!, 1)
```

如我們馬上會看到的,套用在 tuple 上的 typelist 演算法經常會被用於協助判斷 tuple 演算法
的回傳型別。

25.3.2　自 Tuple 新增與移除元素

使用由 tuple 構成的數值時,能夠將某個元素新增至 tuple 開頭或結尾處的能力,對於構建更
高階的演算法來說十分重要。和 typelist 一樣,從 tuple 的開頭處安插元素,比起從結尾處
插入來得更加容易,所以我們先從 pushFront 開始:

tuples/pushfront.hpp

```
template<typename... Types, typename V>
PushFront<Tuple<Types...>, V>
pushFront(Tuple<Types...> const& tuple, V const& value)
{
  return PushFront<Tuple<Types...>, V>(value, tuple);
}
```

在既有 tuple 的開頭處添加一個（名為 value）的新元素，我們需要生成一個以 value 作為 head、既有 tuple 作為 tail 的新 tuple。最終產生的 tuple 型別為：Tuple<V, Types...>。不過，我們選擇使用 PushFront 這個 typelist 演算法來展現 tuple 演算法在編譯期與執行期方面的緊密耦合：編譯期的 PushFront 負責計算我們需要創建的型別，該型別會被用來產生適當的執行期數值。

在既有 tuple 的結尾處添加元素則複雜得多，因為需要以遞迴方式將 tuple 遍歷一次，同時在過程中建構出新版本的 tuple。注意這份 pushBack() 實作是如何在結構上仿效 24.2.3 節（第 555 頁）裡 typelist 版本 PushBack() 的遞迴型式的：

tuples/pushback.hpp

```
// 基本情況
template<typename V>
Tuple<V> pushBack(Tuple<> const&, V const& value)
{
  return Tuple<V>(value);
}

// 遞迴情況
template<typename Head, typename... Tail, typename V>
Tuple<Head, Tail..., V>
pushBack(Tuple<Head, Tail...> const& tuple, V const& value)
{
  return Tuple<Head, Tail..., V>(tuple.getHead(),
                                 pushBack(tuple.getTail(), value));
}
```

一如所料，基本情況會將數值添加至一個長度為零的 tuple，做法是產生一個只包含該元素的 tuple。在遞迴情況下，我們會透過以下方式來產生新的 tuple：將當前 list 的開頭元素（即 tuple.getHead()）與「將新元素添加至當前 list 的 tail 部分後得到的結果（藉由遞迴呼叫 pushBack）」，兩者結合起來。雖然我們選擇將新創建的型別表示為 Tuple<Head, Tail..., V>，不過我們注意到這等價於利用編譯期 PushBack<Tuple<Head, Tail...>, V> 所得到的結果。

同理，`popFront()` 也很容易實現：

tuples/popfront.hpp

```
template<typename... Types>
PopFront<Tuple<Types...>>
popFront(Tuple<Types...> const& tuple)
{
  return tuple.getTail();
}
```

現在我們可以將 25.3.1 節（第 582 頁）的範例寫成下面這份程式：

```
Tuple<int, double, std::string> t1(17, 3.14, "Hello, World!");
auto t2 = popFront(pushBack(t1, true));
std::cout << std::boolalpha << t2 << '\n';
```

這會印出

```
(3.14, Hello, World!, true)
```

25.3.3　倒轉 Tuple

Tuple 內的元素可以利用另一個遞迴 tuple 演算法將次序倒轉，該演算法的架構仿效 24.2.4 節（第 557 頁）的 typelist 倒轉演算法：

tuples/reverse.hpp

```
// 基本情況
Tuple<> reverse(Tuple<> const& t)
{
  return t;
}

// 遞迴情況
template<typename Head, typename... Tail>
Reverse<Tuple<Head, Tail...>> reverse(Tuple<Head, Tail...> const& t)
{
  return pushBack(reverse(t.getTail()), t.getHead());
}
```

基本情況不言而喻。而遞迴情況會先倒轉當前 list 的 tail 部分，接著將目前的 head 添加在倒轉後的 list 尾端。舉例來說，這意味著以下式子

```
reverse(makeTuple(1, 2.5, std::string("hello")))
```

會產生一個 Tuple<string, double, int>，內容依序為 string("hello")、2.5、和 1。

類似於 typelist 的做法，現在我們可以參考 24.2.4 節（第 558 頁）的 PopBack，簡單地透過在暫時被倒轉的 list 上呼叫 popFront() 來以實現 popBack()：

tuples/popback.hpp

```
template<typename... Types>
PopBack<Tuple<Types...>>
popBack(Tuple<Types...> const& tuple)
{
  return reverse(popFront(reverse(tuple)));
}
```

25.3.4　Index Lists（索引列表）

前一小節介紹的遞迴形式 tuple 倒轉，功能上是正確的，不過在執行期卻十分沒有效率。為了點出這個問題，我們引入一個簡單的 class，用來計算過程中進行複製的次數 [2]：

tuples/copycounter.hpp

```
template<int N>
struct CopyCounter
{
  inline static unsigned numCopies = 0;
  CopyCounter() {
  }
  CopyCounter(CopyCounter const&) {
    ++numCopies;
  }
};
```

接著，我們創建一個以 CopyCounter 實體構成的 tuple，並將之倒轉：

tuples/copycountertest.hpp

```
void copycountertest()
{
  Tuple<CopyCounter<0>, CopyCounter<1>, CopyCounter<2>,
        CopyCounter<3>, CopyCounter<4>> copies;
  auto reversed = reverse(copies);
  std::cout << "0: " << CopyCounter<0>::numCopies << " copies\n";
  std::cout << "1: " << CopyCounter<1>::numCopies << " copies\n";
  std::cout << "2: " << CopyCounter<2>::numCopies << " copies\n";
  std::cout << "3: " << CopyCounter<3>::numCopies << " copies\n";
  std::cout << "4: " << CopyCounter<4>::numCopies << " copies\n";
}
```

---

[2] C++17 之前並不支援 inline static 成員。因此我們必須在同一個編譯單元、class 結構的外面初始化 numCopies。

上述程式會輸出：

```
0: 5 copies
1: 8 copies
2: 9 copies
3: 8 copies
4: 5 copies
```

複製了好多次啊！在理想的 tuple 倒轉實作中，每個元素只會被複製一次，從原本的 tuple 直接複製到最終 tuple 的正確位置上。我們可以藉由小心使用 references 來達成這項目標，包括利用 reference 來表示中間引數的型別，但這麼做會大大地複雜化我們的實作。

要減少 tuple 倒轉中的多餘副本，可以試想我們會如何針對某個已知長度的 tuple（像是範例所示的 5 個元素）實現一次性的 tuple 倒轉操作。我們可以簡單地利用 makeTuple() 與 get() 來做到這點：

```
auto reversed = makeTuple(get<4>(copies), get<3>(copies),
                          get<2>(copies), get<1>(copies),
                          get<0>(copies));
```

這個程式會產生我們期望的正確結果，同時每個 tuple 元素只複製了一次：

```
0: 1 copies
1: 1 copies
2: 1 copies
3: 1 copies
4: 1 copies
```

Index lists（索引列表，也被稱作 *index sequences*；見 24.4 節，第 570 頁）透過將 tuple 的索引集合（本例中為 4、3、2、1、0）擷取至一個 parameter pack 中，將上述概念進一步地一般化，讓呼叫 get 的序列可以經由 pack expansion 產生。這允許我們將計算索引的過程（這可能藉由任意複雜的 template metaprogram 來完成）與該 index list 的實際應用分開（此時最關注的是執行期效率）。標準型別 std::integer_sequence（於 C++14 引入）經常被用來表現 index lists。

25.3.5　利用 Index Lists 進行倒轉

要以 index list 來實現倒轉，我們首先需要一個 index list 的表示法。Index list 是一種 typelist，其包含的數值會用來作為某個 typelist 或異質資料結構（參見 24.4 節，第 570 頁）的索引。我們將會使用 24.3 節（第 566 頁）開發的 Valuelist 型別作為我們的 index list。上面 tuple 倒轉範例所對應的 index list，看起來應該像這樣

```
Valuelist<unsigned, 4, 3, 2, 1, 0>
```

我們要怎麼產生這個 index list 呢？一種方式是透過一個簡單的 template metaprogram MakeIndexList，以從 0 開始數到 $N-1$（包括 $N-1$）的方式來產生 index list，其中 N 表示 tuple 的長度 [3]：

tuples/makeindexlist.hpp

```
// 遞迴情況
template<unsigned N, typename Result = Valuelist<unsigned>>
struct MakeIndexListT
  : MakeIndexListT<N-1, PushFront<Result, CTValue<unsigned, N-1>>>
{
};

// 基本情況
template<typename Result>
struct MakeIndexListT<0, Result>
{
  using Type = Result;
};

template<unsigned N>
using MakeIndexList = typename MakeIndexListT<N>::Type;
```

我們可以接著將這項操作與 typelist Reverse 相結合，用來產生合適的 index list：

```
    using MyIndexList = Reverse<MakeIndexList<5>>;
                        // 等價於 Valuelist<unsigned, 4, 3, 2, 1, 0>
```

為了實際執行倒轉，需要將 index list 裡的索引擷取至某個 nontype parameter pack 之中。實現方式是將 index-set tuple 版本的 reverse() 演算法，拆分成兩部分進行處理：

tuples/indexlistreverse.hpp

```
template<typename... Elements, unsigned... Indices>
auto reverseImpl(Tuple<Elements...> const& t,
                 Valuelist<unsigned, Indices...>)
{
  return makeTuple(get<Indices>(t)...);
}

template<typename... Elements>
auto reverse(Tuple<Elements...> const& t)
{
  return reverseImpl(t,
                     Reverse<MakeIndexList<sizeof...(Elements)>>());
}
```

---

[3] C++14 提供了一個類似的 template：make_index_sequence，它會回傳由型別 std::size_t 構成的索引列表；它還提供了另一個更通用的版本：make_integer_sequence，允許人們自行選用特定型別。

於 C++11 中，回傳型別分別需要被宣告成

```
-> decltype(makeTuple(get<Indices>(t)...))
```

與

```
-> decltype(reverseImpl(t, Reverse<MakeIndexList<sizeof...(Elements)>>()))
```

上面的 `reverseImpl()` function template 會將自身 Valuelist 參數裡的索引值擷取至 parameter pack Indices 中。接著它會以擷取下來的索引值集合來呼叫 `get()`，得到的結果作為呼叫 `makeTuple()` 的引數，並回傳最後得到的結果。

如前面討論，`reverse()` 演算法本身僅僅用於建立合適的索引集合，並將之提供給 reverseImpl 演算法。這些索引會以 template metaprogram 進行處理，因此不會產生執行期程式碼。唯一的執行期程式碼位於 `reverseImpl`，它會利用 `makeTuple()` 一次性地建立起最終 tuple，因此只會對 tuple 裡的元素複製一次。

25.3.6 隨機排列與選擇

前一小節用來倒轉 tuple 的 `reverseImpl()` function template 實際上並不包含 `reverse()` 操作專屬的程式碼。相反地，它僅僅只是從既有的 tuple 中選擇一組特定的索引值，並利用它們來生成一個新的 tuple。`reverse()` 提供的是一組反向的索引值，不過許多演算法也可以構築於這個核心的 `select()` 演算法之上 [4]：

tuples/select.hpp

```
template<typename... Elements, unsigned... Indices>
auto select(Tuple<Elements...> const& t,
            Valuelist<unsigned, Indices...>)
{
  return makeTuple(get<Indices>(t)...);
}
```

一個利用 `select()` 進行實作的簡單演算法是 tuple 上的「splat」操作。它會從 tuple 中選取一個元素並對其進行複製，以建立另一個帶有若干個該元素副本的 tuple。

舉例來說：

```
Tuple<int, double, std::string> t1(42, 7.7, "hello"};
auto a = splat<1, 4>(t);
std::cout << a << '\n';
```

---

[4] 在 C++11 裡，回傳型別必須被宣告成 `-> decltype(makeTuple(get<Indices>(t)...))`。

會產生一個 Tuple<double, double, double, double>，裡頭每一個數值都是 get<1>(t) 的一份副本，故會印出

    (7.7, 7.7, 7.7, 7.7)

若想給出一個 metaprogram，以產生由 N 個「數值 I 的副本」構成的「複製」索引集合，此時 splat() 是一種 select() 的直接應用方式[5]：

tuples/splat.hpp

```
template<unsigned I, unsigned N, typename IndexList = Valuelist<unsigned>>
class ReplicatedIndexListT;

template<unsigned I, unsigned N, unsigned... Indices>
class ReplicatedIndexListT<I, N, Valuelist<unsigned, Indices...>>
 : public ReplicatedIndexListT<I, N-1,
                                Valuelist<unsigned, Indices..., I>> {
};

template<unsigned I, unsigned... Indices>
class ReplicatedIndexListT<I, 0, Valuelist<unsigned, Indices...>> {
 public:
  using Type = Valuelist<unsigned, Indices...>;
};

template<unsigned I, unsigned N>
using ReplicatedIndexList = typename ReplicatedIndexListT<I, N>::Type;

template<unsigned I, unsigned N, typename... Elements>
auto splat(Tuple<Elements...> const& t)
{
  return select(t, ReplicatedIndexList<I, N>());
}
```

甚至我們也可以透過將 index list 上的 template metaprogram 結合後續的 select() 應用，以實現複雜的 tuple 演算法。舉例來說，我們可以利用 24.2.7 節（第 563 頁）開發的插入排序法，根據元素型別大小來對某個 tuple 排序。假定存在這樣的 sort() 函式，其接受會對 tuple 元素型別進行比較的 template metafunction 作為比較函式，我們便可以透過下面這樣的程式碼按照大小對 tuple 元素排序：

---

5 在 C++11 中，splat() 的回傳型別必須被宣告成 -> decltype(*return-expression*)。

tuples/tuplesorttest.hpp

```cpp
#include <complex>

template<typename T, typename U>
class SmallerThanT
{
 public:
  static constexpr bool value = sizeof(T) < sizeof(U);
};

void testTupleSort()
{
  auto t1 = makeTuple(17LL, std::complex<double>(42,77), 'c', 42, 7.7);
  std::cout << t1 << '\n';
  auto t2 = sort<SmallerThanT>(t1); //t2 為 Tuple<int, long, std::string>
  std::cout << "sorted by size: " << t2 << '\n';
}
```

舉例來說，它的輸出可能會長得像這樣[6]：

```
(17, (42,77), c, 42, 7.7)
sorted by size: (c, 42, 7.7, 17, (42,77))
```

具體的 sort() 實作會同時利用 InsertionSort 與 **tuple** select()[7]：

tuples/tuplesort.hpp

```cpp
// metafunction wrapper 會對 tuple 內的元素進行比較:
template<typename List, template<typename T, typename U> class F>
class MetafunOfNthElementT {
 public:
  template<typename T, typename U> class Apply;

  template<unsigned N, unsigned M>
  class Apply<CTValue<unsigned, M>, CTValue<unsigned, N>>
    : public F<NthElement<List, M>, NthElement<List, N>> { };
};

// 藉由元素彼此間的比較來對 tuple 進行排序:
template<template<typename T, typename U> class Compare,
         typename... Elements>
auto sort(Tuple<Elements...> const& t)
{
  return select(t,
                InsertionSort<MakeIndexList<sizeof...(Elements)>,
```

---

[6] 請注意，最終排列順序所依據的大小與平台有關（**platform-specific**）。例如，double 的大小可能會比 long long 的大小還要小、也可能與其相同、或甚至比它更大。

[7] 在 C++11 中，sort() 的回傳型別需要被宣告成 -> decltype (*return-expression*)。

```
                                    MetafunOfNthElementT<
                                                  Tuple<Elements...>,
                                                  Compare>::template Apply>());
}
```

請仔細觀察 InsertionSort 的使用方式：實際上被排序的 typelist 是一列指涉 typelist 的索引值，經由 MakeIndexList<> 建構出來。因此，插入排序法會得到一組用來指涉 tuple 的索引，接著再將其轉交給 select()。不過，由於 InsertionSort 是作用於索引值上，所以可以想見其內部的比較行為是針對兩個索引值進行的。你可以想像正在對某個 std::vector 的索引值進行排序，這樣會比較好理解上述原理。如同下面這個（non-metaprogramming）範例一樣：

tuples/indexsort.cpp

```cpp
#include <vector>
#include <algorithm>
#include <string>

int main()
{
  std::vector<std::string> strings = {"banana", "apple", "cherry"};
  std::vector<unsigned> indices = { 0, 1, 2 };
  std::sort(indices.begin(), indices.end(),
            [&strings](unsigned i, unsigned j) {
                return strings[i] < strings[j];
            });
}
```

此處 indices 包含的是 vector strings 的索引值。sort() 操作會對具體的索引值進行排序，故用來進行比較操作的 lambda 接受的是兩個 unsigned 數值（而非 string 值）。不過，該 lambda 的本體會將這些 unsigned 數值作為 strings vector 的索引，故排序實際上比的是 strings 的內容。當排序完成時，indices 給出的是 strings 的索引值，而這些索引是根據 strings 內的值來完成排序的。

我們用在 tuple sort() 上的 InsertionSort 也採用相同的做法。轉接器（adapter）template MetafunOfNthElementT 提供一個接受兩個索引值（CTValue 的特化體）的 template metafunction（即內嵌的 Apply），同時利用 NthElement 從自身的 Typelist 引數中提取對應元素。從意義上來說，member template Apply 使用與 lambda 從自身的 enclosing scope（外圍作用範圍）擷取 strings vector 類似的方法，「捕捉」到餵給自身 enclosing template（封閉模板，即 MetafunOfNthElementT）的 typelist。接著 Apply 會將提取出來的元素轉發給底層的 metafunction F，以完成轉接。

注意排序進行的所有計算都於編譯期進行，並直接生成最終 tuple，於執行期時並不會對數值進行額外的複製。

25.4 展開 Tuples

Tuples 很適合用來將一組相關數值一併保存於單個數值中，無論這些相關數值的型別為何、或是它們有多少個。某些時候你可能會需要解開這樣的 tuple，例如將各個元素分別作為獨立引數傳進某個函式時。舉個簡單的例子，我們可能想要接受一個 tuple、並將裡頭的元素傳遞給 12.4 節（第 200 頁）描述、具備可變參數（variadic）的 print() 操作：

```
Tuple<std::string, char const*, int, char> t("Pi", "is roughly",
                                             3, '\n');
print(t...);      // 錯誤：無法展開 tuple；它並不是一個 parameter pack
```

如同上面範例展示的，這樣「直白地」對 tuple 進行展開將無法成功，因為它不是一個 parameter pack。我們可以利用 index list 來實現相同的做法。下面的 function template apply() 會接受一個函式與一個 tuple，接著利用展開的 tuple 元素來呼叫該函式：

tuples/apply.hpp

```
template<typename F, typename... Elements, unsigned... Indices>
auto applyImpl(F f, Tuple<Elements...> const& t,
               Valuelist<unsigned, Indices...>)
  ->decltype(f(get<Indices>(t)...))
{
  return f(get<Indices>(t)...);
}

template<typename F, typename... Elements,
         unsigned N = sizeof...(Elements)>
auto apply(F f, Tuple<Elements...> const& t)
  ->decltype(applyImpl(f, t, MakeIndexList<N>()))
{
  return applyImpl(f, t, MakeIndexList<N>());
}
```

上面的 applyImpl() function template 會接受一個給定的 index list，並利用它來展開 tuple 中的元素，以作為自身引數 f 的 argument list（引數列），此處的 f 是個函式物件。開放給使用者的 apply() 只負責建構最初的 index list。有了這些組件我們得以展開某個 tuple，並用它來作為 print() 的引數：

```
Tuple<std::string, char const*, int, char> t("Pi", "is roughly",
                                             3, '\n');
apply(print, t);     // OK：輸出 Pi is roughly 3
```

C++17 提供了一個功能相仿的的函式，適用於「任何類似 tuple 的型別」。

25.5 最佳化 Tuple

Tuple 是一個具備大量潛在用途的基本異質容器。因此,值得我們好好思考可以如何在執行期(針對儲存空間、執行時間)以及編譯期(針對 templates 實體化的次數)對 tuple 的使用方式進行最佳化。本節討論一些適用於我們的 Tuple 實作版本的特定最佳化方案。

25.5.1 Tuples 與 EBCO

在儲存空間方面,我們的 Tuple 實作耗用的空間會超過其必要的最低需求量。一個問題在於 tail 成員最終會成為一個空 tuple,因為每個非空 tuple 都會以一個空 tuple 來終止遞迴,同時每個資料成員必然擁有至少 1 byte 的儲存空間。

為了提高 Tuple 的儲存效率,我們可以運用 21.1 節(第 489 頁)討論過的 *empty base class 最佳化*(*empty base class optimation*,EBCO),採用繼承 tail tuple 的方式而不是將其作為成員。像下面這樣:

tuples/tuplestorage1.hpp

```
// 遞迴情況:
template<typename Head, typename... Tail>
class Tuple<Head, Tail...> : private Tuple<Tail...>
{
  private:
    Head head;
  public:
    Head& getHead() { return head; }
    Head const& getHead() const { return head; }
    Tuple<Tail...>& getTail() { return *this; }
    Tuple<Tail...> const& getTail() const { return *this; }
};
```

這和我們在 21.1.2 節(第 494 頁)對於 BaseMemberPair 所採用的方式一模一樣。不過不幸的是,它具有將「在建構子裡進行初始化的 **tuple** 元素」執行順序倒轉過來的具體副作用。於先前的做法中,由於 head 成員位於 tail 成員之前,故 head 會先進行初始化。但在這個新的 Tuple 儲存型式中,tail 位於 base class 內,故它會比 head 成員更早進行初始化[8]。

這個問題可以透過以下方式來解決:將 head 成員埋入專屬的 base class 之中,且該 base class 於 base class list 中排在 tail 的前面。一種直接的實現方式是引進一個用來包裝各個元素型別的 TupleElt template,讓 Tuple 可以直接繼承它:

---

[8] 這項變動帶來的另一個具體影響是:tuple 內的元素最終會以相反順序進行儲存,因為 base class 的儲存位置通常會位於一般成員之前。

tuples/tuplestorage2.hpp

```cpp
template<typename... Types>
class Tuple;

template<typename T>
class TupleElt
{
  T value;

 public:
  TupleElt() = default;

  template<typename U>
  TupleElt(U&& other) : value(std::forward<U>(other)) { }

  T&       get()       { return value; }
  T const& get() const { return value; }
};

// 遞迴情況:
template<typename Head, typename... Tail>
class Tuple<Head, Tail...>
 : private TupleElt<Head>, private Tuple<Tail...>
{
 public:
  Head& getHead() {
    // 可能存在歧義
    return static_cast<TupleElt<Head> *>(this)->get();
  }
  Head const& getHead() const {
    // 可能存在歧義
    return static_cast<TupleElt<Head> const*>(this)->get();
  }
  Tuple<Tail...>& getTail() { return *this; }
  Tuple<Tail...> const& getTail() const { return *this; }
};

// 基本情況:
template<>
class Tuple<> {
  // 無需儲存空間
};
```

雖然這個方法解決了初始化順序的問題，但它會引入一個（更可怕的）新問題：我們從此無法再從「帶有兩個以上相同型別元素的 tuple」中提取元素，例如 Tuple<int, int>，因為從 tuple 轉成代表特定型別的 TupleElt（如 TupleElt<int>），這種 derived-to-base（子類別到基礎類別）的轉型會帶有歧義。

為了消除這種歧義，我們需要確保每個 TupleElt base class 於給定的 Tuple 中都是獨一無二的。一種做法是將這些數值以自身在 tuple 中的「高度（height，亦即 tail tuple 的長度）」進行編碼。Tuple 內的最後一個元素會以高度 0 進行儲存，而倒數第二個元素則以高度 1 儲存，依此類推[9]：

tuples/tupleelt1.hpp

```
template<unsigned Height, typename T>
class TupleElt {
  T value;
 public:
  TupleElt() = default;

  template<typename U>
  TupleElt(U&& other) : value(std::forward<U>(other)) { }

  T&       get()       { return value; }
  T const& get() const { return value; }
};
```

利用這個解決方案，我們可以生成一個適用 EBCO 的 Tuple，同時維持初始化的順序並支援多個具有相同型別的元素：

tuples/tuplestorage3.hpp

```
template<typename... Types>
class Tuple;

// 遞迴情況：
template<typename Head, typename... Tail>
class Tuple<Head, Tail...>
 : private TupleElt<sizeof...(Tail), Head>, private Tuple<Tail...>
{
  using HeadElt = TupleElt<sizeof...(Tail), Head>;
 public:
  Head& getHead() {
    return static_cast<HeadElt *>(this)->get();
  }
```

---

[9] 直接以 tuple 元素的索引值來取代高度可能會更直觀。不過這些資訊在 Tuple 內並不容易取得，因為給定的 tuple 既可能代表某個獨立的 tuple、也可能用來作為另一個 tuple 的 tail[*]。不過，給定的 Tuple 肯定知道自身的 tail 中含有幾個元素。

[*] 譯註：因此很難得知該元素的前面還有幾個元素。

```
  Head const& getHead() const {
    return static_cast<HeadElt const*>(this)->get();
  }
  Tuple<Tail...>& getTail() { return *this; }
  Tuple<Tail...> const& getTail() const { return *this; }
};

// 基本情況:
template<>
class Tuple<> {
  // 無需儲存空間
};
```

有了上面這份實作,下面這個程式

tuples/compressedtuple1.cpp

```cpp
#include <algorithm>
#include "tupleelt1.hpp"
#include "tuplestorage3.hpp"
#include <iostream>

struct A {
    A() {
      std::cout << "A()" << '\n';
    }
};

struct B {
    B() {
      std::cout << "B()" << '\n';
    }
};

int main()
{
  Tuple<A, char, A, char, B> t1;
  std::cout << sizeof(t1) << " bytes" << '\n';
}
```

會輸出

```
  A()
  A()
  B()
  5 bytes
```

EBCO 會省下一個 byte 的儲存空間（針對空的 tuple：Tuple<>）。不過，請注意 A 和 B 都是空 class，這意味著 Tuple 裡存在著另一次可以應用 EBCO 的機會。在安全的情況下，我們可以稍微擴充 TupleElt 來繼承特定元素型別，同時毋需改動 Tuple：

tuples/tupleelt2.hpp

```cpp
#include <type_traits>

template<unsigned Height, typename T,
         bool = std::is_class<T>::value && !std::is_final<T>::value>
class TupleElt;

template<unsigned Height, typename T>
class TupleElt<Height, T, false>
{
  T value;

 public:
  TupleElt() = default;
  template<typename U>
    TupleElt(U&& other) : value(std::forward<U>(other)) { }

  T&       get()       { return value; }
  T const& get() const { return value; }
};

template<unsigned Height, typename T>
class TupleElt<Height, T, true> : private T
{
 public:
  TupleElt() = default;
  template<typename U>
    TupleElt(U&& other) : T(std::forward<U>(other)) { }

  T&       get()       { return *this; }
  T const& get() const { return *this; }
};
```

當 TupleElt 接受了某個不為 final 的 class 時，它會以 private 方式來繼承該 class，以利在儲存的數值上應用 EBCO。藉由上述改動，前面的程式現在會輸出：

```
A()
A()
B()
2 bytes
```

25.5.2 常數時間 `get()`

在使用 tuples 時，絕對很常用到 `get()` 操作。不過它的遞迴實作版本需要線性次數的 template 實體化，這可能會影響到編譯時間。幸好，在前一小前介紹的 EBCO 最佳化能夠實現更有效率的 `get` 實作，我們接下來會討論它。

這裡的主要切入點是：在將某個（base class 型別的）參數匹配至（derived class 型別的）引數時，template 引數推導（見第 15 章）會為 base class 推導出 template arguments。因此，如果我們可以計算出待擷取元素的高度 H，我們便可以仰賴從 Tuple 特化體到 `TupleElt<H, T>` 的轉型（T 為推導出的結果）來擷取該元素，而不用手動遍歷所有的索引值：

tuples/constantget.hpp

```
template<unsigned H, typename T>
T& getHeight(TupleElt<H,T>& te)
{
  return te.get();
}

template<typename... Types>
class Tuple;

template<unsigned I, typename... Elements>
auto get(Tuple<Elements...>& t)
  -> decltype(getHeight<sizeof...(Elements)-I-1>(t))
{
  return getHeight<sizeof...(Elements)-I-1>(t);
}
```

因為 `get<I>(t)` 會接收到所需元素的索引 I（從 tuple 的開頭處開始計數），而 tuple 實際儲存時用的是高度 H（從 tuple 的尾端開始計數），故我們會利用 I 來計算 H。呼叫 `getHeight()` 時執行的 template 引數推導會進行真正的搜尋工作：高度 H 是個固定值，因為它被明確地寫在呼叫式裡，因此只有一個能推導出型別 T 的 TupleElt base class 匹配。請注意，`getHeight()` 需要被宣告為 Tuple 的 **friend**，方能夠將其轉型成 **private base class**。舉例來說：

```
// 在適用於 class template Tuple 的遞迴情況下：
template<unsigned I, typename... Elements>
friend auto get(Tuple<Elements...>& t)
        -> decltype(getHeight<sizeof...(Elements)-I-1>(t));
```

請注意，這份實作只需要進行常數次（constant number）的 template 實體化，因為我們已經將匹配索引的這項苦差事丟給編譯器的 template 引數推導引擎來負責。

25.6 Tuple 的索引操作

原則上，我們也可以藉由定義 operator[] 來對 tuple 裡的元素進行存取，這和 std::vector 定義 operator[] 的做法類似[10]。然而，與 std::vector 不同，tuple 裡各個元素的型別可能都不相同，故 tuple 的 operator[] 必須是個 **template**，其回傳型別取決於該元素的索引。反過來說，這也要求各個索引具有不同的型別，故索引的型別也可以用於確定該元素的型別。

於 24.3 節（第 566 頁）介紹的 class template CTValue 允許我們將索引數字編碼於型別之內。我們可以利用這點來定義一個索引運算子（subscript operator），作為 Tuple 的成員：

```
template<typename T, T Index>
auto& operator[](CTValue<T, Index>) {
  return get<Index>(*this);
}
```

此處我們利用傳入的 CTValue 引數裡頭的索引值來呼叫相應的 get<>()。

現在我們能夠使用以下方式來利用這個 class：

```
auto t = makeTuple(0, '1', 2.2f, std::string{"hello"});
auto a = t[CTValue<unsigned, 2>{}];
auto b = t[CTValue<unsigned, 3>{}];
```

a 和 b 會以 Tuple t 內第三和第四個值的型別與值來初始化。

為了讓常數索引在使用上更方便，我們可以用 constexpr 來實作文字運算子（literal operator），直接從帶有 _c 字尾的普通文字上計算出編譯期的數值文字（numeric literals）：

tuples/literals.hpp

```
#include "ctvalue.hpp"
#include <cassert>
#include <cstddef>

// 於編譯期時，將單個 char 轉型為對應的 int 數值:
constexpr int toInt(char c) {
  // 處理十六進制字符:
  if (c >= 'A' && c <= 'F') {
    return static_cast<int>(c) - static_cast<int>('A') + 10;
  }
  if (c >= 'a' && c <= 'f') {
    return static_cast<int>(c) - static_cast<int>('a') + 10;
  }
  // 其他情況 (禁止浮點數文字裡頭會出現的 '.'):
  assert(c >= '0' && c <= '9');
```

---

[10] 感謝 Louis Dionne 指出本節介紹的這項特性。

```
    return static_cast<int>(c) - static_cast<int>('0');
}
```

```
// 於編譯期時，將由 char 構成的 array 解析為對應的 int 值：
template<std::size_t N>
constexpr int parseInt(char const (&arr)[N]) {
  int base = 10;          // 設定基數（base，預設為十進制）
  int offset = 0;         // 略過前綴，如 0x
  if (N > 2 && arr[0] == '0') {
    switch (arr[1]) {
      case 'x':           // 前綴是 0x 或 0X，故為十六進制
      case 'X':
        base = 16;
        offset = 2;
        break;
      case 'b':           // 前綴是 0b 或 0B（C++14 引入），故為二進制
      case 'B':
        base = 2;
        offset = 2;
        break;
      default:            // 前綴是 0，故為八進制
        base = 8;
        offset = 1;
        break;
    }
  }
  // 遍歷所有位數，同時計算最終數值：
  int value = 0;
  int multiplier = 1;
  for (std::size_t i = 0; i < N - offset; ++i) {
    if (arr[N-1-i] != '\'') { // 忽略中間的單獨引號（如 1'000）
      value += toInt(arr[N-1-i]) * multiplier;
      multiplier *= base;
    }
  }
  return value;
}
```

```
// 文字運算子：將帶有 _c 字尾的整數文字解析成一連串的 char：
template<char... cs>
constexpr auto operator"" _c() {
  return CTValue<int, parseInt<sizeof...(cs)>({cs...})>{};
}
```

此處我們利用下列情況固有的優點：針對數值文字，我們可以透過文字運算子來將文字裡的各個字元推導成自身擁有的 template parameter（詳細內容請見 15.5.1 節，第 277 頁）。我們將這些字元傳給 constexpr 輔助函式 parseInt()，它會在編譯期計算該字元序列的值、並以 CTValue 型別來產生該值。舉例來說：

- 42_c 會產生 CTValue<int,42>
- 0x815_c 會產生 CTValue<int,2069>
- 0b1111'1111_c 會產生 CTValue<int,255>[11]

注意前頁實現的解析器（parser）並不會處理浮點數文字。遇到這種情況，裡頭的斷言（assertion）會導致編譯期錯誤，因為該斷言屬於無法在編譯期上下文使用的執行期特性。

利用這個運算子，我們可以這樣使用 tuple：

```
auto t = makeTuple(0, '1', 2.2f, std::string{"hello"});
auto c = t[2_c];
auto d = t[3_c];
```

Boost.Hana（見 [*BoostHana*]）運用了這個做法，它是個適用於型別與數值計算的 metaprogramming 程式庫。

25.7 後記

Tuple 構造是許多程式設計者曾經各自嘗試開發過的 template 應用之一。Boost.Tuple 程式庫 [*BoostTuple*] 成為了 C++ 中最受歡迎的一種 tuple 形式，並最終演變為 C++11 的 std::tuple。

在 C++11 之前，許多 tuple 實作都根據遞迴 pair 結構的想法來實現；本書第一版（[*VandevoordeJosuttisTemplates1st*]）透過書中的「*recursive duos*」範例闡述了其中一種做法。另一種有趣的替代做法由 Andrei Alexandrescu 在 [*AlexandrescuDesign*] 裡開發出來。他以 typelist（參考第 24 章的討論）的概念作為 tuples 的基礎，乾淨地將型別所構成的 list 從 tuple 內的各個欄位裡剝離出來。

C++11 引進了 variadic templates（可變參數模板），其中的 parameter pack 可以直接用來擷取某個 tuple 的型別列表，免去了對遞迴 pair 的需求。Pack expanson 與 index list 概念 [*GregorJarviPowellVariadicTemplates*] 將遞迴模板實體化坍解（collapsed）成更簡單、更有效率的若干次 template 實體化，讓 tuple 變得更加實用。對於 tuple 與 typelist 演算法的效能來說，善加運用 index list 變得至關重要。編譯器會引入一個固有的 alias template（例如 __make_integer_seq<S, T, N>），它最終會在不需要額外實體化的情況下展開為 S<T, 0, 1, ..., N>，從而提升了 std::make_index_sequence 與 make_integer_sequence 應用的速度。

---

11 用於二進制文字的 0b 前綴、以及分隔位數的單個引號字元，均自 C++14 開始支援。

Tuple 是最被廣泛採用的異質容器，但它並不是唯一一種可用的容器。Boost.Fusion 程式庫 [*BoostFusion*] 為普通容器類型提供了其他對應的異質版本，像是異質 `list`、`deque`、`set`、以及 `map`。更重要的是，它利用與 C++ 標準程式庫相同的抽象概念和術語（如：迭代器、序列、與容器）為撰寫異質集合演算法提供了一份框架。

Boost.Hana [*BoostHana*] 採用了許多 Boost.MPL [*BoostMPL*] 和 Boost.Fusion 裡出現的想法（上述兩個程式庫早在 C++11 推出之前許久便已經完成設計與實作），並以新的 C++11（與 C++14）語言特性來重新構思這些想法。最終得到的是一個優雅的程式庫，它為異質計算提供了威力強大的組合元件。

26

可辨聯集
Discriminated Unions

上一章開發的 tuple 會將某些由 type list 構成的數值整合進單一數值（value）中，讓它們具備與簡單的 struct 大致相同的功能。考慮到上面這種類比關係，自然也會讓人猜想：union 的對應型別又會是什麼呢？這種型別擁有單一數值，但該數值的型別會從可能型別所形成的集合中被挑選出來。舉例來說，某個資料庫欄位記錄的可能是某個整數、浮點數、字串、或是二進制大型物件（binary blob），不過在任意時間點它僅能包含（上述型別中的）某一個型別所構成的數值。

本章我們會開發一個 class template Variant。它能動態地將某一個由「指定的可能數值型別集合」裡的型別所構成的數值儲存起來，這與 C++17 標準程式庫裡的 std::variant<> 十分類似。Variant 是一個 *discriminated union*（可辨聯集），意味著 variant 知道當下起作用的是哪個可能的數值型別，它能夠提供比等效的 C++ union 更好的型別安全性。Variant 本身是個 variadic template，接受可作為 active value（作用中數值）型別的 list。例如，以下變數

```
Variant<int, double, string> field;
```

可以儲存一個 int、double、或是 string，不過一次只能儲存這些數值裡的某一個[1]。下面的程式展示了 Variant 的行為：

variant/variant.cpp

```cpp
#include "variant.hpp"
#include <iostream>
#include <string>

int main()
{
```

---

[1] 請注意，在 Variant 宣告當下，潛在型別構成的列表便已確定，這表示 Variant 是封閉型（*closed*）discriminated union。一個開放型（*open*）discriminated union 會允許額外型別（於 discriminated union 建立時還不知道的型別）所構成的數值被儲存於該 union 中。第 22 章討論的 FunctionPtr class 可以被視為開放型 discriminated union 的一種形式。

603

```
  Variant<int, double, std::string> field(17);
  if (field.is<int>()) {
    std::cout << "Field stores the integer "
              << field.get<int>() << '\n';
  }
  field = 42;              // 以相同型別的數值進行賦值
  field = "hello";         // 以不同型別的數值進行賦值
  std::cout << "Field now stores the string '"
            << field.get<std::string>() << "'\n";
}
```

這會產生以下輸出：

```
Field stores the integer 17
Field now stores the string "hello"
```

上面的 variant 可以被用來賦值給任何一個自身接受的型別所構成的數值。我們可以利用成員函式 is<T>() 來測試當前 variant 包含的是否是「型別為 T 的數值」，接著再以成員函式 get<T>() 來提取儲存的數值。

26.1 儲存方式

我們的 Variant 型別首要的設計面向是：管理 *active value*（作用中數值，亦即當前儲存於 variant 中的數值）的儲存方式。不同型別之間，可能需要將不同的大小與對齊方式（alignment）納入考量。此外，variant 需要保存一個 *discriminator*（鑑別器）來指出可能型別中的哪一個是 active value 的型別。一個簡單（雖然效率不佳）的儲存機制是直接使用 tuple（參考第 25 章）：

variant/variantstorageastuple.hpp

```
template<typename... Types>
class Variant {
 public:
  Tuple<Types...> storage;
  unsigned char discriminator;
};
```

這裡 discriminator 被用來作為 tuple 上的動態索引。只有自身靜態索引值（static index）與當前 discriminator 值相等的 tuple 元素會擁有合法數值，故當 discriminator 為 0 時，可以利用 get<0>(storage) 來存取 active value；當 discriminator 為 1 時，則可以利用 get<1>(storage) 來存取 active value，依此類推。

我們可以基於 tuple 來建構核心的 variant 操作：is<T>() 和 get<T>()。然而，這麼做相當沒有效率，因為現在 variant 本身所需的儲存空間等於所有可能數值型別大小的總和，即便在任何時間點都只有一個型別起作用也是如此[2]。比較好的做法是共用各個可能型別的儲存空間。要實現這點，我們可以遞迴地將 variant 展開成它的 head 和 tail，如同我們在 25.1.1 節（第 576 頁）對 tuple 做的那樣，不過這次是用在 union 而不是 class 上：

variant/variantstorageasunion.hpp

```
template<typename... Types>
union VariantStorage;

template<typename Head, typename... Tail>
union VariantStorage<Head, Tail...> {
  Head head;
  VariantStorage<Tail...> tail;
};

template<>
union VariantStorage<> {
};
```

這裡的 union 保證無論何時都有足夠的大小和合法的對齊方式，能夠保存 Types 裡的任何一種型別。但不幸的是，這個 union 本身相當難以運用，因為我們用來實現 Variant 的大多數技術都會使用繼承，而這是不允許用在 union 上的。

反過來，我們選擇採用低階（low-level）表示法作為 variant 的儲存方式：利用一個具備適用任何可能型別的對齊方式、並且大得足以容納任何可能型別的字元陣列作為 buffer（緩衝空間），用來保存 active value。下面的 VariantStorage class template 實現了帶有一個 discriminator 的 buffer：

variant/variantstorage.hpp

```
#include <new>  // std::launder() 需要

template<typename... Types>
class VariantStorage {
  using LargestT = LargestType<Typelist<Types...>>;
  alignas(Types...) unsigned char buffer[sizeof(LargestT)];
  unsigned char discriminator = 0;
 public:
  unsigned char getDiscriminator() const { return discriminator; }
  void setDiscriminator(unsigned char d) { discriminator = d; }
```

---

2 這個做法還存在許多其他的問題，像是隱晦地要求所有在 Types 裡的型別都需要具備預設建構子。

```
    void* getRawBuffer() { return buffer; }
    const void* getRawBuffer() const { return buffer; }

    template<typename T>
      T* getBufferAs() { return std::launder(reinterpret_cast<T*>(buffer)); }
    template<typename T>
      T const* getBufferAs() const {
        return std::launder(reinterpret_cast<T const*>(buffer));
      }
};
```

這裡我們運用 24.2.2 節（第 552 頁）開發的 LargestType metaprogram 來計算 buffer 的大小，確保它對這些數值型別中的任何一個來說都足夠大。同樣地，alignas pack expansion 也確保 buffer 的對齊方式適用於每一個數值型別[3]。我們計算所得到的 buffer，本質上是前述 union 的機械碼表示法（machine representation）。我們可以透過 getBuffer() 來取得指向 buffer 的指標，同時利用以下方式操作該儲存空間：顯式轉型（explicit cast）、placement new（用來創建新數值）和顯式解構（explicit destruction，用來消滅我們建立的數值）。如果你對 getBufferAs() 裡用到的 std::launder() 不大熟悉，現在先知道它會回傳未經修改的自身引數就夠了；我們會在談到 Variant template 的賦值運算子時（見 26.4.3 節，第 617 頁）說明它所扮演的角色。

26.2 設計方案

我們已經有了針對 variant 儲存問題的解決方案，現在讓我們來設計 Variant 型別本身。類似於 Tuple 型別，我們利用繼承來替 Types 列表中的各個型別設定行為。但與 Tuple 不同的是，這些 base classes 並不具備儲存空間。相反地，每一個 base class 都利用 21.2 節（第 495 頁）討論到的奇特遞迴模板模式（*Curiously Recurring Template Pattern*，CRTP），透過最終衍生型別（most-derived type）來取得共享的 variant 儲存空間。

下面定義的 class template VariantChoice 提供了當 variant 的 active value 型別為（或即將為）T 時，操縱 buffer 所需的核心操作：

variant/variantchoice.hpp

```
#include "findindexof.hpp"

template<typename T, typename... Types>
class VariantChoice {
  using Derived = Variant<Types...>;
  Derived& getDerived() { return *static_cast<Derived*>(this); }
```

---

3 雖然我們選擇不這麼做，但我們在計算最大對齊位數時，其實可以利用 template metaprogram 來取代 alignas 的 pack expansion。不管使用哪種方法，最終結果都相同，但我們上面使用的這種做法會將計算對齊的工作轉移到編譯器的身上。

```
   Derived const& getDerived() const {
     return *static_cast<Derived const*>(this);
   }
 protected:
  // 計算出此型別所使用的 discriminator
  constexpr static unsigned Discriminator =
     FindIndexOfT<Typelist<Types...>, T>::value + 1;
 public:
  VariantChoice() { }
  VariantChoice(T const& value);              // 參考 variantchoiceinit.hpp
  VariantChoice(T&& value);                   // 參考 variantchoiceinit.hpp
  bool destroy();                             // 參考 variantchoicedestroy.hpp
  Derived& operator= (T const& value);        // 參考 variantchoiceassign.hpp
  Derived& operator= (T&& value);             // 參考 variantchoiceassign.hpp
};
```

Template parameter pack Types 會包含 Variant 裡的所有型別。這讓我們能夠構建（用於 CRTP）的 Derived 型別，並據此提供了向下轉型操作 getDerived()。Types 的第二個有趣的用法是用來尋找特定型別 T 在 Types 列表中的位置，這件事可以透過 metafunction FindIndexOfT 來達成：

variant/findindexof.hpp

```
template<typename List, typename T, unsigned N = 0,
         bool Empty = IsEmpty<List>::value>
struct FindIndexOfT;

// 遞迴情況：
template<typename List, typename T, unsigned N>
struct FindIndexOfT<List, T, N, false>
  : public IfThenElse<std::is_same<Front<List>, T>::value,
                      std::integral_constant<unsigned, N>,
                      FindIndexOfT<PopFront<List>, T, N+1>>
{
};

// 基本情況：
template<typename List, typename T, unsigned N>
struct FindIndexOfT<List, T, N, true>
{
};
```

該索引值被用於計算與 T 相對應的 discriminator 值；我們稍後會回來討論特定的 discriminator 值。

以下的 Variant 架構說明了 Variant、VariantStorage、與 VariantChoice 彼此之間的關係：

variant/variant-skel.hpp

```
template<typename... Types>
class Variant
 : private VariantStorage<Types...>,
   private VariantChoice<Types, Types...>…
{
  template<typename T, typename... OtherTypes>
    friend class VariantChoice; // 啟用 CRTP
  …
};
```

如先前提示過的，每個 Variant 都具備單一且共享的 VariantStorage base class[4]。此外，它也具有一些從下列巢狀 pack expansion 中產生出來的 VariantChoice base classes（參考 12.4.4 節，第 205 頁）：

   VariantChoice<Types, Types...>…

這個例子裡我們有著兩次展開動作：位於外側的展開動作會藉由展開第一個指向 Types 的 reference，來為 Types 裡的各個型別 T 生成一個 VariantChoice base class。而內側的展開動作則會展開第二個出現的 Types，附帶將 Types 裡出現的所有型別傳給各個 VariantChoice base class。對於下式來說

   Variant<int, double, std::string>

這會產生下面的 VariantChoice base classes 集合[5]：

   VariantChoice<int, int, double, std::string>,
   VariantChoice<double, int, double, std::string>,
   VariantChoice<std::string, int, double, std::string>

上述三個 base classes 的 discriminator 值分別會是 1、2、和 3。當 variant 儲存空間的 discriminator 成員匹配於某個特定 VariantChoice base class 的 discriminator 時，該 base class 便會負責管理當下的 active value。

數值為 0 的 discriminator 保留給 variant 未包含任何數值的情況，這算是一種特殊狀態（odd state），惟有在賦值行為拋出異常時才觀察得到。在進行任何與 Variant 有關的討論時，我們都會小心地處理 discriminator 值為 0 的情況（同時在適當的時候設定該值），不過我們會留到 26.4.3 節（第 613 頁）再討論這種情況。

---

[4] 這裡的 base classes 為 private，因為它們並非作為公開的介面出現。故我們需要 friend template 來讓 VariantChoice 裡的 asDerived() 函式降轉（downcast）成 Variant。

[5] 僅僅透過型別 T 來分辨既有 Variant 的 VariantChoice base classes，導致的一個有趣效果是：出現重複的型別被禁止了。Variant<double, int, double> 會導致下列的編譯器錯誤：一個 class 無法直接對相同的 base class 進行繼承（這個情況下，VariantChoice<double, double, int, double> 生成了兩次）。

以下展示了 Variant 的完整定義。下一小節會介紹 Variant 各個成員的實作方式。

variant/variant.hpp

```cpp
template<typename... Types>
class Variant
 : private VariantStorage<Types...>,
   private VariantChoice<Types, Types...>…
{
  template<typename T, typename... OtherTypes>
    friend class VariantChoice;

 public:
  template<typename T> bool is() const;           // 參考 variantis.hpp
  template<typename T> T& get() &;                // 參考 variantget.hpp
  template<typename T> T const& get() const&;     // 參考 variantget.hpp
  template<typename T> T&& get() &&;              // 參考 variantget.hpp

  // 參考 variantvisit.hpp：
  template<typename R = ComputedResultType, typename Visitor>
    VisitResult<R, Visitor, Types&...> visit(Visitor&& vis) &;
  template<typename R = ComputedResultType, typename Visitor>
    VisitResult<R, Visitor, Types const&...> visit(Visitor&& vis) const&;
  template<typename R = ComputedResultType, typename Visitor>
    VisitResult<R, Visitor, Types&&...> visit(Visitor&& vis) &&;

  using VariantChoice<Types, Types...>::VariantChoice...;
  Variant();                                      // 參考 variantdefaultctor.hpp
  Variant(Variant const& source);                 // 參考 variantcopyctor.hpp
  Variant(Variant&& source);                      // 參考 variantmovector.hpp
  template<typename... SourceTypes>
    Variant(Variant<SourceTypes...> const& source); // variantcopyctortmpl.hpp
  template<typename... SourceTypes>
    Variant(Variant<SourceTypes...>&& source);

  using VariantChoice<Types, Types...>::operator=...;
  Variant& operator= (Variant const& source);     // 參考 variantcopyassign.hpp
  Variant& operator= (Variant&& source);
  template<typename... SourceTypes>
    Variant& operator= (Variant<SourceTypes...> const& source);
  template<typename... SourceTypes>
    Variant& operator= (Variant<SourceTypes...>&& source);

  bool empty() const;

  ~Variant() { destroy(); }
  void destroy();                                 // 參考 variantdestroy.hpp
};
```

26.3 查詢與取值

針對 Variant 型別最基本的查詢動作是：詢問其擁有的 active value 是否為特定型別 T、以及在知道型別的情況下，對 active value 進行存取。下面定義的 is() 成員函式，可以用來判斷 variant 目前是否儲存了型別為 T 的數值：

variant/variantis.hpp

```
template<typename... Types>
template<typename T>
bool Variant<Types...>::is() const
{
  return this->getDiscriminator() ==
         VariantChoice<T, Types...>::Discriminator;
}
```

對於給定的 variant v，v.is<int>() 會判斷 v 的 active value 是否為 int 型別。這項檢查十分直觀，它會將 variant 儲存的 discriminator 與對應 VariantChoice base class 的 Discriminator 值進行比較。

如果在列表裡找不到我們期望的型別（T），VariantChoice base class 的實體化會失敗，因為 FindIndexOfT 不會具備 value 成員，因而在 is<T>() 裡引發一個（刻意為之的）編譯失敗。這避免了當使用者要求一個無法被保存在 variant 的型別時，所造成的使用者錯誤（user error）。

get() 成員函式會提取（extract）一個指向被保存數值的 reference。在使用 get() 時必須提供想要提取的型別（如 v.get<int>()），同時唯有當 variant 的 active value 屬於該型別時，函式方為有效：

variant/variantget.hpp

```
#include <exception>

class EmptyVariant : public std::exception {
};

template<typename... Types>
 template<typename T>
T& Variant<Types...>::get() & {
  if (empty()) {
    throw EmptyVariant();
  }

  assert(is<T>());
  return *this->template getBufferAs<T>();
}
```

當 variant 未保有任何數值時（discriminator 為 0），get() 會拋出一個 EmptyVariant 異常。discriminator 可以為 0 的條件乃源自於異常行為，我們會在 26.4.3 節（第 613 頁）詳細說明。其他試圖以錯誤型別從 variant 上取值的行為都算是編程人員的疏失（programmer errors），會被斷言失敗偵測出來。

26.4 元素初始化、賦值與解構

每一個 VariantChoice base class 都負責用來處理某個 T 型別的 active value，其初始化、賦值、與解構行為。本小節透過補完 VariantChoice class template 的細節，對這些核心操作進行開發。

26.4.1 初始化

我們先從用某個 variant 可儲存型別的數值對 variant 進行初始化的情境開始。例如：使用一個 double 數值來初始化一個 Variant<int, double, string>。這件事會利用能接受一個 T 型別數值的 VariantChoice 建構子們達成：

variant/variantchoiceinit.hpp

```
#include <utility>        // std::move() 需要

template<typename T, typename... Types>
VariantChoice<T, Types...>::VariantChoice(T const& value) {
  // 將數值置於 buffer 內、同時設定 type discriminator：
  new(getDerived().getRawBuffer()) T(value);
  getDerived().setDiscriminator(Discriminator);
}

template<typename T, typename... Types>
VariantChoice<T, Types...>::VariantChoice(T&& value) {
  // 將被搬移的數值置於 buffer 內、同時設定 type discriminator：
  new(getDerived().getRawBuffer()) T(std::move(value));
  getDerived().setDiscriminator(Discriminator);
}
```

在任一情況下，建構子都會利用（本身為 CRTP 操作的）getDerived() 來存取 shared buffer（共享緩衝空間），接著執行 placement new 來使用新的 T 型別數值初始化儲存空間。第一個建構子以輸入數值進行複製建構，而第二個建構子則對輸入數值進行搬移建構[6]。最後，建構子會設定 discriminator 值，以標示此 variant 所保存的（動態）型別。

---

6 這裡使用的建構方式不允許我們將 reference 型別用於上述 Variant 設計之中。不過這項限制可以藉由將 class 內的 references 包裹起來（像是利用 std::reference_wrapper）來處理[*]。

* 譯註：像是寫成 std::reference_wrapper<T>(std::move(value))。

我們最終的目標是能夠使用任意一個可儲存型別的數值來初始化 **variant**，甚至也將隱式轉型納入考量。例如：

```
Variant<int, double, string> v("hello");      // 隱式轉型成 string
```

要做到這點，我們會藉由引入 **using** 宣告式來讓 Variant 本身繼承各個 VariantChoice 的建構子[7]

```
using VariantChoice<Types, Types...>::VariantChoice...;
```

實際上，這個 **using** 宣告式會生成 Variant 建構子，用來對 Types 中的各個型別 T 進行複製或搬移。對於 Variant<int, double, string> 而言，實際上會產生以下建構子：

```
Variant(int const&);
Variant(int&&);
Variant(double const&);
Variant(double&&);
Variant(string const&);
Variant(string&&);
```

26.4.2　解構

當 Variant 進行初始化時，會在其 **buffer** 內建構一個數值。而 destroy 操作則是用來處理該數值的解構行為：

variant/variantchoicedestroy.hpp

```
template<typename T, typename... Types>
bool VariantChoice<T, Types...>::destroy() {
  if (getDerived().getDiscriminator() == Discriminator) {
    // 如果型別匹配，便呼叫 placement delete：
    getDerived().template getBufferAs<T>()->~T();
    return true;
  }
  return false;
}
```

當 discriminator 匹配時，我們會利用 ->~T() 呼叫適當的解構子，明確地消滅 **buffer** 的內容物。

VariantChoice::destroy() 操作唯有在 **discriminator** 匹配時才起作用。不過，我們通常會想要在不理會當前起作用的是何種型別的情況下，破壞儲存在 **variant** 內的數值。因此，Variant::destroy() 會呼叫所有位於其 **base classes** 內的 VariantChoice::destroy() 操作：

7　在 **using** 宣告式中使用 **pack expansion** 的做法（見 4.4.5 節，第 65 頁）於 C++17 時引進。在 C++17 以前如果想繼承這些建構子，我們得利用一個類似於第 25 章介紹過的 Tuple 型式的遞迴繼承模式（recursive inheritance pattern）。

variant/variantdestroy.hpp

```
template<typename... Types>
void Variant<Types...>::destroy() {
  // 於各個 VariantChoice base class 上呼叫 destroy()；最多只會有一次呼叫成功：
  bool results[] = {
    VariantChoice<Types, Types...>::destroy()...
  };
  // 標明此 variant 並未儲存任何數值
  this->setDiscriminator(0);
}
```

在 `results` 初始器中的 pack expansion 確保會呼叫各個 VariantChoice base class 上的 destroy。上述呼叫中事實上最多僅有一個會成功（具備符合 discriminator 的那個），用以清空 variant。同時透過將 discriminator 值設為 0 來標示這種清空狀態（empty state）。

Array `results` 本身只是作為使用初始化列表的語境（context）而存在；它具體的數值會被忽略不管。在 C++17 中，我們可以利用摺疊表示式（fold expression，相關討論位於 12.4.6 節，第 207 頁）來避免使用這類無關的變數：

variant/variantdestroy17.hpp

```
template<typename... Types>
void Variant<Types...>::destroy()
{
  // 於各個 VariantChoice base class 上呼叫 destroy()；最多只會有一次呼叫成功：
  (VariantChoice<Types, Types...>::destroy() , ...);

  // 標明此 variant 並未儲存任何數值
  this->setDiscriminator(0);
}
```

26.4.3 賦值

賦值建立在初始化與解構行為之上，如下面的賦值運算子所示：

variant/variantchoiceassign.hpp

```
template<typename T, typename... Types>
auto VariantChoice<T, Types...>::operator= (T const& value) -> Derived& {
  if (getDerived().getDiscriminator() == Discriminator) {
    // 以相同型別的新數值進行賦值：
    *getDerived().template getBufferAs<T>() = value;
  }
```

```
    else {
      // 以不同型別的新數值進行賦值：
      getDerived().destroy();          // 嘗試所有型別的 destroy()
      new(getDerived().getRawBuffer()) T(value);    // 放置新值
      getDerived().setDiscriminator(Discriminator);
    }
    return getDerived();
}

template<typename T, typename... Types>
auto VariantChoice<T, Types...>::operator= (T&& value) -> Derived& {
  if (getDerived().getDiscriminator() == Discriminator) {
    // 以相同型別的新數值進行賦值：
    *getDerived().template getBufferAs<T>() = std::move(value);
  }
  else {
    // 以不同型別的新數值進行賦值：
    getDerived().destroy();          // 嘗試所有型別的 destroy()
    new(getDerived().getRawBuffer()) T(std::move(value)); // 放置新值
    getDerived().setDiscriminator(Discriminator);
  }
  return getDerived();
}
```

與使用某個可儲存的數值型別進行初始化的過程類似，每個 VariantChoice 都提供了一個
賦值運算子，用來將可儲存的數值型別複製（或搬移）到 variant 自身的儲存空間中。這些賦
值運算子經由下面的 using 宣告式被 Variant 所繼承；

```
    using VariantChoice<Types, Types...>::operator=…;
```

這份賦值運算子的實作具有兩條路徑。如果該 variant 已經保存了一個和給定型別 T 相同的
數值（經由 discriminator 匹配識別出來），則賦值運算子會按照需求直接將該 T 型別數值經
由複製賦值或搬移賦值存放到 buffer 裡。同時 discriminator 保持不變。

如果 variant 並未存有 T 型別的數值，則賦值需要兩個步驟：先利用 Variant::destroy()
消滅當前的數值，接著使用 *placement new* 來初始化型別為 T 的新數值、同時適當地設定
discriminator。

利用 placement new 進行的兩步驟賦值伴隨著三個常見的問題，我們必須考慮它們：

- 自我賦值（self-assignment）
- 異常（exceptions）
- std::launder()

自我賦值

自我賦值會以類似於下面這樣的陳述式，於變數 v 上發生：

```
v = v.get<T>()
```

若採用上述的兩步驟程序，此處的來源數值會在複製進行之前可能就被破壞了，導致潛在的記憶體崩壞（memory corruption）問題。幸好，自我賦值代表 discriminator 必定是匹配的，故此類程式碼會呼叫用於 T 型別的賦值運算子，而非採用兩步驟賦值。

異常

如果對既有數值的解構已經完成，但新數值的初始化過程中拋出了異常，那麼該 variant 的狀態又是如何呢？在我們的實作中，Variant::destroy() 會將 discriminator 值重設成 0。不發生異常的情況下，discriminator 的值會在初始化完成後被適當地設定。當異常發生在新數值的初始化過程時，該 discriminator 值仍然保持為 0，表示 variant 並未保有數值。就我們的設計來說，這是唯一一種方法能產生不帶數值的 variant。

下面的程式說明了如何藉由「嘗試複製一個複製建構子會拋出異常的數值」，來得到一個不具備儲存值的 variant：

variant/variantexception.cpp

```cpp
#include "variant.hpp"
#include <exception>
#include <iostream>
#include <string>

class CopiedNonCopyable : public std::exception
{
};

class NonCopyable
{
 public:
  NonCopyable() {
  }

  NonCopyable(NonCopyable const&) {
    throw CopiedNonCopyable();
  }

  NonCopyable(NonCopyable&&) = default;

  NonCopyable& operator= (NonCopyable const&) {
```

```
      throw CopiedNonCopyable();
    }

  NonCopyable& operator= (NonCopyable&&) = default;
};

int main()
{
  Variant<int, NonCopyable> v(17);
  try {
    NonCopyable nc;
    v = nc;
  }
  catch (CopiedNonCopyable) {
    std::cout << "Copy assignment of NonCopyable failed." << '\n';
    if (!v.is<int>() && !v.is<NonCopyable>()) {
      std::cout << "Variant has no value." << '\n';
    }
  }
}
```

上面程式的輸出為：

```
    Copy assignment of NonCopyable failed.
    Variant has no value.
```

無論你使用的是 get() 或下一小節會介紹的 visitor（訪問者）機制，對不具備數值的 variant 進行存取時皆會拋出 EmptyVariant 異常，讓程式藉此設法從異常條件下恢復過來。empty() 成員函式會檢查 variant 是否處於這種清空狀態之中：

variant/variantempty.hpp

```
template<typename... Types>
bool Variant<Types...>::empty() const {
  return this->getDiscriminator() == 0;
}
```

兩步驟賦值的第三個問題有點微妙，C++ 標準化委員會直到 C++17 標準化過程結束時才察覺到這個問題。我們下面簡單的解釋一下。

`std::launder()`

C++ 編譯器通常著眼於生成高效能的程式碼，而改善生成程式碼效能的主要方式或許就是避免重複地將資料從記憶體複製到暫存器（register）中。要做好這點，編譯器必須做出某些假設，而這些假設其中的一個是：某些種類的資料在它們的生命週期裡是不可變（immutable）的。這包含了 const 資料與 reference（它能夠被初始化，但在那之後無法被修改）、以及某些儲存於多型物件中的簿記資料（bookkeeping data），這些多型物件會被用來分發 virtual 函式、標示 virtual bases class、以及處理 typeid 和 dynamic_cast 運算子。

上述兩步驟賦值程序伴隨而來的問題是：它會用一種編譯器可能無法辨認的方式，偷偷地終止一個物件的生命週期、並且在相同位置開始另一個物件的生命週期。這樣一來，編譯器可能會假設它在 Variant 物件的上個狀態時取得的數值迄今依舊有效，但事實上利用了 placement new 的初始化過程已然令該值變得無效了。如果不能解決這件事，則會造成以下後果：進行追求高效能的編譯時，如果用了容納不可變資料成員的型別 Variant，便可能偶爾會產生非法的結果。這種錯誤通常非常難以追蹤（部分原因是因為它們極少發生，另一部分則是因為這些錯誤實在不太能從程式碼中觀察出來）。

從 C++17 開始，對付這個問題的方法是透過 std::launder() 來存取新物件的位址。雖然這個函式只會將自身的引數回傳，但這會讓編譯器認知到「用來指向物件的回傳位址」可能與編譯器料想的「傳給 std::launder() 的引數」不同。不過，請注意 std::launder() 只會修正自身回傳的位址，而非對傳遞給 std::launder() 的引數進行修正，因為編譯器是透過陳述式（expressions）進行推論，而非使用實際的記憶體位址（位址直到執行期前都仍未存在）。因此每當使用 placement new 建構了一個新數值，我們都必須確保之後的每一次存取用的都是「清洗後（*laundered*）」的資料。這也是為什麼我們總是會將指向 Variant buffer 的指標加上「launder」。雖然還有一些稍微好一點的做法（像是額外新增一個指涉 buffer 的指標成員，用來在每次以 placement new 賦予新數值後取得清洗後的位址），不過它們會使得程式碼變得更複雜、難以進行維護。只要我們在每次存取 buffer 時皆明確使用 getBufferAs() 成員，我們的做法既簡單又能保證正確性。

std::launder() 並不是完美的解方：它適用的場合十分微妙、難以察覺（例如：我們直到本書付印前才發現這個問題），處理起來也很困難（換言之，std::launder() 並不是那麼容易使用）。因此標準化委員會裡的不少成員要求更努力尋找更滿意的解法。有關該問題的詳細說明，請參見 [*JosuttisLaunder*]。

26.5 訪問者模式

is() 和 get() 成員函式讓我們可以檢查 active value 是否是某個特定型別、以及對該型別的數值進行存取。不過，檢查某個 variant 裡所有可能型別的動作很快就會被轉換成一串冗長的 if 陳述句。舉個例子，下列程式碼會印出名為 v 的 Variant<int, double, string> 裡頭的數值：

```
if (v.is<int>()) {
    std::cout << v.get<int>();
}
```

```
    else if (v.is<double>()) {
        std::cout << v.get<double>();
    }
    else {
        std::cout << v.get<string>();
    }
```

若想一般化以上行為，用來印出任意 variant 裡儲存的數值，則需要一個遞迴實體化版本的 function template 再加上一個輔助函式。像這樣：

variant/printrec.cpp

```
#include "variant.hpp"
#include <iostream>

template<typename V, typename Head, typename... Tail>
void printImpl(V const& v)
{
  if (v.template is<Head>()) {
    std::cout << v.template get<Head>();
  }
  else if constexpr (sizeof...(Tail) > 0) {
    printImpl<V, Tail...>(v);
  }
}

template<typename... Types>
void print(Variant<Types...> const& v)
{
  printImpl<Variant<Types...>, Types...>(v);
}

int main() {
  Variant<int, short, float, double> v(1.5);
  print(v);
}
```

針對一個相對簡單的操作，這裡卻有著相當大量的程式碼。為了簡化這一點，我們藉由替 Variant 加上 visit() 操作，換個方式來看待這個問題。接下來使用者端會傳進一個 *visitor* 函式物件，該物件的 operator() 會利用 active value 進行呼叫。因為 active value 可能會是 variant 的任何一個可能型別，故 operator() 可能會被重載、或本身就是 function template。舉例來說，泛型 lambda 提供了一個模板化的 operator()，讓我們得以簡潔地表現適用於 variant v 的列印操作：

```
    v.visit([](auto const& value) {
            std::cout << value;
        });
```

這個泛型 lambda 大致等價於下面的函式物件，該物件對於尚未支援泛型 lambda 的編譯器來說也派得上用場：

```cpp
class VariantPrinter {
 public:
  template<typename T>
  void operator()(T const& value) const
  {
    std::cout << value;
  }
};
```

visit() 操作的核心部分類似於遞迴 print 操作：它會遍歷 Variant 的各個型別、檢查 **active value** 是否屬於給定的型別（透過 is<T>()），然後在發現型別匹配時採取行動：

variant/variantvisitimpl.hpp

```cpp
template<typename R, typename V, typename Visitor,
         typename Head, typename... Tail>
R variantVisitImpl(V&& variant, Visitor&& vis, Typelist<Head, Tail...>) {
  if (variant.template is<Head>()) {
    return static_cast<R>(
             std::forward<Visitor>(vis)(
               std::forward<V>(variant).template get<Head>()));
  }
  else if constexpr (sizeof...(Tail) > 0) {
    return variantVisitImpl<R>(std::forward<V>(variant),
                               std::forward<Visitor>(vis),
                               Typelist<Tail...>());
  }
  else {
    throw EmptyVariant();
  }
}
```

variantVisitImpl() 是個帶有一些 template parameter 的非成員函式模板（nonmember function template）。**Template parameter** R 描述的是訪問（visitation）操作的最終型別（result type），我們稍後會回來討論它。V 為 **variant** 的型別、同時 Visitor 指的是 **visitor** 的型別。Head 和 Tail 則被用於拆解 Variant 裡的型別，以實現遞迴。

第一個 if 會進行一個（執行期）檢查，用來判斷給定 variant 的 active value 是否為 Head 型別：如果是，則使用 get<Head>() 從 variant 中提取該數值、傳遞給 visitor 並終止遞迴。當存在更多要考慮的元素時，則透過第二個 if 進行遞迴。若不存在任何匹配的型別，則 **variant** 不包含任何數值[8]，此時上述實作會拋出 EmptyVariant 異常。

---

[8] 這個情況於 26.4.3 節（第 613 頁）有詳細的討論。

撤除由 VisitResult 提供的最終型別計算（我們會在下一小節討論），visit() 的實現方式相當地直觀：

variant/variantvisit.hpp

```
template<typename... Types>
  template<typename R, typename Visitor>
VisitResult<R, Visitor, Types&...>
Variant<Types...>::visit(Visitor&& vis) & {
  using Result = VisitResult<R, Visitor, Types&...>;
  return variantVisitImpl<Result>(*this, std::forward<Visitor>(vis),
                                  Typelist<Types...>());
}

template<typename... Types>
  template<typename R, typename Visitor>
VisitResult<R, Visitor, Types const&...>
Variant<Types...>::visit(Visitor&& vis) const& {
  using Result = VisitResult<R, Visitor, Types const &...>;
  return variantVisitImpl<Result>(*this, std::forward<Visitor>(vis),
                                  Typelist<Types...>());
}

template<typename... Types>
  template<typename R, typename Visitor>
VisitResult<R, Visitor, Types&&...>
Variant<Types...>::visit(Visitor&& vis) && {
  using Result = VisitResult<R, Visitor, Types&&...>;
  return variantVisitImpl<Result>(std::move(*this),
                                  std::forward<Visitor>(vis),
                                  Typelist<Types...>());
}
```

這份實作將工作直接委託給了 variantVisitImpl：這裡傳給該函式的有 variant 自身、轉發 visitor 的結果、以及完整的型別列表。上面三份實作的唯一區別在於，將 variant 本身分別以 Variant&、Variant const&、與 Variant&& 等不同方式進行傳遞。

26.5.1　Visit 的最終型別

我們依然不知道 visit() 的最終型別為何。給定的 visitor 可能會具有不同的 operator()
重載版本，各自產生不同的最終型別。模板化 operator() 的最終型別取決於自身參數的型
別、或是它們彼此的組合。舉個例子，考慮下面的泛型 lambda：

```
[](auto const& value) {
  return value + 1;
}
```

這個 lambda 的最終型別取決於其輸入型別：如果輸入的是 int，它會產生 int；不過如果
輸入的是 double，它產生的會是 double。那如果將泛型 lambda 傳遞給 Variant<int,
double> 的 visit() 操作，最終得到的型別又會是什麼呢？

這裡不存在一個正確的型別作為解答，故我們的 visit() 操作允許明確指定最終型別。舉例
來說，人們可能會想擷取另一個 Variant<int, double> 裡的儲存型別。同時人們也可以
明確指定 visit() 的最終型別，並作為第一個 template argument 傳入：

```
v.visit<Variant<int, double>>([](auto const& value) {
                                return value + 1;
                              });
```

當不存在一體適用的解決方案時，能夠明確指定最終型別的功能十分重要。不過，在所有情
況下都要明確指定最終型別可能會很囉嗦。因此，visit() 透過結合預設模板引數與簡單的
metaprogram 來提供雙重選擇。回顧 visit() 的宣告式：

```
template<typename R = ComputedResultType, typename Visitor>
  VisitResult<R, Visitor, Types&...> visit(Visitor&& vis) &;
```

我們在上面例子中明確指定的 **template parameter** R 同樣擁有一個預設引數，因此毋需
在每次使用時明確給出引數。該預設引數 ComputedResultType 是個不完整哨兵型別
（incomplete sentinel type）：

```
class ComputedResultType;
```

為了計算最終型別，visit 會將所有自身的 **template parameter** 傳遞給 VisitResult。它
是一個用來存取 VisitResultT 這個新 type trait 的 alias template：

variant/variantvisitresult.hpp

```
// 被明確指定的 vistor 最終型別：
template<typename R, typename Visitor, typename... ElementTypes>
class VisitResultT
{
 public:
  using Type = R;
};

template<typename R, typename Visitor, typename... ElementTypes>
using VisitResult =
typename VisitResultT<R, Visitor, ElementTypes...>::Type;
```

VisitResultT 的原型定義處理的是作為 R 的引數被明確指定時的情況，故 Type 被定義為
R。而當 R 接受了其預設引數 ComputedResultType 時，則套用另一個獨立的偏特化版本：

```
template<typename Visitor, typename... ElementTypes>
class VisitResultT<ComputedResultType, Visitor, ElementTypes...>
{
  …
}
```

這份偏特化負責用來替大多數的情況計算適當的最終型別，這也是下一小節的主題。

26.5.2　共通最終型別

當呼叫一個可能針對 variant 的各個元素型別生成不同型別的 visitor 時，我們要如何將這些
型別整合成適用於 visit() 的單一最終型別呢？部分情況的答案顯而易見——如果 visitor
針對各個元素型別回傳的型別相同，那該型別應當就是 visit() 的最終型別。

C++ 已經具有合理最終型別這樣的概念，我們在 1.3.3 節（第 12 頁）曾經介紹過：對於三元
運算子 b ? x : y 來說，該陳述式的型別即為型別 x 與型別 y 之間的**共通型別**（*common
type*）。舉例來說，如果 x 的型別為 int 且 y 的型別為 double，則共通型別為 double，
因為 int 會被提升（**promote**）成 double。我們可以將這種共通型別的概念萃取至 **type
trait** 之中：

variant/commontype.hpp

```
using std::declval;

template<typename T, typename U>
class CommonTypeT
{
 public:
  using Type = decltype(true? declval<T>() : declval<U>());
};

template<typename T, typename U>
using CommonType = typename CommonTypeT<T, U>::Type;
```

共通型別的概念可以擴展至一整個型別集合：共通型別是「存在於集合內的所有型別」都可
以被提升成的某個型別。對於上述的 visitor 來說，我們想要計算出當使用 variant 內的各種
型別進行呼叫時，visitor 會生成的各個最終型別彼此之間的共通型別：

variant/variantvisitresultcommon.hpp

```
#include "accumulate.hpp"
#include "commontype.hpp"
```

```
// 當使用某個 T 型別數值來呼叫 visitor 時，會產生的最終型別：
template<typename Visitor, typename T>
using VisitElementResult = decltype(declval<Visitor>()(declval<T>()));

// 當使用各個給定的元素型別呼叫 visitor 時的共通最終型別（common result type）：
template<typename Visitor, typename... ElementTypes>
class VisitResultT<ComputedResultType, Visitor, ElementTypes...>
{
  using ResultTypes =
    Typelist<VisitElementResult<Visitor, ElementTypes>...>;

 public:
  using Type =
    Accumulate<PopFront<ResultTypes>, CommonTypeT, Front<ResultTypes>>;
};
```

對 VisitResult 的計算分為二個階段。首先，VisitElementResult 會計算當使用型別為 T 的數值呼叫 visitor 時，會產生的最終型別。這個 metafunction 會套用在各個給定的元素型別上，用來決定 visitor 會產生的所有最終型別，並將結果擷取至 typelist ResultTypes 裡頭。

接下來的計算會運用 24.2.6 節（第 560 頁）提過的 Accumulate 演算法，將共通型別的計算套用至最終型別所形成的 typelist 上。其初始值（即 Accumulate 的第三個引數）是第一個最終型別，它會與後續從 ResultTypes typelist 剩餘部分取得的數值，藉由 CommonTypeT 進行合併。最後的結果便是所有 visitor 最終型別可以被轉換成的共通型別、或是在最終型別不相容時報錯。

自 C++11 起，標準程式庫提供了一個對應的 type trait：std::common_type<>。它利用上述方式為任意個數的輸入型別產生共通型別（見 D.5 節，第 732 頁），很有效率地將 CommonTypeT 與 Accumulate 相結合。套用 std::common_type<> 後，VisitResultT 的實作變得更簡單了：

variant/variantvisitresultstd.hpp

```
template<typename Visitor, typename... ElementTypes>
class VisitResultT<ComputedResultType, Visitor, ElementTypes...>
{
 public:
  using Type =
    std::common_type_t<VisitElementResult<Visitor, ElementTypes>...>;
};
```

下面的範例程式會印出傳入某個會將輸入數值加上 1 的泛型 lamba 時最後產生的型別：

variant/visit.cpp

```cpp
#include "variant.hpp"
#include <iostream>
#include <typeinfo>

int main()
{
  Variant<int, short, double, float> v(1.5);
  auto result = v.visit([](auto const& value) {
                          return value + 1;
                        });
  std::cout << typeid(result).name() << '\n';
}
```

這個程式的輸出會是 `double` 的 `type_info` 名稱,因為它是所有最終型別都可以被轉成的型別。

26.6 Variant 初始化和賦值

Variant 可以用各種方式進行初始化與賦值,包括使用預設建構、複製與搬移建構、以及複製與搬移賦值。這一小節會詳述這些 `Variant` 操作。

預設初始化

Variant 應當要提供預設建構子嗎?如果未提供,則可能會白白地讓 variant 變得難用,因為人們每次都得弄出個初始值來(即便該值在編程上沒有意義)。如果它確實提供了預設建構子,那語義上這又代表什麼呢?

對於預設建構,一個可能的語義是「不具備任何儲存數值」,會藉由 discriminator 0 來表現。然而,這樣的空 variants 通常沒有什麼用(像是人們無法訪問這些 variants、也無法尋找任何能提取的數值),同時如果令該行為設定為預設初始化行為,會促使空 variant 的異常狀態(於 26.4.3 節,第 613 頁介紹)發生於一般的 variant。

替代的做法是:預設建構子可以建構出某種型別的數值。對於我們的 variant 來說,我們可以遵循 C++17 的 `std::variant<>` 語義,將內部數值預設建構為型別序列裡的第一個型別:

variant/variantdefaultctor.hpp

```cpp
template<typename... Types>
Variant<Types...>::Variant() {
  *this = Front<Typelist<Types...>>();
}
```

這種做法相當簡單、容易預測,同時也預防了在大多數的使用場景中引入空 variant。下面的程式裡可以觀察到上述行為:

variant/variantdefaultctor.cpp

```
#include "variant.hpp"
#include <iostream>

int main()
{
  Variant<int, double> v;
  if (v.is<int>()) {
      std::cout << "Default-constructed v stores the int "
                << v.get<int>() << '\n';
  }
  Variant<double, int> v2;
  if (v2.is<double>()) {
      std::cout << "Default-constructed v2 stores the double "
                << v2.get<double>() << '\n';
  }
}
```

程式輸出如下：

```
Default-constructed v stores the int 0
Default-constructed v2 stores the double 0
```

複製／搬移初始化

複製與搬移初始化則更為有趣。要對某個來源 variant 進行複製，我們得判斷它目前儲存的型別為何，接著將該數值複製建構至 buffer 內，最後再設定 discriminator。幸好，visit() 能負責解析來源 variant 的 active value，同時繼承自 VariantChoice 的複製賦值運算子可以將數值複製建構至 buffer 中，實作程式碼因而更為簡潔[9]：

variant/variantcopyctor.hpp

```
template<typename... Types>
Variant<Types...>::Variant(Variant const& source) {
  if (!source.empty()) {
    source.visit([&](auto const& value) {
                   *this = value;
                 });
  }
}
```

---

[9] 儘管語法上 lambda 裡用的是賦值運算子（=），但實際上 VariantChoice 裡的賦值運算子執行的是複製建構，因為 variant 一開始並未儲存任何數值。

搬移建構子的做法類似，差別只在於訪問來源 variant、以及用來源數值進行搬移建構時使用
的是 std::move：

variant/variantmovector.hpp

```
template<typename... Types>
Variant<Types...>::Variant(Variant&& source) {
  if (!source.empty()) {
    std::move(source).visit([&](auto&& value) {
                              *this = std::move(value);
                            });
  }
}
```

透過 visitor 實現的做法，其有趣之處在於：它對以模板型式呈現的複製和搬移操作也同樣有
效。舉個例子，我們可以這樣定義模板化的複製建構子：

variant/variantcopyctortmpl.hpp

```
template<typename... Types>
 template<typename... SourceTypes>
Variant<Types...>::Variant(Variant<SourceTypes...> const& source) {
  if (!source.empty()) {
    source.visit([&](auto const& value) {
                   *this = value;
                 });
  }
}
```

由於程式碼訪問了來源物件，故對 *this 的賦值動作會針對來源 variant 的各個型別發動。
此次賦值的重載決議過程會找出對於各個來源型別來說最合適的目標型別，並在需要時進行
隱式轉型。下面的範例展示了針對不同 variant 型別的建構與賦值動作：

variant/variantpromote.cpp

```
#include "variant.hpp"
#include <iostream>
#include <string>

int main()
{
  Variant<short, float, char const*> v1((short)123);

  Variant<int, std::string, double> v2(v1);
```

```
  std::cout << "v2 contains the integer " << v2.get<int>() << '\n';

  v1 = 3.14f;
  Variant<double, int, std::string> v3(std::move(v1));
  std::cout << "v3 contains the double " << v3.get<double>() << '\n';

  v1 = "hello";
  Variant<double, int, std::string> v4(std::move(v1));
  std::cout << "v4 contains the string " << v4.get<std::string>() << '\n';
}
```

以 v1 對 v2、v3、v4 建行建構或賦值時，分別會牽涉到整數型別的提升（short 到 int）、浮點數型別的提升（float 到 double）、以及使用者定義的轉型（char const* 到 std::string）。上面的程式輸入如下：

```
v2 contains the integer 123
v3 contains the double 3.14
v4 contains the string hello
```

賦值

Variant 賦值運算子的做法類似於上面的複製和搬移建構子。我們在這裡只對複製賦值運算子進行說明：

variant/variantcopyassign.hpp

```
template<typename... Types>
Variant<Types...>& Variant<Types...>::operator= (Variant const& source) {
  if (!source.empty()) {
    source.visit([&](auto const& value) {
                   *this = value;
                 });
  }
  else {
    destroy();
  }
  return *this;
}
```

唯一有意思的改變在於 else 分支：當來源 variant 不包含任何數值（表示為 discriminator 0）時，我們會破壞目的地物件裡的數值，並偷偷將其 discriminator 設定成 0。

26.7 後記

Andrei Alexandrescu 於一系列文章中詳細介紹了 discriminated union（可辨聯集）這個概念 [*AlexandrescuDiscriminatedUnions*]。我們處理 Variant 時也仰賴與其相同的某些技術，像是使用 aligned buffer 進行原地儲存（in-place storage）、以及運用訪問來提取數值。而與 Andrei 的部分差異是源於採用的語言不同：Andrei 當初使用的是 C++98，因此無法使用 variadic template 以及對建構子進行繼承。Andrei 也耗費了大量時間在計算對齊上，而這件事在 C++11 引入 `alignas` 後變得易如反掌。最有意思的設計差異在於對 discriminator 的處理方式：雖然我們選擇使用整數 discriminator 來標示 variant 當前儲存的是何種型別，Andrei 則採用「static vtable」，透過函式指標對底層元素型別進行建構、複製、查詢、與破壞。有趣的是，static vtable 這種做法是一種針對 open discriminated unions（如我們在 22.2 節、第 519 頁提到的 FunctionPtr template）不可忽視的優化手段。同時也是 `std::function` 實作上經常使用的最佳化，用來減少 virtual 函式的使用。Boost 裡的 any 型別（[*BoostAny*]）是另一種 open discriminated union 型別，被採納為 C++17 標準程式庫中的 `std::any`。

後來 Boost 程式庫（[*Boost*]）引進了數種 discriminated union 型別，其中包括 variant 型別，它影響了本章開發的同名型別 variant。Boost.Variant（[*BoostVariant*]）的設計文件包含了針對 variant 賦值時的異常安全問題（稱作「保證永不為空」）以及各式各樣針對該問題的差強人意解決方案的精采討論。當 variant 作為 `std::variant` 被 C++17 標準程式庫採納時，「保證永不為空」這件事被放棄了：當賦予 variant 一個會拋出異常的新數值時，透過允許 `std::variant` 的狀態變成 `valueless_by_exception`，來免除必須替備份配置 heap 儲存空間的要求，而這正是我們的 variant 為空時會採取的行為模式。

與我們的 Variant template 不同，`std::variant` 允許多個相同的 template arguments（例如 `std::variant<int, int>`）。要在 Variant 上啟用這項功能，我們得對設計做出可觀的變動，包括新增一個用來分辨不同 VariantChoice base class 的方法和一個用來取代 26.2 節（第 608 頁）展示的巢狀 pack expansion 的替代方案。

本章提及 variant 的 `visit()` 操作與 Andrei Alexandrescu 於 [*AlexandrescuAdHocVisitor*] 裡敘述的 ad hoc visitor 模式兩者結構相同。Alexandrescu 的 ad hoc visitor 旨在簡化下列檢查過程：將指向某些共同基礎類別（common base class）的指標與某些已知的 derived classes（以 typelist 表示）進行比對。上述實作運用 `dynamic_cast` 來將指標和 typelist 中的各個 derived class 進行配對測試，同時在匹配成功時利用 derived class 指標呼叫 visitor。

27

Expression Templates

Expression Templates

本章我們會探討名為 *expression templates*（陳述式模板）的某項模板編程技術。它起初是為了支援數值陣列類別（numeric array class）而發明的，而這也是我們介紹它時所使用的情境。

數值陣列類別支援對整個 array 物件進行數值運算。舉例來說，它可以將兩個 array 相加，得到的結果會是作為引數的兩個 array 彼此相應位置的數值總和。同樣地，整個 array 可以與某個純量（scalar）相乘，這表示 array 中的各個元素都乘上了該純量。很自然地，人們會想要保持與內建純量型別相似的運算表示法：

```
Array<double> x(1000), y(1000);
…
x = 1.2*x + x*y;
```

對嚴謹的數值處理系統來說，能夠在運行程式碼的平台上盡可能高效率地核算這類陳述式至關重要。想使用上述範例中展示的精簡運算表示法來做到這件事並不容易，不過 expression templates 能夠助我們一臂之力。

Expression templates 總讓我們聯想到 template metaprogramming，部分原因是 expression templates 有時仰賴於深度巢狀 template 實體化，這和 template metaprograms 裡的遞迴實體化（recursive instantiations）沒有什麼差別。事實上，這兩種技術起初都是為了支援高效率的 array 操作（參見 23.1.3 節、第 533 頁中利用 templates 展開迴圈的例子）而開發的，這也或許是它們之所以看似相關的原因。當然，這些技術都是互補的。舉例來說，metaprogramming 對於固定大小的小 arrays 十分好用，而 expression templates 則針對「執行期才確定大小」的中大型 array 運算十分有效。

27.1 暫存值與迴圈拆分

為了展現使用 expression templates 的動機，讓我們先用一個很簡單（可能有點幼稚）的方式來實現支援數值陣列操作的 template。一個簡單的 array template 可能看起來像下面這樣（SArray 代表 *simple array*）：

exprtmpl/sarray1.hpp

```cpp
#include <cstddef>
#include <cassert>

template<typename T>
class SArray {
  public:
    // 建立具有初始大小的 array
    explicit SArray (std::size_t s)
     : storage(new T[s]), storage_size(s) {
        init();
    }

    // 複製建構子
    SArray (SArray<T> const& orig)
     : storage(new T[orig.size()]), storage_size(orig.size()) {
        copy(orig);
    }

    // 解構子：用來釋放記憶體
    ~SArray() {
        delete[] storage;
    }

    // 賦值運算子
    SArray<T>& operator= (SArray<T> const& orig) {
        if (&orig!=this) {
            copy(orig);
        }
        return *this;
    }

    // 回傳大小
    std::size_t size() const {
        return storage_size;
    }
```

```
    // 適用常數和變數的索引運算子（index operator）
    T const& operator[] (std::size_t idx) const {
        return storage[idx];
    }
    T& operator[] (std::size_t idx) {
        return storage[idx];
    }

  protected:
    // 利用預設建構子進行數值初始化
    void init() {
        for (std::size_t idx = 0; idx<size(); ++idx) {
            storage[idx] = T();
        }
    }
    // 從另一個 array 上複製數值
    void copy (SArray<T> const& orig) {
        assert(size()==orig.size());
        for (std::size_t idx = 0; idx<size(); ++idx) {
            storage[idx] = orig.storage[idx];
        }
    }

  private:
    T*          storage;        // 元素的儲存空間
    std::size_t storage_size;   // 元素個數
};
```

數值運算子可以寫成下面這樣：

exprtmpl/sarrayops1.hpp

```
// 將兩個 SArrays 進行相加
template<typename T>
SArray<T> operator+ (SArray<T> const& a, SArray<T> const& b)
{
    assert(a.size()==b.size());
    SArray<T> result(a.size());
    for (std::size_t k = 0; k<a.size(); ++k) {
        result[k] = a[k]+b[k];
    }
    return result;
}
```

```
// 將兩個 SArrays 進行相乘
template<typename T>
SArray<T> operator* (SArray<T> const& a, SArray<T> const& b)
{
    assert(a.size()==b.size());
    SArray<T> result(a.size());
    for (std::size_t k = 0; k<a.size(); ++k) {
        result[k] = a[k]*b[k];
    }
    return result;
}

// 將純量乘以 SArray
template<typename T>
SArray<T> operator* (T const& s, SArray<T> const& a)
{
    SArray<T> result(a.size());
    for (std::size_t k = 0; k<a.size(); ++k) {
        result[k] = s*a[k];
    }
    return result;
}

// 將 SArray 乘以純量
// 將純量加上 SArray
// 將 SArray 加上純量
...
```

我們還可以寫出各種版本的上列運算子或者其他運算子，不過這些就足以用來表現我們的範例陳述式了：

exprtmpl/sarray1.cpp

```
#include "sarray1.hpp"
#include "sarrayops1.hpp"

int main()
{
    SArray<double> x(1000), y(1000);
    ...
    x = 1.2*x + x*y;
}
```

這份實作實際上十分沒有效率，出於兩個理由：

1. 每次使用運算子時（賦值除外）至少都會建立一個暫存 array（換句話說，上述範例中至少會有三個大小為 1000 的暫存 array，同時我們假定編譯器會執行所有合理的暫存副本刪除動作）。

2. 每次使用運算子都需要另外逐一訪問各個引數與最終的 array（假定上述範例只產生三個暫存 SArray 物件，整個過程大約會讀取 6000 個 doubles、寫入 4000 個 doubles）。

具體來說會有一連串與暫存值相互作用的迴圈被執行：

```
tmp1 = 1.2*x;          // 含有 1000 次操作的迴圈
                       // 外加 tmp1 的建構與解構
tmp2 = x*y             // 含有 1000 次操作的迴圈
                       // 外加 tmp2 的建構與解構
tmp3 = tmp1+tmp2;      // 含有 1000 次操作的迴圈
                       // 外加 tmp3 的建構與解構
x = tmp3;              // 1000 次的讀取操作及 1000 次的寫入操作
```

除非使用特殊的快速記憶體配置器（fast allocator），否則在小型 array 上，（非必要的）暫存值的建構時間會遠高於實際的運算時間。而對於十分巨大的 array 來說，則完全無法接受暫存值的存在，因為沒有能夠儲存它們的空間（精密數值模擬通常會試著動用所有可用的記憶體以求得更精確的結果。此時若記憶體被用來保存非必要的暫存值，則會影響模擬的品質）。

數值陣列程式庫早期的實作版本就遇到了這個問題，當時鼓勵使用者改採計算後賦值（computed assignments，像是 +=、*= 等運算）作為替代方案。這類賦值的優點在於引數和目的地變數兩者皆由呼叫方提供，因而不需要暫存物件。舉例來說，我們可以新增下列 SArray 成員：

exprtmpl/sarrayops2.hpp

```cpp
// 針對 SArray 的相加後賦值運算
template<typename T>
SArray<T>& SArray<T>::operator+= (SArray<T> const& b)
{
    assert(size()==orig.size());
    for (std::size_t k = 0; k<size(); ++k) {
        (*this)[k] += b[k];
    }
    return *this;
}

// 針對 SArray 的相乘後賦值運算
template<typename T>
SArray<T>& SArray<T>::operator*= (SArray<T> const& b)
{
```

```
        assert(size()==orig.size());
        for (std::size_t k = 0; k<size(); ++k) {
            (*this)[k] *= b[k];
        }
        return *this;
    }

// 針對純量的相乘後賦值運算
template<typename T>
SArray<T>& SArray<T>::operator*= (T const& s)
{
    for (std::size_t k = 0; k<size(); ++k) {
        (*this)[k] *= s;
    }
    return *this;
}
```

有了以上運算子，我們可以將先前的計算範例改寫如下：

exprtmpl/sarray2.cpp

```
#include "sarray2.hpp"
#include "sarrayops1.hpp"
#include "sarrayops2.hpp"

int main()
{
    SArray<double> x(1000), y(1000);
    …
    // 處理 x = 1.2*x + x*y
    SArray<double> tmp(x);
    tmp *= y;
    x *= 1.2;
    x += tmp;
}
```

很明顯，採用計算後賦值的做法仍有缺點：

- 算式表示法變得笨拙。

- 我們依然留下了一個非必要的暫存值 tmp。

- 迴圈被拆分為多個操作，這總共需要從記憶體中讀取大約 6000 個 double 元素、以及寫入 4000 個 doubles 到記憶體中。

我們真正想要的是一個「理想迴圈」，它能夠為每一個索引值處理整行運算式：

```
int main()
{
    SArray<double> x(1000), y(1000);
    …
    for (int idx = 0; idx<x.size(); ++idx) {
        x[idx] = 1.2*x[idx] + x[idx]*y[idx];
    }
}
```

現在我們不再需要暫存陣列了，同時在每個迭代裡只會發生兩次記憶體讀取（x[idx] 與 y[idx]）以及一次記憶體寫入（x[idx]）。因此，這樣的手工迴圈大約只需要 2000 次記憶體讀取和 1000 次的記憶體寫入動作。

在當代的高效能計算機架構下，這類 array 操作於速度上的限制因素在於記憶體頻寬。實際應用時，上面簡單的運算子重載做法在效能上會比手工編寫的迴圈要慢上一到兩個數量級，這絲毫不足為奇。不過，我們一方面希望達到手工編寫迴圈般的高效能，但另一方面又不想要手寫這些麻煩又容易出錯的迴圈、也想避免使用笨拙的運算符號表示法。

27.2 將陳述式以 Template Arguments 進行編碼

解決我們問題的關鍵在於：看見完整陳述式之前，避免嘗試對算式的一小部分進行核算（在我們的範例中，指的是呼叫賦值運算子之前）。因此在進行核算之前，我們必須記錄各個運算作用於哪一個物件。由於運算行為在編譯期已經確定，因此它可以被編碼於 template arguments 之中。

對於上面的範例算式來說

```
1.2*x + x*y;
```

這代表 1.2*x 的計算結果並不是一個新的 array，而是某個表現「x 的各項數值被乘上 1.2」的物件。同樣地，x*y 表示的必然是「x 的各個元素乘以 y 的相應元素」的結果。最後，當需要結果陣列的數值時，我們會執行先前擱置下來、留待稍後核算的計算。

讓我們開始設計一份具體的實作方案。我們的實作會將下列陳述式

```
1.2*x + x*y;
```

轉換成具備以下型別的物件：

```
A_Add<A_Mult<A_Scalar<double>,Array<double>>,
        A_Mult<Array<double>,Array<double>>>
```

我們會將一個新的基本 Array class template 與 class templates A_Scalar、A_Add、A_Mult 相結合。你可能會發現上述型別正是陳述式相應語法樹的前序表示法（prefix representation，參見圖 27.1）。此處相互嵌套的 template-id 表示用到的運算以及涉及運算的物件型別。稍後我們會說明 A_Scalar，不過它就只是個於 array 陳述式中代表純量的 placeholder。

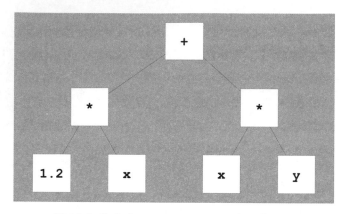

圖 27.1. 陳述式 1.2*x + x*y 的樹狀表示法

27.2.1　Expression Templates 的運算元

為了成功表現陳述式，我們必須將指向引數的 reference 保存在各個 A_Add 和 A_Mult 物件
之中，同時將純量的數值（或是指向該純量的 reference）記錄於 A_Scalar 物件內。下面是
各個相應運算元（operand）可能的定義方式：

exprtmpl/exprops1.hpp

```
#include <cstddef>
#include <cassert>

// 引入用來選擇以 by value 或 by reference 方式指涉
// 某個 expression template 節點的 helper class traits template（輔助類別特徵模板）
#include "exprops1a.hpp"

// 用來表現兩運算元相加的 class
template<typename T, typename OP1, typename OP2>
class A_Add {
  private:
    typename A_Traits<OP1>::ExprRef op1;      // 第一運算元
    typename A_Traits<OP2>::ExprRef op2;      // 第二運算元

  public:
    // 建構子會初始化指向運算元的 references
    A_Add (OP1 const& a, OP2 const& b)
     : op1(a), op2(b) {
    }

    // 當數值被詢問時，計算總和
```

```
    // 當數值被詢問時，計算總和
    T operator[] (std::size_t idx) const {
        return op1[idx] + op2[idx];
    }

    // size 為兩運算元間較大者
    std::size_t size() const {
        assert (op1.size()==0 || op2.size()==0
                || op1.size()==op2.size());
        return op1.size()!=0 ? op1.size() : op2.size();
    }
};

// 用來表現兩運算元相乘的 class
template<typename T, typename OP1, typename OP2>
class A_Mult {
  private:
    typename A_Traits<OP1>::ExprRef op1;     // 第一運算元
    typename A_Traits<OP2>::ExprRef op2;     // 第二運算元

  public:
    // 建構子會初始化指向運算元的 references
    A_Mult (OP1 const& a, OP2 const& b)
     : op1(a), op2(b) {
    }

    // 當數值被詢問時，計算乘積
    T operator[] (std::size_t idx) const {
        return op1[idx] * op2[idx];
    }

    // size 為兩運算元間較大者
    std::size_t size() const {
        assert (op1.size()==0 || op2.size()==0
                || op1.size()==op2.size());
        return op1.size()!=0 ? op1.size() : op2.size();
    }
};
```

如你所見，我們新增了索引操作（subscripting，即透過索引取值）與查詢大小的操作。這讓我們得以計算「以指定物件作為 root 的子樹（subtree）所代表的運算」，其結果陣列的大小與各元素之值。

對於只有 array 參與的運算，結果陣列的大小即為運算元本身的大小*。不過，如果運算同時涉及了 array 和純量，則結果陣列的大小會是 array 運算元的大小。為了區分 array 運算元與純量運算元，我們定義純量的大小為 0。A_Scalar 因而具備以下定義：

---

* 譯註：兩運算元大小相等。

exprtmpl/exprscalar.hpp

```
// 用來表現純量的 class：
template<typename T>
class A_Scalar {
  private:
    T const& s; // 純量之值

  public:
    // 建構子會初始化純量值
    constexpr A_Scalar (T const& v)
     : s(v) {
    }

    // 進行索引操作（index operation）時，回傳的各個元素之值均為純量值本身
    constexpr T const& operator[] (std::size_t) const {
        return s;
    }

    // 純量的大小為零
    constexpr std::size_t size() const {
        return 0;
    };
};
```

（我們將建構子和成員函式宣告為 `constexpr`，因此這個 class 可以在編譯期使用。不過就我們的目的來說，這件事不是絕對必要的）。

注意純量類別也提供了索引運算子。應用於陳述式時，純量類別可以被看作是一個「各個索引值均表現相同純量值」的 array。

你可能也發現了，上述運算子類別（operator classes，即 `A_Add`、`A_Mult`）使用 helper class `A_Traits` 來定義運算元的成員：

```
    typename A_Traits<OP1>::ExprRef op1;     // 第一運算元
    typename A_Traits<OP2>::ExprRef op2;     // 第二運算元
```

這麼做有其必要，因為通常我們可以將這些運算元宣告為 reference，理由是大多數的暫存節點和最上層陳述式（top-level expression）綁定在一起，故可以持續存活到整行陳述式核算完成的那一刻。唯一的例外是 `A_Scalar` 節點。它們被綁定在運算子函式（operator functions）裡頭，可能會無法持續存活到整行陳述式核算結束。因此為了避免某個成員參考到不再存在的純量，`A_Scalar` 運算元必須以值進行複製（copy by value）。

換言之，我們要求成員

- 大多數以 constant references（常數參考）的型式存在：

```
OP1 const& op1;        // 以 reference 表示第一個運算元
OP2 const& op2;        // 以 reference 表示第二個運算元
```

- 但使用一般的數值表示純量：

```
OP1 op1;               // 以數值型式（by value）表示第一個運算元
OP2 op2;               // 以數值型式（by value）表示第二個運算元
```

這是 traits class 的完美應用。以下的 traits class 定義了這樣的型別：大多數情況下為 constant reference，但會用一般數值來表現純量：

exprtmpl/exprops1a.hpp

```
// 用來選擇如何指涉某個 expression template 節點的 helper traits class
// - 一般情況：by reference
// - 針對純量：by value

template<typename T> class A_Scalar;

// 原型模板
template<typename T>
class A_Traits {
  public:
    using ExprRef = T const&;          // 用 constant reference 作為指涉對象的型別
};

// 針對純量的偏特化版本
template<typename T>
class A_Traits<A_Scalar<T>> {
  public:
    using ExprRef = A_Scalar<T>;       // 用一般數值作為指涉對象的型別
};
```

請注意，由於 A_Scalar 物件指涉的是位於最上層陳述式的純量*，故可以採用 reference 型別來表示。也就是說，A_Scalar<T>::s 是個 reference 成員。

27.2.2 Array 型別

擁有以輕量級 expression templates 對陳述式進行編碼的能力後，我們還得建立一個用來控制實際儲存空間、同時理解 expression templates 的 Array 型別。不過出於工程上的理由，如果盡可能讓「帶有儲存空間的真實 array」與「用來表現結果為 array 的陳述式」具備相似的介面，對我們會很有幫助。為了做到這點，我們將 Array template 宣告如下：

---

* 譯註：即最外層的 1.2。

```
template<typename T, typename Rep = SArray<T>>
class Array;
```

如果 Array 是具備儲存空間的真實 array，Rep 型別可以設定為 SArray [1]。不然，它也可以被設定為用來表現陳述式的巢狀 template-id，如 A_Add 或 A_Mult。無論我們用哪種方式處理 Array 實體，都可以大大地簡化後續工作。事實上，我們甚至毋須在這份 Array template 定義中使用特化來區分上述兩種情況。雖然這樣一來，某些成員會無法透過以 A_Mult 替換 Rep 的方式，針對型別進行實體化。

下面是 Array 的定義式。裡面的功能大致限縮在我們的 SArray template 所提供的功能，不過一旦你理解了這份程式碼，要為其添加功能並不難：

exprtmpl/exprarray.hpp

```
#include <cstddef>
#include <cassert>
#include "sarray1.hpp"

template<typename T, typename Rep = SArray<T>>
class Array {
  private:
    Rep expr_rep;      // array 資料（存取處）

  public:
    // 以初始大小建立 array
    explicit Array (std::size_t s)
     : expr_rep(s) {
    }

    // 以任何可能的表示法建立 array
    Array (Rep const& rb)
     : expr_rep(rb) {
    }

    // array 型別相同時適用的賦值運算子
    Array& operator= (Array const& b) {
        assert(size()==b.size());
        for (std::size_t idx = 0; idx<b.size(); ++idx) {
            expr_rep[idx] = b[idx];
        }
        return *this;
    }
```

---

[1] 這裡可以很方便地重複利用先前開發的 SArray，不過對於一個工業等級強度的程式庫而言，更偏好使用專門開發的實作版本，因為我們用不到 SArray 的所有特性。

```
// array 型別不同時適用的賦值運算子
template<typename T2, typename Rep2>
Array& operator= (Array<T2, Rep2> const& b) {
    assert(size()==b.size());
    for (std::size_t idx = 0; idx<b.size(); ++idx) {
        expr_rep[idx] = b[idx];
    }
    return *this;
}

// size 代表被表述資料的大小
std::size_t size() const {
    return expr_rep.size();
}

// 分別適用常數與變數的索引運算子
decltype(auto) operator[] (std::size_t idx) const {
    assert(idx<size());
    return expr_rep[idx];
}
T& operator[] (std::size_t idx) {
    assert(idx<size());
    return expr_rep[idx];
}

// 回傳 array 當前表示的內容
Rep const& rep() const {
    return expr_rep;
}
Rep& rep() {
    return expr_rep;
}
};
```

如你所見，許多的操作都直接被轉發給底層的 Rep 物件來執行。不過在對另一個 array 進行複製時，我們必須將「該 array 實際上可能是用 expression template 建構的」這件事納入考慮。因此我們會根據底層的 Rep 表現方式，來參數化這些複製操作。

索引運算子值得我們討論一下。注意該運算子的 const 版本利用了被推導的回傳型別（deduced return type，即 auto），而不是更常見的 T const& 型別。我們這麼做的原因是：假設 Rep 表現的是 A_Mult 或 A_Add 的結果，那麼它的索引運算子會回傳一個暫存數值（也就是 prvalue），因而無法以 reference 方式回傳（遇到 prvalue 的情況，decltype(auto) 會推導出 nonreference 型別）。另一方面，如果 Rep 是個 SArray<T>，那麼底層的索引運算子會產生一個 const lvalue，此時推導出來的回傳型別會是相應的 const reference。

27.2.3 運算子

我們已經具備大多數可以為前述數值 Array template 提供高效數值運算的機制了，唯一欠缺的就是運算子本身。如前面透露過的，這些運算子只對 expression template 物件進行組裝——它們不會實際核算出結果陣列。

我們需要為每一個常見的二元運算子實作出三個版本：array-array、array-scalar、以及 scalar-array。舉例來說，為了能夠計算出初始值，我們需要下面這些運算子：

exprtmpl/exprops2.hpp

```
// 將兩個 Array 相加：
template<typename T, typename R1, typename R2>
Array<T,A_Add<T,R1,R2>>
operator+ (Array<T,R1> const& a, Array<T,R2> const& b) {
    return Array<T,A_Add<T,R1,R2>>
            (A_Add<T,R1,R2>(a.rep(),b.rep()));
}

// 將兩個 Array 相乘：
template<typename T, typename R1, typename R2>
Array<T, A_Mult<T,R1,R2>>
operator* (Array<T,R1> const& a, Array<T,R2> const& b) {
    return Array<T,A_Mult<T,R1,R2>>
            (A_Mult<T,R1,R2>(a.rep(), b.rep()));
}

// 將純量與 Array 相乘：
template<typename T, typename R2>
Array<T, A_Mult<T,A_Scalar<T>,R2>>
operator* (T const& s, Array<T,R2> const& b) {
    return Array<T,A_Mult<T,A_Scalar<T>,R2>>
            (A_Mult<T,A_Scalar<T>,R2>(A_Scalar<T>(s), b.rep()));
}

// 將 Array 與純量相乘、將純量與 Array 相加、將 Array 與純量相加：
...
```

這些運算子宣告式有點囉嗦（可以從上面的例子感覺出來），但實際上這些函式沒做什麼事。舉例來說，適用於兩個 array 的加號運算子（plus operator）首先會創建一個 A_Add<> 物件，用來表現運算子和兩個運算元

```
    A_Add<T,R1,R2>(a.rep(),b.rep())
```

然後再將上式包裹在一個 `Array` 物件裡頭,這讓我們得以採用與「其他表現 array 資料的物件」類似的方式來使用最終結果:

```
return Array<T,A_Add<T,R1,R2>> (...);
```

對於純量乘法,我們利用 `A_Scalar` **template** 來建立 `A_Mult` 物件:

```
A_Mult<T,A_Scalar<T>,R2>(A_Scalar<T>(s), b.rep())
```

同時再次將其包裹起來:

```
return Array<T,A_Mult<T,A_Scalar<T>,R2>> (...);
```

其他非成員二元運算子的實作方式也很相似,我們因此可以使用 macro(巨集),以相對少量的程式碼實作出大多數的運算子。同時以另一個(較小的)macro 來實作非成員一元運算子(**unary operators**)。

27.2.4　回顧

第一次接觸 expression template 這個概念時,各種宣告與定義式之間的交互作用可能會讓人心生畏懼。因此,針對上述範例程式碼實際發生內容提供一份自上而下的回顧,可能有助於加深讀者的理解。我們所要分析的程式碼如下(你可以在 `meta/exprmain.cpp` 裡找到它們):

```
int main()
{
    Array<double> x(1000), y(1000);
    …
    x = 1.2*x + x*y;
}
```

由於在定義 `x` 與 `y` 時省略了 `Rep` 引數,因此採用的是預設值,也就是 `SArray<double>`。是故,`x` 與 `y` 是具備「實際儲存空間」的 **arrays**,並不單單只是運算行為本身的記錄。

解析下列陳述式時

```
1.2*x + x*y
```

編譯器首先會執行最左邊的 `*` 運算,它是一個 **scalar-array** 運算子。重載決議因而會選擇 **scalar-array** 型式的 `operator*`:

```
template<typename T, typename R2>
Array<T, A_Mult<T,A_Scalar<T>,R2>>
operator* (T const& s, Array<T,R2> const& b) {
    return Array<T,A_Mult<T,A_Scalar<T>,R2>>
           (A_Mult<T,A_Scalar<T>,R2>(A_Scalar<T>(s), b.rep()));
}
```

運算元的型別為 `double` 和 `Array<double, SArray<double>>`。因此,最後得到的型別會是

```
Array<double, A_Mult<double, A_Scalar<double>, SArray<double>>>
```

被建構出來的最終數值指涉的是 A_Scalar<double> 物件，用到的材料有 double 值 1.2、以及用來表示物件 x 的 SArray<double>。

接下來被核算的是第二個乘法：x*y 的 **array-array** 運算。此時會採用相應的 operator*：

```
template<typename T, typename R1, typename R2>
Array<T, A_Mult<T,R1,R2>>
operator* (Array<T,R1> const& a, Array<T,R2> const& b) {
    return Array<T,A_Mult<T,R1,R2>>
            (A_Mult<T,R1,R2>(a.rep(), b.rep()));
}
```

兩個運算元的型別都是 Array<double, SArray<double>>，因此最終型別（**result type**）為

```
Array<double, A_Mult<double, SArray<double>, SArray<double>>>
```

此時被包裹的 A_Mult 物件會參考用來表現 SArray<double> 的兩個物件：一個代表 x、另一個代表 y。

最後核算的是 + 運算子。它也是一個 **array-array** 運算，運算元的型別正是我們甫推導出來的最終型別。因此，我們呼叫的是 **array-array** 版本的 + 運算子：

```
template<typename T, typename R1, typename R2>
Array<T,A_Add<T,R1,R2>>
operator+ (Array<T,R1> const& a, Array<T,R2> const& b) {
    return Array<T,A_Add<T,R1,R2>>
            (A_Add<T,R1,R2>(a.rep(),b.rep()));
}
```

T 以 double 進行替換；R1 會被下式取代

```
A_Mult<double, A_Scalar<double>, SArray<double>>
```

而 R2 則以下式進行替換

```
A_Mult<double, SArray<double>, SArray<double>>
```

如此一來，等號右側陳述式的型別會是

```
Array<double,
    A_Add<double,
        A_Mult<double, A_Scalar<double>, SArray<double>>,
        A_Mult<double, SArray<double>, SArray<double>>>>
```

該型別會與 Array **template** 裡的賦值運算子模板相匹配：

```
template<typename T, typename Rep = SArray<T>>
class Array {
  public:
    ...
    // 賦值運算子，適用以不同型別構成的 array
    template<typename T2, typename Rep2>
    Array& operator= (Array<T2, Rep2> const& b) {
        assert(size()==b.size());
```

```
            for (std::size_t idx = 0; idx<b.size(); ++idx) {
                expr_rep[idx] = b[idx];
            }
            return *this;
        }
        …
    };
```

賦值運算子會透過將索引運算子套用在等號右側的算式上，藉此計算出目標變數 x 裡各個元素的數值。右側算式的型別為

```
A_Add<double,
        A_Mult<double, A_Scalar<double>, SArray<double>>,
        A_Mult<double, SArray<double>, SArray<double>>>>
```

針對某個給定的索引 idx 仔細追蹤索引運算子的運算結果，會發現它所計算的是

```
(1.2*x[idx]) + (x[idx]*y[idx])
```

而這正是我們想要的結果。

27.2.5　Expression Templates 的賦值行為

實際上我們無法針對一個「基於我們的 A_Mult 和 A_Add expression templates 範例」所建構出來、帶有 Rep 引數的 array 實體化出寫入操作（確實如此，a + b = c 這樣的式子不合常理）。不過，為某些「運算結果能夠被賦值」的 expression templates 實作賦值運算，絕對是合理的。例如針對以整數值構成的 array 取索引，會很直覺地對應於「子集合選取（subset selection）」這件事。換言之，下列陳述式

```
x[y] = 2*x[y];
```

實際上等義於下式

```
for (std::size_t idx = 0; idx<y.size(); ++idx) {
    x[y[idx]] = 2*x[y[idx]];
}
```

支援上述用法意味著：以 expression template 建構的 array，其行為像是個 lvalue（亦即可被寫入）。這裡使用到的 expression template 組件與 A_Mult 相比，除了它會同時提供 const 與 non-const 版本的索引運算子、以及運算子回傳的可能是 lvalue（reference）之外，兩者不存在什麼根本上的差異：

exprtmpl/exprops3.hpp

```
template<typename T, typename A1, typename A2>
class A_Subscript {
  public:
    //建構子，用來初始化指向運算元的 references
    A_Subscript (A1 const& a, A2 const& b)
     : a1(a), a2(b) {
    }
```

```
    // 當數值被詢問時，處理索引運算
    decltype(auto) operator[] (std::size_t idx) const {
        return a1[a2[idx]];
    }
    T& operator[] (std::size_t idx) {
        return a1[a2[idx]];
    }

    // size 代表內層 array 的大小
    std::size_t size() const {
        return a2.size();
    }
  private:
    A1 const& a1;      // 指向第一個運算元的 reference
    A2 const& a2;      // 指向第二個運算元的 reference
};
```

又一次，decltype(auto) 能夠方便地用來處理 array 的索引操作，同時毋須考慮底層表現方式產生的是 prvalues 或 lvalues。

前面提到過，具備子集合語義（subset semantics）的擴充版索引運算子，還需要再將一些額外的索引運算子加進 Array template 中。它們之中的一個可以透過以下方式定義（我想應該也會需要一個對應的 const 版本）：

exprtmpl/exprops4.hpp

```
template<typename T, typename R>
  template<typename T2, typename R2>
Array<T, A_Subscript<T, R, R2>>
Array<T, R>::operator[](Array<T2, R2> const& b) {
    return Array<T, A_Subscript<T, R, R2>>
           (A_Subscript<T, R, R2>(*this, b));
}
```

27.3 Expression Templates 的效能與限制

為了彰顯複雜 expression template 概念的價值所在，我們已經針對 array 相關操作展現大幅度的效能改善。當你追蹤套用 expression templates 之後會發生什麼事時，你會發現許多小型 inline 函式彼此相互呼叫、同時有許多小型 expression template 物件被配置在呼叫堆疊（call stack）之中。而（編譯器內的）優化器必須執行完整的 inlining（內嵌）動作、同時消除這些小型物件，以產生效能媲美手工編寫迴圈的程式碼。在本書第一版，我們提過鮮少有編譯器能夠實現上述最佳化。不過後來情況有了相當大的改善，這部分無庸置疑要歸功於這項技術的廣泛流行。

Expression templates 技術無法解決與 array 數值操作相關的所有痛點。例如，它並不適用於下列型式的 matrix-vector（矩陣對向量）相乘

```
x = A*x;
```

這裡的 x 是個大小為 n 的行向量（column vector）、A 是一個 n 乘 n 的矩陣。這裡的問題在於我們必須要用到一個暫存值，因為計算結果內的元素可能會依賴於原始 x 中的各個元素。不幸的是，expression template 內的迴圈會立馬更新 x 的第一個元素，同時接著使用新計算出來的元素來計算第二個元素，這個行為並不正確*。另一方面，下面這個稍微不同的算式

```
x = A*y;
```

在 x 和 y 不互為彼此別名（alias）的情況下，則不需要暫存值。這意味著可行的求解過程必須能在執行期得知運算元彼此間的關係。這件事反過來建議我們建立一個用來表現算式樹（expression tree，記錄算式間的依賴關係）的執行期資料結構，而不是將該樹狀結構編碼在 expression template 的型別中。這個做法由 Robert Davies 的 NewMat 程式庫率先使用（參見 [*NewMat*]）。早在 expression template 被開發出來前許久就已經出現了。

27.4 後記

Expression templates 是由 Todd Veldhuizen 和 David Vandevoorde 獨立開發出來的（Todd 創造了該名詞），當時 member template 尚未被納入 C++ 程式語言（而且那時看來它們似乎永遠不會被加進 C++）。這對賦值運算子的實作造成了一些問題：它們無法針對 expression template 進行參數化。避開這個問題的方法包含以下步驟：在 expression templates 裡引入一個「轉型成 Copier class」的轉型運算子（conversion operator），該 class 會針對 expression template 進行參數化、不過同時又繼承自某個「僅針對元素型別參數化」的 base class。該 base class 接著提供一個 copy_to（virtual）介面，讓賦值運算子引用。

下面是該機制的概略架構（裡頭用到本章提過的 template 名稱）：

```
template<typename T>
class CopierInterface {
  public:
    virtual void copy_to(Array<T, SArray<T>>&) const;
};

template<typename T, typename X>
class Copier : public CopierInterface<T> {
  public:
    Copier(X const& x) : expr(x) {
    }
    virtual void copy_to(Array<T, SArray<T>>&) const {
        // 實作賦值迴圈
        …
```

---

* 譯註：正確情況應該使用更新前的 x 值。

```
      }
    private:
      X const& expr;
  };

  template<typename T, typename Rep = SArray<T>>
  class Array {
    public:
      // 將運算委託給其他函式（copy_to）的賦值運算子
      Array<T, Rep>& operator=(CopierInterface<T> const& b) {
          b.copy_to(rep);
      };
      …
  };

  template<typename T, typename A1, typename A2>
  class A_mult {
    public:
      operator Copier<T, A_Mult<T, A1, A2>>();
      …
  };
```

這又替 expression templates 加上了一層複雜度、以及一些執行期成本。不過即便如此，執行時的最終效能增益會令人十分有感。

C++ 標準程式庫裡包含了 class template valarray，主要適用於那些能夠彰顯「本章開發的 Array template 上所用技術」的應用程式。valarray 前身的設計動機，主要是想做到下面這件事：讓針對科學計算市場開發的編譯器能夠識別 array 型別，並且在操作時使用高度優化的內部程式碼。這樣的編譯器能夠在某種程度上「理解」型別。不過這件事從未達成（部分原因是該問題所針對的市場相對較小；另一方面則是因為當 valarray 變成 template 後，問題變得愈來愈複雜）。在 expression template 技術被發現一陣子以後，我們之中的某個人（Vandevoorde）提交了一份提案予 C++ 委員會，建議將 valarray 改成我們所開發的 Array template（它具備許多受到既有 valarray 功能啟發的新花樣）。該提案也是首次「Rep parameter」這個概念見諸文件。在此之前，「具備實際儲存空間的 array」與「expression template 型式的 pesudo-arrays（虛擬陣列）」分屬不同的 templates。當客戶端程式碼引入某個接受單個 array 的 foo 函式時，像這樣：

```
  double foo(Array<double> const&);
```

呼叫 foo(1.2*x) 會強制令 expression template 轉型成具備實際儲存空間的 array，即便施加該引數上的操作並不需要暫存值也是如此。有了埋藏在 Rep argument 裡的 expression templates，我們就能改用這種宣告方式

```
  template<typename Rep>
  double foo(Array<double, Rep> const&);
```

同時除非真的需要，不然不會發生任何轉型。

在 C++ 標準化過程中，valarray 提案出現得比較遲，同時事實上它重寫了標準裡與 valarray 有關的所有文字。最終該提案被拒絕了，取而代之的是在既有文字中做些許調整，以開放基於 expression templates 的實作方式。不過相較於我們在這裡討論的做法，根據該許可來進行開發依舊十分囉嗦。在本文寫作當下，並不存在這樣的實作版本。而且一般而言，標準 valarray 在執行當初希望適用的操作時，也十分沒有效率。

最後值得留意的是，許多本章展示的開創性技術、以及後來作為 STL 的一部分出現的技術[2]，最初都是在同一個編譯器（Borland C++ 編譯器第四版）上實現的。它或許是第一個於 C++ 編程社群中促成 template programming 廣泛流行的編譯器。

Expression template 一開始主要應用於操作 array 類型的型別。然而，數年後發現了新的應用場景。當中最具有開創性的是 Jaakko Järvi 與 Gary Powell 的 Boost.Lambda 程式庫（見 [*LambdaLib*]），在 lambda expressions 成為語言核心功能[3]前，它提供了好用的 lambda expression 工具；以及 Eric Niebler 的 Boost.Proto 程式庫，它主要用於 meta-program expression templates（後設程式陳述式模板），目的是在 C++ 裡創建嵌入式特定領域語言（*embedded domain-specific languages*）。其他的 Boost 程式庫（如 Boost.Fusion 與 Boost. Hana）也靈活地運用了 expression templates。

---

[2] 標準模板庫（*Standard Template Library*，STL）徹底改變了 C++ 程式庫世界，並在後來成為了 C++ 標準程式庫的一部分（見 [*JosuttisStdLib*]）。

[3] Jaakko 也在開發語言核心功能方面貢獻良多。

28

Templates 除錯

Debugging Templates

針對 template 進行除錯時，可能會面臨兩類問題。其中一類問題無疑會對撰寫 template 的人造成困擾：我們要如何確保寫出的 template 套用在任何「滿足既定條件」的 template arguments 時，皆能正常運作？另一類問題則幾乎就是前述問題的相反命題：當 template 運作起來不同於既定行為時，template 的使用者要如何發現出錯的是哪一個 template parameter 呢？

在我們深入探討上述問題之前，比較好的做法是先仔細思考一下 template parameter 可能被加上了哪些限制。在本章中，我們大多數處理的都是「違反時會導致編譯出錯」的限制條件，我們稱之為語法限制（*syntactic constraints*）。語法限制可以包含要求具備某種建構子、要求特定函式呼叫不能存在歧義（unambiguous）等等。而另外一種限制條件，我們稱為語義限制（*semantic constraints*）。這類限制更加難以機械方式驗證出來。在通常情況下，進行這樣的檢查可能一點也不實際。舉個例子，我們可能需要 template type parameter 裡頭具備 < 運算子的定義（這是一個語法限制），不過通常我們也會要求該運算子針對其定義域（domain）定義某種排序方式（這個算是語義限制）。

術語 *concept*（概念）經常用來表示一組在模板庫（template library）中不斷用到的限制條件。舉例來說，C++ 標準程式庫便依賴於像是隨機存取迭代器與支援預設建構等 concepts。有了這個術語，我們可以說「對 template 程式碼除錯」這件事包含了針對「在 template 實作與使用時，是怎麼違反 concepts 的」的大量判斷。本章會深入探討「能夠讓 template 對其實作者與使用者用起來更輕鬆」的設計與除錯技術。

28.1 淺層實體化

當 template 發生錯誤時，問題經常在一長串實體化後才發生，因而導致如我們在 9.4 節（第
143 頁）討論過的冗長錯誤訊息[1]。為了說明這個現象，請考慮以下頗為刻意的程式碼：

```cpp
template<typename T>
void clear (T& p)
{
    *p = 0;    // 假定 T 是個類指標型別
}

template<typename T>
void core (T& p)
{
    clear(p);
}

template<typename T>
void middle (typename T::Index p)
{
    core(p);
}

template<typename T>
void shell (T const& env)
{
    typename T::Index i;
    middle<T>(i);
}
```

這個範例展示了軟體開發的典型分層方式：shell() 這類的高層函式會依賴於如 middle()
這樣的組件，而這些組件又會使用像是 core() 這樣的基本工具。當我們實體化 shell()
時，比它低的各層也同樣需要被實體化。這個例子裡，最深層暴露出了一個問題：core() 以
int 型別進行實體化（透過使用 middle() 裡的 Client::Index），同時又嘗試對該型別
數值去參考（dereference），而這麼做是錯誤的。

這個問題只能在實體化時被偵測到。舉例來說：

```cpp
class Client
{
  public:
```

---

[1] 如果你已經讀到了本書這麼後面的部分，你肯定遇到了一些錯誤訊息。與之相比，我們一開始的範例根本就小
意思。

```
      using Index = int;
};

int main()
{
  Client mainClient;
  shell(mainClient);
}
```

一個好的泛型診斷資訊應該包含會導致該問題的所有層級軌跡記錄，不過我們發現過多的資訊會相當難以處理。

你可以在 [*StroustrupDnE*] 裡找到圍繞著此問題核心思想的一段精采討論。討論中 Bjarne Stroustrup 標明了提早判斷「template arguments 是否滿足一組限制條件」的兩大類做法：一是透過對語言的擴充、二是藉由盡早代入 parameter。我們在 17.8 節（第 361 頁）以及附錄 E 討論第一種方案，而後面的替代做法則是在**淺層實體化**（*shallow instantiations*）中迫致錯誤發生。這會透過插入除了觸發錯誤外沒有任何功能的多餘程式碼來達成。若當程式碼以不符合深層 templates 限制條件的 template arguments 進行實體化時，便會觸發錯誤。

在我們先前的範例中，我們可以在 shell() 內新增程式碼。它們會嘗試對型別為 T::Index 的數值取值（dereference）。舉個例子：

```
template<typename T>
void ignore(T const&)
{
}

template<typename T>
void shell (T const& env)
{
  class ShallowChecks
  {
    void deref(typename T::Index ptr) {
      ignore(*ptr);
    }
  };
  typename T::Index i;
  middle(i);
}
```

如果 T 是個無法讓 T::Index 進行取值的型別，則立馬在 local class ShallowChecks 會被診斷出一個錯誤。請注意，由於實際上該 local class 並末真正被用到，故這段新增的程式碼並不會影響到 shell() 函式的運行時間。但不幸的是，許多編譯器會警告我們 ShallowChecks（與他的成員們）未被使用到。有些技巧可以用來防止這些警告訊息，像是使用 ignore() template，不過這些做法增添了程式碼的複雜性。

概念確認

很明顯，上述範例中虛設（dummy）程式碼的開發過程，可能會變得和實現該 template 的實際功能一樣複雜。為了控制複雜度，我們很自然地會嘗試把各種虛設程式碼的片段收集到某種程式庫之中。舉例來說，該程式庫可能包含了這樣的 macro：當某個 template parameter 被替換後違反了該特定 parameter 的「概念（concept）」時，macro 會被展開成觸發適當錯誤的程式碼。這類程式庫中最流行的是 *Concept Check Library*，它屬於 Boost 發行套件的一部分（參見 [*BCCL*]）。

不幸的是，這項技術的可移植性不是很高（各個編譯器間診斷出錯誤的方式頗為不同），且有時會掩蓋住無法在高層級被觀察到的問題。

一旦 C++ 有了 *concepts*（概念，見附錄 E），我們就會有其他方式能夠為「定義限制條件與期望行為」提供支援。

28.2 靜態斷言

C++ 程式碼裡經常使用 assert() macro 來檢查在程式運行途中的特定時間點，是否具備某些特定條件。如果該斷言不成立（assertion fails），則程式會終止（同時發出警告），以便程式設計者修正問題。

C++ 的 static_assert 關鍵字（於 C++11 時引進）提供了類似的功能，不過它是在編譯期進行驗證：如果目標條件（必須是個常數陳述式，constant expression）被核算為 false，則編譯器會發出一則錯誤訊息。該錯誤訊息會包含一個字串（出自於 static_assert 的一部份），告訴程式設計者哪裡出錯了。舉例來說，下面的靜態斷言（static assertion）能夠確保我們是在擁有 64 位元指標的平台上進行編譯的：

```
static_assert(sizeof(void*) * CHAR_BIT == 64, "Not a 64-bit platform");
```

靜態斷言可以在 template argument 不滿足 template 的限制條件時，用來提供有用的錯誤訊息。舉個例子，在使用 19.4 節（第 416 頁）介紹的技術時，我們可以建立一個用來判斷給定型別是否可被取值（dereferenceable）的 type trait：

debugging/hasderef.hpp

```cpp
#include <utility>       // declval() 需要
#include <type_traits>   // true_type 和 false_type 需要

template<typename T>
class HasDereference {
 private:
  template<typename U> struct Identity;
  template<typename U> static std::true_type
    test(Identity<decltype(*std::declval<U>())>*);
  template<typename U> static std::false_type
    test(...);
```

```
 public:
   static constexpr bool value = decltype(test<T>(nullptr))::value;
};
```

現在，我們可以在 `shell()` 中引入靜態斷言，以便在上一小節的 `shell()` **template** 被某個無法取值的型別進行實體化時，提供較佳的診斷資訊：

```
template<typename T>
void shell (T const& env)
{
  static_assert(HasDereference<T>::value, "T is not dereferenceable");

  typename T::Index i;
  middle(i);
}
```

透過這樣的改變，編譯器會產生更簡潔的診斷資訊，明確指出型別 T 無法被取值。

使用 **template** 程式庫時，靜態斷言可以大大地改善使用者體驗，讓錯誤訊息更加簡短與直接。

請注意，你也可以將其用於 class **template**、同時利用附錄 D 中討論到的所有 **type traits**：

```
template<typename T>
class C {
  static_assert(HasDereference<T>::value, "T is not dereferenceable");
  static_assert(std::is_default_constructible<T>::value,
                "T is not default constructible");
  ...
};
```

28.3 Archetypes（原型）

在撰寫 **template** 時，確保 **template** 定義能夠套用「任何符合該 **template** 表明的需求條件」的 **template arguments** 進行編譯，這件事頗為困難。考慮一個利用設定的需求條件，於 **array** 中尋找某數值的簡單 `find()` 演算法：

```
// T 必須是 EqualityComparable，這代表：
// 兩個型別為 T 的物件可以使用 == 進行比較，同時結果會被轉型為 bool
template<typename T>
int find(T const* array, int n, T const& value);
```

我們可以為該 **function template** 想像出下面這種直截了當的實作方式：

```
template<typename T>
int find(T const* array, int n, T const& value) {
  int i = 0;
  while(i != n && array[i] != value)
    ++i;
  return i;
}
```

這份 template 定義存在兩個問題,兩者都會在給定的具體 template arguments 於技術上滿足 template 的需求條件,但行為卻與 template 作者期待的稍微不同時,透過編譯錯誤的形式表現出來。我們會利用 *archetypes*(原型)這個概念,將我們實作成品使用時的 template parameter,以 find() template 標示出的需求條件進行測試。

Archetypes 是使用者自行定義的 class,可以作為 template arguments,用來測試某個 temaplate 定義式是否遵循「它自身施加於相應 template parameter 的需求條件」。Archetype 會以「最低限度滿足該 template 需求條件」的方式被打造出來,故不會提供任何額外的操作。如果使用 archetype 作為 template arguments,成功使 template 定義式實體化,則我們便能得知該 template 定義式不會用到任何「被 template 標明為必需操作」之外的操作。

舉例來說,下面的 archetype 希望能夠符合記載於 find() 演算法文件上的 EqualityComparable concept 需求條件:

```
class EqualityComparableArchetype
{
};

class ConvertibleToBoolArchetype
{
  public:
    operator bool() const;
};

ConvertibleToBoolArchetype
operator==(EqualityComparableArchetype const&,
           EqualityComparableArchetype const&);
```

EqualityComparable 不具備成員函式及資料,僅提供一個用來滿足 find() 需求條件的重載運算子 operator==。該運算子相當小巧,會回傳另一個 archetype: ConvertibleToBoolArchetype,該 archetype 只存在一個目標為 bool 的使用者自定義轉型操作。

EqualityComparableArchetype 顯然滿足 find() template 標明的需求條件,故我們可以檢查 find() 的實作是否藉由使用 EqualityComparableArchetype 來實體化 find(),以完成所有任務:

```
template int find(EqualityComparableArchetype const*, int,
                  EqualityComparableArchetype const&);
```

find<EqualityComparableArchetype> 的實體化過程會失敗,表示我們找到了第一個問題:EqualityComparable 的敘述僅需要 ==,但 find() 的實作部分依賴於將 T 物件以 != 進行比較。我們的實作版本能與大部分使用者自行定義、實作了成對的 == 與 != 運算子的型別併用,不過這麼做實際上不正確。Archetypes 便是想要在 template 程式庫的開發早期發現這樣的問題。

透過修改 `find()` 的實作，並以等價（equality）運算代替不等價（inequality）運算，可以解決第一個問題。這樣一來 `find()` template 便能成功以 archetype 進行編譯[2]：

```
template<typename T>
int find(T const* array, int n, T const& value) {
  int i = 0;
  while(i != n && !(array[i] == value))
    ++i;
  return i;
}
```

想利用 archetypes 找出 `find()` 裡的第二個問題，需要多一點巧思。請注意新的 `find()` 版本現在直接將 `!` 運算子用在 `==` 的結果上。在我們的 archetype 範例中，這個動作會利用到使用者自行定義、轉為 bool 的轉型、以及內建的邏輯否定運算子 `operator!`。更加講究的 `ConvertibleToBoolArchetype` 實作方式會刻意毀壞 `operator!`，令其無法被誤用：

```
class ConvertibleToBoolArchetype
{
  public:
    operator bool() const;
    bool operator!() = delete;       // 邏輯否定不是明確的需求條件
};
```

我們可以利用被刪除函式（deleted functions）[3] 一併毀壞 `&&` 與 `||` 運算子，來進一步擴充這個 archetype，而這麼做有助於在其他 template 定義中找出問題。一般來說，template 實作者會想要為每一個被標示於 template 程式庫裡的 concept 開發 archetype，接著使用這些 archetypes 來測試各個 template 定義式是否符合其標示的需求條件。

28.4 Tracers（追蹤器）

截至目前為止，我們已經討論了在編譯或連結具有 templates 的程式時可能出現的各種問題。然而，想要確保程式在執行期正確運行，最大的挑戰通常都在成功編譯之後才出現。Template 有時會讓這個問題變得更加棘手，因為 template 所表現的泛型程式碼行為會完全由其客戶端決定（肯定比普通的 class 或 function 棘手得多）。Tracer（追蹤器）是一種軟體裝置，它可以藉由提早偵測 template 定義式裡的問題，減輕開發週期中 template 方面的除錯工作。

Tracer 是個使用者定義的 class，可以用來作為待測 template 的引數使用。通常 tracer 也是個 archetype，僅會恰好符合 template 的需求條件。不過更重要的是，tracer 應該要能夠產生「發生於 tracer 上操作行為的軌跡（*trace*）」。舉例來說，這可以用來實驗性地驗證演算法的效率、以及操作的發生順序。

---

[2] 現在程式能夠通過編譯，但無法進行連結（link）。因為我們並未定義重載的 `operator==`。這是 archetypes 的典型反應，因為它一般僅作為編譯期檢查輔助工具。

[3] 被刪除函式（deleted function）會如同普通函式一樣地參與重載決議。如果它們被重載決議過程選中，那麼編譯便會報錯。

下面是一個可以被用來測試排序演算法的 tracer 範例[4]：

debugging/tracer.hpp

```cpp
#include <iostream>

class SortTracer {
  private:
    int value;                              // 用來排序的整數
    int generation;                         // 此 tracer 的生成次數
    inline static long n_created = 0;       // 呼叫建構子的次數
    inline static long n_destroyed = 0;     // 呼叫解構子的次數
    inline static long n_assigned = 0;      // 賦值次數
    inline static long n_compared = 0;      // 比較次數
    inline static long n_max_live = 0;      // 曾經同時存在的最大物件個數

    // 重新計算現有物件個數的最大值
    static void update_max_live() {
        if (n_created-n_destroyed > n_max_live) {
            n_max_live = n_created-n_destroyed;
        }
    }

  public:
    static long creations() {
        return n_created;
    }
    static long destructions() {
        return n_destroyed;
    }
    static long assignments() {
        return n_assigned;
    }
    static long comparisons() {
        return n_compared;
    }
    static long max_live() {
      return n_max_live;
    }

  public:
    // 建構子
    SortTracer (int v = 0) : value(v), generation(1) {
        ++n_created;
        update_max_live();
        std::cerr << "SortTracer #" << n_created
                  << ", created generation " << generation
                  << " (total: " << n_created - n_destroyed
```

---

[4] 在 C++17 以前，我們必須在位於同一個編譯單元（translation unit）的 class 宣告之外，初始化各個 static 成員。

```
                                << ")\n";
    }

    // 複製建構子
    SortTracer (SortTracer const& b)
     : value(b.value), generation(b.generation+1) {
        ++n_created;
        update_max_live();
        std::cerr << "SortTracer #" << n_created
                  << ", copied as generation " << generation
                  << " (total: " << n_created - n_destroyed
                  << ")\n";
    }

    // 解構子
    ~SortTracer() {
        ++n_destroyed;
        update_max_live();
        std::cerr << "SortTracer generation " << generation
                  << " destroyed (total: "
                  << n_created - n_destroyed << ")\n";
    }

    // 賦值運算
    SortTracer& operator= (SortTracer const& b) {
        ++n_assigned;
        std::cerr << "SortTracer assignment #" << n_assigned
                  << " (generation " << generation
                  << " = " << b.generation
                  << ")\n";
        value = b.value;
        return *this;
    }

    // 比較運算
    friend bool operator < (SortTracer const& a,
                            SortTracer const& b) {
        ++n_compared;
        std::cerr << "SortTracer comparison #" << n_compared
                  << " (generation " << a.generation
                  << " < " << b.generation
                  << ")\n";
        return a.value < b.value;
    }

    int val() const {
        return value;
    }
};
```

除了用於排序的數值 value 之外，tracer 還提供了用於追蹤具體排序結果的幾個成員：針對各個 tracer 物件，generation 會追蹤該物件從最初的原始版本中間經過多少次複製運算。換言之，原始版本的 generation == 1；從原始版本複製出的直接副本 generation == 2；再次對上述副本進行複製的副本，其 generation == 3，依此類推。其他的 static 成員負責追蹤建立的物件個數（即建構子呼叫次數）、解構次數、賦值與比較次數、以及曾經存在的最大物件個數。

這個特別的 tracer 能夠被用來追蹤某個給定 template 所執行的個體（entity）創建和解構、以及賦值與比較運算的模式。下面的測試程式為 C++ 標準程式庫裡的 std::sort() 演算法展示了上述資訊：

debugging/tracertest.cpp

```cpp
#include <iostream>
#include <algorithm>
#include "tracer.hpp"

int main()
{
    // 準備輸入樣本：
    SortTracer input[] = { 7, 3, 5, 6, 4, 2, 0, 1, 9, 8 };

    // 列印初始值：
    for (int i=0; i<10; ++i) {
        std::cerr << input[i].val() << ' ';
    }
    std::cerr << '\n';

    // 記憶初始條件：
    long created_at_start = SortTracer::creations();
    long max_live_at_start = SortTracer::max_live();
    long assigned_at_start = SortTracer::assignments();
    long compared_at_start = SortTracer::comparisons();

    // 執行演算法：
    std::cerr << "---[ Start std::sort() ]--------------------\n";
    std::sort<>(&input[0], &input[9]+1);
    std::cerr << "---[ End std::sort() ]----------------------\n";

    // 驗證結果：
    for (int i=0; i<10; ++i) {
        std::cerr << input[i].val() << ' ';
    }
    std::cerr << "\n\n";
```

```
        // 最終結果報告:
    std::cerr << "std::sort() of 10 SortTracer's"
                  << " was performed by:\n "
                  << SortTracer::creations() - created_at_start
                  << " temporary tracers\n "
                  << "up to "
                  << SortTracer::max_live()
                  << " tracers at the same time ("
                  << max_live_at_start << " before)\n "
                  << SortTracer::assignments() - assigned_at_start
                  << " assignments\n "
                  << SortTracer::comparisons() - compared_at_start
                  << " comparisons\n\n";
}
```

執行此程式時會產生大量的輸出，不過其中大部分可以從最終報告中歸納出來。針對某個 std::sort() 函式實作版本，我們得到以下結果:

```
std::sort() of 10 SortTracer's was performed by:
    9 temporary tracers
    up to 11 tracers at the same time (10 before)
    33 assignments
    27 comparisons
```

舉例來說，我們發現即便程式在排序時創建出了九個暫存 tracers，但同一時間點最多只會存在兩個新增的 tracers。

是故，我們的 tracer 扮演了兩個角色:它證明了標準 sort() 演算法並不需要除上述 tracer 以外的功能（像是我們並不需要 == 和 > 運算子）、同時它也讓我們了解演算法的成本。然而，tracer 並未揭示該排序 template 自身的正確性。

28.5 Oracles（銘碼）

Tracers 相對來說簡單又有效，不過它們僅能就特定的輸入資料、以及相關功能的特定行為來追蹤 template 的執行過程。舉例來說，我們可能會想知道:如果想讓排序演算法有意義（或是正確）的話，比較運算子（comparison operator）需要符合哪些條件。不過在上述範例裡，我們僅測試出該比較運算子的行為相當於一個「適用整數的小於運算」。

有個 tracers 的擴充功能，在某些圈子裡被稱為 *oracles*（銘碼，或執行期分析銘碼，*runtime analysis oracles*）。它們是與某個推理引擎（*inference engine*，能夠記憶斷言和相關理由，並據以推出具體結論的一種程式）相連結的 tracers。

在某些情境中，oracles 讓我們能夠在不指定用於替換的 template arguments（oracles 本身就是引數）或輸入資料（當推理引擎卡住時，它需要輸入某些假設條件）的情況下，動態地驗證 template 演算法。然而，這種分析方式只能用於複雜度不太高的演算法（源於推理引擎自身的限制），同時其運算量相當龐大。基於以上理由，我們不深入研究 oracles 的發展，不過有興趣的讀者應該參考一下後記中提到的出版物（以及其中包含的參考資料）。

28.6　後記

Jeremy Siek 的 *Concept Check Library*（參見 *[BCCL]*）裡可以找到藉由新增虛擬程式碼（dummy code），試圖對 C++ 編譯器診斷工具做出相當有系統的改進。該改良版本已經成為了 Boost 程式庫的一部分（見 *[Boost]*）。

Robert Klarer 和 John Maddock 提出了 static_assert 功能，用來幫助程式設計師在編譯期檢查需求條件。該功能後來成為 C++11 最早的功能之一。在此之前，通常會利用類似於 28.1 節（第 652 頁）介紹的技術，以程式庫或 macro 的方式呈現，Boost.StaticAssert 程式庫正是這種實現方式的一個例子。

MELAS 系統為 C++ 標準程式庫的某些部分提供了 oracles，使其中部分演算法得以被驗證。該系統於 *[MusserWangDynaVeri]* 之中有進一步的討論[5]。

5　該書其中一位作者 David Musser 也是開發 C++ 標準程式庫的關鍵人物。除此之外，他也設計並實作了最早的關聯式容器（associative containers）。

A

單一定義規則

The One-Definition Rule

被暱稱為 *ODR* 的單一定義規則（one-definition rule）是 C++ 程式得以具備良好架構的基石。ODR 最通用的原則相當簡單，方便記住並運用：在所有檔案中，僅定義一次 noninline 函式或物件；同時在每個編譯單元（translation unit）內，至多定義一次 class、inline 函式、以及 inline 變數，並確保針對相同個體（entity）的所有定義皆相同。

不過魔鬼藏在細節裡，在與 template 實體化併用時，這些細節可能會嚇到不少人。這份附錄旨在為有興趣的讀者提供一份詳盡的 ODR 概述。我們同時也會指出相關的具體問題被闡述於正文的哪些地方。

A.1 編譯單元

實作上，我們透過將「程式碼」填入各個檔案來撰寫 C++ 程式。然而在 ODR 的語境中，文件所界定的邊界並不是那麼重要。相反地，真正重要的是編譯單元（*translation units*）。就本質上來說，編譯單元是在你餵給電腦的檔案上套用前置處理器（preprocessor）後所得到的結果。前置處理器會捨棄未被條件編譯指令（conditional compilation directives，如 #if、#ifdef、與 friends）選中的程式碼段落、捨棄註解、（遞迴地）插入被 #include 的檔案，同時展開 macros。

因此，考慮 ODR 的話，下面這兩個檔案

```
// ===== header.hpp：
#ifdef DO_DEBUG
 #define debug(x) std::cout << x << '\n'
#else
 #define debug(x)
#endif

void debugInit();
```

```
// ===== myprog.cpp：
#include "header.hpp"

int main()
{
    debugInit();
    debug("main()");
}
```

會等價於下面這個單一檔案：

```
// ===== myprog.cpp：
void debugInit();

int main()
{
    debugInit();
}
```

跨越編譯單元邊界的連接方式，會透過在兩個編譯單元裡提供「具備外部連結性的對應宣告式」來達成（例如：global 函式 debugInit() 的兩份宣告式）。

請注意，編譯單元這個概念，比起僅是個「前置處理後的檔案」還要稍微再抽象一點。舉例來說，如果我們將某個經過前置處理的檔案餵給編譯器兩次，用以構成單一程式。那麼這會為該程式引入兩個個別的編譯單元（不過這麼做沒什麼意義）。

A.2 宣告與定義 *

宣告（*declaration*）與定義（*definition*）這兩個術語，在日常的「編程員間交流」時經常互相替代使用。不過，在 ODR 的語境（context）中，這些詞語的精確意義至關重要[1]。

宣告（式）是 C++ 的構件，（通常）[2] 用來在程式中引入或重新引入某個名稱（name）。宣告也可以是個定義，取決於引入的是何種個體（entity）、以及如何引入它們：

- **命名空間（namespace）與命名空間別名（namespace alias）**：命名空間和其別名的宣告必定也是定義，即便定義這個術語在此處並不常見。這是因為命名空間的成員名單可以在稍後進行「擴充」（這跟 class 與列舉型別不大一樣）。

- **Class、class template、函式、function template、成員函式、和成員函式模板**：唯有且僅有在宣告式包含了一份「與該名稱關聯、並帶有大括號的本體（body）」時，宣告方為定義。這條規則包含了 union（聯集）、運算子、成員運算子、static 成員函式、建構子與解構子、以及上述內容的 template 顯式特化版本（亦即任何「類 class」與「類函式」個體）。

---

[1] 我們也認為，在交流關於 C 或 C++ 的想法時，仔細運用這些詞彙是種良好的習慣。我們在本書通篇都是這麼做的。

[2] 某些構件（如 static_assert）不會引入任何名稱，不過它們在語法上被視為宣告。

* 譯註：有時為了行文清晰，會將 declaration 譯作「宣告式」、將 definition 譯作「定義式」。

- **列舉值（Enumeration）**：唯有且僅有在其包含「以大括號包裹起來的列舉子（enumerator）列表」時，宣告會等同於定義。

- **Local（區域）變數與 nonstatic 資料成員**：這些實體總是可以被視為定義，它們之間的區別小到可以忽略。請注意，位於某個函式「定義式」裡的函式參數（parameter）宣告，本身屬於定義，因為它表示一個 local 變數。不過位於函式「宣告式」裡的函式參數宣告並不是個定義式。

- **Global（全域）變數**：如果該宣告式前面並未直接冠上關鍵字 extern、又或是它帶有初始式（initializer），則此 global 變數的宣告式同時也是變數定義式。否則的話，它就不是定義式。

- **Static 資料成員**：唯有且僅有當其位於自身所屬的 class 或 class template 之外、或是在 class 或 class template 中被宣告為 inline 或 constexpr 時，宣告方為定義。

- **顯式特化（explicit specialization）與偏特化（partial specialization）**：如果跟在 template<> 或 template<...> 後面的宣告式本身是個定義式，則顯式特化或偏特化的宣告即為定義，除了下面這種情況：static 資料成員或 static 資料成員模板唯有當具備初始式時，其顯式特化方為定義式。

上述例子以外的宣告都不算是定義。像是型別別名（type alias，具有 typedef 或 using）、using 宣告式、using 指令（using directive）、template parameter 宣告、顯式實體化指令、static_assert 宣告等。

A.3 單一定義規則的細節

正如我們在附錄引言部分暗示過的，實際上 ODR 具備相當多的細節。下面我們按照規則中限制條件的作用範圍（scope）來整理它們。

A.3.1 類型一：單一程式中只能存在一份定義

在每個程式裡，下列項目至多只會存在一份定義：

- Noninline 函式和 noninline 成員函式（包含 function template 的全特化體）

- Noninline 變數（特別是宣告於 namespace scope 或 global scope 裡、同時不帶有 static 關鍵字的變數）

- Noninline static 資料成員

舉例來說，下面兩個編譯單元所構成的 C++ 程式並不合法：

```
// ===== 編譯單元 1：
int counter;
// ===== 編譯單元 2：
int counter;    // 錯誤：重複定義（違反 ODR）
```

上述規則並不適用於具備內部連結性（*internal linkage*）的實體（實際上就是指用 static 關鍵字，於 global scope 或 namespace scope 裡宣告的實體），原因是即便這樣的兩份實體具備相同的名稱，但它們被看成是不同的東西。同樣的道理，被宣告在 unnamed namespace（不具名命名空間）裡的實體，若它們位處不同編譯單元內，則也會被視為個別存在的個體；在 C++11 及後續版本中，這類實體在預設情形下同樣具備內部連結性，不過在 C++11 之前的版本中，則預設它們具備外部連結性（external linkage）。舉例來說，下面的兩個編譯單元可以結合成一個合法的 C++ 程式：

```
//===== 編譯單元 1：
static int counter = 2;        // 與其他編譯單元無關

namespace {
    void unique()              // 與其他編譯單元無關
    {
    }
}

//===== 編譯單元 2：
static int counter = 0;        // 與其他編譯單元無關

namespace {
    void unique()              // 與其他編譯單元無關
    {
        ++counter;
    }
}

int main()
{
    unique();
}
```

除此之外，如果上述項目在「未被 constexpr *if* 陳述句（僅 C++17 提供的特性；參見 14.6 節，第 263 頁）捨棄的程式內文」中使用到的話，則它們僅能出現一次。上句中的使用到一詞有其精確定義，指的是：在程式的某處存在一些針對該實體的引用（reference），使得在直接生成程式碼（straightforward code generation）時需要用到該實體[3]。這類引用可以是對某個變數值的存取、呼叫某個函式、或是取用該實體的記憶體位址。引用可以明確出現於程式碼中、也可以是一種隱喻。舉例來說，new 陳述式可能生成對相應 delete 運算子的隱喻呼叫（implicit call），用來處理當建構子拋出異常時、需要清空（已配置但）未使用的記憶體空間這類情形。另一種情形則與複製建構子有關，即便複製建構動作最終可能會被優化掉，我們仍然需要定義複製建構子（除非語言本身要求優化該動作，這在 C++17 很常見）。Virtual 函式也會被隱喻使用（透過令 virtual 函式呼叫得以運作的內部結構），除非它們是

---

[3] 各式各樣的最佳化技術可能會免除對該實體的需求，不過語言本身並不考慮這類最佳化。

純 virtual 函式（pure virtual function）。另外還存在著幾種隱喻使用的方式，不過為了保持內容簡潔，我們先略過不提。

按照上述概念，某些引用**不會**構成被使用到的情況：如出現在某個**未經核算的運算元**（*unevaluated operand*，如 sizeof 或 decltype 運算式裡的運算元）裡的引用。而 typeid 運算式（見 9.1.1 節，第 138 頁）的運算元只在某些情況下會是未經核算的（*unevaluated*）。具體來說，如果某個引用作為 typeid 運算式的一部分出現，除非該 typeid 的引數最終代表了某個多型物件（polymorphic object，擁有可能是繼承而來的 virtual 函式的物件），否則按照先前的概念，它並不算真的使用到該實體。舉個例子，考慮下面單個檔案的程式：

```
#include <typeinfo>

class Decider {
#if defined(DYNAMIC)
    virtual ~Decider() {
    }
#endif
};

extern Decider d;

int main()
{
    char const* name = typeid(d).name();
    return (int)sizeof(d);
}
```

唯有且僅有當前置處理符號（preprocessor symbol）DYNAMIC 未被定義時，此程式才合法。的確如此，雖然變數 d 未經定義，不過 sizeof(d) 裡針對 d 的引用並不構成使用。唯有當 d 是個多型型別的物件時，位於 typeid(d) 之中的引用才算是真正使用了 d（因為一般來說，一直到執行期前都不一定有辦法判斷多型 typeid 運算的結果）。

根據 C++ 標準，C++（編譯器）的實作版本並不需要為本小節介紹的限制條件提供診斷訊息。不過實際上通常會由連結器（linker）發出像是重複定義或缺少定義之類的訊息。

A.3.2 類型二：單一編譯單元中只能存在一份定義

單一編譯單元中，任何個體（entity）的定義都不能超過一次。因此，下面的例子屬於非法的 C++ 程式：

```
inline void f() {}
inline void f() {}        // 錯誤：重複定義
```

這正是利用 *guards*（警衛碼）將位於標頭檔（header files）內的程式碼包圍起來的主要原因之一：

```
// ==== guarddemo.hpp：
#ifndef GUARDDEMO_HPP
#define GUARDDEMO_HPP

...

#endif   // GUARDDEMO_HPP
```

這類 guards 確保了在標頭檔第二次被 #include 時，裡頭的內容會被捨棄，因而避免了對其中可能包含的 class、inline 個體、template 等的重複定義。

ODR 也指定某些實體在特定情境下**必須被定義**。這可能適用於 class 型別、inline 函式、和 inline 變數。在接下來的篇幅中，我們會檢視詳細的規則。

某個 class 型別 X（也包含 struct 和 union）在編譯單元裡的定義，**必須早於**該編譯單元中下面列出的使用行為：

- 建立型別為 X 的物件（像是寫出變數宣告式、或是透過 new 陳述式進行創建）。創建行為本身可能是間接發生的，舉例來說，當某個「本身帶有另一個 X 型別物件」的物件被創建時。
- 宣告某個型別為 X 的資料成員時。
- 在某個型別為 X 的物件上套用 sizeof 或 typeid 運算。
- 顯式或隱式地（explicitly or implicitly）存取型別為 X 的成員。
- 利用任何型式的轉型將某個陳述式轉成 X 型別，或反向進行；或是透過隱式轉型（implicit cast）、static_cast、或 dynamic_cast 將某個陳述式轉成指向 X 的指標（void* 除外）或 reference，或反向進行。
- 對某個型別為 X 的物件賦值。
- 定義或呼叫某個「擁有型別為 X 的引數或回傳型別」的函式。不過，如果僅僅只是宣告一個這樣的函式，並不要求 X 先被定義。

這些針對型別的規則，同樣也適用於從 class templates 衍生出的型別 X。這代表當 X 型別必須先被定義的這些情況發生時，對應的 **templates** 也得先被定義。這類情況產生了所謂的**實體化點**（*points of instantiation*，*POIs*；參考 14.3.2 節，第 250 頁）。

Inline 函式必須被定義在每一個用到它的編譯單元裡（也就是它們被呼叫、或是被擷取位址之處）。不過，和 class 型別不同，它們的定義可以比用到它們的地方更晚出現：

```
inline int notSoFast();

int main()
{
    notSoFast();
}
```

```
inline int notSoFast()
{
}
```

雖然這樣的 C++ 程式碼合法，不過某些依據早期技術開發的編譯器實際上並不會將該函式呼叫「內嵌（inline）」成尚未見過的函式本體；因此可能達不到我們想要的效果。

類似於 class templates，使用某個「從參數化的函式宣告（可能是函式、成員函式模板、或是某個 class template 的成員函式）」所生成的函式，也會產生實體化點。不過與 class templates 不同，此處對應的定義可以較實體化點更晚出現。

本小節解釋的 ODR 各項細節，通常可以簡單地以 C++ 編譯器進行驗證；C++ 標準因而要求編譯器在上述規則被違反時發出某種診斷訊息。但有個例外，當某個參數化的函式缺少定義時，通常不會發出診斷訊息。

A.3.3 類型三：跨編譯單元的定義必須等價

「能夠在超過一個的編譯單元定義同一種實體」這樣的能力引進了一種新的潛在錯誤型式：多份定義彼此不匹配。不幸的是，這類錯誤很難透過（每次只處理單個編譯單元的）傳統編譯器技術偵測出來，因此，C++ 標準並未**強制規定**要偵測或診斷出不同定義式間的差異（當然，它允許這件事發生）。不過，如果違反了這種跨編譯單元的限制條件，C++ 標準稱其會導致未定義行為（*undefined behavior*），意思是可能發生任何合理或不合理的現象。通常這類未被診斷出來的錯誤會讓程式當掉（*crashes*）或是出現錯誤結果（wrong results），不過原則上它們也可能會導致其他更直接的危害（例如檔案毀損，file corruption）[4]。

跨編譯單元的限制指出：當某個實體被定義在兩個不同的地方時，這兩處的內容必須要由一模一樣的標記序列（sequence of tokens，包含關鍵字、運算子、識別字等，經過前置處理後剩下的內容）所構成。其次，這些 tokens（標記）在各自所屬的上下文中代表的意義必須相同。例如：識別字（identifiers）指涉的必須是同一個變數。

想想下面這個例子：

```
// ===== 編譯單元 1：
static int counter = 0;
inline void increaseCounter()
{
    ++counter;
}

int main()
{
}
```

---

4 初版 gcc 編譯器事實上會在發生這類情況時，戲謔地啟動一個名為 Rogue 的遊戲。

```
// ===== 編譯單元 2:
static int counter = 0;
inline void increaseCounter()
{
    ++counter;
}
```

這個例子會發生錯誤,因為即便 increaseCounter() 這個 inline 函式於兩個編譯單元裡的
標記序列看似相同,但其中的 counter token 分別指涉兩個不同的實體。確實如此,由於這
兩個名為 counter 的變數具備了內部連結性(源於 static 關鍵字),故雖然具備相同名稱
但它們彼此其實無關。注意,即便實際上這兩個 inline 函式皆未被使用到,這依然是個錯誤。

我們可以將那些「會在不同編譯單元裡進行定義的實體定義式」放進標頭檔,並在每次需要
時 #include 它們,以確保在所有情況下的標記序列幾乎都相同[5]。一旦採用這種做法,兩個
相同 token 指涉不同實體的情況就幾乎不會出現,不過一旦出現了,最終造成的錯誤經常讓
人摸不著頭緒、難以追蹤。

跨編譯單元的限制條件不僅針對可能會在多處定義的實體,也適用於宣告式裡的預設引數。
也就是說,下面的程式有著未定義行為:

```
// ===== 編譯單元 1:
void unused(int = 3);

int main()
{
}
```

```
// ===== 編譯單元 2:
void unused(int = 4);
```

我們應該當心,「標記序列等價」本身有時可能涉及一些微妙的隱晦效應。下面的例子是從
C++ 標準裡摘錄下來的(稍微經過一點修改):

```
// ===== 編譯單元 1:
class X {
  public:
    X(int, int);
    X(int, int, int);
};

X::X(int, int = 0)
{
}
```

---

[5] 有些時候,條件編譯指令在不同的編譯單元裡核算出來的結果會不一樣。請謹慎使用這樣的指令。序列也可能
會存在其他差異,不過這種情況更為罕見。

```
class D {
  X x = 0;
};

D d1;   // D() 呼叫了 X(int, int)

// ===== 編譯單元 2：
class X {
  public:
    X(int, int);
    X(int, int, int);
};

X::X(int, int = 0, int = 0)
{
}

class D : public X {
  X x = 0;
};

D d2;   // D() 呼叫了 X(int, int, int)
```

這個例子之所以發生問題，主要是兩個編譯單元裡隱式生成的 class D 預設建構子長得不一樣。其中一個呼叫具有兩個輸入參數的 X，而另一個呼叫具有三個輸入引數的 X 建構子。如果這個例子打動你，那它將會是一個額外的動機，促使你將預設引數限制在程式中的某一處（如果可以的話，這個位置應該在標頭檔裡）。幸運的是，將預設引數放置在 class 定義之外的做法相當罕見。

「相同的 tokens 必須得指涉相同實體」這件事也有個例外情況。如果相同的 tokens 指涉的是數值相同、彼此無關的常數，且不會用到最終陳述式（resulting expressions）的位址（像是透過「將 reference 綁定到某個用來產生常數的變數」這樣隱晦地使用也是不行的），那麼這些 tokens 也可以被視為等價。這項例外允許了下面這種程式結構：

```
// ===== header.hpp：
#ifndef HEADER_HPP
#define HEADER_HPP

int const length = 10;

class MiniBuffer {
  char buf[length];
  …
};

#endif   // HEADER_HPP
```

原則上，當這份標頭檔在兩個不同的編譯單元引入時，會建立兩份獨立的常數變數 `length`，因為此處上下文中的 `const` 隱喻 `static`。不過這類常數變數經常是希望定義編譯期常數值，而非執行期的某個特定儲存位址。因此，如果我們不強制要求這樣的儲存空間存在（透過引用該變數位址），已經能夠滿足「兩個常數具備相同數值」這件事了。

最後是關於 templates 的一點提醒。Template 裡的名稱綁定會分為兩階段進行。非依附名稱（*nondependent names*）會在 template 被定義時進行綁定。此時等價規則的處理方式類似於其他的 nontemplate 定義式。至於那些在實體化點進行綁定的名稱，則必須於該時間點套用等價規則，同時也要求綁定的對象必須等價。

B

數值類型

Value Categories

陳述式（expressions）是 C++ 語言的基石，作為用來表現計算行為的主要機制。每個陳述式都具備某種型別（type），它描述了該陳述式本身計算後得到的數值（value）之靜態型別。陳述式 7 具備 int 型別，和陳述式 5 + 2 的型別相同。如果有某個 int 型別的變數 x，那麼陳述式 x 的型別也會是 int。每個陳述式都具備一個 *value category*（數值類型），描寫該數值如何被生成、以及它們如何影響陳述式的行為等相關資訊。

B.1 傳統的左右值

過去只存在兩種 value categories：lvalue（左值）和 rvalue（右值）。Lvalue 是「指涉儲存在記憶體或主機暫存器中實際數值」的陳述式，如陳述式 x（x 是某個變數的名稱）。這些陳述式或許是可更動的（modifiable），以便人們更新裡頭儲存的數值。舉例來說，假設 x 是個型別為 int 的變數，下面的賦值運算會將 x 的值換成 7：

```
x = 7;
```

術語 *lvalue*（*左值*）源自於這些陳述式在賦值運算中扮演的角色：字母「l」代表「left-hand side（左手邊）」，因為（以往在 C 語言中）只有 lvalue 會被放在賦值運算的左手邊。相對的，rvalue（右值，「r」代表「right-hand side」）在賦值時只能被放在右手邊。

不過，當 C 語言在 1989 年進行標準化時，狀況變得有些不同：雖然 int const 依然是個儲存於記憶體中的數值，但它不能出現在賦值運算的左手邊。

```
int const x;        // x 是一個不可更動的 lvalue
x = 7;              // 錯誤：左邊需要一個可更動的 lvalue
```

C++ 做了更大程度的改變：Class rvalues 可以出現在賦值運算的左手邊。這種賦值實際上是一種針對 class 內相應賦值運算子的函式呼叫（function call），而非針對純量型別（scalar types）的「單純」賦值。故它們遵循針對成員函式呼叫的（另一種）規則。

由於上面提到的各種變化，術語 *lvalue* 現在有時代表 *localizable value*（可區域化數值）。而指涉某個變數的陳述式也不一定就是 lvalue 陳述式。其他屬於 lvalues 的陳述式還包括了指標取值操作（pointer dereference operations，如 *p），其指涉「指標指向的記憶體位址所儲存的數值」，以及「指涉某個 class 物件成員」的陳述式（如 p->data）。甚或是針對「會回傳傳統 lvalue reference 型別的函式（宣告式帶有 &）」進行呼叫的陳述式，也算是 lvalues。舉例來說（細節詳見 B.4 節，第 679 頁）：

```
std::vector<int> v;
v.front()                    // 會給出 lvalue，因為該回傳型別為 lvalue reference
```

或許令人吃驚，但 string literal（字串文字）也算是（不可更動的）lvalue。

Rvalues 屬於純粹數學數值（pure mathematical values，像是 7 或是字元 'a'），它們並不需要任何對應的儲存空間；它們存在的目的是用來計算，不過一旦它們被使用過，就不能再次指涉它們。具體來說，除了 string literal 之外的任何文字值（literal value，如 7、'a'、true、nullptr）都是 rvalues。許多內建算術計算的結果（如 x + 5，x 為整數型別）、以及呼叫「以值回傳結果的函式」，都一樣會獲得 rvalues。也就是說，所有的暫存值都是 rvalues。但這個結論並不適用於以具名參考（named references）指涉這些暫存值的情況。

B.1.1　左值到右值的轉換

考量到生命期短暫這項特性 *，rvalues 僅限於出現在「簡單」賦值操作的右側：像 7 = 8 這樣的賦值操作沒有意義，因為數字 7 不允許被重新定義。另一方面，lvalues 似乎沒有類似的限制：當 x 和 y 兩個變數彼此相容，人們必然可以計算 x = y 這條賦值運算，就算 x 與 y 陳述式皆為 lvalue 也可以 **。

賦值運算 x = y 之所以成立，背後原因是：右手邊的陳述式 y 會經過一個名為*左值到右值轉換*（lvalue-to-rvalue conversion）的隱式轉型。正如其名，左值到右值轉換接受一個 lvalue、並且會利用從該 lvalue 相應的儲存空間或暫存器中讀取資料的方式，產生一個相同型別的 rvalue。是故，這項轉換達成了兩件事：首先，它確保在每次需要 rvalue 時（像是作為賦值運算的右側陳述式、或是用於像 x + y 這種數學計算式），也可以使用 lvalue 做為替代。其次，它指出在（經過最佳化前）程式中的某個地方，編譯器可能會送出一個「load（載入）」指令（instruction），從記憶體中讀取數值。

B.2　C++11 之後的 Value Categories

當 rvalue reference 在 C++11 被提出，以支援搬移語意（move semantics）時，將陳述式分為 lvalue 和 rvalue 的這種傳統分類方式，已經不足以用來描述 C++11 的語言行為了。因此 C++ 標準化委員會按照三個核心類型與兩個複合類型，重新設計了數值類型系統（見圖 B.1）。核心類型有：*lvalue*、*prvalue*（pure rvalue，純右值）、以及 *xvalue*（消亡值）。複合類型包括：*glvalue*（generalized lvalue，泛左值；即 *lvalue* 和 *xvalue* 的聯集）和 *rvalue*（*xvalue* 和 *prvalue* 的聯集）。

---

* 譯註：因為不具備能保存數值的記憶體空間。

** 譯註：「左」值，也可以出現在右邊。

注意，所有的陳述式依然分屬 *lvalue* 或 *rvalue*，不過現在 *rvalue* 類型被進一步地細分。

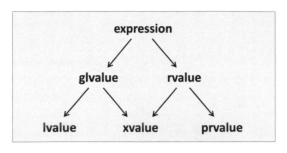

圖 *B.1. 始於 C++11 的 value category*

上述 C++11 分類方式依然有效。不過在 C++17 裡，各個類型的特徵被重新表述如下：

- **glvalue** 是一種陳述式，其核算行為（evaluation）會決定某個物件、bit-field（位元欄位）、或函式（亦即具有儲存空間的實體）的身分（identity）。
- **prvalue** 是一種陳述式，其核算行為會初始化某個物件或 bit-field，或是計算某個運算式中運算元的值。
- **xvalue** 是一種「指定某個物件或 bit-field 的資源可以被重複利用」的 glvalue（這通常是因為該值快要「失效（expire）」了；*xvalue* 裡的「x」源自於「eXpriring value（即將失效之值）」）。
- **lvalue** 是一種不是 xvalue 的 glvalue。
- **rvalue** 是一種可能會是 prvalue 或 xvalue 的陳述式。

注意在 C++17 裡（某種程度上也適用於 C++11 和 C++14），*glvalue* vs. *prvalue* 這種二分法比起傳統的 *lvalue* vs. *rvalue* 可以說是更為根本的區分方式。

即便我們討論的是 C++17 引進的特徵，但這些敘述同樣適用於 C++11 和 C++14（原本的敘述方式等價於上述特徵，但較難解釋）。

除了 bit field 外，glvalue 也會產生具有位址的實體。該位址可能是取自較大物件裡頭的某個 subobject（子物件）。就 base class subobject 的情況來說，（陳述式）glvalue 本身的型別即為其靜態型別（*static type*）*；而包含 base class 的最終衍生物件（*the most derived object*）之型別會被稱作該 glvalue 的動態型別（*dynamic type*）。如果該 glvalue 並未產生 base class subobject，則其靜態與動態型別相同（即該陳述式的型別）。

lvalue 的例子有：

- 用來指明變數或函式的陳述式
- 使用內建一元運算子（built-in unary operator）* 的陳述式（即「指標取值」，pointer indirection）

---

* 譯註：即 suboject 之型別。

- 本身是 string literal 的陳述式
- 對「某個回傳型別為 lvalue reference 的函式」的呼叫動作

prvalue 的例子有：

- 包含「不屬於 string literal 或使用者定義文字[1]」的 literal 之陳述式
- 使用內建一元運算子 & 的陳述式（即對陳述式取址）
- 使用內建算術運算子的陳述式
- 對「某個回傳型別不是 reference 型別的函式」的呼叫動作
- Lambda 表示式

xvalue 的例子有：

- 對某個回傳型別為「指向某個物件的 rvalue reference 型別」的函式呼叫（如 std::move()）
- 將某個 rvalue reference 型別轉為物件型別的轉型

請注意，「指涉函式型別的 rvalue reference」會產生 lvalues，而非 xvalues。

有一點值得強調，glvalues、prvalues、xvalues 等，都屬於陳述式（*expressions*）而非數值（values）[2]或程式實體（entities）。舉例來說，即便用來指示某個變數的陳述式是個 lvalue，但變數本身並不是 lvalue：

```
int x = 3;      // 此處的 x 是個變數，而非 lvalue。3 是個用來初始化
                // 變數 x 的 prvalue。
int y = x;      // 此處的 x 是個 lvalue。針對該 lvalue 的核算行為並不會產生數值 3，
                // 而是產生一個指示物（designation），表示某個包含數值 3 的物件。
                // 該 lvalue 接著會被轉換為 prvalue，用來初始化 y。
```

B.2.1　暫存值賦形

我們先前提過 lvalue 經常會進行左值到右值轉換[3]，因為 prvalue 是一種用來初始化物件（或是為大部分的內建運算子提供運算元）的陳述式。

在 C++17 中，這項轉換有個兄弟，名為暫存值賦形（*temporary materialization*），不過它也可以直接被稱為「純右值到消亡值轉換（prvalue-to-xvalue conversion）」：每當某個 prvalue 合法地出現在期望收到 glvalue（其包含 xvalue）的地方時，會有一個暫存物件被創建出來、並使用該 prvalue 進行初始化（記得 prvalue 主要用於「初始化數值」），同時該 prvalue 會被一個代表該暫存值的 *xvalue* 所取代。例如：

```
int f(int const&);
int r = f(3);
```

---

[1] 使用者定義文字（user-defined literal）可以產生 lvalue 或 rvalue，取決於相應 literal operator 的回傳型別。

[2] 很不幸地這代表了上述術語的命名不當（譯註：因為這些術語的結尾都是 value）。

[3] 在 C++11 value category 的世界裡，泛左值到純右值轉換（*glvalue-to-prvalue conversion*）這個術語可能更為精確，不過原本的詞彙依舊較為常見。

由於例子裡的 f() 具有一個 reference 參數，它期望收到一個 glvalue 引數。不過陳述式 3 是個 prvalue。「暫存值賦形」規則因而生效，同時陳述式 3 會被「轉換」成一個代表某個暫存物件、並以數值 3 初始化的 xvalue。

更通俗地說，在下面這些情況暫存值會被賦予實際形體，以便使用 prvalue 來初始化：

- prvalue 被綁定至某個 reference 時（像是上面對 f(3) 的呼叫）。

- 存取 class prvalue 的成員。

- 對某個 array prvalue 取索引值（subscripting）。

- 將某個 array prvalue 轉型成指向其第一個元素的指標（即 array 退化）。

- 將出現在大括號初始列裡的 prvalue，針對某個型別 X，初始化出一個型別為 std::initializer_list<X> 的物件。

- 套用在某個 prvalue 上的 sizeof 或 typeid 運算子。

- 該 prvalues 是「形式為 *expr;*」的陳述句裡的最高層陳述式，或是轉型為 void 的陳述式。

因此在 C++17 中，以 prvalue 進行初始化的物件必然會經由上下文（context）來決定。因而唯有在真正需要暫存值時，它們才會被創建出來。在 C++17 以前，prvalues（特別是 class 型別）必定會暗自生成暫存值。這些暫存值的副本之後可能會被捨棄，不過編譯器依舊必須堅持複製操作的大多數語意限制，像是複製建構子得要是 callable（可呼叫的）。下面的例子展示了 C++17 修改該規則後的結果：

```cpp
class N {
 public:
  N();
  N(N const&) = delete;     // 這個 class 既不能複製…
  N(N&&) = delete;          // …也無法搬移
};

N make_N() {
  return N{};               // 在 C++17 之前，此處必然會創建一個概念上的暫存值
}                           // 在 C++17 裡，這裡不會建立任何暫存值

auto n = make_N();          // 在 C++17 以前會出錯，因為此 prvalue 需要一份
                            // 概念上的副本。C++17 之後則 OK，因為 n 會直接
                            // 以 prvalue 進行初始化。
```

在 C++17 之前，N{} 這個 prvalue 會產生一個型別為 N 的暫存值，不過編譯器允許省略對該暫存值的複製與搬移動作（實際上編譯器總是會這麼做）。在上面的例子中，這代表呼叫 make_N() 得到的暫存值可以直接建立於 n 的儲存空間中；不需要任何的複製或搬移操作。不幸的是，C++17 以前的編譯器仍然必須檢查「複製或搬移操作是否能夠完成」，但這件事無法在這個例子裡達成，因為 N 的複製建構子被刪除了（同時也無法產生搬移建構子）。因此，在這個例子裡 C++11 和 C++14 編譯器必須報錯。

而在 C++17 中，prvalue N 本身並不會產生暫存值。相反地，它會初始化某個取決於上下文的物件：在我們的例子裡，正是 n 所代表的那個物件。故不會用到任何複製或搬移操作（這並非最佳化，而是語言所保證的行為），也因此上述程式碼在 C++17 中合法。

我們以一個例子來總結各種 value category 的場景：

```
class X {
};

X v;
X const c;

void f(X const&);       // 接受以任何 value category 構成的陳述式
void f(X&&);            // 僅接受 prvalues 和 xvalues；不過它比上一條函式宣告
                        // 對這些類型的匹配度更佳

f(v);                   // 將一個可修改的 lvalue 傳遞給第一個 f()
f(c);                   // 將一個不可修改的 lvalue 傳遞給第一個 f()
f(X());                 // 將一個 prvalue（C++17 起歸類為 xvalue）傳遞給第二個 f()
f(std::move(v));        // 將一個 xvalue 傳遞給第二個 f()
```

B.3 以 `decltype` 檢查 Value Categories

有了關鍵字 `decltype`（C++11 時引進），我們便得以檢查任何 C++ 陳述式的 value category。對於任何一個陳述式 x，`decltype((x))`（注意用了兩組括號）會得到：

- 如果 x 是個 prvalue，得到 *type* *
- 如果 x 是個 lvalue，得到 *type*&
- 如果 x 是個 xvalue，得到 *type*&&

`decltype((x))` 裡必須使用兩組括號，以避免當陳述式 x 實際命名了某實體時，產生某個具名個體（named entity）的已宣告型別（declared type）。若非上述情況，則新加的括號沒有什麼特別的功用。舉例來說，如果陳述式 x 命名了一個變數 v，則不包含括號的構件會變成 `decltype(v)`，這樣得到的是「變數 v 的型別」、而非「指涉該變數的陳述式 x」的 value category 型別。

因此，我們可以對任何陳述式 *e*，像下面這樣利用 type trait 檢查其 value category：

```
if constexpr (std::is_lvalue_reference<decltype((e))>::value) {
  std::cout << "陳述式為 lvalue\n";
}
else if constexpr (std::is_rvalue_reference<decltype((e))>::value) {
  std::cout << "陳述式為 xvalue\n";
}
else {
  std::cout << "陳述式 prvalue\n";
}
```

---

* 譯註：*type* 代表某個型別。

細節請參考 15.10.2 節（第 298 頁）。

B.4 Reference 型別

C++ 裡的 reference 型別（像是 `int&`）會用兩種重要的方式與 value categories 互動。第一種方式是：reference 會針對可以綁定的陳述式，限制其 value category。例如，某個型別為 `int&` 的 non-const lvalue reference 只能以「屬於 int 型別的 lvalue 陳述式」進行初始化。同樣地，某個型別為 `int&&` 的 rvalue reference 只能用「屬於 int 型別的 rvalue 陳述式」來初始化。

第二種 value categories 與 reference 互動的方式是透過型別的回傳型別。使用 reference 型別作為回傳型別會影響「函式呼叫方」的 value category。特別是以下情況：

- 回傳型別為 lvalue reference 的函式呼叫，會產生 lvalue。
- 回傳型別為「指涉物件型別的 rvalue reference」之函式呼叫，會產生 xvalue（指涉函式型別的 rvalue reference 則必定產生 lvalue）。
- 回傳一個 nonreference 型別的函式呼叫，會產生 prvalue。

我們用下面的範例說明 reference 型別與 value categories 間的交互作用。

若給定：

```
int&   lvalue();
int&&  xvalue();
int    prvalue();
```

我們可以利用 `decltype` 來判斷給定陳述式的 value category 及型別。如 15.10.2 節（第 298 頁）所述，當該陳述式為 lvalue 或 xvalue 時，它會以 reference 型別來描述特性：

```
std::is_same_v<decltype(lvalue()), int&>     // 結果為 lvalue，故得到 true
std::is_same_v<decltype(xvalue()), int&&>    // 結果為 xvalue，故得到 true
std::is_same_v<decltype(prvalue()), int>     // 結果為 prvalue，故得到 true
```

因此，我們可以這樣呼叫函式：

```
int& lref1 = lvalue();      // OK：lvalue reference 可以與 lvalue 綁定（bind）
int& lref3 = prvalue();     // 錯誤：lvalue reference 無法與 prvalue 綁定
int& lref2 = xvalue();      // 錯誤：lvalue reference 無法與 xvalue 綁定

int&& rref1 = lvalue();     // 錯誤：rvalue reference 無法與 lvalue 綁定
int&& rref2 = prvalue();    // OK：rvalue reference 可以與 prvalue 綁定
int&& rref3 = xvalue();     // OK：rvalue reference 可以與 xvalue 綁定
```

C

重載決議機制
Overload Resolution

重載決議（*overload resolution*）是為給定的呼叫陳述（call expression）選擇函式的過程。
考慮下面這個簡單的範例：

```
void display_num(int);      // #1
void display_num(double);   // #2

int main()
{
    display_num(399);       // #1 比 #2 更合適
    display_num(3.99);      // #2 比 #1 更合適
}
```

在這個例子裡，函式名稱 display_num 被重載（*overloaded*）了。當該名稱用於某個呼叫
式時，C++ 編譯器因而必須利用其他資訊來區分各個候選函式。大部分情況下，用的是 call
arguments（呼叫引數）的型別。在我們的範例中，當函式被整數（或浮點數）引數喚起時，
很自然會呼叫 int（或 double）版本的函式。試圖為這種「合乎直覺的選擇」建立模型的正
規過程即為重載決議程序。

用來引導重載決議的規則背後的概念相當簡單，不過細節在 C++ 標準化過程中變得十分複雜。
這種複雜性主要是由「希望支援真實世界中符合（人類）直覺最佳匹配方式的各種範例」這
種想法所造成的，不過當我們試著形塑這種直覺時，卻發生各種微妙的現象。

在本附錄中，我們提供一份對重載決議規則相當仔細的回顧。然而考量該過程的複雜程度，
我們並不保證能夠面面俱到的涵蓋這個主題。

C.1 何時進行重載決議？

重載決議只是整個函式呼叫過程中的一部份。事實上，它並不會出現在所有的函式呼叫之中。
首先，透過函式指標與指向成員函式的指標進行呼叫，並不會受到重載決議的影響。因為（執

行期）實際呼叫的函式完全由指標來決定。其次，類函式巨集（function-like macros）無法被重載，因而不受重載決議影響。

在較高的抽象層次中，針對具名函式的呼叫可以按照下列方式進行處理：

- 以該名稱進行查詢，以建立初始重載集合（*overload set*）。
- 如果有需要，使用各種方式調整該集合（例如：執行 template 引數推導和引數替換可能會捨棄某些 function template 候選函式）。
- 無論如何都無法匹配呼叫式的候選函式（即便將隱式轉換和預設引數納入考慮），會從重載集合中被刪除。這會產生一個「可行候選函式（*viable function candidates*）」集合。
- 接著會執行重載決議，找出最佳候選函式。如果存在，則選擇該函式；若否，則該呼叫式具有歧義（ambiguous）。
- 選中的候選函式會經過檢查。舉例來說，如果它是一個被刪除的函式（deleted function，也就是被定義成 = delete 的函式）或是一個無法存取的 private 成員函式，則發出診斷訊息。

雖然上述步驟的每一步各自都有些微妙之處，但重載決議無疑是其中最複雜的。幸好，透過一些簡單的原理可以弄清楚大多數的情況。我們接著來看看這些原理。

C.2 簡化版重載決議

重載決議藉由比較呼叫式的各個引數與候選函式相應參數的匹配程度，來對可行候選函式排序。若某個候選函式比另一個更好（更適合），較好的那個候選函式不能有任何參數比另一個函式裡對應參數的匹配性更差。下面的例子說明了這一點：

```
void combine(int, double);
void combine(long, int);

int main()
{
    combine(1, 2);        // 存在歧義（ambiguous）！
}
```

這個例子裡，針對 combine() 的呼叫式帶有歧義，因為第一個候選函式對第一引數（文字 1 的型別為 int）的匹配程度最好，而第二個候選函式則對第二引數的有最好的匹配程度。就某種意義上來說，我們可能會主張 long 比 double 更接近 int（這支持我們選擇第二個候選函式），不過 C++ 並不打算為涉及多個 call arguments 的情況定義所謂的「接近程度」。

有了第一條準則，接下來的事情是：如何標示「某個給定引數對於可行候選函式裡相應參數」的匹配程度。我們可以依照下面的做法來排序可能的匹配方案（從最佳到最差），以作為初步估算方式：

1. 完美匹配。參數的型別與給定陳述式相同、或是參數型別指涉了該陳述式型別（可能是帶有額外的 const 與 / 或 volatile 修飾詞）。

2. 藉由小幅度調整達成匹配。舉例來說，這包括了：將某個 array 變數退化成某個指向該 array 第一個元素的指標、或是新增 const，以便將某個型別為 int** 的引數與某個型別為 int const* const* 的參數相匹配。

3. 藉由提升（promotion）達成匹配。（型別）提升是一種隱式轉型，包括將小的整數型別（像是 bool、char、short、和列舉型別）轉型成 int、unsigned int、long、或是 unsigned long，以及將 float 轉型成 double。

4. 僅藉由標準轉型（standard conversions）達成匹配。這包括任何型式的標準轉型（如 int 轉 float）或從某個 derived class（子類別）轉成自身 public 且無歧義的 base class，但排除對轉型運算子（conversion operator）和轉型建構子（converting constructor）的隱式呼叫。

5. 藉由使用者定義轉型匹配。這允許任何型式的隱式轉型。

6. 藉由省略符號（ellipsis，...）匹配。省略符號參數幾乎可以匹配任何型別。不過存在一個例外：帶有 nontrivial（不簡單）複製建構子的 class 型別可能匹配，也可能不匹配（實作時可自由地允許或禁止這項操作）。

下面人為創造的範例為部分匹配方式提供了說明：

```
int f1(int);              // #1
int f1(double);           // #2
f1(4);                    // 呼叫 #1：完美匹配（#2 需要經過標準轉型）

int f2(int);              // #3
int f2(char);             // #4
f2(true);                 // 呼叫 #3：藉由提升匹配
                          //         （#4 需要更大幅度的標準轉型）

class X {
  public:
    X(int);
};
int f3(X);                // #5
int f3(...);              // #6
f3(7);                    // 呼叫 #5：藉由使用者定義轉型匹配
                          //         （#6 需要藉由省略符號匹配）
```

請留意重載決議發生於 template 引數推導之後，而且引數推導並不會考慮上述所有的轉型方式。舉例來說：

```
template<typename T>
class MyString {
  public:
    MyString(T const*); // 轉型建構子
    ...
};

template<typename T>
```

```
    MyString<T> truncate(MyString<T> const&, int);

    int main()
    {
        MyString<char> str1, str2;
        str1 = truncate<char>("Hello World", 5);      // OK
        str2 = truncate("Hello World", 5);            // 錯誤
    }
```

在 template 引數推導時並不會考慮以轉型建構子方式提供的隱式轉型。故針對 str2 的賦值
運算會找不到可用的 truncate() 函式,因而不會執行重載決議。

在 template 引數推導的語境中,請記得:如果對應的引數是個 lvalue,(經過參考坍解後)
加在 template parameter 的 rvalue reference 可以被推導成 lvalue reference 型別;若引數
為 rvalue,則可被推導成 rvalue reference 型別(參考 15.6 節,第 277 頁)。舉個例子:

```
    template<typename T> void strange(T&&, T&&);
    template<typename T> void bizarre(T&&, double&&);

    int main()
    {
        strange(1.2, 3.4);   // OK:T 被推導成 double
        double val = 1.2;
        strange(val, val);   // OK:T 被推導成 double&
        strange(val, 3.4);   // 錯誤:推導彼此矛盾
        bizarre(val, val);   // OK:lvalue val 不符合 double&&
    }
```

上述原則只是一種初步估算方式,不過它們已經涵蓋了大部分的情況。還有一些常見的情況
還無法應用上述原則合理地解釋。我們接著會簡單討論對於這些原則最重要的改進之處。

C.2.1 成員函式的隱含引數

對 nonstatic 成員函式的呼叫會帶有一個可以在成員函式的定義式中使用 *this 存取的隱藏
參數。對 class MyClass 的某個成員函式來說,該隱藏參數的型別通常會是 MyClass&(適
用於 non-const 成員函式)或是 MyClass const&(適用於 const 成員函式)[1]。「this
的型別為指標」這件事讓人頗感驚訝[*]。如果能讓 this 直接等價於當前使用的 *this 可能會
比較好。然而 this 作為早期 C++ 語言的一部分,出現的時間比 reference 型別更早,而當
reference 型別被加入語言時,已經有太多程式碼依賴於「作為指標出現的 this」了。

隱藏的 *this 參數會像顯式(explicit)參數那樣參與重載決議。大部份的時候這件事會很自
然地發生,不過偶爾會出乎意料。下面的範例示範了一個未按照預期方式運作的 string-like
(類字串)class(我們尚未在真實世界中見過這樣的程式碼):

---

[1] 如果成員函式屬於 volatile,參數也可能會是 MyClass volatile& 或是 MyClass const volatile&
     型別,但這極為罕見。

[*] 譯註:對指標取值後得到 reference 不大符合直覺。

```cpp
#include <cstddef>

class BadString {
  public:
    BadString(char const*);
    …

    // 透過索引來存取字元:
    char& operator[] (std::size_t);              // #1
    char const& operator[] (std::size_t) const;

    // 隱式轉型成以 null 結尾的字元的 byte-string（位元字串）:
    operator char* ();                           // #2
    operator char const* ();
    …
};

int main()
{
    BadString str("correkt");
    str[5] = 'c';    // 可能造成重載決議上的歧義!
}
```

首先,陳述式 str[5] 看起來不會造成任何歧義（ambiguous）。#1 處的索引（subscript）運算子看似完美匹配。不過它**不夠**完美,因為引數 5 的型別為 int,同時運算子期望收到一個無號整數型別（size_t 和 std::size_t 通常具有 unsigned int 或 unsigned long 型別,但不會是 int 型別)。我們依然可以藉由一個簡單的標準整數轉型令 #1 變得可用。然而,這裡還存在另一個可行的候選函式:內建的索引運算子。確實,如果我們對 str（即隱含的成員函式引數）套用隱式轉型,會得到一個指標型別,此時便適用內建的索引運算子。該內建運算子接受一個型別為 ptrdiff_t 的引數,該引數在許多平台上等價於 int,因而完美匹配於引數 5。故即便內建索引運算對隱含引數來說是個滿糟的匹配方式（它用了使用者定義轉型）,但依然比「為了實際索引操作所定義的運算子（即 #1 處）」擁有更高的匹配度!因而會造成潛在的歧義問題[2]。為了解決這類問題,同時具備可移植性,你可以用 ptrdiff_t 參數來宣告 [] 運算子,或者可以將轉成 char* 的隱式型別轉換用顯式轉型取代（通常無論如何都該這麼做)。

---

[2] 注意該歧義只存在於會將 size_t 視為 unsigned int 的平台上。在那些會將其視為 unsigned long 的平台上,型別 ptrdiff_t 會是 long 的型別別名（type alias）,也不存在上述歧義。因為內建的索引運算子也需要對該索引陳述（subscript expression）進行轉型[*]。

[*] 譯註:將 int 轉為 long。

一整組可行候選函式之中可能同時包含 static 與 nonstatic 成員。當 static 成員與 nonstatic 成員進行比較時，會忽略隱含引數的匹配程度（因為只有 nonstatic 成員具備隱含的 *this 參數）。

預設情況下，nonstatic 成員函式會具有一個屬於 lvalue reference 型別的隱含 *this 參數，不過 C++11 引入了一個會讓它成為 rvalue reference 型別的新語法。舉例來說：

```
struct S {
    void f1();          // 隱含的 *this 參數是個 lvalue reference（見下方說明）
    void f2() &&;       // 隱含的 *this 參數是個 rvalue reference
    void f3() &;        // 隱含的 *this 參數是個 lvalue reference
};
```

如同這個例子所示，不僅可以讓隱含參數成為 rvalue reference（透過 && 字尾），也可以是 lvalue reference（透過 & 字尾）。有趣的是，加上 & 字尾與不加字尾並不完全相等：有一個舊的特例允許當 reference 是傳統的隱藏 *this 參數時，rvalue reference 可以被綁定於某個指向 non-const 型別的 lvalue reference。不過當參數明確要求 lvalue reference 時，這個（有點危險）的特例便不再適用。因此，若套用上述的 S 定義式：

```
int main()
{
    S().f1();           // OK：舊規則允許 rvalue S() 匹配於 *this 所代表的
                        //     隱含 lvalue reference 型別 S&
    S().f2();           // OK：rvalue S() 匹配於 *this 所代表的
                        //     rvalue reference 型別
    S().f3();           // 錯誤：rvalue S() 無法匹配於 *this 所代表的
                        //     顯式 lvalue reference 型別
}
```

C.2.2 改進完美匹配方案

對一個型別為 X 的引數來說，有四種常見的參數型別可以構成完美匹配：X、X&、X const&、以及 X&&（X const&& 也算是完美匹配，但很少這麼用）。然而以兩種 references 來重載函式的方式十分常見。在 C++11 以前，這代表下面這種情況：

```
void report(int&);          // #1
void report(int const&);    // #2

int main()
{
    for (int k = 0; k<10; ++k) {
        report(k);          // 呼叫 #1
    }
    report(42);             // 呼叫 #2
}
```

此處不具額外 const 的版本更適合 lvalues，同時只有具備 const 的版本能夠匹配於 rvalues。

有了 C++11 新增的 rvalue reference 後，我們可以從下面這個例子看出另一種區分上述兩則完美匹配的方式：

```
struct Value {
  ...
};
void pass(Value const&);// #1
void pass(Value&&);      // #2

void g(X&& x)
{
  pass(x);                // 呼叫 #1，因為 x 是個 lvalue
  pass(X());              // 呼叫 #2，因為 X() 是個 rvalue（實際上是個 prvalue）
  pass(std::move(x));     // 呼叫 #2，因為 std::move(x) 是個 rvalue（實際上是個 xvalue）
}
```

這次接受 rvalue reference 的版本會被視為對 rvalues 的更佳匹配，不過它無法匹配 lvalues。

注意上述原則同樣適用於呼叫成員函式時的隱藏引數：

```
class Wonder {
  public:
    void tick();        // #1
    void tick() const;  // #2
    void tack() const;  // #3
};

void run(Wonder& device)
{
  device.tick();        // 呼叫 #1
  device.tack();        // 呼叫 #3，因為此處不存在 non-const 版本的 Wonder::tack()
}
```

最後，下面這個前頁範例的修改版本展示了：若重載時一邊寫出 reference、而另一邊不使用，這樣的兩則完美匹配也會製造出歧義：

```
void report(int);        // #1
void report(int&);       // #2
void report(int const&);// #3

int main()
{
    for (int k = 0; k<10; ++k) {
        report(k);              // 存在歧義：#1 和 #2 的匹配性一樣好
    }
    report(42);                 // 存在歧義：#1 和 #3 的匹配性一樣好
}
```

C.3 重載細節

先前的章節涵蓋了日常 C++ 編程中會遇到的大部分重載情況。不幸的是，這些規則尚存在許多額外的規則和例外——遠超出一本不是 C++ 函式重載的專書所能介紹的內容。不過我們在此會討論其中的一部分，一方面是因為它們相較於其他規則來說更常用到，而另一方面是它們能讓大家感受所謂的細節可以到多「細」。

C.3.1　偏好 Nontemplates 或最特定 Templates

當重載決議的其他各方面都相同時，相較於 template 的某個實體（無論該實體是從泛型 template 定義式所生成的、抑或是由顯式特化所提供），會更偏好 nontemplate 函式。舉個例子：

```
template<typename T> int f(T);        // #1
void f(int);                          // #2

int main()
{
    return f(7);      // 錯誤：選擇 #2，但它不會回傳任何數值
}
```

這個範例同時清楚地展示了：重載決議通常不會考慮所選函式的回傳型別。

然而一旦重載決議的其他方面略有不同（像是部分候選函式帶有 const 或 reference 修飾詞）時，會優先考量重載決議的通用原則。當定義了接受相同引數作為複製或搬移建構子的數個成員函式時，上述效應很容易不小心造成意料之外的行為。細節詳見 16.2.4 節（第 333 頁）。

如果是在兩個 templates 之間進行選擇，那麼會更偏好裡頭最特定（*most specialized*）的那個 template（選擇實際上比另一個更加特定的那個）。針對此概念的詳盡說明，請參閱 16.2.2 節（第 330 頁）。這項區分有一個特殊狀況是，當兩個 templates 只差在其中一個於尾端加上了 parameter pack（參數包）時：不具有 pack 的那個 template 會被視為更特定的版本，因而在符合呼叫式時會更被偏好使用。4.1.2 節（第 57 頁）討論了上述情況的一個例子。

C.3.2　轉型序列

一個隱式轉型通常可以由一系列的**基本轉型**（*elementary conversions*）所構成。考慮下面的範例程式碼：

```
class Base {
  public:
    operator short() const;
};

class Derived : public Base {
};

void count(int);

void process(Derived const& object)
{
    count(object);          // 以使用者定義轉型完成匹配
}
```

由於 object 可以被轉型成 int，故呼叫式 count(object) 可以成功運行。不過這項轉型需要幾個步驟：

1. 將 object 從 Derived const 轉為 Base const（此為 glvalue 轉型；保留了該物件的識別性）

2. 將得到的 Base const 物件以使用者定義轉型轉為 short 型別

3. 從 short 到 int 的型別提升（promotion）

這是一個最常見的轉型序列型式：先是標準轉型（這個例子裡的子類別到基礎類別轉型）、接著是使用者定義轉型、最後再接著另一個標準轉型。雖然在轉型序列中至多可以存在一個使用者定義轉型，不過序列也可以完全由標準轉型構成。

重載決議中有一個很重要的原則是：如果某個轉型序列是另一個轉型序列的子序列（subsequence），那麼前者會比後者更優先考慮。假設上述範例還存在另一個候選函式：

```
void count(short);
```

則呼叫式 count(object) 會更偏好選擇此函式，因為它毋須經過轉型序列的第三個步驟（型別提升）。

C.3.3　指標轉型

指標（以及指向成員的指標）會用到許多特殊的標準轉型，包含了：

- 轉型成 bool 型別
- 將任意指標型別轉型成 void*
- 對指標進行子類別到基礎類別的轉型
- 對指向成員的指標進行基礎類別到子類別的轉型

雖然上述所有的轉型方式都能夠構成「僅用到標準轉型的匹配方案」*，但它們的優先程度並不相同。

首先，（從常規指標和指向成員的指標）轉成 bool 型別的轉型，優先級會比其他的標準轉型方式更低。舉例來說：

```
void check(void*);        // #1
void check(bool);         // #2

void rearrange (Matrix* m)
{
    check(m);             // 呼叫 #1
    …
}
```

在常規指標的轉型中，轉成 void* 型別的轉型會比「derived class 指標轉成 base class 指標」的優先級更低。其次，如果存在目標對象為「彼此有繼承關係的多個 classes」的轉型，則會偏好轉成最終衍生類別（*the most derived class*）的那一個。下面是另一個簡短的例子：

```
class Interface {
    …
};

class CommonProcesses : public Interface {
    …
};

class Machine : public CommonProcesses {
    …
};

char* serialize(Interface*);          // #1
char* serialize(CommonProcesses*);    // #2

void dump (Machine* machine)
{
    char* buffer = serialize(machine);  // 呼叫 #2
    …
}
```

從 Machine* 轉成 CommonProcesses* 的轉型會比轉成 Interface* 的轉型更優先被考慮，這件事十分符合直覺。

指向成員的指標適用一條相當類似的規則：在兩個彼此相關的「指向成員的指標型別」之間，會偏好選擇在繼承體系中屬於「closest base（最靠近的基礎類別）」的那一個型別（即 least derived，最接近的衍生類別）。

---

* 譯註：第 683 頁的第四種匹配方案。

C.3.4　初始化列表（**Initializer Lists**）

初始化列表引數（initializer list arguments，以大括號傳遞的初始化物件）可以被轉成幾種不同的參數類型：initializer_list、具備 initializer_list 建構子的 class 型別、「初始化列表元素會被視為代入建構子的（各個獨立）參數」這樣的 class 型別、或是「成員能夠以初始化列表內的各元素進行初始化」這樣的聚合（**aggregate**）class 型別。下面的程式示範了上述的各種情況：

overload/initlist.cpp

```cpp
#include <initializer_list>
#include <string>
#include <vector>
#include <complex>
#include <iostream>

void f(std::initializer_list<int>) {
  std::cout << "#1\n";
}

void f(std::initializer_list<std::string>) {
  std::cout << "#2\n";
}

void g(std::vector<int> const& vec) {
  std::cout << "#3\n";
}

void h(std::complex<double> const& cmplx) {
  std::cout << "#4\n";
}

struct Point {
  int x, y;
};
void i(Point const& pt) {
  std::cout << "#5\n";
}

int main()
{
  f({1, 2, 3});                       //輸出 #1
  f({"hello", "initializer", "list"}); //輸出 #2
  g({1, 1, 2, 3, 5});                 //輸出 #3
  h({1.5, 2.5});                      //輸出 #4
  i({1, 2});                          //輸出 #5
}
```

前兩個對 f() 的呼叫中，各個初始化列表引數會被轉型成 std::initializer_list 數值。這牽涉到將初始化列表中的各個元素轉型成 std::initializer_list 內的元素型別。第一條呼叫式裡的所有元素已經是 int 型別了，因此並不需要額外的轉型。而第二條呼叫式會透過呼叫 string(char const*) 建構子，將初始化列表裡的每一個 **string literal**（字串文字）轉型成一個 std::string。第三條呼叫式（呼叫 g()）會利用 std::vector(std::initializer_list<int>) 建構子進行使用者定義轉型。而下一條呼叫式會呼叫 std::complex(double, double) 建構子，彷彿算式被寫成 std::complex<double>(1.5, 2.5) 一樣。最後一條呼叫式會執行聚合初始化，這會在不呼叫 Point 建構子的情況下，使用初始化列表中的元素來初始化 Point **class** 實體裡的成員[3]。

初始化列表有許多有趣的重載實例。如同上述範例的前兩個呼叫式，當某個初始化列表被轉型成 initializer_list 時，整個轉型過程的優先級會等於「初始化列表中的元素轉型成 initializer_list 內的元素型別（即 initializer_list<T> 裡的 T）」之中最差的優先級。這件事會導致一些出乎意料的結果，如下面的範例所示：

overload/initlistovl.cpp

```cpp
#include <initializer_list>
#include <iostream>

void ovl(std::initializer_list<char>) {          // #1
  std::cout << "#1\n";
}

void ovl(std::initializer_list<int>) {           // #2
  std::cout << "#2\n";
}

int main()
{
  ovl({'h', 'e', 'l', 'l', 'o', '\0'});          // 輸出 #1
  ovl({'h', 'e', 'l', 'l', 'o', 0});             // 輸出 #2
}
```

對 ovl() 的第一條呼叫式中，初始化列表裡的各個元素都是 char。故它對第一份 ovl() 函式定義來說並不需要經過轉型。不過對於 ovl() 函式的第二份定義，這些元素則需要被提升為 int。由於完美匹配比經過提升的轉型具有更好的匹配性，故對 ovl() 的第一條呼叫式會呼叫 #1。

---

3 聚合初始化（aggregate initialization）只適用於 C++ 裡的聚合型別，它要嘛是 array、不然就是「不具備使用者定義建構子、不具備 private 或 protected nonstatic 資料成員、沒有 base classes 和 virtual 函式的簡單 C-like class」。在 C++14 之前，這類型別也不能擁有預設的成員初始式（member initializer）；C++17 以後，則允許擁有 public base class。

對 ovl() 的第二條呼叫式中，前五個元素屬於 char 型別，但最後一個元素為 int 型別。對於第一份 ovl() 函式來說，char 型別的元素屬於完美匹配，不過 int 則需要一次標準轉型，故整個轉型過程會被排在標準轉型這一級別。而對於第二份 ovl() 函式，char 元素需要被提升成 int，而最後的 int 元素則屬於完美匹配。故對第二份 ovl() 函式來說，整個轉型過程會被排在透過提升匹配的這一級別，使得它變成比第一份 ovl() 函式更好的選擇（即便僅對單一元素進行轉型應該會比較好）。

當使用初始化列表來初始化 class 型別的物件時（如同一開始的範例中針對 g() 和 h() 的呼叫），重載決議會分為兩階段進行：

1. 第一階段只會考慮*初始列建構子*（*initializer-list constructors*），也就是（去除最外層的 **reference** 和 const / volatile 修飾詞後）「唯一一個非預設參數的型別為 std::initializer_list<T>」的建構子，其中 T 表示某個型別。

2. 如果找不到可用的建構子，接下來的第二階段會考慮餘下所有的建構子。

上述規則有一個例外：如果初始化列表為空、同時該 class 具備預設建構子，則會跳過第一階段，以便呼叫預設建構子。

上述規則會造成這樣的效果：*任何一個初始列建構子都會比非初始列建構子的匹配性更好*，如同下面範例所示：

overload/initlistctor.cpp

```cpp
#include <initializer_list>
#include <string>
#include <iostream>

template<typename T>
struct Array {
  Array(std::initializer_list<T>) {
    std::cout << "#1\n";
  }
  Array(unsigned n, T const&) {
    std::cout << "#2\n";
  }
};

void arr1(Array<int>) {
}

void arr2(Array<std::string>) {
}

int main()
{
```

```
    arr1({1, 2, 3, 4, 5});                          // 輸出 #1
    arr1({1, 2});                                   // 輸出 #1
    arr1({10u, 5});                                 // 輸出 #1
    arr2({"hello", "initializer", "list"});         // 輸出 #1
    arr2({10, "hello"});                            // 輸出 #2
}
```

請留意,當使用初始化列表來初始化某個 Array<int> 物件時,並不會呼叫接受 unsigned
與 T const& 的第二個建構子,因為初始列建構子總是比非初始列建構子具有更好的匹配性。
不過對於 Array<string> 來說,當初始列建構子不合用時便會呼叫非初始列建構子,像是
對 arr2() 的第二個呼叫式一樣。

C.3.5　仿函式與代理函式

我們先前曾經提過,經過為建立初始重載集合所進行的函式名稱查詢之後,該集合會透過各
種方式進行調整。當某個呼叫式指涉的是某個 class 型別的物件、而不是函式時,會發生一個
有意思的現象。在此情形下,會有兩個額外的可能選項被加入重載集合之中。

第一個額外選項相當直觀:所有的 operator() 成員(函式呼叫運算子)會被加進集合內。具
有這類運算子的物件通常被稱作仿函式(*functors*)或函式物件(*function objects*)。請參考
11.1 節(第 157 頁)。

當某個 class 型別物件包含了一個「轉成指向函式型別的指標(或參考)」的隱式轉型運算
子時,會發生不太明顯的添加行為[4]。這種情形下,會有個虛設函式(或代理函式,*surrogate
function*)被加進重載集合中。該候選代理函式會被認為具備一個「型別由轉型函式指定的隱
式參數」、再加上「型別與轉型函式的目標型別相對應的參數」。下面的例子可以更清楚地
說明這一點:

```
    using FuncType = void (double, int);

    class IndirectFunctor {
      public:
        …
        void operator()(double, double) const;
        operator FuncType*() const;
    };

    void activate(IndirectFunctor const& funcObj)
    {
        funcObj(3, 5);        // 錯誤:存在歧義
    }
```

---

[4] 轉型運算子也必須適用當下的情境,舉例來說:non-const 運算子並不適用於 const 物件。

`funcObj(3, 5)` 會被視為擁有三個引數的呼叫式：`funcObj`、`3`、和 `5`。可行候選函式包含了 `operator()` 成員（視為具備下列參數型別：`IndirectFunctor const&`、`double`、和 `double`）以及具有 `FuncType*`、`double`、和 `int` 等參數型別的代理函式。代理函式在隱式參數上的匹配性較差（因為需要一個使用者定義轉型），不過對最後一個參數的匹配性則更好。因此我們無法為這兩個候選函式分出順序，呼叫式也因而存在歧義。

代理函式位於 C++ 最晦澀的角落裡，不過（好佳在）它很少於實際應用中出現。

C.3.6 其他重載情境

到目前為止，我們已經針對在呼叫式中應當如何決定呼叫哪一個函式的情境進行了一番討論。不過，仍存在一些需要做類似選擇的其他情境。

第一種情境發生在需要獲取函式位址時。考慮下面這個例子：

```
int numElems(Matrix const&);          // #1
int numElems(Vector const&);          // #2
…
int (*funcPtr)(Vector const&) = numElems;   // 選擇 #2
```

此處的 `numElems` 名稱指涉了一個重載集合，但我們只需要其中某一個函式的位置。重載決議接著會嘗試將可用的候選函式，與需要的函式型別（此例中的 `funcPtr`）進行匹配。

另一種需要進行重載決議的情境是*初始化*（*initialization*）。不幸的是，這是一個充斥著微妙之處的主題，超出附錄能夠涵蓋的範圍。不過，我們至少可以用一個簡單範例來說明這個重載決議的另一面向：

```
#include <string>

class BigNum {
  public:
    BigNum(long n);                   // #1
    BigNum(double n);                 // #2
    BigNum(std::string const&);       // #3
    …
    operator double();                // #4
    operator long();                  // #5
    …
};

void initDemo()
{
    BigNum bn1(100103);               // 選擇 #1
    BigNum bn2("7057103224.095764");  // 選擇 #3
    int in = bn1;                     // 選擇 #5
}
```

在這個例子裡，我們需要透過重載決議來選擇合適的建構子或轉型運算子。具體來說，bn1 的初始化會呼叫第一個建構子，bn2 則會呼第三個建構子，而 in() 的初始化則會呼叫 operator long()。在絕大多數的情況下，重載規則都會產生符合直覺的結果。不過這些規則的細節相當複雜，同時某些實際應用會依賴於 C++ 語言中與之相關的那些更為晦澀的角落。

D

標準型別工具

Standard Type Utilities

C++ 標準程式庫主要由 template 所構成，其中不少皆仰賴於本書提及的各項技術。出於以上考量，標準程式庫定義了一些 templates，以便利用泛型程式碼來實作程式庫，從而實現了某些技術的「標準化」。本章會一一列出並講解這些型別工具（type traits 與其他輔助工具）。

注意某些 type traits 需要編譯器提供支援，而其餘的 traits 則直接利用既有的語言特性於程式庫中實現（我們在第 19 章提過一些例子）。

D.1 使用 Type Traits

使用 type traits 時，通常需要引入標頭檔 `<type_traits>`：

```
#include <type_traits>
```

接下來的用法取決於 traits 用於表示型別（type）或是數值（value）：

- 對於表示**型別**的 traits，你可以用下列方式來存取該型別：

  ```
  typename std::trait<...>::type
  std::trait_t<...>                    // C++14 起適用
  ```

- 對於表示**數值**的 traits，你可以用下列方式來存取該數值：

  ```
  std::trait<...>::value
  std::trait<...>()                    // 隱式轉型成本身代表的型別
  std::trait_v<...>                    // C++17 起適用
  ```

舉例來說：

utils/traits1.cpp

```cpp
#include <type_traits>
#include <iostream>

int main()
{
    int i = 42;
    std::add_const<int>::type c = i;       //c 屬於 int const
    std::add_const_t<int> c14 = i;         // C++14 起適用
    static_assert(std::is_const<decltype(c)>::value, "c should be const");

    std::cout << std::boolalpha;
    std::cout << std::is_same<decltype(c), int const>::value // true
              << '\n';
    std::cout << std::is_same_v<decltype(c), int const>     // C++17 起適用
              << '\n';
    if (std::is_same<decltype(c), int const>{}) {       // 隱式轉型成 bool
      std::cout << "same \n";
    }
}
```

關於 _t 版本的 traits，其定義方式請參考 2.8 節（第 40 頁）。而 _v 版本的 traits 定義方式請參考 5.6 節（第 83 頁）。

D.1.1 std::integral_constant 與 std::bool_constant

所有表現**數值**的標準 type traits 都繼承自 helper class template std::integral_constant 的某個實體：

```cpp
namespace std {
  template<typename T, T val>
  struct integral_constant {
    static constexpr T value    = val;              // 此 trait 代表的數值
    using value_type            = T;                // 該數值的型別
    using type                  = integral_constant<T,val>;
    constexpr operator value_type() const noexcept {
      return value;
    }
    constexpr value_type operator() () const noexcept { // C++14 起適用
      return value;
    }
  };
}
```

也就是說：

- 我們可以透過 value_type 成員來查詢最終數值的型別。由於許多代表數值的 traits 屬於 *predicates*（**決斷特徵**），故 value_type 經常只是個 bool。
- Trait 型別的物件具備一個「轉成該 type trait 所代表數值之型別」的隱式轉型。
- 在 C++14（與之後的版本），type trait 物件也會是個函式物件（function object / functor），可以透過「函式呼叫」來取得其值。
- type 成員會直接給出底層的 integral_constant 實體。

如果 traits 給出的是 Boolean 值，也可以直接使用[1]

```
namespace std {
    template<bool B>
    using bool_constant = integral_constant<bool, B>; // C++17 起適用
    using true_type = bool_constant<true>;
    using false_type = bool_constant<false>;
}
```

這樣一來，這些 Boolean traits 便可以在符合特定性質的情況下繼承 std::true_type，同時在不符合時改繼承 std::false_type。這也意味著它們對應的 value 成員會等於 true 或 false。使用個別型別來表現最終的 true 和 false 數值，讓我們得以依據 type traits 的結果進行按標籤分發（*tag-dispatch*；請參考 19.3.3 節，第 411 頁、與 20.2 節，第 467 頁）。

舉個例子：

utils/traits2.cpp

```
#include <type_traits>
#include <iostream>

int main()
{
  using namespace std;
  cout << boolalpha;

  using MyType = int;
  cout << is_const<MyType>::value << '\n';         // 輸出 false

  using VT = is_const<MyType>::value_type;         // bool
  using T = is_const<MyType>::type;        // integral_constant<bool, false>
  cout << is_same<VT,bool>::value << '\n';         // 輸出 true
  cout << is_same<T, integral_constant<bool, false>>::value
```

---

[1] 在 C++17 推出前，標準並不包含 bool_constant<> 這個 **alias template**。不過 std::true_type 和 std:false_type 在 C++11 和 C++14 中已經存在，分別被表示成下列型式：integral_constant<bool,true> 和 integral_constant<bool,false>。

```
          << '\n';                               // 輸出 true
    cout << is_same<T, bool_constant<false>>::value
          << '\n';                               // 輸出 true (C++17 前不適用)

    auto ic = is_const<MyType>();                // trait 型別的物件
    cout << is_same<decltype(ic), is_const<int>>::value << '\n';// true
    cout << ic() << '\n';                        // 函式呼叫 (印出 false)

    static constexpr auto mytypeIsConst = is_const<MyType>{};
    if constexpr(mytypeIsConst) {        // C++17 起會於編譯期進行檢查 => false
      …                                  // 被捨棄的陳述句
    }
    static_assert(!std::is_const<MyType>{}, "MyType should not be const");
}
```

使用個別型別來表現 non-Boolean `integral_constant` 特化體，這個做法在各種 metaprogramming 的情境中同樣十分有用。請參考 24.3 節（第 566 頁）中對類似型別 CTValue 的討論，以及 25.6 節（第 599 頁）如何使用它來存取 tuple 內的元素。

D.1.2 使用 Traits 時應知道的二三事

下面是使用 traits 時應該要知道的一些事情：

- Type traits 直接作用於型別，不過 `decltype` 也讓我們得以針對陳述式（expressions）、變數、與函式的性質進行測試。不過，請回想 `decltype` 唯有在變數或函式未被加上額外的括號時，才會給出該實體的型別。除此之外的陳述式類型，它會給出某個「反映該陳述式 type category（型別類型）」的型別。例如：

```
void foo (std::string&& s)
{
  // 檢查 s 的型別：
  std::is_lvalue_reference<decltype(s)>::value    // false
  std::is_rvalue_reference<decltype(s)>::value    // true，如宣告式所示
  // 檢查作為陳述式的 s，其本身的 value category：
  std::is_lvalue_reference<decltype((s))>::value // true，s 作為 lvalue
                                                 //          被使用
  std::is_rvalue_reference<decltype((s))>::value // false
}
```

細節詳見 15.10.2 節（第 298 頁）。

- 對於新手程式設計師來說，某些 traits 可能具有不符合直覺的行為。相關範例請參考 11.2.1 節（第 164 頁）。

- 某些 triats 具備需求條件或是**先決條件**（*precondition*）。違反這些先決條件可能會導致未定義行為（undefined behavior）[2]。相關範例請參考 11.2.1 節（第 164 頁）。

- 許多 traits 會要求完整型別（complete types；參考 10.3.1 節，第 154 頁）。為了能夠將它們用在不完整型別（incomplete types）上，我們有時可以藉由引入 templates 來推遲這些 traits 的核算動作（細節詳見 11.5 節，第 171 頁）。

- 有時無法使用邏輯運算子 `&&`、`||`、和 `!` 來定義「依賴於其他 type traits」的新 type traits。此外，處理可能會失敗的 traits 或許會成為問題、或是至少會導致某些缺陷。出於這個理由，C++ 提供了特殊的 traits，讓我們能夠以邏輯方式組合 Boolean traits。相關細節請參考 D.6 節（第 734 頁）。

- 雖然標準 alias templates（以 `_t` 或 `_v` 結尾）十分地方便，但它們也有缺點，使得在某些 metaprogramming 語境中無法使用它們。細節請參閱 19.7.3 節（第 446 頁）。

---

2 C++ 標準化委員會曾考慮過 C++17 的某個提案，它要求在每次違反 type traits 的先決條件時都必須發出編譯期錯誤。不過由於某些 type traits 的需求條件過於嚴格，像是*每次*都要求完整型別（complete type），因此這個更動被推遲了。

D.2 Primary and Composite Type Categories（主要與綜合型別類型）

接著我們從用來測試 primary type categories（主要型別類型）與 composite type categories（綜合型別類型）的標準 traits 開始（見圖 D.1）[3]。一般來說，每個型別都僅屬於一個 primary type category（圖 D.1 裡的白色元素）。Composite type categories 接著會將 primary type categories 組合成更高階的概念（concepts）。

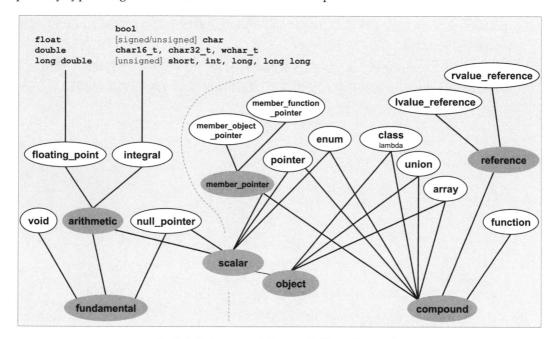

圖 D.1. Primary and Composite Type Categories

D.2.1 測試 Primary Type Category

本小節會介紹用來測試某個給定型別之 primary type category 的型別工具。對於任何一個型別，僅會有一個 primary type category 的 static 成員 value 被核算為 true [4]。這個結果無關乎該型別是否加上了 const 或 volatile 修飾詞（即 *cv-qualified*，帶有 *cv* 的）。

請注意，對於 std::size_t 與 std::ptrdiff_t 這兩個型別，is_integral<> 會給出 true。對型別 std::max_align_t 而言，「回報為 true 的 primary type category 為何」這件事本身屬於實作上的細節（因此它可能是整數、浮點數、或是 class 型別）。語言明確表

---

[3] 感謝 Howard Hinnant 提供這張型別階層體系，它位於：
http://howardhinnant.github.io/TypeHierarchy.pdf

[4] 在 C++14 推出前，唯一的例外是：型別 nullptr 與 std::nullptr_t 對於所有的 primary type category 工具都會給出 false，因為 is_null_pointer<> 尚未成為 C++11 的一部分。

示 lambda 表示式的型別為 class 型別（見 **15.10.6** 節，第 **310** 頁）。對其套用 is_class 因而會得到 true。

Trait	功用
is_void<*T*>	void 型別
is_integral<*T*>	整數型別（包括 bool、char、char16_t、char32_t、wchar_t）
is_floating_point<*T*>	浮點數型別（float、double、long double）
is_array<*T*>	普通 array 型別（不包括 std::array 型別）
is_pointer<*T*>	指標型別（包括函式指標，但不包括指向 nonstatic 成員的指標）
is_null_pointer<*T*>	nullptr 型別（C++14 起提供）
is_member_object_pointer<*T*>	指向 nonstatic 資料成員的指標
is_member_function_pointer<*T*>	指向 nonstatic 成員函式的指標
is_lvalue_reference<*T*>	Lvalue reference
is_rvalue_reference<*T*>	Rvalue reference
is_enum<*T*>	列舉型別
is_class<*T*>	Class / struct 或 lambda 型別，但不包括 union 型別
is_union<*T*>	Union（聯集）型別
is_function<*T*>	函式型別

表 *D.1.* 用於檢查 *Primary Type Category* 的 *Traits*

std::**is_void** < T >::value

- 當型別 T 為（帶有 cv 的）的 void 時，回報 true。
- 例如：
  ```
  is_void_v<void>              // 回報 true
  is_void_v<void const>        // 回報 true
  is_void_v<int>               // 回報 false
  void f();
  is_void_v<decltype(f)>       // 回報 false（f 屬於函式型別）
  is_void_v<decltype(f())>     // 回報 true（f() 的回傳型別為 void）
  ```

std::**is_integral** < T >::value

- 當型別 T 屬於（帶有 cv 的）下列型別時，回報 true：
  - bool
  - 字元型別（char、signed char、unsigned char、char16_t、char32_t、或 wchar_t）
  - 整數型別（short、int、long、或 long long 的有號數或無號數變體；也包括了 std::size_t 和 std::ptrdiff_t）

std::**is_floating_point** < T >::value

- 當型別 T 為（帶有 cv 的）float、double、或 long double 時，回報 true。

std::**is_array** < T >::value

- 當型別 T 為（帶有 cv 的）array 型別時，回報 true。
- 請記得根據語言規則，被宣告成 array 型別（無論其是否標示長度）的**參數**（*parameter*）會具有指標型別。
- 請注意 class std::array<> 並非 array 型別，而是個 class 型別。
- 例如：

```
is_array_v<int[]>            // 回報 true
is_array_v<int[5]>           // 回報 true
is_array_v<int*>             // 回報 false

void foo(int a[], int b[5], int* c)
{
  is_array_v<decltype(a)>    // 回報 false (a 的型別為 int*)
  is_array_v<decltype(b)>    // 回報 false (b 的型別為 int*)
  is_array_v<decltype(c)>    // 回報 false (c 的型別為 int*)
}
```

- 實作上的細節請參考 19.8.2 節（第 453 頁）。

std::**is_pointer** < T >::value

- 當型別 T 為（帶有 cv 的）指標時，回報 true。
  這包括了：
  - 指向 static / global（成員）函式的指標
  - 宣告成 array（無論其是否標示長度）或函式型別的參數

  但不包括：
  - 指向成員的指標型別（如型別 &X::m，X 是個 class 型別、m 是個 nonstatic 成員函式或 nonstatic 資料成員）
  - nullptr 與 std::nullptr_t 的型別

- 例如：

```
is_pointer_v<int>                    // 回報 false
is_pointer_v<int*>                   // 回報 true
is_pointer_v<int* const>             // 回報 true
is_pointer_v<int*&>                  // 回報 false
is_pointer_v<decltype(nullptr)>      // 回報 false

int* foo(int a[5], void(f)())
{
  is_pointer_v<decltype(a)>          // 回報 true (a 的型別為 int*)
  is_pointer_v<decltype(f)>          // 回報 true (f 的型別為 void(*)())
  is_pointer_v<decltype(foo)>        // 回報 false
```

```
            is_pointer_v<decltype(&foo)>      // 回報 true
            is_pointer_v<decltype(foo(a,f))>  // 回報 true（回傳型別為 int*）
        }
```

- 實作上的細節請參考 19.8.2 節（第 451 頁）。

std::**is_null_pointer** < T >::value

- 當型別 T 為（帶有 cv 的）std::nullptr_t 時（即 nullptr 的型別），回報 true。
- 例如：

```
        is_null_pointer_v<decltype(nullptr)>    // 回報 true

        void* p = nullptr;
        is_null_pointer_v<decltype(p)>      // 回報 false（p 不具備 std::nullptr_t 型別）
```

- 自 C++14 起可用。

std::**is_member_object_pointer** < T >::value

std::**is_member_function_pointer** < T >::value

- 當型別 T 為（帶有 cv 的）指向成員的指標型別（如 int X::* 或 (X::*)()，X 代表某個 class 型別）時，回報 true。

std::**is_lvalue_reference** < T >::value

std::**is_rvalue_reference** < T >::value

- 當型別 T 分別為（帶有 cv 的）lvalue reference 或 rvalue reference 型別時，回報 true。
- 例如：

```
        is_lvalue_reference_v<int>        // 回報 false
        is_lvalue_reference_v<int&>       // 回報 true
        is_lvalue_reference_v<int&&>      // 回報 false
        is_lvalue_reference_v<void>       // 回報 false
        is_rvalue_reference_v<int>        // 回報 false
        is_rvalue_reference_v<int&>       // 回報 false
        is_rvalue_reference_v<int&&>      // 回報 true
        is_rvalue_reference_v<void>       // 回報 false
```

- 實作上的細節請參考 19.8.2 節（第 452 頁）。

std::**is_enum** < T >::value

- 當型別 T 為（帶有 cv 的）列舉型別時，回報 true。同時適用於有域（scoped）列舉型別與無域（unscoped）列舉型別。
- 實作上的細節請參考 19.8.5 節（第 457 頁）。

std::**is_class** < T >::value

- 當型別 T 為使用 class 或 struct 宣告的（帶有 cv 的）class 型別時，回報 true，這也包括了 class template 實體化所產生的型別。請注意語言本身確保了 lambda 表示式的型別屬於 class 型別（參考 15.10.6 節，第 310 頁）。
- 對於 union、有域列舉型別（即便以 enum class 進行宣告）、std::nullptr_t、以及任何其他的型別，皆會回報 false。
- 例如：
  ```
  is_class_v<int>                    // 回報 false
  is_class_v<std::string>            // 回報 true
  is_class_v<std::string const>      // 回報 true
  is_class_v<std::string&>           // 回報 false
  auto l1 = []{};
  is_class_v<decltype(l1)>           // 回報 true（lambda 屬於 class 物件）
  ```
- 實作上的細節請參考 19.8.4 節（第 456 頁）。

std::**is_union** < T >::value

- 當型別 T 為（帶有 cv 的）union（聯集）時，回報 true，包括某個屬於 union template 的 class template 所產生的 union。

std::**is_function** < T >::value

- 當型別 T 為（帶有 cv 的）函式型別時，回報 true。對函式指標型別、lambda 表示式型別、或任何其他的型別回報 false。
- 請記得根據語言規則，宣告為函式型別的某個參數（*parameter*）實際上為指標型別。
- 例如：
  ```
  void foo(void(f)())
  {
    is_function_v<decltype(f)>        // 回報 false（f 的型別為 void(*)()）
    is_function_v<decltype(foo)>   // 回報 true
    is_function_v<decltype(&foo)>  // 回報 false
    is_function_v<decltype(foo(f))>   // 回報 false（對應回傳型別）
  }
  ```
- 實作上的細節請參考 19.8.3 節（第 454 頁）。

D.2.2　測試 Composite Type Categories

下面的型別工具能夠判斷一個型別是否屬於某個更一般化的 type category，即某些 primary type categories 的聯集。Composite type categories（綜合型別類型）之間不存在嚴格的分界：某個型別可能屬於多個 composite type categories。像指標型別既是 *scalar*（純量）型別、也屬於 *compound*（複合）型別。同樣地，cv 修飾詞（const 與 volatile）不會影響型別的分類。

std::**is_reference** < T >::value

- 當型別 T 為 reference 型別時，回報 true。
- 等同於：is_lvalue_reference_v<T> || is_rvalue_reference_v<T>。
- 實作上的細節請參考 19.8.2 節（第 452 頁）。

Trait	功用
is_reference<T>	Lvalue 或 rvalue reference
is_member_pointer<T>	指向 nonstatic 成員的指標
is_arithmetic<T>	整數（包括 bool 和字元）或浮點數型別
is_fundamental<T>	void、整數（包括 bool 和字元）、浮點數、或是 std::nullptr_t
is_scalar<T>	整數（包括 bool 和字元）、浮點數、列舉值、指標、指向成員的指標、以及 std::nullptr_t
is_object<T>	除了 void、函式、或 reference 外的所有型別
is_compound<T>	is_fundamental<T> 的反義：array、列舉值、union、class、函式、reference、指標、或是指向成員的指標

表 D.2. 用於檢查 Composite Type Category 的 Traits

std::**is_member_pointer** < T >::value

- 當型別 T 為指向成員的指標型別時，回報 true。
- 等同於：!(is_member_object_pointer_v<T> || is_member_function_pointer_v<T>)

std::**is_arithmetic** < T >::value

- 當型別 T 為算術型別（arithmetic type；包括 bool、字元型別、整數型別、及浮點數型別）時，回報 true。
- 等同於：is_integral_v<T> || is_floating_point_v<T>

std::**is_fundamental** < T >::value

- 當型別 T 為基本型別（fundamental type；即算術型別、void、std::nullptr_t）時，回報 true。
- 等同於：is_arithmetic_v<T> || is_void_v<T> || is_null_pointer_v<T>
- 等同於：!is_compound_v<T>
- 實作上的細節請參考 19.8.1 節（第 448 頁）的 IsFundaT。

std::**is_scalar** < T >::value

- 當型別 T 為「純量」型別時，回報 true。
- 等同於：is_arithmetic_v<T> || is_enum_v<T> || is_pointer_v<T> || is_member_pointer_v<T> || is_null_pointer_v<T>>

std::**is_object** < T >::value

- 當型別 T 代表某個物件的型別時，回報 true。
- 等同於：is_scalar_v<T> || is_array_v<T> || is_class_v<T> || is_union_v<T>
- 等同於：! (is_function_v<T> || is_reference_v<T> || is_void_v<T>)

std::**is_compound** < T >::value

- 當型別 T 是由其他型別所複合（compound）而成的型別時，回報 true。
- 等同於：!is_fundamental_v<T>
- 等同於：is_enum_v<T> || is_array_v<T> || is_class_v<T> || is_union_v<T> || is_reference_v<T> || is_pointer_v<T> || is_member_pointer_v<T> || is_function_v<T>

D.3 型別的性質與操作方式

下一類 traits 會測試單一型別的其他性質、以及適用的具體操作（如：數值交換）。

D.3.1 測試其他型別性質

std::**is_signed** < T >::value

- 當型別 T 為有號算術型別（signed arithmetic type，亦即包含負數的算術型別；像是 (signed) int、float 等型別）時，回報 true。
- 對於 bool 型別，會回報 false。
- 對於 char 型別，回報 true 或 false 會取決於實作上如何定義。
- 對於所有的非算術型別（包括列舉型別），is_signed 會回報 false。

std::**is_unsigned** < T >::value

- 當型別 T 為無號算術型別（unsigned arithmetic type，亦即不包含負數的算術型別；像是 unsigned int 和 bool 等型別）時，回報 true。
- 對於 char 型別，回報 true 或 false 會取決於實作上如何定義。
- 對於所有的非算術型別（包括列舉型別），is_unsigned 會回報 false。

std::**is_const** < T >::value

- 當該型別屬於 const-qualified（被 const 修飾）時，回報 true。
- 請注意 const 指標屬於 const-qualified 型別，而 **non**-const 指標、指向 const 型別的 **reference** 都不算是 const-qualified。例如：

```
is_const<int* const>::value      // true
is_const<int const*>::value      // false
is_const<int const&>::value      // false
```

- 根據語言定義，若 array 裡的元素型別為 const-qualified 時，該 array 為 const-qualified [5]。例如：

```
is_const<int[3]>::value          // false
is_const<int const[3]>::value    // true
is_const<int[]>::value           // false
is_const<int const[]>::value     // true
```

---

[5] 於 C++11 推出後，1059 號核心議題決議澄清了這一點。

Trait	功用
is_signed<T>	有號算術型別
is_unsigned<T>	無號算術型別
is_const<T>	const-qualified（被 const 修飾）
is_volatile<T>	volatile-qualified（被 volatile 修飾）
is_aggregate<T>	聚合（aggregate）型別
is_trivial<T>	純量、trivial class（單純類別）、或上述型別構成的 array
is_trivially_copyable<T>	純量、trivially copyable class、或上述型別構成的 array
is_standard_layout<T>	純量、標準佈局 class（standard layout class）、或上述型別構成的 array
is_pod<T>	舊式資料型別（Plain old data type，POD；可以直接使用 memcpy() 進行物件複製的型別）
is_literal_type<T>	純量、reference、class、或上述型別構成的 array（C++17 後不建議使用）
is_empty<T>	不具有成員、virtual 成員函式、及 virtual base class 的 class
is_polymorphic<T>	具有（被繼承的）virtual 成員函式的 class
is_abstract<T>	抽象類別（abstract class：至少具有一個 pure virtual 函式）
is_final<T>	Final class（不允許被繼承的 class，C++14 後出現）
has_virtual_destructor<T>	具有 virtual 解構子的 class
has_unique_object_representations<T>	若兩物件具備相同數值，則兩者在記憶體內的表現方式必定相同（C++17 後出現）
alignment_of<T>	與 alignof(T) 等價
rank<T>	回報 array 型別的維度數目（否則為 0）
extent<T, I=0>	回報維度 I 的範圍（否則為 0）
underlying_type<T>	列舉型別的底層型別（underlying type）
is_invocable<T, Args...>	可以利用 Args... 進行呼叫（C++17 後適用）
is_nothrow_invocable<T, Args...>	可以利用 Args... 進行不拋出異常的呼叫（C++17 後適用）
is_invocable_r<RT, T, Args...>	可以利用 Args... 進行回傳型別為 RT 的呼叫（C++17 後適用）
is_nothrow_invocable_r<RT, T, Args...>	可以利用 Args... 進行回傳型別為 RT、同時不拋出異常的呼叫（C++17 後適用）
invoke_result<T, Args...>	利用 Args... 進行呼叫後得到的回傳型別（C++17 後適用）
result_of<F, ArgTypes>	利用 ArgsTypes 作為引數型別來呼叫 F 所得到的回傳型別（C++17 後不建議使用）

表 D.3. 用於檢查簡單型別性質的 Traits

`std::`**`is_volatile`**` < T >::value`

- 當該型別屬於 volatile-qualified（被 `volatile` 修飾）時，回報 true。
- 請注意 `volatile` 指標會具備 volatile-qualified 型別，而 **non-volatile** 指標、指向 `volatile` 型別的 **reference** 都不算是 volatile-qualified。例如：

  ```
  is_volatile<int* volatile>::value        // true
  is_volatile<int volatile*>::value        // false
  is_volatile<int volatile&>::value        // false
  ```

- 根 據 語 言 定 義，若 **array** 裡 的 元 素 型 別 為 volatile-qualified 時，該 **array** 為 volatile-qualified [6]。例如：

  ```
  is_volatile<int[3]>::value               // false
  is_volatile<int volatile[3]>::value      // true
  is_volatile<int[]>::value                // false
  is_volatile<int volatile[]>::value       // true
  ```

`std::`**`is_aggregate`**` < T >::value`

- 當該型別為聚合（*aggregate*）型別時，回報 true（聚合：可能是個 **array** 或是「不具有使用者定義 / explicit / 繼承而來的建構子、不具有 private / protected nonstatic 資料成員、不具有 **virtual** 函式、也不具有 virtual / private / protected base class」的 **class** / **struct** / **union**）[7]。
- 能用來找出是否需要以初始化列表來進行初始化（list initialization）。舉例來說

  ```
  template<typename Coll, typename... T>
  void insert(Coll& coll, T&&... val)
  {
   if constexpr(!std::is_aggregate_v<typename Coll::value_type>) {
    coll.emplace_back(std::forward<T>(val)...); // 不適用於聚合
   }
   else {
    coll.emplace_back(typename Coll::value_type{std::forward<T>(val)...});
   }
  }
  ```

- 要求給定型別是個完整型別（參考 10.3.1 節，第 154 頁）或（**cv-qualified**）`void`[*]。
- 自 C++17 起可用。

6　於 C++11 推出後，1059 號核心議題決議澄清了這一點。

7　請注意，某個聚合的 base class 與資料成員未必也要是聚合。在 C++14 之前，聚合 class 型別無法擁有預設成員初始器（default member initializers）。而在 C++17 之前，聚合無法擁有 public base classes。

*　譯註：這是指輸入值 `T` 必須得是完整型別，無關回傳的為 true 或 false，否則可能導致未定義行為。

std::**is_trivial** < T >::value

- 當該型別屬於「trivial（單純）」型別時，回報 true：
  - 純量型別（整數、浮點數、列舉值、指標；參見第 707 頁的 is_scalar<>）
  - trivial class 型別（不具 virtual 函式、不具 virtual base class、不具（間接的）使用者定義預設建構子、不具複製 / 搬移建構子、不具複製 / 搬移運算子或解構子、不具有用於 nonstatic 資料成員的初始式、不具有 volatile 成員與 nontrivial 成員）
  - 由 trivial 元素所構成的 array
  - 以及上述型別經 cv 修飾後的版本
- 對於型別 T 而言，如果 is_trivially_copyable_v<T> 回報 true、同時存在 trivial 預設建構子，則回報 true。
- 要求給定型別是個完整型別（參考 10.3.1 節，第 154 頁）或（cv-qualified）void。

std::**is_trivially_copyable** < T >::value

- 當該型別屬於「trivially copyable（可被單純複製）」型別時，回報 true：
  - 純量型別（整數、浮點數、列舉值、指標；參見第 707 頁的 is_scalar<>）
  - trivial class 型別（不具 virtual 函式、不具 virtual base classes、不具（間接的）使用者定義預設建構子、不具複製 / 搬移建構子、不具複製 / 搬移運算子或解構子、不具有用於 nonstatic 資料成員的初始式、不具有 volatile 成員與 nontrivial 成員）
  - 由 trivially copyable 元素所構成的 array
  - 以及上述型別 const-qualified 的版本。
- 除了對不具備 trivial 預設建構子的 class 型別也會回傳 true 之外，此 trait 與 is_trivial_v<T> 回報的結果相同。
- 與 is_standard_layout<> 相比，此 trait 不允許 volatile 成員、但允許 reference。兩者的成員函式允許的存取權也不同，同時此 trait 的成員可能分屬不同的（base）classes。
- 要求給定型別是個完整型別（參考 10.3.1 節，第 154 頁）或（cv-qualified）void。

std::**is_standard_layout** < T >::value

- 當該型別為標準佈局（standard layout，亦即此型別的數值更容易與其他語言進行交換）型別時，回報 true。
  - 純量型別（整數、浮點數、列舉值、指標；參見第 707 頁的 is_scalar<>）
  - 標準佈局 class 型別（不具 virtual 函式、不具 virtual base class、不具有 nonstatic reference 成員、所有的 nonstatic 成員都必須位於同一個（base）class 並具備相同的存取權、所有的成員也必須屬於標準佈局型別）
  - 由標準佈局元素所構成的 array
  - 以及上述型別經 cv 修飾後的版本

- 與 is_trivial<> 相比，此 trait 允許 volatile 成員、但不允許 reference。成員函式的存取權必須相同，同時成員無法分屬不同的（base）classes。
- 要求給定型別（對於 array 來說，則參考其基本型別，basic type）是個完整型別（參考 10.3.1 節，第 154 頁）或（cv-qualified）void。

std::**is_pod** < T >::value

- 當 T 為*舊式資料型別*（*plain old datatype*，POD）時，回報 true。
- 屬於此型別的物件可以透過「複製底層儲存空間」（像是使用 memcpy()）的方式進行複製。
- 等同於：is_trivial_t<T> && is_standard_layout_v<T>
- 以下情況會回報 false：
  - 不具備 trivial 預設建構子、複製 / 搬移建構子、複製 / 搬移賦值運算子、解構子的 classes
  - 具有 virtual 成員或 virtual base classes 的 classes
  - 具有 volatile 或 reference 成員的 classes
  - 擁有「分屬不同（base）classes 或具備不同存取權限的成員」的 class
  - Lambda expression 的型別（稱為 *closure* 型別）
  - 函式
  - void
  - 上述型別組合而成的型別
- 要求給定型別是個完整型別（參考 10.3.1 節，第 154 頁）或（cv-qualified）void。

std::**is_literal_type** < T >::value

- 當給定型別對 constexpr 來說是個合法的回傳型別（這特別排除了任何需要進行複雜（nontrivial）解構的型別）時，回報 true。
- 如果 T 是個*文字型別*（*literal type*）時，回傳 true：
  - 純量型別（整數、浮點數、列舉值、指標；參見第 707 頁的 is_scalar<>）
  - reference
  - 具備「至少一個 constexpr 建構子」的 class 型別，且該建構子不能是各個（base）class 的複製 / 搬移建構子；（base）class 或成員裡也不能存在使用者定義解構子或 virtual 解構子；同時對 nonstatic 資料成員的初始化也都必須為常數陳述式（constant expression）
  - 由 literal 型別所構成的 array
- 要求給定型別是個完整型別（參考 10.3.1 節，第 154 頁）或（cv-qualified）void。
- 請注意這個 trait 於 C++17 後便不建議使用（deprecated），因為「它太過薄弱，故無法在泛型程式碼中有意義地使用。我們真正需要的是『知道哪種具體的建構方式會造成常數的初始化』的這種能力。（*it is too weak to be used meaningfully in generic code. What is really needed is the ability to know that a specific construction would produce constant initialization.*）」。

std::**is_empty** < T >::value

- 當 T 為不保有資料的 class 型別、但不屬於 union 型別時，回報 true。
- 當 T 被定義成 class 或 struct、同時符合以下情況時，回報 true：
  - 不具有除了長度為 0 的 bit field（位元欄位）以外的 nonstatic 資料成員
  - 不具有 virtual 成員函式
  - 不具有 virtual base classes
  - 不具有 nonempty base classes
- 當給定型別為 class / struct 時，必須是個完整型別（參考 10.3.1 節，第 154 頁），可接受不完整的 union 型別*。

std::**is_polymorphic** < T >::value

- 當 T 為**多型** class 型別（宣告或繼承了 virtual 函式的 class）時，回報 true。
- 要求給定型別是個完整型別（參考 10.3.1 節，第 154 頁）、或是不屬於 class 或 struct 的型別。

std::**is_abstract** < T >::value

- 當 T 為**抽象** class 型別（由於具備至少一個 pure virtual 成員函式，而無法建立任何物件的 class）時，回報 true。
- 當給定型別為 class / struct 時，必須是個完整型別（參考 10.3.1 節，第 154 頁），可接受不完整的 union 型別。

std::**is_final** < T >::value

- 當 T 為 *final* class 型別（由於被宣告為 final，因而無法作為 base class 的 class 或 union）時，回報 true。
- 對於像 int 這樣的 non-class / union 型別，會回報 false（因此它與 *is derivable* 之類的 traits 無法互為替代）
- 要求給定型別是個完整型別（參考 10.3.1 節，第 154 頁）、或是不屬於 class / struct 與 union。
- 自 C++14 起可用。

std::**has_virtual_destructor** < T >::value

- 當型別 T 具有 virtual 解構子時，回報 true。
- 當給定型別為 class / struct 時，必須是個完整型別（參考 10.3.1 節，第 154 頁），可接受不完整的 union 型別。

std::**has_unique_object_representations** < T >::value

- 當任意兩個 T 型別的物件在記憶體中具有相同的物件表現方式時，回報 true。也就是說，兩個相同的數值必定會使用同樣的 byte 數值序列來表現。
- 具備此性質的物件可以透過對相關 byte 序列進行 hashing（雜湊），產生可靠的 hash 值（因為不具備以下風險：於不同情況下，未出現在物件數值內的某些 bits 可能存在差異）。

---

* 譯註：因為可以直接判定為 false。

- 要求給定型別為 trivially copyable（參考 D.3.1 節，第 712 頁），且同時屬於完整型別（參考 10.3.1 節，第 154 頁）、（cv-qualified）void、或是具有未知邊界的 array。
- 自 C++17 起可用。

std::**alignment_of** < T >::value

- 給出某個 T 型別物件的對齊值（*alignment value*），回傳 std::size_t（用於 array 時，針對的是元素的型別；用於 reference 時，針對被指涉的型別）。
- 等同於：alignof(T)。
- 此 trait 比 alignof(...) 構件出現得更早，於 C++11 時引入。不過它仍舊十分有用，因為它能夠作為 class 型別被傳遞，而這對某些 metaprograms 來說很方便。
- 需要 alignof(T) 是個合法陳述式。
- 利用 aligned_union<> 來取得多個型別的共通對齊值（common alignment；參考 D.5 節，第 733 頁）。

std::**rank** < T >::value

- 給出某個 T 型別 array 的維度個數（number of dimensions），回傳 std::size_t。
- 對其他任何型別回報 0。
- 指標不具備任何維度。Array 型別中未標示數值的邊界則視為某一維度（通常，宣告為 array 型別的函式參數實際上不具備 array 型別，同時 std::array 也不屬於 array 型別。參見 D.2.1 節，第 704 頁）。

  例如：

  ```
  int a2[5][7];
  rank_v<decltype(a2)>;        // 回報 2
  rank_v<int*>;                // 回報 0（不是 array）
  extern int p1[];
  rank_v<decltype(p1)>;        // 回報 1
  ```

std::**extent** < T >::value

std::**extent** < T, IDX >::value

- 給出某個 T 型別 array 的第一個或第 IDX 個維度的範圍，回傳 std::size_t。
- 若 T 不是 array、該維度不存在、或該維度的範圍未定，則回報 0。
- 實作上的細節請參考 19.8.2 節（第 453 頁）。

  ```
  int a2[5][7];
  extent_v<decltype(a2)>;      // 回報 5
  extent_v<decltype(a2),0>;    // 回報 5
  extent_v<decltype(a2),1>;    // 回報 7
  extent_v<decltype(a2),2>;    // 回報 0
  extent_v<int*>;              // 回報 0
  extern int p1[];
  extent_v<decltype(p1)>;      // 回報 0
  ```

std::**underlying_type** < T >::value

- 給出某個列舉型別 T 的底層型別（underlying type）。
- 要求給定型別是個完整的（參考 10.3.1 節，第 154 頁）列舉型別。對於除此之外的其他型別，會導致未定義行為。

std::**is_invocable** < T, Args... >::value

std::**is_nothrow_invocable** < T, Args... >::value

- 如果 T 可以使用 Args... 來呼叫（下式：同時保證不會拋出異常），則回報 true。
- 也就是說，我們可以利用這些 traits 來測試：我們是否能夠使用 Args... 來呼叫（或用 std::invoke() 來喚起）給定的 *callable*（可呼叫的）T（關於 *callable* 與 std::invoke() 的細節，請參考 11.1 節，第 157 頁）。
- 要求給定的所有型別為完整型別（參考 10.3.1 節，第 154 頁）、（cv-qualified）void、或具有未知邊界的 array。
- 例如：

```
struct C {
  bool operator() (int) const {
    return true;
  }
};
std::is_invocable<C>::value         // false
std::is_invocable<C,int>::value     // true
std::is_invocable<int*>::value      // false
std::is_invocable<int(*)()>::value  // true
```

- 自 C++17 起可用 [8]。

std::**is_invocable_r** < RET_T, T, Args... >::value

std::**is_nothrow_invocable_r** < RET_T, T, Args... >::value

- 如果 T 可以使用 Args... 來呼叫（下式：同時保證不會拋出異常），則回傳某個能夠轉型為 RET_T 型別的數值。
- 也就是說，我們可以利用這些 traits 來測試：我們是否能夠使用 Args... 來呼叫（或用 std::invoke() 來喚起）傳入的 *callable*（可呼叫的）T、同時以 RET_T 來表現回傳值（關於 *callable* 與 std::invoke() 的細節，請參考 11.1 節，第 157 頁）。
- 要求傳入的所有型別為完整型別（參考 10.3.1 節，第 154 頁）、（cv-qualified）void、或具有未知邊界的 array。
- 例如：

```
struct C {
  bool operator() (int) const {
    return true;
  }
};
```

---

[8] 在 C++17 標準化過程的後期，is_callable 被改名為 is_invocable。

```
std::is_invocable_r<bool,C,int>::value                    // true
std::is_invocable_r<int,C,long>::value                    // true
std::is_invocable_r<void,C,int>::value                    // true
std::is_invocable_r<char*,C,int>::value                   // false
std::is_invocable_r<long,int(*)(int)>::value              // false
std::is_invocable_r<long,int(*)(int),int>::value          // true
std::is_invocable_r<long,int(*)(int),double>::value // true
```

- 自 C++17 後可用。

std::**invoke_result** < T, Args... >::value

std::**result_of** < T, Args... >::value

- 如果 T 可以使用 Args... 來呼叫，則給出其回傳型別。
- 請注意，兩者的語法稍微有些不同：
  - 對 invoke_result<> 來說，你必須將呼叫函式的型別與引數型別兩者作為參數傳入。
  - 對 result_of<> 來說，你必須使用相應的型別來傳遞「函式宣告式」。
- 如果無法進行呼叫則不會定義 type 成員，因此取用 type 屬於錯誤（可能會 SFINAE out 某個在宣告式裡用到 type 的 function template；參考 8.4 節，第 131 頁）。
- 也就是說，當我們使用 Args... 來呼叫（或 std::invoke()）給定的 *callable* T 時，我們可以利用這類 traits 來取得最終的回傳型別（關於 *callable* 與 std::invoke() 的細節，請參考 11.1 節，第 157 頁）。
- 要求傳入的所有型別為完整型別（參考 10.3.1 節，第 154 頁）、（cv-qualified）void、或具有未知邊界的 **array**。
- invoke_result<> 從 C++17 開放使用，同時取代了（從 C++17 起不建議使用的）result_of<>，因為 invoke_result<> 做了某些改良，像是更容易使用的語法、以及允許 T 為抽象型別。
- 例如：

```
std::string foo(int);

using R0 = typename std::result_of<decltype(&foo)(int)>::type;
                                                        // C++11
using R1 = std::result_of_t<decltype(&foo)(int)>;       // C++14
using R2 = std::invoke_result_t<decltype(foo), int>;    // C++17

struct ABC {
    virtual ~ABC() = 0;
    void operator() (int) const {
    }
};

using T1 = typename std::result_of<ABC(int)>::type; //錯誤：ABC 為抽象型別
using T2 = typename std::invoke_result<ABC, int>::type; // 從 C++17 起 OK
```

完整範例請參考 11.1.3 節（第 163 頁）。

D.3.2　測試特定運算

Trait	功用
is_constructible<T,Args...>	可以利用 Args 型別來初始化 T 型別
is_trivially_constructible<T,Args...>	可以利用 Args 型別來單純地（trivally）初始化 T 型別
is_nothrow_constructible<T,Args...>	可以利用 Args 型別來初始化 T 型別，同時該操作不會拋出異常
is_default_constructible<T>	可以不使用引數初始化 T 型別
is_trivially_default_constructible<T>	可以不使用引數單純地（trivally）初始化 T 型別
is_nothrow_default_constructible<T>	可以不使用引數初始化 T 型別，同時該操作不會拋出異常
is_copy_constructible<T>	可以對 T 進行複製（copy）
is_trivially_copy_constructible<T>	可以對 T 進行單純複製（trivally copy）
is_nothrow_copy_constructible<T>	可以對 T 進行複製，同時該操作不會拋出異常
is_move_constructible<T>	可以對 T 進行搬移（move）
is_trivially_move_constructible<T>	可以對 T 進行單純搬移（trivally move）
is_nothrow_move_constructible<T>	可以對 T 進行搬移，同時該操作不會拋出異常
is_assignable<T,T2>	可以將 T2 型別賦值（assign）給 T 型別
is_trivially_assignable<T,T2>	可以將 T2 型別單純賦值（trivally assign）給 T 型別
is_nothrow_assignable<T,T2>	可以將 T2 型別賦值給 T 型別，同時該操作不會拋出異常
is_copy_assignable<T>	可以對 T 進行複製賦值（copy assign）
is_trivially_copy_assignable<T>	可以對 T 進行單純複製賦值（trivally copy assign）
is_nothrow_copy_assignable<T>	可以對 T 進行複製賦值，同時該操作不會拋出異常
is_move_assignable<T>	可以對 T 進行搬移賦值（move assign）
is_trivially_move_assignable<T>	可以對 T 進行單純搬移賦值（trivally move assign）
is_nothrow_move_assignable<T>	可以對 T 進行搬移賦值，同時該操作不會拋出異常
is_destructible<T>	可以對 T 進行解構
is_trivially_destructible<T>	可以對 T 進行單純解構（trivally destroy）
is_nothrow_destructible<T>	可以對 T 進行解構，同時該操作不會拋出異常
is_swappable<T>	可以對該型別呼叫 swap()（C++17 起可用）
is_nothrow_swappable<T>	可以對該型別呼叫 swap()，同時此操作不會拋出異常（C++17 起可用）
is_swappable_with<T,T2>	可以對具有特定 value category 的兩個型別呼叫 swap()（C++17 起可用）
is_nothrow_swappable_with<T,T2>	可以對具有特定 value category 的兩個型別呼叫 swap()，同時此操作不會拋出異常（C++17 起可用）

表 D.4. 用於檢查特定操作的 Traits

表 D.4 列出了我們可以用來檢查某些特定操作的 type traits。帶有 is_trivially_... 的型式會額外檢查所有針對該物件、成員、或 base class 的操作（包含衍生操作）是否都屬於 trivial（單純的，代表不是使用者定義或 virtual 函式）。帶有 is_nothrow_... 的型式會額外檢查被呼叫的操作是否保證不拋出異常。注意所有的 is_..._constructible 檢查都隱含對應的 is_..._destructible 檢查。例如：

utils/isconstructible.cpp

```
#include <iostream>

class C {
  public:
    C() { // 不具備 noexcept 的預設建構子
    }
    virtual ~C() = default; // 令 C 成為 nontrivial（不單純）
};

int main()
{
  using namespace std;
  cout << is_default_constructible_v<C> << '\n';            // true
  cout << is_trivially_default_constructible_v<C> << '\n';  // false
  cout << is_nothrow_default_constructible_v<C> << '\n';    // false
  cout << is_copy_constructible_v<C> << '\n';               // true
  cout << is_trivially_copy_constructible_v<C> << '\n';     // true
  cout << is_nothrow_copy_constructible_v<C> << '\n';       // true
  cout << is_destructible_v<C> << '\n';                     // true
  cout << is_trivially_destructible_v<C> << '\n';           // false
  cout << is_nothrow_destructible_v<C> << '\n';             // true
}
```

因為存在 virtual 解構子定義，故所有操作不再屬於 trivial。同時由於我們定義了一個不具備 noexcept 的預設建構子，故它可能會拋出異常。而根據預設情況，其他操作會保證不拋出異常。

std::**is_constructible** < T, Args... >::value

std::**is_trivially_constructible** < T, Args... >::value

std::**is_nothrow_constructible** < T, Args... >::value

- 如果某個 T 型別的物件可以利用 Args... 提供的型別作為引數進行初始化，則回報 true（另兩式加上以下條件：不使用 **nontrivial** 操作 / 保證該操作不拋出異常）。亦即下列敘述必須合法[9]：

      T t(std::declval<Args>()...);

- 數值 true 意味著該物件可進行相應的解構（亦即 is_destructible_v<T>、is_trivially_destructible_v<T>、或 is_nothrow_destructible_v<T> 會回報 true）。

---

[9] 關於 std::declval 的效用，請參考 11.2.3 節（第 166 頁）。

- 要求傳入的所有型別為完整型別（參考 10.3.1 節，第 154 頁）、（cv-qualified）void、或具有未知邊界的 array。
- 例如：

```
is_constructible_v<int>                                  // true
is_constructible_v<int,int>                              // true
is_constructible_v<long,int>                             // true
is_constructible_v<int,void*>                            // false
is_constructible_v<void*,int>                            // false
is_constructible_v<char const*,std::string>             // false
is_constructible_v<std::string,char const*>             // true
is_constructible_v<std::string,char const*,int,int>     // true
```

- 注意這不同於 is_convertible 裡來源型別和目標型別的次序。

std::**is_default_constructible** < T >::value

std::**is_trivially_default_constructible** < T >::value

std::**is_nothrow_default_constructible** < T >::value

- 如果 T 型別的物件可以不使用任何引數來初始化，則回報 true（另兩式加上以下條件：不使用 nontrivial 操作 / 保證該操作不拋出任何異常）。
- 分別等同於 is_constructible_v<T>、is_trivially_constructible_v<T>、is_nothrow_constructible_v<T>。
- 回報的數值為 true 代表該物件也可進行相應的解構（亦即 is_destructible_v<T>、is_trivially_destructible_v<T>、is_nothrow_destructible_v<T> 會回報 true）。
- 要求給定型別是個完整型別（參考 10.3.1 節，第 154 頁）、（cv-qualified）void、或具有未知邊界的 array。

std::**is_copy_constructible** < T >::value

std::**is_trivially_copy_constructible** < T >::value

std::**is_nothrow_copy_constructible** < T >::value

- 如果 T 型別的物件可以藉由複製另一個 T 型別的數值創建出來，則回報 true（另兩式加上以下條件：不使用 nontrivial 操作 / 保證該操作不拋出任何異常）。
- 如果 T 並非 *referenceable*（可被參考的）型別：包括（cv-qualified）void 或是以 const / volatile / & / && 修飾的函式型別，則回報 false。
- 若給定的 T 屬於 referenceable 型別，它們分別等同於 is_constructible<T,T const&>::value、is_trivially_constructible<T,T const&>::value、is_nothrow_constructible<T,T const&>::value。
- 要確定 T 型別的物件是否可以用另一個 T 型別的 rvalue 進行複製建構，可以利用 is_constructible<T,T&&> 之類的方式。

- 回報的數值為 true 代表該物件也可進行相應的解構（亦即 is_destructible_v<T>、is_trivially_destructible_v<T>、is_nothrow_destructible_v<T> 會回報 true）。
- 要求給定型別是個完整型別（參考 10.3.1 節，第 154 頁）、（cv-qualified）void、或具有未知邊界的 array。
- 例如：

```
is_copy_constructible_v<int>                       // 回報 true
is_copy_constructible_v<void>                      // 回報 false
is_copy_constructible_v<std::unique_ptr<int>>      // 回報 false
is_copy_constructible_v<std::string>               // 回報 true
is_copy_constructible_v<std::string&>              // 回報 true
is_copy_constructible_v<std::string&&>             // 回報 false
// 與下式比較：
is_constructible_v<std::string,std::string>        // 回報 true
is_constructible_v<std::string&,std::string&>      // 回報 true
is_constructible_v<std::string&&,std::string&&>    // 回報 true
```

std::**is_move_constructible** < T >::value

std::**is_trivially_move_constructible** < T >::value

std::**is_nothrow_move_constructible** < T >::value

- 如果 T 型別的物件可以用另一個 T 型別的 rvalue 創建出來，則回報 true（另兩式加上以下條件：不使用 nontrivial 操作／保證該操作不拋出任何異常）。
- 如果 T 並非 *referenceable*（可被參考的）型別：包括（cv-qualified）void 或是以 const／volatile／&／&& 修飾的函式型別，則回報 false。
- 若給定的 T 屬於 referenceable 型別，則它們分別等同於
  is_constructible<T,T&&>::value、
  is_trivially_constructible<T,T&&>::value、
  is_nothrow_constructible<T,T&&>::value。
- 回報的數值為 true 代表該物件也可進行相應的解構（亦即 is_destructible_v<T>、is_trivially_destructible_v<T>、is_nothrow_destructible_v<T> 會回報 true）。
- 請注意：除非能夠使用 T 型別物件直接呼叫搬移建構子，否則沒有任何方式可以檢查搬移建構子是否會拋出異常。該建構子若只符合「屬性為 public、且未被刪除」仍然不夠，還需要對應的型別不能是抽象類別（abstract class）才行（指向抽象類別的 reference 或指標則運作良好）。
- 實作上的細節，請參考 19.7.2 節（第 443 頁）。
- 例如：

```
is_move_constructible_v<int>                   // 回報 true
is_move_constructible_v<void>                  // 回報 false
is_move_constructible_v<std::unique_ptr<int>>  // 回報 true
is_move_constructible_v<std::string>           // 回報 true
```

```
is_move_constructible_v<std::string&>            // 回報 true
is_move_constructible_v<std::string&&>           // 回報 true
// 與下式比較：
is_constructible_v<std::string,std::string>      // 回報 true
is_constructible_v<std::string&,std::string&>    // 回報 true
is_constructible_v<std::string&&,std::string&&>  // 回報 true
```

std::**is_assignable** < TO, FROM >::value

std::**is_trivially_assignable** < TO, FROM >::value

std::**is_nothrow_assignable** < TO, FROM >::value

- 如果 FROM 型別物件可以用來賦值給另一個 TO 型別的物件，則回報 true（另兩式加上以下條件：不使用 nontrivial 操作 / 保證該操作不拋出任何異常）。
- 要求給定型別是個完整型別（參考 10.3.1 節，第 154 頁）、（cv-qualified）void、或具有未知邊界的 array。
- 請注意，將 nonreference、nonclass 型別作為 is_assignable_v<> 的第一個型別 TO，必定會得到 false，因為這樣的型別會產生 prvalues。也就是說，像 42=77; 這樣的陳述句並不合法。不過對於 class 型別而言，如果給出了適當的賦值運算子，也是可以賦值給 rvalue 的（根據舊式規則，我們可以呼叫 class 型別 rvalue 上的 non-const 成員函式）[10]。
- 請當心 is_convertible 的來源與目標型別順序和這裡不大一樣。
- 例如：

```
is_assignable_v<int,int>                    // 回報 false
is_assignable_v<int&,int>                   // 回報 true
is_assignable_v<int&&,int>                  // 回報 false
is_assignable_v<int&,int&>                  // 回報 true
is_assignable_v<int&&,int&&>                // 回報 false
is_assignable_v<int&,long&>                 // 回報 true
is_assignable_v<int&,void*>                 // 回報 false
is_assignable_v<void*,int>                  // 回報 false
is_assignable_v<void*,int&>                 // 回報 false
is_assignable_v<std::string,std::string>    // 回報 true
is_assignable_v<std::string&,std::string&>  // 回報 true
is_assignable_v<std::string&&,std::string&&> // 回報 true
```

std::**is_copy_assignable** < T >::value

std::**is_trivially_copy_assignable** < T >::value

std::**is_nothrow_copy_assignable** < T >::value

- 如果 T 型別物件可以被複製賦值（copy-assign）給另一個 T 型別的物件，則回報 true（另兩式加上以下條件：不使用 nontrivial 操作 / 保證該操作不拋出任何異常）。
- 如果 T 並非 *referenceable*（可被參考的）型別：包括（cv-qualified）void 或是以 const / volatile / & / && 修飾的函式型別，則回報 false。

---

[10] 感謝 Daniel Krügler 指出這一點。

- 若給定的 T 屬於 referenceable 型別，則它們分別等同於 is_assignable<T&,T const&>::value、 is_trivially_assignable<T&,T const&>::value、 is_nothrow_assignable<T&,T const&>::value

- 要確定 T 型別的 rvalue 是否可以被複製賦值給另一個 T 型別的 rvalue，可以利用 is_assignable<T&&,T&&> 之類的方式。

- 請注意：void、內建 array 型別、以及具備「被刪除的複製賦值運算子」的 class 無法進行複製賦值。

- 要求給定型別是個完整型別（參考 10.3.1 節，第 154 頁）、（cv-qualified）void、或具有未知邊界的 array。

- 例如：

```
is_copy_assignable_v<int>              // 回報 true
is_copy_assignable_v<int&>             // 回報 true
is_copy_assignable_v<int&&>            // 回報 true
is_copy_assignable_v<void>             // 回報 false
is_copy_assignable_v<void*>            // 回報 true
is_copy_assignable_v<char[]>           // 回報 false
is_copy_assignable_v<std::string>      // 回報 true
is_copy_assignable_v<std::unique_ptr<int>> // 回報 false
```

std::**is_move_assignable** < T >::value

std::**is_trivially_move_assignable** < T >::value

std::**is_nothrow_move_assignable** < T >::value

- 如果 T 型別物件的 rvalue 可以被搬移賦值給另一個 T 型別的物件，則回報 true（另兩式加上以下條件：不使用 nontrivial 操作／保證該操作不拋出任何異常）。

- 如果 T 並非 referenceable（可被參考的）型別：包括（cv-qualified）void 或是以 const / volatile / & / && 修飾的函式型別，則回報 false。

- 若給定的 T 屬於 referenceable 型別，則它們分別等同於
is_assignable<T&,T&&>::value、
is_trivially_assignable<T&,T&&>::value、
is_nothrow_assignable<T&,T&&>::value。

- 請注意：void、內建 array 型別、以及具備「被刪除的搬移賦值運算子」的 class 無法進行搬移賦值。

- 要求給定型別是個完整型別（參考 10.3.1 節，第 154 頁）、（cv-qualified）void、或具有未知邊界的 array。

- 例如：

```
is_move_assignable_v<int>              // 回報 true
is_move_assignable_v<int&>             // 回報 true
is_move_assignable_v<int&&>            // 回報 true
is_move_assignable_v<void>             // 回報 false
is_move_assignable_v<void*>            // 回報 true
is_move_assignable_v<char[]>           // 回報 false
```

```
is_move_assignable_v<std::string>          // 回報 true
is_move_assignable_v<std::unique_ptr<int>>  // 回報 true
```

std::**is_destructible** < T >::value

std::**is_trivially_destructible** < T >::value

std::**is_nothrow_destructible** < T >::value

- 如果 T 型別的物件可以被解構（destroy），則回報 true（另兩式加上以下條件：不使用 nontrivial 操作／保證該操作不拋出任何異常）。
- 對 reference 來說，必定會回報 true。
- 對 void、具有未知邊界的 array 型別、與函式型別，必定會回報 false。
- 假如 T 的解構子、base class、或 nonstatic 資料成員都不屬於使用者定義或 virtual，則 is_trivially_destructible 會回報 true。
- 要求給定型別是個完整型別（參考 10.3.1 節，第 154 頁）、（cv-qualified）void、或具有未知邊界的 array。
- 例如：

```
is_destructible_v<void>                        // 回報 false
is_destructible_v<int>                         // 回報 true
is_destructible_v<std::string>                 // 回報 true
is_destructible_v<std::pair<int,std::string>>  // 回報 true

is_trivially_destructible_v<void>                        // 回報 false
is_trivially_destructible_v<int>                         // 回報 true
is_trivially_destructible_v<std::string>                 // 回報 false
is_trivially_destructible_v<std::pair<int,int>>          // 回報 true
is_trivially_destructible_v<std::pair<int,std::string>> // 回報 false
```

std::**is_swappable_with** < T1, T2 >::value

std::**is_nothrow_swappable_with** < T1, T2 >::value

- 如果 T1 型別構成的陳述式可以用 T2 型別構成的陳述式來 swap()，則回報 true（另一式加上了不拋出異常的保證）。不過此處 reference 類型只會用來決定該陳述式的 value category。
- 要求給定型別是個完整型別（參考 10.3.1 節，第 154 頁）、（cv-qualified）void、或具有未知邊界的 array。
- 請注意，將 nonreference、nonclass 型別作為 is_swappable_with_v<> 的第一個型別 T1，必定會得到 false，因為這樣的型別會產生 prvalues。也就是說，像是 swap(42,77) 這樣的陳述式並不合法。
- 例如：

```
is_swappable_with_v<int,int>       // 回報 false
is_swappable_with_v<int&,int>      // 回報 false
is_swappable_with_v<int&&,int>     // 回報 false
is_swappable_with_v<int&,int&>     // 回報 true
is_swappable_with_v<int&&,int&&>   // 回報 false
```

```
is_swappable_with_v<int&,long&>          // 回報 false
is_swappable_with_v<int&,void*>          // 回報 false
is_swappable_with_v<void*,int>           // 回報 false

is_swappable_with_v<void*,int&>                    // 回報 false
is_swappable_with_v<std::string,std::string>       // 回報 false
is_swappable_with_v<std::string&,std::string&>     // 回報 true
is_swappable_with_v<std::string&&,std::string&&>   // 回報 false
```

- 自 C++17 起可用。

std::**is_swappable** < T >::value

std::**is_nothrow_swappable** < T >::value

- 如果 T 型別的 lvalues 可以被 swap()，則回報 true（另一式加上了不拋出異常的保證）。
- 若給定的 T 屬於 *referenceable*（可被參考的）型別，則它們分別等同於 is_swappable_with<T&,T&>::value 和 is_nothrow_swappable_with<T&,T&>::value。
- 如果 T 並非 *referenceable* 型別：包括（cv-qualified）void 或是以 const / volatile / & / && 修飾的函式型別，則回報 false。
- 要確定 T 型別的 rvalue 是否可以被 swap 給另一個 T 型別的 rvalue，可以利用 is_swappable_with<T&&,T&&> 之類的方式。
- 要求給定型別是個完整型別（參考 10.3.1 節，第 154 頁）、（cv-qualified）void、或具有未知邊界的 array。
- 例如：
```
is_swappable_v<int>                  // 回報 true
is_swappable_v<int&>                 // 回報 true
is_swappable_v<int&&>                // 回報 true
is_swappable_v<std::string&&>        // 回報 true
is_swappable_v<void>                 // 回報 false
is_swappable_v<void*>                // 回報 true
is_swappable_v<char[]>               // 回報 false
is_swappable_v<std::unique_ptr<int>> // 回報 true
```
- 自 C++17 起可用。

D.3.3 測試型別之間的關係

表 D.5 列出了可以測試型別之間具體關係的 type traits。這包括了檢查 class 型別提供的是何種建構子和賦值運算子。

Trait	功用
is_same<*T1*,*T2*>	*T1* 和 *T2* 屬於相同型別（包括了 const / volatile 修飾詞）
is_base_of<*T*,*D*>	*T* 型別是 *D* 型別的 base class
is_convertible<*T*,*T2*>	*T* 型別可以被轉型為 *T2* 型別

表 D.5. 用於檢查型別關係的 *Traits*

std::**is_same** < T1, T2 >::value

- 如果 T1 和 T2 代表包含 **cv-** 修飾詞（const 和 volatile）的相同型別，則回報 true。
- 如果其中一個型別是另一個的別名（**alias**），則回報 true。
- 如果某兩個物件使用相同型別的物件初始化，則回報 true。
- 對於分別綁定至不同 lambda 表示式的兩個型別，即便它們具備相同的定義式，也會回報 false。
- 例如：

```
auto a = nullptr;
auto b = nullptr;
is_same_v<decltype(a),decltype(b)>        // 回報 true

using A = int;
is_same_v<A,int>                          // 回報 true

auto x = [] (int) {};
auto y = x;
auto z = [] (int) {};
is_same_v<decltype(x),decltype(y)>        // 回報 true
is_same_v<decltype(x),decltype(z)>        // 回報 false
```

- 實作上的細節請參考 **19.3.3** 節（第 410 頁）。

std::**is_base_of** < B, D >::value

- 如果 B 是 D 的 base class、或 B 與 D 代表同一個 class，則回報 true。
- 型別是否為 cv-qualified、是否使用 **private** 或 **protected** 繼承、D 是否具備「多個型別為 B 的 base classes」、或是 D 是否藉由多重繼承路徑（透過 **virtual** 繼承）將 B 作為 base class，都不影響結果。
- 如果其中有型別為 union，則回報 false。
- 要求型別 D 是個完整型別（參考 **10.3.1** 節，第 154 頁）、與 B 的型別相同（忽略任何的 const / volatile 修飾詞）、或是 D 不屬於 struct / class。
- 例如：

```
class B {
};
class D1 : B {
};
class D2 : B {
};
class DD : private D1, private D2 {
};
is_base_of_v<B, D1>                    // 回報 true
is_base_of_v<B, DD>                    // 回報 true
is_base_of_v<B const, DD>             // 回報 true
is_base_of_v<B, DD const>             // 回報 true
is_base_of_v<B, B const>             // 回報 true
```

```
is_base_of_v<B&, DD&>                    // 回報 false（非屬 class 型別）
is_base_of_v<B[3], DD[3]>                // 回報 false（非屬 class 型別）
is_base_of_v<int, int>                   // 回報 false（非屬 class 型別）
```

std::**is_convertible** < FROM, TO >::value

- 如果 FROM 型別的陳述式可以被轉型為 TO 型別，則回報 true。因此，下面的式子應當合法 [11]：

```
TO test() {
    return std::declval<FROM>();
}
```

- 加諸 FROM 型別上的 **reference** 只會被用於判斷「待轉型陳述式的 value category」；接著會以底層型別（underlying type）作為來源陳述式的型別。

- 請注意，is_constructible 未必意味著 is_convertible。舉例來說：

```
class C {
  public:
    explicit C(C const&);              // 不使用隱式複製建構子
    …
};

is_constructible_v<C,C>                // 回報 true
is_convertible_v<C,C>                  // 回報 false
```

- 要求給定型別是個完整型別（參考 10.3.1 節，第 154 頁）、（cv-qualified）void、或具有未知邊界的 **array**。

- 注意這和 is_constructible（見 D.3.2 節，第 719 頁）與 is_assignable（見 D.3.2，第 721 頁）中來源型別和目標型別的次序不同。

- 實作上的細節請參考 19.5 節（第 428 頁）。

---

[11] 關於 std::declval 的效用，請參考 11.2.3 節（第 166 頁）。

D.4 型別建構

我們可以藉由表 D.6 裡列出的 traits，使用其他型別來建構新型別。

Trait	功用
remove_const<*T*>	去除 const 的相應型別
remove_volatile<*T*>	去除 volatile 的相應型別
remove_cv<*T*>	去除 const 和 volatile 的相應型別
add_const<*T*>	加上 const 的相應型別
add_volatile<*T*>	加上 volatile 的相應型別
add_cv<*T*>	加上 const volatile 的相應型別
make_signed<*T*>	取得相應的有號（signed）nonreference 型別
make_unsigned<*T*>	取得相應的無號（unsigned）nonreference 型別
remove_reference<*T*>	取得相應的 nonreference 型別
add_lvalue_reference<*T*>	取得相應的 lvalue reference 型別（rvalue 變成 lvalue）
add_rvalue_reference<*T*>	取得相應的 rvalue reference 型別（lvalue 仍為 lvalue）
remove_pointer<*T*>	取得指標所指涉的型別（否則回傳原型別）
add_pointer<*T*>	取得指向相應 nonreference 型別的指標型別
remove_extent<*T*>	取得 array 的元素型別（否則回傳原型別）
remove_all_extents<*T*>	取得多維陣列的元素型別（否則回傳原型別）
decay<*T*>	轉為相應的「by-value（以值傳遞）」型別

表 *D.6.* 用於建構型別的 *Traits*

std::**remove_const** < T >::type

std::**remove_volatile** < T >::type

std::**remove_cv** < T >::type

- 回報 T 型別去除最外層的 const／volatile 後的結果。
- 請注意 const 指標指的是被 const 修飾的型別，而「指向 const 型別的 **non-const** 指標或 **reference**」實際上並未被 const 修飾。舉例來說：

```
remove_cv_t<int>                  // 回傳 int
remove_const_t<int const>         // 回傳 int
remove_cv_t<int const volatile>   // 回傳 int
remove_const_t<int const&>        // 回傳 int const&（只是指向 int const）
```

顯然，型別建構 traits 的套用順序很重要 [12]：

```
remove_const_t<remove_reference_t<int const&>>  // 回傳 int
remove_reference_t<remove_const_t<int const&>>  // 回傳 int const
```

與其這麼做，我們更偏好使用 std::decay<>。不過它也會將 array 和函式型別轉為相應的指標型別（參考 D.4 節，第 731 頁）：

```
decay_t<int const&>               // 回傳 int
```

- 實作上的細節請參考 19.3.2 節（第 406 頁）。

---

[12] 基於以上原因，C++17 的下一個標準版本可能會提供 trait remove_refcv。

std::**add_const** < T >::type

std::**add_volatile** < T >::type

std::**add_cv** < T >::type

- 回報 T 型別於最外層加上 const／volatile 修飾詞後的結果。
- 將上述任一 trait 套用於 reference 或函式型別上,並不會產生任何效果。例如:

```
add_cv_t<int>                  // 回傳 int const volatile
add_cv_t<int const>            // 回傳 int const volatile
add_cv_t<int const volatile>   // 回傳 int const volatile
add_const_t<int>               // 回傳 int const
add_const_t<int const>         // 回傳 int const
add_const_t<int&>              // 回傳 int&
```

std::**make_signed** < T >::type

std::**make_unsigned** < T >::type

- 回報 T 型別所對應的有號(**signed**)／無號(**unsigned**)型別。
- 要求 T 是個列舉型別、或是除 bool 外的(**cv-qualified**)整數型別。其他任何型別皆會導致未定義行為(關於如何避免這類未定義行為的相關討論,請參考 19.7.1 節,第 442 頁)。
- 將上述任一 traits 套用於 reference 或函式型別上,並不會產生任何效果;而「指向 const 型別的 non-const 指標或 reference」實際上並未被 const 修飾。舉例來說:

```
make_unsigned_t<char>          // 回傳 unsigned char
make_unsigned_t<int>           // 回傳 unsigned int
make_unsigned_t<int const&>    // 未定義行為
```

std::**remove_reference** < T >::type

- 回報 reference 型別 T 所指涉的型別(若 T 並非 reference 型別,則回傳 T 本身)。
- 例如:

```
remove_reference_t<int>         // 回傳 int
remove_reference_t<int const>   // 回傳 int const
remove_reference_t<int const&>  // 回傳 int const
remove_reference_t<int&&>       // 回傳 int
```

- 請注意 reference 型別本身並不屬於 const 型別。考量這點,型別建構 traits 的套用順序相當重要 [13]:

```
remove_const_t<remove_reference_t<int const&>> // 回傳 int
remove_reference_t<remove_const_t<int const&>> // 回傳 int const
```

與其這麼做,我們更偏好使用 std::decay<>。不過它也會將 array 和函式型別轉為相應的指標型別(參考 **D.4** 節,第 **731** 頁):

```
decay_t<int const&>            // 回傳 int
```

- 實作上的細節請參考 19.3.2 節(第 404 頁)。

---

[13] 基於以上原因,C++17 的下一個標準版本可能會提供 trait remove_refcv。

std::**add_lvalue_reference** < T >::type

std::**add_rvalue_reference** < T >::type

- 如果 T 是個 referenceable（可被參考的）型別，則回傳指向 T 的 lvalue 或 rvalue reference。
- 如果 T 並非 referenceable 型別：包括（cv-qualified）void 或是以 const / volatile / & / && 修飾的函式型別），則回傳 T。
- 請注意，如果 T 已經是個 reference 型別，則上述 traits 會使用參考坍解規則（reference collapsing rules；參考 15.6.1 節，第 277 頁）：唯有當用的是 add_rvalue_ reference、並且 T 是個 rvalue reference 時，最終結果才會是個 rvalue reference。
- 例如：

```
add_lvalue_reference_t<int>              // 回傳 int&
add_rvalue_reference_t<int>              // 回傳 int&&
add_rvalue_reference_t<int const>        // 回傳 int const&&
add_lvalue_reference_t<int const&>       // 回傳 int const&
add_rvalue_reference_t<int const&>       // 回傳 int const&（參考坍解規則）
add_rvalue_reference_t<remove_reference_t<int const&>> // 回傳 int&&
add_lvalue_reference_t<void>             // 回傳 void
add_rvalue_reference_t<void>             // 回傳 void
```

- 實作上的細節請參考 19.3.2 節（第 405 頁）。

std::**remove_pointer** < T >::type

- 回報指標型別 T 所指涉的型別（若 T 並非指標型別，則回傳 T 本身）。
- 例如：

```
remove_pointer_t<int>                    // 回傳 int
remove_pointer_t<int const*>             // 回傳 int const
remove_pointer_t<int const* const* const>   // 回傳 int const* const
```

std::**add_pointer** < T >::type

- 回報指向 T 的指標型別；或是在 T 屬於 reference 型別時，回報「指向 T 底層型別」的指標型別。
- 當結果型別不存在時，回傳 T（適用於 cv-qualified 函式型別）。
- 例如：

```
add_pointer_t<void>                      // 回傳 void*
add_pointer_t<int const* const>          // 回傳 int const* const*
add_pointer_t<int&>                      // 回傳 int*
add_pointer_t<int[3]>                    // 回傳 int(*)[3]
add_pointer_t<void(&)(int)>              // 回傳 void(*)(int)
add_pointer_t<void(int)>                 // 回傳 void(*)(int)
add_pointer_t<void(int) const>           // 回傳 void(int) const（無變化）
```

```
std::remove_extent < T >::type
std::remove_all_extents < T >::type
```

- 若給定某個 array 型別，remove_extent 會產生該 array 的直接元素型別（immediate element type；本身可能也是個 array 型別）。而 remove_all_extents 會剝除所有的「array 中間層」，以便產生底層元素型別（underlying element type；因此本身不可能為 array 型別）。如果 T 不屬於 array 型別，則回報 T 本身。
- 指標不具備任何相關維度。Array 型別中的未定邊界也象徵某個維度（一般來說，以 array 型別宣告的函式參數實際上並非 array 型別，std::array 也一樣不是 array 型別。參考 D.2.1 節，第 704 頁）。
- 例如：

```
remove_extent_t<int>                    // 回報 int
remove_extent_t<int[10]>                // 回報 int
remove_extent_t<int[5][10]>             // 回報 int[10]
remove_extent_t<int[][10]>              // 回報 int[10]
remove_extent_t<int*>                   // 回報 int*
remove_all_extents_t<int>               // 回報 int
remove_all_extents_t<int[10]>           // 回報 int
remove_all_extents_t<int[5][10]>        // 回報 int
remove_all_extents_t<int[][10]>         // 回報 int
remove_all_extents_t<int(*)[5]>         // 回報 int(*)[5]
```

- 實作上的細節請參考 23.1.2 節（第 531 頁）。

```
std::decay < T >::type
```

- 回報 T 退化後（decayed）的型別。
- 會針對 T 型別執行以下轉換，詳述如下：
  - 首先，對其套用 remove_reference（參考 D.4 節，第 729 頁）。
  - 如果結果是個 array 型別，會產生指向直接元素型別的指標（參考 7.1 節，第 107 頁）。
  - 除此之外，如果結果是個函式型別，則生成對該函式型別套用 add_pointer 後得到的型別（參考 11.1.1 節，第 159 頁）。
  - 否則生成該結果，並確保最外層不具備任何 const/volatile 修飾詞。
- decay<> 被用來構成引數的以值傳遞（by-value passing）行為或是當初始化某個型別為 auto 的物件時，用來構成型別轉換。
- decay<> 在處理下面這類 template parameters 時格外有用：它們可能會利用 reference 型別進行替換，不過卻會被用來作為回傳型別或另一個函式的參數型別。std::decay<> 的使用範例與相關討論，請參考 1.3.2 節（第 12 頁）與 7.6 節（第 120 頁），後者包含實作 std::make_pair<>() 的歷史。
- 例如：

```
decay_t<int const&>       // 回報 int
decay_t<int const[4]>     // 回報 int const*
void foo();
decay_t<decltype(foo)>    // 回報 void(*)()
```

- 實作上的細節請參考 19.3.2 節（第 407 頁）。

D.5 其他 Traits

表 D.7 列出所有剩下的 type traits。它們用於查詢特殊性質、或是提供更為複雜的型別變換。

Trait	功用
enable_if<*B*,*T*=void >	唯有當 bool *B* 為 true 時，將型別 T 回傳
conditional<*B*,*T*,*F*>	如果 bool *B* 為 true，回傳型別 *T*，否則回傳型別 *F*
common_type<*T1*,…>	取得所有傳入型別的共通型別（common type）
aligned_storage<*Len*>	*Len* 所屬型別具備預設對齊方式時的位元數
aligned_storage<*Len*,*Align*>	*Len* 所屬型別以 size_t *Align* 作為除數對齊時的位元數
aligned_union<*Len*,*Types*...>	*Len* 所屬型別與 *Types*... 構成的 union 對齊時的位元數

表 D.7 其他 Type Traits

std::**enable_if** < cond >::type

std::**enable_if** < cond, T >::type

- 如果 cond 為 true，回傳 void 或保存於 type 成員內的 T。否則的話，便不定義 type 成員。
- 由於 type 成員在 cond 為 false 時不會被定義，此 traits 能夠、也經常被用來根據給定條件停用或 SFINAE out 某個 function template。
- 相關細節與第一個範例，請參考 6.3 節（第 98 頁）。另一個運用 parameter pack 的例子請參考 D.6 節（第 735 頁）。
- 關於 std::enable_if 實作方式的細節，請參考 20.3 節（第 469 頁）。

std::**conditional** < cond, T, F >::type

- 如果 cond 為 true，回傳 T；否則回傳 F。
- 這是 19.7.1 節（第 440 頁）介紹過的 IfThenElseT trait 的標準版本。
- 不過請注意，與 C++ 常見的 if-then-else 陳述句不同，此時出現在 "then" 和 "else" 兩條分支的 template arguments 會在做出選擇前就進行核算，故任一分支皆不能出現不合法的程式碼，否則可能會導致程式不合法。這樣一來，你可能得要新增一層間接層，用來防止位於 "then" 和 "else" 分支中的陳述式，在該分支未被採用時的核算行為。19.7.1 節（第 440 頁）針對擁有相同行為的 trait IfThenElseT 示範了這一點。
- 相關範例請參考 11.5 節（第 171 頁）。
- 關於 std::conditional 實作方面的細節，請參考 19.7.1 節（第 440 頁）。

std::**common_type** < T... >::type

- 回報給定型別 T1、T2、…、T*n* 的「共通型別（common type）」。
- 共通型別的計算過程有點複雜，超出我們在本附錄中想要討論的範圍。粗略地說，U 和 V 兩型別的共通型別是：當條件運算子 :? 的第二及第三運算元（operand）分別屬於

U 和 V 型別時所產生的型別（U 或 V 自身攜帶的 reference 型別只會用於決定兩運算元本身的 value category）；如果上述操作不合法，則共通型別不存在。最後得到的結果會套用 decay_t（見第 731 頁）。預設的計算方式可以被使用者自行定義的特化版本 std::common_type<U, V> 所覆寫（C++ 標準程式庫中存在針對時間尺度 duration 與 time point 的偏特化體）。

- 如果未給定任何型別、或是不存在共通型別，則不會定義 type 成員。因此取用該成員會導致錯誤（可能會將用到它的 function template 給 SFINAE out）。
- 如果只給出單一型別，則會回報該型別套用 decay_t 後的結果。
- 對於兩個以上的輸入型別，common_type 會重複將頭兩個型別 *T1* 和 *T2* 替換成它們的共通型別。如果這個過程中的任何時間點發生問題，則共通型別不存在。
- 處理共通型別時，傳入的型別都會進行退化（decay），因此該 trait 必定會回報退化後的型別（參考 D.4 節，第 731 頁）。
- 關於該 trait 的使用範例與相關討論，請參考 1.3.3 節，第 12 頁。
- 該 trait 原型模板的核心部分通常會以類似下面的方式來實作（這裡我們僅使用兩個參數）：

```
template<typename T1, typename T2>
struct common_type<T1,T2> {
  using type = std::decay_t<decltype(true ? std::declval<T1>()
                                          : std::declval<T2>())>;
};
```

std::**aligned_union** < MIN_SZ, T... >::type

- 回傳一個舊式資料型別（*plain old datatype*，POD），能作為具備 MIN_SZ 以上大小的未初始化儲存空間，適合用來保存任何一種給定型別 *T1*、*T2*、…、*Tn*。
- 此外，它也提供了一個 static 成員 alignment_value，其值代表針對所有給定型別最嚴謹的對齊結果。若結果為 *type*，其值等價於
  - std::alignment_of<*type*>::value（參考 D.3.1 節，第 715 頁）
  - alignof(*type*)
- 至少需要提供一個型別。
- 例如：

```
using POD_T = std::aligned_union_t<0, char,
                                   std::pair<std::string,std::string>>;
std::cout << sizeof(POD_T) << '\n';
std::cout << std::aligned_union<0, char,
                                std::pair<std::string,std::string>
                                >::alignment_value;
           << '\n';
```

注意這裡用的是 aligned_union（而非 aligned_union_t），以便取得對齊值（而不是型別）。

std::**aligned_storage** < MAX_TYPE_SZ >::type

std::**aligned_storage** < MAX_TYPE_SZ, DEF_ALIGN >::type

- 回傳一個舊式資料型別（*plain old datatype*，POD），能用來保存所有可能型別的未初始化儲存空間，最多具備 MAX_TYPE_SZ 大小。同時會考慮預設的對齊方式、或是參考以 DEF_ALIGN 傳入的對齊值。
- 要求 MAX_TYPE_SZ 須大於零，以及平台至少有一個型別的對齊值為 DEF_ALIGN。
- 例如：

```
using POD_T = std::aligned_storage_t<5>;
```

D.6 組合 Type Traits

大部份的語境中，多個型別決斷特徵（type trait predicates）可以透過邏輯運算子加以組合。不過在某些 template metaprogramming 上下文中，光是使用邏輯運算子還不夠：

- 如果待處理的 traits 可能會失敗時（如不完整型別所導致）。
- 如果希望對 type trait 的定義進行組合時。

考量上述情況，標準函式庫提供了 std::conjunction<>、std::disjunction<>、std::negation<> 等 type traits。

有個應用實例是：上述輔助工具能夠短路 Boolean 核算行為（short-circuit；亦即在對 && 的第一次核算得到 false、或對 || 的第一次核算得到 true 時，隨即中止後續核算行為）[14]。舉例來說，當我們使用不完整型別（incomplete type）時：

```
struct X {
  X(int);    // 將 int 轉為 X
};
struct Y;    // 不完整型別
```

下面的程式碼可能無法被編譯，因為 is_constructible 用於不完整型別時會導致未定義行為（雖然某些編譯器可以接受這樣的程式碼）：

```
// 未定義行為：
static_assert(std::is_constructible<X,int>{}
                   || std::is_constructible<Y,int>{},
             "can't init X or Y from int");
```

相反地，下面的程式碼則可以通過編譯，因為 is_constructible<X,int> 核算後已經先得到 true 了：

```
// OK:
static_assert(std::disjunction<std::is_constructible<X, int>,
                               std::is_constructible<Y, int>>{},
             "can't init X or Y from int");
```

---

[14] 感謝 Howard Hinnant 指出這點。

其他的應用還包括：可以透過邏輯地組合既有的 type traits，方便地定義新 type traits。舉例來說，你可以簡單地定義一個「檢查某個型別是否『**不屬於指標**』（不是一般指標、不是指向成員的指標、也不是 null 指標）」的 trait：

```
template<typename T>
struct isNoPtrT : std::negation<std::disjunction<std::is_null_pointer<T>,
                                                  std::is_member_pointer<T>,
                                                  std::is_pointer<T>>>
{
};
```

這裡由於我們組合了對應的 trait classes，因此無法直接使用邏輯運算子。有了上述定義，我們可以寫出下面的程式碼：

```
std::cout << isNoPtrT<void*>::value << '\n';        // false
std::cout << isNoPtrT<std::string>::value << '\n';  // true
auto np = nullptr;
std::cout << isNoPtrT<decltype(np)>::value << '\n'; // false
```

如果加上相應的 variable template（變數模板）：

```
template<typename T>
constexpr bool isNoPtr = isNoPtrT<T>::value;
```

就可以改寫成：

```
std::cout << isNoPtr<void*> << '\n';                // false
std::cout << isNoPtr<int> << '\n';                  // true
```

最後一個範例，下面的 function template 只會在 template arguments 不屬於 class 或 union 時啟用：

```
template<typename... Ts>
std::enable_if_t<std::conjunction_v<std::negation<std::is_class<Ts>>...,
                                    std::negation<std::is_union<Ts>>...
                                   >>
print(Ts...)
{
  ...
}
```

請注意各個 negation 陳述後都寫上了省略符號，使其能夠作用於 parameter pack 中的各個元素。

Trait	功用
`conjunction<B...>`	作用於 Boolean traits *B*... 上的邏輯 *and*（C++17 起提供）
`disjunction<B...>`	作用於 Boolean traits *B*... 上的邏輯 *or*（C++17 起提供）
`negation<B>`	作用於 Boolean traits *B*... 上的邏輯 *not*（C++17 起提供）

表 *D.8. 用於組合其他 Type Traits 的 Type Traits*

std::**conjunction** < B... >::value

std::**disjunction** < B... >::value

- 回報 B... 裡是否存在任何一個為 true 的 Boolean traits。
- 將邏輯運算子 && 或 || 分別套用於傳入的 traits。
- 兩個 traits 皆會採用短路模式（即當第一次核算為 false 或 true 時便中止後續核算），請參考上面的動機示例（motivating example）。
- 自 C++17 後可用。

std::**negation** < B >::value

- 回報傳入的 Boolean trait B 是否為 false。
- 將邏輯運算子 ! 套用於傳入的 trait。
- 請參考上面的動機示例。
- 自 C++17 後可用。

D.7 其他工具

C++ 標準程式庫還提供了一些有助於撰寫可移植泛型程式碼的工具。

Trait	功用
declval<*T*>()	在不進行實際建構的前提下，回傳某個型別的「物件」（其 rvalue reference）
addressof(*r*)	回傳某個物件或函式的位址

表 D.9. 用於 *Metaprogramming* 的其他工具

std::**declval** <T> ()

- 定義在 <utility> 標頭檔之中。
- 在不呼叫任何建構子或初始式的前提下，回傳屬於某個型別的「物件」或函式。
- 如果 T 為 void，則回傳型別為 void。
- 可以被用來在未經核算的陳述式（unevaluated expressions）中處理某個型別的物件或函式。
- 它被簡單地定義如下：

  ```
  template<typename T>
  add_rvalue_reference_t<T> declval() noexcept;
  ```

  因此：

  - 如果 T 是個素樸型別（plain type）或 rvalue reference，回傳 T&&。
  - 如果 T 是個 lvalue reference，回傳 T&。
  - 如果 T 是 void，回傳 void。

- 相關細節請參考 19.3.4 節（第 415 頁）；相關使用範例請參考 11.2.3 節（第 166 頁）、以及 D.5 節（第 732 頁）介紹的 common_type<> type trait。

std::**addressof** (*r*)

- 定義在 <memory> 標頭檔之中。
- 回傳 r 物件（或函式）的位址，即便該型別的 operator& 已經經過重載也適用。
- 相關細節請參考 11.2.2 節（第 166 頁）。

E

概念
Concepts

過去這些年，C++ 語言設計者們一直在探索限制 template 參數的方法。舉例來說，我們希望對先前的 max() template 原型事先聲明如下：不可以使用那些「無法用小於（less-than）運算子進行比較的型別」對其呼叫。而其他 templates 可能會希望要求使用「合法的迭代器型別（此術語代表的某些正式定義）」或「合法的算術型別（可能是比內建算術型別更廣的概念）」進行實體化。

Concept（概念）是套用於一或多個 template parameter 的一組具名限制條件。在開發 C++11 的過程之中，同時設計了一套十分豐富的概念系統（concept system）。不過，將 concept 特性整合進語言規格這件事需要大量的委員會資源，故該 concepts 版本最終被排除於 C++11 之外。不久之後，這項特性的不同設計方案被提出，並看似最終會以某種型式納入語言。但實際上在本書付印前夕，標準化委員會投票決定將這份新設計整合進 C++20 草案。於本附錄中，我們會介紹新設計方案的主要元素。

我們已經在本書主要章節中介紹過 concepts 的動機與其部分應用：

- 6.5 節（第 103 頁）說明如何利用需求條件（*requirements*）與 concepts（概念），讓只有在 template parameter 可以被轉成 string（字串）時才啟用建構子（避免不小心將一般建構子作為複製建構子使用）。

- 18.4 節（第 377 頁）示範如何在用來表現幾何物件的型別上，運用 concepts 來表示條件並做出某些限制。

E.1 使用 Concepts

首先讓我們檢視如何將 concepts 運用於客戶端程式碼（client code，也就是定義 templates、但毋須定義「套用於 template parameter 上之 concepts」的程式碼）之中。

處理需求條件

下面是我們常用、具備兩個參數的 max() template，並且加上了一個限制條件：

```
template<typename T> requires LessThanComparable<T>
T max(T a, T b) {
  return b < a ? a : b;
}
```

唯一新增的地方是 *requires* 語句（*clause*）

```
requires LessThanComparable<T>
```

它假定我們先前（可能透過引入標頭檔）已經宣告過了 *concept* LessThanComparable。

該 concept 是個 Boolean predicate（決斷特徵，意即會產生 bool 型別數值的陳述式），最終會被核算成常數述式（constant-expression）。這件事很重要，因為該限制條件會在編譯期進行核算，因而在最終產出的程式碼上不會造成額外開銷：帶有限制條件的 template、與我們在其他地方提過的「不具有限制條件的版本」所生成的程式碼，執行速度一樣快。

當我們嘗試使用 template 的當下，如果 requires 語句尚未核算完畢、並得到 true 之前，該 template 都不會被實體化。如果產生的數值為 false，編譯器會發出一個錯誤訊息，用來解釋需求條件的哪一部分失敗了（或是會選擇能夠匹配的重載 template 中不會造成該需求條件失敗的版本）。

Requires 子句不一定要表現為 concepts 的型式（雖然這麼做是好的實現方式，同時會產生較好的診斷訊息）：我們可以使用任何 Boolean 常數述式。舉例來說，如 6.5 節（第 103 頁）討論過，下面的程式碼能夠確保 template 建構子不會被當成複製建構子使用：

```
class Person
{
  private:
    std::string name;
  public:
    template<typename STR>
    requires std::is_convertible_v<STR,std::string>
    explicit Person(STR&& n)
      : name(std::forward<STR>(n)) {
        std::cout << "TMPL-CONSTR for '" << name << "'\n";
    }
    …
};
```

這裡不使用具名 concept（參考 E.2 節，第 742 頁）也可以，因為下面的專屬（ad-hoc）Boolean 陳述式（這邊利用了 type trait）

```
std::is_convertible_v<STR,std::string>
```

會被用來解決「可能使用 template 建構子代替複製建構子」這個問題。如何組織 concepts 和限制條件的相關細節依然是 C++ 社群熱衷探索的領域之一，同時可能隨著時間不斷地演進。不過大家似乎普遍認同：concepts 應當反映「程式碼所代表的意義」，而非「它是否能通過編譯」。

處理多個需求條件

前面的例子只存在一個需求條件，不過多個需求條件的情形也十分常見。舉例來說，人們可能會想像 Sequence concept 描述了由元素數值所構成的序列（符合 C++ 標準裡的相同概念）、同時存在一個 template find()，能夠在提供一串序列和單一數值的情況下，回傳一個指向序列中第一次出現該數值處的迭代器（如果該數值存在的話）。該 template 可能會用以下方式定義：

```
template<typename Seq>
  requires Sequence<Seq> &&
           EqualityComparable<typename Seq::value_type>
typename Seq::iterator find(Seq const& seq,
                            typename Seq::value_type const& val)
{
  return std::find(seq.begin(), seq.end(), val);
}
```

任何對此 template 的呼叫首先會輪流檢查各個需求條件，並且唯有當所有需求條件都回報 true 時，template 才會被選中用於此次呼叫、並進行實體化（當然，重載決議不會因為其他原因捨棄此 template，像是其他 template 的匹配性更好之類的）。

我們也可以利用 || 來表現「備用的（alternative）」需求條件。我們很少需要這麼做、同時也不應該隨意使用，因為在 requires 語句中太常使用 || 操作可能會對編譯資源造成負擔（像是使編譯速度明顯變慢）。不過，在某些情況下這麼做可能會很方便。舉例來說：

```
template<typename T>
  requires Integral<T> ||
           FloatingPoint<T>
T power(T b, T p);
```

單一需求條件也可以影響多個 template parameters，同時單一 concept 也可作為多個 template parameter 的 predicate。例如：

```
template<typename T, typename U>
  requires SomeConcept<T, U>
auto f(T x, U y) -> decltype(x+y)
```

因此，concepts 可以為 type parameters 彼此之間加上一層關係。

單一需求條件的速寫法

為了減輕 requires 語句於標記方式上的成本，如果限制條件每次只涉及一個參數，有個語法上的速寫法（shortcut）可供使用。藉由將該速寫法套用在上面提過、受到限制的 max() template 宣告式，應該可以很容易說明這點：

```
template<LessThanComparable T>
T max(T a, T b) {
  return b < a ? a : b;
}
```

功能上，這和我們先前對 max() 的定義等價。不過，當我們重新宣告一個具有限制條件的 template 時，必須使用與原始宣告式相同的形式（從這個角度來說，這兩個式子在功能上等價，但並不完全相等）。

我們可以將同樣的速寫法用於 find() template 中存在的兩個需求條件的其中一個：

```
template<Sequence Seq>
  requires EqualityComparable<typename Seq::value_type>
typename Seq::iterator find(Seq const& seq,
                            typename Seq::value_type const& val)
{
  return std::find(seq.begin(), seq.end(), val);
}
```

再次說明，這等同於上面用於型別序列的 find() template 定義。

E.2 定義 Concepts

Concepts 十分類似於具有 bool 型別的 constexpr variable templates（變數模板），不過卻又沒有明確標出型別：

```
template<typename T> concept LessThanComparable = … ;
```

這裡的 "..." 或許可以被替換成「利用各種 traits 來確定 T 型別是否能夠以 < 運算子進行比較」的陳述式，不過 concepts 方案提供了簡化這項工作的一個工具：*requires* 陳述式（*expression*），這和我們上面介紹的 *requires* 語句（*clause*）有所區別。該 concept 的完整定義看起來可能像這樣：

```
template<typename T>
concept LessThanComparable = requires(T x, T y) {
  { x < y } -> bool;
};
```

請注意 requires 陳述式如何引入可選參數列表：這些參數不會被引數給替換，而是被視為一組「虛設變數（dummy variables）」，用來在 requires 陳述式的本體（body）中傳達需求條件。上面的例子裡，只傳達了一條需求條件

```
{ x < y } -> bool;
```

這個語法代表了 (a) 陳述式 x < y 必須經過 SFINAE 後仍然有效；以及 (b) 陳述式的結果最終要能被轉成 bool。在這種形式的短語（phrase）中，關鍵字 noexcept 可以插入在 -> 標記之前，表示在括號裡的陳述式被認為不會拋出異常（亦即將 noexcept(...) 套用於該陳述式上會得到 true）。如果不需要短語中隱式轉型部分（即 -> *type*）的限制，則可以將之省略；同時如果只需要檢驗陳述式的有效性（validity），則可以去除括號。如此一來，短語便會精簡到只剩下陳述式本身。像是這樣：

```
template<typename T>
concept Swappable = requires(T x, T y) {
  swap(x, y);
};
```

Requires 陳述式也可以用來表現對相關型別的需求。考慮我們先前假設的 Sequence concept：除了要求 seq.begin() 之類的函式得有效之外，也需要相應的迭代器型別。這件事可以表現如下：

```
template<typename Seq>
concept Sequence = requires(Seq seq) {
  typename Seq::iterator;
  { seq.begin() } -> Seq::iterator;
  ...
};
```

這樣一來，短語 typename *type*; 表達了對 *type* 存在的需求（這也被稱為*型別需求*，*type requirement*）。這個例子中，「型別必須存在」要求的是某個 concept template parameter 成員，但也未必總是採取這種做法。舉例來說，我們要求型別 IteratorFor<Seq> 必須存在，這可以透過*需求短語*（*requirement-phrase*）來達成：

```
...
typename IteratorFor<Seq>;
...
```

上面的 Sequence concept 定義式說明了如何透過列出一條條的短語來組合它們。我們還有第三類需求短語，它們僅包含了對另一個 concept 的呼叫。例如，讓我們假設存在一個迭代器概念有關的 concept。我們希望 Sequence concept 不只要求 Seq::iterator 是個型別，也要求該型別滿足 Iterator 概念的限制條件。而這件事可以表現如下：

```
template<typename Seq>
concept Sequence = requires(Seq seq) {
  typename Seq::iterator;
  requires Iterator<typename Seq::iterator>;
  { seq.begin() } -> Seq::iterator;
  ...
};
```

也就是說，我們可以直接在 requires 陳述式中新增 require 語句（這種短語被稱作*巢狀需求*，*nested requirement*）。

E.3 基於限制條件（Constraints）的重載

假定我們已經定義了 IntegerLike<T> 和 StringLike<T> 這兩個 concepts，同時我們想要撰寫能夠印出其中任一個 concept 型別數值的 templates。我們可以這麼做：

```
template<IntegerLike T> void print(T val);        // #1
template<StringLike T> void print(T val);         // #2
```

如果這兩個式子用於處理相同的需求條件，則它們宣告的是同一個 template。不過需求
條件也算是 template 簽名式（signature）的一部分，用來在重載決議過程中區分不同的
templates。特別是當兩個 templates 都屬於可行的候選函式，不過只有 #1 的限制條件被
滿足時，重載過程會選擇 template #1。舉例來說，假定 int 滿足 IntegerLike、同時
std::string 滿足 StringLike，但反過來不成立時：

```
int main()
{
  print(1);              // 選擇 template #1
  print("1"s);           // 選擇 template #2
}
```

我們可以想像一個「能夠處理類 integer 計算的」類 string 型別。舉例來說，如果 "6"_NS
和 "7"_NS 是屬於這種型別的文字（literals），將兩文字相乘會產生等價於 "42"_NS 的數值。
該型別也可能同時滿足 IntegerLike 和 StringLike，因此像 print("42"_NS) 這樣的
呼叫式本身會存在歧義（ambiguous）*。

E.3.1　限制條件的蘊含關係（Subsumption）

我們第一次討論可以用限制條件來區分的重載 function templates 時，預期限制條件彼此間
通常會互斥。舉例來說，在我們的 IntegerLike 和 StringLike 範例中，我們想像可能
會存在同時滿足兩個 concepts 的型別，不過這樣的情況應該很罕見，所以重載後的 print
template 仍屬有效。

不過，有一些 concepts 從不存在互斥，不過它們中的某個 concept 可能「蘊含（subsumes）」
另一個 concept。經典的例子是標準程式庫中的迭代器類型：輸入迭代器、前向迭代器、雙向
迭代器、隨機存取迭代器、以及 C++17 裡的連續型迭代器（contiguous iterator）[1]。假定我
們為 ForwardIterator（前向迭代器）寫出其定義：

```
template<typename T>
  concept ForwardIterator = …;
```

接著，「更為精鍊（more refined）」的 concept BidirectionalIterator（雙向迭代器）
可能會這麼定義：

```
template<typename T>
  concept BidirectionIterator =
    ForwardIterator<T> &&
    requires (T it) {
      { --it } -> T&
```

---

[1] 連續型迭代器（*contiguous iterator*）屬於隨機存取迭代器的 refinement（精鍊），於 C++17 引入。C++ 並未
　替它們新增 std::contiguous_iterator_tag，因為如果標籤（tag）有所更動，依賴於 std::random_
　access_iterator_tag 的既有演算法便不會被選中了。

* 譯註：不曉得該呼叫 #1 或 #2。

```
};
```

換言之，我們在前向迭代器所提供的功能上，再添加使用 prefix（前序）operator-- 的能力。

現在考慮將 std::advance() 演算法（我們稱之為 advanceIter()），使用帶有限制條件的 template 來針對前向和雙向迭代器進行重載：

```
template<ForwardIterator T, typename D>
  void advanceIter(T& it, D n)
  {
    assert(n >= 0);
    for (; n != 0; --n) { ++it; }
  }

template<BidirectionalIterator T, typename D>
  void advanceIter(T& it, D n)
  {
    if (n > 0) {
      for (; n != 0; --n) { ++it; }
    } else if (n < 0) {
      for (; n != 0; ++n) { --it; }
    }
  }
```

當使用素樸的前向迭代器（不是雙向迭代器的那個）呼叫 advanceIter() 時，只有第一個 template 的限制條件會滿足，重載決議的行為也很直覺：選擇第一個 template。然而，雙向迭代器會同時滿足兩個 templates。像這樣的情況，重載決議無法決定比較偏好哪一個候選函式，此時它會偏好選擇「本身限制條件蘊含其他候選函式限制條件」（而反過來卻不成立）的那一個。蘊含本身的精確定義有點超出了本附錄介紹範圍，不過大家只要知道當限制條件 C2<Ts...> 的定義要求滿足限制條件 C1<Ts...> 加上其他額外條件（如 &&）時，表示前者（C2）蘊含後者（C1）[2]。在上述範例中，顯然 BidirectionalIterator<T> 蘊含了 ForwardIterator<T>，也因此在以雙向迭代器進行呼叫時，會偏好使用第二個 advanceIter()。

E.3.2 限制條件與按標籤分發

回想在 20.2 節（第 467 頁）中，我們使用按標籤分發（*tag dispatching*）來對付重載 advanceIter() 時遇到的問題。這個做法能夠以相當優雅的方式整合進帶有限制條件的 template 之中。舉例來說，輸入迭代器和前向迭代器無法透過語法上的介面來區分。因此取而代之，我們可以透過標籤（*tags*），利用其中一個型別來定義另一個型別：

---

[2] 為了標準化所提出的規格，其威力要比這裡敘述的再更強大一些。它會將需求條件分解為好幾群「原子組件（*atomic components*）」（包括一部分 requires 陳述式）並對它們進行分析，看看其中是否有組件明顯為另一個組件的真子集（*strict subset*）。

```
template<typename T>
  concept ForwardIterator =
    InputIterator<T> &&
    requires {
      typename std::iterator_traits<T>::iterator_category;
      is_convertible_v<std::iterator_traits<T>::iterator_category,
                       std::forward_iterator_tag>;
    };
```

這樣一來，`ForwardIterator<T>` 便蘊含了 `InputIterator<T>`，我們現在可以針對這兩個迭代器類型，重載 templates 限制條件了。

E.4 關於 Concepts 的提示

雖然 C++ concepts 相關工作至少已經進行了許多年、近十年也有不少實驗性的實作版本以各種型式出現，但大家才剛要開始廣泛地使用它們。我們希望本書的後續版本可以為「如何設計具有限制的 template 程式庫」提供更多實際的指引。不過與此同時，我們先提供以下三則觀察。

E.4.1　測試 Concepts

Concepts 屬於 Boolean predicates（決斷特徵），為有效的常數述式（constant-expressions）。因此，若給定 concept C 與用來形塑此 concept 的 T1、T2、… 等型別，我們可以對此觀測進行靜態斷言：

```
static_assert(C<T1, T2, …>, "Model failure");
```

因此在設計 concepts 時，同時建議設計簡單的型別，以便利用上述方式進行測試。包括那些「挑戰概念極限」的型別，並請回答下列問題：

- 會有介面或演算法需要複製或搬移由該新創型別所構成的物件嗎？
- 怎樣算是可接受的轉型？何種轉型才是我們需要的？
- template 本身設定的基本操作集合是唯一的嗎？舉例來說，它能夠用 *=、*、或 = 裡的任一種方式操作嗎？

同樣的，這裡原型（*archetypes*；參考 28.3 節，第 655 頁）的概念會十分有用。

E.4.2　Concept 的粒度

隨著 concepts 成為 C++ 語言的一部分，我們很自然地會想要建構「concept 程式庫」，就像在 class 和 template 被支援後，我們隨即會建構 class 程式庫和 template 程式庫一樣。如同其他程式庫，我們也會很自然地想用各種方式將 concepts 分層。上面我們簡單討論了迭代器類型，接著也不難想像我們可以在那之上建構一個「範圍類型（range categories）」、之後建構「序列（sequence）concept」，以此類推。

另一方面，我們可能會想要在「基本語法（elementary syntax）」concept 上建構上述所有
concepts。例如，我們可以這樣想：

```
template<typename T, typename U>
  concept Addable =
    requires (T x, U y) {
      x + y;
    }
```

不過，我們不建議這麼做，因為這是一個「不具備明確意義的 concept」，它能夠被各種不
同的類型所滿足。舉例來說，無論是當 T 和 U 同屬 std::string、還是一個是指標而另一
個是整數型別、又或是兩者皆為算術型別時，該 concept 都會被滿足。但在這三種情況下，
Addable 分別代表完全不同的概念（分別是字串連接、迭代器位移、以及各種不同的加法計
算）。因此，引進這樣的 concept 等於是為程式庫提供了一則帶有模糊介面的指示，很可能
會引發奇怪的歧義。

相反地，concepts 看來最適合用來在特定的問題領域裡形塑真實的語義概念。同時以良好的
紀律進行實踐，肯定會改善程式庫的整體設計，因為它能讓呈現給使用者的介面更加一致和
清晰。標準模板庫（STL）整合進 C++ 標準程式庫的過程，正是符合這種情況。雖然它沒有
基於語言本身的「concepts」可以用，但它在設計時無處不把 concepts 的概念放在心上（像
是設計迭代器與其階層體系時），接下來的事你們就都知道了。

E.4.3　二進位碼相容性

當某些個體（entity，特別是函式和成員函式）被編譯成低階機械碼時，經驗老道的 C++ 程
式設計人員會發現，與該個體綁定的名稱組合了宣告名稱、型別、與 scope（作用範圍）。
此名稱（通常稱作此個體的**重編名稱**，*mangled name*）會被目的程式碼連結器（object code
linker）用來判斷對該個體的指涉行為（像是被另一個目的檔參考）。舉例來說，下列函式

```
namespace X {
  void f() {}
}
```

在 Itanium C++ ABI [*ItaniumABI*] 裡的重編名稱會定義為 _ZN1X1fEv（新編碼中的字母 X 和
f 分別源自於命名空間名稱與函式名稱）。

重編名稱在程式中不能「撞名（collide）」。因此，如果有兩個可能同時存在於程式中的函
式，它們的重編名稱必須不同。反過來說，這意味著，需求條件也必須被編碼於函式名稱內（因
為不同的 template 特化體除了限制條件以外，其餘各處均相同，同時它們的函式本體可能位
於不同的編譯單元之中）。考慮下面兩個編譯單元：

```
#include <iostream>

template<typename T>
concept HasPlus = requires (T x, T y) {
  x+y;
};
```

```
template<typename T> int f(T p) requires HasPlus<T> {
  std::cout << "TU1\n";
}

void g();

int main() {
 f(1);
 g();
}
```

和

```
#include <iostream>

template<typename T>
concept HasMult = requires (T x, T y) {
  x*y;
};

template<typename T> int f(T p) requires HasMult<T> {
  std::cout << "TU2\n";
}

template int f(int);

void g() {
 f(2);
}
```

程式應該要輸出：

```
TU1
TU2
```

這意味著兩份 f() 定義需要被編碼成不同的樣子[3]。

---

[3] 已知 GCC 7.1 版中對於 concepts 的實驗性實作在這方面有所缺陷。

參考書目

Bibliography

下面的參考書目列出了本書曾提及、參考、引用的相關資源。這年頭，許多程式設計方面的進展都在網路論壇裡發生。因此除了較為傳統的書籍與文章外，毫不意外地也出現了不少網站。我們不敢說下列清單足夠全面，不過這些資源確實對 C++ templates 相關主題頗有貢獻。

網站通常會比書籍或文章更容易有變動，故這裡列出的網址在未來可能會失效。因此，我們在下面的網站提供本書的實際連結清單（但願這個網址足夠穩定）：

`http://www.tmplbook.com`

在列出書籍、文章或網址之前，讓我們先介紹由各新聞群組（*newsgroups*）提供、互動程度更高的資源。

網上論壇（**Forums**）

在本書初版時，我們選擇 Usenet 社群（網際網路早期的大型綜合線上論壇）作為討論 C++ 程式語言的入口。後來這些社群漸漸沒落，不過其他的程式設計線上社群也隨之興起，其中某些社群的目標客群為 C++ 程式設計人員。我們在此列出一些人氣最高的社群：

- *Cppreference* "wiki"（意味著協同編輯），由 C 和 C++ 的相關參考資料構成（包含各種不同語言版本）。

      `http://www.cppreference.com`

- *Stackoverflow* 是包羅萬象的開發者社群，特別是它也涵蓋了 C++ 與 C++ templates。

      `https://stackoverflow.com/questions/tagged/c%2b%2b`
      `https://stackoverflow.com/questions/tagged/c%2b%2b%20templates`

- *Quora* 與 Stackoverflow 類似，不過它不僅限於技術方面的討論。

      `https://www.quora.com/topic/C++-programming-language`

- *Standard C++ Foundation*（標準 C++ 基金會）是由 C++ 標準化委員會裡的某些傑出成員主持的一個非盈利組織（雖然上面兩個組織各自獨立），目的是為 C++ 編程社群提供支援。它為標準化委員會會議的某些方面、以及 CppCon（與 C++ 相關的主要年度會議；假如你享受本書內容的話，強力推薦）提供贊助。它還包含了一個涵蓋各種 C++ 主題的線上論壇目錄（託管於 "Google groups"）。

  ```
  https://isocpp.org/forums
  https://cppcon.org
  ```

- *Association of C and C++ Users*（ACCU）是個設立於英國的組織，目標客群為「任何對開發與提升編程技術有興趣的人」。它主持一個年度編程會議，有著特別扎實的 C++ 相關議程。

  ```
  https://www.accu.org
  ```

相關書籍與網站（Books and Web Sites）

[*AbrahamsGurtovoyMeta*]
David Abrahams and Aleksey Gurtovoy
C++ Template Metaprogramming – Concepts, Tools, and Techniques from Boost and Beyond
Addison-Wesley, Boston, MA, 2005

[*AlexandrescuDesign*]
Andrei Alexandrescu
Modern C++ Design – Generic Programming and Design Patterns Applied
Addison-Wesley, Boston, MA, 2001
《C++ 設計新思維：泛型編程與設計範式之應用》侯捷 / 於春景 合譯，碁峰資訊 2003

[*AlexandrescuDiscriminatedUnions*]
Andrei Alexandrescu
Discriminated Unions (parts I, II, III)
C/C++ Users Journal, April/June/August, 2002

[*AlexandrescuAdHocVisitor*]
Andrei Alexandrescu
Generic Programming:Typelists and Applications
Dr. Dobb's Journal, February, 2002

[*AusternSTL*]
Matthew H. Austern
Generic Programming and the STL – Using and Extending the C++ Standard Template Library
Addison-Wesley, Boston, MA, 1999
《泛型程式設計與 STL》侯捷 / 黃俊堯 合譯，碁峰資訊 2000

[*BartonNackman*]
John J. Barton and Lee R. Nackman
Scientific and Engineering C++ – An Introduction with Advanced Techniques and Examples
Addison-Wesley, Boston, MA, 1994

[*BCCL*]
Jeremy Siek
The Boost Concept Check Library
`http://www.boost.org/libs/concept_check/concept_check.htm`

[*Blitz++*]
Todd Veldhuizen
Blitz++: Object-Oriented Scientific Computing
`http://blitz.sourceforge.net/`

[*Boost*]
The Boost Repository for Free, Peer-Reviewed C++ Libraries
`http://www.boost.org`

[*BoostAny*]
Kevlin Henney
Boost Any Library
`http://www.boost.org/libs/any`

[*BoostFusion*]
Joel de Guzman, Dan Marsden, and Tobias Schwinger
The Boost Fusion Library
`http://boost.org/libs/fusion`

[*BoostHana*]
Louis Dionne
The Boost Hana Library for Metaprogramming
`http://boostorg.github.io/hana`

[*BoostIterator*]
David Abrahams, Jeremy Siek, Thomas Witt
Boost Iterator
`http://www.boost.org/libs/iterator`

[*BoostMPL*]
Aleksey Gurtovoy and David Abrahams
Boost MPL
`http://www.boost.org/libs/mpl`

[*BoostOperators*]
David Abrahams
Boost Operators
http://www.boost.org/libs/utility/operators.htm

[*BoostTuple*]
Jaakko Järvi
The Boost Tuple Library
http://boost.org/libs/tuple

[*BoostOptional*]
Fernando Luis Cacciola Carballal
Boost Optional Library
http://www.boost.org/libs/optional

[*BoostSmartPtr*]
Smart Pointer Library
http://www.boost.org/libs/smart_ptr

[*BoostTypeTraits*]
Type Traits Library
http://www.boost.org/libs/type_traits

[*BoostVariant*]
Eric Friedman and Itay Maman
Boost Variant Library
http://www.boost.org/libs/variant

[*BrownSIunits*]
Walter E. Brown
Introduction to the SI Library of Unit-Based Computation
http://lss.fnal.gov/archive/1998/conf/Conf-98-328.pdf

[*C++98*]
ISO
Information Technology—Programming Languages—C++
ISO/IEC, Document Number 14882-1998, 1998

[*C++03*]
ISO
Information Technology—Programming Languages—C++
ISO/IEC, Document Number 14882-2003, 2003

[*C++11*]
ISO
Information Technology—Programming Languages—C++
ISO/IEC, Document Number 14882-2011, 2011

[*C++14*]
ISO
Information Technology—Programming Languages—C++
ISO/IEC, Document Number 14882-2014, 2014

[*C++17*]
ISO
Information Technology—Programming Languages—C++
ISO/IEC, Document Number 14882-2017, 2017

[*CacciolaKrzemienski2013*]
Fernando Luis Cacciola Carballal and Andrzej Krzemieński
A Proposal to Add a Utility Class to Represent Optional Objects
http://wg21.link/n3527

[*CargillExceptionSafety*]
Tom Cargill
Exception Handling: A False Sense of Security
C++ Report, November-December 1994

[*CoplienCRTP*]
James O. Coplien
Curiously Recurring Template Patterns
C++ Report, February 1995

[*CoreIssue1395*]
C++ Standard Core Issue 1395
http://wg21.link/cwg1395

[*CzarneckiEiseneckerGenProg*]
Krzysztof Czarnecki and Ulrich W. Eisenecker
Generative Programming – Methods, Tools, and Applications
Addison-Wesley, Boston, MA, 2000

[*DesignPatternsGoF*]
Erich Gamma, Richard Helm, Ralph Johnson, and John Vlissides
Design Patterns – Elements of Reusable Object-Oriented Software
Addison-Wesley, Boston, MA, 1995
《物件導向設計模式－可再利用物件導向軟體之要素》葉秉哲 譯，培生 2001

[*DosReisMarcusAliasTemplates*]
Gabrial Dos Reis and Mat Marcus
Proposal to Add Template Aliases to C++
http://wg21.link/n1449

[*EDG*]
Edison Design Group
Compiler Front Ends for the OEM Market
http://www.edg.com

[*EiseneckerBlinnCzarnecki*]
Ulrich W. Eisenecker, Frank Blinn, and Krzysztof Czarnecki
Mixin-Based Programming in C++
Dr. Dobbs Journal, January, 2001

[*EllisStroustrupARM*]
Margaret A. Ellis and Bjarne Stroustrup
The Annotated C++ Reference Manual (ARM)
Addison-Wesley, Boston, MA, 1990

[*GregorJarviPowellVariadicTemplates*]
Douglas Gregor, Jaakko Järvi, and Gary Powell
Variadic Templates
http://wg21.link/n2080

[*HenneyValuedConversions*]
Kevlin Henney
Valued Conversions
C++ Report 12(7), July-August 2000

[*OverloadingProperties*]
Jaakko Järvi, Jeremiah Willcock, Howard Hinnant, and Andrew Lumsdaine
Function Overloading Based on Arbitrary Properties of Types
C/C++ Users Journal 12 (6), June, 2003

[*ItaniumABI*]
Itanium C++ ABI
`http://itanium-cxx-abi.github.io/cxx-abi/`

[*JosuttisLaunder*]
Nicolai Josuttis
On launder()
`https://wg21.link/p0532r0`

[*JosuttisStdLib*]
Nicolai M. Josuttis
The C++ Standard Library – A Tutorial and Reference (2nd edition)
Addison-Wesley, Boston, MA, 2012
《C++ 標準庫：學習教本與參考工具》 侯捷 譯，碁峰資訊 2014

[*KarlssonSafeBool*]
Bjorn Karlsson
The Safe Bool Idiom
C++ Source, July, 2004

[*KoenigMooAcc*]
Andrew Koenig and Barbara E. Moo
Accelerated C++ – Practical Programming by Example
Addison-Wesley, Boston, MA, 2000

[*LambdaLib*]
Jaakko Järvi and Gary Powell
LL, The Lambda Library
`http://www.boost.org/libs/lambda`

[*LibIssue181*]
C++ Library Issue 181
`http://wg21.link/lwg181`

[*LippmanObjMod*]
Stanley B. Lippman
Inside the C++ Object Model
Addison-Wesley, Boston, MA, 1996
《深度探索 C++ 物件模型》 侯捷 譯，碁峰資訊 1998

[*MeyersCounting*]
Scott Meyers
Counting Objects In C++
C/C++ Users Journal, April 1998

[*MeyersEffective*]
Scott Meyers
Effective C++ – 50 Specific Ways to Improve Your Programs and Design (2nd edition)
Addison-Wesley, Boston, MA, 1998
《*Effective C++ 中文版 3/e*》 侯捷 譯，碁峰資訊 2006

[*MeyersMoreEffective*]
Scott Meyers
More Effective C++ – 35 New Ways to Improve Your Programs and Designs
Addison-Wesley, Boston, MA, 1996
《*More Effective C++ 國際中文版*》 侯捷 譯，碁峰資訊 2004

[*MoonFlavors*]
David A. Moon
Object-oriented programming with Flavors
Conference proceedings on Object-oriented programming systems, languages and applications, 1986

[*MTL*]
Andrew Lumsdaine and Jeremy Siek
MTL, The Matrix Template Library
http://www.osl.iu.edu/research/mtl

[*MusserWangDynaVeri*]
D. R. Musser and C. Wang
Dynamic Verification of C++ Generic Algorithms
IEEE Transactions on Software Engineering, Vol. 23, No. 5, May 1997

[*MyersTraits*]
Nathan C. Myers
Traits: A New and Useful Template Technique
http://www.cantrip.org/traits.html

[*NewMat*]
Robert Davies
NewMat10, A Matrix Library in C++
http://www.robertnz.net/nm_intro.htm

[*NewShorterOED*]
Leslie Brown (Ed.)
The New Shorter Oxford English Dictionary (4th edition)
Oxford University Press, Oxford, 1993

[*POOMA*]
POOMA: A High-Performance C++ Toolkit for Parallel Scientific Computation
http://www.nongnu.org/freepooma/

[*SmaragdakisBatoryMixins*]
Yannis Smaragdakis and Don S. Batory
Mixin-Based Programming in C++
Proceedings of the Second International Symposium on Generative and Component-Based Software Engineering, October, 2000

[*SpicerSFINAE*]
John Spicer
Solving the SFINAE Problem for Expressions
http://wg21.link/n2634

[*StepanovLeeSTL*]
Alexander Stepanov and Meng Lee
The Standard Template Library – HP Laboratories Technical Report 95-11(R.1)
November 14, 1995

[*StepanovNotes*]
Alexander Stepanov
Notes on Programming
http://stepanovpapers.com/notes.pdf

[*StroustrupC++PL*]
Bjarne Stroustrup
The C++ Programming Language (Special Edition)
Addison-Wesley, Boston, MA, 2000
《*The C++ Programming Language* 國際中文版》 陳裕城 譯，碁峰資訊 2015

[*StroustrupDnE*]
Bjarne Stroustrup
The Design and Evolution of C++
Addison-Wesley, Boston, MA, 1994

[*StroustrupGlossary*]
Bjarne Stroustrup
Bjarne Stroustrup's C++ Glossary
http://www.stroustrup.com/glossary.html

[*SutterExceptional*]
Herb Sutter
Exceptional C++ – 47 Engineering Puzzles, Programming Problems, and Solutions
Addison-Wesley, Boston, MA, 2000
《*Exceptional C++ 國際中文版*》 侯捷 譯，碁峰資訊 2004

[*SutterMoreExceptional*]
Herb Sutter
More Exceptional C++ – 40 New Engineering Puzzles, Programming Problems, and Solutions
Addison-Wesley, Boston, MA, 2001

[*UnruhPrimeOrig*]
Erwin Unruh
Original Metaprogram for Prime Number Computation
http://www.erwin-unruh.de/primorig.html

[*VandevoordeJosuttisTemplates1st*]
David Vandevoorde and Nicolai M. Josuttis
C++ Templates: The Complete Guide
Addison-Wesley, Boston, MA, 2003
《*C++ Templates 全覽*》 侯捷 / 榮耀 / 姜宏 合譯，碁峰資訊 2004（本書第一版）

[*VandevoordeSolutions*]
David Vandevoorde
C++ Solutions
Addison-Wesley, Boston, MA, 1998

[*VeldhuizenMeta95*]
Todd Veldhuizen
Using C++ Template Metaprograms
C++ Report, May 1995

辭彙／術語表

Glossary

這份辭彙／術語表匯集了本書所引用最重要的技術辭彙。更詳盡、通用的 C++ 編程人員常用辭彙表，請參考 [*StroustrupGlossary*]。

abstract class 抽象類別

一種無法創建具體物件（*instance*，實體）的 class。抽象類別可以被用來將不同 classes 的共通性質整合為單一型別、或是用來定義多型介面（polymorphic interface）。因為抽象類別會作為 base class（基礎類別）使用，故有時會用縮寫 *ABC* 來代稱抽象基礎類別（*abstract base class*）。

ADL 依賴於引數的查詢

為 *argument-dependent lookup* 的縮寫。ADL 指的是在 namespace（命名空間）和 class 裡查詢某個函式（或運算子）名稱的過程。該函式（或運算子）的名稱出現在函式呼叫式中，且以某種方式與呼叫式引數相關聯。基於歷史因素，它有時會被稱為 *extended Koenig lookup*，或直接稱作 *Koenig lookup*（後者也適用於「只作用於運算子的 *ADL*」）。

alias template 別名模板

用來表現一整個型別別名（type aliases）家族的構件。它標明了一種「可以用特定個體（entity）來替換 template parameter，以產生實際型別別名」的模式。alias template 可以是個 class 成員。

angle bracket hack 角括號對付法

C++ 特性之一，要求編譯器將兩個連續的 > 字元視為兩個結束角括號（*closing angle brackets*）。舉例來說，角括號對付法會讓 vector<list<int>> 被看作與 vector<list<int> > 等價。之所以被稱作（語彙上的；lexical）*hack* 是因為它不怎麼符合 C++ 正式規格（特別是文法部分），也不適合典型編譯器的通用架構。另一個類似的 hack 被用於對付意外出現的複合字元形式（請參考 *digraph*）。

angle brackets 角括號

指的是被用來作為邊界符號（delimiters）、而非小於和大於符號的 < 與 > 字元。

ANSI 美國國家標準學會

American National Standard Institute 的縮寫，它是個私人非營利組織，負責協調、制定各種標準規格。請參考 INCITS。

argument 引數

一種（廣義的）數值，用來替換某程式實體（programmatic entity）裡的參數（*parameter*）。例如，函式呼叫 abs(-3) 裡的引數為 -3。在某些編程社群裡，引數被稱為實際參數（*actual parameters*，簡稱實參），而 *parameters* 被稱為形式參數（*formal parameters*，簡稱形參）。另請參見 *template argument*。

argument-dependent lookup

請參考 ADL。

class 類別

Class 被用來描述某一類型的物件，它定義了該型別的所有物件都會具備的一組特徵，包括資料（也可稱作屬性 *attributes* 或資料成員 *data members*）以及操作方式（也稱為方法 *methods*、成員函式 *member functions*）。在 C++ 裡，class 是一種可以具備函式成員、同時帶有某些存取限制的結構（structure）。它們藉由 class 或 struct 關鍵字來宣告。

class template 類別模板

用來表現一整個 class 家族的構件。它標明了一種「可以用特定個體（entity）來替換 template parameter，以產生實際 class」的模式。Class templates 有時也會被稱作參數化類別（*parameterized classes*）。

class type 類別型別

利用 class、struct、或 union 關鍵字來宣告的 C++ 型別。

collection class 集合類別

用來管理一群物件的 class。C++ 裡的集合類別也被稱為容器（*containers*）。

compiler 編譯器

用來將編譯單元（translation unit）裡的原始程式碼（source code）翻譯成目的程式碼（object code）的程式或程式庫。此外，帶有符號標註（symbolic annotation）的機械碼允許連結器對跨編譯單元的 references 進行決議（resolve）。

complete type 完整型別

與不完整（*incomplete*）型別相對的型別：包括具有定義的 class、存放完整型別且大小已知的 array、擁有「具有定義的底層型別」的列舉型別（enumeration type）、以及除了 void 之外的所有基本資料型別（fundamental data type），以上條件無關乎目標型別是否帶有 const 或 volatile。

concept 概念

可被套用在一或多個 template pamameters 上的一組具名限制條件。請參考附錄 E。

constant-expression 常數述式

可以被編譯器於編譯期計算出數值的陳述式。我們有時會稱之為**真常數**（*true constant*），以避免與不帶連字號（-）的 *constant expression*（常數陳述式）混淆。後者包含屬於常數，但「編譯器不一定能在編譯期計算出結果」的陳述式。

const member function 常數成員函式

可以在常數或暫存物件（temporary object）上呼叫的成員函式，因為它通常不會修改 *this 物件的成員。

container 容器

請參考 *collection class*。

conversion function 轉型函式

一種特殊的成員函式，定義一個物件可以如何被隱式（implicitly）或顯式（explicitly）地轉型為其他型別的物件。它會以 operator *type*() 的形式進行宣告。

conversion operator 轉型運算子

轉型函式的同義詞。轉型函式是正式的名稱，不過轉型運算子這種稱呼也很常見。

CPP file CPP 檔案

存放變數定義式（*definitions*）和 noninline 函式的檔案。程式大多數的可執行程式碼（executable code，相對於宣告程式碼 declarative code）通常會放在 CPP 檔案中。稱作 *CPP* 檔案是因為這類檔名大多數都以 .cpp 做為結尾。不過基於歷史因素，結尾也可能會是 .C、.c、.cc 或是 .cxx。另請參見 *header file*（標頭檔）與 *translation unit*（編譯單元）。

CRTP 奇特遞迴模板模式

Curiously recurring template pattern 的縮寫。意指 class X 繼承自「另一個以 X 作為 template argument 的 base class」的這種程式碼模式（code pattern）。

curiously recurring template pattern 奇特遞迴模板模式

請參見 *CRTP*。

decay 退化

將 array 或函式轉為指標的隱式轉型。舉例來說，"Hello" 這個 string literal（字串文字）的型別為 char const[6]，不過在許多 C++ 上下文中，它會暗自被轉型成型別為 char const* 的指標（該指標指向該字串的第一個字元）。

declaration 宣告（式）

用來將某個名稱（重新）引入 C++ scope（作用範圍）的 C++ 構件。另請參見 *definition*。

deduction 推導

從用到 templates 的上下文（context）自動判斷 template arguments 的過程。完整的術語為 *template argument deduction*（模板引數推導）。

definition 定義（式）

展現被宣告個體（declared entity）細節的一種宣告（*declaration*）方式。如果對象為變數，則它將會為被宣告個體保留儲存空間。若用於 class 型別和函式定義，等同宣告它們包含大括號包起來的本體。進行外部變數宣告（external variable declarations）時，定義意味著下面兩種情況：在不加 extern 關鍵字的狀況下進行宣告、或是以初始器（initializer）進行宣告。

dependent base class 依附型基礎類別

依附於（dependent）某個 template parameter 的 base class。存取依附型基礎類別的成員時，需要特別小心。另請參見 *two-phase lookup*（兩段式查詢）。

dependent name 依附名稱

「自身含義取決於某個 template parameter」的名稱（name）。舉例來說，當 A 或 T 屬於 template parameter 時，A<T>::x 是個依附名稱。如果函式呼叫式中任何一個引數的型別取決（依賴）於 template parameter，呼叫式內的函式名稱也是個依附名稱。例如當 T 是個 template parameter 時，f((T*)0) 中的 f 就屬於依附的（*dependent*）。不過 template parameter 本身的名稱並不算是依附的。另請參見 *two-phase lookup*。

digraph 複合字元

在 C++ 程式碼中，與其他單一字元等價的「兩個相連字元組合」。digraphs 的目的是當鍵盤缺少某些字元時，依然能夠輸入 C++ 原始碼。雖然 digraph 幾乎很少用，不過有時當左角括號（*angle bracket*）後面跟著 scope 決議運算子（::）、又缺少必要的空白作為間隔時，偶爾會意外形成 digraph <:。C++11 引入某個 lexical hack（語彙對付法），以便在這種情況下停用會形成 digraph 的解釋方式。

EBCO 空基礎類別最佳化

Empty base class optimization 的縮寫。是一項大多數當代編譯器均採用的最佳化，使得「empty（空的）」base class 不佔據任何儲存空間。

empty base class optimization 空基礎類別最佳化

請參考 *EBCO*。

explicit instantiation directive 顯式實體化指令

一個 C++ 構件，唯一用途是用來創建實體化點（*point of instantiation*，POI）。

explicit specialization 顯式特化

用來為某個待替換（substituted）template 宣告／定義一份替代定義式的構件。原本的（泛型）template 被稱為原型模板（*primary template*）。如果該份替代定義仍然依賴於一或多個 template parameters，則稱之為偏特化體（*partial specialization*）；否則為全特化體（*full specialization*）。

expression template 陳述式模板

用來表現一部分陳述式（算式）的 class template。該 template 本身代表某種特定運算，而 template parameters 表示該運算適用的運算元（operands）類型。

forwarding reference 轉發參考

當 `T` 屬於可推導模板參數（deducible template parameter）時，用來表示「形式為 `T&&` 的 rvalue references（右值參考）」的兩個名詞之一。此時會套用與尋常 rvalue references 不同的特殊規則（參見 6.1 節，第 91 頁）。本術語於 C++17 時引進，以取代 *universal reference*，因為這類 reference 的主要用途是用來轉發物件。不過，請注意它不會自動進行轉發。換句話說，這個名詞並不是指該 reference 表現轉發行為，而是它通常會被用於這件事。

friend name injection 友元名稱植入

意即當某個函式僅有的宣告為 friend 宣告時，讓該函式名稱變得可見的過程。

full specialization 全特化

參見 *explicit specialization*（顯式特化）。

function object 函式物件

可以透過函式呼叫語法（*function call syntax*）進行呼叫的物件。在 C++ 中，它們可能會是指向函式的指標、重載了 `operator()` 的 class（參見 *functor*）、或是具備「會回傳指向函式的指標或 reference 的轉型函式（conversion function）」的 classes。

function template 函式模板

用來表現一整個函式家族的 C++ 構件。它代表「可以用特定個體（specific entity）替換 template parameter，以產生實際函式」的這種模式。注意 function template 屬於 template、而非函式。Function template 有時也被稱為參數化函式（*parameterized functions*）。

functor 仿函式

重載了 `operator()` 的 class 型別所構成的物件，可以透過函式呼叫語法進行呼叫。這包括 lambda 表示式的 closure（閉包）型別。

glvalue 泛左值

一種會替已儲存數值（泛可區域化變數，generalized localizable value）產生位址的陳述式類型（category of expressions）。glvalue 可以是個 *lvalue*（左值）或 *xvalue*（消亡值）。請參見 *value category* 與 B.2 節（第 674 頁）。

header file 標頭檔

會藉由 `#include` 指令成為編譯單元（translation unit）一部分的檔案。這類檔案經常包含：會被超過一個編譯單元引用的變數和函式宣告、型別定義、inline 函式、templates、常數和 macros（巨集）。其名稱通常以 `.hpp`、`.h`、`.H`、`.hh` 或 `.hxx` 結尾。它們也會被稱為 *include files*。另請參見 *CPP file* 和 *translation unit*。

INCITS 國際資訊技術標準委員會

InterNational Committee for Information Technology Standards 的縮寫，為 ANSI 認可的一個美國標準發展組織（前身為 X3）。其中一個名為 J16 的附屬委員會是 C++ 標準化背後的推動力量。它與國際標準化組織（International Organization for Standardization，ISO）合作密切。

include file 引入檔

參見 *header file*。

incomplete type 不完整型別

包括已宣告但尚未定義的 class、具有不完整元素型別或大小未知的 array、尚未定義底層型別的列舉型別、或 void（以上條件無關乎目標型別是否帶有 const 或 volatile）。

indirect call 間接呼叫

在函式呼叫（於執行期）發生以前，事先無法確定待呼叫函式的呼叫方式。

initializer 初始器（式）

一種標明物件如何進行初始化的構件。舉例來說，下式：

```
std::complex<float> z1 = 1.0, z2(0.0, 1.0);
```

裡的初始器為 = 1.0 與 (0.0, 1.0)。

initializer list 初始化列表

以逗號（comma）分隔、被大括號包裹起來的陳述式序列，用來初始化物件和 reference。初始化列表經常被用來初始化變數，也會在像是建構子定義處用於初始化成員和 base classes。這類初始化可能會直接執行、或是透過間接的 std::initializer_list 物件來執行。

injected class name 內植類別名稱

某個在 class 自身定義範圍（definition scope）內可見的 class 名稱。對於 class template 而言，如果名稱後面未跟著 template argument list，則在該 template scope 內會被視為 class 名稱。

instance 實體

術語 *instance* 在 C++ 編程中有兩種含義：其中一個取自物件導向術語，代表某個 *class* 實體（*an instance of a class*）：意即實現了某個 class 的物件。例如 C++ 裡的 std::cout 就是 class std::ostream 的一個實體（instance）。另一個含義（本書大部分情況所指的意思）為某個 *template* 實體（*a template instance*）：即以一組特定數值替換掉所有 template parameters 後所獲得的 class、函式或成員函式。在這種情境下，實體（*instance*）也被稱作某個特化體（*specialization*），而後者時常被誤用來指稱顯式特化（*explicit specialization*）。

instantiation 實體化

將 template 定義中的 template parameters 替換掉、以創建某個具體單元（函式、class、變數或別名）的行為。如果替換掉的只有 template 的宣告部份、而非定義的話，有時會使用部分模板實體化（*partial template instantiation*）這個術語。另請參見 *substitution*。本書中並未用到本術語的另一個含義：創建某個 class 實體（參見 *instance*）。

ISO 國際標準化組織

International Organization for Standardization 的世界通用縮寫法。名為 WG21 的 ISO 工作小組是 C++ 開發與標準化背後的一股推動力量。

iterator 迭代器

知道如何巡訪（traverse）元素序列的物件。上述元素通常被某個集合類別所擁有（參見 *collection class*）。

linkable entity 可連結個體

下列個體（entity）均屬此類：函式或成員函式、全域變數（global variable）或 static 資料成員，這包括 template 所產生的任何上述個體。它們對連結器來說都是可見的（visible）。

linker 連結器

能將編譯過的編譯單元（translation units）連結在一起、同時對指涉了「橫跨不同編譯單元的可連結個體」的 reference 進行決議（resolve）的程式或作業系統服務。

lvalue 左值

一種陳述式類型（category of expressions），能替「假定無法進行搬移」的已儲存數值（意即：不屬於 *xvalue* 的 *glvalue*）產生位址的陳述式類型。典型例子是用來表示具名物件（named object）的（變數或成員）陳述與 string literals（字串文字）。參見 *value category* 與 B.1 節（第 673 頁）。

member class template 成員類別模板

用來表現一整個成員 class 家族的構件。它是宣告於另一個 class 或 class template 定義式裡的 class template，本身會具備一組 template parameters（與 class template 裡的普通 member class 不同）。

member function template 成員函式模板

用來表現一整個成員函式家族的構件。本身具備一組 template parameters（與 class template 裡的普通成員函式不同）。它與 function template 十分相似，不過差別在於當自身所有的 template parameters 被替換後，得到的會是一個成員函式（而非普通的函式）。成員函式模板無法為 virtual。

member template 成員模板

成員類別模板（*member class template*）、成員函式模板（*member function template*）、或 *static* 資料成員模板（*static data member template*）的統稱。

Modern C++ 現代 C++

本書中使用這個名詞來指稱 C++11 或那之後的語言標準（即 C++11、C++14、或 C++17）。

nondependent name 非依附名稱

不依附於某個 template parameter 的名稱。參見 *dependent name* 與 *two-phase lookup*。

ODR 單一定義規則

one-definition rule 的縮寫。此規則為 C++ 程式裡出現的定義（*definitions*）加上了一些限制。細節詳見 10.4 節（第 154 頁）與附錄 A。

one-definition rule 單一定義規則

參見 *ODR*。

overload resolution 重載決議

當存在許多候選函式時（它們通常全都具有同樣的名稱），此過程會負責選出該呼叫哪一個函式。另請參見附錄 C。

parameter 參數

一種佔位符個體（placeholder entity），會於某個時間點被實際的數值（即引數）所取代。對 macro 參數和 template parameter 來說，替換（*substitution*）發生於編譯期時。而對於函式 call parameter 而言，則發生於執行期。在某些編程社群中，*parameters* 被稱為形式參數（*formal parameters*），而引數（*arguments*）則被稱為實際參數（*actual parameters*）。另請參見 *argument* 與 *template argument*。

parameterized class 參數化類別

內嵌於某個 class template 中的 class template 或 class。它們之所以是參數化的（*parameterized*），原因在於當 template arguments 給定前，這兩者皆無法對應至某個唯一的 class。

parameterized function 參數化函式

屬於某個 class template 的函式、成員函式或成員函式模板。它們之所以是參數化的（*parameterized*），原因在於當 template arguments 給定前，它們無法對應至某個唯一的函式（或成員函式）。

partial specialization 偏特化

用來為某種特定的 template 替換方式（*substitiutions*）宣告或定義「替代性定義」的構件。原本的（泛型）template 稱為原型模板（*primary template*）。新的替代性定義仍然會依賴於某些 template parameters。目前這個構件只適用於 class templates。另請參見 *explicit specialization*。

POD 舊式資料型別

「Plain old data (type)」的縮寫。POD 型別是能被定義成不具備某些 C++ 特性（如 virtual 成員函式、存取關鍵字 public 或 private 等）的型別。舉例來說，每個普通的 C struct 都算是 POD。

POI 實體化點

point of instantiation 的縮寫。POI 是原始程式碼的某個位置，某個 template（或某個 template 的成員）會在此處將 template parameters 替換成 template arguments，於概念上完成展開動作。不過實際上，各個 POI 不必然會發生這樣的展開動作。另請參見 *explicit instantiation directive*。

point of instantiation 實體化點

參見 *POI*。

policy class 策略類別

自身成員被用來描述「泛型組件的可組態行為（configurable behavior）」的 class 或 class template。Policies 通常透過 template arguments 進行傳遞。舉例來說，一個排序 template 可能需要一個 ordering policy（排序策略）。*Policy classes* 也被稱為 *policy templates* 或直接稱為 *policies*。另請參見 *traits template*。

polymorphism 多型

能夠讓某個（透過名稱來辨識的）運算適用於不同種類物件的能力。在 C++ 中，傳統物件導向概念裡的多型（亦稱為執行期多型或動態多型）是透過會在 derived class 中被覆寫（override）的 virtual 函式達成的。此外，C++ template 還支援了靜態多型（*static polymorphism*）。

precompiled header 預編譯標頭檔

一種預先處理過的原始碼型式，可以快速地被編譯器載入。預編譯標頭檔的底層原始碼必須作為某個編譯單元（*translation unit*）的開頭部分（也就是說，它不能於編譯單元中間的某處出現）。預編譯標頭檔經常對應於一整群標頭檔。使用預編譯標頭檔可以大大地減少建置一個以 C++ 編寫的大型應用程式所需要的時間。

primary template 原型模板

不屬於偏特化體（*partial specialization*）的 template。

prvalue 純右值

一種用來執行初始化的陳述式類型。Prvalue 預設會被用來指定純數學數值（如 1 或 true）和暫存值（特別是那些以值進行回傳的數值）。在 C++11 之前的任何 *rvalue*，在 C++11 裡都是個 *prvalue*。請參見 *value category* 與 B.2 小節（第 674 頁）。

qualified name 限定名稱

帶有 scope 修飾詞（::）的名稱。

reference counting 參考計數

一種資源管理的策略，用於記錄指涉某個特定資源的個體（entities）數量。當這個數字降至零時，便可以丟棄該資源。

rvalue 右值

不屬於 *lvalues* 的陳述式類型。*Rvalue* 可以是一個 *prvalue*（純右值，如暫存值）或是一個 *xvalue*（消亡值，像是加上了 `std::move()` 的 *lvalue*）。在 C++11 以前被稱作 *rvalue* 的陳述，即為 C++11 裡的 *prvalue*。參見 *value category* 與 B.2 節（第 674 頁）。

SFINAE 替換失敗不算錯誤

Substitution failure is not an error 的縮寫。是一個當試圖以非法方式替換 template arguments 時，會選擇默默捨棄掉該 template、而不觸發編譯錯誤的機制。如果重載集合（overload set）中尚存在其他能成功完成替換的 templates，則這些 templates 會因此有機會被選中。

source file 原始檔

指標頭檔（*header file*）或 CPP 檔案（*CPP file*）。

specialization 特化體／特化版本

以實際數值替換 template parameters 後得到的結果。特化體可以經由實體化（*instantiation*）或顯式特化（*explicit specialization*）來建立。這個術語有時會被誤以為等同於顯式特化（*explicit specialization*）。參見 *instance*。

static data member template 靜態資料成員模板

屬於 class 或 class template 成員的 *variable template*（變數模板）。

substitution 替換

利用實際型別、數值、或 templates 來取代模板化個體（templated entities）中的 template parameters 的過程。替換的程度取決於當時的情境。舉例來說，重載決議過程只會執行最小次數的替換，用以產生候選函式型別。同時若替換後會產生非法的構件，則會啟用 *SFINAE* 規則。另請參見 *instantiation*。

template 模板

用來表現一整個型別、函式、成員函式或變數家族的構件。它標明出某種模式（pattern），該模式可以藉由將 template parameters 替換為特定的個體（entity），以產生實際的型別、函式、成員函式、或變數。本書中使用的這個術語並不包含「僅藉由成為某個 class template 的成員，而被參數化的函式、classes、static 資料成員、以及型別別名」。參見 *alias template*、*variable template*、*class template*、*parameterized class*、*function template* 和 *parameterized function*。

template argument 模板引數

用來替換 *template parameter* 的某個「value（數值）」。該數值通常是個型別，雖然某些常數值和 template 也可以是合法的 template arguments。另請參見 *argument*。

template argument deduction 模板引數推導

參見 *deduction*。

template-id 模板識別字

template 名稱以及緊接其後、被標示於角括號（*angle brackets*）中的 *template arguments*，兩者所形成的組合（如 `std::list<int>`）。

template parameter 模板參數

在 template 內的泛型佔位符（generic placeholder）。最常見的 template parameter 類型為 *type parameters*（型別參數），用來表現型別。*Nontype parameters*（非型別參數）用於表現某種型別的常數值，而 *template template parameter*（模板化模板參數）表示的則是型別模板（*type templates*）。另請參見 *parameter*。

templated entity 模板化個體

某個 template、或是定義／創建於 template 中的某個個體（entity）。後者包括了 class template 的一般成員函式、或是位於 template 內的 lambda 表示式所屬的 closure 型別。

traits template 特徵萃取模板

一種 class template，成員被用來描述 template argument 的某些特徵（traits）。採用 traits templates 的目的通常在於避免數量過多的 template parameters。另請參見 *policy class*.

translation unit 編譯單元

透過 `#include` 指令引入所有的標頭檔與標準程式庫標頭檔的 *CPP* 檔案，再扣除被條件編譯指令（如 `#if`）排除掉的程式內文後的結果。簡單來說，它可以被想成是 *CPP* 檔案經過預處理後的結果。參見 *CPP file* 與 *header file*。

true constant 真常數

本身數值可以被編譯器於編譯期計算出來的陳述式。參見 *constant-expression*。

tuple 元組

C 語言 `struct` 概念的一般化版本，其成員可以透過編號來存取。

two-phase lookup 兩段式查詢

用於查詢 templates 內名稱的名稱查詢機制。這兩階段分別是 (1) 處理 template 定義，以及 (2) 針對特定 template arguments 實體化 template。非依附名稱（*nondependent names*）只會在第一階段進行查詢，而這個階段不會考慮非依附基礎類別（*nondependent base classes*）。帶有 scope 修飾詞的依附名稱（*dependent names*）則只會在第二階段進行查詢。不具備 scope 修飾詞的依附名稱在兩個階段都可能會進行查詢，不過在第二階段時，只會執行依賴於引數的查詢（argument-dependent lookup，ADL）。

type alias 型別別名

某個型別的替代名稱，可以透過 `typedef` 宣告、別名宣告（alias declaration）、或是某個 *alias template*（別名模板）的實體化來引入。

type template 型別模板

即 class template、member class template、或 alias template。

universal reference 通用參考

當 T 屬於可推導模板參數（deducible template parameter）時，用來表示「形式為 T&& 的 rvalue references（右值參考）」的兩個名詞之一。此時會套用與尋常 rvalue references 不同的特殊規則（參見 6.1 節，第 91 頁）。這個名詞由 Scott Meyers 所創造，用來作為 *lvalue reference* 和 *rvalue reference* 兩者的共通名詞。但因為「universal」這個詞，呃，有點太過通用了，故 C++17 標準引進了 *forwarding reference* 這個名詞來取代它。

user-defined conversion 使用者定義轉型

編程人員自行定義的型別轉換。它可以是一個能夠用單個引數來呼叫的*建構子*（*constructor*）、或是一個*轉型函式*（*conversion function*）。除非該建構子和轉型函式用了 explicit 關鍵字來宣告，否則型別轉換也可以隱式地（implicitly）進行。

value category 數值類型

陳述式的一種分類方式。傳統的 value categories：*lvalues* 與 *rvalues* 繼承自 C 語言。而 C++11 引進了其他類型（categories）：*glvalues*（generalized lvalues，泛左值、廣義左值），其核算結果用來指涉已儲存的物件（stored objects）、以及 *prvalues*（pure rvalues，純右值），對其進行核算會初始化某些物件。新增的 *glvalues* 類型可以被進一步細分為 *lvalues*（localizable values，可區域化數值）和 *xvalues*（eXpiring values，消亡值）。此外，C++11 裡的 *rvalues* 可以做為 *xvalues* 與 *prvalues* 兩者的統合類型（C++11 以前的 *rvalues* 就是 C++11 裡的 *prvalues*）。細節詳見附錄 B。

variable template 變數模板

用來表現一整個變數或 static 資料成員家族的構件。它代表「可以用特定個體（specific entities）替換 template parameters，以產生實際的變數或 static 資料成員」的這種模式。

whitespace 空白（字元）

在 C++ 這指的是原始碼中用來分隔 tokens（標記，如識別字、文字、符號等）的空白區域。除了傳統的空格、換行、與水平 tab 字元外，這還包括了註解。有時其他的空白字元（如換頁字元）也會是有效的空白。

xvalue 消亡值

一種會替「假定已經不再需要的已儲存數值」產生位址的陳述式類型。典型的例子是被冠上 std::move() 的 *lvalue*。參見 *value category* 和 B.2 節（第 674 頁）。

索引

Index

（※ 提醒您：粗體字標示的頁碼，表示該項目主要內容位置。）

C++ Templates 全覽第二版

作　　者：David Vandevoorde 等
譯　　者：劉家宏
企劃編輯：蔡彤孟
文字編輯：王雅雯
設計裝幀：張寶莉
發 行 人：廖文良

發 行 所：碁峰資訊股份有限公司
地　　址：台北市南港區三重路 66 號 7 樓之 6
電　　話：(02)2788-2408
傳　　真：(02)8192-4433
網　　站：www.gotop.com.tw
書　　號：AXP016000
版　　次：2019 年 11 月二版
建議售價：NT$1200

國家圖書館出版品預行編目資料

C++ Templates 全覽 / David Vandevoorde 等原著；劉家宏譯. --
　　二版. -- 臺北市：碁峰資訊, 2019.11
　　　面；　公分
　　譯自：C++ Templates: The Complete Guide, 2nd Edition
　　ISBN 978-986-502-230-3(平裝)
　　1.C++(電腦程式語言)
312.932C　　　　　　　　　　　　　　　　　108011750

讀者服務

● 感謝您購買碁峰圖書，如果您
對本書的內容或表達上有不清
楚的地方或其他建議，請至碁
峰網站：「聯絡我們」\「圖書問
題」留下您所購買之書籍及問
題。(請註明購買書籍之書號及
書名，以及問題頁數，以便能
儘快為您處理)
http://www.gotop.com.tw

● 售後服務僅限書籍本身內容，
若是軟、硬體問題，請您直接
與軟體廠商聯絡。

● 若於購買書籍後發現有破損、
缺頁、裝訂錯誤之問題，請直
接將書寄回更換，並註明您的
姓名、連絡電話及地址，將有
專人與您連絡補寄商品。